Springer-Lehrbuch

Springer-Verlag Berlin Heidelberg GmbH

Rolf Steyer

Wahrscheinlichkeit und Regression

Mit 26 Abbildungen und 14 Tabellen

Springer

Professor Dr. Rolf Steyer
Institut für Psychologie
der Friedrich-Schiller-Universität
Lehrstuhl für Methodenlehre
und Evaluationsforschung
Am Steiger 3, Haus 1
07743 Jena

e-mail: Rolf.Steyer@uni-jena.de
http://www.uni-jena.de/svw/metheval/

ISBN 978-3-642-62873-3   ISBN 978-3-642-55673-9 (eBook)
DOI 10.1007/978-3-642-55673-9

Die Deutsche Bibliothek – CIP-Einheitsaufnahme
Steyer, Rolf:
Wahrscheinlichkeit und Regression/Rolf Steyer. – Berlin; Heidelberg; New
York; Hongkong; London; Mailand; Paris; Tokio: Springer, 2003
   (Springer-Lehrbuch)

Dieses Werk ist urheberrechtlich geschützt. Die dadurch begründeten Rechte, insbesondere die der Übersetzung, des Nachdrucks, des Vortrags, der Entnahme von Abbildungen und Tabellen, der Funksendung, der Mikroverfilmung oder der Vervielfältigung auf anderen Wegen und der Speicherung in Datenverarbeitungsanlagen, bleiben, auch bei nur auszugsweiser Verwertung, vorbehalten. Eine Vervielfältigung dieses Werkes oder von Teilen dieses Werkes ist auch im Einzelfall nur in den Grenzen der gesetzlichen Bestimmungen des Urheberrechtsgesetzes der Bundesrepublik Deutschland vom 9. September 1965 in der jeweils geltenden Fassung zulässig. Sie ist grundsätzlich vergütungspflichtig. Zuwiderhandlungen unterliegen den Strafbestimmungen des Urheberrechtsgesetzes.

http://www.springer.de

© Springer-Verlag Berlin Heidelberg 2003
Ursprünglich erschienen bei Springer-Verlag Berlin Heidelberg New York 2003
Softcover reprint of the hardcover 1st edition 2003

Die Wiedergabe von Gebrauchsnamen, Handelsnamen, Warenbezeichnungen usw. in diesem Werk berechtigt auch ohne besondere Kennzeichnung nicht zu der Annahme, dass solche Namen im Sinne der Warenzeichen- und Markenschutz-Gesetzgebung als frei zu betrachten wären und daher von jedermann benutzt werden dürften.

Produkthaftung: Für Angaben über Dosierungsanweisungen und Applikationsformen kann vom Verlag keine Gewähr übernommen werden. Derartige Angaben müssen vom jeweiligen Anwender im Einzelfall anhand anderer Literaturstellen auf ihre Richtigkeit überprüft werden.

Satz: Datenlieferung vom Autor
Gedruckt auf säurefreiem Papier   SPIN 10884993   26/3130SM – 5 4 3 2 1 0

Vorwort

Die Sozial- und Verhaltenswissenschaften haben im vergangenen Jahrhundert große Fortschritte gemacht, was die Einsicht in die Bedeutsamkeit ihrer *empirischen Forschungsmethoden* angeht. Dies spiegelt sich in den Curricula der verschiedenen Studiengänge in dem relativen großen Raum wieder, der empirischen Forschungsmethoden in der Lehre eingeräumt wird. Tatsächlich ist die Analyse von Daten sowohl bei der Entwicklung von Theorien als auch bei deren Überprüfung von großer Bedeutung. Dabei darf man jedoch nicht aus den Augen verlieren, dass der *Theorie* das zentrale Interesse dieser Wissenschaften gilt und daher auch der Sprache, in der die theoretischen Aussagen formuliert werden. Die Wahrscheinlichkeits- und Regressionstheorie, wie sie in diesem Buch behandelt wird, ist ein wichtiger Teil der Theoriesprache der empirischen Wissenschaften, der bisher meinem Eindruck nach zu Unrecht relativ wenig beachtet wurde.

Theorie als zentrales Interesse der empirischen Sozial- und Verhaltenswissenschaften

Dies ist kein Buch über die statistische Regressionsanalyse empirischer Daten. Solche Bücher gibt es in großer Anzahl auf verschiedenen Schwierigkeitsniveaus. Mathematisch eher anspruchsvoll sind da z. B. Fahrmeir und Tutz (2001), Neter, Kutner, Nachtsheim und Wasserman (1996), Searle (1971) und Werner (2001). Auf mittlerem Schwierigkeitsniveau sind zu nennen: Draper und Smith (1998) sowie von Eye und Schuster (1998). Mathematisch weniger anspruchsvoll sind Gaensslen und Schubö (1973), Moosbrugger und Zistler (1994). Darüber hinaus findet man Darstellungen der Regressionsanalyse natürlich auch in vielen Kapiteln von Büchern zur multivariaten Statistik so. z. B. Backhaus, Erichson, Plinke, Wulff und Weiber (2000), Bortz (1999) oder anspruchsvoller, Fahrmeir, Hamerle und Tutz, (1996). All diese Darstellungen sollen hiermit durch ein Buch über den wahrscheinlichkeitstheoretischen Regressionsbegriff ergänzt werden, bei dem Stichprobenmodelle wie z. B. das Allgemeine Lineare Modell (ALM) zunächst keine Rolle spielen. Erst im Kapitel 14 werden wir die Beziehungen zwischen dem wahrscheinlichkeitstheoretischen Regressionsbegriff und dem ALM sowie anderen statistischen Modellen explizieren, die dazu dienen, Parameter, die eine Regression beschreiben, zu schätzen und Hypothesen über diese zu testen.

Regressionstheorie versus Regressionsanalyse

Was sind die Gründe, die zur Entstehung dieses Buchs geführt haben? Ein erster Grund hat damit zu tun, dass viele wichtige Begriffe der Regression gelehrt und verstanden werden können, ohne auf ein relativ kompliziertes Stichprobenmodell wie etwa das *Allgemeine Lineare Modell* zurückgreifen zu müssen. Das gilt für die Grundbegriffe *Regression*, *Residuum* und *Determinationskoeffizient*, aber auch für *einfacher* und

1. Grund für dieses Buch: Einfachheit

partieller Regressionskoeffizient sowie *partielle* und *multiple Korrelation*. All dies und mehr lässt sich m. E. besser lehren und lernen, wenn man dies im Rahmen der hier dargestellten stochastischen Regressions*theorie* tut. Natürlich wird man auch weiterhin die entsprechenden Stichprobenbegriffe und -kenngrößen lehren und lernen müssen, da diese dann in der empirischen Arbeit gebraucht werden. Aber Wissenschaft besteht nicht nur aus Empirie, sondern eben auch—und ich finde diesen Teil letztendlich den wichtigeren—aus Theorie.

2. Grund für dieses Buch: Schließung der Kluft zwischen Theorie und Empirie

Ein zweiter Grund für die Entstehung dieses Buchs liegt darin, dass Theorie und Empirie viel zu oft sehr weit auseinander klaffen und nicht mehr mit Logik überbrückt werden können. Wollte man es bei diesem Zustand belassen, müsste man lehren, dass die empirischen Sozial- und Verhaltenswissenschaften nichts mehr mit logischem Denken zu tun haben—eine für mich nicht akzeptable Konsequenz. Stattdessen möchte ich mit diesem Buch weiter dazu beitragen, dass die Kluft zwischen Theorie und Empirie geschlossen wird. Wenn man voraussetzt, dass statistische Modelle in der Empirie eine entscheidende Rolle spielen, dann müssen entsprechende, dazu passende Begriffe in die Theorie eingeführt werden, und dies sind die entsprechenden wahrscheinlichkeitstheoretischen Begriffe, insbesondere der der Regression. Anders lässt sich die genannte Kluft m. E. nicht überwinden.

Messen und Testen

Mit zwei Büchern (und vielen Artikeln) habe ich dies bereits in der Vergangenheit getan. *Messen und Testen* (Steyer & Eid, 1993; Neuauflage 2001) war der Frage gewidmet, wie man theoretische Konstrukte *mittels Messmodellen* mit empirisch beobachtbaren Sachverhalten verknüpfen kann. Dieses Buch hat einen Anhang, in dem die wichtigsten Begriffe, die man dabei braucht, eingeführt werden. Dazu gehören die Grundbegriffe der Wahrscheinlichkeitstheorie bis hin zur bedingten Erwartung. Genau dieser Anhangsteil wird hier in der notwendigen Detailliertheit zu einem neuen Buch weiterentwickelt. Das Kapitel *Bedingter Erwartungswert und Regression* in *Messen und Testen* enthält also bereits den formalen Kern dieses neuen Buchs und die anderen Anhangskapitel aus Messen und Testen über die Grundbegriffe der Wahrscheinlichkeitstheorie wurden hier zu Lehrbuchkapiteln weiterentwickelt. Dabei wird die Wahrscheinlichkeitstheorie nur insoweit dargestellt, wie sie zum einem gründlichen Verständnis des Regressionsbegriffs notwendig sind.

Theorie kausaler Regressionsmodelle

Die *Theorie kausaler Regressionsmodelle* (Steyer, 1992) galt ebenfalls bereits dem Ziel, die Kluft zwischen Theorie und Empirie so weit wie möglich zu überwinden. Allerdings zielte dieses Buch nicht auf Messmodelle, sondern auf Abhängigkeitsbegriffe, genauer: auf den Begriff der kausalen Abhängigkeit, der in verschiedenen Umschreibungen in der Theoriesprache vorkommt und für die empirische Wissenschaft unentbehrlich ist.

Anders als die Chronologie der genannten Bücher ist die logische und didaktische Abfolge in der Lehre und beim Lernen. Das vorliegende Buch zur Wahrscheinlichkeits- und Regressionstheorie liefert die theoretischen und begrifflichen Grundlagen für die anderen beiden genannten Bücher, wobei *Messen und Testen* als zweites und die *Theorie kausaler Regressionsmodelle* als drittes zu empfehlen ist. Die *Theorie kausaler Regressionsmodelle* ist allerdings in einigen Teilen mathematisch anspruchsvoller, was sich aber letztendlich nicht umgehen lässt, wenn man eine allgemeine Theorie kausaler stochastischer Abhängigkeit entwickeln will, die über die im dritten Teil des hier vorliegenden Buchs dargestellte, sehr einfache Theorie der individuellen und durchschnittlichen kausalen Effekte hinausgeht.

Als wichtigste Daseinsberechtigung für dieses Buch habe ich oben genannt, dass es hier um die stochastische Regressionstheorie als Bestandteil der Theoriesprache der empirischen Sozial- und Verhaltenswissenschaften geht. Dies erfordert aber auch, und dies möchte ich hier besonders hervorheben, dass dem Problem der Kausalität besonderer Raum gewidmet wird. „Was unterscheidet kausal interpretierbare von nicht kausal interpretierbaren statistischen Abhängigkeiten? Herkömmliche Statistikbücher warnen uns zwar zu Recht: „Korrelation ist keine Kausalität", darüber hinaus aber haben sie wenig zum Kausalitätsproblem zu sagen. Dabei wissen wir inzwischen sehr viel über die Unterschiede zwischen „normalen" stochastischen und „kausalen" stochastischen Abhängigkeiten. In Steyer (1992) sind diese sogar vollständig formalisiert dargestellt. Aber auch schon der letzte Teil des vorliegenden Buches führt, auf einem recht elementaren Niveau, in die Grundideen der kausalen Regressionstheorie ein. Dabei werden nicht nur klassische Paradoxa (wie z. B. das Simpson-Paradox) behandelt, sondern die Theorie wird soweit dargestellt, dass schon neue statistische Verfahren verständlich werden, die bspw. für die Analyse der nonorthogonalen Varianzanalyse erst auf der Basis einer expliziten Kausalitätstheorie entwickelt werden konnten (s. Steyer, Nachtigall, Wüthrich-Martone & Kraus, 2002; Wüthrich-Martone, 2001). Darüber hinaus liegen bereits auch statistische Verfahren vor, wie man die kausale Interpretierbarkeit regressiver Abhängigkeit testen kann (s. z. B. Steyer, von Davier, Gabler & Schuster, 1997; von Davier, 2001).

1. besonderer Schwerpunkt: Kausalität

Ohne der detaillierten Beschreibung der einzelnen Kapitel am Ende des ersten Kapitels vorgreifen zu wollen, möchte ich dennoch auch schon an dieser Stelle auf das Kapitel über bedingte lineare regressive Abhängigkeiten aufmerksam machen. Hier findet man recht allgemein und prägnant dargestellt, was man sonst unter Moderatormodellen suchen müsste und was dann in der Regel weit komplizierter dargestellt ist.

2. besonderer Schwerpunkt: Bedingte lineare regressive Abhängigkeit

Nicht zuletzt ist natürlich der große Vorteil dieses Buchs, dass viele verschieden erscheinende statistische Verfahren wie die Varianzanalyse, die Regressionsanalyse, die Faktorenanalyse, logistische Regressionen, klassische und probabilistische testtheoretische Modelle als Spezialfälle regressiver Abhängigkeiten verstanden werden können. Meine Hoffnung ist, dass dies das Verständnis all dieser Verfahren und Modelle vertiefen und letztlich zu vielen Anwendungen führen wird. Darüber hinaus hoffe ich, dass hier die Grundlagen gelegt werden, die es dann auch ermöglichen, neue stochastische Modelle zu entwickeln, mit denen die nicht immer ganz einfachen Phänomene der Sozial- und Verhaltenswissenschaften immer besser beschrieben und erklärt werden können. Die Arbeiten zur Latent-state-trait-Theorie (z. B. Steyer, Ferring & Schmitt, 1992; Eid, 1995; Eid und Langeheine, 1999; Steyer, Schmitt & Eid, 1999; Steyer & Partchev, 2001; Tanzer, 1998), mit denen wir das Problem situativer und interaktiver Effekte (nicht nur) psychologischer

Spezielle Regressionsmodelle

Messungen ein gutes Stück weit gelöst haben, die Modelle mit latenten Differenzvariablen zur Erklärung interindividueller Unterschiede in intraindividuellen Veränderungen (Steyer, Eid & Schwenkmezger, 1996; Steyer, Partchev & Shanahan, 2000), aber auch die Artikel von Eid (2000), Eid, Lischetzke, Trierweiler & Nußbeck (in Druck) zu Multitraitmultimethod-Modellen, mit denen man das Problem der Methodenspezifität psychologischer Messungen angehen kann, zeigen m. E., dass sich diese Hoffnung schon zu einem guten Teil erfüllt hat.

Zum Einsatz des Buchs in der Lehre

Wie lässt sich das hier vorliegende Buch in der Lehre einsetzen? Natürlich kann und will ich hier nur meine Erfahrungen für den Studiengang „Diplom-Psychologie" wiedergeben. Viele Jahre lang habe ich die Regressionstheorie als dritte Vorlesung im Grundstudium gehalten, nachdem in den ersten beiden Vorlesungen deskriptive und inferenzielle Statistik unterrichtet wurde. Danach kam als vierte Vorlesung „Theorien psychometrischer Tests", die direkt auf der Regressionstheorie aufbaut. Dabei wurden neben der Klassischen Theorie Psychometrischer Tests, die Latent-state-trait-Theorie, die Item-response-Theorie, sowie die Latent-class-Modelle unterrichtet. Im Hauptstudium folgten dann als fünfte und sechste Vorlesung „Multivariate Verfahren". Im Jahre 2001 haben wir letztere mit in das Grundstudium aufgenommen und lehren nun die Regressionstheorie und die Theorien psychometrischer Tests als die ersten beiden Pflichtveranstaltungen im Hauptstudium der „Evaluations- und Forschungsmethoden". Logisch gesehen ist diese neue Reihenfolge nicht richtig, aber unter didaktischen Gesichtspunkten vertretbar, da die Multivariaten Verfahren datenorientierter unterrichtet werden können und in diesen Sinn anschaulicher und konkreter sind. Von den begrifflichen Voraussetzungen her gesehen, werden in diesem Buch nur die Grundbegriffe der Aussagen- und Prädikatenlogik sowie der Mengenlehre einschließlich der Relationen und Abbildungen vorausgesetzt, wie sie in den Anhängen A bis D von Steyer und Eid (2001) dargestellt sind.

Zur Entstehungsgeschichte

Wie ist dieses Buch entstanden? Nach intensivem Studium des Allgemeinen Linearen Modells und der Nonorthogonalen Varianzanalyse (Steyer, 1979), habe ich mich seit dem *First European Meeting of the Psychometric Society*, das 1978 von Karl Jöreskog in Uppsala ausgerichtet wurde, der Frage nach der Bedeutung der Kausalität in Regressions- und Strukturgleichungsmodellen gewidmet. Die Frage, die mich seit dem nicht mehr losgelassen hat, war und ist: „Was macht ein Regressionsmodell zu einem kausalen Regressionsmodell?" (Die meisten Strukturgleichungsmodelle sind nur ein System mehrerer Regressionsgleichungen.) Bei dieser Neuorientierung spielte der von Karl Jöreskog, Dag Sörbom und Bengt Muthén geleitete Workshop über LISREL (Linear Structural Relations) die entscheidende Rolle. Allen drei, insbesondere aber

Karl Jöreskog bin ich bis heute in tiefer Dankbarkeit verbunden. Bei der Suche nach einem sinnvollen Ausgangspunkt bin ich bald auf den Begriff der bedingten Erwartung gestoßen, den ich synonym mit dem Begriff der Regression verwende. In meiner Trierer Zeit (1982 bis 1994) begann ich, über diesen Begriff zu lehren und genau in diese Zeit reichen die ersten Anfänge dieses Buchs zurück. Dass die Arbeiten von Karl Jöreskog bei mir auf fruchtbaren Boden gefallen sind, habe ich der Methodenausbildung von Hartmut Oldenbürger und Jürgen Bredenkamp in meiner Studienzeit in Göttingen zu verdanken. Später haben mir Helfried Moosbrugger und Leo Montada ermöglicht, Methoden zu lehren, zu erforschen und ihre Anwendungen zu diskutieren. Viele Diskussionen, an die ich gerne zurückdenke und die mein Denken zur Regressionstheorie in diesen Jahren geschärft haben, konnte ich auch mit Michael Eid, Edgar Erdfelder, Hans Müller, Manfred Schmitt und Dirk Wentura führen.

Danksagungen

Kein Buch entsteht nur durch die Arbeit eines einzelnen. Das gilt natürlich auch für das vorliegende. Dass es heute gedruckt vorliegt, verdanke ich zum einen meinen Studentinnen und Studenten der vergangenen Jahre. Sie haben mir durch ihr engagiertes Zuhören und ihre kritischen Fragen in den entsprechenden Vorlesungen erst die Entwicklung dieses Buchs ermöglicht und mich auf Schwächen in früheren Versionen aufmerksam gemacht. Zum anderen und insbesondere verdanke ich es aber auch denjenigen, die direkt an der Erstellung des Buchs auf verschiedene Weisen mitgeholfen haben. Einen großen Anteil daran hatten Thomas Schneider, aber auch Nico Pannier als studentische Hilfskräfte in meinen ersten Jahren in Jena. Sehr hilfreich war in dieser Zeit auch meine damalige Sekretärin Ruth Höricht, die mit viel Geduld die ersten Kapitel in das jetzt verwendete Textverarbeitungsprogramm übertragen hat. Später haben sich Florian Fiedler, Felix Flory, Sindy Krambeer, Katrin Kraus, Ulf Kröhne, Katrin Riedl, Claudia Schneider, Nadine Schuttwolf und Silke Zachariae als studentische Hilfskräfte sehr engagiert. Katrin Schaller hat als Sekretärin mit viel Kompetenz und persönlichem Einsatz diese jetzt vorliegende Version mitgestaltet. Unter meinen Mitarbeitern habe ich sehr viel Friedrich Funke zu verdanken, der auf verschiedenste Weise zum Gelingen beigetragen hat. Nicht zuletzt haben auch Ivailo Partchev, Ute Suhl und Andreas Wolf kleinere Textteile beigesteuert. An der Endversion haben mit großem Engagement und viel Sachverstand Ulf Kröhne, Florian Fiedler und Silke Zachariae gefeilt. Ihnen allen sei aus tiefstem Herzen gedankt.

Schließlich möchte ich auch meiner Frau Anna-Maria für die viele Geduld und ihr Verständnis für meine physische und oft auch geistige Abwesenheit zuhause danken, und dafür dass sie mir trotz ihres eigenen beruflichen Engagements immer den Rücken freigehalten hat. Für meine Kinder Anna Carolina und Christian Alexander hatte ich in den letzten Monaten oft zu wenig Zeit. Auch wenn sie das Warum sicherlich nicht so bald verstehen werden, freue ich mich darauf, dass wir es nun zusammen begreifen können.

Online-Videos der Vorlesungen

Auf der eigens eingerichteten Internet-Adresse

http://www.wahrscheinlichkeit-und-regression.de

stehen meine Vorlesung zur „Wahrscheinlichkeits- und Regressionstheorie", aber auch die darauf aufbauenden Vorlesungen „Theorien psychometrischer Tests" und „Methoden der Evaluationsforschung" als Online-Videos sowie weitere Unterrichtsmaterialien zur Verfügung. Man kann sich diese Vorlesungen per Mausklick in auf seinen Bildschirm holen, wenn man über einen schnellen Internetanschluss (> 500 kbit/s) verfügt. Diese Online-Videos dürften, zusammen mit den umfangreichen Aufgaben und Lösungen, die man am Ende jedes Kapitels dieses Buchs findet, eine erhebliche Hilfe für die Aneignung des Stoffes sein. Darüber hinaus kann man sich die Online-Videos herunter laden und auf CDs brennen. Auf diese Weise kann man dann dieses Lehrmaterial auch ohne Internet nutzen. Ich bin gespannt, wie und mit welchem Ergebnis diese neuen Möglichkeiten genutzt werden.

Jena, im Juli 2002 　　　　　　　　　　　　　　　　　　　　　　Rolf Steyer

Inhaltsverzeichnis

1	Einführung	1
1.1	Arten der stochastischen Abhängigkeit	2
1.2	Wo kommen regressive Abhängigkeiten vor?	3
1.3	Hauptaufgaben von Regressionsmodellen	3
1.4	Wissenschaftstheoretische Bemerkungen	4
1.5	Zur Geschichte der Regressionstheorie	6
1.6	Regression als Teil der Theoriesprache	7
1.7	Überblick über die Kapitel dieses Buchs	8
1.8	Voraussetzungen zum Verständnis	10

Teil I Wahrscheinlichkeitstheorie

2	Wahrscheinlichkeit	17
2.1	Beispiele	17
2.2	Wahrscheinlichkeitsraum	20
2.3	Eigenschaften der Wahrscheinlichkeit	25
2.4	Zusammenfassende Bemerkungen	28
3	Bedingte Wahrscheinlichkeit	33
3.1	Beispiele	33
3.2	Bedingte Wahrscheinlichkeit	34
3.3	Unabhängigkeit von Ereignissen	36
3.4	Faktorisierungssatz	37
3.5	Satz der totalen Wahrscheinlichkeit und Bayes-Theorem	39
3.6	Zusammenfassende Bemerkungen	41
4	Zufallsvariablen	47
4.1	Einführung	47
4.2	Beispiele	48
4.3	Zufallsvariable	50
4.4	Verteilung	51
4.5	Unabhängigkeit von Zufallsvariablen	52
4.6	Zusammenfassende Bemerkungen	54

5	Erwartungswert, Varianz, Kovarianz und Korrelation	59
5.1	Erwartungswert diskreter Zufallsvariablen	59
5.2	Varianz und Standardabweichung	62
5.3	Kovarianz und Korrelation	64
5.4	Allgemeine Definition des Erwartungswerts	69
5.5	Zusammenfassende Bemerkungen	70

Teil II   Regressionstheorie

6	Regression	79
6.1	Bedingter Erwartungswert einer diskreten Zufallsvariablen	80
6.2	Regression bei diskreten Variablen	83
6.3	Formale und allgemeine Definitionen	89
6.4	Zusammenfassende Bemerkungen	92
7	Einfache Lineare Regression	97
7.1	Beispiel: Das Stevenssche Potenzgesetz I	98
7.2	Einfache lineare Regression	99
7.3	Beispiel: Das Stevenssche Potenzgesetz II	104
7.4	Zusammenfassende Bemerkungen	107
8	Einfache nichtlineare Regression	111
8.1	Beispiel: Das Stevenssche Potenzgesetz III	111
8.2	Lineare Quasi-Regression	112
8.3	Beispiel: Das Stevenssche Potenzgesetz IV	115
8.4	Einfache nichtlineare Regression	116
8.5	Zusammenfassende Bemerkungen	123
9	Zweifache lineare Regression	127
9.1	Beispiel: Intelligenz, Bleibelastung und beruflicher Status	128
9.2	Zweifache lineare Regression	129
9.3	Einfache und zweifache Regression	136
9.4	Lineare Quasi-Regression	138
9.5	Zusammenfassende Bemerkungen	141
10	Bedingte lineare Regression	147
10.1	Beispiel. Das Verhältnismodell für geometrisch-optische Täuschungen I	147
10.2	Bedingte lineare Regression	149
10.3	Parametrisierungen der bedingten linearen Regression	155
10.4	Dichotome Regressoren	157

10.5	Einfache und bedingte lineare Regression	159
10.6	Beispiel: Das Verhältnismodell für geometrisch-optische Täuschungen II	161
10.7	Zusammenfassende Bemerkungen	164

11	Bedingte nichtlineare Regression	167
11.1	Beispiel: Das Verhältnismodell für geometrisch-optische Täuschungen III	167
11.2	Bedingte lineare Quasi-Regression	168
11.3	Bedingte nichtlineare Regression	171
11.4	Beispiel: Das Verhältnismodell für geometrisch-optische Täuschungen IV	174
11.5	Logistische Regression	175
11.6	Zusammenfassende Bemerkungen	178

12	Bedingte Varianz und Kovarianz	183
12.1	Beispiel: Baldwin-Täuschung	184
12.2	Bedingte Varianz und Kovarianz	186
12.3	Eigenschaften der bedingten Varianz und der bedingten Kovarianz	187
12.4	Bedingte Korrelationen und Partialkorrelation	189
12.5	Das Webersche Gesetz für Herstellungsexperimente	191
12.6	Zusammenfassende Bemerkungen	193

13	Matrizen	197
13.1	Definitionen und Spezialfälle	197
13.2	Rechenoperationen mit Matrizen	199
13.3	Rang einer Matrix	204
13.4	Rechenregeln	206
13.5	Erwartungswert, Varianz und Kovarianz bei mehrdimensionalen Zufallsvariablen	207
13.6	Zusammenfassende Bemerkungen	209

14	Multiple lineare Regression	217
14.1	Multiple lineare Regression	218
14.2	Multiple lineare Quasi-Regression	223
14.3	Statistische Modelle zur multiplen linearen Regression	227
14.4	Zusammenfassende Bemerkungen	233

Teil III Kausale Regression

15	Paradoxa	241
15.1	Ein Paradoxon	241
15.2	Ein zweites Paradoxon	245

15.3	Randomisierung	247
15.4	Homogene Population	248
15.5	Zusammenfassende Bemerkungen	248
16	**Individuelle und durchschnittliche kausale Effekte**	**253**
16.1	Das zugrunde liegende Zufallsexperiment	253
16.2	Grundbegriffe	255
16.3	Individueller und durchschnittlicher Effekt	257
16.4	Hinreichende Bedingungen der kausalen Unverfälschtheit	259
16.5	Diskussion der kausalen Unverfälschtheit	261
16.6	Zusammenfassende Bemerkungen	262
17	**Bedingte kausale Effekte**	**265**
17.1	Einführendes Beispiel	265
17.2	Theorie bedingter kausaler Effekte	271
17.3	Theoreme	274
17.4	Berechnung des durchschnittlichen kausalen Effekts in der Gesamtpopulation	276
17.5	Beispiel: Nonorthogonale Varianzanalyse	277
17.6	Zusammenfassende Bemerkungen	279
17.7	Weiterführende Literatur	280
18	**Ausblick**	**285**
18.1	Klassische Testtheorie	285
18.2	Item-response-Theorie	289
18.3	Latent-state-trait-Theorie	291
18.4	Logistische Latent-state-trait-Modelle	297
18.5	Faktorenanalyse	298
18.6	Strukturgleichungsmodelle	300
18.7	Multivariate multiple lineare Regression	302
18.8	Schluss	304

Literaturverzeichnis **307**

Namenverzeichnis **317**

Sachverzeichnis **321**

1 Einführung

> „... the true logic for this world is the calculus of probabilities ..."
>
> *J. Clerk Maxwell*

Eines der Hauptziele der empirischen Wissenschaften ist es, Aussagen darüber zu machen, wie welche Variablen voneinander abhängen, zum Beispiel die „Schulleistung" von „Intelligenz" und „Fleiß", „Intelligenz" des Kindes von den „Intelligenzen" der beiden Elternteile, „Empfindung" einer physikalischen Reizgröße (z. B. Gewicht) von der tatsächlichen „physikalischen Reizgröße" und bestimmten „Kontextreizgrößen" (z. B. dem Volumen des Behälters, in dem das Gewicht verpackt ist; Gewicht-Volumen-Täuschung), „Erkrankung an Lungenkrebs" von bestimmten Umweltvariablen (z. B. Asbestgehalt der Luft), „durch Krankheit entstehenden Kosten" vom „Ausmaß der körperlichen Ertüchtigung", „Kriminalitätsrate" in einem bestimmten Gebiet von seiner „durchschnittlichen Bebauungshöhe", „Aggressivität" Jugendlicher von der „Art ihrer Betreuung im Vorschulalter (z. B. durch Mutter bzw. in Kindertagesstätte)", etc. Bei allen genannten Beispielen handelt es sich um nichtdeterministische Abhängigkeiten, und nicht bei allen muss es sich um kausale Abhängigkeiten handeln.

Warum sind stochastische Abhängigkeiten wichtig?

Beispiele nichtdeterministischer Abhängigkeiten

Der *Nichtdeterminismus* derartiger Abhängigkeiten hat mindestens zwei Gründe: Multiple Determiniertheit und Messfehler. Mit „*Multipler Determiniertheit*" meinen wir den Sachverhalt, dass wohl keine der oben genannten Variablen nur von einer einzigen Variablen beeinflusst wird. Stattdessen hängt jede von mehreren, meist unbekannten anderen Variablen ab. So wird bspw. „Erkrankung an Lungenkrebs" nicht ausschließlich durch den „Asbestgehalt der Luft" verursacht, sondern auch durch das „Ausmaß des Zigarettenkonsums". Genauso wenig werden die „durch Krankheit entstehenden Kosten" nur durch das „Ausmaß der körperlichen Ertüchtigung" beeinflusst, sondern auch durch „Ernährungsverhalten" und genetische Determinanten. Die Aggressivität Jugendlicher hängt nicht ausschließlich von der „Art ihrer Betreuung im Vorschulalter" ab, sondern auch vom „Schulklima", ihren „wahrgenommenen Berufschancen", der „Art ihres Fernsehverhaltens", den „Einstellungen in ihrem Freundeskreis", etc. Entsprechend verhält es sich mit den anderen, oben genannten Beispielen.

Gründe für Nichtdeterminismus:

1. Multiple Determiniertheit

Messfehler sind ein zweiter Grund dafür, dass wir es in den Sozial- und Verhaltenswissenschaften—und nicht nur dort—mit nichtdeterministischen Abhängigkeiten zu tun haben. Psychische Eigenschaften wie „Intelligenz" und „empfundene Größe eines physikalischen Reizes" können wir nur messfehlerbehaftet erfassen. Das gilt aber auch für medizinische Diagnosen wie „Erkrankung an Lungenkrebs", sei es, weil Verwechslungen im Labor möglich sind, oder sei es, weil eine Diagnose (bspw. im Frühstadium) an sich unsicher ist.

2. Messfehler

Überblick. Im vorliegenden Kapiteln beginnen wir mit verschiedenen Arten der stochastischen Abhängigkeit, stellen fest wo und in welcher Form diese vorkommen und beschreiben anhand eines Beispiels die Hauptaufgaben von Regressionsmodellen. Danach folgen einige wissenschaftstheoretische und wissenschaftshistorische Bemerkungen. Im Anschluss wird noch einmal begründet, warum die Begriffe der Regressionstheorie für die Theoriesprache der empirischen Wissenschaften—und nicht nur als technische Begriffe der Statistik und Datenanalyse—wichtig sind. Schließlich folgen ein Überblick über die einzelnen Kapitel des Buchs und eine Angabe der Voraussetzungen zu seinem erfolgreichen Lesen.

1.1 Arten der stochastischen Abhängigkeit

Arten stochastischer Abhängigkeiten ... von Ereignissen

Wie der Leser bei der Lektüre dieses Buches bemerken wird, gibt es eine Vielzahl von nichtdeterministischen oder stochastischen Abhängigkeiten und Unabhängigkeiten, die alle auch inhaltlich völlig verschiedenes bedeuten. Wenn es um Ereignisse geht, so können diese paarweise, tripelweise, ..., n-tupelweise oder total stochastisch unabhängig sein. Die Negation dieser Arten der Unabhängigkeit liefert *verschiedene Arten der stochastischen Abhängigkeit von Ereignissen*. Das gleiche gilt für Mengen von Ereignissen. Auch für Zufallsvariablen gibt es viele verschiedene Abhängigkeitsarten.

... und von Zufallsvariablen

Zufallsvariablen können stochastisch, regressiv oder korrelativ abhängig oder unabhängig sein, und auch innerhalb dieser drei Arten der Abhängigkeit und Unabhängigkeit von Variablen—und dies sind nur die drei wichtigsten—gibt es wieder verschiedene Arten.

Inferenzstatistische Verfahren zur Untersuchung von Abhängigkeiten

Derartige Abhängigkeiten kann man mit inferenzstatistischen Verfahren untersuchen. In der Regel heißt das, mittels Stichprobenkennwerten entsprechende Parameter zu schätzen und Hypothesen—z. B. mit einem Signifikanztest—über deren Größe zu prüfen. Ein Beispiel dafür ist die Differenz $\overline{Y}_1 - \overline{Y}_2$ zweier Stichprobenmittelwerte, die zu einem t-Wert verrechnet werden kann, um damit die Nullhypothese zu überprüfen, dass die entsprechende Differenz $\mu_1 - \mu_2$ der Erwartungswerte gleich 0 ist.

Ziel des Buches: nicht Inferenzstatistik, sondern Hypothesen verstehen, um die es bei der Inferenzstatistik geht

Dieses Buch dient weniger dazu, den Leser mit den oben angesprochenen inferenzstatistischen Verfahren, sondern mit einigen der zuvor genannten Arten der Abhängigkeit und Unabhängigkeit, insbesondere aber der *regressiven Abhängigkeit und Unabhängigkeit*, vertraut zu machen. Diese sind in der Regel der Gegenstand der Hypothesen, die in der Inferenzstatistik geprüft werden.

Die Abhängigkeitsarten sind abstrakte Inhalte

Bei allen diesen Abhängig- und Unabhängigkeitsarten handelt es sich nicht um inhaltlich irrelevante Methoden, die beliebig austauschbar und ersetzbar sind. Vielmehr handelt es sich bei ihnen um abstrakte Inhalte, insofern, als ihre charakteristischen Eigenschaften vielen inhaltlichen Abhängigkeiten gemeinsam sind.

1.2 Wo kommen regressive Abhängigkeiten vor?

In der Klasse der regressiven Abhängigkeiten sind fast alle Arten von Abhängigkeiten enthalten, auf die sich unsere üblichen Hypothesen in statistischen Untersuchungen beziehen. Dazu gehören nicht nur die oben genannten Unterschiede zwischen Erwartungswerten, sondern auch Unterschiede zwischen Wahrscheinlichkeiten, Abhängigkeiten, die durch einfache und durch partielle Regressionskoeffizienten beschrieben werden, Parameter aus faktorenanalytischen und Strukturgleichungsmodellen, der Varianzanalyse, der Analyse von Kontingenztafeln und viele andere Arten der Abhängigkeit, die in den Lehrbüchern der Statistik als völlig unterschiedliche Verfahren dargestellt werden.

Arten von Abhängigkeiten, die durch Regressionen beschrieben werden können

Bei der Regression $E(Y|X)$ des Regressanden Y auf den Regressor X handelt es sich um eine Zufallsvariable, deren Werte die bedingten Erwartungswerte $E(Y|X=x)$ sind. Aussagen über eine solche Regression sind nicht nur der Kern der einfachen oder multiplen Regressionsanalyse, sondern auch der Varianzanalyse, der Faktorenanalyse und der Strukturgleichungsmodelle.

Regression und ihre Werte, Regressor und Regressand

Aussagen über Regressionen können in verschiedener Weise formuliert werden, z. B.

Verschiedene Formulierungsarten von Aussagen über Regressionen

(a) als Regressionskurve in einem kartesischen Koordinatensystem,
(b) als Säulendiagramm, mit dem man bedingte Wahrscheinlichkeiten oder Erwartungswerte angibt,
(c) als Tabelle, in der man Erwartungswerte in Gruppen angibt,
(d) als Pfaddiagramm oder auch
(e) als Gleichung.

Die Darstellungsform hat jedoch nichts mit der logischen Struktur zu tun, die gemeint ist, wenn von Regressionen die Rede ist.

In allen genannten Fällen geht es um Aussagen darüber, wie die bedingten Erwartungswerte $E(Y|X=x)$ einer Variablen Y von den Werten einer (bzw. mehrerer) Variablen X (bzw. $X_1, ..., X_m$) abhängen, oder um globale Aussagen darüber, wie stark diese regressive Abhängigkeit ist, z. B. durch Angabe des Determinationskoeffizienten.

Was ist das Gemeinsame?

1.3 Hauptaufgaben von Regressionsmodellen

In einer empirischen Theorie haben Regressionsmodelle im wesentlichen *zwei Hauptaufgaben*. Sie explizieren die Verknüpfung zwischen:
(a) empirischen und theoretischen Begriffen und damit das *Messmodell*,
(b) den theoretischen (bzw. empirischen) Begriffen und damit die *Abhängigkeitsbegriffe*.
Dies soll an einem Beispiel illustriert werden.

Hauptaufgaben von Regressionsmodellen in empirischen Theorien

Betrachten wir als Beispiel die Hypothese „Frustration führt zu Aggression!" Hier kommen die beiden theoretischen Begriffe „Frustration" und „Aggression" vor, die mit dem Abhängigkeitsbegriff „führt zu" verknüpft sind. Alle drei Begriffe haben zunächst nur umgangssprachliche Bedeutungen, die für den Alltag auch hinreichend präzise sein mögen. Dem Präzisionsanspruch einer *empirischen Wissenschaft* genügt die umgangssprachliche Formulierung der Frustrations-Aggressions-Hypothese jedoch nicht, da sie allzu viele Fragen offen lässt.

Zum einen ist mittels zweier Messmodelle zu explizieren, welche Beobachtungen auf welche Weise mit den beiden theoretischen Begriffen „Frustration" bzw. „Aggression" zu verknüpfen sind und zum anderen, was mit dem so harmlos aussehenden Wort „führt zu" gemeint sein soll.

Beispiel zur Notwendigkeit von Messmodellen

Bei den Beobachtungen könnte es sich um Verhaltensbeobachtungen mit einer festgelegten Menge von Verhaltenskategorien handeln, aber auch um Selbstauskünfte oder um Fremdurteile auf einer Ratingskala. Die beiden Messmodelle würden dann spezifizieren, welche mathematischen Beziehungen zwischen diesen Beobachtungen und dem jeweiligen theoretischen Begriff bestehen. In der Regel ist dies eine Funktion, welche die Antwortwahrscheinlichkeit in einer bestimmten Kategorie in Abhängigkeit der zu messenden theoretischen Größe angibt. Verschiedene Beispiele dazu sind in der Psychologie aus der Item-Response-Theorie bekannt (s. z. B. Steyer & Eid, 2001).

Beispiel zur Notwendigkeit von Abhängigkeitsmodellen

Auch der Abhängigkeitsbegriff „führt zu" bedarf einer Präzisierung. Ist damit die deterministische Aussage gemeint:
(a) Für alle Menschen gilt: wenn sie frustriert sind, reagieren sie aggressiv?
Oder ist lediglich die folgende probabilistische Aussage gemeint:
(b) Für alle Menschen gilt: wenn sie frustriert sind, ist die Wahrscheinlichkeit, dass sie aggressiv reagieren, erhöht?

Sind „Frustration" und „Aggression" qualitative, komparative oder gar metrische Begriffe? Wären es nur qualitative Begriffe, die nur die Ausprägungen „vorhanden" und „nicht vorhanden" haben, dann wären nur die obige deterministische (a) und die probabilistische Präzisierung (b) der Frustrations-Aggressions-Hypothese möglich. Handelt es sich aber um komparative oder gar metrische Begriffe, wären auch weitere Präzisierungen möglich wie z. B.:
(c) Für alle Menschen gilt: je mehr sie frustriert werden, desto stärker reagieren sie aggressiv.
(d) Für alle Menschen gilt: je mehr sie frustriert werden, desto höher ist die Wahrscheinlichkeit, dass sie aggressiv reagieren.
(e) Für alle Menschen gilt: je mehr sie frustriert werden, desto höher ist der Erwartungswert ihrer Aggressivität.

Dieses Beispiel ließe sich leicht über mehrere Seiten fortsetzen. Aber auch mit den obigen Ausführungen dürfte folgendes schon hinreichend klar geworden sein: Damit aus der Frustrations-Aggressions-Hypothese eine Hypothese einer deduktiven empirischen Wissenschaft werden kann, müssen die theoretischen Begriffe „Frustration" und „Aggression", aber auch der Abhängigkeitsbegriff „führt zu" präzisiert werden, und zwar so, dass eine Verknüpfung zwischen theoretischen Begriffen und beobachtbaren Sachverhalten hergestellt wird, die logische Deduktionen ermöglicht.

1.4 Wissenschaftstheoretische Bemerkungen

Logische Widerspruchsfreiheit und Empirie als Korrektiv

In den Humanwissenschaften wie der Psychologie, Soziologie und Ökonomie verstehen sich viele Forscher als *empirische* Wissenschaftler. Neben dem Kriterium der *logischen Widerspruchsfreiheit* ist für sie die *Erfahrung* oder *Empirie* das wesentliche Korrektiv für Theorien. Die Theorien einer *empirischen* Wissenschaft müssen etwas über unsere *Erfahrung* aussagen. Nur dann sind sie an ihr überprüfbar. Die *deduktivistisch* oder *falsifikationistisch* orientierten Wissenschaftler verlangen von einer empirischen Theorie, dass aus ihr Aussagen über die Empirie *logisch* abgeleitet werden können (vgl. hierzu das Abgrenzungsproblem bei Popper, 1984). Aus der Sicht einer deduktivistischen Methodologie sind die logische Widerspruchsfreiheit und die logische Ableitbarkeit von Aussagen über beobachtbare Sachverhalte die beiden wichtigsten Kriterien, denen eine *empirische* Theorie genügen sollte. Alle weiteren Kriterien dienen nur noch dazu, verschiedene empirische Theorien untereinander zu bewerten.

Grundprinzip des Deduktivismus

Sowohl um die logische Widerspruchsfreiheit überprüfen zu können, als auch um Aussagen über die Empirie ableiten zu können, muss eine Theorie in einer *formalen Sprache* formuliert sein oder in diese übersetzt werden können, denn nur dort sind die Regeln des logischen Schließens anwendbar (s. dazu auch Erdfelder & Bredenkamp, 1994 sowie Westermann, 2000). Dabei ist allerdings anzumerken, dass bisher nur wenige empirische Theorien diese beiden Kriterien erfüllen, die m. E. aber dennoch als anzustrebende Ideale unverzichtbar sind, jedenfalls dann, wenn es auf Präzision ankommt. Für viele Alltagszwecke reichen natürlich auch umgangssprachlich formulierte Theorien aus.

Formulierung der Theorie in einer formalen Sprache

Umgangssprachlich formulierte Hypothesen wie die Frustrations-Aggressions-Hypothese als „wissenschaftliche Hypothesen" zu bezeichnen (s. z. B. Hager, 1987; Hager, 1987, 1992), ist m. E. problematisch. Zwar sind es Hypothesen, die Wissenschaftler zu einem bestimmten Zeitpunkt im Prozess der Entwicklung ihrer Theorien haben, aber sie sind u. E. nicht das, wohin Theorienentwicklung zielen sollte. Für solche umgangssprachlich formulierte Hypothesen, die im Wissenschaftsprozess durchaus nützlich sind, gibt es in der Regel nicht nur eine einzige, sondern viele verschiedene Möglichkeiten der Präzisierung. Daher können umgangssprachlich formulierte Hypothesen u. E. nicht das Endziel, sondern nur das Rohmaterial darstellen, aus dem nach entsprechender Bearbeitung Hypothesen konstruiert werden können, aus denen sich empirisch überprüfbare Aussagen logisch deduzieren lassen.

Umgangssprachlich formulierte Hypothesen als wissenschaftliche Hypothesen?

Sicherlich kommen Wissenschaftler bei ihrer Theorienentwicklung nicht nur mit Deduktion aus, sondern müssen auch an vielen Stellen induktive Schritte tun (s. dazu Kap. 4 von Westermann, 2000, sowie Westermann & Gerjets, 1994), aber dennoch sollte man nicht verwischen, wo man induktiv und wo man deduktiv arbeitet. Im letzteren Fall weiß man nämlich, wo man absolute Sicherheit über die Gültigkeit der Schlussfolgerungen hat, im ersteren Fall dagegen fehlt diese Sicherheit. Die Unterscheidung zwischen deduktiven und induktiven Schlüssen ist also insbesondere bei der Theorienkritik und -revision von Bedeutung, da sie unsere Aufmerksamkeit auf die diejenigen Stellen zu richten erlaubt, die möglicherweise falsch sein können, wohingegen andere Teile der Theorie schon aus logischen Gründen nicht falsch sein können. Im Kapitel 6 werden wir ein Beispiel für den letzten Fall kennen lernen, nämlich die Unkorreliertheit von Residuum und Regressor.

Differenzierung zwischen induktivem und deduktivem Vorgehen

Auch andere Beispiele zeigen, dass unsere Umgangssprache zwar viele Begriffe enthält, mit denen wir nichtdeterministische Abhängigkeiten beschreiben können, aber für viele Zwecke ist sie zu unpräzise. Was bedeutet z. B. die Aussage „Rauchen fördert Lungenkrebs"? Ist damit eine Korrelationsaussage über eine Population gemeint? Wenn ja, handelt es sich um eine lineare Abhängigkeit, oder gibt es bestimmte Schwellen, an denen die Wahrscheinlichkeit, an Lungenkrebs zu erkranken, stärker ansteigt? Ist die Abhängigkeit in allen Teilpopulationen gleich, oder gibt es Populationen, die trotz Rauchen weniger gefährdet sind? Ist gar eine kausale Abhängigkeit gemeint, und wenn ja, in welchem Sinn? (Eine deterministische Abhängigkeit ist wohl auszuschließen.) Handelt es sich vielleicht gar nicht um eine Populationsaussage, sondern bezieht sie sich auf jedes Individuum? Auch hier stellt sich die Frage nach der Art der Abhängigkeit und nach eventuellen interindividuellen Differenzen.

Weitere Beispiele für unpräzise Aussagen

Logische Widerspruchsfreiheit und Ableitbarkeit von Aussagen über die Empirie

Regressionsmodelle, um die es hier geht, genügen den o. g. beiden Kriterien, der *logischen Widerspruchsfreiheit* und der *logischen Ableitbarkeit*. Sie sind in einer formalen Sprache—der Sprache der Wahrscheinlichkeitstheorie—formuliert und erlauben daher die Überprüfung ihrer logischen Widerspruchsfreiheit und die Ableitung von Aussagen über die Empirie. Regressionsmodelle sind insbesondere für Anwendungen in der Psychologie und den benachbarten Sozialwissenschaften wegen des *Messfehlerproblems* und allgemein wegen des *Problems der multiplen Determiniertheit* geeignet: Beobachtungen und *Messungen sind fehlerbehaftet*, und die zu erklärenden Phänomene haben *viele verschiedene Ursachen*, die man nur selten alle kennt, so dass deterministische Erklärungen selten möglich sind.

1.5 Zur Geschichte der Regressionstheorie

Entdeckung nichtdeterministischer Gesetzmäßigkeiten und Entwicklung der Begriffe „Korrelation" und „Regression"

Mit der Einführung der Begriffe „Korrelation" und „Regression" in die Bio- und Sozialwissenschaften vor mehr als hundert Jahren (siehe z. B. Bravais, 1846; Galton, 1877, 1889; Pearson, 1896; Pearson, 1896, 1901; Yule, 1897; Yule, 1897, 1907) war die Entdeckung einer neuen Art von Gesetzmäßigkeiten vollzogen. Im Gegensatz zu der Art der Gesetze, die durch deterministische mathematische Funktionen beschrieben werden konnten, waren die neuen Gesetzmäßigkeiten ihrer Natur nach nichtdeterministisch. Galton (1877) fand beispielsweise, dass das Gewicht von Blatterbsensamen vom Gewicht des Samens der Mutterpflanze auf eine bestimmte nichtdeterministische Weise abhängig ist. Später (1889) zeigte er, dass auf die gleiche Weise die Körpergröße der Söhne von der Körpergröße der Väter abhängt. Beide Abhängigkeiten ließen sich durch eine „Regressionsgerade" beschreiben. Was war so besonders an dieser „linearen regressiven Abhängigkeit"? (Galton sprach 1877 übrigens noch nicht von „Regression", sondern von „Reversion".)

Der wichtigste Punkt ist wohl, dass diese Abhängigkeiten zwar gesetzmäßig, aber keineswegs deterministisch sind. Sie sind nichtdeterministisch per se, d. h. die Abweichungen der beobachteten Wertepaare (z. B. Größe des Vaters, Größe des Sohnes) von der Regressionsgerade sind nicht oder nur zu einem vernachlässigbar geringen Teil auf Messfehler zurückzuführen, sondern spiegeln eine Eigenschaft des betrachteten Phänomens selbst wider. Obwohl Regressionsanalysen bereits vor Galton bekannt waren—wenn auch nicht unter diesem Namen—so wurden sie vor ihm doch hauptsächlich angewandt, um dem Problem von Messfehlern zu begegnen, so zum Beispiel in der Geophysik (Adrain, 1818), Astronomie (Pr. Littrow, 1818; I. I. Littrow, 1833) und der Psychophysik (Fechner, 1860). Diese Forscher gingen davon aus, dass die zugrunde liegenden Gesetze mit deterministischen mathematischen Funktionen beschrieben werden konnten, obwohl man sie in ihrer unverfälschten deterministischen Form nicht beobachten konnte, da es unmöglich war, die betrachteten Variablen ohne Messfehler zu messen. Nichtdeterministische, stochastische Gesetzmäßigkeiten kannte man bereits früher (z. B. Mendel, 1866), dennoch waren die mit den Begriffen der Korrelation und Regression eingeführten Gesetze insofern neuartig, als mit ihnen quantitative Variablen verknüpft wurden. Gegen Ende des 19. Jahrhunderts waren also stochastische Gesetzmäßigkeiten und Begriffe bekannt, die sowohl qualitative, als auch quantitative Variablen zum Gegenstand hatten.

Verknüpfung quantitativer Variablen mit nichtdeterministischen Gesetzmäßigkeiten

Im vergangenen Jahrhundert wurden die Begriffe der Korrelation und Regression weiterentwickelt, insofern als auch mehrere unabhängige Variablen betrachtet wurden. Sind diese qualitativ, so bezeichnet man das zugehörige statistische Verfahren als „Varianzanalyse". Diese Verfahren wurden zunächst von Fisher (z. B. 1925) für Anwendungen in der Agrarwissenschaft entwickelt, aber später auch in vielen anderen empirischen Wissenschaften übernommen.

1.6 Regression als Teil der Theoriesprache

Die Tatsache, dass die Varianzanalyse mit festen Effekten ein Spezialfall der Regressionsanalyse ist, wurde in der Psychologie hauptsächlich von Cohen (1968) mit seinem Artikel „Multiple Regression as a General Data-Analytic System" bekannt gemacht. Dieser Titel spiegelt eine weit verbreitete Tendenz innerhalb der Methodenlehre der Sozialwissenschaften wider, die Begriffe Korrelation und Regression lediglich unter dem Aspekt der Datenanalyse zu betrachten. Dabei wird jedoch vernachlässigt, dass sie auch wichtige Bestandteile der wissenschaftlichen Theoriesprache sind, mit denen nichtdeterministische Abhängigkeiten zwischen Variablen formuliert werden können, die ohne diese Begriffe nicht oder nur unzureichend beschrieben werden können. Bei dem obigen Beispiel der Regression der *Körpergröße des Sohns* auf die *Körpergröße des Vaters* wäre es falsch zu sagen, „je größer der Vater, desto größer der Sohn", da es durchaus Väter gibt, deren Söhne kleiner als die Söhne anderer, kleinerer Väter sind. Deterministische Formulierungen jeglicher Art müssen in diesen Fällen versagen. Einen Ausweg bieten stochastisch formulierte Aussagen, zum Beispiel Aussagen über Wahrscheinlichkeiten von Ereignissen und über Erwartungswerte, Varianzen, Korrelationen oder Regressionen zwischen Zufallsvariablen.

Beschreibung nichtdeterministischer Abhängigkeiten durch stochastisch formulierte Aussagen

Dabei beachte man, dass wir in inhaltlichen Theorien nicht an Aussagen über Mittelwerte, Varianzen, Korrelationen und Regressionen etc. *in Stichproben* interessiert sind, sondern an Aussagen über deren theoretische Analoga, also den korrespondierenden theoretischen Größen, den „wahren" Mittelwerten (d. h. den Erwartungswerten), Varianzen, Korrelationen und Regressionen, die wir allerdings nur (Stichproben-)fehlerbehaftet beobachten und schätzen können. In diesem Sinn wird daher im vorliegenden Buch der Regressionsbegriff als Bestandteil der Theoriesprache der empirischen Wissenschaften verwendet. Damit soll keineswegs die Bedeutung der Regression für die Datenanalyse vermindert werden. Allerdings ist das primäre Ziel der empirischen Wissenschaften wohl die Formulierung von Theorien.

Die Analyse von Daten ist sowohl bei der Entwicklung von Theorien, als auch bei deren Überprüfung von großer Bedeutung. Dennoch gilt der

Theorie als primäres Ziel empirischer Wissenschaften

Theorie das zentrale Interesse und daher auch der Sprache, in der die theoretischen Aussagen formuliert werden. Regressionstheorie, wie sie in diesem Buch behandelt wird, ist folglich ein wichtiger Teil der Theoriesprache der empirischen Wissenschaften.

Beispiele. Einige Beispiele für die Verwendung wahrscheinlichkeitstheoretischer Begriffe als Begriffe in der Theoriesprache empirischer Wissenschaften sollen im Folgenden genannt werden. In der Klassischen Psychometrischen Testtheorie (KTT; s. z. B. Lord & Novick, 1968; Steyer & Eid, 2001) wird der wahre Wert einer Person bezüglich einer Testwertvariablen durch den Erwartungswert der intraindividuellen Verteilung der Testwertvariablen definiert. Die Unterschiede zwischen diesen wahren Werten (d. h. dieser Erwartungswerte) zwischen verschiedenen Personen erklären die unterschiedlichen beobachtbaren Testergebnisse der betreffenden Personen auf den entsprechenden Testwertvariablen.

In der Latent-State-Trait-Theorie (Steyer, Ferring & Schmitt, 1992; Steyer, Schmitt & Eid, 1999) werden sowohl der Trait (die Eigenschaft) einer Person als auch der State (der Zustand) einer Person-in-einer-Situation bezüglich einer Testwertvariablen durch spezielle bedingte Erwartungswerte der Testwertvariablen definiert. Die Unterschiede in diesen Erwartungswerten verschiedener Personen erklären innerhalb dieser Theorie wiederum die unterschiedlichen beobachtbaren Testergebnisse der betreffenden Personen auf den entsprechenden Testwertvariablen.

Bedingte Wahrscheinlichkeiten sind in einer Vielzahl anderer psychologischer Theorien zentrale Begriffe. Dazu gehören z. B. die Item-Response-Theorie (z. B. Boomsma, van Duijn & Snijders, 2001; Fischer & Molenaar, 1995; Rost, 1996; Sijtsma & Molenaar, 2002, Steyer & Eid, 2001), die Latent-Class-Modelle (s. z. B. Rost, 1996; Eid & Langeheine, 1999) und die Signalentdeckungstheorie (Green & Swets, 1966). Von grundlegender Bedeutung sind bedingte Wahrscheinlichkeiten auch bei den multinomialen Modellen, die in der Kognitiven Psychologie viele Anwendungen gefunden haben (s. z. B. Bayen, Murnane & Erdfelder, 1996 und Meiser & Bröder, 2002; zum Überblick siehe auch Batchelder & Riefer, 1999). Schließlich sei auf die Verwendung von bedingten Wahrscheinlichkeiten bei der Beschreibung der Komplexitätsreduktion beim Denken hingewiesen (Krause, Seidel & Schack, 2001).

Formalisierung des Regressionsbegriffs durch Kolmogoroff

Die Regression als formaler mathematischer Begriff—und nicht als Verfahren der Datenanalyse—ist keineswegs neu. Vielmehr geht sie auf Kolmogoroff (1933/1977) zurück, der die Wahrscheinlichkeitstheorie als mathematische Disziplin etablierte, indem er sie als speziellen Zweig der Maßtheorie formulierte. Als Teil der Wahrscheinlichkeitstheorie hat Kolmogoroff auch die Theorie der bedingten Erwartung entwickelt, die man als Formalisierung und Generalisierung der bis dahin bekannten Regressionstheorie betrachten kann. Im Aufbau der Wahrscheinlichkeitstheorie nimmt die Theorie der bedingten Erwartungen (synonym: Regressionen) einen bedeutenden Platz ein (s. z. B. die Bücher von Bauer, 2002 oder Gänssler & Stute, 1977). Ihre Bedeutung als Bestandteil der Theoriesprache der empirischen Wissenschaften ist dort jedoch natürlich nicht herausgearbeitet.

1.7 Überblick über die Kapitel dieses Buchs

In diesem Buch geht es darum, den Leser zum Studium der Regressionstheorie und ihrer Anwendungen in der Psychologie zu motivieren, einige wichtige Grundbegriffe einzuführen und deren Anwendung in empirischen Wissenschaften aufzuzeigen. Da Regressionsmodelle eine spezielle Art von stochastischen Modellen sind, ist dies natürlich nicht möglich, ohne vorher die Grundbausteine eines jeden stochastischen Modells, *Ergebnis, Ereignis* und *Wahrscheinlichkeit*, einzuführen. Dies ist Gegenstand von *Kapitel 2*. Die Bedeutung dieser Begriffe für ihre Anwendung in der Psychologie liegt vor allem darin, dass sie ermöglichen, einen ersten Abhängigkeitsbegriff, die *stochastische Abhängigkeit von Ereignissen*, zu definieren. Dies umreißt den Gegenstand des *Kapitels 3*. Diese Grundbausteine werden dann im *Kapitel 4* durch die Begriffe *Zufallsvariable*, ihre *Verteilungen* und ihre *Kennwerte* ergänzt, die uns ermöglichen, weitere Abhängigkeitsbegriffe einzuführen: die Abhängigkeit von Zufallsvariablen und, im *Kapitel 5*, die *korrelative Abhängigkeit* zwischen numerischen Zufallsvariablen. Die *Kapitel 2 bis 5* bilden zusammen den *Teil I* dieses Buchs, der zum Verständnis der Regressionstheorie notwendige Grundlage ist.

Das Buch im Überblick: Teil I (Kapitel 2 - 5)

Grundbausteine eines stochastischen Modells

Im *Kapitel 6* wird dann der *allgemeine Begriff der Regression*, und damit eine weitere Art stochastischer Abhängigkeit, die *regressive Abhängigkeit*, eingeführt. *Kapitel 7* ist dem speziellen Fall der *linearen Regression* sowie der damit beschriebenen *linearen regressiven Abhängigkeit* gewidmet. Im *Kapitel 8* widmen wir uns der *einfachen nichtlinearen Regression*. Im *Kapitel 9* betrachten wir zum ersten Mal explizit mehr als einen numerischen Regressor und widmen uns dabei dem einfachsten Fall, der *zweifachen linearen Regression*. Dabei stoßen wir auch zum ersten mal auf den Begriff der *partiellen linearen regressiven Abhängigkeit*. Im *Kapitel 10* wird eine weitere Verallgemeinerung vorgenommen, indem wir die *bedingte lineare Regression* und den damit verknüpften Begriff der *bedingten linearen regressiven Abhängigkeit* einführen. Im *Kapitel 11* geht es dann um die *bedingte nichtlineare Regression*.

Teil II (Kapitel 6 - 14)

Vom allgemeinen Regressionsbegriff bis zu speziellen Fällen einfacher und multipler Regression

Im *Kapitel 12* folgen dann bedingte Varianzen, Kovarianzen und Korrelationen sowie die Partialkorrelation. Bedingte Varianzen und Kovarianzen werden dort jeweils als Werte einer speziellen Regression eingeführt. Im *Kapitel 13* stellen wir die für die Formulierung von Regressionsmodellen wichtigsten Konzepte und Regeln der Matrizenrechnung bereit, die dann *in Kapitel 14* zur Darstellung der multiplen linearen Regression mit beliebig vielen Regressoren und des Allgemeinen Linearen Modells verwendet werden.

Bedingte Varianz und Kovarianz bedingte Korrelation Partialkorrelation

Matrixalgebra

In den Kapiteln 9 bis 11 wird herausgearbeitet, dass es nicht nur Abhängigkeiten zwischen zwei Variablen gibt, sondern dass oft erst die gleichzeitige Betrachtung der Abhängigkeit zwischen vielen Variablen ein angemessenes Bild der Realität ergibt. Selbst bei einer bivariaten, aber noch mehr bei einer multivariaten Betrachtung müssen wir also zwischen verschiedenen Arten stochastischer, ja sogar regressiver Abhängigkeit unterscheiden, die nicht nur von methodischem, sondern auch von inhaltlichem Interesse sind. Sie stellen einen abstrahierten Inhalt dar, der vielen Anwendungen gemeinsam ist. Jede Art dieser stochastischen Abhängigkeiten ist auch inhaltlich anders zu interpretieren. Die *Kapitel 6 bis 14* bilden den *Teil II* dieses Buchs.

Zur Notwendigkeit, viele Variablen gleichzeitig zu betrachten

Im *Teil III*, d. h. den *Kapiteln 15 bis 17* geht es um *kausale regressive Abhängigkeiten*. Das Kausalitätsproblem stellt sich z. B. dann, wenn behauptet wird, dass eine betrachtete stochastische Abhängigkeit einer Va-

Teil III (Kapitel 15 - 17)

*Kausale
regressive Abhängigkeiten*

riablen *Y* von einer weiteren Variablen *X* durch eine Ursache-Wirkungs-Beziehung zwischen diesen beiden Variablen zustande kommt. Eine alternative Hypothese wäre, dass beide von einer oder mehreren „Drittvariablen" beeinflusst werden. Eng verknüpft mit dem Kausalitätsproblem sind die verschiedenen Techniken der experimentellen Versuchsplanung, wie z. B. die randomisierte Aufteilung der Beobachtungseinheiten auf die Versuchsbedingungen.[1]

Paradoxa

Im *Kapitel 15* stellen wir verschiedene Paradoxa vor, die zeigen, dass die durch Regressionen beschriebenen Abhängigkeiten völlig in die Irre führen können, wenn man eigentlich an kausalen Abhängigkeiten interessiert ist. Wir behandeln ein Beispiel, bei dem bei jeder einzelnen Person in einer Population ein positiver kausaler Effekt vorliegt, aber dennoch die durch die Regression beschriebene Abhängigkeit negativ ist. Es gibt andere Beispiele, die zeigen, dass es selbst bei einer regressiven (und korrelativen) Unabhängigkeit vorkommen kann, dass bei jeder einzelnen Person in der Population ein positiver Effekt des betrachteten Regressors vorliegt. Damit wird die weit verbreitete Ansicht widerlegt, dass eine Korrelation eine notwendige Bedingung für Kausalität ist (s. z. B. Bortz, 1999, S. 226). In *Kapitel 16* wird dann die Theorie individueller und durchschnittlicher kausaler Effekte eingeführt und ihre Bedeutung für Versuchsplanungstechniken wie Randomisierung erläutert. In *Kapitel 17* schließlich geht es um die Theorie bedingter kausaler Effekte und ihre Bedeutung für die statistische Datenanalyse. Insbesondere wird anhand der nonorthogonalen Varianzanalyse aufgezeigt, dass die Theorie kausaler Regressionsmodelle bisher nicht gelöste Probleme der statistischen Datenanalyse zu lösen vermag.

Randomisierung

Nonorthogonalen Varianzanalyse

*Zusammenfassende Diskussion
und Ausblick*

Im *Kapitel 18*, geben wir schließlich eine zusammenfassende Diskussion und weisen auf die nicht behandelten Gebiete hin, die man ebenfalls als Spezialgebiete der Regressionstheorie auffassen kann, die aber selbst so umfangreich sind, dass sie in diesem einführenden Buch nicht ausführlicher behandelt werden können.

1.8 Voraussetzungen zum Verständnis

Voraussetzung für ein volles Verständnis dieses Buchs ist die Vertrautheit des Lesers mit den Grundbegriffen der Aussagen- und Prädikatenlogik, der naiven Mengenlehre, einschließlich der Begriffe der Relation und der Abbildung. Dabei genügt durchaus das Niveau, wie es etwa in Steyer und Eid (2001) in den Anhängen A bis D dargestellt ist.

Nützlich, aber nicht absolut notwendig zum Verständnis wäre es natürlich auch, wenn man an das anknüpfen kann, was man sich durch eine

---

[1] Die in vielen umgangssprachlich formulierten Theorien vorkommende *Ceteris-paribus-Klausel* („unter sonst gleichen Bedingungen gilt: ...") ist als Versuch anzusehen, Hypothesen über kausale Abhängigkeiten zu formulieren. Als problematisch ist eine derartige Formulierung m. E. deswegen zu bewerten, weil damit meist Unmögliches—die Konstanthaltung *aller* Störvariablen—gefordert wird. Dies wird aber selbst im randomisierten Experiment nicht erreicht.

> **Zusammenfassungsbox 1. Das Wichtigste im Überblick**
>
> 1. Abhängigkeiten in den Sozial- und Verhaltenswissenschaften sind meist nicht-deterministisch. Gründe dafür sind *Multiple Determiniertheit* und *Messfehler*.
> 2. Bei den in empirischen Untersuchungen der Sozial- und Verhaltenswissenschaften betrachteten Abhängig- und Unabhängigkeitsarten handelt es sich nicht um inhaltlich irrelevante Methoden, die beliebig austauschbar und ersetzbar sind. Vielmehr handelt es sich bei ihnen um abstrakte Inhalte insofern, als ihre charakteristischen Eigenschaften vielen inhaltlichen Abhängigkeiten gemeinsam sind.
> 3. In den meisten Fällen, in denen in den empirischen Sozial- und Verhaltenswissenschaften statistische Verfahren verwendet werden, geht es um Aussagen darüber, wie die bedingten Erwartungswerte $E(Y|X=x)$ einer Variablen Y (des „Regressanden") von den Werten einer Variablen X oder auch mehrerer Variablen $X_1, ..., X_m$ (den „Regressoren") abhängen, oder um globale Aussagen darüber, wie stark diese regressive Abhängigkeit ist, z. B. durch Angabe des Determinationskoeffizienten.
> 4. Regressionsmodelle haben zwei Hauptaufgaben. Sie explizieren erstens die Verknüpfung zwischen empirischen und theoretischen Begriffen, und damit *Messmodelle*, und zweitens die Verknüpfung zwischen den theoretischen Begriffen und damit die *Abhängigkeitsbegriffe*, mit denen die Beziehungen zwischen theoretischen Begriffen beschrieben werden können
> 5. Die Analyse von Daten ist sowohl bei der Entwicklung von Theorien, als auch bei deren Überprüfung von großer Bedeutung. Dennoch gilt der Theorie das zentrale Interesse und daher auch der Sprache, in der die theoretischen Aussagen formuliert werden. Regressionstheorie, wie sie in diesem Buch behandelt wird, ist ein wichtiger Teil der *Theoriesprache* der empirischen Wissenschaften.

Einführung in die Statistik aneignet, wie bspw. bei Bortz (1999), Diehl und Arbinger (1993), Diehl und Kohr (1994) Nachtigall und Wirtz (2002), Wirtz und Nachtigall (2002) dargestellt. Zum Nachschlagen für manche Verfahren und Begriffe sind neben Bortz (1999) auch Erdfelder, Mausfeld, Meiser und Rudinger (1996) sowie Rogge (1995) nützlich.

Fragen

F1.	Warum sind die in den Sozial- und Verhaltenswissenschaften betrachteten Abhängigkeiten meist nicht deterministisch?	leicht
F2.	Welche Arten stochastischer Abhängigkeiten gibt es?	leicht
F3.	In welcher Form kann man Aussagen über eine Regression und regressive Abhängigkeiten formulieren?	mittel
F4.	Was ist dass gemeinsame bei allen regressiven, d. h. durch eine Regression beschreibbaren Abhängigkeiten?	leicht
F5.	Welche zwei Hauptaufgaben haben Regressionsmodelle in empirischen Wissenschaften?	leicht
F6.	Weswegen sind formalisierte Abhängigkeitsbegriffe aus der Sicht der falsifikationistischen Wissenschaftstheorie wichtig?	leicht
F7.	Inwiefern ist der Begriff der Regression ein Teil der Theoriesprache?	mittel
F8.	Warum reichen umgangssprachliche Abhängigkeitsbegriffe nicht für die Wissenschaft aus?	leicht

Antworten

A1. Die Gründe dafür sind *Multiple Determiniertheit* und *Messfehler*, d.h. die betrachteten Phänomene haben oft verschiedene Ursachen und können nur messfehlerbehaftet beobachtet werden.

A2. Stochastische Abhängigkeit von Ereignissen und von Zufallsvariablen. Zwischen Zufallsvariablen können regressive und korrelative Abhängigkeiten bestehen. Dabei ist zu beachten, dass dies nur eine grobe Aufzählung ist. Innerhalb dieser Kategorien gibt es wieder verschiedene Arten.

A3. Als Regressionskurve in einem Kartesischen Koordinatensystem, als Säulendiagramm, als Tabelle, in der man angibt, welchen Ausprägungen des Regressors, welche Erwartungswerte zugeordnet sind, als Pfaddiagramm und schließlich auch als Gleichung.

A4. Es geht immer um Aussagen darüber, wie die bedingten Erwartungswerte $E(Y|X=x)$ einer Variablen Y von den Werten einer (bzw. mehrerer) Variablen X (bzw. $X_1, ..., X_m$) abhängen, oder um globale Aussagen darüber, wie stark diese regressive Abhängigkeit ist, z. B. durch Angabe des Determinationskoeffizienten.

A5. Sie explizieren erstens die Verknüpfung zwischen empirischen und theoretischen Begriffen, und damit das *Messmodell*, und zweitens die Verknüpfung zwischen den theoretischen Begriffen und damit die *Abhängigkeitsbegriffe*, mit denen die Beziehungen zwischen theoretischen Begriffen beschrieben werden können.

A6. Weil in der Regel nur diese logische Ableitungen erlauben und man daher nur auf diese Weise aus der Theorie Aussagen über empirisch prüfbare Sachverhalte logisch ableiten kann. Dies aber ist eine Voraussetzung zur Falsifizierbarkeit theoretischer Aussagen.

A7. Zur Empiriesprache gehören z. B. „empirischer Mittelwert", „empirische Varianz", „empirische Korrelation" oder „empirischer Regressionskoeffizient". Dabei handelt es sich um Zahlen, die eine konkrete vorliegende Stichprobe charakterisieren. Bei der Regression dagegen ist die Rede von „theoretischen bedingten Erwartungswerten (in einer Population)", die man in Anwendungen immer nur durch die entsprechenden empirischen Mittelwerte schätzen kann. Genauso wenig wie eine Wahrscheinlichkeit, ist auch ein (bedingter) Erwartungswert etwas, was für ein konkretes Ding in der Realität steht. Wahrscheinlichkeiten und Erwartungswerte sind Begriffe in der Theoriesprache, die empirisch Beobachtbares erklären, wie z. B. die empirisch beobachtbaren relativen Häufigkeiten beim Werfen einer Münze.

A8. Weil sie zu unpräzise sind. Eine umgangssprachlich formulierte Aussage über Abhängigkeiten kann in viele, völlig verschiedene stochastische Aussagen übersetzt werden.

Übungen

mittel Ü1. Nennen Sie mindestens fünf verschiedene Möglichkeiten, die Aussage „Frustration führt zu Aggression" zu präzisieren.

leicht Ü2 Nennen Sie fünf Variablen, welche einen Einfluss auf die Aggressivität eines Jugendlichen haben können.

mittel Ü3. Nennen Sie ein Beispiel aus Ihrer Alltagserfahrung, in dem der Wahrscheinlichkeitsbegriff als Begriff einer Theorie empirisch Beobachtbares erklärt und diese Theorie auch Ihr eigenes Verhalten bestimmt.

mittel Ü4. Nennen Sie ein konkretes Beispiel, in dem ein Erwartungswert als Begriff der Theoriesprache empirisch Beobachtbares erklärt.

Lösungen

L1. Siehe dazu die Punkte (a) bis (e) in Abschnitt 1.3.

L2. Im Einführungsabschnitt haben wir dazu die „Art der Betreuung im Vorschulalter", das „Schulklima", die „wahrgenommenen Berufschancen", die „Art ihres Fernsehverhaltens", und die „Einstellungen in ihrem Freundeskreis" genannt.

L3. Fritz Schlauberger schlägt Ihnen folgendes Spiel vor: „Ich werfe eine Münze. Fällt sie auf Kopf bekomme ich 100 Euro, fällt sie auf Zahl, bekommst Du 10 Euro." Für dieses Spiel entwickeln Sie schnell die folgende Theorie: „Die Wahrscheinlichkeit für beide Seiten beträgt 0.5. Daher ist das Spiel unfair und ich spiele lieber nicht mit." Wendet man diese Theorie auf wiederholtes unabhängiges

Werfen einer Münze an, erklärt Ihre Wahrscheinlichkeit von 0.5 das Verhalten der relativen Häufigkeiten. Beachten Sie noch einmal: Eine Wahrscheinlichkeit ist nicht etwas, was für ein konkretes Ding in der Realität steht.

L4. In der Klassischen Psychometrischen Testtheorie wird der wahre Wert einer Person bezüglich einer Testwertvariablen durch den Erwartungswert in der intraindividuellen Verteilung der Testwertvariablen definiert. Die Unterschiede zwischen diesen wahren Werten (d. h. dieser Erwartungswerte) zwischen verschiedenen Personen erklären die unterschiedlichen beobachtbaren Testergebnisse der betreffenden Personen auf den entsprechenden Testwertvariablen.

Teil I

Wahrscheinlichkeitstheorie

Regressionsmodelle sind spezielle stochastische Modelle. Eine Regression handelt nämlich von mindestens drei Zufallsvariablen, dem Regressanden Y, dem Regressor X und der Regression $E(Y|X)$ selbst. Zufallsvariablen sind aber nur in Bezug auf einen Wahrscheinlichkeitsraum definiert, der in Anwendungen das Zufallsexperiment—und damit das empirische Phänomen—repräsentiert, von dem die Rede sein soll. Bevor wir Regressionsmodelle einführen können, müssen wir uns daher zunächst mit dem Gegenstand und den grundlegenden Bestandteilen eines jeden stochastischen Modells beschäftigen. Was sind stochastische Modelle? Aus welchen Bestandteilen bestehen sie? Was ist ihr Gegenstand? Dies soll in den nächsten vier Kapiteln behandelt werden.

Regressionsmodelle sind spezielle stochastische Modelle

In Kapitel 2 beschäftigen wir uns zunächst mit den Grundbausteinen eines jeden stochastischen Modells und führen die Begriffe *Ergebnis*, *Ereignis* und *Wahrscheinlichkeit* ein. Dabei beginnen wir mit einer Beschreibung von Zufallsexperimenten, die jeweils das empirische Phänomen darstellen, das in einem stochastischen Modell beschrieben werden soll. Die Bedeutung dieser Begriffe für ihre Anwendung in empirischen Wissenschaften liegt vor allem darin, dass sie ermöglichen, einen ersten Abhängigkeitsbegriff, die *stochastische Abhängigkeit von Ereignissen*, und den damit verbundenen Begriff der *bedingten Wahrscheinlichkeit* zu definieren. Dies ist Gegenstand von *Kapitel 3*. Diese Grundbausteine werden dann im *Kapitel 4* durch die Begriffe *Zufallsvariable*, ihre *Verteilungen* und ihre *Kennwerte* ergänzt. Diese erlauben dann, weitere Abhängigkeitsbegriffe einzuführen: die stochastische Abhängigkeit von Zufallsvariablen und die *korrelative Abhängigkeit* zwischen numerischen Zufallsvariablen (*Kapitel 5*). Diese vier Kapitel liefern alle begrifflichen Voraussetzungen, die wir benötigen, um die Regressionstheorie einführen zu können.

Inhaltsangabe von Teil I

2 Wahrscheinlichkeit

Regressionsmodelle sind spezielle stochastische Modelle, die in Anwendungen gewisse Aspekte von Zufallsexperimenten beschreiben. Daher werden in diesem Kapitel die Grundbestandteile eines jeden stochastischen Modells eingeführt.

Überblick. Wir beginnen zunächst mit einigen Beispielen für Zufallsexperimente und ihrer mathematischen Repräsentation, um eine erste Vorstellung davon zu entwickeln, welche empirische Phänomene durch stochastische Modelle beschrieben werden können, vor allem, und durch welche Begriffe dies geschieht. Danach widmen wir uns im Detail den oben genannten drei Bestandteilen eines Wahrscheinlichkeitsraums, der Menge *der möglichen Ergebnisse*, der *Menge der möglichen Ereignisse* und dem *Wahrscheinlichkeitsmaß*. Diese drei Komponenten bilden einen *Wahrscheinlichkeitsraum*, der in Anwendungen ein *Zufallsexperiment* repräsentiert. Diese elementaren Begriffe werden dann im nächsten Kapitel die Einführung weiterer wichtiger Begriffe erlauben, wie *bedingte Wahrscheinlichkeit* und *Unabhängigkeit von Ereignissen*.

Grundbestandteile stochastischer Modelle

2.1 Beispiele

Allgemein gesprochen beschreiben und erklären stochastische Modelle und damit auch Regressionsmodelle bestimmte Phänomene, die in *Zufallsexperimenten* auftreten können. Demnach ist ein Zufallsexperiment das empirische Phänomen, das in stochastischen Modellen beschrieben werden soll. Mathematisch wird es durch die *Menge der möglichen Ergebnisse*, die *Menge der möglichen Ereignisse* und das *Wahrscheinlichkeitsmaß* charakterisiert, das den (möglichen) Ereignissen ihre Wahrscheinlichkeit zuordnet. Wir werden zunächst einige Beispiele betrachten, danach die oben genannten Begriffe definieren.

Ein Zufallsexperiment ist der empirische Gegenstand stochastischer Modelle

Beispiel 1. Zur Einführung betrachten wir das einmalige Werfen eines fairen sechsseitigen Würfels. Dieses Zufallsexperiment kann sechs verschiedene Ausgänge haben: der Würfel kann *ein* Auge zeigen, er kann aber auch *zwei*, *drei*, *vier*, *fünf* oder *sechs* Augen zeigen. Die möglichen Ausgänge eines Zufallsexperiments nennen wir *mögliche Ergebnisse* und fassen sie zu einer Menge Ω zusammen, der *Menge der möglichen Ergebnisse*. Bezeichnet ω_i das Ergebnis, dass der Würfel nach erfolgtem Werfen i Augen zeigt, dann ist

Einmaliger Würfelwurf

$$\Omega = \{\omega_1, ..., \omega_6\} \qquad (2.1)$$

Menge der möglichen Ergebnisse

> **Anwendungsbox 1.**
>
> Sobald in einer konkreten Anwendung hinreichend klar ist, von welchem Zufallsexperiment die Rede ist, liegen auch die Wahrscheinlichkeiten aller dabei möglichen Ereignisse fest. Das einzige Problem ist, das wir diese in aller Regel nicht kennen. Diese unbekannten Wahrscheinlichkeiten oder andere Kenngrößen zu schätzen, die diese Wahrscheinlichkeiten in irgendeiner Form charakterisieren, ist Ziel empirischer Forschung mit statistischen Modellen.
>
> Wahrscheinlichkeiten sind keine Objekte in der Realität. Es sind *theoretische* Größen, mit deren Hilfe wir bestimmte Phänomene der Realität recht einfach beschreiben und erklären. Ein Münzwurfexperiment ist dafür ein einfaches Beispiel. In der Realität existiert die betreffende Münze und wir können auch die Tatsache, dass sie beim einfachen Münzwurfexperiment auf „Kopf" fällt, zur Realität hinzurechnen. Die Wahrscheinlichkeit dafür bleibt aber ein Objekt unseres Denkens und der dabei verwendeten Sprache. Dieses Konzept und eine für das jeweilige Zufallsexperiment (das jeweilige empirische Phänomen) richtige Theorie helfen, uns adäquat zu verhalten, etwa bei einer mit dem Zufallsexperiment verbundenen Wette, aber auch bei der Risikoabschätzung unserer Aktionen im Straßenverkehr, beim Bau von Atomkraftwerken etc. Beim Münzwurf erklärt eine entsprechende stochastische Theorie auch das „Verhalten" von relativen Häufigkeiten—dies ist wieder ein Stück der Realität—beim wiederholten Werfen einer Münze. In der Psychologie erklären entsprechende stochastische Modelle das Verhalten von Personen bei der Lösung bestimmter Aufgaben. Solche stochastischen Modelle (s. z. B. Steyer & Eid, 2001, Kap. 16 bis 18) sind z. B. die Grundlage moderner Intelligenztheorien.

Allgemeines Ziel empirischer Forschung mit statistischen Modellen

Wahrscheinlichkeit ist ein theoretischer Begriff

die Menge der möglichen Ergebnisse. Dabei kann der Würfel immer nur eine einzige Seite zeigen, er muss aber auch eine Seite zeigen, d. h. nur ein einziges Ergebnis (ein Element von Ω) *kann* und eines *muss* bei der Durchführung des Zufallsexperiments auftreten.

Bei diesem Zufallsexperiment kann aber auch von Interesse sein, ob beispielsweise eine gerade Zahl gewürfelt wird. Dann betrachten wir nicht mehr ein einzelnes Ergebnis, sondern eine *Menge von Ergebnissen*, ein so genanntes *Ereignis*. Das Ereignis *gerade Augenzahl* ist dann die Menge, die die Ergebnisse *zwei Augen*, *vier Augen* und *sechs Augen* als Elemente enthält, also die Menge $A_1 := \{\omega_2, \omega_4, \omega_6\}$. Ein anderes Ereignis besteht darin, eine *Augenzahl kleiner drei* zu würfeln. Dies ist die Menge $A_2 := \{\omega_1, \omega_2\}$. Ein drittes Ereignis ist, eine Sechs zu würfeln. Dieses Ereignis wird durch die Menge $A_3 := \{\omega_6\}$ repräsentiert. Ein Ereignis ist immer eine Teilmenge der Menge der möglichen Ergebnisse. Um den Unterschied zwischen den Begriffen „Ergebnis" und „Ereignis" zu verdeutlichen, werden unterschiedliche Schreibweisen verwendet. Wollen wir z. B. von ω_6 als einem *möglichen Ergebnis* unseres Zufallsexperimentes sprechen, so wird das Element ohne Mengenklammern, also einfach als ω_6 notiert. Ist dagegen von dem *Ereignis*, dass der Würfel sechs Augen zeigt, die Rede, so wird dies mit $\{\omega_6\}$ notiert. Die Schreibweisen ω_6 und $\{\omega_6\}$ bezeichnen also unterschiedliche Sachverhalte.

Beispiele für Ereignisse

Ein Ereignis ist eine Teilmenge der Menge der möglichen Ergebnisse

Ergebnis vs. Ereignis

ω_6 *vs.* $\{\omega_6\}$

Ebenso wie alle möglichen *Ergebnisse* des Zufallsexperimentes zur *Menge Ω der möglichen Ergebnisse* zusammengefasst wurden, können nunmehr auch alle möglichen *Ereignisse* zu einer Menge zusammengefasst werden. Dabei handelt es sich in der Regel um die *Potenzmenge* von Ω, die wir mit $\mathfrak{P}(\Omega)$ notieren. Diese Potenzmenge ist die Menge *aller möglichen Teilmengen* von Ω. Die Menge der möglichen Ereignisse muss jedoch nicht *immer* die Potenzmenge sein, wie wir später sehen werden.

Potenzmenge $\mathfrak{P}(\Omega)$

Jedem Ereignis A wird über das *Wahrscheinlichkeitsmaß P* seine Wahrscheinlichkeit $P(A)$ zugewiesen. Beim obigen Würfelexperiment hat das Ereignis $A_1 := \{\omega_2, \omega_4, \omega_6\}$ die Wahrscheinlichkeit $P(A_1) = 1/2$, das Ereignis $A_2 := \{\omega_1, \omega_2\}$ hat die Wahrscheinlichkeit $P(A_2) = 1/3$, und für $A_3 := \{\omega_6\}$ gilt $P(A_3) = 1/6$.

Wahrscheinlichkeitsmaß P

Beispiel 2. Ein weiteres, eher „technisches" Beispiel für ein Zufallsexperiment ist das zweimalige Werfen einer fairen Münze. Die Menge der möglichen Ergebnisse ist dann

Zweimaliger Münzwurf

$$\Omega = \{\langle K, K\rangle, \langle K, Z\rangle, \langle Z, K\rangle, \langle Z, Z\rangle\}.$$

Menge der möglichen Ergebnisse

Dabei bezeichnet beispielsweise $\langle K, Z\rangle$ das Ergebnis, dass die Münze beim ersten Werfen „Kopf" (K) und beim zweiten Werfen „Zahl" (Z) zeigt. Innerhalb der *Paare* wie z. B. $\langle K, Z\rangle$ ist also die Reihenfolge entscheidend, wohingegen die Reihenfolge der Paare $\langle K, K\rangle$, $\langle K, Z\rangle$ etc. in der Menge Ω irrelevant ist. In Ω müssen lediglich alle möglichen Ergebnisse einmal, aber sie dürfen auch nur ein einziges Mal vorkommen. Man beachte, dass $\langle K, Z\rangle$ und $\langle Z, K\rangle$ zwei verschiedene mögliche Ergebnisse sind, auch wenn sie sich lediglich in der Reihenfolge unterscheiden, in der „Kopf" bzw. „Zahl" geworfen werden.

Reihenfolge der Komponenten eines Paars wichtig

Reihenfolge der Elemente einer Menge unwichtig

Ein mögliches *Ereignis* in diesem Zufallsexperiment wäre z. B. „Es fällt genau einmal Kopf". Dieses Ereignis besteht aus der Menge $A_1 := \{\langle K, Z\rangle, \langle Z, K\rangle\}$, in der die beiden Ergebnisse $\langle K, Z\rangle$ und $\langle Z, K\rangle$ zusammengefasst sind. Ein weiteres Ereignis ist $A_2 := \{\langle K, K\rangle\}$, dass nämlich beide Male „Kopf" geworfen wird. Ein solches *Ereignis*, das nur ein einzelnes Element von Ω umfasst, wird als *Elementarereignis* bezeichnet. Schließlich sind beispielsweise auch Ω und die leere Menge $\emptyset$ Ereignisse. Man nennt Ω das *sichere Ereignis* und $\emptyset$ das *unmögliche Ereignis*.

Beispiele für Ereignisse

Elementarereignis

Sicheres und unmögliches Ereignis

Auch hier wird jedem Ereignis A über das *Wahrscheinlichkeitsmaß P* seine Wahrscheinlichkeit $P(A)$ zugewiesen. Das Ereignis $A_1 := \{\langle K, Z\rangle, \langle Z, K\rangle\}$ hat die Wahrscheinlichkeit $P(A_1) = 1/2$, das Ereignis $A_2 := \{\langle K, K\rangle\}$ hat die Wahrscheinlichkeit $P(A_2) = 1/4$, das sichere Ereignis Ω hat die Wahrscheinlichkeit $P(\Omega) = 1$, und das unmögliche Ereignis hat die Wahrscheinlichkeit $P(\emptyset) = 0$.

Beispiel 3. Ein „psychologisches" Zufallsexperiment liegt z. B. vor, wenn wir eine Person u aus einer Menge Ω_U von Personen (der Grundgesamtheit oder Population) ziehen und diese einen oder mehrere psychologische Tests bearbeitet. Dabei liegt weder fest, welche Person gezogen wird, noch zu welchem Resultat die Bearbeitung des Tests führt. Bestehen die Testresultate z. B. aus den möglichen Kombinationen des Lösens (+) oder Nichtlösens (−) von zwei Aufgaben, dann wäre $\omega = \langle$Fritz, +, −$\rangle$ *ein mögliches Ergebnis* des betrachteten Zufallsexperiments. Dieses mögliche Ergebnis bedeutet, dass Fritz gezogen wird, und dieser die erste Aufgabe löst, nicht aber die zweite. Die *Menge Ω der* (d. h. aller) *möglichen Ergebnisse* ist in diesem Zufallsexperiment das Kreuzprodukt

Testerhebung

$$\Omega = \Omega_U \times \Omega_O,$$

Menge der möglichen Ergebnisse

wobei $\Omega_O := \{+, -\} \times \{+, -\} = \{+, -\}^2 = \{\langle +, +\rangle, \langle +, -\rangle, \langle -, +\rangle, \langle -, -\rangle\}$ für die Menge aller möglichen Testresultate steht und Ω_U die Menge der Personen ist, aus der nach dem Zufallsprinzip eine Person gezogen wird. Jede Person habe dabei die gleiche Wahrscheinlichkeit, gezogen zu werden.[1]

Ziel eines stochastischen Modells in einem derartigen Zufallsexperiment könnte z. B. sein zu beschreiben, wie die *Lösungswahrscheinlichkeit* einer Aufgabe von ihrer *Schwierigkeit* und der *Fähigkeit* der gezogenen Person abhängt. Darüber hinaus erlaubt ein solches Modell erst die Konstruktion des oben genannten Schwierigkeits- und Fähigkeitsbegriffs (s. z. B. Steyer & Eid, 2001, Kap. 16 bis 18).

Als Beispiele für Ereignisse betrachten wir $A_1 := \{$Fritz$\} \times \Omega_O$, dass Fritz gezogen wird, $A_2 := \Omega_U \times \{+\} \times \{+, -\}$, dass die erste Aufgabe gelöst wird (gleichgültig, wer gezogen wird und ob die zweite Aufgabe gelöst wird), $A_3 := \Omega_U \times \{\langle +, +\rangle, \langle +, -\rangle, \langle -, +\rangle\}$, dass die erste oder die zweite oder beide Aufgaben gelöst werden, und $A_4 := \{$Fritz$\} \times \{+, -\} \times \{+\}$, dass Fritz gezogen wird und die zweite Aufgabe löst.

Beispiele für Ereignisse

In diesem Beispiel sind manche Wahrscheinlichkeiten unbekannt, andere dagegen bekannt. Das Ereignis $A_1 := \{$Fritz$\} \times \Omega_O$, dass Fritz gezogen wird, hat die bekannte Wahrscheinlichkeit $P(A_1) = 1/N$, wobei N die Anzahl der Personen in der Menge Ω_U ist. Die Wahrscheinlichkeit der anderen oben genannten Ereignisse A_2 bis A_4 ist in diesem

---

[1] Den Index U verwenden wir hier, weil es sich um eine Menge von *units* oder Beobachtungseinheiten (in der Regel: Personen) handelt. Der Index O steht für *observations*, also (potentielle) Beobachtungen, die an einer Beobachtungseinheit angestellt werden.

Ziel der Anwendung stochastischer Modelle: Schätzung unbekannter Wahrscheinlichkeiten von Ereignissen und anderer Parameter

Beispiel unbekannt, da wir ja die Lösungswahrscheinlichkeiten der einzelnen Aufgaben i. d. R. nicht kennen. Diese Wahrscheinlichkeiten zu schätzen, ist neben den Schätzungen der *Fähigkeit* der Person und der *Schwierigkeit* der Aufgabe Ziel der Anwendung stochastischer Modelle bei derartigen Zufallsexperimenten (s. z. B. Steyer & Eid, 2001, aber auch Amelang & Zielinski, 1997 oder Rost, 1996).

2.2 Wahrscheinlichkeitsraum

Im vorangegangenen Abschnitt haben wir drei wesentliche Bestandteile eines stochastischen Modells anhand von Beispielen eingeführt, nämlich:

Die drei Komponenten des Wahrscheinlichkeitsraumes

(a) die *Menge der möglichen Ergebnisse* des betrachteten Zufallsexperiments,
(b) die *Menge der möglichen Ereignisse* und
(c) das *Wahrscheinlichkeitsmaß*.

Diese drei Komponenten zusammengenommen werden als *Wahrscheinlichkeitsraum* bezeichnet. Ein solcher *Wahrscheinlichkeitsraum* ist ein notwendiger Bestandteil jedes stochastischen Modells. Er stellt die (formal-)sprachliche Repräsentation des jeweils betrachteten Zufallsexperimentes und damit des betrachteten empirischen Phänomens dar.

Im Folgenden werden nunmehr die formalen Definitionen der drei genannten Komponenten behandelt. Dabei wird die *Menge der möglichen Ergebnisse* die Struktur des empirischen Phänomens beschreiben. Die *Menge der möglichen Ereignisse* gibt an, von welchen Ereignissen man sprechen können will, und das *Wahrscheinlichkeitsmaß* ist eine Funktion, die jedem möglichen Ereignis eine (meist unbekannte) Wahrscheinlichkeit zuordnet. In Anwendungen geschieht diese Zuordnung der Wahrscheinlichkeiten meist nicht explizit, da diese Wahrscheinlichkeiten gar nicht bekannt sind. Wenn man von *der* Wahrscheinlichkeit eines Ereignisses spricht, wird aber bereits vorausgesetzt, dass das betreffende Ereignis eine Wahrscheinlichkeit hat, auch wenn diese unbekannt ist.

Die Bedeutung bzw. Funktion der drei Komponenten eines Wahrscheinlichkeitsraums

Wir verwenden hier die etwas umständlichen (und auch unüblichen) Bezeichnungen „*mögliche* Ergebnisse" und „*mögliche* Ereignisse", um damit die Unterschiede zwischen einem in einem bereits durchgeführten Zufallsexperiment *aufgetretenen* Ergebnis bzw. Ereignis einerseits und einem *möglichen* Ergebnis bzw. Ereignis in einem betrachteten, noch durchzuführenden Zufallsexperiment andererseits hervorzuheben. Ziel stochastischer Modelle ist nämlich nicht in erster Linie die Beschreibung der Systematik bereits beobachteter Ereignisse, sondern die Angabe der Gesetzmäßigkeiten, die das Zufallsexperiment und die dabei *möglichen* Ereignisse charakterisieren. Nur dann macht es auch Sinn, von der *Wahrscheinlichkeit* eines Ereignisses (also aus der *Prä-facto-Perspektive* des Noch-nicht-eingetreten-Seins) zu reden. Indirekt werden damit natürlich auch die in einem durchgeführten Experiment *tatsächlich* aufgetretenen Ereignisse erklärt.

Wahrscheinlichkeit nur sinnvoll aus der Prä-facto-Perspektive

Tabelle 1. Einige Ereignisse in Beispiel 3 und ihre formalsprachliche Darstellung

Inhaltliches Ereignis	Formale Darstellung als Teilmenge von $\Omega = \Omega_U \times \Omega_O$
Fritz wird gezogen	$\{Fritz\} \times \Omega_O$
Fritz oder Franz werden gezogen	$\{Fritz, Franz\} \times \Omega_O$
Die erste Aufgabe wird gelöst	$\Omega_U \times \{+\} \times \{+, -\}$
Fritz wird gezogen und löst beide Aufgaben	$\{\langle Fritz, +, +\rangle\}$

2.2.1 Menge der (möglichen) Ergebnisse

Die Menge Ω bezeichnet die *Ergebnismenge* oder genauer, die *Menge aller möglichen Ergebnisse* eines Zufallsexperiments. Die Elemente von Ω bezeichnen wir mit ω oder ω_i. Die Ergebnismenge Ω ist immer so konstruiert, dass ein $\omega \in \Omega$ auftreten muss und nur eines auftreten kann. Ω ist also nicht etwa die Menge der Ergebnisse, die sich realisiert *haben*, sondern die Menge aller *möglichen* Ergebnisse, die sich realisieren *können*.

Ergebnismenge oder Menge der möglichen Ergebnisse

2.2.2 Menge der (möglichen) Ereignisse

Ereignisse in einem solchen Zufallsexperiment sind Teilmengen von Ω. Tabelle 1 zeigt, wie sich bestimmte Ereignisse bei dem im Beispiel 3 beschriebenen Zufallsexperiment darstellen lassen. Man vergewissere sich, dass in jedem Fall das aufgeführte Ereignis eine Teilmenge von Ω ist. Ereignisse, die genau ein Ergebnis beinhalten (wie z. B. das letzte in Tab. 1 oder beim Werfen eines Würfels das Ereignis, die Augenzahl 1 zu würfeln), nennen wir *Elementarereignisse*.

Ereignisse als Teilmengen von Ω

Die möglichen Ereignisse kann man wieder zu einer Menge zusammenfassen, z. B. zur Menge aller Teilmengen von Ω, der *Potenzmenge* von Ω (s. Steyer & Eid, 2001, Anhang B). Man muss jedoch nicht immer *alle* Teilmengen von Ω als mögliche Ereignisse betrachten. Wahrscheinlichkeiten können auch dann schon sinnvoll definiert werden, wenn man nur eine Teilmenge der Potenzmenge von Ω betrachtet, welche die in der folgenden Definition angegebenen Eigenschaften erfüllt.[2]

Potenzmenge von Ω

Definition 1. Sei $\mathfrak{A}$ eine Menge von Teilmengen einer Menge Ω. Die Menge $\mathfrak{A}$ heißt dann σ-*Algebra*, wenn gelten:

(a) $\Omega \in \mathfrak{A}$;

(b) wenn $A \in \mathfrak{A}$, dann $\overline{A} \in \mathfrak{A}$ ($\overline{A}$ ist das Komplement von A);

---

[2] Ist Ω die Menge der reellen Zahlen oder nur ein Intervall der reellen Zahlen, dann kann man nicht mehr die Potenzmenge als Ereignismenge verwenden. Stattdessen nimmt man dann die Borelsche σ-Algebra (s. z. B. Gänssler & Stute, 1977, S. 15).

(c) wenn $A_1, A_2, \ldots$ eine Folge von Elementen aus $\mathfrak{A}$ ist, dann ist auch deren Vereinigung $A_1 \cup A_2 \cup \ldots$ Element von $\mathfrak{A}$.

σ-Algebra ist abgeschlossen gegenüber Vereinigungs- und Schnittmengenbildung

Diese Bedingungen besagen, dass eine σ-Algebra abgeschlossen gegenüber abzählbaren Vereinigungsmengenbildungen ist. Aus den Bedingungen (a) bis (c) lässt sich ableiten, dass eine σ-Algebra auch abgeschlossen gegenüber abzählbaren Schnittmengenbildungen ist. Daher sind die Vereinigungs- und Schnittmengen von Elementen aus $\mathfrak{A}$ selbst wieder Elemente aus $\mathfrak{A}$ und damit Ereignisse im betrachteten Zufallsexperiment. Sind A_1 und A_2 Ereignisse, dann sind also auch „A_1 oder A_2" ($A_1 \cup A_2$) sowie „A_1 und A_2" ($A_1 \cap A_2$) Ereignisse [s. hierzu Übung 2].

$A_1 \cup A_2$ entspricht A_1 oder A_2
$A_1 \cap A_2$ entspricht A_1 und A_2

Beispiel zur σ-Algebra

Beispiel 4. Um das Konzept der σ-Algebra zu verdeutlichen, betrachten wir ein einfaches Zufallsexperiment, nämlich den zweifachen Münzwurf (mit einer fairen Münze) aus Beispiel 2. Die Menge Ω der *möglichen Ergebnisse* dieses Zufallsexperimentes ist

$$\Omega = \{\langle K, K\rangle, \langle K, Z\rangle, \langle Z, K\rangle, \langle Z, Z\rangle\}.$$

Die Menge $\mathfrak{A} = \mathfrak{P}(\Omega)$, also die *Potenzmenge* von Ω, ist eine σ-Algebra auf Ω. Sie ist die Menge aller Teilmengen von Ω:

$$\mathfrak{A} := \{\emptyset, \Omega, \{\langle K,K\rangle\}, \{\langle K,Z\rangle\}, \{\langle Z,K\rangle\}, \{\langle Z,Z\rangle\},$$
$$\{\langle K,K\rangle, \langle K,Z\rangle\}, \{\langle K,K\rangle, \langle Z,K\rangle\}, \{\langle K,K\rangle, \langle Z,Z\rangle\},$$
$$\{\langle K,Z\rangle, \langle Z,K\rangle\}, \{\langle K,Z\rangle, \langle Z,Z\rangle\}, \{\langle Z,K\rangle, \langle Z,Z\rangle\},$$
$$\{\langle K,K\rangle, \langle K,Z\rangle, \langle Z,K\rangle\}, \{\langle K,K\rangle, \langle K,Z\rangle, \langle Z,Z\rangle\},$$
$$\{\langle K,K\rangle, \langle Z,K\rangle, \langle Z,Z\rangle\}, \{\langle K,Z\rangle, \langle Z,K\rangle, \langle Z,Z\rangle\}\}$$

Wie man sehen kann, ist die Potenzmenge bei nur vier Elementen von Ω schon sehr umfangreich. Sie enthält bereits $2^4 = 16$ Elemente. Da durch sie alle *möglichen Ereignisse* dieses Zufallsexperimentes beschrieben werden, kann man bei Betrachtung dieser σ-Algebra auch über alle Ereignisse Aussagen treffen. Es ist aber durchaus vorstellbar, dass nur einige der Ereignisse tatsächlich *inhaltlich* interessant sind. In diesem Fall kann man auch eine weniger umfangreiche σ-Algebra betrachten. Nehmen wir als Beispiel an, eine Person sei nur an dem Ereignis interessiert, dass zweimal Kopf geworfen wird. Sie kann dann auch die folgenden σ-Algebra betrachten:

$$\mathfrak{A}_1 := \{\emptyset, \Omega, \{\langle K,K\rangle\}, \{\langle K,Z\rangle, \langle Z,K\rangle, \langle Z,Z\rangle\}\}.$$

σ-Algebra enthält die Ereignisse, die man eventuell betrachten will

Wie man leicht nachprüfen kann, erfüllt die Menge $\mathfrak{A}_1$ alle in der obigen Definition geforderten Eigenschaften einer σ-Algebra und enthält das interessierende Ereignis $\{\langle K, K\rangle\}$. Damit sind auch Wahrscheinlichkeitsaussagen über dieses Ereignis möglich. Die Anzahl der Elemente von $\mathfrak{A}_1$ ist aber geringer als die der Potenzmenge von Ω, die Beschreibung damit gewissermaßen sparsamer. Allgemein kann man festhalten, dass über die Festlegung der σ-Algebra definiert wird, über welche Ereignisse des Zufallsexperimentes man Aussagen treffen können will.

2.2.3 Wahrscheinlichkeitsmaß

Wahrscheinlichkeit $P(A)$ eines Ereignisses A

Jedem (möglichen) Ereignis A wird durch das *Wahrscheinlichkeitsmaß (W-Maß)* P eine Wahrscheinlichkeit $P(A)$ zugeordnet. In den meisten Anwendungen sind diese Wahrscheinlichkeiten allerdings unbekannt. Dies wurde bereits in Beispiel 3 erwähnt. Empirische Untersuchungen dienen in der Regel dazu, diese Wahrscheinlichkeiten zu schätzen oder, allgemeiner formuliert, einige Aussagen über diese Wahrscheinlichkeiten machen zu können.

Die Wahrscheinlichkeit eines Ereignisses soll eine Zahl zwischen 0 und 1 (einschließlich) sein. Eine weitere wichtige definierende Eigenschaft ist die *Additivität* eines Wahrscheinlichkeitsmaßes, d. h. die Eigenschaft

$$P(A_1 \cup A_2 \cup \ldots) = P(A_1) + P(A_2) + \ldots, \quad (2.2)$$

0 ≤ P(A) ≤ 1

Additivität

falls diese Ereignisse *paarweise disjunkt* sind, falls also für jedes Paar dieser Ereignisse gilt: $A_i \cap A_j = \emptyset$, falls $i \neq j$. Wenn die Ereignisse paarweise disjunkt sind, dann addieren sich demnach ihre Einzelwahrscheinlichkeiten zur Wahrscheinlichkeit dafür, dass eines dieser Ereignisse und damit das Ereignis „A_1 oder A_2 oder ..." (d. h. $A_1 \cup A_2 \cup \ldots$) eintritt. Man beachte auch, dass es erst mit der Einführung eines Wahrscheinlichkeitsmaßes sinnvoll wird, von „Ereignissen" etc. zu sprechen. Vorher handelt es sich nur um Teilmengen der zugrunde gelegten Menge Ω.

Paarweise Disjunktheit von Ereignissen

Definition 2. Seien $\mathfrak{A}$ eine σ-Algebra auf einer Menge Ω sowie $P: \mathfrak{A} \to \mathbb{R}$ eine Funktion auf $\mathfrak{A}$. Man betrachte die Bedingungen:

(a) $P(A) \geq 0$, für alle $A \in \mathfrak{A}$;

(b) ist $A_1, A_2, \ldots$ eine Folge paarweise disjunkter Mengen $A_i \in \mathfrak{A}$ ist, dann gilt: $P(A_1 \cup A_2 \cup \ldots) = P(A_1) + P(A_2) + \ldots$

(c) $P(\Omega) = 1$.

Wenn die Bedingungen (a) bis (c) gelten, heißen:

(i) die Funktion P *Wahrscheinlichkeitsmaß*,

(ii) das Tripel $\langle \Omega, \mathfrak{A}, P \rangle$ *Wahrscheinlichkeitsraum*,

(iii) die Elemente $A_i \in \mathfrak{A}$ *Ereignisse*,

(iv) der Wert $P(A)$ *Wahrscheinlichkeit des Ereignisses A*,

(v) die Mengen $\{\omega\}$, $\omega \in \Omega$, *Elementarereignisse* und

(vi) die Menge Ω die *Menge der möglichen Ergebnisse*.

Kolmogoroff-Axiome der Wahrscheinlichkeit

... Nichtnegativität

... Additivität

... Normierung

Wahrscheinlichkeitsmaß P

Wahrscheinlichkeitsraum

Ereignisse $A_i \in \mathfrak{A}$

Wahrscheinlichkeit

Elementarereignis

Ergebnismenge Ω

Ein Wahrscheinlichkeitsmaß P ist also eine *Funktion* $P: \mathfrak{A} \to \mathbb{R}$, die jedem Ereignis A aus der Menge $\mathfrak{A}$ der möglichen Ereignisse eine reelle Zahl zuordnet. Die zugeordneten reellen Zahlen sind nichtnegativ [s. Bed. (a)], und sie können höchstens den Wert 1 annehmen [s. Bed. (c)]. Durch die beiden Mengen Ω und $\mathfrak{A}$ sowie durch das Wahrscheinlichkeitsmaß P, d. h. durch den *Wahrscheinlichkeitsraum* (*W-Raum*) $\langle \Omega, \mathfrak{A}, P \rangle$, ist ein Zufallsexperiment beschreibbar. Damit stellt der Wahrscheinlichkeitsraum die formalsprachliche Repräsentation des in einem stochastischen Modell betrachteten empirischen Phänomens dar. In einem solchen Wahrscheinlichkeitsraum stecken prinzipiell alle Informationen und alle Aussagen, die man über ein betrachtetes Zufallsexperiment formulieren kann. In Ω sind alle möglichen Ergebnisse aufgeführt, die bei diesem Zufallsexperiment auftreten können, in $\mathfrak{A}$ sind alle Ereignisse angegeben, von denen man in diesem Kontext sprechen kann, und mit

Wahrscheinlichkeitsraum $\langle \Omega, \mathfrak{A}, P \rangle$

Tabelle 2. Ereignisse und ihre Wahrscheinlichkeiten beim zweimaligen Münzwurf

$A_i \in \mathfrak{A}$	$P(A_i)$	Anmerkung
$A_0 = \emptyset$	0	
$A_1 = \Omega$	1	Bedingung (c) Def. 2
$A_2 = \{\langle K, K \rangle\}$	1/4	faire Münze!
$A_3 = \{\langle K, Z \rangle\}$	1/4	dto.
$A_4 = \{\langle Z, K \rangle\}$	1/4	dto.
$A_5 = \{\langle Z, Z \rangle\}$	1/4	dto.
$A_6 = \{\langle K, K \rangle, \langle K, Z \rangle\}$	$P(A_2) + P(A_3) = 1/2$	Bedingung (b) Def. 2
$A_7 = \{\langle K, K \rangle, \langle Z, K \rangle\}$	$P(A_2) + P(A_4) = 1/2$	dto.
$A_8 = \{\langle K, K \rangle, \langle Z, Z \rangle\}$	$P(A_2) + P(A_5) = 1/2$	dto.
$A_9 = \{\langle K, Z \rangle, \langle Z, K \rangle\}$	$P(A_3) + P(A_4) = 1/2$	dto.
$A_{10} = \{\langle K, Z \rangle, \langle Z, Z \rangle\}$	$P(A_3) + P(A_5) = 1/2$	dto.
$A_{11} = \{\langle Z, K \rangle, \langle Z, Z \rangle\}$	$P(A_4) + P(A_5) = 1/2$	dto.
$A_{12} = \{\langle K, K \rangle, \langle K, Z \rangle, \langle Z, K \rangle\}$	$P(A_2) + P(A_3) + P(A_4) = 3/4$	dto.
$A_{13} = \{\langle K, K \rangle, \langle K, Z \rangle, \langle Z, Z \rangle\}$	$P(A_2) + P(A_3) + P(A_5) = 3/4$	dto.
$A_{14} = \{\langle K, K \rangle, \langle Z, K \rangle, \langle Z, Z \rangle\}$	$P(A_2) + P(A_4) + P(A_5) = 3/4$	dto.
$A_{15} = \{\langle K, Z \rangle, \langle Z, K \rangle, \langle Z, Z \rangle\}$	$P(A_3) + P(A_4) + P(A_5) = 3/4$	dto.

dem Wahrscheinlichkeitsmaß P liegen die Wahrscheinlichkeiten aller (möglichen) Ereignisse fest, auch wenn sie in der Regel unbekannt sind. Damit liegt auch fest, wie diese Ereignisse voneinander abhängen, da die Schnittmengen von Ereignissen auch Ereignisse sind (s. dazu die Definition der stochastischen Unabhängigkeit von Ereignissen in Kap. 3).

Zweifacher Münzwurf

Beispiel 5. Um das Konzept des Wahrscheinlichkeitsmaßes zu verdeutlichen, betrachten wir noch einmal das Zufallsexperiment des zweifachen Münzwurfes mit einer fairen Münze aus Beispiel 2. Die *Menge der möglichen Ergebnisse* dieses Experiments ist gegeben über

$$\Omega = \{\langle K, K \rangle, \langle K, Z \rangle, \langle Z, K \rangle, \langle Z, Z \rangle\}.$$

Als σ-Algebra betrachten wir $\mathfrak{A} = \mathfrak{P}(\Omega)$, die Potenzmenge von Ω. Um die Beschreibung des Zufallsexperimentes zu vervollständigen, ist noch die Angabe eines Wahrscheinlichkeitsmaßes P erforderlich, d. h. jedem Element aus $\mathfrak{A} = \mathfrak{P}(\Omega)$ wird eine reelle Zahl zugeordnet, so dass die Bedingungen der Definition des Wahrscheinlichkeitsmaßes erfüllt sind. Diese Zuordnung ist in Tabelle 2 zusammengestellt.

Die in der Tabelle angegebenen Wahrscheinlichkeiten $P(A)$ erfüllen alle Eigenschaften der Definition eines Wahrscheinlichkeitsmaßes: alle Ereignisse haben eine Wahrscheinlichkeit $P(A_i) \geq 0$ und $P(\Omega) = 1$; außerdem gilt auch Bedingung (b) der Definition, die bei der Zuordnung der Wahrscheinlichkeiten zu den Ereignissen A_6 bis A_{15} verwendet wurde. Das Ereignis A_6 ist nämlich die Vereinigung der paarweise disjunkten Ereignisse A_2 und A_3, sodass sich die Wahrscheinlichkeit von A_6 als Summe der Wahrscheinlichkeiten von A_2 und A_3 ergibt. Das Entsprechende gilt für die Ereignisse A_7 bis A_{15}. Lässt man die Annahme einer fairen Münze fallen, so würden sich insbesondere die Wahrscheinlichkeiten der Elementarereignisse A_2 bis A_5 ändern, in der Konsequenz dann aber auch alle Wahrscheinlichkeiten der Ereignisse A_6 bis A_{15}.

Die oben angegebene *Menge Ω der möglichen Ergebnisse*, die σ-Algebra $\mathfrak{A} = \mathfrak{P}(\Omega)$ und das in der Tabelle 2 angegebene *Wahrscheinlichkeitsmaß P* bilden gemeinsam einen *Wahrscheinlichkeitsraum (W-Raum)*. Er ist eine formalsprachliche Repräsentation des zunächst verbal dargestellten Experimentes. Durch die Angabe des *W-Raums* erfolgt aber auch eine weitergehende Präzisierung: So wird z. B. durch die explizite Angabe der σ-Algebra festgelegt, welche Ereignisse man betrachten will bzw. über welche Ereignisse man Aussagen treffen können will. Ebenso könnte man auch eine andere σ-Algebra wählen; die weniger Ereignisse umfasst. Man kann dann allerdings auch nur über diese Ereignisse Aussagen machen. Das *Wahrscheinlichkeitsmaß P* beschreibt die im Experiment herrschenden Gesetzmäßigkeiten. Im vorliegenden Beispiel wurden diese Gesetzmäßigkeiten ausgehend von den Annahmen einer „fairen Münze" und des unabhängigen Werfens abgeleitet. Bei Fragestellungen der empirischen Wissenschaften ist dies weitaus schwieriger. Das Ziel der empirischen Forschung besteht gerade darin, diese Gesetzmäßigkeiten aufzudecken.

2.3 Eigenschaften der Wahrscheinlichkeit

Neben den in der Definition genannten Eigenschaften besitzt ein Wahrscheinlichkeitsmaß weitere Eigenschaften, die im nachfolgenden Theorem zusammengestellt sind. In diesem Theorem machen wir von den Begriffen *Mengendifferenz* $A \setminus B$ („*A* ohne *B*" oder auch die „Mengendifferenz von *A* und *B*") und *Komplement* $\overline{A} := \Omega \setminus A$ Gebrauch (s. Steyer & Eid, 2001, Anhang B).

Theorem 1. Seien $\langle \Omega, \mathfrak{A}, P \rangle$ ein Wahrscheinlichkeitsraum und $A, B \in \mathfrak{A}$ Ereignisse. Dann gelten:

Eigenschaften der Wahrscheinlichkeit

(i) wenn $B \subset A$, dann $P(A \setminus B) = P(A) - P(B)$ und $P(A) \geq P(B)$;

(ii) $P(A \setminus B) = P(A) - P(A \cap B)$;

(iii) für $\overline{A} := \Omega \setminus A$ gilt: $P(\overline{A}) = 1 - P(A)$;

(iv) $P(A \cup B) = P(A) + P(B) - P(A \cap B)$.

Da ein Wahrscheinlichkeitsmaß die gleiche formale Struktur (s. insbesondere die *Additivitätseigenschaft*) wie ein Flächenmaß hat, kann man die (Größe, d. h. das Maß der) Flächen in den Venn-Diagrammen mit den Wahrscheinlichkeiten der betreffenden Ereignisse gleichsetzen, wenn man der Menge Ω die Flächengröße 1 zuordnet. Was für die Flächengrößen gilt, gilt dann auch für die Wahrscheinlichkeiten.

Flächen- und Wahrscheinlichkeitsmaß sind strukturäquivalent

Eigenschaft (i) wird in Abbildung 1 (a) veranschaulicht. Die Menge aller Punkte innerhalb der äußeren Ellipse ist die Menge *A*; die Menge aller Punkte innerhalb der inneren Ellipse ist die Menge *B*. Die schraffierte Fläche steht dann für die Mengendifferenz von *A* und *B*. Ihre Größe ist gleich der Differenz der Flächen der beiden Ellipsen.

Falls $B \subset A$: $P(A \setminus B) = P(A) - P(B)$

Zur Veranschaulichung der Eigenschaft (ii) betrachte man Abbildung 1 (b). Die durch die beiden Ellipsen eingeschlossenen Flächen sind die Mengen *A* bzw. *B*. Die senkrecht schraffierte Fläche stellt dann den Durchschnitt und die schräg schraffierte die Differenz der Mengen *A* und *B* dar. Letztere ist somit genau die Differenz der Menge *A* und der Schnittmenge von *A* und *B*.

$P(A \setminus B) = P(A) - P(A \cap B)$

Eigenschaft (iii) kann man leicht anhand von Abbildung 1 (c) einsehen. Die Menge der Punkte in der Ellipse ist die Menge *A*. Die schraffierte Fläche stellt dann das Komplement von *A* dar. Ihre Flächengröße ist die Differenz der Flächengrößen von Ω und *A* und somit, da die Flächengröße von Ω gleich 1 ist, 1 minus der Flächengröße von *A*.

$P(\overline{A}) = 1 - P(A)$

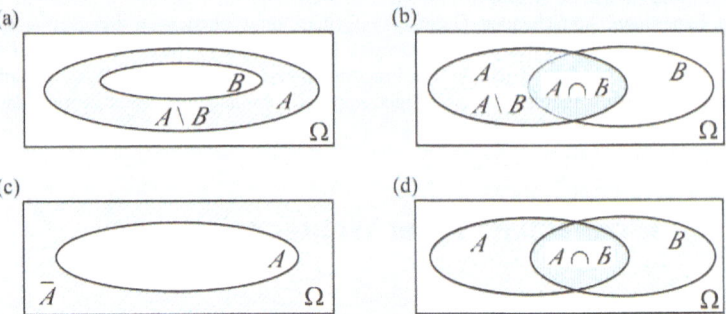

Abbildung 1. Venn-Diagramme zur Veranschaulichung der in Theorem 1 genannten Eigenschaften eines Wahrscheinlichkeitsmaßes.

$P(A \cup B)$
$= P(A) + P(B) - P(A \cap B)$

Eigenschaft (iv) schließlich mache man sich anhand der Abbildung 1 (d) klar. Die Menge der Punkte in den beiden Ellipsen stehen für die Mengen A bzw. B. Die gesamte schraffierte Fläche stellt die Vereinigung, die dicker schraffierte Fläche den Durchschnitt beider Mengen dar. Hier ist ersichtlich, dass man beim bloßen Addieren der Flächengrößen von A und B mehr als die Flächengröße der Vereinigungsmenge erhält, da die Durchschnittsmenge doppelt gezählt wird. Sie muss von der Summe der Flächengrößen der Mengen A und B einmal abgezogen werden.

Beispiel 6. Für unser Zufallsexperiment des einmaligen Werfens eines sechsseitigen Würfels ordnen wir jedem Elementarereignis $\{\omega_i\}$, $i = 1, \ldots, 6$, die Wahrscheinlichkeit $P(\{\omega_i\}) = 1/6$ zu. Dabei beachte man, dass wir mit dieser Zuordnung der Wahrscheinlichkeiten eine theoretische *Annahme* über das betrachtete Würfelwerfen eingeführt haben, die Annahme des „fairen" Würfels. Prinzipiell könnten die sechs Elementarereignisse auch ganz andere, ungleiche Wahrscheinlichkeiten haben, ohne dass dabei die Gültigkeit der Kolmogoroffschen Axiome in Frage gestellt wäre. Unter der oben vorgenommenen Zuordnung der Wahrscheinlichkeiten hat das Ereignis „gerade Augenzahl" die Wahrscheinlichkeit

$$P(\{\omega_2, \omega_4, \omega_6\}) = P(\{\omega_2\} \cup \{\omega_4\} \cup \{\omega_6\})$$
$$= P(\{\omega_2\}) + P(\{\omega_4\}) + P(\{\omega_6\}) = \frac{1}{6} + \frac{1}{6} + \frac{1}{6} = \frac{3}{6} = \frac{1}{2}.$$

Analog lässt sich ausrechnen, dass auch das Ereignis „ungerade Augenzahl" die Wahrscheinlichkeit 1/2 besitzt. Die Addition nach dem zweiten Kolmogoroffschen Axiom ist hier möglich, da sich die einzelnen Elementarereignisse gegenseitig ausschließen, also disjunkt sind.

Für das Ereignis, dass eine 1, 2, 3, 4, 5 oder 6 fällt, gilt:

$$P(\{\omega_1, \omega_2, \omega_3, \omega_4, \omega_5, \omega_6\}) = P(\Omega)$$
$$= P(\{\omega_1, \omega_3, \omega_5\}) + P(\{\omega_2, \omega_4, \omega_6\}) = \frac{1}{2} + \frac{1}{2} = 1.$$

Eine der sechs Zahlen wird also in diesem Experiment mit Sicherheit gewürfelt.

Betrachten wir das Ereignis $A = \{\omega_1, \omega_2, \omega_3\}$ („1, 2 oder 3 Augen") und das Ereignis $B = \{\omega_2, \omega_4, \omega_6\}$ („gerade Augenzahl"), dann gilt für das Ereignis $C = \{\omega_1, \omega_3\}$ („der Würfel zeigt 1 oder 3 Augen"):

2.3 Eigenschaften der Wahrscheinlichkeit

> **Zusammenfassungsbox 1. Das Wichtigste zur Wahrscheinlichkeit**
>
> **A. Definitionen**
>
> Der Wahrscheinlichkeitsraum $\langle \Omega, \mathfrak{A}, P \rangle$ repräsentiert das betrachtete Zufallsexperiment. Dabei sind:
> - Ω die *Menge der möglichen Ergebnisse*
> - $\mathfrak{A}$ die *Menge der möglichen Ereignisse* $A \subset \Omega$ und
> - $P: \mathfrak{A} \to [0, 1]$ ein *Wahrscheinlichkeitsmaß auf* $\mathfrak{A}$
>
> Axiome von Kolmogoroff:
> - $P(A) \geq 0$, für alle $A \in \mathfrak{A}$
> - wenn $A_1, A_2, \ldots$ eine Folge von paarweise disjunkten Mengen $A_i \in \mathfrak{A}$ ist, dann gilt: $P(A_1 \cup A_2 \cup \ldots) = P(A_1) + P(A_2) + \ldots$
> - $P(\Omega) = 1$
>
> **B. Rechenregeln und Sätze**
>
> - wenn $B \subset A$, dann $P(A \setminus B) = P(A) - P(B)$ und $P(A) \geq P(B)$
> - $P(A \setminus B) = P(A) - P(A \cap B)$
> - für $\overline{A} := \Omega \setminus A$ gilt: $P(\overline{A}) = 1 - P(A)$
> - $P(A \cup B) = P(A) + P(B) - P(A \cap B)$

Wahrscheinlichkeitsraum $\langle \Omega, \mathfrak{A}, P \rangle$

Nichtnegativität
Additivität

Normierung

Eigenschaften von P

$$P(C) = P(A \setminus B) = P(A) - P(A \cap B) = P(A) - P(\{\omega_2\}) = \frac{1}{2} - \frac{1}{6} = \frac{1}{3}.$$

Für das Ereignis $D = \{\omega_1, \omega_2, \omega_3, \omega_4, \omega_6\}$ („der Würfel zeigt nicht 5 Augen") gilt:

$$\begin{aligned} P(D) &= P(A \cup B) \\ &= P(A) + P(B) - P(A \cap B) \\ &= P(A) + P(B) - P(\{\omega_2\}) = \frac{1}{2} + \frac{1}{2} - \frac{1}{6} = \frac{5}{6}. \end{aligned}$$

Beispiel 7. Beim zweimaligen Werfen einer fairen Münze ist die Wahrscheinlichkeit, zweimal „Kopf" zu werfen, $P(\{\langle K, K \rangle\}) = 1/4$ (Auch hier setzen wir eine „faire" Münze voraus.) Diese Wahrscheinlichkeit gilt auch für die drei anderen Elementarereignisse. Für das Ereignis $\{\langle K, Z \rangle, \langle Z, K \rangle\}$, dass genau einmal Kopf fällt, gilt:

Zweifacher Münzwurf

$$P(\{\langle K, Z \rangle\} \cup \{\langle Z, K \rangle\}) = P(\{\langle K, Z \rangle\}) + P(\{\langle Z, K \rangle\})$$

$$= \frac{1}{4} + \frac{1}{4} = \frac{1}{2}.$$

Entsprechend gilt für das Ereignis $\{\langle K, K \rangle, \langle Z, Z \rangle\}$, dass beide Male Kopf oder beide Male Zahl fällt:

$$P(\{\langle K, K \rangle\} \cup \{\langle Z, Z \rangle\}) = P(\{\langle K, K \rangle\}) + P(\{\langle Z, Z \rangle\})$$

$$= \frac{1}{4} + \frac{1}{4} = \frac{1}{2}.$$

2.4 Zusammenfassende Bemerkungen

Drei Komponenten des Wahrscheinlichkeitsraumes

Regressionsmodelle sind spezielle stochastische Modelle. Daher wurden in diesem Kapitel die Grundbestandteile eines jeden stochastischen Modells eingeführt. Dazu gehören der Wahrscheinlichkeitsraum, der mit seinen drei Komponenten in Anwendungen das jeweils betrachtete Zufallsexperiment repräsentiert. Diese drei Komponenten sind die *Menge der möglichen Ergebnisse*, die *Menge der Ereignisse* und das *Wahrscheinlichkeitsmaß*. Die Menge der möglichen Ergebnisse gibt dabei an, welche Ergebnisse bei der Durchführung des Zufallsexperiments auftreten können, nämlich irgendeines, aber auch nur ein einziges Element aus dieser Menge. Die Menge der möglichen Ereignisse fasst diese möglichen Ergebnisse zu verschiedenen Teilmengen zusammen, denen dann über das —in Anwendungen meist unbekannte—Wahrscheinlichkeitsmaß eine bestimmte Wahrscheinlichkeit zugeordnet ist. Die Menge der Ergebnisse muss die Eigenschaft einer σ-Algebra haben und das Wahrscheinlichkeitsmaß hat die Eigenschaften, die mit den Kolmogoroffschen Axiomen beschrieben werden können. Die wichtigste Eigenschaft einer σ-Algebra ist ihre Abgeschlossenheit gegenüber abzählbaren Schnitt- und Vereinigungsmengenbildung. Die wichtigste Eigenschaft des Wahrscheinlichkeitsmaßes ist seine Additivität bei disjunkten Ereignissen. Diese Eigenschaft teilt es z. B. mit dem Flächenmaß. Daher kann man Wahrscheinlichkeiten von Ereignissen auch sehr gut mit Hilfe von Flächen veranschaulichen.

Eigenschaften von Ergebnismenge und P-Maß

Additivität bei disjunkten Ereignissen

Fragen

leicht   F1. Wieso sind die Grundbegriffe der Wahrscheinlichkeitstheorie Voraussetzung zum Verständnis der Regressionstheorie?

leicht   F2. Ist „Zufallsexperiment" ein Begriff der mathematischen Wahrscheinlichkeitstheorie?

leicht   F3. Welche Bestandteile gehören zu einem Wahrscheinlichkeitsraum, und was bedeuten sie?

leicht   F4. Wie groß ist die Wahrscheinlichkeit des Komplements von A, wenn $P(A) = 0.4$? Beschreiben Sie mit einem Satz, worum es sich beim Komplement von A handelt!

leicht   F5. Was bezweckt man mit der Anwendung eines stochastischen Modells in einer empirischen Wissenschaft?

leicht   F6. Was versteht man unter der *Prä-facto-Perspektive* im Kontext eines stochastischen Modells?

leicht   F7. Wieso ist „Wahrscheinlichkeit" ein theoretischer Begriff?

mittel   F8. Wieso hat ein Ereignis selbst dann eine Wahrscheinlichkeit, wenn wir diese nicht kennen?

leicht   F9. Warum muss eine Ereignismenge die Eigenschaften einer σ-Algebra haben?

leicht   F10. Warum müssen immer auch die *leere Menge* und die *Menge der möglichen Ergebnisse* Ereignisse sein?

mittel   F11. Ist A = „Fritz und Franz werden gezogen" ein Ereignis in dem in Beispiel 3 beschriebenen Zufallsexperiment?

leicht   F12. Welches ist die kleinste σ-Algebra für jedes beliebige Zufallsexperiment?

leicht   F13. Hat ein Ergebnis eines Zufallsexperiment eine Wahrscheinlichkeit?

leicht   F14. Wieso kann man Venn-Diagramme (s. z. B. Abb. 1) zur Darstellung von Eigenschaften des Wahrscheinlichkeitsmaßes verwenden?

Antworten

A1. Eine Regression handelt von mindestens drei Zufallsvariablen, dem Regressanden Y, dem Regressor X und der Regression $E(Y|X)$ selbst. Zufallsvariablen sind aber nur in Bezug auf einen gegebenen Wahrscheinlichkeitsraum definiert, der in Anwendungen das Zufallsexperiment repräsentiert, von dem überhaupt die Rede ist.

A2. Nein, streng genommen nicht. Begriffe der mathematischen Wahrscheinlichkeitstheorie sind z. B. die *Menge der möglichen Ergebnisse*, die *Menge der möglichen Ereignisse*, und das *Wahrscheinlichkeitsmaß*. Ein Zufallsexperiment ist dagegen ein Begriff der Umgangssprache, mit dem auf Phänomene hingewiesen wird, in denen der Zufall eine Rolle spielt. (Auch „Zufall" ist kein Begriff der Wahrscheinlichkeitstheorie.)

A3. Zu einem Wahrscheinlichkeitsraum gehören eine Menge Ω, eine σ-Algebra $\mathfrak{A}$ auf Ω sowie ein Wahrscheinlichkeitsmaß P. Dabei bezeichnet Ω die Menge der möglichen Ergebnisse des betrachteten Zufallsexperiments und $\mathfrak{A}$ die Menge der möglichen Ereignisse. P ist eine Abbildung, die jedem Element A der Ereignismenge $\mathfrak{A}$ eine Wahrscheinlichkeit $P(A)$ zuweist.

A4. Die Wahrscheinlichkeit des Komplements von A ist $1 - P(A) = 0.6$. Beim Komplement von A handelt es sich um das Ereignis, dass A nicht eintritt.

A5. Man beschreibt damit die oder wenigstens einige Gesetzmäßigkeiten des betrachteten Zufallsexperiments.

A6. Mit der *Prä-facto-Perspektive* im Kontext eines stochastischen Modells ist gemeint, dass man ein Zufallsexperiment immer aus der Perspektive des Noch-nicht-eingetreten-Seins betrachtet. Nur dann macht es z. B. Sinn von der Wahrscheinlichkeit eines Ereignisses zu sprechen.

A7. Er bezeichnet kein Objekt, das man direkt beobachten könnte. Er dient jedoch zur Erklärung bestimmter direkt beobachtbarer Sachverhalte.

A8. Ein Ereignis ist so definiert, dass es immer eine Wahrscheinlichkeit hat. Sind wir in einer Anwendung nicht sicher, dass ein betrachtetes Ereignis eine und nur eine Wahrscheinlichkeit hat, dann ist in der Regel nicht hinreichend klar, von welchem Zufallsexperiment und damit auch von welchem Ereignis überhaupt die Rede ist. Zur Erinnerung: Ein Ereignis ist erst dann wohldefiniert, wenn klar ist, von welcher Menge Ω der möglichen Ergebnisse man ausgeht, und welche Teilmenge von Ω man betrachtet. Eine umgangssprachliche Beschreibung allein, definiert in der Regel ein Ereignis nicht hinreichend genau.

A9. Eine Ereignismenge muss die Eigenschaften einer σ-Algebra haben, damit sie abgeschlossen gegenüber Schnitt- und Vereinigungsmengen ist. Nur dann kann man nämlich auch nach der Wahrscheinlichkeit von Ereignissen „A und B" bzw. „A oder B" fragen, wenn A und B Ereignisse sind.

A10. Andernfalls wäre nicht gewährleistet, dass für beliebige Ereignisse A und B sowohl „A und B" als auch „A oder B" Ereignisse sind. Für disjunkte Ereignisse A und B ist ja „A und B" die leere Menge und für $B := \overline{A}$ ist „A oder B" die Menge Ω.

A11. Ja, A = „Fritz und Franz werden gezogen" ist ein Ereignis in dem in Beispiel 3 beschriebenen Zufallsexperiment, aber seine Wahrscheinlichkeit ist gleich null, da es sich dabei um die leere Menge handelt. Das Zufallsexperiment handelt nämlich nur vom *einmaligen* Ziehen einer Person aus der Population.

A12. Die kleinste σ-Algebra für jedes Zufallsexperiment ist $\mathfrak{A} = \{\Omega, \emptyset\}$.

A13. Streng genommen nicht. Man kann aber ein mögliches Ergebnis ω eines Zufallsexperiments zu einem Elementarereignis $\{\omega\}$ machen. Ein solches Elementarereignis hat dann eine Wahrscheinlichkeit, sofern es Element in der zugrunde gelegten σ-Algebra ist. Es gibt durchaus σ-Algebren, in denen kein einziges mögliches Ergebnis ω vorkommt (s. z. B. Antwort 12).

A14. Man kann Venn-Diagramme zur Darstellung von Eigenschaften des Wahrscheinlichkeitsmaßes verwenden, weil ein Wahrscheinlichkeitsmaß (bis auf die Normierung auf 1) exakt die gleichen Eigenschaften wie ein Flächenmaß hat. Wäre dies nicht der Fall, liefe man bei der Verwendung von Venn-Diagrammen Gefahr, falsche Analogieschlüsse über die Eigenschaften der Wahrscheinlichkeit zu ziehen.

Übungen

leicht | Ü1. Beim zweimaligen Werfen einer Münze ist die Menge der möglichen Ergebnisse $\Omega = \{\langle K,K\rangle, \langle K,Z\rangle, \langle Z,K\rangle, \langle Z,Z\rangle\}$, wobei K Kopf und Z Zahl bedeuten. Für die Elementarereignisse sei die folgende Wahrscheinlichkeit vorgegeben: $P(\{\langle K,K\rangle\}) = P(\{\langle K,Z\rangle\}) = P(\{\langle Z,K\rangle\}) = P(\{\langle Z,Z\rangle\}) = 1/4$. Ordnen Sie jedem Element A der Potenzmenge $\mathfrak{P}(\Omega)$ eine Wahrscheinlichkeit $P(A)$ zu.

leicht
(a) Wie groß ist die Wahrscheinlichkeit, dass beim ersten oder (im Sinne des einschließenden Oder) beim zweiten Münzwurf „Zahl" geworfen wird?

leicht
(b) Wie groß ist die Wahrscheinlichkeit, dass weder beim ersten noch beim zweiten Münzwurf „Zahl" geworfen wird?

schwer | Ü2. Zeigen Sie unter Verwendung der Definition einer σ-Algebra, dass gilt: Sind A_1 und A_2 Ereignisse, dann auch „A_1 oder A_2" ($A_1 \cup A_2$) sowie „A_1 und A_2" ($A_1 \cap A_2$).

mittel | Ü3. Geben Sie die Menge der möglichen Ergebnisse in einem Zufallsexperiment an, das auch in der Psychologie oft vorkommt.

leicht | Ü4. Geben Sie in Beispiel 3 das Ereignis als Teilmenge von Ω an, dass Fritz gezogen wird und die erste Aufgabe löst. Wie viele Elemente hat diese Teilmenge? Geben Sie diese Elemente einzeln an.

mittel | Ü5. Geben Sie in Beispiel 3 zwei Ereignisse an, die paarweise disjunkt sind und zwar zuerst „verbal" und dann als Teilmengen von Ω geschrieben.

schwer | Ü6. Zeigen Sie, dass $\mathfrak{A} = \{\Omega, \emptyset\}$ die kleinste σ-Algebra für jedes Zufallsexperiment ist.

Lösungen

L1. (a) Den Elementen der Potenzmenge von Ω sind die folgenden Wahrscheinlichkeiten zugeordnet:
$$P(\emptyset) = 0, \quad P(\Omega) = 1,$$
$$P(\{\langle K,K\rangle\}) = P(\{\langle K,Z\rangle\}) = \ldots = 1/4,$$
$$P(\{\langle K,K\rangle, \langle K,Z\rangle\}) = P(\{\langle K,K\rangle, \langle Z,K\rangle\}) = \ldots = 1/2,$$
$$P(\{\langle K,K\rangle, \langle K,Z\rangle, \langle Z,K\rangle\}) = P(\{\langle K,K\rangle, \langle K,Z\rangle, \langle Z,Z\rangle\}) = \ldots = 3/4.$$

(b) Die Wahrscheinlichkeit, dass beim ersten oder zweiten Münzwurf „Zahl" geworfen wird, ist $P(\{\langle Z,K\rangle, \langle K,Z\rangle, \langle Z,Z\rangle\}) = 3/4$.

(c) Die Wahrscheinlichkeit, dass weder beim ersten, noch beim zweiten Münzwurf „Zahl" geworfen wird, ist $P(\{\langle K,K\rangle\})$.

L2. Die erste Behauptung, dass „A_1 oder A_2" auch ein Ereignis ist, folgt direkt aus der Definition einer σ-Algebra. Für „A_1 und A_2" lässt sich die Behauptung wie folgt beweisen:

Voraussetzung	$A_1, A_2 \in \mathfrak{A}$
s. Def. einer σ-Algebra, Punkt (b)	$\overline{A_1}, \overline{A_2} \in \mathfrak{A}$
s. Def. einer σ-Algebra, Punkt (c)	$\overline{A_1} \cup \overline{A_2} \in \mathfrak{A}$
de Morgansche Regel	$\overline{A_1 \cap A_2} \in \mathfrak{A}$
s. Def. einer σ-Algebra, Punkt (b)	$A_1 \cap A_2 \in \mathfrak{A}$,

was zu zeigen war. Die Regel von De Morgan findet man bei Steyer und Eid (2001, Anhang B).

L3. Siehe dazu Beispiel 3 und Tabelle 1.

L4. $A := \{\text{Fritz}\} \times \{+\} \times \{+, -\}$. Dieses Ereignis ist eine Teilmenge von Ω mit zwei Elementen, nämlich $\langle \text{Fritz}, +, +\rangle$ und $\langle \text{Fritz}, +, -\rangle$.

L5. Zwei paarweise disjunkte Ereignisse in Beispiel 3 sind, $A = $ „Fritz wird gezogen" und $B = $ „Franz wird gezogen". Als Teilmenge von Ω geschrieben:
$$A := \{\text{Fritz}\} \times \{+, -\} \times \{+, -\} \quad \text{und} \quad B := \{\text{Franz}\} \times \{+, -\} \times \{+, -\}.$$

L6. Die Menge $\mathfrak{A} = \{\Omega, \emptyset\}$ ist eine Menge von Teilmengen von Ω. Sie erfüllt alle drei Bedingungen, die eine σ-Algebra erfüllen muss. Offensichtlich gilt: $\Omega \in \mathfrak{A}$. Es gilt aber auch: wenn $A \in \mathfrak{A}$, dann $\overline{A} \in \mathfrak{A}$, denn $\emptyset$ ist das Komplement von Ω

und umgekehrt ist Ω ist das Komplement von $\emptyset$. Schließlich gilt offensichtlich auch für jede Folge von Elementen aus $\mathfrak{A}$, dass auch deren Vereinigung Element von $\mathfrak{A}$ ist. Es gibt nämlich nur Folgen von Elementen aus $\mathfrak{A}$, in denen entweder Ω mindestens einmal vorkommt und solche, für die dies nicht der Fall ist. Kommt Ω mindestens einmal vor, dann ist die Vereinigung der Mengen in dieser Folge gleich Ω. Kommt Ω nicht in der Folge vor, dann ist die Vereinigung der Mengen in dieser Folge gleich $\emptyset$. Beide Vereinigungen sind aber Elemente von $\mathfrak{A}$.

3 Bedingte Wahrscheinlichkeit

Im letzten Kapitel haben wir Zufallsexperimente und deren mathematische Repräsentation, Wahrscheinlichkeitsräume mit ihren drei Bestandteilen kennen gelernt. In diesem Kapitel werden wir das begriffliche Instrumentarium um die Begriffe *bedingte Wahrscheinlichkeit* und *stochastische Unabhängigkeit* von Ereignissen ergänzen. Besteht in einer Anwendung keine Unabhängigkeit zwischen zwei Ereignissen, kann man die Abhängigkeit mit der Angabe von bedingten Wahrscheinlichkeiten näher beschreiben.

Überblick. Wir behandeln als erstes die Definition der bedingten Wahrscheinlichkeit, dann den Begriff der stochastischen Unabhängigkeit von zwei und von mehr als zwei Ereignissen. Danach geht es um einige wichtige Theoreme: den Faktorisierungssatz, den Satz von der totalen Wahrscheinlichkeit und das Bayes-Theorem. Alle drei Sätze sind grundlegend für viele Anwendungen.

3.1 Beispiele

Wir beginnen mit einigen Beispielen bevor wir zur Definition der bedingten Wahrscheinlichkeit kommen. Zunächst behandeln wir ein „technisches" Beispiel.

Beispiel 1. Wir betrachten das *zweimalige Werfen eines fairen Würfels* und fragen dabei nach der Wahrscheinlichkeit, eine Sechs zu würfeln, wenn bereits beim vorangegangenen Wurf eine Sechs gewürfelt wurde. Jedes der 36 Elementarereignisse bei diesem Zufallsexperiment hat die gleiche Wahrscheinlichkeit, nämlich 1/36, wenn wir ein „faires" Würfelexperiment voraussetzen. Die bedingte Wahrscheinlichkeit berechnet man nun, indem man die Wahrscheinlichkeit für das Verbundereignis $\langle \omega_6, \omega_6 \rangle$ durch die Wahrscheinlichkeit, beim ersten Wurf eine Sechs zu würfeln, teilt. Dabei erhalten wir:

Zweimaliger Würfelwurf

$$\frac{\frac{1}{36}}{\frac{6}{36}} = \frac{1}{6}.$$

Die Grundidee bei dieser Berechnung der bedingten Wahrscheinlichkeit ist, zunächst nur diejenigen Elementarereignisse zu betrachten, bei denen im ersten Wurf eine Sechs gewürfelt wird. Dies sind sechs Elementarereignisse. Von diesen sechs Elementarereignissen, gibt es nur eines, bei dem auch beim zweiten Wurf eine Sechs gewürfelt wird. Da alle diese Elementarereignisse gleichwahrscheinlich sind, führt dies zur Wahrscheinlichkeit 1/6.

> **Anwendungsbox 1**
>
> In Beispiel 2 haben wir es mit bedingten Wahrscheinlichkeiten zu tun, die wir nicht allein aus einer Theorie heraus berechnen können. Das war im Beispiel 1 anders, da dort die „Theorie des fairen zweifachen Würfelwurfs" die Wahrscheinlichkeit von 1/36 für alle möglichen Elementarereignisse des zweifachen Würfelwurfs geliefert hat. Alle anderen einfachen und bedingten Wahrscheinlichkeiten sind aus diesen Wahrscheinlichkeiten berechenbar. In Beispiel 2 steht keine solche Theorie zur Verfügung, was der Normalfall der Anwendung der Wahrscheinlichkeitstheorie in den empirischen Wissenschaften ist. Die in Beispiel 2 vorkommende Wahrscheinlichkeit für das Ereignis A muss nun über eine *relative Häufigkeit* geschätzt werden. Das gleiche gilt auch für die bedingte Wahrscheinlichkeit von A (die Aufgabe zu lösen) gegeben B (dass die Wahrscheinlichkeitstheorie schon in der Schule behandelt wurde).
>
> Die Vorgehensweise könnte dann folgendermaßen aussehen: Allen Teilnehmern der Vorlesung wird die betreffende Aufgabe vorgelegt und alle werden gefragt, ob sie schon in der Schule Wahrscheinlichkeitstheorie hatten. Die Wahrscheinlichkeit $P(A)$ kann nun über den Anteil derjenigen, die die Aufgabe lösen, an der Gesamtzahl der Teilnehmer der Vorlesung geschätzt werden. Die bedingte Wahrscheinlichkeit $P(A|B)$ dagegen wird über den Anteil derjenigen, die die Aufgabe lösen und in der Schule Wahrscheinlichkeitstheorie hatten an der Anzahl derjenigen, die Wahrscheinlichkeitstheorie schon in der Schule hatten, geschätzt.

Schätzung von Wahrscheinlichkeiten durch relative Häufigkeiten

Das Ergebnis 1/6 widerspricht der Intuition derer, die erwarten, dass diese bedingte Wahrscheinlichkeit niedriger ausfallen müsste. Bei dieser Erwartung wird aber nicht bedacht, dass wir nicht nach der *Verbundwahrscheinlichkeit* von 1/36 fragen, zweimal die Sechs zu würfeln, sondern nach der *bedingten Wahrscheinlichkeit*, eine Sechs zu würfeln, wenn beim ersten Wurf bereits eine Sechs gewürfelt wurde. Die bedingte Wahrscheinlichkeit ist in diesem Beispiel *un*abhängig davon, welches Ergebnis der erste Würfelwurf brachte. Dies ist ein Beispiel für die *Unabhängigkeit zweier Ereignisse*.

Beispiel 2. Einer zufällig aus den Teilnehmern einer Vorlesung über Wahrscheinlichkeitstheorie gezogenen Person wird zu Beginn der Vorlesung die Aufgabe vorgelegt, die bedingte Wahrscheinlichkeit in Beispiel 1 zu berechnen. Die richtige Lösung dieser Aufgabe sei das Ereignis A. Außerdem wird die Person gefragt, ob sie in ihrer Schulzeit schon Wahrscheinlichkeitstheorie im Unterricht gehabt hat. Die Antwort „ja" sei das Ereignis B. Die Hypothese ist nun, dass die bedingte Wahrscheinlichkeit von A gegeben B größer ist als die (unbedingte) Wahrscheinlichkeit von A (s. hierzu auch A-Box 1).

3.2 Bedingte Wahrscheinlichkeit

Wir kommen nur zur formalen Definition der bedingten Wahrscheinlichkeit eines Ereignisses A gegeben ein Ereignis B.

Bedingte Wahrscheinlichkeit gegeben ein Ereignis

> **Definition 1.** Seien $\langle \Omega, \mathfrak{A}, P \rangle$ ein Wahrscheinlichkeitsraum, $A, B \in \mathfrak{A}$ und $P(B) > 0$. Die Zahl
>
> $$P(A|B) := \frac{P(A \cap B)}{P(B)} \quad (3.1)$$
>
> heißt die bedingte Wahrscheinlichkeit des Ereignisses A gegeben das Ereignis B (kurz: B-bedingte Wahrscheinlichkeit von A).

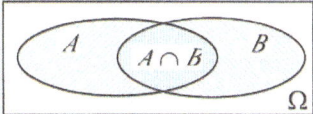

Abbildung 1. Veranschaulichung der bedingten Wahrscheinlichkeit durch ein Venn-Diagramm.

Die linke Seite der obigen Gleichung ist nicht etwa so zu lesen, dass $A|B$ eine Wahrscheinlichkeit P zugeordnet wird. Da A und B Mengen sind, ist der Ausdruck $A|B$ gar nicht definiert. Stattdessen ist der Ausdruck $P(A|B)$ so zu lesen, dass dem Ereignis A eine bedingte Wahrscheinlichkeit gegeben B zugewiesen wird. Um dies auch in der Schreibweise auszudrücken, kann man statt $P(A|B)$ auch $P_B(A)$ schreiben. Für verschiedene Ereignisse B und C ist im Allgemeinen natürlich auch die B-bedingte Wahrscheinlichkeit $P(A|B) = P_B(A)$ von der C-bedingten Wahrscheinlichkeit $P(A|C) = P_C(A)$ verschieden.

Zwei Schreibweisen: $P(A|B)$ und $P_B(A)$

Die Bedeutung einer bedingten Wahrscheinlichkeit kann man sich wieder mittels eines Venn-Diagramms (s. Abb. 1) veranschaulichen. Wie man leicht sieht, handelt es sich dabei also um denjenigen Anteil der Fläche von B, der zugleich auch zu A gehört.

Veranschaulichung durch Venn-Diagramme

Eine andere Art, sich die Bedeutung einer bedingten Wahrscheinlichkeit zu veranschaulichen, besteht im Rückgriff auf relative Häufigkeiten. Legt man das Zufallsexperiment zugrunde, dass aus der Menge der Zuhörer in einem gegebenen Hörsaal zu einer gegebenen Zeit eine Person zufällig (alle Personen sollen also die gleiche Wahrscheinlichkeit haben) ausgewählt wird, so kann z. B. man die bedingte Wahrscheinlichkeit betrachten, dass die ausgewählte Person eine Brille trägt (A), unter der Bedingung, diese Person ist weiblich (B). Diese bedingte Wahrscheinlichkeit ist dann nichts anderes als die Anzahl der weiblichen Brillenträger geteilt durch die Anzahl der weiblichen Personen im Hörsaal.

Veranschaulichung durch relative Häufigkeiten

Betrachten wir für ein gegebenes Ereignis B die bedingte Wahrscheinlichkeit $P_B(A)$ für alle Ereignisse A der zugrunde gelegten Ereignismenge $\mathfrak{A}$, so liegt damit ein neues Wahrscheinlichkeitsmaß vor.

Definition 2. Seien $\langle \Omega, \mathfrak{A}, P \rangle$ ein Wahrscheinlichkeitsraum, $A, B \in \mathfrak{A}$ und $P(B) > 0$. Dann heißt die durch

$$P_B(A) := P(A|B), \quad \text{für alle } A \in \mathfrak{A}, \qquad (3.2)$$

definierte reelle Funktion $P_B \colon \mathfrak{A} \to \mathbb{R}$ das (zu P gehörige) *B-bedingte Wahrscheinlichkeitsmaß* auf $\mathfrak{A}$.

P_B ist ebenfalls ein Wahrscheinlichkeitsmaß auf $\mathfrak{A}$ und verfügt daher über alle im vorangegangenen Kapitel behandelten Eigenschaften eines Wahrscheinlichkeitsmaßes.

Man kann sich leicht vorstellen, dass der Begriff der bedingten Wahrscheinlichkeit für die empirischen Wissenschaften von grundlegender Bedeutung ist. Man denke an den Vergleich von bedingten Wahrschein-

Bedeutung des Begriffes bedingte Wahrscheinlichkeit für die empirischen Wissenschaften

lichkeiten $P(A|B_1)$ bzw. $P(A|B_2)$ an Lungenkrebs zu erkranken (A) für Raucher (B_1) und Nichtraucher (B_2), oder nach dem Studium eine Stelle zu bekommen (A) für Absolventen mit einem sehr guten Examen (B_1) und solche, die ein solches nicht aufweisen können (B_2). In der Psychometrie sind Unterschiede zwischen Personen in ihren bedingten Wahrscheinlichkeiten, bestimmte Aufgaben zu lösen, die Grundlage zur Einführung von Fähigkeitsbegriffen. Auch die Einführung von anderen Persönlichkeitseigenschaften beruht auf bedingten Wahrscheinlichkeiten, die sich in der Regel darauf beziehen, ob eine Person bestimmte Fragen in einer bestimmten Kategorie beantwortet.

3.3 Unabhängigkeit von Ereignissen

Gleichheit von bedingter und unbedingter Wahrscheinlichkeit

Im Folgenden soll nun der Begriff der Unabhängigkeit zweier Ereignisse definiert werden. Im Falle der Unabhängigkeit müssen die bedingten und unbedingten Wahrscheinlichkeiten gleich sein, d. h. es gelten sowohl $P(A|B) = P(A)$ als auch $P(B|A) = P(B)$. In diesem Fall gelten also:

$$P(A|B) = \frac{P(A \cap B)}{P(B)} = P(A) \quad \text{und} \quad P(B|A) = \frac{P(A \cap B)}{P(A)} = P(B). \quad (3.3)$$

Um auch den Fall $P(B) = 0$ und/oder $P(A) = 0$ zuzulassen, multipliziert man beide Seiten dieser Gleichungen mit $P(B)$ bzw. $P(A)$ und definiert die Unabhängigkeit über die resultierende Gleichung.

Unabhängigkeit zweier Ereignisse

Definition 3. Sei $\langle \Omega, \mathfrak{A}, P \rangle$ ein Wahrscheinlichkeitsraum. Zwei Ereignisse $A, B \in \mathfrak{A}$ heißen *unabhängig* hinsichtlich des Wahrscheinlichkeitsmaßes P (kurz: *P-unabhängig*), wenn

$$P(A \cap B) = P(A) \cdot P(B). \quad (3.4)$$

Symmetrischer Begriff!

Der oben definierte Begriff der Unabhängigkeit zweier Ereignisse ist ein *symmetrischer* Begriff. Sprechweisen, die eine Asymmetrie nahe legen, wie „das Ereignis A ist unabhängig vom Ereignis B", sollte man daher mit Vorsicht verwenden. Man beachte, dass hier ein spezieller Begriff der Unabhängigkeit definiert wird, der sich auf eine bestimmte Eigenschaft der *Wahrscheinlichkeiten* der beiden Ereignisse und ihrer Schnittmenge bezieht. Daher spricht man auch von *stochastischer* Unabhängigkeit oder Unabhängigkeit *hinsichtlich des Wahrscheinlichkeitsmaßes P*.

Theorem 1. Sei $\langle \Omega, \mathfrak{A}, P \rangle$ ein Wahrscheinlichkeitsraum. Wenn $A, B \in \mathfrak{A}$ und $P(A) = 0$ oder $P(A) = 1$, dann sind die Ereignisse A und B unabhängig.

Zwei Ereignisse sind also auch dann stochastisch unabhängig, wenn ein Ereignis das unmögliche Ereignis $\emptyset$ oder das sichere Ereignis Ω ist. Das obige Theorem zeigt auch, dass intuitive Vorstellungen von Unabhängigkeit nicht mit dem Begriff der stochastischen Unabhängigkeit verwechselt werden dürfen. Man könnte argumentieren, dass Ω von einer seiner Teilmengen A nicht unabhängig sein kann, da mit dem Ereignis A immer auch das Ereignis Ω eintritt. Die hinter dieser Argumentation liegende Vorstellung ist jedoch nicht mit dem wahrscheinlichkeitstheoretischen Begriff der Unabhängigkeit zweier Ereignisse vereinbar, der impliziert, dass Ω und jedes Ereignis A unabhängig sind.

Stochastische Unabhängigkeit und andere Begriffe der Unabhängigkeit

Wenn wir z. B. drei Ereignisse A, B und C betrachten, dann kann es durchaus sein, dass für alle drei möglichen Paare stochastische Unabhängigkeit besteht, man aber dennoch aus zwei von ihnen das dritte perfekt vorhersagen kann. Dieser Fall ist als *Meehlsches Paradoxon* bekannt (s. dazu auch Übung 8; vgl. Krauth & Lienert, 1995). Würde man sich also nur auf die Betrachtung *paarweiser* Abhängigkeit oder Unabhängigkeit beschränken, würde man in einem solchen Fall eine perfekte Abhängigkeit nicht entdecken. In der folgenden Definition wird daher die Unabhängigkeit beliebig vieler Ereignisse $A_1, ..., A_n$ betrachtet.

Meehlsches Paradoxon

> **Definition 4.** Sei $\langle \Omega, \mathfrak{A}, P \rangle$ ein Wahrscheinlichkeitsraum. Die Ereignisse $A_1, ..., A_n \in \mathfrak{A}$ heißen *unabhängig* hinsichtlich des Wahrscheinlichkeitsmaßes P (kurz: P-unabhängig) genau dann, wenn
>
> $$P(A_{i_1} \cap ... \cap A_{i_m}) = P(A_{i_1}) \cdot ... \cdot P(A_{i_m}) \tag{3.5}$$
>
> für alle $\{i_1, ..., i_m\} \subset \{1, ..., n\}$.
>
> Gilt diese Gleichung nicht, dann heißen die Ereignisse $A_1, ..., A_n$ *stochastisch abhängig*.

Unabhängigkeit mehrerer Ereignisse

Die Unabhängigkeit der Ereignisse $A_1, ..., A_n$ impliziert deren paarweise Unabhängigkeit. Die umgekehrte Implikationsrichtung gilt *nicht*.

3.4 Faktorisierungssatz

Wir behandeln nun den allgemeinen Faktorisierungssatz für die Wahrscheinlichkeit $P(A_1 \cap ... \cap A_n)$ des Ereignisses $A_1 \cap ... \cap A_n$. Dazu gehen wir von der Definition der bedingten Wahrscheinlichkeit aus und betrachten zunächst die Wahrscheinlichkeit $P(A_1 \cap A_2)$ für das Ereignis $A_1 \cap A_2$, für die sich nach Umstellung der Gleichung (3.1) ergibt:

$$P(A_1 \cap A_2) = P(A_1) \cdot P(A_2|A_1). \tag{3.6}$$

Wahrscheinlichkeit der Schnittmenge von zwei Ereignissen

Für die Wahrscheinlichkeit $P(A_1 \cap A_2 \cap A_3)$ der Schnittmenge von drei Ereignissen erhält man zunächst nach Anwendung der Gleichung (3.1) auf die beiden Ereignisse $A_1 \cap A_2$ und A_3:

$$P[(A_1 \cap A_2) \cap A_3] = P(A_1 \cap A_2) \cdot P(A_3|A_1 \cap A_2). \tag{3.7}$$

*Anwendung des
Satzes der totalen Wahrscheinlichkeit
und des Bayes-Theorems
in der Latent-class-Analyse*

> **Anwendungsbox 2**
>
> In der Latent-class-Analyse (s. z. B. Rost, 1996) spielen der Satz der totalen Wahrscheinlichkeit und das Bayes-Theorem eine zentrale Rolle. Die in Gleichung (3.11) vorkommenden Mengen A_i werden dort als latente Klassen interpretiert und das Ereignis B ist ein Antwortmuster auf eine Menge von Items mit zwei oder mehreren Antwortkategorien. Die Wahrscheinlichkeit $P(B)$ kann in solchen Anwendungen direkt über relative Häufigkeiten geschätzt werden, wohingegen die auf der rechten Seite der Gleichung (3.11) vorkommenden theoretischen Wahrscheinlichkeiten mit relativ komplizierten Algorithmen mit entsprechenden Programmen (s. z. B. WinMira, von Davier, 1997) geschätzt werden können. Die Wahrscheinlichkeiten geben Aufschluss zum einen über die relativen Größen der latenten Klassen [$P(A_i)$] und zum anderen über die bedingten Wahrscheinlichkeiten für das jeweilige Antwortmuster [$P(B|A_i)$]. Man kann das Ereignis B auch als eine Antwort in einer bestimmten Kategorie eines jeweils betrachteten Items interpretieren und die bedingten Wahrscheinlichkeiten schätzen, in dieser Kategorie zu antworten, wenn man zur Klasse A_i gehört. (s. hierzu auch Beispiel 3).
>
> Das Bayes-Theorem (3.12) kann dann verwendet werden, um aus einem bestimmten Antwortmuster B die Wahrscheinlichkeit der Zugehörigkeit zu jeder der Klassen A_i zu berechnen. Die ist die Voraussetzung der Klassifizierung der Personen in die einzelnen Klassen.

*Wahrscheinlichkeit
der Schnittmenge
von drei Ereignissen*

Setzen wir nun Gleichung (3.6) ein, erhalten wir

$$P(A_1 \cap A_2 \cap A_3) = P(A_1) \cdot P(A_2|A_1) \cdot P(A_3|A_1 \cap A_2). \quad (3.8)$$

Setzen wir dieses Verfahren fort, erhalten wir die im folgenden Theorem formulierte Gleichung für die Schnittmenge $A_1 \cap ... \cap A_n$ beliebig vieler Ereignisse.

*Wahrscheinlichkeit
der Schnittmenge
beliebig vieler Ereignisse*

> **Theorem 2.** Seien $\langle \Omega, \mathfrak{A}, P \rangle$ ein Wahrscheinlichkeitsraum und $A_1, ..., A_n \in \mathfrak{A}$ Ereignisse. Ist $P(A_1 \cap ... \cap A_n) > 0$, dann gilt:
>
> $$P(A_1 \cap ... \cap A_n)$$
> $$= P(A_1) \cdot P(A_2|A_1) \cdot P(A_3|A_1 \cap A_2) \cdot ... \cdot P(A_n|A_1 \cap ... \cap A_{n-1}). \quad (3.9)$$

Dieses Theorem spielt z. B. in der Theorie graphischer Modelle (s. z. B. Spirtes, Glymour & Scheines, 1993; Pearl, 2000) aber auch in der Item-response-Theorie (s. z. B. Boomsma, van Duijn & Snijders, 2001; Fischer & Molenaar, 1995; Rost, 1996; Steyer & Eid, 2001) und bei den log-linearen Modellen (s. z. B. Agresti, 1990, 1996; Andreß, Hagenaars & Kühnel, 1997; Pruscha, 1996) eine große Rolle. Dort werden die auf der rechten Seite vorkommenden Terme mit Hilfe bestimmter Modellannahmen (meist bestimmte bedingte Unabhängigkeitsannahmen) berechnet und man kann dann prüfen, ob diese Modellannahmen mit der empirischen Schätzung für die Wahrscheinlichkeit auf der linken Seite der Gleichung hinreichend übereinstimmen.

> **Zusammenfassungsbox 1. Die wichtigsten Definitionen zur bedingten Wahrscheinlichkeit und zur Unabhängigkeit von Ereignissen**
>
> Alle Definitionen gehen auch in diesem Kapitel von einem Wahrscheinlichkeitsraum $\langle \Omega, \mathfrak{A}, P \rangle$ aus und alle Ereignisse sind Elemente aus $\mathfrak{A}$.
>
> $$P(A|B) := \frac{P(A \cap B)}{P(B)}$$ *Bedingte Wahrscheinlichkeit*
>
> $$P_B(A) := P(A|B) \quad \text{für alle } A \in \mathfrak{A}$$ *Bedingtes Wahrscheinlichkeitsmaß P_B*
>
> $$P(A \cap B) = P(A) \cdot P(B)$$ *Stochastische Unabhängigkeit der Ereignisse A und B*
>
> $$P(A_{i_1} \cap \ldots \cap A_{i_m}) = P(A_{i_1}) \cdot \ldots \cdot P(A_{i_m}) \quad \text{für alle } \{i_1, \ldots, i_m\} \subset \{1, \ldots, n\}.$$ *Stochastische Unabhängigkeit der Ereignisse $A_1, \ldots, A_n$*

3.5 Satz der totalen Wahrscheinlichkeit und Bayes-Theorem

Wir behandeln nun den *Satz von der totalen Wahrscheinlichkeit* und das *Bayes-Theorem*. Auf ersteren werden wir bei der Behandlung stochastischer Messmodelle zurückgreifen. Von der Gültigkeit des Satzes von der totalen Wahrscheinlichkeit kann man sich anhand eines Venn-Diagramms überzeugen (s. Abb. 2), wenn man zusätzlich die obige Definition der bedingten Wahrscheinlichkeit benutzt. Das Bayes-Theorem folgt aus diesem ersten Satz und der Definition der bedingten Wahrscheinlichkeit.

> **Theorem 3.** Seien $\langle \Omega, \mathfrak{A}, P \rangle$ ein Wahrscheinlichkeitsraum und $A_1, \ldots, A_n$ paarweise disjunkte Ereignisse mit $P(A_i) > 0$, $i = 1, \ldots, n$. Weiter sei $B \subset A_1 \cup \ldots \cup A_n$. Dann folgen:
>
> (i) $\quad P(B) = P(B \cap A_1) + \ldots + P(B \cap A_n) \qquad (3.10)$ *Satz der totalen Wahrscheinlichkeit*
>
> $\quad\quad\quad = P(B|A_1) \cdot P(A_1) + \ldots + P(B|A_n) \cdot P(A_n) \qquad (3.11)$
>
> und
>
> (ii) $\quad P(A_i|B) = \dfrac{P(B|A_i) \cdot P(A_i)}{P(B|A_1) \cdot P(A_1) + \ldots + P(B|A_n) \cdot P(A_n)}. \qquad (3.12)$ *Bayes-Theorem*

Das Bayes-Theorem ist unter anderem auch Grundlage für die so genannte „Bayes-Statistik". Dort geht es u. a. darum, die Wahrscheinlichkeit $P(H_i|D)$ von Hypothesen H_i angesichts bestimmter Daten D zu bestimmen.

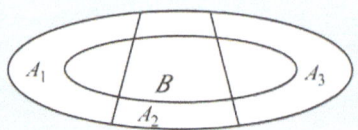

Abbildung 2. Venn-Diagramm zur Veranschaulichung des Satzes von der totalen Wahrscheinlichkeit.

Anwendung in „Bayes-Statistik"

Benötigt werden dafür die bedingten Wahrscheinlichkeiten $P(D|H_i)$ der Daten gegeben die jeweilige Hypothese H_i sowie die unbedingte Wahrscheinlichkeit der jeweilige Hypothese H_i. Damit sind die so genannten „*A-priori-Wahrscheinlichkeiten*" der Hypothesen gemeint, also deren Wahrscheinlichkeiten, bevor die Daten erhoben wurden. In der Regel kann man diese nur über subjektive Einschätzungen gewinnen. In dieser Anwendung charakterisieren Wahrscheinlichkeiten also nicht mehr nur Gesetzmäßigkeiten in einem Zufallsexperiment, sondern auch „subjektive Sicherheiten".

Latent-class-Modell

Beispiel 3. Angenommen, eine Population von Personen kann in *zwei Klassen* aufgeteilt werden, nämlich in diejenigen, die ein bestimmtes *Wissensgebiet beherrschen* und diejenigen, die es *nicht beherrschen*. In der ersten Klasse seien 80% aller Personen, in der zweiten Klasse 20%. Betrachten wir nun das Zufallsexperiment, zufällig (d. h. jede Person hat die gleiche Wahrscheinlichkeit gezogen zu werden) eine Person aus der Population auszuwählen und sie einige Aufgaben bearbeiten zu lassen. Dann ist die Wahrscheinlichkeit, dass die gezogene Person derjenigen Klasse angehört, die das Wissensgebiet beherrscht, $P(A) = 0.8$ und der Klasse, die es nicht beherrscht $P(\overline{A}) = 0.2$. Für eine bestimmte Aufgabe, die sich auf das genannte Wissensgebiet bezieht, gelten die Lösungswahrscheinlichkeiten $P(B|A) = 0.9$ für Personen der ersten Klasse und $P(B_1|\overline{A}) = 0.3$ für Personen der zweiten Klasse. Wir können nun die (unbedingte) Wahrscheinlichkeit, dass eine zufällig aus der Population ausgewählte Person die Aufgabe löst, nach dem Satz von der totalen Wahrscheinlichkeit ausrechnen. Wenden wir ihn auf das vorliegende Beispiel an, gilt: $P(B_1) = P(B_1|A) \cdot P(A) + P(B_1|\overline{A}) \cdot P(\overline{A}) = 0.9 \cdot 0.8 + 0.3 \cdot 0.2 = 0.72 + 0.06 = 0.78$.

Für eine zweite, etwas schwierigere Aufgabe gelten die Lösungswahrscheinlichkeiten $P(B_2|A) = 0.95$ für Personen der ersten Klasse und $P(B_2|\overline{A}) = 0.1$ für Personen der zweiten Klasse. Die Lösungswahrscheinlichkeiten mögen aber ausschließlich von der Zugehörigkeit zu einer Klasse abhängen. *Gegeben eine Person* gelte also Unabhängigkeit der Ereignisse „Aufgabe 1 wird gelöst" und „Aufgabe 2 wird gelöst". Mit dieser Information können wir nun z. B. die Wahrscheinlichkeit $P(B_1 \cap B_2|A)$ ausrechnen, dass eine Person in der ersten Klasse beide Aufgaben löst: $P(B_1|A) \cdot P(B_2|A) = 0.9 \cdot 0.95 = 0.855$. Die Wahrscheinlichkeit, dass eine Person in der zweiten Klasse beide Aufgaben löst, beträgt $P(B_1|\overline{A}) \cdot P(B_2|\overline{A}) = 0.3 \cdot 0.1 = 0.03$.

Wie groß ist nun die (unbedingte) Wahrscheinlichkeit, dass eine zufällig aus der Population ausgewählte Person beide Aufgaben löst? Hier können wir wiederum den Satz von der totalen Wahrscheinlichkeit anwenden: $P(B_1 \cap B_2) = P(B_1 \cap B_2|A) \cdot P(A) + P(B_1 \cap B_2|\overline{A}) \cdot P(\overline{A}) = 0.855 \cdot 0.8 + 0.03 \cdot 0.2 = 0.684 + 0.006 = 0.69$.

> **Regelbox 1. Die wichtigsten Sätze zur bedingten Wahrscheinlichkeit**
>
> $$P(A \cap B) = P(A) \cdot P(B \mid A)$$ *Einfache Produktregel*
>
> $$P(A_1 \cap \ldots \cap A_n) = P(A_1) \cdot P(A_2 \mid A_1) \cdot P(A_3 \mid A_1 \cap A_2) \cdot \ldots \cdot P(A_n \mid A_1 \cap \ldots \cap A_{n-1}).$$ *Allgemeine Produktregel (Allgemeiner Faktorisierungssatz)*
>
> Sind $A_1, \ldots, A_i, \ldots, A_n$ paarweise disjunkt, $B \subset A_1 \cup \ldots \cup A_i \cup \ldots \cup A_n$ und $P(A_i) > 0$, dann gelten die folgenden beiden Sätze:
>
> $$\begin{aligned} P(B) &= P(B \cap A_1) + \ldots + P(B \cap A_n) \\ &= P(B \mid A_1) \cdot P(A_1) + \ldots + P(B \mid A_n) \cdot P(A_n) \end{aligned}$$ *Satz der totalen Wahrscheinlichkeit*
>
> $$P(A_i \mid B) = \frac{P(B \mid A_i) \cdot P(A_i)}{P(B \mid A_1) \cdot P(A_1) + \ldots + P(B \mid A_n) \cdot P(A_n)}$$ *Bayes-Theorem*

3.6 Zusammenfassende Bemerkungen

In diesem Kapitel wurden die Begriffe „bedingte Wahrscheinlichkeit" und „Unabhängigkeit" von Ereignissen. Betrachtet man mehr als zwei Ereignisse, so können diese nicht nur paarweise, sondern auch tripelweise etc. unabhängig oder eben auch paarweise, tripelweise, etc. abhängig sein. Zur genaueren Beschreibung der Art und Stärke der stochastischen Abhängigkeit zwischen Ereignissen ist der Begriff der *bedingten Wahrscheinlichkeit* von grundlegender Bedeutung. Die wichtigsten Theoreme zur bedingten Wahrscheinlichkeit sind der Faktorisierungssatz, der Satz der totalen Wahrscheinlichkeit und das Bayes-Theorem. Diese sind nicht nur grundlegend für die Wahrscheinlichkeitstheorie, sondern auch für alle empirischen Wissenschaften, in denen nach Abhängigkeiten zwischen Ereignissen—und darauf aufbauend—zwischen Zufallsvariablen gefragt wird (s. dazu die nächsten beiden Kapitel).

Fragen

F1.	Worin besteht der Unterschied zwischen „Unabhängigkeit" und „Disjunktheit" zweier Ereignisse A und B?	leicht
F2.	Wie ist der Ausdruck $P(A \mid B)$ zu lesen?	leicht
F3.	Welchem Flächenanteil im Venn-Diagramm der Abbildung 1 entspricht die bedingte Wahrscheinlichkeit $P(A \mid B)$?	leicht
F4.	Welche Eigenschaften teilt der Begriff der bedingten Wahrscheinlichkeit mit dem der (unbedingten) Wahrscheinlichkeit?	mittel
F5.	Warum wird die Unabhängigkeit zweier Ereignisse über die Gleichung (3.4) und nicht über die Gleichungen (3.3) definiert?	leicht
F6.	Warum genügt es nicht, für die Definition der Unabhängigkeit von drei Ereignissen A, B, und C ihre paarweise Unabhängigkeit zu postulieren?	mittel
F7.	Warum wird im Faktorisierungssatz $P(A_1 \cap \ldots \cap A_n) > 0$ vorausgesetzt?	mittel
F8.	Wozu dient die Befragungstechnik der „randomisierten Antwort"?	mittel

Verfahren der randomisierten Antwort

> **Anwendungsbox 3**
>
> Bei Umfragen müssen manchmal Fragen gestellt werden, die von den Befragten als kompromittierend, ja sogar gefährdend empfunden werden können. Für solche Fälle wurde das Verfahren der randomisierten Antwort entwickelt (Fox & Tracy, 1986), das dazu dient, eine veridikale Schätzung einer Wahrscheinlichkeit auch in solchen Fällen zu erhalten, in denen sonst wegen unehrlicher Antworten mit starken Verfälschungen zu rechnen ist.
>
> Im einfachsten Fall verläuft das wie folgt: Der Befragte muss eine Münze und dann einen Würfel werfen. Fällt sie beim ersten Mal auf „Kopf" beantwortet er die „sensitive" Frage, etwa „Haben Sie schon mal gekokst?". Fällt sie beim ersten Mal auf „Zahl", antwortet er auf die harmlose Frage wie „Ist die Augenzahl gerade?" Die Antworten bleiben dann auf der individuellen Ebene anonym, weil nur der Befragte weiß, welche Frage beantwortet wurde.
>
> Die Aufgabe ist dann, die bedingte Wahrscheinlichkeit $P(Ja\,|\,Kopf)$ zu schätzen. Wegen der Unabhängigkeit von Rauschgiftkonsum und dem Münzwurfergebnis handelt es sich inhaltlich um die gesuchte Wahrscheinlichkeit, dass eine zufällig gezogene Person „schon mal gekokst" hat.
>
> Nach dem Satz der totalen Wahrscheinlichkeit gilt:
>
> $$P(Ja) = P(Ja \cap Kopf) + P(Ja \cap Zahl)$$
> $$= P(Ja\,|\,Kopf) \cdot P(Kopf) + P(Ja\,|\,Zahl) \cdot P(Zahl).$$
>
> Dividieren wir beide Seiten der Gleichung mit $P(Kopf)$ und lösen sie nach der bedingten Wahrscheinlichkeit $P(Ja\,|\,Kopf)$ auf, so erhalten wir:
>
> $$P(Ja\,|\,Kopf) = P(Ja)\,/\,P(Kopf) - P(Ja\,|\,Zahl)\,P(Zahl)\,/\,P(Kopf).$$
>
> Setzen wir nun die bekannten Wahrscheinlichkeiten $P(Kopf) = P(Zahl) = 1/2$, und $P(Ja\,|\,Zahl) = 1/2$, ein, erhalten wir:
>
> $$P(Ja\,|\,Kopf) = 2 \cdot P(Ja) - 1/2.$$
>
> Die Wahrscheinlichkeit $P(Ja)$ kann nun empirisch geschätzt werden und mit der obigen Gleichung kann man die gesuchte bedingte Wahrscheinlichkeit $P(Ja\,|\,Kopf)$ schätzen.

mittel   F9. Um welche Wahrscheinlichkeit handelt es sich bei $P(Ja)$ in Anwendungsbox 3 und wie kann sie geschätzt werden?

mittel   F10. Um welche Wahrscheinlichkeit handelt es sich bei $P(Ja\,|\,Kopf)$ in Anwendungsbox 3?

Antworten

A1. Zwei Ereignisse A und B heißen *disjunkt*, wenn sie sich gegenseitig ausschließen, d. h. wenn gilt: $A \cap B = \emptyset$. Zwei Ereignisse A und B heißen *stochastisch unabhängig* genau dann, wenn $P(A \cap B) = P(A) \cdot P(B)$. Beide Begriffe haben *nichts* miteinander zu tun. Disjunktheit ist ein Begriff der Mengenlehre, Unabhängigkeit ein Begriff der Wahrscheinlichkeitstheorie.

A2. Der Ausdruck $P(A\,|\,B)$ ist als bedingte Wahrscheinlichkeit des Ereignisses A zu lesen, wenn B gegeben ist. Es ist nicht etwa die Wahrscheinlichkeit von $A\,|\,B$. Der Ausdruck $A\,|\,B$ ist *nicht* definiert, insbesondere handelt es sich bei $A\,|\,B$ um kein Ereignis.

A3. Die bedingte Wahrscheinlichkeit $P(A\,|\,B)$ entspricht dem Anteil der Fläche der Schnittmenge $A \cap B$ an der Gesamtfläche von B.

A4. Die bedingte Wahrscheinlichkeit teilt mit der (unbedingten) Wahrscheinlichkeit alle Eigenschaften eines Wahrscheinlichkeitsmaßes. Dazu gehören z. B., dass die (bedingten) Wahrscheinlichkeiten zwischen 0 und 1 einschließlich liegen, dass sich die (bedingten) Wahrscheinlichkeiten für disjunkte Ereignisse aufaddieren und dass sich die (bedingten) Wahrscheinlichkeiten für ein Ereignis und sein Komplement zu 1 aufaddieren.

A5. Bei der Definition über die Gleichung (3.4) ist auch der Fall eingeschlossen, dass das bedingende Ereignis eine Wahrscheinlichkeit von null hat. Diese Definition ist also allgemeiner.

A6. Weil es auch Beispiele gibt, in denen paarweise Unabhängigkeit besteht, aber dennoch das Ereignis A von $B \cap C$ abhängt.

A7. Ohne diese Voraussetzung bestände die Möglichkeit, dass einige der bedingenden Ereignisse auf der rechten Seite der Gleichung (3.9) eine Wahrscheinlichkeit von null haben. Diese Voraussetzung stellt also sicher, dass die bedingten Wahrscheinlichkeiten auch definiert sind [s. Gl. (3.1)].

A8. Man kann mit dieser Befragungstechnik die Auftretenswahrscheinlichkeit eines Verhaltens schätzen, wenn es sich um heikle Themen handelt, wie Drogenkonsum, kriminelles oder betrügerisches Verhalten. Der Befragte kann sicher sein, dass auch der Interviewer nichts über sein individuelles Verhalten erfährt. Dennoch kann man damit die Auftretenswahrscheinlichkeit des Verhaltens (Inzidenzrate) in der Population schätzen.

A9. Es handelt sich um die Wahrscheinlichkeit, auf die kompromittierende Frage oder die harmlose Frage nach der geraden Augenzahl beim Würfelwurf mit „Ja" zu antworten. Diese Wahrscheinlichkeit kann über die relative Häufigkeit der Ja-Antworten geschätzt werden. Der Interviewer muss dazu nicht wissen, ob es sich um ein „Ja" auf die kompromittierende oder auf die harmlose Frage handelt.

A10. Bei $P(Ja\,|\,Kopf)$ handelt es sich um die Wahrscheinlichkeit, auf die kompromittierende Frage mit „Ja" zu antworten. Da das Münzwurfergebnis und der Drogenkonsum unabhängig sind, ist diese bedingte Wahrscheinlichkeit auch die Wahrscheinlichkeit dafür, dass eine zufällig gezogene Person, das kompromittierende Verhalten zeigt. Dies ist also die zu schätzende Inzidenzrate.

Übungen

Ü1. Wir betrachten das Zufallsexperiment des zweimaligen Werfens eines fairen Würfels. *leicht*
   (a) Wie groß ist die Wahrscheinlichkeit, dass die zwei Würfel die Augensumme acht zeigen?
   (b) Wie groß ist die bedingte Wahrscheinlichkeit, dass beide Würfel die Augensumme acht zeigen, wenn beim ersten Werfen eine Drei gewürfelt wurde?

Ü2. Eine Untersuchung über Zusammenhänge zwischen sportlicher Leistungsfähigkeit und Rauchen liefere folgende Vierfeldertafel: *leicht*

Raucher	sportliche Leistungsfähigkeit	
	hoch	niedrig
Ja	50	650
Nein	100	200

Berechnen Sie die Wahrscheinlichkeit dafür, dass eine zufällig aus den 1000 untersuchten Personen gezogene Person
   (a) eine hohe sportliche Leistungsfähigkeit hat, falls sie Raucher ist,
   (b) Raucher ist, falls sie eine hohe sportliche Leistungsfähigkeit hat.

Ü3. Zeigen Sie, dass Ω und jedes andere Ereignis stochastisch unabhängig sind. *mittel*

Ü4. Zeigen Sie, dass $\emptyset$ und jedes andere Ereignis stochastisch unabhängig sind. *mittel*

Ü5. Die Ereignisse A und B seien (stochastisch) unabhängig, $P(A) = 0.4$ und $P(B) = 0.3$. Wie groß sind dann (a) $P(A \cap B)$? (b) $P(A \cup B)$? (c) $P(A \setminus B)$? *leicht*

Ü6. Die Ereignisse A und B seien sowohl disjunkt als auch stochastisch unabhängig. Außerdem sei $P(A) = 0.4$. Wie groß ist dann $P(B)$? Begründen Sie Ihre Antwort! Wie groß ist $P(B)$, wenn unter gleichen Bedingungen $P(A) = 0$ ist? *mittel*

Ü7. Die Wahrscheinlichkeiten, dass eine erste Aufgabe bzw. eine zweite Aufgabe gelöst wird, betrage für eine zufällig aus einer Population von Studenten ausgewählte Person $P(A) = 0.3$ (für die 1. Aufgabe) bzw. $P(B) = 0.2$ (für die 2. Aufgabe). Die Wahrscheinlichkeit, dass von dieser Person eine zweite Aufgabe gelöst wird, wenn die erste Aufgabe gelöst wurde, betrage $P(B|A) = 0.5$.

leicht (a) Wie groß ist die Wahrscheinlichkeit, dass diese Person beide Aufgaben löst?

leicht (b) Wie groß ist die Wahrscheinlichkeit, dass die Person keine der beiden Aufgaben löst?

leicht (c) Wie groß ist die Wahrscheinlichkeit, dass diese Person die erste Aufgabe gelöst hat, wenn sie auch die zweite Aufgabe gelöst hat?

mittel (d) Auf welchen inhaltlichen Sachverhalt könnte der Unterschied zwischen $P(B) = 0.2$ und $P(B|A) = 0.5$ möglicherweise zurückgeführt werden?

mittel Ü8. Berechnen Sie in Beispiel 3 die bedingten Wahrscheinlichkeiten, dass eine Person zur Klasse A gehört sowie die Wahrscheinlichkeit, dass sie zur Klasse $\overline{A}$ gehört, wenn sie beide Aufgaben gelöst hat.

Ü9. In einer klinischen Diagnose werden 1000 Patienten mittels zweier Items (Symptome) auf Behandlungsbedürftigkeit untersucht. Falls ein Patient beide Items bejaht, also beide Symptome bestätigt, ist er als behandlungsbedürftig einzustufen. Nicht jedoch, falls er nur eines der beiden Items bejaht. Verneint ein Patient beide Items, wird er ebenfalls als behandlungsbedürftig eingestuft. Diese Diagnose kann durchaus Sinn machen, z. B. wenn davon ausgegangen werden kann, dass im Allgemeinen eines der beiden Symptome vorhanden ist, und jemand, der beide Symptome verneint, dissimiliert. Das Ergebnis der Untersuchung sei wie folgt ausgefallen:

	behandlungsbedürftig			
	ja		nein	
	Item 2			
Item 1	ja	nein	ja	nein
ja	250	0	0	250
nein	0	250	250	0

Betrachten wir nun die Ereignisse A, dass Item 1 bejaht wird mit $P(A) = 0.5$, B, dass Item 2 bejaht wird mit $P(B) = 0.5$ und C, dass die betreffende Person behandlungsbedürftig mit $P(C) = 0.5$.

mittel (a) Zeigen Sie, dass die Ereignisse A und B, A und C sowie B und C jeweils (paarweise) stochastisch unabhängig sind.

mittel (b) Zeigen Sie, dass die Ereignisse A, B und C stochastisch abhängig sind.

mittel (c) Berechnen Sie $P(C | A \cap B)$. Was bedeutet diese Wahrscheinlichkeit inhaltlich?

Lösungen

L1. (a) Beim Zufallsexperiment des zweimaligen Werfens eines fairen Würfels ist die Wahrscheinlichkeit, dass die beiden Würfel die Augensumme Acht zeigen,
$$P(\{\langle 6, 2\rangle, \langle 5, 3\rangle, \langle 4, 4\rangle, \langle 3, 5\rangle, \langle 2, 6\rangle\}) = 5/36.$$

(b) Die bedingte Wahrscheinlichkeit, dass die beiden Würfel die Augensumme Acht zeigen, wenn beim ersten Werfen eine Drei gewürfelt wurde, ist
$$\frac{P(\{\langle 6, 2\rangle, \langle 5, 3\rangle, \langle 4, 4\rangle, \langle 3, 5\rangle, \langle 2, 6\rangle\} \cap \{\langle 3, 1\rangle, \langle 3, 2\rangle, \langle 3, 3\rangle, \langle 3, 4\rangle, \langle 3, 5\rangle, \langle 3, 6\rangle\})}{P(\{\langle 3, 1\rangle, \langle 3, 2\rangle, \langle 3, 3\rangle, \langle 3, 4\rangle, \langle 3, 5\rangle, \langle 3, 6\rangle\})}$$
$$= \frac{P(\{\langle 3, 5\rangle\})}{P(\{\langle 3, 1\rangle, \langle 3, 2\rangle, \langle 3, 3\rangle, \langle 3, 4\rangle, \langle 3, 5\rangle, \langle 3, 6\rangle\})} = \frac{1/36}{6/36} = \frac{1}{6}.$$

L2. (a) Die Wahrscheinlichkeit dafür, dass eine zufällig aus den 1000 untersuchten Personen gezogene Person eine hohe sportliche Leistungsfähigkeit hat (A), falls sie Raucher ist (B), ist

$$P(A|B) = \frac{P(A \cap B)}{P(B)} = \frac{0.05}{0.70} \approx 0.071.$$

(b) Die Wahrscheinlichkeit dafür, dass eine zufällig aus den 1000 untersuchten Personen gezogene Person Raucher ist (B), falls sie eine hohe sportliche Leistungsfähigkeit hat (A), ist

$$P(B|A) = \frac{P(B \cap A)}{P(A)} = \frac{0.05}{0.15} \approx 0.333.$$

L3. Ω und jedes andere Ereignis $A \in \mathfrak{A}$ sind stochastisch unabhängig, da für alle $A \in \mathfrak{A}$ gilt:

$$P(\Omega \cap A) = P(A) = 1 \cdot P(A) = P(\Omega) \cdot P(A).$$

L4. $\emptyset$ und jedes andere Ereignis $A \in \mathfrak{A}$ sind stochastisch unabhängig, da für alle $A \in \mathfrak{A}$ gilt:

$$P(\emptyset \cap A) = P(\emptyset) = 0 = 0 \cdot P(A) = P(\emptyset) \cdot P(A).$$

L5. Wenn A und B unabhängig sind, $P(A) = 0.4$ und $P(B) = 0.3$, dann folgen:

$$P(A \cap B) = P(A) \cdot P(B) = 0.4 \cdot 0.3 = 0.12.$$
$$P(A \cup B) = P(A) + P(B) - P(A \cap B) = 0.4 + 0.3 - 0.12 = 0.58.$$
$$P(A \setminus B) = P(A) - P(A \cap B) = 0.4 - 0.12 = 0.28.$$

L6. Wenn A und B disjunkt sind, folgt: $P(A \cap B) = P(\emptyset) = 0$. Aus der zusätzlichen Voraussetzung der Unabhängigkeit von A und B folgt:

$$0 = P(A \cap B) = P(A) \cdot P(B).$$

Für $P(A) = 0.4$ muss daher $P(B) = 0$ sein; für $P(A) = 0$ ist $P(B)$ beliebig groß (innerhalb des Intervalls $[0, 1]$).

L7. (a) Die Wahrscheinlichkeit, dass die Person beide Aufgaben löst, beträgt

$$P(A \cap B) = P(A) \cdot P(B|A)$$
$$= 0.3 \cdot 0.5 = 0.15.$$

(b) Die Wahrscheinlichkeit, dass die Person keine der beiden Aufgaben löst, beträgt

$$P(\overline{A \cup B}) = 1 - P(A \cup B) \qquad \text{Komplement}$$
$$= 1 - [P(A) + P(B) - P(A \cap B)] = 1 - P(A) - P(B) + P(A \cap B)$$
$$= 1 - 0.3 - 0.2 + 0.15 = 0.65.$$

(c) Die Wahrscheinlichkeit, dass die Person die erste Aufgabe gelöst hat, wenn sie auch die zweite gelöst hat, beträgt:

$$P(A|B) = \frac{P(A \cap B)}{P(B)} = \frac{P(A) \cdot P(B|A)}{P(B)} \qquad \text{Produktregel}$$
$$= \frac{0.3 \cdot 0.5}{0.2} = 0.75.$$

(d) Der Unterschied zwischen $P(B) = 0.2$ und $P(B|A) = 0.5$ bedeutet, dass die (bedingte) Wahrscheinlichkeit, die zweite Aufgabe zu lösen, wenn die erste gelöst wurde, wesentlich größer ist als die (unbedingte) Wahrscheinlichkeit, die zweite Aufgabe zu lösen. Das kann zum Beispiel darauf zurückzuführen sein, dass die zweite Aufgabe auf der Lösung der ersten aufbaut oder dass die Person nach dem Lösen der ersten Aufgabe mit dem Aufgabentyp vertraut ist und ihr das Lösen der zweiten Aufgabe dann leichter fällt.

L8. Nach dem Bayes-Theorem gilt für $B = B_1 \cap B_2$:

$$P(A|B_1 \cap B_2) = \frac{P(B_1 \cap B_2 | A) \cdot P(A)}{P(B_1 \cap B_2 | A) \cdot P(A) + P(B_1 \cap B_2 | \overline{A}) \cdot P(\overline{A})}$$
$$= \frac{0.855 \cdot 0.8}{0.855 \cdot 0.8 + 0.03 \cdot 0.2} = \frac{0.684}{0.684 + 0.006} = \frac{0.684}{0.69} = 0.991.$$

L9. (a) $P(A \cap B) = 0.25 = 0.5 \cdot 0.5 = P(A) \cdot P(B)$. Das Entsprechende gilt auch für A und C bzw. B und C.

(b) $P(A \cap B \cap C) = 0.25 \neq 0.125 = 0.5 \cdot 0.5 \cdot 0.5 = P(A) \cdot P(B) \cdot P(C)$.

(c) $P(C | A \cap B) = P(A \cap B \cap C) / P(A \cap B) = 0.25 / 0.25 = 1$.

$P(C | A \cap B)$ gibt die Wahrscheinlichkeit an, dass ein Patient als behandlungsbedürftig eingestuft wird, falls er beide Items bejaht.

4 Zufallsvariablen

Im Kapitel 2 haben wir die grundlegenden Bestandteile eines stochastischen Modells, die zu einem Wahrscheinlichkeitsraum zusammengefasst werden, kennen gelernt und im Kapitel 3 die Begriffe der bedingten Wahrscheinlichkeit und der Unabhängigkeit von Ereignissen eingeführt. Damit kann man schon Aussagen über Abhängigkeiten zwischen Ereignissen formulieren. Die damit zur Verfügung stehende Sprache ist aber noch insofern defizitär, als damit keine Aussagen über quantitative Größen getroffen werden können. Nicht zuletzt aus diesem Grund führen wir in diesem Kapitel *Zufallsvariablen* und einige damit verbundene Begriffe ein. Zufallsvariablen ordnen jedem Ergebnis des betrachteten Zufallsexperiments einen Wert zu. Diese Werte können Zahlen, aber auch Elemente beliebiger anderer Mengen sein. Zufallsvariablen haben immer eine *Verteilung* und sie können (*stochastisch*) *abhängig* oder auch *unabhängig* voneinander sein. Im nächsten Kapitel werden diese Begriffe um einige Kennwerte von Zufallsvariablen und ihrer Verteilungen ergänzt. Dazu gehören *Erwartungswert* (theoretischer Mittelwert), *Varianz* und *Streuung*, sowie *Kovarianz* und *Korrelation*, die eine bestimmte Art der (stochastischen) Abhängigkeit von Zufallsvariablen beschreiben.

Aussagen über quantitative Größen und deren Zusammenhänge

Überblick. Wir werden zunächst Zufallsvariablen informell einführen und einige erste Beispiele geben. Es folgen dann die allgemeine Definition einer *Zufallsvariablen* und einer *Verteilung* sowie der *kumulativen Verteilung* oder *Verteilungsfunktion* einer numerischen Zufallsvariablen. Schließlich behandeln wir den Begriff der (stochastischen) *Unabhängigkeit von Zufallsvariablen*.

4.1 Einführung

Wie oben bereits angedeutet, brauchen wir Zufallsvariablen u. a., um Aussagen über quantitative Größen und deren Abhängigkeiten treffen zu können. Wie in den Beispielen unten deutlich werden wird, bewirken Zufallsvariablen u. U. auch eine Informationsreduktion.

Eine *Zufallsvariable* X ist eine Abbildung $X: \Omega \to \Omega'$, die im konkreten Fall durch zwei Angaben eindeutig definiert ist:

Zufallsvariable

- Für welche Ergebnisse $\omega_i \in \Omega$ nimmt X welche Werte aus Ω' an?
- Mit welcher Wahrscheinlichkeit nimmt X einen Wert jeweils in einer Teilmenge A' ihres Wertebereichs Ω' an?

Verteilung

Die Ergebnisse ω sind zufällig, nicht jedoch die durch die Zufallsvariable X repräsentierte Wertezuordnung

Die Funktion, die angibt, mit welcher Wahrscheinlichkeit die Zufallsvariable einen Wert jeweils in einer Teilmenge A' ihres Wertebereichs Ω' annimmt, nennt man die *Verteilung* dieser Zufallsvariablen.

Zufallsvariablen bilden die Ergebnisse $\omega \in \Omega$ eines Zufallsexperimentes nach einer festen Zuordnungsvorschrift ab. Die Ergebnisse $\omega \in \Omega$ sind zufällig und damit indirekt auch die Werte einer Zufallsvariablen. Die Zuordnungs*vorschrift* der Werte von X zu den Ergebnissen $\omega \in \Omega$ ist jedoch fest und keineswegs zufällig. Die Bezeichnung *Zufalls*variable ist hier u. U. irreführend, da sie die Konnotation „unsystematisch" hervorruft. Zufallsvariablen können aber sehr systematisch voneinander abhängen, auch wenn diese Systematik in der Regel nicht deterministisch ist. So kann man beispielsweise die Körpergröße (X) und das Geschlecht (Y) als Zufallsvariablen in einem Zufallsexperiment einführen, das aus dem Ziehen einer Person aus einer Population und dem Registrieren des X- und Y-Wertes besteht. Die beiden Variablen X und Y sind nicht unabhängig. Der Name „stochastische Variable" wäre daher vielleicht zweckmäßiger als der Name „Zufallsvariable", der aber im folgenden weiter verwendet wird, da er sich in der Literatur am weitesten durchgesetzt hat.

Beispiel für eine systematische Abhängigkeit zwischen zwei Zufallsvariablen

4.2 Beispiele

Einfacher Würfelwurf

Beispiel 1. Wir betrachten als erstes Beispiel das Zufallsexperiment des einmaligen Werfens eines Würfels mit der Menge $\Omega = \{\omega_1, \omega_2, \omega_3, \omega_4, \omega_5, \omega_6\}$ der möglichen Ergebnisse, wobei ω_i das Ergebnis bezeichnet, dass der Würfel i Augen zeigt. Durch eine Zufallsvariable $X: \Omega \to \Omega'$ kann nun jedem Ergebnis $\omega \in \Omega$ ein Wert aus Ω' zugewiesen werden. Eine mögliche Zuordnungsvorschrift wäre z. B.:

$$X(\omega) = \begin{cases} 0, & \text{falls } \omega \in \{\omega_1, \omega_3, \omega_5\}, \\ 1, & \text{falls } \omega \in \{\omega_2, \omega_4, \omega_6\}. \end{cases}$$

In diesem Fall könnte der Wertebereich von X die Menge $\Omega' = \{0, 1\}$ sein, aber auch jede andere Menge, die die Zahlen 0 und 1 als Elemente enthält. Durch diese Zuordnungsvorschrift würde jeder ungeraden Augenzahl der Wert 0, jeder geraden Augenzahl der Wert 1 zugeordnet. Anstelle der Zahlen 0 und 1 könnte man aber auch ebenso gut durch eine andere Zufallsvariable Y die Werte „ungerade" und „gerade" zuordnen. In beiden Fällen würde man die gleiche Vereinfachung erreichen, dass man nämlich nur noch zwei Ergebnisse des Zufallsexperiments betrachtet: 0 oder 1 bzw. ungerade oder gerade Augenzahl. In diesem Beispiel wird durch die Einführung einer Zufallsvariablen also eine Informationsreduktion möglich: Anstelle der sechs Ergebnisse, werden nur noch zwei Ergebnisse, gerade oder ungerade Augenzahl, betrachtet.

Rätsellösen

Beispiel 2. Wir betrachten ein Experiment vom folgenden Typ: Aus einer endlichen Menge von Personen, z. B. der Menge $\Omega_U = \{\text{Marion, Peter, Karin}\}$, wird eine Person u zufällig gezogen, und es wird festgestellt, ob die gezogene Person ein bestimmtes vorgelegtes Rätsel löst oder nicht. Die Menge der möglichen Ausprägungen ist dann $\Omega_O := \{+, -\}$. Dabei bedeutet +, dass die gezogene Person das vorgelegte Rätsel löst, und −, dass sie es nicht löst. Bei einem solchen Experiment ist

$$\Omega = \Omega_U \times \Omega_O \tag{4.1}$$

die Menge aller möglichen Ergebnisse des betrachteten Zufallsexperiments. Als σ-Algebra $\mathfrak{A}$ wählen wir wieder die Potenzmenge $\mathfrak{P}(\Omega)$. Vom W-Maß P auf $\mathfrak{A}$ sei nur bekannt, dass jede Person die gleiche Wahrscheinlichkeit hat, gezogen zu werden. (Alle anderen Wahrscheinlichkeiten müssten in empirischen Anwendungen geschätzt werden, sofern Aussagen über sie angestrebt werden.) Damit ist der W-Raum $\langle \Omega, \mathfrak{A}, P \rangle$ angegeben, der das betrachtete Zufallsexperiment repräsentiert.

Als Beispiel für eine Zufallsvariable, die *nicht* reellwertig ist, betrachten wir nun die Abbildung $U: \Omega \to \Omega'$, wobei $\Omega' = \Omega_U$ die oben bereits angegebene Menge von Personen ist. Dabei gelte:

Beispiel für eine Zufallsvariable, die nicht reellwertig ist

$$U(\omega) = U(\langle u, o \rangle) = u \quad \text{für alle } \omega \in \Omega. \tag{4.2}$$

Durch die Abbildung U wird also jedem Paar $\omega = \langle u, o \rangle$ seine erste Komponente u zugewiesen. Es gilt also z. B.: $U(\langle \text{Peter}, + \rangle) = \text{Peter}$. Hier spielt Peter die Rolle von u und + die von o. Die Abbildung $U: \Omega \to U$ heißt *Projektion* von Ω auf Ω_U. Die Abbildung U ist eine Zufallsvariable, die bei stochastischen Messmodellen (s. Steyer & Eid, 2001) eine wichtige Rolle spielt. Sie gibt an, welche Person bei dem betrachteten Zufallsexperiment gezogen wird, egal ob das dann vorgelegte Rätsel gelöst wird oder nicht. Selbstverständlich könnte man bei diesem Beispiel auch die Projektion $O: \Omega \to \Omega_O$ betrachten. Deren Werte + und − würden in diesem Beispiel angeben, ob das vorgelegte Rätsel gelöst wurde oder nicht, egal, welche Person gezogen wurde und das Rätsel vorgelegt bekommen.

Projektion U

Projektion O

In diesem Beispiel können wir auch die zweidimensionale Zufallsvariable $Z := (U, Y)$ betrachten, die ihre Werte in der Menge $\Omega'_Z = \Omega_U \times \{0, 1\}$ annimmt. Ihre Werte sind also Wertepaare $\langle u, y \rangle$, deren erste Komponente Element in Ω_U und deren zweite Komponente Element in der Menge $\{0, 1\}$ ist. Der Wert 1 von Y könnte dann für „Rätsel gelöst" und der Wert 0 für „Rätsel nicht gelöst" stehen. Die Wertepaare von Z würden damit angeben, welche Person gezogen wurde und ob das Rätsel gelöst wurde.

Zweidimensionale Zufallsvariable $Z := (U, Y)$

Beispiel 3. Ein Spezialfall liegt mit solchen Zufallsvariablen vor, die nur die Werte 0 und 1 annehmen können. Mit dem Wert 1 zeigen sie an, dass ein bestimmtes Ereignis eingetreten ist. Bei der in Beispiel 1 definierten Variablen X ist dies das Ereignis $A := \{\omega_2, \omega_4, \omega_6\}$, dass eine gerade Augenzahl gewürfelt wird. Eine solche Variable nennt man daher auch *Indikatorvariable* und verwendet für sie die Schreibweise I_A (Indikator des Ereignisses A). Eine Indikatorvariable auf einem W-Raum $\langle \Omega, \mathfrak{A}, P \rangle$ ist also definiert durch

$$I_A(\omega) = \begin{cases} 0, & \text{falls } \omega \notin A, \\ 1, & \text{falls } \omega \in A. \end{cases} \tag{4.3}$$

Indikatorvariable I_A

Beispiel 4. Wir erweitern nun das in Beispiel 2 betrachtete Zufallsexperiment und erfassen zusätzlich die Zeit, in der das vorgelegte Rätsel gelöst bzw. der Lösungsversuch abgebrochen wird. Bei diesem erweiterten Experiment ist

Rätsellösen und Lösungszeit

$$\Omega = \Omega_U \times \Omega_O \times \mathbb{R} \tag{4.4}$$

die Menge aller möglichen Ergebnisse des betrachteten Zufallsexperiments. Die σ-Algebra $\mathfrak{A}$ kann man hier nicht mehr mit unseren elementaren Begriffen angeben. Sie kann aber ohne grundsätzliche Probleme angegeben werden.[1] Vom W-Maß P auf $\mathfrak{A}$ sei wieder nur bekannt, dass jede Person die gleiche Wahrscheinlichkeit hat, gezogen zu werden. Damit ist der W-Raum $\langle \Omega, \mathfrak{A}, P \rangle$ angegeben, der das betrachtete Zufallsexperiment repräsentiert. In diesem Beispiel können wir nun

$$X(\omega) = X(\langle u, o, x \rangle) = x \quad \text{für alle } \omega \in \Omega \tag{4.5}$$

---

[1] Dazu benötigt man die Begriffe einer Produkt-σ-Algebra und einer Borelschen σ-Algebra. Diese Begriffe findet man z. B. bei Gänssler und Stute (1977) oder Bauer (2002).

als reellwertige Zufallsvariable einführen, die die Lösungszeit für das vorgelegte Rätsel repräsentiert. Diese könnte dann eine wichtige Rolle spielen, wenn man die interindividuellen Unterschiede zwischen den drei Personen betrachten will.

4.3 Zufallsvariable

Die Begriffe *Zufallsvariable* und *Verteilung* wurden oben nur auf informelle Weise eingeführt. Daher sollen nun die formalen und allgemeinen Definitionen nachgeholt werden.

Beim Beispiel 1 in Abschnitt 4.2 (Würfelwurf) wurde als Zweck der Einführung von Zufallsvariablen die damit verbundene Informationsreduktion oder Vereinfachung genannt. In formaler Hinsicht zeigt sich diese Vereinfachung wie folgt: Anstatt des relativ komplexen Wahrscheinlichkeitsraums $\langle \Omega, \mathfrak{P}(\Omega), P \rangle$, bei dem die Menge Ω der möglichen Ergebnisse sechs Elemente und die Menge $\mathfrak{A}$ der möglichen Ereignisse, die Potenzmenge $\mathfrak{P}(\Omega)$ bereits $2^6 = 64$ Elemente hat, betrachtet man nun einen neuen Wahrscheinlichkeitsraum mit der Menge $\Omega' = \{0, 1\}$ der möglichen Ergebnisse und der Menge $\mathfrak{A}' = \mathfrak{P}(\Omega') = \{\{0\}, \{1\}, \Omega', \emptyset\}$ der möglichen Ereignisse. Damit wird also die Komplexität erheblich reduziert. Wie bereits betont, haben Zufallsvariablen, deren Werte Zahlen sind, in vielen Fällen darüber hinaus noch den Vorteil, dass man mit ihrer Hilfe relativ einfach Gesetzmäßigkeiten beschreiben kann, die das Zufallsexperiment charakterisieren.

Zur allgemeinen Definition einer Zufallsvariablen $X: \Omega \to \Omega'$ benötigen wir neben dem W-Raum $\langle \Omega, \mathfrak{A}, P \rangle$ und einem beliebigen Wertebereich Ω', in dem X ihre Werte annimmt, auch eine σ-Algebra) $\mathfrak{A}'$ auf Ω'. Bei dem oben aufgeführten Beispiel war $\mathfrak{A}'$ die Potenzmenge von $\Omega' = \{0, 1\}$. Außerdem greifen wir auf den Begriff eines Urbilds zurück. Zur Erinnerung: Das *Urbild* $X^{-1}(A')$ von A' unter X ist das Ereignis $\{\omega \in \Omega: X(\omega) \in A'\}$, dass X einen Wert in der Menge A' annimmt:

$$X^{-1}(A') := \{\omega \in \Omega: X(\omega) \in A'\}. \tag{4.6}$$

Definition 1. Seien $\langle \Omega, \mathfrak{A}, P \rangle$ ein W-Raum, Ω' eine Menge und $\mathfrak{A}'$ eine σ-Algebra auf Ω'. Eine Abbildung $X: \Omega \to \Omega'$ heißt *Zufallsvariable*, wenn für das Urbild $X^{-1}(A')$ von jedem $A' \in \mathfrak{A}'$ gilt: $X^{-1}(A') \in \mathfrak{A}$. Die Menge aller Urbilder $X^{-1}(A')$ heißt die von X *erzeugte σ-Algebra*.

Die Bedingung, dass die Urbilder $X^{-1}(A')$ Elemente der zugrunde liegenden σ-Algebra $\mathfrak{A}$ sind, stellt sicher, dass die mit der Zufallsvariablen X darstellbaren Ereignisse $X^{-1}(A')$ eine Wahrscheinlichkeit haben, nämlich $P[X^{-1}(A')]$, denn das W-Maß P weist definitionsgemäß *allen* Elementen aus $\mathfrak{A}$ ihre Wahrscheinlichkeit zu. Die von X erzeugte σ-Algebra kann man auch als die durch X darstellbaren Ereignisse ansehen. In der folgenden Definition werden verschiedene Arten von Zufallsvariablen unterschieden.

Definition 2. Sei $X: \Omega \to \Omega'$ eine Zufallsvariable auf $\langle \Omega, \mathfrak{A}, P \rangle$.

(i) Ist die Menge $X(\Omega)$ der Werte von X höchstens abzählbar unendlich, so heißt X *diskret*.

(ii) Ist $\Omega' \subset \mathbb{R}$, so heißt X *reell* oder *reellwertig*.

(iii) Gilt $\Omega' \subset \overline{\mathbb{R}} := \mathbb{R} \cup \{\infty, -\infty\}$, so heißt X *numerisch*.

(iv) Ist $\Omega' \subset \overline{\mathbb{R}}$ und ist die Menge $X(\Omega)$ der Werte von X nicht endlich und nicht abzählbar unendlich, dann heißt X *stetig*.

Arten von Zufallsvariablen:
 ... diskrete
 ... reelle
 ... numerische
 ... stetige

4.4 Verteilung

Eng mit dem Begriff einer Zufallsvariablen ist der Begriff der *Verteilung* verbunden, der nun definiert werden soll. Dabei greifen wir wieder auf das *Urbild* $X^{-1}(A')$ einer Menge $A' \in \mathfrak{A}'$ unter der Abbildung $X: \Omega \to \Omega'$ zurück.

Definition 3. Seien $\langle \Omega, \mathfrak{A}, P \rangle$ ein W-Raum, $X: \Omega \to \Omega'$ eine Zufallsvariable auf $\langle \Omega, \mathfrak{A}, P \rangle$ und $\mathfrak{A}'$ eine σ-Algebra auf Ω'. Dann heißt die durch

$$P^X(A') := P[X^{-1}(A')], \quad \text{für alle } A' \in \mathfrak{A}', \tag{4.7}$$

definierte Funktion $P^X: \mathfrak{A}' \to \mathbb{R}$ *Verteilung* von X (hinsichtlich P).

Verteilung P^X einer Zufallsvariable

Die Verteilung P^X einer Zufallsvariablen X ist ein W-Maß auf $\mathfrak{A}'$, d. h. die Rechenregeln für P gelten entsprechend für P^X. Mit einer Zufallsvariablen X ist daher immer ein neuer W-Raum $\langle \Omega', \mathfrak{A}', P^X \rangle$ verbunden, mit dem Wertebereich Ω' als neue Menge der möglichen Ergebnisse.

Der Begriff einer Verteilung darf nicht mit dem Begriff der *kumulativen Verteilung* verwechselt werden, den man für numerische Zufallsvariablen $X: \Omega \to \overline{\mathbb{R}}$ definieren kann. In der folgenden Definition bezeichnet $\mathfrak{B}$ die *Borelsche σ-Algebra* auf $\overline{\mathbb{R}}$, in der z. B. die geschlossenen Intervalle $[-\infty, \alpha]$ als Elemente enthalten sind, die jeweils alle reellen Zahlen zwischen $-\infty$ und α (einschließlich) als Elemente enthalten.

Definition 4. Seien $\langle \Omega, \mathfrak{A}, P \rangle$ ein W-Raum, $X: \Omega \to \overline{\mathbb{R}}$ eine numerische Zufallsvariable auf $\langle \Omega, \mathfrak{A}, P \rangle$ und $\mathfrak{B}$ die Borelsche σ-Algebra auf $\overline{\mathbb{R}}$. Die durch

$$F^X(\alpha) := P^X([-\infty, \alpha]), \quad \alpha \in \overline{\mathbb{R}}, \tag{4.8}$$

definierte Funktion $F^X: \overline{\mathbb{R}} \to \mathbb{R}$ heißt dann die *kumulative Verteilung* oder die *Verteilungsfunktion* von X (hinsichtlich P).

Kumulative Verteilung F^X

Beziehung zwischen Histogramm, Verteilung und kumulativer Verteilung

> **Anwendungsbox 1**
>
> Liegt eine diskrete Zufallsvariable X vor, kann man sich in Anwendungen das Histogramm ihrer Verteilung ansehen. In der Regel betrachtet man dabei die in einer Stichprobe beobachtbaren relativen Häufigkeiten der Werte x der Zufallsvariablen X. Diese relativen Häufigkeiten kann man als Schätzung der betreffenden Wahrscheinlichkeiten $P(X = x)$ ansehen. Aus diesen Wahrscheinlichkeiten lassen sich sowohl die Wahrscheinlichkeiten $P[X(\omega) \leq \alpha]$, als auch die Wahrscheinlichkeiten $P[X(\omega) \in A']$, dass X einen Wert in der Menge A' annimmt berechnen. Folglich kann man aus einem Histogramm sowohl die kumulative Verteilung als auch die Verteilung einer Zufallsvariablen schätzen.

Die Werte $F^X(\alpha)$ einer kumulativen Verteilung geben die Wahrscheinlichkeit $P(X \leq \alpha)$ an, dass X einen Wert annimmt, der höchstens so groß wie α ist. Kann X nur endlich viele Werte annehmen, dann kann man die kumulative Verteilung auch auf eine andere, vielleicht anschaulichere Weise definieren. In diesem Fall können wir mit $P^X(\{x\})$ die Wahrscheinlichkeit bezeichnen, dass X den Wert x annimmt. Eine äquivalente Schreibweise dafür ist $P(X = x)$, d. h. wir definieren:

$P(X = x)$

$$P(X = x) := P^X(\{x\}). \tag{4.9}$$

Die obige Gleichung für $F^X(\alpha)$ kann man dann auch wie folgt schreiben:

$$F^X(\alpha) := \sum_{x \leq \alpha} P(X = x), \quad \alpha \in \mathbb{R}. \tag{4.10}$$

Es werden also die Wahrscheinlichkeiten aller Werte x von X summiert (oder „kumuliert"), die kleiner oder gleich der gewählten Zahl α sind. Da X immer nur einen einzigen Wert annehmen kann, gibt ein Wert der kumulativen Verteilung F^X für jede reelle Zahl α an, wie groß die Wahrscheinlichkeit ist, dass X einen Wert kleiner oder gleich α annimmt.

4.5 Unabhängigkeit von Zufallsvariablen

Stochastische Unabhängigkeit von Zufallsvariablen

Für Zufallsvariablen gibt es verschiedene Arten von Abhängigkeiten und Unabhängigkeiten. Die im logischen Sinn stärkste Art der Unabhängigkeit zweier Zufallsvariablen ist ihre *stochastische* Unabhängigkeit, bei deren Definition wir auf das *Urbild* $X^{-1}(A')$ zurückgreifen [s. Gl. (4.6)].

> **Definition 5.** Seien $\langle \Omega, \mathfrak{A}, P \rangle$ ein W-Raum, $X\colon \Omega \to \Omega'_X$ und $Y\colon \Omega \to \Omega'_Y$ Zufallsvariablen, $\mathfrak{A}'_X$ eine σ-Algebra auf Ω'_X und $\mathfrak{A}'_Y$ eine σ-Algebra auf Ω'_Y. Dann heißen X und Y (stochastisch) *unabhängig* (hinsichtlich P), wenn für alle $(A', B') \in \mathfrak{A}'_X \times \mathfrak{A}'_Y$ gilt:
>
> $$P[X^{-1}(A') \cap Y^{-1}(B')] = P[X^{-1}(A')] \cdot P[Y^{-1}(B')]. \tag{4.11}$$
>
> Andernfalls heißen X und Y (stochastisch) *abhängig*.

Tabelle 1. Numerisches Beispiel zur Illustrierung der Unabhängigkeit zweier Zufallsvariablen

X	Y	$P(X=x, Y=y)$
0	0	5/40
0	1	3/40
1	0	20/40
1	1	12/40

Zwei Zufallsvariablen X und Y heißen also unabhängig, wenn alle durch sie darstellbaren Ereignisse, nämlich die Urbilder $X^{-1}(A')$ und $Y^{-1}(B')$, unabhängig sind.

Beispiel 5. Wir betrachten zwei dichotome Zufallsvariablen, die beide nur die Werte 0 und 1 annehmen können. Dabei sei X das Geschlecht mit dem Wert 0 für „männlich" und 1 für „weiblich" und Y zeige mit dem Wert 0 an, dass die betreffende Person keine Brille und mit dem Wert 1, dass sie eine Brille trägt. Die vier möglichen Wertekombinationen von X und Y sind in den Zeilen der Tabelle 1 eingetragen und ihre Auftretenswahrscheinlichkeit findet man in der Spalte 3. In diesem Beispiel wird also vorausgesetzt, dass diese Wahrscheinlichkeiten bekannt sind.[2] Zunächst betrachten wir die Menge

$$\Omega = \{u_1, ..., u_5, u_6, ..., u_8, u_9, ..., u_{28}, u_{29}, ..., u_{40}\} \quad (4.12)$$

Beispiel zur stochastischen Unabhängigkeit von Zufallsvariablen

der möglichen Ergebnisse des zugrunde liegenden Zufallsexperiments „Ziehe zufällig eine Person Menge der 40 Personen". Mit „zufällig" sei hier gemeint, dass jede der 40 Personen die gleiche Wahrscheinlichkeit haben soll, gezogen zu werden. In diesem (sehr einfachen) Beispiel ist also die Menge Ω der möglichen Ergebnisse identisch mit der Menge der Personen, aus denen zufällig eine Person gezogen wird. Dabei seien die ersten fünf Personen diejenigen, die *männlich* sind und *keine Brille* tragen, die nächsten drei diejenigen, die *männlich* sind und *eine Brille* tragen, die nächsten 20 diejenigen, die *weiblich* sind und *keine Brille* tragen und schließlich die letzten 12 diejenigen, die *weiblich* sind und *eine Brille* tragen (s. Tab. 1).

Weiter betrachten wir die beiden Wertemengen $\Omega'_X = \Omega'_Y = \{0, 1\}$ und die beiden σ-Algebren auf diesen Mengen $\mathfrak{A}'_X = \{\emptyset, \Omega'_X, \{0\}, \{1\}\}$ und $\mathfrak{A}'_Y = \{\emptyset, \Omega'_Y, \{0\}, \{1\}\}$. Nach Definition 5 muss nun für alle 16 Mengenpaare $(A', B') \in \mathfrak{A}'_X \times \mathfrak{A}'_Y$ die Gleichung (4.11) gelten, wenn die beiden Variablen X und Y stochastisch unabhängig sein sollten. Für alle Mengenpaare, bei denen eine der beteiligten Mengen A' oder B' die leere Menge oder Ω'_X bzw. Ω'_Y ist, gilt die Gleichung (4.11) trivialerweise, wie man sich leicht vergewissern kann. Für $A' = \{0\}$ und $B' = \{0\}$ erhalten wir die beiden Urbilder $X^{-1}(\{0\}) = \{\omega \in \Omega: X(\omega) \in \{0\}\} = \{u_1, ..., u_8\}$ bzw. $Y^{-1}(\{0\}) = \{\omega \in \Omega: Y(\omega) \in \{0\}\}$ $= \{u_1, ..., u_5, u_9, ..., u_{28}\}$. Die Schnittmenge $X^{-1}(\{0\}) \cap Y^{-1}(\{0\})$ dieser beiden Urbilder ist die Menge $\{u_1, ..., u_5\}$. Die Menge $X^{-1}(\{0\})$ hat die Wahrscheinlichkeit 8/40 und die Menge $Y^{-1}(\{0\})$ hat die Wahrscheinlichkeit 25/40. Das Produkt dieser Wahrscheinlichkeiten ist 200/1600 = 5/40. Dies ist aber genau die Wahrscheinlichkeit für die Schnittmenge $X^{-1}(\{0\}) \cap Y^{-1}(\{0\}) = \{u_1, ..., u_5\}$. Für alle anderen Mengenpaare $(A', B') \in \mathfrak{A}'_X \times \mathfrak{A}'_Y$ kommt man zu einem entsprechenden Ergebnis.

---

[2] Dies ist dann der Fall, wenn man z. B. eine Population von 40 Personen betrachtet, aus denen eine zufällig gezogen wird, d. h. jede Person hat die gleiche Wahrscheinlichkeit gezogen zu werden. Die genannten Auftretenswahrscheinlichkeiten sind dann einfach die entsprechenden relativen Häufigkeiten. In der „normalen Empirie" sind die Auftretenswahrscheinlichkeiten nicht bekannt, und man kann sie nur durch die entsprechenden relativen Häufigkeiten schätzen.

4.6 Zusammenfassende Bemerkungen

In diesem Kapitel wurden *Zufallsvariablen* und die wichtigsten damit verbundenen Begriffe eingeführt. Zufallsvariablen ordnen jedem Ergebnis des betrachteten Zufallsexperiments einen Wert zu. Diese Werte können Zahlen, aber auch Elemente beliebiger anderer Mengen sein. Unter die eingeführte Definition fallen nicht nur eindimensionale, sondern auch mehrdimensionale Zufallsvariablen, die man auch als Vektor bestehend aus mehreren eindimensionalen Zufallsvariablen auffassen kann. Die *Verteilung einer Zufallsvariablen* ist ein neues Wahrscheinlichkeitsmaß, das sie auf einer auf ihrem Wertebereich betrachteten σ-Algebra erzeugt. Im diskreten Fall enthält diese Verteilung auch die Wahrscheinlichkeiten $P(X = x)$, dass die betrachtete Zufallsvariable jeweils einen bestimmten Wert x annimmt. Die Werte einer *kumulativen Verteilung* dagegen geben die Wahrscheinlichkeit an, dass X einen Wert annimmt, der höchstens so groß wie eine gerade betrachtete Zahl α ist. Zwei Zufallsvariablen X und Y heißen *unabhängig*, wenn alle Ereignisse, die man mit ihrer Hilfe beschreiben kann, unabhängig sind.

Im nächsten Kapitel werden die genannten Begriffe um einige Kennwerte uni- und bivariater Verteilungen ergänzt. Dazu gehören *Erwartungswert*, *Varianz*, *Kovarianz* und *Korrelation*.

Fragen

leicht	F 1. Was versteht man unter einer Indikatorvariablen? Geben Sie ein Beispiel!
leicht	F 2. Welche Rolle spielt der Zufall im Zusammenhang mit Zufallsvariablen?
leicht	F 3. Inwieweit ist die Bezeichnung „Zufallsvariable" missverständlich?
mittel	F 4. Geben Sie ein Beispiel für eine Projektion!
leicht	F 5. Wann liegt eine diskrete, wann eine stetige Zufallsvariable vor?
leicht	F 6. Welche Implikationsbeziehungen bestehen zwischen numerischen und reellen Zufallsvariablen?
mittel	F 7. Was versteht man unter der *Verteilung* einer Zufallsvariablen und was unter der *kumulativen Verteilung* oder *Verteilungsfunktion*?
mittel	F 8. Wie ist die Unabhängigkeit zweier Zufallsvariablen definiert?

Antworten

A 1. Unter einer Indikatorvariablen für das Ereignis B versteht man eine Zufallsvariable $X: \Omega \to \mathbb{R}$, die nur die beiden Werte 0 und 1 annehmen kann. Sie nimmt den Wert 1 an, wenn das Ereignis B eintritt, und den Wert 0 andernfalls, d. h. $X(\omega) = 1$ falls $\omega \in B$, und $X(\omega) = 0$ andernfalls. Im Beispiel 2 des Abschnitts 2.1.1 könnte man eine solche Indikatorvariable $X: \Omega \to \mathbb{R}$ wie folgt einführen: Sei

$$B := \{\omega \in \Omega: U(\omega) \in \{\text{Marion, Karin}\}\}$$

das Ereignis, dass eine Frau gezogen wird. Die durch

$$X(\omega) = \begin{cases} 1, & \text{falls } \omega \in B, \\ 0, & \text{andernfalls} \end{cases}$$

definierte Variable $X: \Omega \to \mathbb{R}$ ist dann eine Indikatorvariable, die mit dem Wert 1 das Ereignis B anzeigt, dass eine Frau gezogen wird.

A 2. Bei Zufallsvariablen spielt der Zufall nur insofern eine Rolle, als ihre Werte vom Ergebnis ω des Zufallsexperiments abhängen. Dabei ist das Eintreten der Ergebnisse ω zufällig. Die Zuordnung der Werte der Variablen zu den Ergebnissen des Zufallsexperiments dagegen ist nicht zufällig, sondern liegt völlig fest.

> **Zusammenfassungsbox 1. Das Wichtigste zu Zufallsvariablen**
>
> Eine *Zufallsvariable* X weist jedem Ergebnis $\omega \in \Omega$ eines betrachteten Zufallsexperiments einen Wert in einer Menge Ω'_X zu. Auf dieser Bildmenge muss auch eine σ-Algebra $\mathfrak{A}'_X$ gegeben sein. Alle durch X darstellbaren Ereignisse, die Urbilder $X^{-1}(\{A'\})$, $A' \in \mathfrak{A}'_X$, haben dabei eine (i. d. R. unbekannte) Wahrscheinlichkeit.
>
> Das *Urbild* $X^{-1}(A') := \{\omega \in \Omega: X(\omega) \in A'\}$ von A' unter X ist das Ereignis, dass X einen Wert in der Menge A' annimmt. Wir können es ein „durch X darstellbares Ereignis" nennen.
>
> Die *Verteilung*
> $$P^X(A') := P[X^{-1}(A')], \quad \text{für alle } A' \in \mathfrak{A}'_X$$
> weist jedem durch X darstellbarem Ereignis seine Wahrscheinlichkeit zu..
>
> Die *kumulative Verteilung*
> $$F^X(\alpha) := P^X([-\infty, \alpha]), \quad \alpha \in \mathbb{R}$$
> weist jedem α die Wahrscheinlichkeit zu, dass X einen Wert kleiner oder gleich α annimmt.
>
> Die *Unabhängigkeit* zweier Zufallsvariablen X und Y ist definiert durch:
> $$P[X^{-1}(A') \cap Y^{-1}(B')] = P[X^{-1}(A')] \cdot P[Y^{-1}(B')]$$
> für alle $(A', B') \in \mathfrak{A}'_X \times \mathfrak{A}'_Y$.
>
> Alle durch X bzw. Y darstellbaren Ereignisse sind dann also unabhängig.

Zufallsvariable $X: \Omega \to \Omega'_X$

Urbild $X^{-1}(A')$

Verteilung P^X einer Zufallsvariablen

Verteilungsfunktion F^X oder kumulative Verteilung von X

Unabhängigkeit zweier Zufallsvariablen X und Y

A 3. Die Verwendung der Bezeichnung „Zufallsvariable" kann insofern missverständlich sein, als man fälschlicherweise glauben könnte, dass die Zuordnung der Werte der Zufallsvariablen zu den Ergebnissen des Zufallsexperiments zufällig wäre! Außerdem ist zu bedenken, dass Zufallsvariablen sehr systematisch voneinander abhängen können. Sie können z. B. sogar deterministische lineare Funktionen voneinander sein, d. h. für zwei Zufallsvariablen X und Y kann gelten $Y = \alpha_0 + \alpha_1 \cdot X$, wobei $\alpha_0, \alpha_1 \in \mathbb{R}$.

A 4. Im Beispiel 2 des Abschnitts 2.1.1 ist $U: \Omega \to \Omega_U$ eine Projektion. Im selben Beispiel kann man auch die Projektion $O: \Omega \to \Omega_O$ definieren durch: $O(\omega) :=$ für alle $\omega = \langle u, o \rangle \in \Omega$.

A 5. Eine *diskrete* Zufallsvariable $X: \Omega \to \Omega'$ liegt vor, wenn die Menge $X(\Omega)$ der Werte von X endlich oder abzählbar unendlich ist. Eine *stetige* Zufallsvariable $X: \Omega \to \overline{\mathbb{R}}$ liegt dann vor, wenn die Menge liegt dann vor, wenn die Menge $X(\Omega)$ der Werte von X weder endlich noch abzählbar unendlich ist.

A 6. Jede reelle Zufallsvariable ist auch eine numerische. Die Umkehrung gilt jedoch nicht, denn eine numerische Zufallsvariable, die auch die Werte $+\infty$ oder $-\infty$ annehmen kann, ist keine reelle Zufallsvariable.

A 7. Die Verteilung P^X einer Zufallsvariablen X ist durch $P^X(A') := P[X^{-1}(A')]$, für alle $A' \in \mathfrak{A}'$ definiert. Sie weist jedem durch X darstellbarem Ereignis, den Urbildern $X^{-1}(A')$, ihre Wahrscheinlichkeit zu. Die kumulative Verteilung von X ist definiert durch $F^X(\alpha) := P^X([-\infty, \alpha])$, $\alpha \in \mathbb{R}$. Sie weist jeder reellen Zahl α die Wahrscheinlichkeit zu, dass X einen Wert kleiner oder gleich α annimmt.

A 8. Die Unabhängigkeit zweier Zufallsvariablen X und Y ist durch die Unabhängigkeit aller durch X bzw. Y darstellbaren Ereignisse, d. h. der Urbilder $X^{-1}(A')$ bzw. $Y^{-1}(B')$, definiert.

Übungen

leicht
Ü 1. Definieren Sie für das Zufallsexperiments des einfachen Würfelwurfs (s. Beispiel 1) eine Indikatorvariable, die mit dem Wert 1 anzeigt, ob eine Augenzahl kleiner oder gleich zwei geworfen wird. Weisen Sie dabei jedem einzelnen Ergebnis des Zufallsexperiments einen Wert aus dem Wertebereich {0, 1} zu.

leicht
Ü 2. (a) Definieren Sie für das in Beispiel 2 angegebene Zufallsexperiment eine Indikatorvariable, die mit dem Wert 1 anzeigt, ob das Rätsel gelöst wird. Weisen Sie dabei wieder jedem einzelnen Ergebnis des Zufallsexperiments einen Wert aus dem Wertebereich {0, 1} zu.

mittel
(b) Geben Sie durch Aufzählung ihrer Elemente die Teilmenge von Ω an, die das Ereignis repräsentiert, dass die Aufgabe gelöst wurde.

mittel
(c) Schreiben Sie dieses Ereignis als Urbild der Indikatorvariablen.

mittel
Ü 3. (a) Definieren Sie für das in Beispiel 2 angegebene Zufallsexperiment die Zufallsvariable Z. Weisen Sie dabei wieder jedem einzelnen Ergebnis des Zufallsexperiments einen Wert aus dem Wertebereich $\Omega_U \times$ {0, 1} zu.

mittel
(b) Geben Sie durch Aufzählung ihrer Elemente die Teilmenge von Ω an, die das Ereignis repräsentiert, dass Marion gezogen wurde und sie die Aufgabe gelöst hat.

mittel
(c) Schreiben Sie dieses Ereignis als Urbild der Indikatorvariablen.

mittel
Ü 4. Geben Sie die Verteilung der in Beispiel 2 angegebenen Zufallsvariable Y an, wobei wir die Potenzmenge von {0, 1} als σ-Algebra zugrunde legen und annehmen, dass die Wahrscheinlichkeit, dass eine zufällig aus Ω_U gezogene Person das Rätsel löst, gleich ¼ ist.

mittel
Ü 5. Geben Sie die kumulative Verteilung F^Y der in Beispiel 2 angegebenen Zufallsvariable Y an, wobei wir $Y: \Omega \to \overline{\mathbb{R}}$ jetzt allerdings als eine Abbildung in die Menge $\overline{\mathbb{R}}$ auffassen wollen, und von der Borelschen σ-Algebra $\mathfrak{B}$ ausgehen, die u. a. alle Intervalle der reellen Zahlen als Elemente enthält. Wie bisher soll Y aber nur die Werte 0 und 1 annehmen. Die in Übung 4 angegebene Wahrscheinlichkeit gelte auch hier.

schwer
Ü 6. Wir betrachten das Zufallsexperiment, gleichzeitig eine Würfel und eine Münze zu werfen und setzen voraus, dass es „fair" ist. Damit sei gemeint, dass alle 12 Elementarereignisse die gleiche Wahrscheinlichkeit haben. Sei X die Indikatorvariable, die mit 1 anzeigt, ob eine gerade Zahl gewürfelt wird und Y eine Indikatorvariable, die mit 1 anzeigt, ob Kopf geworfen wird. Vergewissern Sie sich, dass X und Y tatsächlich unabhängig sind.

Lösungen

L 1. $X(\omega_1) = 1$, $X(\omega_2) = 1$, $X(\omega_3) = 0$, $X(\omega_4) = 0$, $X(\omega_5) = 0$ und $X(\omega_6) = 0$.

L 2. (a) $Y(\langle$Marion, +$\rangle) = 1$, $Y(\langle$Peter, +$\rangle) = 1$, $Y(\langle$Karin, +$\rangle) = 1$, $Y(\langle$Marion, −$\rangle) = 0$, $Y(\langle$Peter, −$\rangle) = 0$, $Y(\langle$Karin, −$\rangle) = 0$.

(b) Das durch $Y = 1$ repräsentierte Ereignis ist {$\langle$Marion, +$\rangle$, $\langle$Peter, +$\rangle$, $\langle$Karin, +$\rangle$}.

(c) Dieses Ereignis kann man auch als Urbild $Y^{-1}(\{1\})$ der Menge $\{1\}$ unter Y schreiben.

L 3. (a) $Z(\langle$Marion, +$\rangle) = \langle$Marion, 1$\rangle$, $Z(\langle$Peter, +$\rangle) = \langle$Peter, 1$\rangle$, $Z(\langle$Karin, +$\rangle) = \langle$Karin, 1$\rangle$, $Z(\langle$Marion, −$\rangle) = \langle$Marion, 0$\rangle$, $Z(\langle$Peter, −$\rangle) = \langle$Peter, 0$\rangle$, $Z(\langle$Karin, −$\rangle) = \langle$Karin, 0$\rangle$.

(b) Das durch $Z = \langle$Marion, 1$\rangle$ repräsentierte Ereignis ist {$\langle$Marion, +$\rangle$}.

(c) Dieses Ereignis kann man auch als Urbild $Z^{-1}(\{\langle$Marion, 1$\rangle\})$ der Menge $\{\langle$Marion, 1$\rangle\}$ unter Z schreiben.

L 4. Gemäß der Definition der Verteilung einer Zufallsvariablen brauchen wir zunächst die Wahrscheinlichkeiten für die vier Urbilder $Y^{-1}(\{0\}) = \Omega_U \times \{-\}$, $Y^{-1}(\{1\}) = \Omega_U \times \{+\}$, $Y^{-1}(\{\emptyset\}) = \emptyset$ und $Y^{-1}(\{\Omega\}) = \Omega$. Diese Wahrscheinlichkeiten betragen ¾, ¼, 0 und 1. Demnach sind $P^Y(\{0\}) = ¾$, $P^Y(\{1\}) = ¼$, $P^Y(\{\emptyset\}) = 0$ und $P^Y(\Omega) = 1$.

L 5. Für jedes α kleiner 0 ist $F^Y(\alpha) = 0$, für jedes α kleiner 1 ist $F^Y(\alpha) = ¾$, für jedes α größer oder gleich 1 ist $F^Y(\alpha) = 1$.

L 6. Gemäß der Definition der Unabhängigkeit zweier Zufallsvariablen brauchen wir zunächst die Wahrscheinlichkeiten für die Urbilder

$$X^{-1}(\{0\}) = \{\omega_1, \omega_3, \omega_5\} \times \{K, Z\},$$
$$X^{-1}(\{1\}) = \{\omega_2, \omega_4, \omega_6\} \times \{K, Z\},$$
$$X^{-1}(\{\varnothing\}) = \varnothing,$$
$$X^{-1}(\{\Omega\}) = \Omega,$$

und

$$Y^{-1}(\{0\}) = \{\omega_1, ..., \omega_6\} \times \{Z\},$$
$$Y^{-1}(\{1\}) = \{\omega_1, ..., \omega_6\} \times \{K\},$$
$$Y^{-1}(\{\varnothing\}) = \varnothing,$$
$$Y^{-1}(\{\Omega\}) = \Omega,$$

sowie die Wahrscheinlichkeiten für alle Schnittmengen von jedem der vier Urbilder unter X mit jedem der vier Urbilder unter Y. Bei einem fairen Würfel und einer fairen Münze sind die Wahrscheinlichkeiten für die für die aufgeführten Urbilder unter X wie folgt: ½, ½, 1 und 0. Das gleiche gilt für die aufgeführten Urbilder unter Y. Die Schnittmenge der beiden Urbilder $X^{-1}(\{0\})$ und $Y^{-1}(\{0\})$ ist nun $X^{-1}(\{0\}) \cap Y^{-1}(\{0\}) = \{\omega_1, \omega_3, \omega_5\} \times \{Z\}$. Diese Schnittmenge hat die Wahrscheinlichkeit 3/12 = ¼, die Summe der Wahrscheinlichkeiten der drei disjunkten Ereignisse $\{\omega_1\} \times \{Z\}$, $\{\omega_3\} \times \{Z\}$ und $\{\omega_5\} \times \{Z\}$. Dies ist tatsächlich das Produkt von ½ und ½. Entsprechend kann man mit allen anderen Schnittmengen von jedem der vier Urbilder unter X mit jedem der vier Urbilder unter Y verfahren und dabei feststellen, dass die Gleichung (4.11) erfüllt ist.

5 Erwartungswert, Varianz, Kovarianz und Korrelation

Im letzten Kapitel haben wir Zufallsvariablen, ihre Verteilungen und die stochastische Unabhängigkeit von Zufallsvariablen eingeführt. Die Definitionen der „Zufallsvariablen" und ihrer „Verteilung" schlossen auch den Fall einer mehrdimensionalen Zufallsvariablen ein. In diesem Kapitel werden wir uns nun mit den Begriffen „Erwartungswert" und „Varianz" sowie deren Eigenschaften befassen. Dies sind Kennwerte, welche die *univariate* Verteilung, also die Verteilung einer *einzigen*, oder genauer, einer *eindimensionalen* Zufallsvariablen charakterisieren.

Kennwerte einer univariaten Verteilung: Erwartungswert und Varianz

Neben dem Begriff des Erwartungswerts und der Varianz sind aber auch die Begriffe *Kovarianz* und *Korrelation* wichtig für viele Anwendungen. Kovarianz und Korrelation sind Kenngrößen für die *Kovariation*, d. h. für das „Zusammenvariieren" zweier Zufallsvariablen. Mit diesen beiden Begriffen wird, auf jeweils eine etwas unterschiedliche Weise, eine bestimmte Form der stochastischen Abhängigkeit zwischen zwei numerischen Zufallsvariablen beschrieben, Zufallsvariablen also, die Zahlen als Werte annehmen. In mathematischer Sicht kann man Kovarianz und Korrelation auch als Kennwerte der Verteilung einer *zweidimensionalen* (numerischen) Zufallsvariablen betrachten.

Kennwerte einer bivariaten Verteilung: Kovarianz und Korrelation

Überblick. Wir werden zunächst die Definition des Erwartungswerts für den diskreten Fall einführen und geben seine Eigenschaften (Rechenregeln) an. Diese Rechenregeln gelten allerdings auch für stetige Zufallsvariablen. Als spezielle Erwartungswerte behandeln wir dann die *Varianz*, die *Kovarianz*, und die *Korrelation*. Die *lineare Quasi-Regression* wird dabei als diejenige Art der Abhängigkeit eingeführt, deren Stärke durch eine Korrelation angegeben wird. Am Ende dieses Kapitels folgt dann die allgemeine Definition des Erwartungswerts für numerische Zufallsvariablen, die auch den Fall kontinuierlicher Variablen einschließt. Da Varianz, Kovarianz und Korrelation als spezielle Erwartungswerte eingeführt wurden, sind damit auch diese Begriffe für den allgemeinen Fall definiert.

5.1 Erwartungswert diskreter Zufallsvariablen

Zufallsvariablen, die reelle *Zahlen* als Werte annehmen, nennen wir *reell* oder *reellwertig*. Für solche reellen Zufallsvariablen ist der *Erwartungswert* definiert, der „theoretische Mittel- oder Durchschnittswert", dessen Entsprechung in einer Stichprobe das *arithmetische Mittel* ist. Ein Erwar-

Erwartungswert einer diskreten Zufallsvariablen bei gleichwahrscheinlichen Werten

> **Anwendungsbox 1**
> Im Spezialfall, in dem alle Werte von X mit gleicher Wahrscheinlichkeit $P(X = x_i) = 1/n$ auftreten (s. Def. 1), vereinfacht sich die Gleichung (5.2) zu
>
> $$E(X) := \frac{1}{n} \sum_{i=1}^{n} x_i. \qquad (5.1)$$
>
> Diese Formel ähnelt der Gleichung, die auch für den aus der Statistik bekannten Stichprobenmittelwert $\overline{X} = (1/n) \sum_{i=1}^{n} X_i$ gilt. Anstelle der Werte x_i von X stehen dort jedoch die Zufallsvariablen X_i, welche die i-te Beobachtung in der Stichprobe repräsentieren. Der Stichprobenmittelwert $\overline{X}$ ist also eine Zufallsvariable, der Erwartungswert dagegen eine feste Zahl. Der Stichprobenmittelwert $\overline{X}$ hat daher auch eine Standardabweichung, die man auch Standardfehler des Mittelwerts nennt. Dieser Standardfehler gibt an, wie genau $\overline{X}$ den Erwartungswert $E(X)$ schätzt.

Stichprobenmittelwert $\overline{X}$

Lage (Lokation)

tungswert charakterisiert in gewisser Weise die *Lage* (oder *Lokation*) einer Zufallsvariable.

5.1.1 Definition

Zunächst führen wir den Erwartungswert für eine Zufallsvariable X ein, die nur endlich viele verschiedene reelle Zahlen $x_1, ..., x_n$ als Werte annehmen kann, d. h. wir betrachten zunächst nur den Erwartungswert „diskreter reeller Zufallsvariablen". Die Notation $P(X = x_i)$ verwenden wir für die Wahrscheinlichkeit $P[X^{-1}(\{x_i\})]$, dass X den Wert x_i annimmt.

Erwartungswert einer diskreten reellen Zufallsvariablen

> **Definition 1.** Sei X eine reelle Zufallsvariable auf dem Wahrscheinlichkeitsraum $\langle \Omega, \mathfrak{A}, P \rangle$ mit endlich vielen Werten $x_1, ..., x_n$. Dann heißt die Zahl
>
> $$E(X) := \sum_{i=1}^{n} x_i \cdot P(X = x_i) \qquad (5.2)$$
>
> der *Erwartungswert* von X (bezüglich P).

Andere Notation μ_X

Anstelle von $E(X)$ verwendet man oft das Symbol μ_X (griechisches My). Der Erwartungswert einer diskreten reellen Zufallsvariablen mit endlich vielen Werten ist der obigen Definition nach die mit den Wahrscheinlichkeiten $P(X = x_i)$ gewichtete Summe der Werte x_i der Zufallsvariablen X.

Einmaliger Würfelwurf

Beispiel 1. Wir betrachten das einmalige Werfen eines Würfels mit der Ergebnismenge $\Omega = \{\omega_1, ..., \omega_6\}$, wobei ω_i das Ergebnis bezeichnet, dass der Würfel i Augen zeigt. Weiter sei $\mathfrak{A}$ die Potenzmenge von Ω und $P: \mathfrak{A} \to \mathbb{R}$ das durch

$$P(\{\omega\}) := \frac{1}{6}, \quad \text{für alle } \omega \in \Omega, \qquad (5.3)$$

definierte W-Maß. (Dabei beachte man, dass mit dieser Definition auch die Wahrscheinlichkeiten aller anderen Ereignisse $A \in \mathfrak{A}$ festliegen.) Schließlich betrachten wir auch die reelle Zufallsvariable $X: \Omega \to \mathbb{R}$, die durch

> **Regelbox 1. Erwartungswert**
>
> **A. Definition**
>
> Sei X eine diskrete Zufallsvariable mit den Werten $x_1, ..., x_n$. Dann ist ihr *Erwartungswert*
>
> $$E(X) := \sum_{i=1}^{n} x_i \cdot P(X = x_i).$$
>
> definiert als die Summe ihrer mit ihren Wahrscheinlichkeiten gewichteten Werte.
>
> **B. Rechenregeln**
>
> Sind X und Y numerische Zufallsvariablen auf $\langle \Omega, \mathfrak{A}, P \rangle$ mit endlichen Erwartungswerten sowie α und $\beta \in \mathbb{R}$, dann gelten:
>
> (i) $E(\alpha) = \alpha$
> (ii) $E(\alpha \cdot X) = \alpha \cdot E(X)$
> (iii) $E(\alpha \cdot X + \beta \cdot Y) = \alpha \cdot E(X) + \beta \cdot E(Y)$

$X(\omega_i) := i, \quad \text{für alle } \omega_i \in \Omega,$ *Augenzahl*

definiert ist. X gibt die Augenzahl an, die der Würfel nach dem Werfen zeigt. Dann ist X eine Zufallsvariable auf $\langle \Omega, \mathfrak{A}, P \rangle$ und es gilt für den Erwartungswert $E(X)$ von X:

$$E(X) = 1 \cdot \frac{1}{6} + 2 \cdot \frac{1}{6} + ... + 6 \cdot \frac{1}{6} = (1 + 2 + ... + 6) \cdot \frac{1}{6} = 3.5.$$

Beispiel 2. Sei Y eine Zufallsvariable, die nur die Werte 0 und 1 annehmen kann (z. B. für ungerade vs. gerade Augenzahl beim Würfeln). Dann gilt

$$E(Y) = 0 \cdot P(Y = 0) + 1 \cdot P(Y = 1) = P(Y = 1).$$

Erwartungswert einer Indikatorvariablen

Der Erwartungswert einer Zufallsvariablen, die nur die Werte 0 und 1 annehmen kann, ist also gleich der Wahrscheinlichkeit $P(Y = 1)$, dass Y den Wert 1 annimmt.

5.1.2 Rechenregeln für Erwartungswerte

Wir kommen nun zu den wichtigsten Eigenschaften des Erwartungswerts reeller Zufallsvariablen. Dabei beachte man, dass diese Eigenschaften auch für numerische und stetige Zufallsvariablen X gelten. *Numerische* Zufallsvariablen können außer den reellen Zahlen auch die uneigentlichen Zahlen $+\infty$ und $-\infty$ als Werte annehmen. Der Wertebereich numerischer Zufallsvariablen wird dann mit $\overline{\mathbb{R}}$ bezeichnet.

Die in Regelbox (R-Box) 1 zusammengefassten Eigenschaften (i) bis (iii) sind Rechenregeln, auf die wir immer wieder zurückgreifen werden. Bei Regel (i) beachte man, dass mit der Schreibweise $E(\alpha)$ der Erwartungswert einer Zufallsvariablen gemeint ist, die für alle Ergebnisse des Zufallsexperiments den gleichen Wert α annimmt, für die also gilt: $X(\omega) = \alpha$, für alle $\omega \in \Omega$. Eine Konstante muss also immer in diesem Sinn uminterpretiert werden, da andernfalls ihr Erwartungswert nicht definiert wäre. Entsprechend werden bei Regel (ii) und (iii) die Erwar-

Rechenregeln in R-Box 1 gelten allgemein

Wahrscheinlichkeiten und Erwartungswerte beschreiben Gesetzmäßigkeiten für den einmaligen Münzwurf

> **Anwendungsbox 2.**
>
> Die beiden Beispiele 1 und 2 zeigen, dass der Erwartungswert eine Gesetzmäßigkeit schon für das *einmalige* Werfen eines Würfels angibt. Obwohl sich diese Gesetzmäßigkeit erst beim *vielmaligen* Werfen eines Würfels im Verhalten des Stichprobenmittelwerts $\overline{X} = (1/n) \cdot (X_1 + ... + X_i + ... + X_n)$ sichtbar äußert, ist die Kenntnis des Erwartungswerts auch für das *einmalige* Werfen eines Würfels nützlich. Selbst wenn man nicht die Wahrscheinlichkeiten für die einzelnen Werte von X (Augenzahl beim einmaligen Würfelwurf), aber den Erwartungswert von X kennen würde, könnte man sich klug entscheiden, ob man z. B. auf die folgenden Wette eingeht: Sie erhalten 100 Euro, wenn die gewürfelte Augenzahl kleiner oder gleich 3 beträgt, müssen aber 1000 Euro zahlen, wenn sie größer oder gleich 4 ist. Einzig relevant bei dieser Entscheidung ist nicht das Verhalten des Würfels „auf lange Sicht", sondern unsere Theorie für sein Verhalten bei dem betrachteten *einmaligen* Werfen.

Erwartungswert einer Konstanten

tungswerte neuer Zufallsvariablen betrachtet. Bei (ii) entsteht eine neue Zufallsvariable αX durch die Multiplikation einer Zufallsvariablen mit einer Konstanten und bei (iii) durch die gewichtete Summe $\alpha X + \beta Y$ zweier Zufallsvariablen X und Y. Nach Regel (ii) ist der Erwartungswert des Produkts einer Konstanten mit einer Zufallsvariablen gleich dem Produkt der Konstanten mit dem Erwartungswert der Zufallsvariablen und nach Regel (iii) ist der Erwartungswert der gewichteten Summe zweier Zufallsvariablen die gewichtete Summe der Erwartungswerte der beiden Zufallsvariablen.

5.2 Varianz und Standardabweichung

Neben dem Begriff des Erwartungswerts ist auch der Begriff der Varianz für viele Anwendungen wichtig. Während der Erwartungswert eine Kennzahl für die *Lokalisation* einer Variablen ist, ist die Varianz eine Kennzahl für die *Streubreite* (oder *Dispersion*).

Streubreite (oder Dispersion)

5.2.1 Definitionen

Vorüberlegungen

Um einen Kennwert für die Streubreite einer Verteilung zu definieren, läge es nahe, den Erwartungswert der Abweichungsvariablen $X - E(X)$ zu betrachten. Dieser ist jedoch immer gleich null, denn $E[X - E(X)] = E(X) - E[E(X)] = E(X) - E(X) = 0$ [s. die Regeln (iii) und (i) in R-Box 1]. Die nächste Überlegung wäre, stattdessen den Betrag der Abweichungsvariablen $X - E(X)$ zu betrachten, der dann ja eine „mittlere Abweichung" der Werte von ihrem Erwartungswert repräsentieren würde. Der so definierte Kennwert ist jedoch mathematisch nicht leicht zu handhaben. Anstelle des Betrags der Abweichungsvariablen verwendet man daher die *quadrierte* Abweichungsvariable $[X - E(X)]^2$ und definiert die *Varianz* als deren Erwartungswert. Zieht man daraus die Quadratwurzel, hat man einen Kennwert, der der ursprünglichen Idee einer „mittleren absoluten Abweichung" recht nahe kommt.

> **Regelbox 2. Varianz**
>
> **A. Definitionen**
>
> Sei X eine numerische Zufallsvariable auf $\langle \Omega, \mathfrak{A}, P \rangle$ mit endlichem Erwartungswert. Dann ist die *Varianz* von X,
>
> $$Var(X) := E[[X - E(X)]^2],$$
>
> der Erwartungswert der quadrierten Abweichungsvariablen $X - E(X)$. Die *Standardabweichung* von X ist die positive Quadratwurzel aus der Varianz:
>
> $$Std(X) := +\sqrt{Var(X)}$$
>
> **B. Rechenregeln**
>
> (i) $Var(X) = E(X^2) - E(X)^2$
> (ii) $Var(X) = 0, \quad \text{falls } X = \alpha$
>
> Sind X und Y numerische Zufallsvariablen auf $\langle \Omega, \mathfrak{A}, P \rangle$ mit endlichen Erwartungswerten sowie α und $\beta \in \mathbb{R}$, dann gelten:
>
> (iii) $Var(\alpha \cdot X) = \alpha^2 \cdot Var(X)$
> (iv) $Var(\alpha + X) = Var(X)$
> (v) $Var(\alpha \cdot X + \beta \cdot Y) = \alpha^2 \cdot Var(X) + \beta^2 \cdot Var(Y) + 2\alpha\beta \cdot Cov(X, Y)$

Varianz Var(X)

Standardabweichung Std(X) oder Streuung

> **Definition 2.** Sei X eine numerische Zufallsvariable auf dem Wahrscheinlichkeitsraum $\langle \Omega, \mathfrak{A}, P \rangle$ mit endlichem Erwartungswert. Dann heißt die Zahl
>
> $$Var(X) := E\left[[X - E(X)]^2\right] \tag{5.4}$$
>
> die *Varianz* von X (bezüglich P) und ihre positive Quadratwurzel $Std(X) = +\sqrt{Var(X)}$ die *Streuung* oder die *Standardabweichung* von X (bezüglich P).

Varianz

Standardabweichung

5.2.2 Rechenregeln für Varianzen

In Regelbox 2 sind die Definition und die wichtigsten Rechenregeln angegeben. Varianz und Streuung können nicht negativ sein. Nach Regel (i) ist die Varianz gleich der Differenz des Erwartungswerts der quadrierten Zufallsvariablen und deren quadrierten Erwartungswert. Nach Regel (ii) ist die Varianz einer numerischen Zufallsvariablen X, die für alle $\omega \in \Omega$ einen konstanten Wert α annimmt (Kurzschreibweise: $X = \alpha$), gleich 0. Die Multiplikation einer Variablen mit einer Konstanten verändert die Varianz [s. Regel (iii)], wohingegen durch die Addition einer Konstanten die Varianz *nicht* verändert wird [s. Regel (iv)].

In Regel (v) wird die Varianz einer gewichteten Summe zweier Zufallsvariablen betrachtet. Diese ist gleich der Summe der mit den quad-

Konstante Zufallsvariable

> **Anwendungsbox 3**
>
> Manchmal definiert man neue Zufallsvariablen als einfache oder auch gewichtete Summen bekannter Zufallsvariablen. Ein Beispiel ist der *sozio-ökonomische Status*, in dessen Definition sowohl Bildung als auch Einkommen eingehen. Bei dieser Art der Definition neuer Variablen muss man bei der Gewichtung bedenken, dass nicht nur die explizit verwendeten Gewichte eine Rolle spielen, sondern auch die Varianzen und Kovarianzen der beteiligten Ausgangsvariablen. In Übung 9 findet sich ein Beispiel, in dem zwar gleiche Gewichte bei der Summenbildung verwendet werden, in dem aber trotzdem der erste der beiden Summanden zu .9950 mit der Summe korreliert, der zweite der beiden Summanden aber nur zu .0995, und das trotz gleicher expliziter Gewichtung. Dies liegt daran, dass der erste Summand eine weitaus größere Varianz hat als der zweite.

Gewichtung bei zusammengesetzten Zufallsvariablen (composite measures)

rierten Gewichten multiplizierten Varianzen plus der mit dem zweifachen Produkt der Gewichte multiplizierten „Kovarianz" der beiden Variablen.[1] Aus dieser Regel folgt, dass die Varianz einer Summenvariablen nur dann gleich der Summe der Varianzen ist, wenn die beteiligten Variablen *unkorreliert* sind, wenn also falls $Cov(X_1, X_2) = 0$ gilt. Für die Differenz $X_1 - X_2$ *unkorrelierter* numerische Zufallsvariablen folgt aus Regel (v) (mit $\alpha_1 = 1$ und $\alpha_2 = -1$):

$$Var(X_1 - X_2) = Var(X_1) + Var(X_2), \quad \text{falls } Cov(X_1, X_2) = 0. \tag{5.5}$$

Die Varianz einer Differenzvariablen ist also gleich der *Summe* der Varianzen, *falls die beiden Variablen unkorreliert* sind. Andernfalls und allgemein gilt:

Varianz einer Differenzvariablen

$$Var(X_1 - X_2) = Var(X_1) + Var(X_2) - 2\,Cov(X_1, X_2). \tag{5.6}$$

5.3 Kovarianz und Korrelation

Zunächst werden wir die Begriffe „Kovarianz" und „Korrelation" einführen und ein kleines Beispiel betrachten. Beide Begriffe, Kovarianz und Korrelation, sind Kennwerte, die das Ausmaß oder die Stärke des *Ko*variierens, also des „*Zusammen*-Variierens" zweier Zufallsvariablen charakterisieren.

5.3.1 Kovarianz

Grundidee

Zwei Zufallsvariablen X und Y *variieren positiv zusammen* oder *kovariieren positiv*, wenn bei einer positiven Abweichung der Variablen X von ihrem Erwartungswert $E(X)$ auch mit einer positiven Abweichung der Variablen Y von ihrem Erwartungswert $E(Y)$ zu rechnen ist, und umge-

---

[1] Dieser Begriff der Kovarianz wird zwar erst im nächsten Abschnitt eingeführt. Der Vollständigkeit halber sei die Regel jedoch schon hier aufgeführt.

kehrt, wenn bei einer negativen Abweichung der Variablen X von ihrem Erwartungswert $E(X)$ auch eine negative Abweichung der Variablen Y von ihrem Erwartungswert $E(Y)$ erwartet wird. Hohe Werte von X gehen also mit hohen Werten von Y und niedrige Werte von X gehen mit niedrigen Werten von Y einher. In diesem Fall spricht man von einer *positiven Kovariation*. Geht dagegen eine positive Abweichung der Variablen X von ihrem Erwartungswert mit einer negativen Abweichung der Variablen Y von ihrem Erwartungswert einher und umgekehrt, spricht man von einer *negativen Kovariation*. Liegt keine dieser beiden Arten einer Regelmäßigkeit vor, sagt man, dass die beiden Variablen X und Y „unkorreliert" sind.

Wie kann man diese Idee präzisieren und einen Kennwert einführen, der auch noch die Stärke dieser Art der Abhängigkeit quantifiziert? Ausgangspunkt bei den bisherigen Überlegungen waren offenbar die oben genannten Abweichungsvariablen $X - E(X)$ und $Y - E(Y)$. Gehen diese beiden Abweichungsvariablen positiv miteinander einher, dann ist ihr Produkt $[X - E(X)] \cdot [Y - E(Y)]$ ebenfalls positiv, gehen diese Abweichung negativ miteinander einher, dann ist das Produkt negativ. Dieses Produkt ist nun wiederum eine (numerische) Zufallsvariable, deren Erwartungswert wir betrachten können. Diesen Erwartungswert nennen wir die *Kovarianz* zwischen X und Y.

Umsetzung der Grundidee

Definition 3. Seien X und Y numerische Zufallsvariablen mit endlichen Erwartungswerten auf dem Wahrscheinlichkeitsraum $\langle \Omega, \mathfrak{A}, P \rangle$. Dann heißt die Zahl

$$Cov(X, Y) := E[[X - E(X)] \cdot [Y - E(Y)]] \quad (5.7)$$

Kovarianz

die *Kovarianz* von X und Y (bezüglich P).

Die im letzten Abschnitt definierte Varianz ist übrigens ein Spezialfall der Kovarianz, bei dem $X = Y$ gilt. Die Varianz ist also die Kovarianz einer Variablen mit sich selber.

Ist die Kovarianz positiv, gehen nach den obigen Überlegungen eher positive Abweichungen miteinander einher, ist sie negativ, so geht eine positive Abweichung der einen mit einer negativen Abweichung der anderen Variablen einher, ist sie null, so kann man aus der positiven oder negativen Abweichung der einen Variablen nicht auf die Abweichung der anderen Variablen von ihrem Erwartungswert schließen. Die *Kovarianz* zwischen X und Y wird auch manchmal mit σ_{XY} (griechisches Sigma) notiert. Die Größe dieser Zahl quantifiziert offenbar auch die Stärke der betrachteten Abhängigkeit. Sie hat jedoch den Nachteil, dass die Kovarianzen zwischen verschiedenen Paaren von Zufallsvariablen nicht miteinander vergleichbar sind, sofern diese Paare von Zufallsvariablen jeweils eine andere Standardabweichung haben.

Andere Notation: σ_{XY}

Interpretationsproblem bei der Kovarianz

5.3.2 Korrelation

Betrachten wir dagegen den Erwartungswert

Korrelation als Erwartungswert des Produkts z-transformierter Variablen

$$Kor(X, Y) := E\left[\frac{X - E(X)}{Std(X)} \cdot \frac{Y - E(Y)}{Std(Y)}\right] \quad (5.8)$$

des Produkts der *standardisierten* Abweichungsvariablen $[X - E(X)] / Std(X)$ und $[Y - E(Y)] / Std(Y)$, wobei wir natürlich $Std(Y)$ und $Std(X) > 0$ voraussetzen, so haben wir eine normierte Kenngröße für die Stärke der betrachteten Abhängigkeit zwischen zwei numerischen Zufallsvariablen X und Y, die nicht von den Varianzen (bzw. den Standardabweichungen) der beiden Variablen abhängt. Die durch Gleichung (5.8) definierte Kenngröße heißt die *Korrelation* von X und Y. Ist eine oder sind gar beide Standardabweichungen gleich null, definieren wir $Kor(X, Y) := 0$.

Unter Verwendung der Rechenregeln für Erwartungswerte (s. Übung 7) kann man leicht zeigen, dass die Korrelation auch wie folgt definiert werden kann.

> **Definition 4.** Seien X und Y numerische Zufallsvariablen auf dem Wahrscheinlichkeitsraum $\langle \Omega, \mathfrak{A}, P \rangle$ mit endlichen Erwartungswerten und positiven Standardabweichungen. Dann heißt die Zahl
>
> $$Kor(X, Y) = \frac{Cov(X, Y)}{Std(X) \cdot Std(Y)} \quad (5.9)$$
>
> die *Korrelation* von X und Y (bezüglich P). Ist eine der Standardabweichungen gleich null, so definieren wir $Kor(X, Y) = 0$.

Korrelation als standardisierte Kovarianz

Andere Notationen ρ_{XY} und $corr(X, Y)$

Wertebereich der Korrelation

Symmetrieeigenschaft

Unkorreliertheit

Anstelle der Notation $Kor(X, Y)$ wird häufig auch das Zeichen ρ_{XY} (griechisches Rho) oder auch $corr(X, Y)$ verwendet. Im Gegensatz zur Varianz und zur Streuung, die wir im letzten Abschnitt behandelt haben, können Kovarianz und Korrelation auch negative Werte annehmen. Die Korrelation kann höchstens gleich 1 und nicht kleiner als −1 sein. Sowohl die Kovarianz als auch die Korrelation sind symmetrisch, d. h. $Cov(X, Y) = Cov(Y, X)$ und $Kor(X, Y) = Kor(Y, X)$. Ist $Cov(X, Y) = 0$, so heißen X und Y *unkorreliert*. Anstelle von (Un)korreliertheit spricht man auch von *korrelativer (Un)abhängigkeit*.

5.3.3 Lineare Quasi-Regression

Kovarianz und Korrelation charakterisieren nur eine bestimmte Art der stochastischen Abhängigkeit zwischen zwei numerischen Zufallsvariablen. Dabei geht es darum, wie stark die Abhängigkeit ist, die sich, bis auf eine *Fehler-* oder *Residualvariable* v, durch eine Gerade, d. h. durch eine lineare Funktion von X, beschreiben lässt:

$$Y = \alpha_0 + \alpha_1 X + v. \quad (5.10)$$

Tabelle 1. Numerisches Beispiel zur Berechnung einer Kovarianz

X	Y	$P(X=x, Y=y)$	$X - E(X)$	$Y - E(Y)$	$[X - E(X)] \cdot [Y - E(Y)]$
0	0	5/40	−32/40	−15/40	48/160
0	1	3/40	−32/40	25/40	−80/160
1	0	20/40	8/40	−15/40	−12/160
1	1	12/40	8/40	25/40	20/160

Die beiden Koeffizienten α_0 und α_1 sind dabei eindeutig bestimmt, wenn für die Residualvariable v

$$Cov(X, v) = 0 \quad \text{und} \quad E(v) = 0 \tag{5.11}$$

gelten. Selbst wenn die Abhängigkeit zwischen X und Y *nicht* linear ist (z. B. quadratisch, kubisch oder gar nicht durch ein Polynom beschreibbar), kann man untersuchen, wie gut sich die Abhängigkeit durch eine solche lineare Funktion von X beschreiben lässt. Die durch die Gleichungen (5.10) bis (5.11) definierte lineare Funktion $\alpha_0 + \alpha_1 X$ von X werden wir als *lineare Quasi-Regression* (oder *lineare Kleinst-Quadrat-Regression*) bezeichnen.

Lineare Quasi-Regression

Eine alternative, mit diesen Gleichungen völlig äquivalente Definition ist, als lineare Quasi-Regression von Y auf X diejenige lineare Funktion von X zu definieren, die folgende Funktion der reellen Zahlen a_0 und a_1 minimiert:

$$LS(a_0, a_1) = E\left[(Y - (a_0 + a_1 \cdot X))^2\right]. \tag{5.12}$$

Kleinst-Quadrat-Kriterium

Diejenigen Zahlen a_0 und a_1, für welche die Funktion $LS(a_0, a_1)$ ein Minimum annimmt, seien mit α_0 und α_1 bezeichnet. Das durch Gleichung (5.12) definierte Optimierungskriterium heißt *Kleinst-Quadrat-Kriterium*. Im Kapitel 8 werden wir ausführlicher auf die lineare Quasi-Regression eingehen und die Unterschiede zur (echten) *linearen Regression* herausstellen.

Beispiel 3. Wir betrachten zwei dichotome Variablen, die beide nur die Werte 0 und 1 annehmen können. Dabei sei X das Geschlecht mit dem Wert 0 für „männlich" und 1 für „weiblich" und Y zeige mit dem Wert 0 an, dass die betreffende Person keine Brille und mit dem Wert 1, dass sie eine Brille trägt. Die vier möglichen Wertekombinationen von X und Y sind in den Zeilen der Tabelle 1 eingetragen und ihre Auftretenswahrscheinlichkeit findet man in der Spalte 3. In diesem Beispiel wird also vorausgesetzt, dass diese Wahrscheinlichkeiten bekannt sind.[2] Zur Berechnung der Kovarianz sind nach der Definitionsformel (5.7) zunächst die Abweichungsvariablen $X - E(X)$ und $Y - E(Y)$ zu berechnen (s. die Spalten 4 und 5) und danach deren Produkt (Spalte 6). Für diese Pro-

---

[2] Dies ist dann der Fall, wenn man z. B. eine Population von 40 Personen betrachtet, aus denen eine zufällig gezogen wird, d. h. jede Person hat die gleiche Wahrscheinlichkeit gezogen zu werden. Die genannten Auftretenswahrscheinlichkeiten sind dann einfach die entsprechenden relativen Häufigkeiten. In der „normalen Empirie" sind die Auftretenswahrscheinlichkeiten nicht bekannt, und man kann die wahre Kovarianz nur durch die Stichprobenkovarianz schätzen.

duktvariable ist dann der Erwartungswert (nach der Formel: Summe der mit ihren Wahrscheinlichkeiten gewichteten Werte) zu berechnen. Die einzelnen Berechnungsschritte sind:

$$E(X) = 0 \cdot 8/40 + 1 \cdot 32/40 = 32/40 \qquad E(Y) = 0 \cdot 25/40 + 1 \cdot 15/40 = 15/40.$$

sowie

$$Cov(X, Y) = E\big[[X - E(X)] \cdot [Y - E(Y)]\big]$$
$$= (48/160) \cdot 5/40 + (-80/160) \cdot 3/40 + (-12/160) \cdot 20/40 + (20/160) \cdot 12/40 = 0$$

Die beiden Variablen X und Y haben also in diesem Beispiel die Kovarianz 0, d. h. sie sind unkorreliert.

5.3.4 Rechenregeln für Kovarianzen und Korrelationen

In der Regelbox 3 sind die Definitionen von Kovarianz und Korrelation zusammengefasst und einige Rechenregeln für Kovarianzen angegeben. Nach Regel (i) kann man die Kovarianz auch als Differenz des Erwartungswerts der Produktvariablen $X \cdot Y$ und dem Produkt der Erwartungswerte $E(X)$ und $E(Y)$ ausrechnen. Nach Regel (ii) ist die Kovarianz einer numerischen Zufallsvariablen X, die für alle $\omega \in \Omega$ einen konstanten Wert α annimmt (Kurzschreibweise $X = \alpha$), mit jeder anderen Zufallsvariablen Y gleich 0. Regel (iii) zufolge ist die Kovarianz zweier Zufallsvariablen αX und βY gleich dem Produkt von $\alpha \beta$ mit der Kovarianz $Cov(X, Y)$. Die Addition der beiden Variablen mit einer Konstanten verändert die Kovarianz nicht [s. Regel (iv)]. Die Regel (v) zeigt, wie man mit der Kovarianz zweier Zufallsvariablen rechnen kann, die selbst jeweils eine gewichtete Summe zweier Zufallsvariablen sind. Wie man leicht erkennen kann, ist dabei jeder Term der linken Summe mit jedem Term der rechten Summe zu betrachten und gemäß Regel (iii) zu vereinfachen. Mit der Regel (v) kann man auch die Kovarianzen von gewichteten Summen von mehr als zwei Variablen bearbeiten. Eine gewichtete Summe $\alpha_1 X_1 + \alpha_2 X_2 + \alpha_3 X_3$ von drei Variablen bspw. kann man auch als gewichtete Summe zweier Variablen $\alpha_1 X_1$ und $1 \cdot (\alpha_2 X_2 + \alpha_3 X_3)$ auffassen, wobei 1 das Gewicht des zweiten Summanden ist. Danach ergeben sich einige Terme, auf welche die Regel (v) wieder direkt anwendbar ist.

Die Regeln (vi) bis (viii) für Korrelationen besagen, dass die Korrelation einer Zufallsvariablen mit einer Konstanten gleich 0 ist [Regel (vi)], dass die Korrelation zweier Zufallsvariablen invariant bleibt, wenn man diese Zufallsvariablen jeweils mit einer Konstanten multipliziert [Regel (vii)] oder jeweils mit einer Konstanten addiert [Regel (viii)]. Zusammen genommen bedeuten die letzten beiden Regeln, dass die Korrelation invariant unter linearen Transformationen ist, d. h. $Kor(\alpha_0 + \alpha_1 X, \beta_0 + \beta_1 Y) = Kor(X, Y)$.

Kovarianz zweier Zufallsvariablen αX und βY

Kovarianz der gewichteten Summe zweier Zufallsvariablen

Korrelation ist invariant unter linearen Transformationen

Regelbox 3. Kovarianz und Korrelation

A. Definitionen

Die *Kovarianz* von X und Y ist der Erwartungswert des Produkts der Abweichungsvariablen $X - E(X)$ und $Y - E(Y)$:

$$Cov(X, Y) := E[[X - E(X)] \cdot [Y - E(Y)]]$$

Kovarianz $Cov(X, Y)$

Die *Korrelation* von X und Y ist die Kovarianz geteilt durch das Produkt der beiden Standardabweichungen:

$$Kor(X, Y) := \begin{cases} \dfrac{Cov(X, Y)}{Std(X) \cdot Std(Y)}, & \text{falls } Std(X) \text{ und } Std(Y) > 0 \\ 0, & \text{sonst.} \end{cases}$$

Korrelation $Kor(X, Y)$

Die Korrelation ist auch der Erwartungswert des Produkts der standardisierten (z-transformierten) Abweichungsvariablen $X - E(X)$ und $Y - E(Y)$.

Kovarianz und Korrelation geben die Stärke der durch eine lineare Quasi-Regression beschreibbaren Abhängigkeit an. Die lineare Quasi-Regression ist diejenige lineare Funktion $\alpha_0 + \alpha_1 X$ von X, für die $Cov(X, \nu) = 0$ und $E(\nu) = 0$ gelten, wobei $\nu := Y - (\alpha_0 + \alpha_1 X)$.

Lineare Quasi-Regression

B. Rechenregeln

Sind X und Y numerische Zufallsvariablen auf $\langle \Omega, \mathfrak{A}, P \rangle$ mit endlichen Erwartungswerten sowie α und $\beta \in \mathbb{R}$, dann gelten:

(i) $Cov(X, Y) = E(X \cdot Y) - E(X) \cdot E(Y)$
(ii) $Cov(X, Y) = 0$, falls $X = \alpha$
(iii) $Cov(\alpha X, \beta Y) = \alpha \beta Cov(X, Y)$
(iv) $Cov(\alpha + X, \beta + Y) = Cov(X, Y)$

Rechenregeln für Kovarianzen

Sind X_1, X_2, Y_1 und Y_2 numerische Zufallsvariablen auf $\langle \Omega, \mathfrak{A}, P \rangle$ mit endlichen Erwartungswerten und $\alpha_1, \alpha_2, \beta_1, \beta_2 \in \mathbb{R}$, dann gelten:

(v) $Cov(\alpha_1 X_1 + \alpha_2 X_2, \beta_1 Y_1 + \beta_2 Y_2) = \alpha_1 \beta_1 Cov(X_1, Y_1) + \alpha_1 \beta_2 Cov(X_1, Y_2)$
$\qquad\qquad\qquad\qquad\qquad\qquad\qquad + \alpha_2 \beta_1 Cov(X_2, Y_1) + \alpha_2 \beta_2 Cov(X_2, Y_2)$

(vi) $Kor(X, Y) = 0$, falls $X = \alpha$
(vii) $Kor(\alpha X, \beta Y) = Kor(X, Y)$
(viii) $Kor(\alpha + X, \beta + Y) = Kor(X, Y)$

Rechenregeln für Korrelationen

5.4 Allgemeine Definition des Erwartungswerts

Die Definition des Erwartungswerts für diskrete Zufallsvariablen und seine Eigenschaften wurden bereits in Regelbox 1 angegeben. Diese Eigenschaften gelten auch für solche Zufallsvariablen X, bei denen die Menge $X(\Omega)$ ihrer Werte nicht mehr endlich oder abzählbar unendlich ist. Bei der allgemeinen Definition müssen wir auf den Begriff des Integrals hinsichtlich des Wahrscheinlichkeitsmaßes P zurückgreifen (s. Bauer, 2002), das als Verallgemeinerung der in Gleichung (5.2) verwendeten Summe der mit ihren Wahrscheinlichkeiten gewichteten Werte angesehen werden kann.

Allgemeine Definition des Erwartungswerts

Definition 5. Sei X eine numerische Zufallsvariable auf dem W–Raum $\langle \Omega, \mathfrak{A}, P \rangle$ und P^X ihre Verteilung. $E(X)$ heißt der *Erwartungswert* von X (hinsichtlich P), wenn

$$E(X) := \int x \, P^X(dx). \tag{5.13}$$

Man beachte, dass diese Definition sehr allgemein ist, insbesondere gilt sie sowohl für diskrete als auch für stetige Zufallsvariablen.

Sofern die Verteilungsfunktion F^X (d. h. die kumulative Verteilung) von X absolut stetig ist, kann man unter Verwendung des Begriffs einer Dichtefunktion und des üblichen (Lebesgue-)Integrals den Erwartungswert einer stetigen Zufallsvariablen X mit der Dichte $f(x)$ auch wie folgt schreiben (s. z. B. Rényi, 1977, S. 175):

$$E(X) := \int_{-\infty}^{+\infty} x \, f(x) \, dx. \tag{5.14}$$

In Erinnerung zu halten ist vor allem, dass der Erwartungswert nur für *numerische* Zufallsvariablen definiert ist, dass diese diskret oder aber stetig sein können und dass für Erwartungswerte immer die in Regelbox 1 angegebenen Rechenregeln gelten.

5.5 Zusammenfassende Bemerkungen

In diesem Kapitel wurde zunächst der Begriff des *Erwartungswerts* eingeführt und seine Rechenregeln behandelt. Ein Erwartungswert beschreibt die Lokation der (univariaten) Verteilung einer numerischen Zufallsvariablen. Er ist auch grundlegend für die Definitionen der anderen, in diesem Kapitel eingeführten Kennwerte: *Varianz*, *Standardabweichung* oder *Streuung*, *Kovarianz und Korrelation*. Varianz und Streuung kennzeichnen die Streubreite der (univariaten) Verteilung einer Zufallsvariablen. Kovarianz und Korrelation charakterisieren dagegen die Stärke einer bestimmten Art der stochastischen Abhängigkeit zwischen zwei numerischen Zufallsvariablen, nämlich diejenige Art der stochastischen Abhängigkeit, die sich durch eine *lineare Quasi-Regression* beschreiben lässt. Kovarianz und Korrelation kann man auch als Kennwerte der Verteilung einer zweidimensionalen numerischen Zufallsvariablen auffassen.

Fragen

leicht	F1.	Was versteht man unter (a) dem Erwartungswert, (b) der Varianz und (c) der Streuung einer Zufallsvariablen?
leicht	F2.	Was versteht man unter (a) der Kovarianz und (b) der Korrelation zweier Zufallsvariablen?
mittel	F3.	Worin besteht der Unterschied zwischen stochastischer und korrelativer Unabhängigkeit von Zufallsvariablen?

F4. Welche Implikationsbeziehungen bestehen zwischen stochastischer und korrelativer Unabhängigkeit von Zufallsvariablen? — mittel

F5. Für welchen Aspekt stochastischer Abhängigkeit ist die Korrelation eine Kenngröße? — leicht

Antworten

A1. (a) Der Erwartungswert $E(X)$ ist der theoretische Mittelwert einer numerischen Zufallsvariablen X. Im diskreten Fall ist $E(X)$ die Summe der mit ihren jeweiligen Auftrittswahrscheinlichkeiten gewichteten Werte von X.
(b) Die Varianz $Var(X)$ ist ein Kennwert für die Streubreite einer numerischen Zufallsvariablen. Sie ist definiert als Erwartungswert der quadrierten Abweichungsvariablen $[X - E(X)]^2$.
(c) Die Streuung $Std(X)$ ist ebenfalls ein Kennwert für die Streubreite einer numerischen Zufallsvariablen. Sie ist definiert als positive Quadratwurzel aus der Varianz. Sie gibt in etwa an, inwieweit im Durchschnitt die Werte der Variablen von ihrem theoretischen Mittelwert abweichen.

A2. (a) Die Kovarianz zweier Zufallsvariablen X und Y ist ein Kennwert für eine bestimmte Art ihrer stochastischen Abhängigkeit. Sie ist definiert als Erwartungswert der Produktvariablen $[X - E(X)] \cdot [Y - E(Y)]$.
(b) Die Korrelation zweier stochastischer Variablen X und Y ist ein Kennwert für die gleiche Art ihrer stochastischen Abhängigkeit wie die Kovarianz. Im Gegensatz zur Kovarianz ist die Korrelation jedoch *normiert*, d. h. ihre Werte liegen im Intervall $[-1, +1]$. Sie ist definiert als Kovarianz geteilt durch das Produkt der Standardabweichungen von X und Y.

A3. Bei stochastischer Unabhängigkeit zweier Zufallsvariablen X und Y sind alle mit X und Y verknüpften Ereignisse voneinander stochastisch unabhängig. Bei korrelativer Unabhängigkeit dagegen muss nur gelten: $Cov(X, Y) = 0$.

A4. Aus der stochastischen Unabhängigkeit folgt die korrelative Unabhängigkeit. Im allgemeinen gilt die Umkehrung nicht.

A5. Die Korrelation zwischen X und Y gibt die Stärke der durch eine lineare Funktion von X beschreibbaren Abhängigkeit der Variablen Y von X an. Da X und Y ausgetauscht werden können und die Korrelation ein symmetrischer Begriff ist, gilt natürlich auch umgekehrt, dass die Korrelation die Stärke der durch eine lineare Funktion von Y beschreibbaren Abhängigkeit der Variablen X von Y angibt.

Übungen

Ü1. Die Wahrscheinlichkeit $P(A)$ eines Ereignisses A sei .7. Wie groß sind dann: — leicht
(a) der Erwartungswert des Indikators I_A von A?
(b) die Varianz des Indikators I_A?

Ü2. (a) Leiten Sie die Regel (i) aus der Regelbox 2 mit Hilfe der Definitionsgleichung für die Varianz her. — mittel
(b) Leiten Sie die Regel (iii) aus der Regelbox 1 mit Hilfe der Definitionsgleichung für den Erwartungswert einer diskreten Zufallsvariablen her. — leicht

Ü3. X und Y seien *unkorrelierte* Zufallsvariablen mit Erwartungswert 50 und Varianz 8. Wie groß sind dann: — leicht
(a) Der Erwartungswert von $X - Y$?
(b) Die Varianz von $X - Y$?
(c) Der Erwartungswert von $(X + Y)/2$?
(d) Die Varianz von $(X + Y)/2$?

Ü4. Zeigen Sie, dass bei unkorrelierten reellen Zufallsvariablen X und Y gilt: $E(X \cdot Y) = E(X) \cdot E(Y)$. — leicht

Ü5. Bei einer linearen Quasi-Regression gelten: — mittel
(1) $Y = \alpha_0 + \alpha_1 X + v$, (2) $Cov(X, v) = 0$ und (3) $E(v) = 0$,
wobei v die „Fehlervariable") ist. Zeigen Sie, dass dann folgen:
$\alpha_1 = Cov(X, Y)/Var(X)$ und $\alpha_0 = E(Y) - \alpha_1 E(X)$.

Kapitel 5. Erwartungswert, Varianz, Kovarianz und Korrelation

schwer   Ü6. Betrachtet sei ein Zufallsexperiment, bei dem ein Würfel und dann eine Münze geworfen wird. Die zu betrachtende Zufallsvariable Z sei wie folgt definiert: Zeigt die Münze Kopf, so ist Z gleich der Augenzahl des Würfels; andernfalls ist Z das Doppelte davon. Man berechne den Erwartungswert und die Varianz von Z.

mittel   Ü7. Leiten Sie unter Verwendung der Rechenregeln für Erwartungswerte die Gleichung (5.9) aus der Gleichung (5.8) her.

leicht   Ü8. Zeigen Sie, dass die Korrelation einer Variablen mit sich selbst gleich 1 ist.

schwer   Ü9. Berechnen Sie (a) die Erwartungswerte von X, Y und $Z := X + Y$, (b) die Varianzen von X und Y, (c) die Kovarianz von X und Y, sowie die Varianz von $Z := X + Y$, (d) die Korrelationen von X und Z, sowie von Y und Z. Lesen Sie dann noch einmal die Anwendungsbox 3.

	Werte von Y		
Werte von X	1	2	3
10	1/16	2/16	1/16
20	2/16	4/16	2/16
30	1/16	2/16	1/16

Anmerkung. In den Zellen sind die Auftretenswahrscheinlichkeiten für die Wertekombinationen von X und Y angegeben.

Weitere Anregung zum Üben: Leiten Sie auch die anderen Formeln aus Regelbox 2 her.

Lösungen

L1. (a) Die Indikatorvariable I_A nimmt den Wert 1 an, wenn das Ereignis A eintritt und den Wert 0, wenn A nicht eintritt. Also sind: $P(I_A = 1) = P(A) = 0.7$ und $P(I_A = 0) = P(\overline{A}) = 0.3$. Somit gilt: $E(I_A) = 0 \cdot P(I_A = 0) + 1 \cdot P(I_A = 1) = P(A) = 0.7$.

(b) Nach Regel (i) der Regelbox 2 gilt: $Var(I_A) = E(I_A^2) - E(I_A)^2$. Da $I_A = I_A^2$, ist $E(I_A^2) = E(I_A) = 0.7$. Folglich ist $Var(I_A) = 0.7 - 0.7^2 = 0.21$.

L2. (a) Nach der Definitionsgleichung für die Varianz von X aus Regelbox 2 gilt:

Binomische Formel
$$Var(X) = E\left[[X - E(X)]^2\right] = E\left[X^2 - 2XE(X) + E(X)^2\right]$$

Da $E(X)$ eine Konstante ist, kann man $E(X) = \alpha$ setzen und die Formel (iii) aus Regelbox 1 auf die obige Gleichung anwenden. Es gilt dann:

$$Var(X) = E(X^2) - E(2 \cdot X \cdot \alpha) + \alpha^2$$
$$= E(X^2) - 2\alpha E(X) + \alpha^2$$

Einsetzen von $\alpha = E(X)$
$$= E(X^2) - 2 \cdot E(X) \cdot E(X) + E(X)^2$$
$$= E(X^2) - E(X)^2,$$

was zu zeigen war.

(b) Hier ist zunächst zu bedenken, dass wir alle Werte der diskreten Zufallsvariablen $\alpha X + \beta Y$ folgendermaßen schreiben können: $\alpha x_i + \beta y_j$. Das bedeutet, dass wir nur dann über alle Werte der Zufallsvariablen $\alpha X + \beta Y$ summieren können, wenn wir eine Doppelsumme einführen. Es gilt also:

$$E(\alpha X + \beta Y) = \sum_{i=1}^{m} \sum_{j=1}^{n} (\alpha x_i + \beta y_j) \cdot P(X = x_i, Y = y_j)$$
$$= \sum_{i=1}^{m} \sum_{j=1}^{n} \left(\alpha x_i \cdot P(X = x_i, Y = y_j) + \beta y_j \cdot P(X = x_i, Y = y_j)\right)$$
$$= \sum_{i=1}^{m} \sum_{j=1}^{n} \alpha x_i \cdot P(X = x_i, Y = y_j) + \sum_{i=1}^{m} \sum_{j=1}^{n} \beta y_j \cdot P(X = x_i, Y = y_j)$$

$$= \sum_{i=1}^{m} \alpha x_i \sum_{j=1}^{n} P(X = x_i, Y = y_j) + \sum_{j=1}^{n} \beta y_j \sum_{i=1}^{m} P(X = x_i, Y = y_j)$$

$$= \alpha \sum_{i=1}^{m} x_i \cdot P(X = x_i) + \beta \sum_{j=1}^{n} y_j \cdot P(Y = y_j) \qquad \text{Satz der totalen Wahrscheinlichkeit}$$

$$= \alpha E(X) + \beta E(Y).$$

L3. (a) $E(X - Y) = E(X) - E(Y) = 50 - 50 = 0.$ Regel (iii) in R-Box 1

(b) $Var(X - Y) = Var(X) + Var(Y) - 2 \cdot Cov(X, Y)$ Regel (v) in R-Box 2
$= 8 + 8 - 2 \cdot 0 = 16.$

(c) $E[(X + Y)/2] = 0.5 \cdot E(X + Y) = 0.5 \cdot [E(X) + E(Y)]$ Regel (iii) in R-Box 1
$= 0.5 \cdot [50 + 50] = 50.$

(d) $Var[(X + Y)/2] = 0.25 \cdot Var(X + Y)$ Regel (iii) in R-Box 2
$= 0.25 \cdot [Var(X) + Var(Y) + 2 \cdot Cov(X, Y)]$ Regel (v) in R-Box 2
$= 0.25 \cdot [8 + 8 + 2 \cdot 0] = 4.$

L4. Die Umstellung der Regel (i) aus Regelbox 3 ergibt sofort $E(X \cdot Y) = E(X) \cdot E(Y)$, falls $Cov(X, Y) = 0$.

L5. Wir betrachten zunächst die Kovarianz zwischen X und Y:

$Cov(X, Y) = Cov(X, \alpha_0 + \alpha_1 X + v)$ Einsetzen von Annahme (1)
$= Cov(X, \alpha_0) + \alpha_1 Cov(X, X) + Cov(X, v)$ Regel (v) in R-Box 3
$= \alpha_1 Cov(X, X)$ Regel (ii) in R-Box 3, Annahme (2)
$= \alpha_1 Var(X).$ Def. der Varianz

Die erste Behauptung folgt nun durch Division beider Seiten dieser Gleichung durch die Varianz $Var(X)$. Zum Beweis des zweiten Teils der Behauptung betrachten wir zunächst den Erwartungswert

$E(Y) = E(\alpha_0 + \alpha_1 X + v)$ Einsetzen von a
$= \alpha_0 + \alpha_1 E(X) + E(v)$ Regel (i) bis (iii) in R-Box 1
$= \alpha_0 + \alpha_1 E(X).$ Einsetzen von Annahme (3)

Die Behauptung folgt nun durch Umstellung dieser Gleichung.

L6. Zunächst bezeichne die Zufallsvariable X die Augenzahl, die der Würfel zeigt. Dann gilt

$$E(X) = \sum_{i=1}^{6} x_i \cdot P(X = x_i), \text{ also}$$

$$= 1 \cdot \frac{1}{6} + 2 \cdot \frac{1}{6} + \ldots + 6 \cdot \frac{1}{6} = (1 + 2 + \ldots + 6) \cdot \frac{1}{6} = 3.5.$$

und

$Var(X) = E(X^2) - E(X)^2$ Regel (i) in R-Box 2

$$= \sum_{i=1}^{6} x_i^2 \cdot P(X = x_i) - E(X)^2$$

$$= 1^2 \cdot \frac{1}{6} + 2^2 \cdot \frac{1}{6} + \ldots + 6^2 \cdot \frac{1}{6} - E(X)^2$$

$$= (1^2 + 2^2 + \ldots + 6^2) \cdot \frac{1}{6} - 3.5^2$$

$$= \frac{91}{6} - \left(\frac{7}{2}\right)^2 = \frac{35}{12} \approx 2.92.$$

Die Zufallsvariable Y stehe für den Ausgang des Münzwurfs, wobei es der Aufgabenstellung entsprechend zweckmäßig ist, das Ereignis „Kopf" auf den Wert 1 und „Zahl" auf den Wert 2 abzubilden. Dann gilt nämlich für die gesuchte Zufallsvariable Z die Gleichung $Z = X \cdot Y$.

Für Y lassen sich auch Erwartungswert und Varianz ausrechnen:

$$E(Y) = \sum_{i=1}^{2} y_i \cdot P(Y = y_i),$$

$$= 1 \cdot \frac{1}{2} + 2 \cdot \frac{1}{2} = (1 + 2) \cdot \frac{1}{2} = 1.5.$$

und

Regel (i) in R-Box 2
$$Var(Y) = E(Y^2) - E(Y)^2$$
$$= \sum_{i=1}^{2} y_i^2 \cdot P(Y = y_i) - E(Y)^2$$
$$= 1^2 \cdot \frac{1}{2} + 2^2 \cdot \frac{1}{2} - E(Y)^2$$
$$= (1^2 + 2^2) \cdot \frac{1}{2} - 1.5^2$$
$$= \frac{5}{2} - \left(\frac{3}{2}\right)^2 = \frac{1}{4} = 0.25.$$

Da X und Y offensichtlich unkorreliert sind, kann man den Erwartungswert von Z wie folgt berechnen:

Def. von Z $\qquad E(Z) = E(X \cdot Y)$
Unabhängigkeit von X und Y $\qquad = E(X) \cdot E(Y)$
$\qquad = 3.5 \cdot 1.5 = 5.25.$

Zum Berechnen der Varianz von Z benutze man wieder Regel (i) in Regelbox 2:

Def. von Z, Regel (i) in R-Box 3 $\qquad Var(Z) = E(Z^2) - E(Z)^2$
Unabhängigkeit von X und Y
$$= E(X^2 \cdot Y^2) - E(Z)^2$$
$$= E(X^2) \cdot E(Y^2) - E(Z)^2$$
$$= \sum_{i=1}^{6} x_i^2 \cdot P(X = x_i) \cdot \sum_{i=1}^{2} y_i^2 \cdot P(Y = y_i) - 5.25^2$$
$$= \frac{91}{6} \cdot \frac{5}{2} - \left(\frac{21}{4}\right)^2$$
$$= \frac{455}{12} - \frac{441}{16} = \frac{497}{48} \approx 10.35.$$

L7. Zunächst betrachte man
$$E\left[\frac{X - E(X)}{Std(X)} \cdot \frac{Y - E(Y)}{Std(Y)}\right] = E\left[\frac{1}{Std(X)} \cdot \frac{1}{Std(Y)} \cdot [X - E(X)] \cdot [Y - E(Y)]\right].$$

Fasst man das Produkt der beiden reziproken Werte der beiden Standardabweichungen als eine Konstante und das Produkt der beiden Abweichungsvariablen als eine neue Zufallsvariable auf, so führt die Regel $E(\alpha X) = \alpha E(X)$ [s. Regelbox 1, Regel (ii)] zu dem Ergebnis
$$Kor(X, Y) = \frac{1}{Std(X)} \cdot \frac{1}{Std(Y)} \cdot E[[X - E(X)] \cdot [Y - E(Y)]]$$
$$= \frac{Cov(X, Y)}{Std(X) \cdot Std(Y)}.$$

L8. Ist X gleich Y gilt:
$$\frac{Cov(X, Y)}{Std(X) \cdot Std(Y)} = \frac{Var(X)}{Std(X) \cdot Std(X)} = 1.$$

L9. (a) Erwartungswerte von X und Y. Nach Einsetzen der Werte in die Definitionsgleichung (5.2) ergibt sich:
$$E(X) := \sum_{i=1}^{n} x_i \cdot P(X = x_i) = 10 \cdot \frac{4}{16} + 20 \cdot \frac{8}{16} + 30 \cdot \frac{4}{16} = 20.$$

Für $E(Y)$ gilt analog:
$$E(Y) := \sum_{i=1}^{n} y_i \cdot P(X = x_i) = 1 \cdot \frac{4}{16} + 2 \cdot \frac{8}{16} + 3 \cdot \frac{4}{16} = 2.$$

Aus diesen Ergebnissen erhalten wir $E(Z) = E(X + Y) = 20 + 2 = 22$. Mit diesen Ergebnissen zu den Erwartungswerten erstellen wir uns zunächst eine Tabelle, in der wir die wichtigsten Zwischenergebnisse für die nachfolgenden Berechnungen darstellen.

X	Y	$Z=X+Y$	$P(X=x, Y=y)$	$X-E(X)$	$Y-E(Y)$	$Z-E(Z)$	$[X-E(X)]\cdot[Y-E(Y)]$	$[X-E(X)]\cdot[Z-E(Z)]$	$[Y-E(Y)]\cdot[Z-E(Z)]$
10	1	11	1/16	−10	−1	−11	10	110	11
10	2	12	2/16	−10	0	−10	0	100	0
10	3	13	1/16	−10	1	−9	−10	90	−9
20	1	21	2/16	0	−1	−1	0	0	1
20	2	22	4/16	0	0	0	0	0	0
20	3	23	2/16	0	1	1	0	0	1
30	1	31	1/16	10	−1	9	−10	90	−9
30	2	32	2/16	10	0	10	0	100	0
30	3	33	1/16	10	1	11	10	110	11

(b) Varianz von X und Y: Unter Verwendung der Regel (i) aus Regelbox 2 ergibt sich:

$$Var(X) = E(X^2) - E(X)^2$$
$$= \left(10^2 \cdot \frac{1+2+1}{16} + 20^2 \cdot \frac{2+4+2}{16} + 30^2 \cdot \frac{1+2+1}{16}\right) - 20^2$$
$$= 450 - 400 = 50.$$

Für die Varianz von Y ergibt sich bei gleicher Vorgehensweise:

$$Var(Y) = \left(1^2 \cdot \frac{4}{16} + 2^2 \cdot \frac{8}{16} + 3^2 \cdot \frac{4}{16}\right) - 2^2 = 4.5 - 4.0 = 0.5.$$

(c) Kovarianz von X und Y: Nach Einsetzen in die Definitionsgleichung (5.7) der Kovarianz und der Verwendung der in der obigen Tabellen angegebenen Zwischenergebnisse erhält man:

$$Cov(X, Y) := E[[X-E(X)] \cdot [Y-E(Y)]]$$
$$= (-10 \cdot -1) \cdot \frac{1}{16} + (-10 \cdot 0) \cdot \frac{2}{16} + (-10 \cdot 1) \cdot \frac{1}{16}$$
$$+ (0 \cdot -1) \cdot \frac{2}{16} + (0 \cdot 0) \cdot \frac{4}{16} + (0 \cdot 1) \cdot \frac{2}{16}$$
$$+ (10 \cdot -1) \cdot \frac{1}{16} + (10 \cdot 0) \cdot \frac{2}{16} + (10 \cdot 1) \cdot \frac{1}{16}$$
$$= 10 \cdot \frac{1}{16} - 10 \cdot \frac{1}{16} - 10 \cdot \frac{1}{16} + 10 \cdot \frac{1}{16} = 0.$$

Da die Kovarianz gleich 0 ist, gilt für die Varianz von $Z := X + Y$:

$$Var(Z) = Var(X+Y) = Var(X) + Var(Y) = 50 + 0.5 = 50.5. \qquad \text{Regel (v) in R-Box 2}$$

(d) Wir berechnen zunächst die Kovarianz. Für die Kovarianz X und Z gilt mit $Z = X + Y$:

$$Cov(X, Z) = E[[X-E(X)] \cdot [Z-E(Z)]]$$
$$= E[[X-E(X)] \cdot [(X+Y) - E(X+Y)]]$$

$$= (-10 \cdot -11) \cdot \frac{1}{16} + (-10 \cdot -10) \cdot \frac{2}{16} + (-10 \cdot -9) \cdot \frac{1}{16}$$

$$+ (0 \cdot -1) \cdot \frac{2}{16} + (0 \cdot 0) \cdot \frac{4}{16} + (0 \cdot 1) \cdot \frac{2}{16}$$

$$+ (10 \cdot 9) \cdot \frac{1}{16} + (10 \cdot 10) \cdot \frac{2}{16} + (10 \cdot 11) \cdot \frac{1}{16}$$

$$= 110 \cdot \frac{1}{16} + 100 \cdot \frac{2}{16} + 90 \cdot \frac{1}{16} + 90 \cdot \frac{1}{16} + 100 \cdot \frac{2}{16} + 110 \cdot \frac{1}{16} = 50.$$

Nach Einsetzen in die Formel für die Berechnung der Korrelation von X und Z ergibt sich:

$$Kor(X, Z) = \frac{Cov(X, Z)}{Std(X) \cdot Std(Z)} = \frac{50}{\sqrt{50} \cdot \sqrt{50.5}} = 0.995.$$

Analog ergibt sich für die Berechnung der Kovarianz der beiden Variablen Y und Z:

$$Cov(Y, Z) = E[[Y - E(Y)] \cdot [Z - E(Z)]]$$

$$= E[[Y - E(Y)] \cdot [(X + Y) - E(X + Y)]]$$

$$= (-1 \cdot -11) \cdot \frac{1}{16} + (0 \cdot -10) \cdot \frac{2}{16} + (1 \cdot -9) \cdot \frac{1}{16}$$

$$+ (-1 \cdot -1) \cdot \frac{2}{16} + (0 \cdot 0) \cdot \frac{4}{16} + (1 \cdot 1) \cdot \frac{2}{16}$$

$$+ (-1 \cdot 9) \cdot \frac{1}{16} + (0 \cdot 10) \cdot \frac{2}{16} + (1 \cdot 11) \cdot \frac{1}{16}$$

$$= 11 \cdot \frac{1}{16} - 9 \cdot \frac{1}{16} + 1 \cdot \frac{2}{16} + 1 \cdot \frac{2}{16} - 9 \cdot \frac{1}{16} + 11 \cdot \frac{1}{16} = 0.5.$$

Setzt man dieses Ergebnis in die Formel für die Korrelation von Y und Z ein, erhält man:

$$Kor(Y, Z) = \frac{Cov(Y, Z)}{Std(Y) \cdot Std(Z)} = \frac{0.5}{\sqrt{0.5} \cdot \sqrt{50.5}} = 0.0995.$$

Man sieht also, dass X nahezu perfekt mit der zusammengesetzten oder aggregierten Variablen $X + Y$ korreliert und Y sehr gering, obwohl beide mit gleichen Gewichten in die Summe eingehen (s. A-Box 2).

Weiterführende Literatur

Einen sehr einfachen und eher anschaulichen Einstieg in die Wahrscheinlichkeitsrechnung bietet Stierhof (1991). Eine Stufe schwerer und somit etwa für Studenten, die keine Mathematik studieren, geben Basler (1994), Bosch (1999) und Oberhofer (1993) elementare Einführungen. Auch Bol (2001) präsentiert einige schwierige Begriffe anschaulich und mit Beispielen. Als Ergänzung mit sehr vielen Beispielen empfiehlt sich Chung (1985). Auf mittlerem Niveau ebnen Bandelow (1989), Krengel (2000), Foata und Fuchs (1999) sowie Spanos (1999) einen Zugang zur Wahrscheinlichkeitstheorie ohne Kenntnisse in Maßtheorie vorauszusetzen. Auf gleichem Niveau sind Bellach, Franken und Warmuth (1978), Dinges und Rost (1982), Hinderer (1985) und Rényi (1977) anzusiedeln. Als anspruchsvolle Einführungen eher für Mathematiker sind Ash (2000), Bauer (2002), Gänssler und Stute (1977), Kolmogoroff (1933/1977), Loève (1987a,1987b), Rohatgi und Ehsanes Saleh (2001) zu nennen. Einen ausführlichen Überblick über Verteilungen geben Kotz, Balakrishnan und Johnson (2000). Zum Nachschlagen sei Müller (1975) empfohlen.

Teil II

Regressionstheorie

Nachdem wir im ersten Teil die notwendigen wahrscheinlichkeitstheoretische Grundbegriffe kennen gelernt haben, können wir uns nun dem zentralen Gegenstand dieser Buchs, dem allgemeinen Begriff der Regression und einer Reihe wichtiger Spezialfälle sowie deren Anwendungen in der empirischen Forschung zuwenden. Im *Kapitel 6* führen wir diesen *allgemeinen Begriff der Regression* und den damit verbundenen Begriff des Residuums ein. *Kapitel 7* ist dem speziellen Fall der *linearen Regression* sowie der damit beschriebenen *linearen regressiven Abhängigkeit* gewidmet. Im *Kapitel 8* widmen wir uns der *einfachen nichtlinearen Regression*. Im *Kapitel 9* betrachten wir explizit mehr als einen numerischen Regressor und widmen uns dabei dem einfachsten Fall, der *zweifachen linearen Regression*. Dabei stoßen wir auch zum ersten mal auf den Begriff der *partiellen linearen regressiven Abhängigkeit*. Im *Kapitel 10* wird eine weitere Verallgemeinerung vorgenommen, indem wir die *bedingte lineare Regression* und den damit verknüpften Begriff der *bedingten linearen regressiven Abhängigkeit* einführen. Im *Kapitel 11* geht es dann um die *bedingte nichtlineare Regression*.

Im *Kapitel 12* folgen dann *bedingte Varianz, Kovarianz* und *Korrelation* sowie die *Partialkorrelation*. Bedingte Varianzen und Kovarianzen werden dort jeweils als Werte einer speziellen Regression eingeführt. Im *Kapitel 13* stellen wir die für die Formulierung von Regressionsmodellen wichtigsten Konzepte und Regeln der *Matrizenrechnung* bereit, die dann in *Kapitel 14* zur Darstellung der multiplen *linearen Regression* mit beliebig vielen Regressoren und des *Allgemeinen Linearen Modells* verwendet werden.

In den Kapiteln 9 bis 11 wird herausgearbeitet, dass es nicht nur Abhängigkeiten zwischen zwei Variablen gibt, sondern dass oft erst die gleichzeitige Betrachtung der Abhängigkeit zwischen vielen Variablen ein angemessenes Bild der Realität ergibt. Selbst bei einer bivariaten, aber noch mehr bei einer multivariaten Betrachtung müssen wir also zwischen verschiedenen Arten stochastischer, ja sogar regressiver Abhängigkeit unterscheiden, die nicht nur von methodischem, sondern auch von inhaltlichem Interesse sind. Sie stellen einen abstrahierten Inhalt dar, der vielen Anwendungen gemeinsam ist. Jede Art dieser stochastischen Abhängigkeiten ist auch inhaltlich anders zu interpretieren.

Vom allgemeinen Regressionsbegriff bis zu speziellen Fällen einfacher und multipler Regression

Bedingte Varianz und Kovarianz bedingte Korrelation Partialkorrelation

Matrixalgebra

Multiple lineare Regression

Allgemeines Lineare Modell

Zur Notwendigkeit, viele Variablen gleichzeitig zu betrachten

Abhängigkeitsarten sind abstrakte Inhalte, keine methodischen Spitzfindigkeiten

6 Regression

Im Kapitel 1 wurde bereits auf die zahlreichen Anwendungsmöglichkeiten von Regressionsmodellen und sowie auf die verschiedenen Möglichkeiten, Regressionen darzustellen, hingewiesen. Beim *t-Test* für unabhängige Gruppen geht es beispielsweise um den Vergleich der theoretischen (oder Populations-) Mittelwerte zweier Gruppen, oder, in der hier einzuführenden Terminologie, um den Vergleich zweier bedingter Erwartungswerte, die Werte einer Regression mit einem zweiwertigen Regressor, der die beiden Gruppen repräsentiert. In der *Varianzanalyse mit fixierten Faktoren* werden mehr als zwei bedingte Erwartungswerte miteinander verglichen. In der *Varianzanalyse mit Zufallsfaktoren* geht es um die Varianz bedingter Erwartungswerte. In der *einfachen linearen Regressionsanalyse* wird mit einer Geraden beschrieben, wie die bedingten Erwartungswerte einer Variablen Y von den Werten x einer numerischen Variablen X abhängen. In der *multiplen Regressionsanalyse* hat man die gleiche Fragestellung, allerdings ist X dann eine m-dimensionale Variable, d. h. $X = (X_1, ..., X_m)$. In der *Klassischen Testtheorie* werden die wahren Werte einer Beobachtungseinheit als bedingte Erwartungswerte gegeben die Beobachtungseinheit definiert. Auch in der *Faktorenanalyse* werden bedingte Erwartungswerte betrachtet, wobei die bedingenden Variablen allerdings nicht direkt beobachtbare, sondern latente Variablen sind. Bei *Strukturgleichungsmodellen* schließlich wird in der Regel ein System von Regressionsmodellen betrachtet, bei dem sowohl Regressoren als auch Regressanden latente Variablen sein können, die ihrerseits wieder über ein Regressionsmodell mit direkt beobachtbaren (d. h. manifesten) Variablen verknüpft sind.

Darüber hinaus haben wir in Kapitel 1 bereits den wissenschaftshistorischen und wissenschaftstheoretischen Hintergrund beleuchtet. Im ersten Teil dieses Buchs wurden dann die wichtigsten Grundbegriffe stochastischer Modelle bereitgestellt, auf die wir nun zurückgreifen können, um den *allgemeinen Regressionsbegriff* und damit eine wichtige Art der Abhängigkeit und Unabhängigkeit zwischen Zufallsvariablen, die *regressive Abhängigkeit* und *Unabhängigkeit* einzuführen. In den nächsten Kapiteln werden dann einige Spezialfälle regressiver Abhängigkeit beschrieben und anhand inhaltlicher Beispiele illustriert.

Überblick. Zunächst wird der Begriff des *bedingten Erwartungswerts* eingeführt. Darauf folgen, zunächst informell, der allgemeine Begriff der *Regression* $E(Y|X)$ (synonym: der *bedingten Erwartung*) einer Zufallsvariablen Y auf eine zweite Zufallsvariable X (oder auch mehrere Zufallsvariablen $X_1, ..., X_m$) und des *Residuums* $\varepsilon := Y - E(Y|X)$. Die Eigen-

Bedingter Erwartungswert

Regression (bedingte Erwartung)

Determinationskoeffizient und multiple Korrelation

schaften der Regression und des Residuums, die sich ohne zusätzliche Annahmen allein aus ihrer Definition ableiten lassen, werden ausführlich besprochen. Die Bedeutsamkeit dieser Eigenschaften ergibt sich daraus, dass es sich um Eigenschaften handelt, die in allen Aussagen über regressive Abhängigkeiten und Unabhängigkeiten implizit enthalten sind. Aufbauend auf dem Begriff des Residuums werden der *Determinationskoeffizient* und die *multiple Korrelation* eingeführt. Schließlich wird für den mathematisch interessierten Leser die allgemeine Definition der Regression nachgeliefert.

6.1 Bedingter Erwartungswert einer diskreten Zufallsvariablen

Der bedingte Erwartungswert $E(Y|X=x)$ ist der theoretische Mittelwert der reellen Zufallsvariablen Y unter der Bedingung, dass die Zufallsvariable X den bestimmten Wert x annimmt. Wir begnügen uns hier mit dem Fall, in dem Y nur n verschiedene Werte $y_1, ..., y_n$ annimmt und dass gilt: $P(X=x) > 0$.[1]

Bedingter Erwartungswert

> **Definition 1.** Seien X und Y Zufallsvariablen auf dem Wahrscheinlichkeitsraum $\langle \Omega, \mathfrak{A}, P \rangle$. Ist Y reellwertig mit endlich vielen Werten $y_1, ..., y_n$ und ist $P(X=x) > 0$, dann ist der *bedingte Erwartungswert* von Y gegeben $X = x$ die mit den bedingten Wahrscheinlichkeiten $P(Y = y_i | X = x)$ gewichtete Summe ihrer Werte:
> $$E(Y|X=x) := \sum_{i=1}^{n} y_i \cdot P(Y=y_i|X=x). \quad (6.1)$$

Der einzige Unterschied zu einem (unbedingten) Erwartungswert (s. Kap. 5) ist also die Gewichtung mit den bedingten anstatt mit den unbedingten Wahrscheinlichkeiten. Daher sind auch die Rechenregeln (i) bis (iii) aus Regelbox 5.1 sinngemäß anwendbar (s. R-Box 1 in diesem Kapitel).

Nimmt Y nur die beiden Werte 1 und 0 an, dann folgt aus Gleichung (6.1):

$$E(Y|X=x) = 1 \cdot P(Y=1|X=x) + 0 \cdot P(Y=0|X=x)$$
$$= P(Y=1|X=x). \quad (6.2)$$

Anstelle von $E(Y|X=x)$ können wir in diesem Spezialfall also auch $P(Y=1|X=x)$ schreiben. Die obige Gleichung zeigt, dass der bedingte Erwartungswert einer Zufallsvariablen Y, die nur die Werte 1 und 0 annehmen kann, gleich der bedingten Wahrscheinlichkeit ist, dass Y den Wert 1 annimmt. Ein Beispiel soll nun die Anwendung des Begriffs des bedingten Erwartungswerts illustrieren.

---

[1] Eine vollständig allgemeine Definition findet man bei Bauer (2002) und am Ende dieses Kapitels.

> **Regelbox 1. Das Wichtigste zum bedingten Erwartungswert**
>
> **A. Definition**
>
> Falls Y nur die Werte $y_1, ..., y_n$ annimmt ist der bedingte Erwartungswert einer reellwertigen Zufallsvariablen Y definiert als die Summe ihrer mit ihren bedingten Wahrscheinlichkeiten gewichteten Werte:
>
> $$E(Y | X = x) := \sum_{i=1}^{n} y_i \cdot P(Y = y_i | X = x).$$
>
> **B. Rechenregeln**
>
> Sind X und Y sowie Y_1 und Y_2 numerische Zufallsvariablen auf $\langle \Omega, \mathfrak{A}, P \rangle$ mit endlichen Erwartungswerten sowie α und $\beta \in \mathbb{R}$, dann gelten:
>
> (i) $E(\alpha | X = x) = \alpha$
>
> (ii) $E(\alpha \cdot Y | X = x) = \alpha \cdot E(Y | X = x)$
>
> (iii) $E(\alpha \cdot Y_1 + \beta \cdot Y_2 | X = x) = \alpha \cdot E(Y_1 | X = x) + \beta \cdot E(Y_2 | X = x)$
>
> (iv) $E(Y | X = x) = \sum_z E(Y | X = x, Z = z) \cdot P(Z = z | X = x)$

Rechenregeln für bedingte Erwartungswerte

Beispiel 1. Eine Person u wird aus einer Menge Ω_U von Personen zufällig ausgewählt, nach Zufall einer von drei experimentellen Bedingungen zugewiesen, die durch die Zufallsvariable X mit Werten A, B und C repräsentiert werden. Nach der experimentellen Behandlung wird der Wert der Person auf einer reellen Zufallsvariablen Y erhoben. Führt man einen solchen Versuch mehrmals durch, kann man z. B. die Hypothese prüfen, dass die bedingten Erwartungswerte von Y unter allen drei Versuchsbedingungen gleich sind: $\mu_A = \mu_B = \mu_C$ bzw. $E(Y | X = A) = E(Y | X = B) = E(Y | X = C)$, wenn wir die oben eingeführte Schreibweise verwenden.[2] Der bedingte Erwartungswert $E(Y | X = A)$ ist nichts anderes als der bedingte Erwartungswert von Y in der experimentellen Bedingung A.

Wie oben bereits erwähnt, unterscheiden sich bedingte und unbedingte Erwartungswerte in ihrer Definition nur durch den Bezug auf die bedingten anstelle der unbedingten Wahrscheinlichkeit. Daher sind auch die Rechenregeln für bedingte Erwartungswerte, die wir in Regelbox 1 zusammengefasst haben, analog zu denen, die wir schon für unbedingte Erwartungswerte kennen gelernt haben. Demnach ist der bedingte Erwartungswert einer Konstanten gleich der Konstanten selbst [Regel (i)]. Der bedingte Erwartungswert von αX ist das Produkt von α und dem bedingten Erwartungswert, und der bedingte Erwartungswert der gewichteten Summe $\alpha Y_1 + \beta Y_2$ zweier Zufallsvariablen Y_1 und Y_2 ist gleich der

Rechenregeln für bedingte und unbedingte Erwartungswerte sind analog

---

[2] In der statistischen Theorie der Varianzanalyse, dem so genannten „Allgemeinen Linearen Modell" (s. z. B. Searle, 1971 oder Kap. 14) behandelt man die drei Bedingungen in der Regel *nicht* als Werte einer Zufallsvariablen. Die dabei zu schätzenden drei Erwartungswerte $\mu_A = \mu_B = \mu_C$ kann man aber durchaus mit den drei bedingten Erwartungswerten $E(Y | X = A) = E(Y | X = B) = E(Y | X = C)$ gleichsetzen. Die inhaltliche Theorie kann man also in der Sprache der bedingten Erwartungswerte formulieren, die sich auf das oben geschilderte Zufallsexperiment beziehen, während das statistische Allgemeine Lineare Modell ein eher „technisches" Modell ist, dessen Anwendung uns Schätzungen der bedingten Erwartungswerte liefert und die statistische Inferenz über deren Gleichheit ermöglicht.

> **Anwendungsbox 1.**
>
> Aus einer endlichen Menge Ω_U von Personen, z. B. Ω_U = {Marion, Peter, Karin}, wird eine Person u zufällig gezogen, und es wird festgestellt, welche von m vorgelegten Rätseln von der gezogenen Person gelöst werden und welche nicht. Bei einem solchen Zufallsexperiment ist $\Omega = \Omega_U \times \Omega_O$ die Menge der möglichen Ergebnisse, wobei $\Omega_O := \{+,-\} \times \{+,-\} \times \ldots \times \{+,-\} = \{+,-\}^m$ die 2^m verschiedenen möglichen Beobachtungen o des Lösens bzw. Nichtlösens der m Rätsel als Elemente enthält. Dabei bedeutet „+", dass die gezogene Person das $i$te Rätsel löst, und „–", dass sie es nicht löst.
>
> *Als Beispiel für eine nichtnumerische Zufallsvariable* betrachten wir die Abbildung $U: \Omega \to \Omega_U$, wobei Ω_U die oben bereits angegebene Menge von Personen ist. Dabei gelte:
>
> $$U(\omega) = U(\langle u, o \rangle) = u, \quad \text{für alle } \omega \in \Omega. \tag{6.3}$$
>
> Die Abbildung U ist also eine *Projektion*, die jedem Paar $\omega = \langle u, o \rangle$ seine erste Komponente u zuweist. Beträgt die Anzahl der zu lösenden Rätsel $m = 4$, dann gilt also z. B.:
>
> $$U(\langle \text{Peter}, +, +, -, + \rangle) = \text{Peter}. \tag{6.4}$$
>
> Der Wert u von U ist hier „Peter" und das Quadrupel $o = \langle +, +, -, + \rangle$ besagt, dass Peter alle vorgelegten Rätsel gelöst hat, nur nicht das dritte.
>
> Neben der Projektion U, die eine nichtnumerische Zufallsvariable ist, können wir die vier numerischen Zufallsvariablen $Y_1, \ldots, Y_4$ einführen, die mit Werten 1 und 0 anzeigen, ob das betreffende Rätsel gelöst wurde oder nicht. Dann sind die bedingten Erwartungswerte $E(Y_i | U = u)$, $i = 1, \ldots, 4$, mit den bedingten Wahrscheinlichkeiten $P(Y_i = 1 | U = u)$ identisch, dass die gezogene Person u das $i$te Rätsel löst. Der bedingte Erwartungswert $E(Y_1 | U = \text{Peter})$, ist mit der bedingten Wahrscheinlichkeit $P(Y_1 = 1 | U = \text{Peter})$ identisch, dass Peter das erste Rätsel löst, falls er gezogen wird. Diese bedingten Wahrscheinlichkeiten nennt man auch „Lösungswahrscheinlichkeiten". Sie sind der Ausgangspunkt der Definition von Fähigkeitsbegriffen im Rahmen der Item-Response-Theorie (IRT; s. z. B. Steyer & Eid, 2001).
>
> Beim gleichen Zufallsexperiment kann man z. B. auch die Variable $S := \sum_{i=1}^{4} Y_i$ betrachten, welche die Werte 0, 1, 2, 3 und 4 annehmen kann, je nachdem wie viele Aufgaben von der gezogenen Person gelöst werden. Den bedingten Erwartungswert $E(S | U = u)$, könnte man als Fähigkeit der Person u interpretieren, Rätsel des vorgelegten Typs zu lösen, oder zumindest als eine Funktion dieser Fähigkeit. Die bedingten Erwartungswerte $E(Y_i | U = u)$ und $E(S | U = u)$ sind von zufälligen Einflüssen (z. B. Tagesform, Raten etc.) bereinigte Größen. Sie spielen bei vielen stochastischen Messmodellen eine zentrale Rolle (s. z. B. Steyer & Eid, 2001). Wenn man auf die Person u bedingt, sind die bedingten Erwartungswerte $E(Y_i | U = u)$ und $E(S | U = u)$ die Erwartungswerte der intraindividuellen Verteilungen der Variablen Y_i bzw. S. In der Klassischen Testtheorie nennt man diese bedingten Erwartungswerte auch *wahre Werte* von Y_i bzw. S (s. z. B. Steyer & Eid, 2001, Kap. 9). Die Abweichungen der Werte der Variablen Y_i (bzw. S) von einem wahren Wert $E(Y_i | U = u)$ [bzw. $E(S | U = u)$] wird als Messfehler betrachtet.

Beispiel für eine nichtnumerische Zufallsvariable

Beispiel für eine numerische Zufallsvariablen

Summenvariable

gewichteten Summe der bedingten Erwartungswerte der beiden Zufallsvariablen.

In vielen Anwendungen stehen wir vor der Aufgabe, den bedingten Erwartungswert $E(Y | X = x)$ auszurechnen, wenn wir die bedingten Erwartungswerte $E(Y | X = x, Z = z)$ und die bedingten Wahrscheinlichkeiten $P(Z = z | X = x)$ kennen. Regel (iv) in Regelbox 1 gibt die dazu nötige Formel an, die allgemeingültig ist, sofern Z diskret ist und die beteiligten Erwartungswerte und bedingten Wahrscheinlichkeiten eindeu-

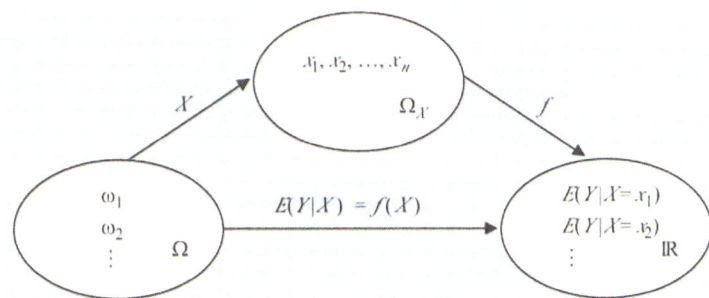

Abbildung 1. Die Beziehung zwischen der Menge Ω der möglichen Ergebnisse, dem Regressor X und den bedingten Erwartungswerten $E(Y|X=x)$.

tig definiert sind, was immer dann, aber nicht *nur* dann der Fall ist, wenn $P(X=x, Z=z) > 0$. Dieser Formel zu Folge ergibt sich $E(Y|X=x)$ aus der Summe (summiert über alle Werte z von Z) der mit den bedingten Wahrscheinlichkeiten $P(Z=z|X=x)$ gewichteten bedingten Erwartungswerte $E(Y|X=x, Z=z)$ (s. Übung 8).[3]

6.2 Regression bei diskreten Variablen

Wir geben nun zunächst eine informelle Definition des allgemeinen Begriffs einer Regression für den Fall eines diskreten Regressanden und eines diskreten Regressors. Die allgemeine und formale Definition wird im Abschnitt 6.3.2 nachgeliefert.

> **Definition 2.** Unter den gleichen Voraussetzungen wie in Definition 1 kann die Regression $E(Y|X)$ als diejenige Funktion von X definiert werden, deren Werte die bedingten Erwartungswerte $E(Y|X=x)$ von Y gegeben $X=x$ sind.[4]

Regression

Die Regression $E(Y|X)$ von Y auf X (synonym: die bedingte Erwartung von Y gegeben X) ist definiert, wenn X und Y Zufallsvariablen auf einem gemeinsamen Wahrscheinlichkeitsraum sind. Dabei kann der Regressor X durchaus beliebige Werte annehmen, die nicht einmal Zahlen sein müssen.

Da die Regression $E(Y|X)$ definitionsgemäß eine Funktion von X ist, ist sie auch, ebenso wie X und Y, eine Zufallsvariable auf demselben Wahrscheinlichkeitsraum, und jedem Wert x von X ist ein Wert $E(Y|X=x)$ zugeordnet (s. Abb. 1).

---

[3] Bei kontinuierlichem Z gilt: $E(Y|X=x) = \int E(Y|X=x, Z=z) \, P^{Z|X=x}(dz)$.

[4] Diese verbale Definition ist schon präzis in dem Fall, in dem Y nur n verschiedene Werte $y_1, ..., y_n$ annimmt. Die allgemeine Definition (s. Def. 5) wird vor allem dadurch schwieriger, dass man auch Fälle betrachtet, in denen der Regressor X seine Werte x mit Wahrscheinlichkeit 0 annimmt (s. Abschnitt 6.3.2).

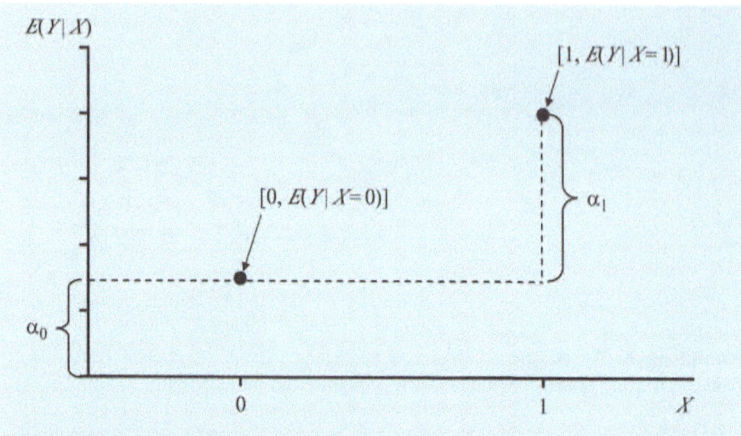

Abbildung 2. Darstellung einer linearen Regression im Fall, dass X nur die Werte 0 und 1 annimmt.

Allgemeiner Regressionsbegriff

Bei diesem *allgemeinen* Regressionsbegriff geht man *nicht* davon aus, dass eine ganze spezielle Beziehung zwischen dem Regressanden Y und dem Regressor X besteht, wie man sie etwa aus der linearen Regression kennt. Die Regression $E(Y|X)$ ist also ohne Bezug auf eine bestimmte Gleichung wie beispielsweise

Lineare Regression

$$E(Y|X) = \alpha_0 + \alpha_1 X \tag{6.5}$$

definiert. Bei dieser Gleichung handelt es sich lediglich um einen Spezialfall, bei dem wir von *linearer Regression* und *linearer regressiver Abhängigkeit* sprechen. Da dieser Spezialfall recht häufig vorkommt, wird er gesondert im nächsten Kapitel behandelt.

Wenn X mehr als zwei verschiedene Werte hat, dann muss die Regression $E(Y|X)$ nicht unbedingt eine lineare Funktion von X sein. Wenn X dagegen nur zwei verschiedene Zahlen als Werte annehmen kann, dann muss Gleichung (6.5) gelten, da man durch zwei Punkte mit den Koordinaten $[x_1, E(Y|X=x_1)]$ und $[x_2, E(Y|X=x_2)]$ immer eine Gerade legen kann (s. auch Abb. 2). Auch andere Spezialfälle, insbesondere die, die bei der Betrachtung der Regression $E(Y|X,Z)$ von Y auf zwei Regressoren X und Z besonders häufig vorkommen, werden wir in besonderen Kapiteln behandeln und an inhaltlichen Beispielen illustrieren.

Der allgemeine Begriff der Regression ist jedoch nicht auf solche Spezialfälle beschränkt. Vielmehr kann die Regression $E(Y|X)$ *irgendeine* Funktion von X sein, die sich nicht einmal durch eine Gleichung beschreiben lassen muss. Manche Regressionen lassen sich am besten durch eine Tabelle angeben, aus der hervorgeht, welcher Wert $E(Y|X=x)$ jeweils einem Wert x von X zugeordnet ist.

Aussagen über eine Regression $E(Y|X)$ können sogar noch weniger restriktiv sein. Eine weitaus „liberalere" Aussage ist zum Beispiel, dass $E(Y|X)$ eine monoton wachsende Funktion von X ist. Dies wäre eine

> **Regelbox 2. Rechenregeln für Regressionen**
>
> (i) $E(\alpha \mid X) = \alpha$, $\alpha \in \mathbb{R}$
>
> (ii) $E(\alpha Y \mid X) = \alpha \, E(Y \mid X)$, $\alpha \in \mathbb{R}$
>
> (iii) $E(\alpha Y_1 + \beta Y_2 \mid X) = \alpha \, E(Y_1 \mid X) + \beta \, E(Y_2 \mid X)$, $\alpha, \beta \in \mathbb{R}$
>
> (iv) $E[E(Y \mid X)] = E(Y)$
>
> (v) $E[f(X) \mid X] = f(X)$, falls $f(X)$ numerisch ist
>
> (vi) $E[E(Y \mid X) \mid f(X)] = E[Y \mid f(X)]$
>
> (vii) $E[f(X) \cdot Y \mid X] = f(X) \cdot E(Y \mid X)$, falls $f(X)$ numerisch ist

präzisere Formulierung des weit verbreiteten Aussagentyps: „Y tendiert dazu, mit X anzusteigen".[5]

Gilt nun für die Regression $E(Y \mid X)$ eines Regressanden Y auf den Regressor X die Gleichung $E(Y \mid X) = E(Y)$ so sagen wir, dass Y von X *regressiv unabhängig* ist; andernfalls sprechen wir von *regressiver Abhängigkeit* des Regressanden Y von X. Dabei kann $X = (X_1, ..., X_m)$ durchaus auch eine mehrdimensionale Zufallsvariable sein, deren Werte auch nicht unbedingt Zahlen oder m-tupel von Zahlen sein müssen.

Regressive Abhängigkeit bzw. Unabhängigkeit der Regressanden

Schließlich sei noch eine spezielle Schreibweise eingeführt, die wir anstelle von $E(Y \mid X)$ verwenden, wenn der Regressand Y dichotom ist und nur die beiden Werte 0 und 1 annehmen kann. Ganz entsprechend wie der Erwartungswert $E(Y)$ von Y in diesem Fall gleich der Wahrscheinlichkeit $P(Y = 1)$ ist, dass Y den Wert 1 annimmt, so sind im bedingten Fall $E(Y \mid X)$ und $P(Y = 1 \mid X)$ in diesem Fall äquivalente Schreibweisen. Die Werte der Regression $E(Y \mid X)$ von Y auf X [synonym: der bedingten Wahrscheinlichkeit $P(Y = 1 \mid X)$, dass Y den Wert 1 annimmt, bei gegebenem X] sind in diesem Fall mit den bedingten Wahrscheinlichkeiten $P(Y = 1 \mid X = x)$ identisch. Man beachte dabei den Unterschied zwischen der bedingten Wahrscheinlichkeit $P(Y = 1 \mid X)$ von Y gegeben X und der bedingten Wahrscheinlichkeit $P(Y = 1 \mid X = x)$ von Y gegeben $X = x$. Erstere ist eine Zufallsvariable, letztere dagegen eine reelle Zahl.

$P(Y = 1 \mid X)$
vs.
$P(Y = 1 \mid X = x)$

6.2.1 Rechenregeln für Regressionen

Auch für den allgemeinen Begriff der Regression $E(Y \mid X)$ lassen sich einige Rechenregeln ableiten, die sich immer wieder als nützlich erweisen. Diese Rechenregeln sind in Regelbox 2 zusammengestellt.

Die ersten drei Regeln sind analog zu denen, die wir schon vom bedingten und unbedingten Erwartungswert her kennen. Nach Regel (i) ist die Regression einer Konstanten α auf einen beliebigen Regressor X die Konstante selbst. Nach Regel (ii) ist die Regression des Produkts αY auf

Erläuterung zu den Rechenregeln

---

[5] Sind die Anzahlen der beobachteten Wertepaare von X und Y hinreichend groß, so können die bedingten Erwartungswerte $E(Y \mid X = x)$ geschätzt werden, und man kann mit geeigneten statistischen Verfahren darüber entscheiden, ob diese bedingten Erwartungswerte tatsächlich mit X anwachsen.

einen Regressor X gleich dem Produkt der Konstanten α und der Regression $E(Y|X)$. Gemäß Regel (iii) ist die Regression einer gewichteten Summe zweier Zufallsvariablen Y_1 und Y_2 die gewichtete Summe der Regressionen der beiden Zufallsvariablen. Nach Regel (iv) ist der Erwartungswert der Regression gleich dem Erwartungswert des Regressanden. Nach Regel (v) ist die Regression einer numerischen Funktion des Regressors gleich der Funktion des Regressors. So gilt z. B. für $f(X) = \alpha X$ die Regel $E(\alpha X | X) = \alpha X$. Nach Regel (vi) ist die bedingte Erwartung einer Regression gegeben eine Funktion des Regressors gleich der bedingten Erwartung des Regressanden gegeben die Funktion des Regressors. Ein Spezialfall von Regel (vi) mit $f(X) = X_1$ und der zweidimensionalen Zufallsvariablen $X = (X_1, X_2)$ ist die Gleichung

Beziehung zwischen zweifacher und einfacher Regression

$$E[E(Y|X_1, X_2) | X_1] = E(Y|X_1). \quad (6.6)$$

Regel (vii) schließlich besagt, dass man eine numerische Funktion des Regressors aus der Regression herausziehen kann, wenn der Regressand das Produkt dieser Funktion des Regressors und einer anderen Zufallsvariablen ist. In den Übungen 3 und 7 werden mehrere dieser Rechenregeln ausführlich illustriert.

6.2.2 Das Residuum und seine Eigenschaften

Aussagen, die man über eine Regression $E(Y|X)$ formuliert, beinhalten implizit auch Aussagen über das *Residuum*. Auch dieses Residuum hat allgemeingültige Eigenschaften, welche die oben behandelten Rechenregeln ergänzen.

Definition 3. Das *Residuum* ε bezüglich einer Regression $E(Y|X)$ ist definiert als Abweichung der Zufallsvariablen Y von $E(Y|X)$, d. h.:

$$\varepsilon := Y - E(Y|X). \quad (6.7)$$

Aus dieser Definition folgen mehrere allgemeingültige Eigenschaften der Variablen ε, die wir im Folgenden behandeln werden. Diese Eigenschaften von ε, die wir in Regelbox 3 zusammengestellt haben, gelten ganz unabhängig davon, welche Aussagen über $E(Y|X)$ formuliert werden.

Additivität von Regression und Residuum

Die erste und fast triviale Eigenschaft von ε ist, dass die Summe von $E(Y|X)$ und ε gleich Y ist. Dies ergibt sich direkt aus der Umstellung der Gleichung (6.7).[6]

---

[6] Wenn man ε in manchen Anwendungen als Fehlervariable interpretiert, so ist die durch Regel (i) in R-Box 3 ausgedrückte Additivitätseigenschaft nicht selbstverständlich, d. h. nicht *jede* Fehlervariable muss eine solche Additivitätseigenschaft wie das oben definierte Residuum haben. In der Psychophysik zum Beispiel wird das Potenzgesetz mit einer multiplikativen Fehlervariablen formuliert (s. Kap. 12 oder Thomas, 1983).

Die zweite Eigenschaft des Residuums ε ist, dass sein (unbedingter) Erwartungswert Null ist [s. Regel (ii), R-Box 3]. Diese Eigenschaft ist schwächer als die dritte Eigenschaft, die besagt, dass die Regression von ε auf X (die bedingte Erwartung von ε gegeben X) gleich 0 ist [s. Regel (iii), R-Box 3]. Das Residuum ε ist also regressiv unabhängig von X. Handelt es sich bei X um eine numerische Zufallsvariable (was wir bisher nicht vorausgesetzt haben), so kann man $E(\varepsilon|X)$ in ein zweidimensionales Koordinatensystem mit Abszisse X und Ordinate ε einzeichnen. Der Graph der Funktion $E(\varepsilon|X)$ verläuft dann parallel zur X-Achse (siehe Abb. 3). Regel (iii) impliziert, dass auch die bedingten Erwartungswerte $E(\varepsilon|X=x)$ gleich 0 sind. Wir nennen diese dritte Eigenschaft die *regressive Unabhängigkeit des Residuums von seinem Regressor*. Diese Eigenschaft beinhaltet nicht die *stochastische Unabhängigkeit* des Residuums und seines Regressors. Insbesondere ist es trotz regressiver Unabhängigkeit des Residuums von seinem Regressor möglich, dass die bedingte Varianz des Residuums vom Regressor X abhängt (siehe z. B. Abb. 3 und Kap. 12).

Gemäß Regel (iv) in Regelbox 3 ist das Residuum ε von allen Funktionen $f(X)$ seines Regressors X regressiv unabhängig, insbesondere auch von der Regression $E(Y|X)$ von Y auf X [Regel (v), R-Box 3], die ja definitionsgemäß eine Funktion von X ist.

Handelt es sich bei X um einen numerischen Regressor (d. h. alle Werte von X sind reelle Zahlen oder die uneigentlichen Zahlen $+\infty$ bzw. $-\infty$) mit endlichem Erwartungswert und endlicher Varianz,[7] so gilt eine sechste Eigenschaft des Residuums ε: Die Kovarianz von ε und X ist 0 [s. Regel (vi), R-Box 3]. Man beachte jedoch, dass auch diese Eigenschaft nicht impliziert, dass die bedingte Varianz des Residuums ε gegeben $X=x$ für alle Werte x von X gleich ist, wie das Gegenbeispiel in Abb. 3 zeigt. Auch in diesem Beispiel haben ε und X die Kovarianz 0. Lediglich die bedingte *Varianz* von ε wächst mit X an. Aus Regel (vi) folgt natürlich auch, dass die Korrelation von ε und X gleich 0 ist. Man sagt daher auch, dass ein Residuum ε und sein numerischer Regressor X unkorreliert sind.

Handelt es sich bei $X = (X_1, ..., X_m)$ um einen m-dimensionalen numerischen Regressor, ist also jede Komponente X_i, $i = 1, ..., m$, des Vektors X ein numerischer Regressor, und hat jeder dieser Regressoren X_i einen endlichen Erwartungswert und eine endliche Varianz, so sind die Kovarianzen (und daher auch die Korrelationen) des Residuums ε mit allen seinen numerischen Regressoren gleich 0 [s. Regel (vii), R-Box 3]. Auch diese Eigenschaft folgt ohne jegliche Zusatzannahme bereits aus der Definition des Residuums durch Gleichung (6.7). Diese Eigenschaft, die übrigens ein Spezialfall der noch zu behandelnden Regel (viii) ist, bezeichnen wir als *Unkorreliertheit des Residuums mit seinen numerischen Regressoren*. Regel (iv) in Regelbox 3 impliziert folgende achte Eigenschaft des Residuums: Ist $f(X)$ eine numerische Funktion des Regressors X mit endlichem Erwartungswert und endlicher Varianz, so ist die Kovarianz des Residuums ε und $f(X)$ gleich 0 [s. Regel (viii)].

Unbedingter Erwartungswert von ε ist null

Regressive Unabhängigkeit des Residuums vom Regressor

Kovarianz von ε und X ist null

Unkorreliertheit von ε mit seinen numerischen Regressoren

---

[7] Dies sind die Voraussetzungen dafür, dass die Kovarianz definiert ist.

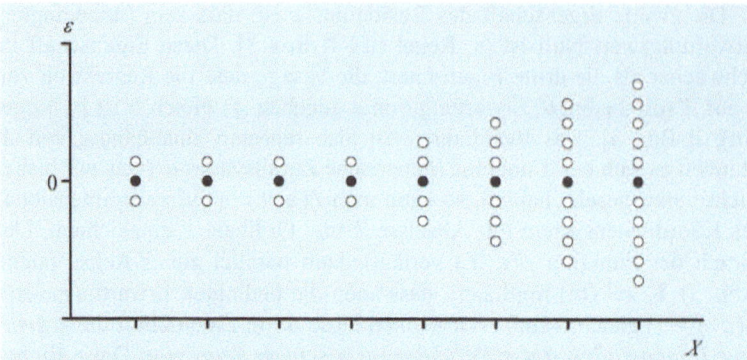

Abbildung 3: Die Regressionen von ε auf einen numerischen Regressor X. In diesem Beispiel sind die bedingten Varianzen des Residuums von X abhängig. Das Zeichen ● markiert die Werte der Regression $E(\varepsilon|X)$ und ○ die Werte des Residuums ε.

Additive Zerlegung der Varianz des Regressanden

Die entsprechende Eigenschaft gilt übrigens für die spezielle Funktion $f(X) = E(Y|X)$ von X [s. Regel (ix)].

Aus Regel (ix) und den Rechenregeln für Kovarianzen folgt die zehnte Eigenschaft des Residuums, dass sich die Varianz von Y additiv aus der Varianz der Regression $E(Y|X)$ und der Varianz des Residuums ε zusammensetzt. Dabei bezeichnen wir $Var[E(Y|X)]$ als denjenigen Teil der Varianz von Y, der durch X determiniert ist. $Var(\varepsilon)$ ist die Varianz des Residuums oder die Residualvarianz, also der Teil der Varianz von Y, der nicht durch X determiniert ist.

Eigenschaften der Regression und des Residuums sind allgemeingültig

Zusammenfassend lässt sich also sagen, dass die Definition des Residuums ε in Gleichung (6.7) alle in Regelbox 3 [Regeln (i) bis (x)] beschriebenen Eigenschaften impliziert, ohne dass dabei irgendwelche restriktiven Voraussetzungen gemacht werden müssen. Diese Eigenschaften sind keine Annahmen, sondern folgen bereits aus der Definition des Residuums ε [s. Gl. (6.7)], genauso wie die Eigenschaft „unverheiratet" zu sein, aus dem Begriff des „Junggesellen" folgt. Diese Eigenschaften können daher auch nicht empirisch überprüft werden. Was allerdings empirisch überprüft werden kann, sind Hypothesen, dass die Regression $E(Y|X)$ eine ganz bestimmte (z. B. eine lineare) Funktion von X ist. Falls bei einer solchen Prüfung die in den Regeln (iii) oder (iv) angegebenen Gleichungen für die Residualvariable $Y - (\alpha_0 + \alpha_1 X)$ verworfen werden, so kann auch die Hypothese nicht richtig sein, dass $E(Y|X)$ eine lineare Funktion von X ist (zur Analyse des Residuums s. Tukey, 1977).

6.2.3 Der Determinationskoeffizient

Ein Begriff, der unmittelbar auf den oben behandelten Eigenschaften des Residuums ε [insb. auf Regel (x)] basiert, ist der des *Determinationskoeffizienten*, der für jede numerische Zufallsvariable Y mit endlichem Erwartungswert $E(Y)$ sowie endlicher und positiver Varianz $Var(Y)$ definiert ist, und zwar durch:

> **Regelbox 3. Die wichtigsten Eigenschaften des Residuums**
>
> (i) $Y = E(Y|X) + \varepsilon$
> (ii) $E(\varepsilon) = 0$
> (iii) $E(\varepsilon \mid X) = 0$
> (iv) $E[\varepsilon \mid f(X)] = 0$
> (v) $E[\varepsilon \mid E(Y|X)] = 0$
> (vi) $Cov(\varepsilon, X) = 0$, falls X numerisch ist
> (vii) $Cov(\varepsilon, X_i) = 0$, $i = 1, ..., m$, falls $X = (X_1, ..., X_m)$ numerisch ist
> (viii) $Cov[\varepsilon, f(X)] = 0$, falls $f(X)$ numerisch ist
> (ix) $Cov[\varepsilon, E(Y|X)] = 0$
> (x) $Var(Y) = Var[E(Y|X)] + Var(\varepsilon)$

$$R^2_{Y|X} = \frac{Var[E(Y|X)]}{Var(Y)}, \quad \text{falls } Var(Y) > 0. \tag{6.8}$$

Determinationskoeffizient

Die positive Wurzel aus dem Determinationskoeffizienten $R^2_{Y|X}$ heißt die *multiple Korrelation* von Y bezüglich X und wird mit $R_{Y|X}$ notiert. Man beachte, dass weder vorausgesetzt wird, dass der Regressor X eindimensional, noch dass er numerisch ist.

Multiple Korrelation

Offensichtlich liegen die Werte des Determinationskoeffizienten und des multiplen Korrelationskoeffizienten zwischen 0 und 1. Der Determinationskoeffizient ist gleich 0, wenn $E(Y|X) = E(Y)$, wenn also Y von X regressiv unabhängig ist. Dann gilt nämlich $Var[E(Y|X)] = Var[E(Y)] = 0$, da $E(Y)$ eine Konstante ist. Beide Koeffizienten sind gleich 1, wenn $E(Y|X) = Y$ und $Var(Y) > 0$, wenn also Y vollständig von X abhängig ist. In diesem Fall gilt $Var[E(Y|X)] = Var(Y)$. Der Determinationskoeffizient lässt sich als *der durch X determinierte Varianzanteil von Y* interpretieren. Wie man aus Gleichung (6.8) sehen kann, addiert er sich mit dem Residualvarianzanteil von Y zu 1 auf, falls $Var(Y) > 0$:

Durch X determinierter Varianzanteil von Y

$$1 = \frac{Var(Y)}{Var(Y)} = \frac{Var[E(Y|X)]}{Var(Y)} + \frac{Var(\varepsilon)}{Var(Y)}. \tag{6.9}$$

6.3 Formale und allgemeine Definitionen

Der bedingte Erwartungswert und die Regression werden nun formell und allgemein eingeführt. Diese Begriffe werden dabei nicht nur für den Fall diskreter, sondern auch stetiger Regressoren und Regressanden definiert.

> **Definition 4.** Seien Y eine numerische Zufallsvariable auf dem Wahrscheinlichkeitsraum $\langle \Omega, \mathfrak{A}, P \rangle$ mit endlichem Erwartungswert [d. h. $-\infty < E(Y) < +\infty$] und X eine diskrete Zufallsvariable auf $\langle \Omega, \mathfrak{A}, P \rangle$ mit den Werten $x_1, ..., x_n$, für die jeweils $P(X = x_i) > 0$ gilt. Dann heißt die Zufallsvariable
>
> $$E(Y|X) := \sum_{j=1}^{n} E(Y|X = x_j) \cdot I_{X=x_j} \qquad (6.10)$$
>
> Regression von Y auf X oder bedingte Erwartung von Y unter X.

6.3.1 Regression bei diskreten Regressoren

Eine Regression $E(Y|X)$ wird nun auch formal als diejenige Zufallsvariable definiert, deren Werte die bedingten Erwartungswerte $E(Y|X = x)$ sind. Zunächst befassen wir uns mit dem einfacheren Fall, in dem der Regressor X eine diskrete Zufallsvariable ist, die alle ihre Werte mit positiver Wahrscheinlichkeit annimmt. Analog zu der oben eingeführten Notation für bedingte Wahrscheinlichkeiten und Erwartungswerte verwenden wir auch bei einer Indikatorvariablen für ein Ereignis $X = x$ die Notation $I_{X=x}$. Die Indikatorvariable zeigt mit ihrem Wert 1 an, ob die Zufallsvariable X den speziellen Wert x annimmt. Für eine Zufallsvariable X, die n verschiedene Werte x_i annehmen kann, gibt es also n Indikatorvariablen $I_{X=x_i}$, die in der folgenden Definition vorkommen.

Auch die Regression $E(Y|X)$ von Y auf X ist der obigen Definition zufolge eine numerische Zufallsvariable auf $\langle \Omega, \mathfrak{A}, P \rangle$, da sie als gewichtete Summe von Zufallsvariablen (nämlich der Indikatorvariablen für die Ereignisse $X = x_i$ definiert ist. Der Definitionsbereich der Funktion $E(Y|X)$ ist also die Menge Ω der möglichen Ergebnisse. Die Werte der Regression $E(Y|X)$ sind die bedingten Erwartungswerte $E(Y|X=x_i)$ von Y gegeben $X = x_i$.

Jedem Wert x_i von X wird ein Wert $E(Y|X=x_i)$ zugeordnet

Der wichtigste Punkt bei der obigen Definition ist, dass die Regression $E(Y|X)$ jedem Wert x_i von X einen Wert $E(Y|X=x_i)$ zuordnet. Nimmt nämlich X den Wert x_i an (und demzufolge keinen der Werte x_j, $i \neq j$), dann nimmt nur die Indikatorvariable $I_{X=x_i}$ den Wert 1 an. Alle anderen Indikatorvariablen, nehmen dagegen den Wert 0 an. Folglich ergibt sich aus der obigen Definitionsgleichung

$$E(Y|X)(\omega) := 1 \cdot E(Y|X=x_i) + \sum_{j=1, j \neq i}^{n} E(Y|X=x_j) \cdot 0 = E(Y|X=x_i).$$

Demnach hängt der Wert der Regression $E(Y|X)$ ausschließlich davon ab, welchen Wert X annimmt. Das heißt aber nichts anderes, als dass die bedingte Erwartung $E(Y|X)$ eine Funktion des Regressors X ist, d. h. $E(Y|X)$ lässt sich als Komposition einer Funktion $f: \Omega' \to \mathbb{R}$ mit dem

Regressor $X: \Omega \to \Omega'$ darstellen: $E(Y|X) = f(X)$. Dabei weist f jedem Wert x_i von X den Wert $E(Y|X=x_i)$ zu (s. Abb. 2).

6.3.2 Allgemeine Definition der Regression

Aus didaktischen Gründen wurde die obige Definition einer Regression zunächst auf den Fall beschränkt, in dem X eine Zufallsvariable auf $\langle \Omega, \mathfrak{A}, P \rangle$ ist, mit endlich vielen Werten $x_1, ..., x_m$, die jeweils eine Wahrscheinlichkeit $P(X = x_i) > 0$ haben. Die allgemeine Definition gilt nun auch für kontinuierliche Regressanden und Regressoren. Insbesondere schließt sie auch den Fall $P(X = x_i) = 0$ ein. Man beachte, dass die in den Regelboxen 2 und 3 aufgeführten Rechenregeln für Regressionen und ihr Residuum auch für den hier definierten allgemeinen Fall gelten.

Definition 5. Seien $\langle \Omega, \mathfrak{A}, P \rangle$ ein Wahrscheinlichkeitsraum, Y eine numerische Zufallsvariable auf $\langle \Omega, \mathfrak{A}, P \rangle$ mit endlichem Erwartungswert, $X: \Omega \to \Omega'$ eine Zufallsvariable auf $\langle \Omega, \mathfrak{A}, P \rangle$, $\mathfrak{A}'$ eine σ-Algebra auf Ω', $\overline{\mathfrak{B}}$ die Borelsche σ-Algebra auf $\overline{\mathbb{R}}$ und $X^{-1}(\mathfrak{A}') := \{X^{-1}(A'): A' \in \mathfrak{A}'\}$ die Urbild-σ-Algebra von X. Dann heißt jede numerische Zufallsvariable $Z: \Omega \to \overline{\mathbb{R}}$ auf $\langle \Omega, \mathfrak{A}, P \rangle$ *bedingte Erwartung* oder *Regression* von Y auf X, falls sie die folgenden Bedingungen erfüllt:

(a) $Z^{-1}(B) \in X^{-1}(\mathfrak{A}')$, für alle $B \in \overline{\mathfrak{B}}$;

(b) $E(I_C \cdot Z) = E(I_C \cdot Y)$, für alle $C \in X^{-1}(\mathfrak{A}')$.

Anstelle von Z schreibt man für eine Regression von Y auf X meist $E(Y|X)$.

Wenn wir im Folgenden also von einer Regression $E(Y|X)$ sprechen, dann wird vorausgesetzt, dass alle oben aufgeführten Bedingungen erfüllt sind. Gemäß Bedingung (a) müssen die Urbilder $Z^{-1}(B)$ aller Elemente B der erweiterten Borelschen σ-Algebra $\overline{\mathfrak{B}}$ Elemente der Urbild-σ-Algebra von X sein. Dies stellt sicher, dass eine Regression Z von Y auf X eine Funktion von X ist, d. h. dass es eine Funktion $f: \Omega' \to \overline{\mathbb{R}}$ gibt derart, dass Z als Komposition $f(X)$ von f mit X dargestellt werden kann. Die Bedingung (b) dagegen garantiert, dass die bedingte Erwartung Z den Wert $Z(\omega) = E(Y|X=x)$ annimmt, falls X den Wert $X(\omega) = x$ annimmt und x eine Wahrscheinlichkeit $P(X = x) > 0$ hat.

Durch die obige Definition wird die bedingte Erwartung oder Regression nicht völlig eindeutig definiert, insbesondere dann nicht, wenn X ein kontinuierlicher Regressor ist, dessen Werte ja die Wahrscheinlichkeit $P(X = x) = 0$ haben. Dies hat zur Folge, dass es dann unterschiedliche „Versionen" der Regression gibt, die jedoch „fast sicher", d. h. mit Wahrscheinlichkeit 1, identisch sind. Weiter sei angemerkt, dass der bedingte Erwartungswert $E(Y|X=x)$ im allgemeinen Fall als Wert der Faktorisierung f der bedingten Erwartung $E(Y|X) = f(X)$ definiert ist. Aussagen über die so definierten bedingten Erwartungswerte gelten dann im allgemeinen nur für P^X-fast alle x. Zur weiteren Vertiefung sei der mathematisch interessierte Leser z. B. auf Bauer (2002) verwiesen.

6.4 Zusammenfassende Bemerkungen

In diesem Kapitel wurde der allgemeine Begriff der Regression $E(Y|X)$ (synonym: bedingte Erwartung) als diejenige Funktion des Regressors X eingeführt, deren Werte die bedingten Erwartungswerte $E(Y|X=x)$ sind. Eine Regression ist also definiert ohne dass dabei Bezug auf einen bestimmten Funktionstyp genommen wird. Mit dem Begriff der Regression ist ein genereller Typ einer stochastischen Abhängigkeit verbunden, den wir als *regressive Abhängigkeit* bezeichnen. Mit der Regression ist zwangsläufig auch eine bestimmte „Fehlervariable" verbunden, das *Residuum* $\varepsilon := Y - E(Y|X)$. Die Eigenschaften dieses Residuums ε, die sich ohne zusätzliche Annahmen allein aus dessen Definition als Differenz von Y und seiner Regression auf X ableiten lassen, wurden ausführlich besprochen. Aufbauend auf dem Begriff des Residuums wurden der *Determinationskoeffizient* und die *multiple Korrelation* eingeführt. Die Bedeutsamkeit des Begriffs der Regression $E(Y|X)$ für empirische Wissenschaften wie die Psychologie liegt vor allem darin, dass er ermöglicht, Aussagen über eine bestimmte Art der Abhängigkeit des Regressanden Y vom Regressor X zu formulieren. Spezielle Arten der regressiven Abhängigkeit werden in den folgenden Kapiteln behandelt.

Regressive Abhängigkeit

Residuum

Determinationskoeffizient
Multiple Korrelation

Fragen

leicht	F1.	Wie kann man den Begriff der Regression in den empirischen Wissenschaften nutzen?
leicht	F2.	Wie kann man die beiden bedingten Erwartungswerte $E(Y|X=\text{männlich})$ und $E(Y|X=\text{weiblich})$ interpretieren, wenn X die Geschlechtsvariable ist?
leicht	F3.	Warum wird in der Definition 1 des bedingten Erwartungswerts vorausgesetzt, dass jede der Wahrscheinlichkeiten $P(X=x)$, dass der Regressor X den Wert x annimmt, größer 0 ist?
leicht	F4.	Wie ist die Regression $E(Y|X)$ definiert?
leicht	F5.	Worin besteht der Unterschied zwischen der Regression $E(Y|X)$ und den bedingten Erwartungswerten $E(Y|X=x)$?
leicht	F6.	Welche Beziehung besteht zwischen bedingter Wahrscheinlichkeit $P(Y=1|X)$ einer Variablen Y mit den Werten 0 und 1 und der Regression $E(Y|X)$?
leicht	F7.	In welchem Zusammenhang stehen die Begriffe Regression, Regressor, Regressand und Residuum?
leicht	F8.	Wie ist die regressive Unabhängigkeit einer numerischen Zufallsvariablen Y von einer beliebigen Zufallsvariablen X definiert?
leicht	F9.	Wie ist der Determinationskoeffizient $R^2_{Y|X}$ definiert, was besagt er und welche Eigenschaften hat er?
mittel	F10.	Welche Implikationsbeziehungen bestehen zwischen stochastischer, regressiver und korrelativer Unabhängigkeit zweier numerischer Zufallsvariablen?
leicht	F11.	Welche Eigenschaften des Residuums kennen Sie?
mittel	F12.	An welcher Eigenschaft des Residuums kann man überprüfen, ob eine bestimmte Funktion von X tatsächlich die Regression $E(Y|X)$ ist?
mittel	F13.	Wie kann man die Eigenschaft (iii) in Regelbox 3 des Residuums grafisch darstellen, falls der Regressor numerisch ist?

Antworten

A1. Mit dem Begriff der Regression kann man die Abhängigkeit einer numerischen Zufallsvariablen Y von einer (möglicherweise mehrdimensionalen) Variablen X beschreiben. Mit Aussagen über die Regression $E(Y|X)$ kann man angeben, wie

> **Zusammenfassungsbox 1. Die wichtigsten Definitionen zum bedingten Erwartungswert und zur Regression**
>
> Bei diskretem Y und $P(X=x) > 0$ ist der *bedingte Erwartungswert* definiert durch:
>
> $$E(Y|X=x) := \sum_{i=1}^{n} y_i \cdot P(Y=y_i|X=x)$$
>
> *Bedingter Erwartungswert (bei diskretem Regressanden)*
>
> Die *Regression* $E(Y|X)$ ist diejenige Zufallsvariable, deren Werte die bedingten Erwartungswerte $E(Y|X=x)$ sind, d. h. sie ist eine Funktion von X. Dabei heißt Y der *Regressand* und X der *Regressor*, der auch aus mehreren Zufallsvariablen $X_1, ..., X_m$ bestehen kann.
>
> *Regression*
>
> Das *Residuum* $\varepsilon := Y - E(Y|X)$ ist die nicht durch die Regression $E(Y|X)$ determinierte Komponente von Y.
>
> *Residuum*
>
> Der *Determinationskoeffizient*
>
> $$R_{Y|X}^2 := \begin{cases} \dfrac{Var[E(Y|X)]}{Var(Y)}, & \text{falls } Var(Y) > 0, \text{ und} \\ 0, & \text{andernfalls.} \end{cases}$$
>
> *Determinationskoeffizient*
>
> ist der durch die Regression $E(Y|X)$ determinierte Varianzanteil von Y. Er gibt die Stärke der regressiven Abhängigkeit an, ist invariant unter eineindeutigen Abbildungen von X und unter linearen Transformationen von Y.
>
> $$R_{Y|X} = \sqrt{R_{Y|X}^2}$$
>
> *Multiple Korrelation*
>
> $$E(Y|X) = E(Y)$$
>
> *Regressive Unabhängigkeit*

      die bedingten Erwartungswerte $E(Y|X=x)$ des Regressanden Y von den Werten x des Regressors X abhängen.

A2. Diese beiden bedingten Erwartungswerte sind mit den Erwartungswerten von Y innerhalb der beiden Subpopulationen der Männer bzw. der Frauen identisch.

A3. Ohne die genannten Voraussetzung wären die bedingten Wahrscheinlichkeiten $P(Y=y_i|X=x)$, die in der Definitionsgleichung (6.1) verwendet werden, nicht eindeutig definiert.

A4. $E(Y|X)$ ist diejenige Zufallsvariable, deren Werte die bedingten Erwartungswerte $E(Y|X=x)$ sind.

A5. Die Regression $E(Y|X)$ ist eine Zufalls*variable*, der bedingte Erwartungswert $E(Y|X=x)$ hingegen ist eine Zahl. Ein bedingter Erwartungswert $E(Y|X=x)$ ist der Wert der Regression $E(Y|X)$, wenn X den Wert x annimmt.

A6. Die bedingte Wahrscheinlichkeit $P(Y=1|X)$ einer Variablen Y mit den Werten 0 und 1 ist mit der Regression $E(Y|X)$ dieses Regressanden Y identisch.

A7. Bei einer Regression $E(Y|X)$ ist X der Regressor und Y der Regressand. Das Residuum $\varepsilon := Y - E(Y|X)$ ist die nicht durch die Regression $E(Y|X)$ determinierte Komponente von Y.

A8. Y ist von X regressiv unabhängig, wenn $E(Y|X) = E(Y)$.

A9. Der Determinationskoeffizient $R_{Y|X}^2$ ist definiert als Verhältnis der Varianz der Regression $E(Y|X)$ zur Varianz des Regressanden Y. Es handelt sich dabei um den durch die Regression $E(Y|X)$ determinierten Varianzanteil von Y. Er gibt die Stärke der regressiven Abhängigkeit an und ist invariant gegenüber eineindeutigen Abbildungen von X und linearen Transformationen von Y.

A10. Die stochastische Unabhängigkeit zweier numerischer Zufallsvariablen impliziert ihre gegenseitige regressive und diese ihre korrelative Unabhängigkeit.

A11. Siehe die zehn Eigenschaften, die in Regelbox 3 aufgeführt sind.

A12. Die Eigenschaften (iii) und (iv) in Regelbox 3 eignen sich zur Prüfung, ob eine betrachtete Regression $E(Y|X)$ wirklich eine bestimmte (z. B. lineare) Funktion von X ist. Erfüllen die Abweichungen des Regressanden Y von einer vermeintlichen linearen Regression $\alpha_0 + \alpha_1 X$ nicht die Eigenschaften (iii) und (iv), so kann $\alpha_0 + \alpha_1 X$ nicht die Regression $E(Y|X)$ sein.

A13. Falls X numerisch ist, lässt sich die Eigenschaft (iii) in Regelbox 3 als lineare Regression darstellen, die parallel zur X-Achse verläuft (s. Abb. 3).

Übungen

leicht   Ü1. Zeigen Sie, dass die Regression der Summenvariable $S := \sum_{i=1}^{4} Y_i$ auf X (s. A-Box 1) gleich der Summe der Regressionen $E(Y_i|X)$ ist.

leicht   Ü2. Die folgenden bedingten Erwartungswerte einer Variablen Y seien bekannt:
$$E(Y|X_1=0, X_2=0) = 140, \quad E(Y|X_1=1, X_2=0) = 120,$$
$$E(Y|X_1=0, X_2=1) = 120, \quad E(Y|X_1=1, X_2=1) = 100.$$
(Dies seien die wahren Zellenmittelwerte in einem 2×2-kreuzfaktoriellen varianzanalytischen Design.) Bestimmen Sie die β-Koeffizienten der folgenden Regressionsgleichung:
$$E(Y|X_1, X_2) = \beta_0 + \beta_1 X_1 + \beta_2 X_2 + \beta_3 X_1 X_2.$$
Hinweis: Gehen Sie von den aus dieser Gleichung folgenden Gleichungen für die bedingten Erwartungswerte aus:
$$E(Y|X_1=0, X_2=0) = \beta_0, \quad E(Y|X_1=1, X_2=0) = \beta_0 + \beta_1,$$
$$E(Y|X_1=0, X_2=1) = \beta_0 + \beta_2, \quad E(Y|X_1=1, X_2=1) = \beta_0 + \beta_1 + \beta_2 + \beta_3,$$
und lösen Sie diese Gleichungen nach den β-Koeffizienten auf.

schwer   Ü3. Leiten Sie unter Verwendung der Rechenregeln für die Regression $E(Y|X)$ die folgenden Gleichungen ab: (a) $E(\varepsilon) = 0$; (b) $E(\varepsilon|X) = 0$; (c) $Cov[\varepsilon, E(Y|X)] = 0$; (d) $Var(Y) = Var[E(Y|X)] + Var(\varepsilon)$. Geben Sie dabei für jeden einzelnen Schritt an, welche Rechenregeln Sie verwendet haben.

mittel   Ü4. Zeigen Sie, dass die Korrelation $Kor[Y, E(Y|X)]$ zwischen dem Regressanden Y und der Regression $E(Y|X)$ gleich der multiplen Korrelation $R_{Y|X}$ ist.

mittel   Ü5. Zeigen Sie, dass der Determinationskoeffizient $R^2_{Y|X}$ unter linearen Transformationen von Y invariant ist.

mittel   Ü6. Gegeben seien eine Variable Y mit Erwartungswert 100 und Varianz 100 und eine zweiwertige Variable X mit den Werten 0 und 1, die beide gleich wahrscheinlich seien. Außerdem gelten $E(Y|X=0) = 90$ und $E(Y|X=1) = 110$.
(a) Wie groß ist dann der Determinationskoeffizient?
(b) Was besagt der Determinationskoeffizient?

mittel   Ü7. Es mögen sowohl
(a) $E(Y|X, Z) = \beta_0 + \beta_1 X + \beta_2 Z$, $\beta_0, \beta_1, \beta_2 \in \mathbb{R}$, als auch
(b) $E(Z|X) = \gamma_0 + \gamma_1 X$, $\gamma_0, \gamma_1 \in \mathbb{R}$, gelten.
Was folgt daraus für die Regression $E(Y|X)$, wenn Sie die Rechenregeln für Regressionen benutzen?

mittel   Ü8. Beweisen Sie die in (iv), Regelbox 1 angegebene Formel für den bedingten Erwartungswert $E(Y|X=x)$.

Lösungen

L1. Diese Behauptung folgt direkt durch Anwendung der Rechenregel (iii) aus Regelbox 2.

L2. Für die bedingten Erwartungswerte $E(Y|X_1=x_1, X_2=x_2)$ gelten die vier Gleichungen:
$$E(Y|X_1=0, X_2=0) = \beta_0 = 140$$
$$E(Y|X_1=1, X_2=0) = \beta_0 + \beta_1 = 120$$
$$E(Y|X_1=0, X_2=1) = \beta_0 + \beta_2 = 120$$
$$E(Y|X_1=1, X_2=1) = \beta_0 + \beta_1 + \beta_2 + \beta_3 = 100.$$
Daher sind: $\beta_0 = 140$, $\beta_1 = 120 - 140 = -20$, $\beta_2 = 120 - 140 = -20$, und $\beta_3 = 100 - 140 - (-20) - (-20) = 0$.

L3. (a) $\quad E(\varepsilon) = E[Y - E(Y|X)]$ Def. von ε
$\qquad\qquad = E(Y) - E[E(Y|X)]$ R-Box 5.1, (iii)
$\qquad\qquad = E(Y) - E(Y) = 0.$ R-Box 2, (iv)

(b) $\quad E(\varepsilon|X) = E[Y - E(Y|X)|X]$ Def. von ε
$\qquad\qquad = E(Y|X) - E[E(Y|X)|X]$ R-Box 2, (iii)
$\qquad\qquad = E(Y|X) - E(Y|X) = 0.$ R-Box 2, (v)

(c) $\quad Cov[\varepsilon, E(Y|X)] = E[\varepsilon \cdot E(Y|X)] - E(\varepsilon) \cdot E[E(Y|X)]$ R-Box 5.3, (i)
$\qquad\qquad = E[E(\varepsilon \cdot E(Y|X)|X)] - 0 \cdot E[E(Y|X)]$ R-Box 2, (iv), R-Box 3, (ii)
$\qquad\qquad = E[E(Y|X) \cdot E(\varepsilon|X)]$ R-Box 2, (vii)
$\qquad\qquad = E[E(Y|X) \cdot 0]$ R-Box 3, (iii)
$\qquad\qquad = E(0) = 0.$ R-Box 5.1, (i)

[In der zweiten Zeile spielt $\varepsilon \cdot E(Y|X)$ die Rolle des Regressanden Y aus R-Box 3.]

(d) $\quad Var(Y) = Var[E(Y|X) + \varepsilon]$ Def. von $\varepsilon := Y - E(Y|X)$
$\qquad\qquad = Var[E(Y|X)] + Var(\varepsilon) + 2 \cdot Cov[E(Y|X), \varepsilon]$ R-Box 5.2, (v)
$\qquad\qquad = Var[E(Y|X)] + Var(\varepsilon).$ R-Box 3, (ix)

L4. Für die Korrelation zwischen Y und $E(Y|X)$ gilt:

$$Kor[Y, E(Y|X)] = \frac{Cov[Y, E(Y|X)]}{Std(Y) \cdot Std[E(Y|X)]},$$

wobei $Std(Y)$ die Standardabweichung von Y bezeichnet. Wegen $\varepsilon := Y - E(Y|X)$ und

$Cov[Y, E(Y|X)] = Cov[E(Y|X) + \varepsilon, E(Y|X)]$
$\qquad\qquad = Cov[E(Y|X), E(Y|X)] + Cov[\varepsilon, E(Y|X)]$ R-Box 5.3, (v)
$\qquad\qquad = Var[E(Y|X)]$ Def. der Varianz, R-Box 3, (ix)

folgt:

$$Kor[Y, E(Y|X)] = \frac{Var[E(Y|X)]}{Std(Y) \cdot Std[E(Y|X)]} = \frac{Std[E(Y|X)] \cdot Std[E(Y|X)]}{Std(Y) \cdot Std[E(Y|X)]}$$

$$= \frac{Std[E(Y|X)]}{Std(Y)} = \sqrt{\frac{Var[E(Y|X)]}{Var(Y)}} = R_{Y|X}.$$

L5. Der Determinationskoeffizient $R^2_{Y|X}$ ist invariant unter linearen Transformationen $\alpha + \beta Y$ von Y, denn es gelten:

$Var[E(\alpha + \beta Y|X)] = Var[\alpha + \beta \cdot E(Y|X)]$ R-Box 2, (i) - (iii)
$\qquad\qquad = Var[\beta \cdot E(Y|X)]$ R-Box 5.2, (iv)
$\qquad\qquad = \beta^2 \cdot Var[E(Y|X)]$ R-Box 5.2, (iii)

und

$Var(\alpha + \beta Y) = \beta^2 \cdot Var(Y),$ R-Box 5.2, (iii), (iv)

so dass sich β^2 bei der Bildung des Bruches

$$R^2_{\alpha + \beta Y|X} = \frac{Var[E(\alpha + \beta Y|X)]}{Var(\alpha + \beta Y)} = \frac{Var[E(Y|X)]}{Var(Y)}$$

wegkürzt.

L6. (a) Der Determinationskoeffizient ist definiert durch:

$$R^2_{Y|X} := \frac{Var[E(Y|X)]}{Var(Y)}.$$

Zunächst ist also die Varianz $Var[E(Y|X)]$ der Regression $E(Y|X)$ zu berechnen. Für $Var[E(Y|X)]$ gilt die Formel

$Var[E(Y|X)] = E[E(Y|X)^2] - E[E(Y|X)]^2$ R-Box 5.2, (i)
$\qquad\qquad = E[E(Y|X)^2] - E(Y)^2.$ R-Box 2, (iv)

Wir berechnen zuerst den Erwartungswert $E[E(Y|X)^2]$: Die Variable $E(Y|X)^2$ nimmt jeweils mit der Wahrscheinlichkeit 0.5 die Werte 90^2 und 110^2 an. Daher gilt:

$$E[E(Y|X)^2] = 90^2 \cdot 0.5 + 110^2 \cdot 0.5 = 10100.$$

Davon ist gemäß der obigen Formel $E(Y)^2 = 10000$ abzuziehen. Demnach ist $Var[E(Y|X)] = 100$, der Determinationskoeffizient also $R^2_{Y|X} = 1$.

(b) Der Determinationskoeffizient $R^2_{Y|X}$ besagt, welcher Anteil der Varianz von Y durch die Regression auf X determiniert ist.

R-Box 2, (vi)
Voraussetzung (a)
R-Box 2, (i), (iii)
R-Box 2, (v)
Voraussetzung (b)

L7. $E(Y|X) = E[E(Y|X,Z)|X]$
       $= E[\beta_0 + \beta_1 X + \beta_2 Z | X]$
       $= \beta_0 + \beta_1 E(X|X) + \beta_2 E(Z|X)$
       $= \beta_0 + \beta_1 X + \beta_2 E(Z|X)$
       $= \beta_0 + \beta_1 X + \beta_2 (\gamma_0 + \gamma_1 X)$
       $= (\beta_0 + \beta_2 \gamma_0) + (\beta_1 + \beta_2 \gamma_1) \cdot X.$

Demnach ist $E(Y|X)$ eine *lineare* Regression mit dem Ordinatenabschnitt $\beta_0 + \beta_2 \gamma_0$ und dem Steigungskoeffizienten $\beta_1 + \beta_2 \gamma_1$. In der ersten Zeile spielt die zweidimensionale Zufallsvariable (X, Z) die Rolle des Regressors X aus Regel (iv) und X die Rolle der Funktion $f(X)$. Man vergewissere sich anhand der Definition einer Zufallsvariablen, dass (X, Z) auch als *eine* Zufallsvariable, und anhand der Definition der Komposition, dass X als Komposition $f(X)$ einer Funktion f mit (X, Z) aufgefasst werden kann. Nur dann kann nämlich in der ersten Zeile Regel (vi) aus R-Box 2 angewendet werden.

L8. Definitionsgemäß gilt für jeden Wert x von X

$$E(Y|X=x) = \sum_y y \cdot P(Y=y|X=x)$$

und, da eine bedingte Wahrscheinlichkeit genauso wie eine unbedingte Wahrscheinlichkeit behandelt werden kann, folgt aus dem Satz von der totalen Wahrscheinlichkeit [s. R-Box 3.2] für jeden Wert x von X

$$P(Y=y|X=x) = \sum_z P(Y=y|X=x, Z=z) \cdot P(Z=z|X=x).$$

Setzen wir diese Gleichung in die vorletzte ein, ergibt sich für jeden Wert x von X:

$$E(Y|X=x) = \sum_y y \cdot \sum_z P(Y=y|X=x, Z=z) \cdot P(Z=z|X=x)$$
$$= \sum_z \sum_y y \cdot P(Y=y|X=x, Z=z) \cdot P(Z=z|X=x)$$

Setzen wir nun $E(Y|X=x, Z=z) = \sum_y y \cdot P(Y=y|X=x, Z=z)$ ein, folgt die in Regelbox 1 (iv) angegebene Formel.

Weiterführende Literatur

Der Begriff der Regression oder bedingten Erwartung wurde von Kolmogoroff (1933/1977) eingeführt. Eine recht gute Darstellung geben auch Ash (2000), Bellach, Franken et al. (1978) und Spanos (1999). Letztere enthält auch vielfältige historische Hinweise und Anwendungsbezüge. Anspruchsvolle Einführungen bieten Bauer (2002), Gänssler und Stute (1977), Loève (1987a; 1987b), und Williams (1991).

Im Gegensatz zu der hier gewählten Darstellung als Populationsmodelle werden Regressionsmodelle in der sozialwissenschaftlichen Literatur meist als Stichprobenmodelle dargestellt. Klassische Artikel zu Anwendungsproblemen in den Sozialwissenschaften sind Cohen (1968) und Darlington (1968). Als weiterer Artikel dazu sei Schubö et al. (1983) genannt. Gute Einführungsbücher hierzu sind z. B. Cohen und Cohen (1983), Draper und Smith (1998), Fahrmeir, Hamerle und Tutz (1996), van de Geer (1971) und Pedhazur und Schmelkin (1991). Mehr mathematisch orientierte Darstellungen sind Bock (1975), Fox (1984), Graybill (1976), Johnston (1972), Scheffé (1959), Searle (1971). Deutschsprachige Darstellungen sind Gaennslen und Schubö (1973), Moosbrugger (1997) sowie Moosbrugger und Klutky (1987).

7 Einfache Lineare Regression

Nachdem im letzten Kapitel der allgemeine Begriff der Regression eingeführt wurde, wenden wir uns nun dem speziellen Fall zu, in dem ein eindimensionaler numerischer Regressor X vorliegt, eine Zufallsvariable also, deren Werte reelle Zahlen oder die uneigentlichen Zahlen $+\infty$ und $-\infty$ sind. Schon in diesem Fall gibt es viele Arten der regressiven Abhängigkeit des Regressanden Y von X. So kann die Regression $E(Y|X)$ beispielsweise eine monotone (steigende oder fallende) Funktion von X sein, ohne dass dafür eine Formel angegeben werden kann. Die Regression $E(Y|X)$ kann aber zum Beispiel auch eine lineare, quadratische oder kubische Funktion etc., aber auch jede andere Funktion von X sein.

Verschiedene Arten der Abhängigkeit mit einem einzigen numerischen Regressor

Inhaltliche Fragen, die bei einer solchen Situation mit einem numerischen Regressor X gestellt werden können, sind zum Beispiel: In welcher Form steigt der subjektive Wert (Y) des Geldes mit seinem objektiven Wert (X)? In welcher Form steigt der Lernerfolg (Y) bei einem bestimmten Aufgabentyp mit der Trainingsdauer (X) an? Wie sinkt die Behaltensleistung (Y) beim Vokabellernen mit wachsender Zeit (X) zwischen Lernen und Reproduktion? Bei diesen Beispielen ist eher eine nichtlineare regressive Abhängigkeit zu erwarten, die wir im nächsten Kapitel mit verschiedenen Parametrisierungen behandeln werden. Im vorliegenden Kapitel wenden wir uns zunächst dem Fall zu, in dem die Regression eine *lineare* Funktion des Regressors ist.

Beispiele für inhaltliche Fragestellungen

Überblick. Zur Veranschaulichung beginnen wir mit einem Beispiel aus der Psychophysik, dem Potenzgesetz, und behandeln dann den Begriff der *linearen Regression*. Danach führen wir die Unterscheidung zwischen einer Regression und ihrer *Parametrisierung* ein und exemplifizieren diese für den Fall dichotomer Regressoren. Dabei behandeln wir auch verschiedene Kodierungen qualitativer Regressoren, die wichtige Konsequenzen für die Bedeutung der Regressionskoeffizienten haben. Das Beispiel „Potenzgesetz" wird dann weitergeführt. In seiner logarithmierten und stochastischen Form ist dies ein klassisches Beispiel für eine einfache lineare Regression. In den Anwendungsboxen finden sich Hinweise, wie man ein Experiment selbst durchführen kann, auf das sich das Potenzgesetz bezieht. Außerdem wird dort die Beziehung zwischen Regressionskoeffizienten und Stichprobenkennwerten, die aus der Einführungsliteratur zur Statistik bekannt sind.

> **Anwendungsbox 1.**
>
> Über die Internet-Adresse http://www.wahrscheinlichkeit-und-regression.de können Sie ein Programm beziehen, mit dem Sie die beiden in Abschnitt 7.1 erwähnten Experimente selbst durchführen können. Unter der Rubrik „Beispielanwendung – Kapitel 7" ist beschrieben, wie Sie die einzelnen Variationen des Experiments durchführen können. Sie können das Programm direkt aus dem Internet starten oder es lokal speichern.
>
> Neben diesen technischen Hinweisen, nun noch ein paar Bemerkungen, die das Verständnis der Beziehung zwischen der hier dargestellten Theorie und der Empirie vertiefen sollen. Beim Verhältnis zwischen Empirie und Theorie ist zu beachten, dass sich die Theorie auf das folgende Einzelexperiment bezieht: Es wird zufällig eine Linie aus einer vorgegebenen Menge von Linien verschiedener Länge ausgewählt und auf Ihrem Bildschirm präsentiert. Diese ist dann von Ihnen durch die Herstellung einer zweiten Linie, der Urteilslinie, zu beurteilen, deren Länge registriert wird. Die Theorie des stochastischen Potenzgesetzes, die wir in Abschnitt 7.3 im Detail darstellen werden, gibt für genau dieses empirische Phänomen ein Gesetz an.
>
> In Ihrem Experiment führen Sie das oben geschilderte Einzelexperiment vielfach durch. Jedes statistische Modell, das der statistischen Analyse, d. h. der Parameterschätzung und der Hypothesentestung zugrunde liegt, bezieht sich auf Ihr Experiment mit der *vielfachen* Durchführung des Einzelexperiments. Die psychologische Theorie beschreibt jedoch nur Ihr *Einzelexperiment*.
>
> Prinzipiell kann man an unterschiedliche statistische Modelle denken, die Ihr Mehrfachexperiment beschreiben. Der wesentliche Kern jedes dieser statistischen Modells besagt jedoch, dass das Einzelexperiment immer wieder durchgeführt wird, ohne dass sich dabei die Gesetzmäßigkeit verändert, die jedes der Einzelexperimente steuert. Verschiedene statistische Modelle können sich nun bspw. dadurch unterscheiden, dass sie eine Unabhängigkeit zwischen den Einzelversuchen annehmen oder nicht. Im Prinzip ist es nämlich durchaus denkbar, dass Ihr aktuelles Urteil auch vom vorangegangenen Urteil abhängt und eben nicht nur von der aktuell zu beurteilenden Figur und ihrer Linienlänge. Wir werden später in diesem Kapitel auf diese Anwendung zurückkommen.

Die Theorie bezieht sich auf das Einzelexperiment

Statistische Modelle beziehen sich auf das Mehrfachexperiment

7.1 Beispiel: Das Stevenssche Potenzgesetz I

Beispiel aus der Psychophysik

S. S. Stevens (s. z. B. Stevens, 1975) und seine Mitarbeiter haben eine Vielzahl von Experimenten des folgenden Typs durchgeführt: Einer Person wird ein *physikalischer Reiz* (z. B. eine Linie, ein Quadrat, ein Gewicht, ein Ton in einer bestimmten Lautstärke) dargeboten, wobei ihre Aufgabe darin besteht, einen zweiten physikalischen Reiz so herzustellen, dass ihr die beiden Reize hinsichtlich einer bestimmten Eigenschaft (z. B. der Länge der Linie, Größe des Quadrats etc.) gleich erscheinen.

Intra- und cross-modale Beurteilung

Dabei können die Reize *intra-* oder *cross-modal* beurteilt werden. Bei der *intra-modalen Beurteilung* wird die Länge einer Linie mit einer Linie, die Größe eines Quadrats mit einem Quadrat etc. beurteilt. Bei der *crossmodalen Beurteilung* ist dagegen die Länge einer Linie z. B. mit der Größe eines Quadrats, die Lautstärke mit der Länge einer Linie zu beurteilen.

Auch wenn die Beurteilung der Länge einer Linie, die auf einem Bildschirm hergestellt wird, mit der Länge einer Linie, die vom Pbn auf einem Bildschirm eingestellt werden soll (s. A-Box 1), auf den ersten Blick

trivial erscheint, gibt es selbst bei einem solchen einfachen Experiment mindestens zwei interessante Fragen:
(a) Wie hängt die *Länge der Urteilslinie* von der Länge der Reizlinie ab?
(b) Wie hängt das *Ausmaß der Urteilsfehler* von der Länge der Reizlinie ab?

Fragestellungen zum Potenzgesetz

Weitere interessante Fragestellungen ergeben sich sofort, wenn die Reizlinie in einen bestimmten Kontext eingebettet ist, z. B. Winkel bei der Müller-Lyer-Figur oder Quadrate bei der Baldwin-Figur. Darauf werden wir in den nächsten Kapiteln näher eingehen.

Bevor wir die Theorie des Potenzgesetzes weiter darstellen, werden in Abschnitt 7.2 zunächst die wichtigsten Konzepte zur linearen Regression eingeführt. Dabei werden die Begriffe zur Verfügung gestellt, die uns dann erlauben werden, das Potenzgesetz adäquat zu formulieren.

7.2 Einfache lineare Regression

Wir behandeln nun die *einfache lineare Regression*. Dabei beginnen wir mit allgemeinen Sachverhalten, kommen dann zu Parametrisierungen, und gehen auf einige Besonderheiten ein, die bei einem dichotomen Regressor gelten.

> **Definition 1.** Seien X und Y numerische Zufallsvariablen auf einem gemeinsamen Wahrscheinlichkeitsraum, beide mit positiver und endlicher Varianz. Die Regression $E(Y|X)$ des Regressanden Y auf den Regressor X heißt *linear in X*, wenn
>
> $$E(Y \mid X) = \alpha_0 + \alpha_1 \cdot X, \tag{7.1}$$
>
> wobei α_0 und α_1 reelle Zahlen sind. Der Regressand Y heißt dann auch *linear regressiv abhängig* vom Regressor X.

Lineare Regression

7.2.1 Allgemeines

Die Variable Y wird also als Summe einer linearen Funktion der Variablen X und der Residualvariablen $\varepsilon = Y - E(Y|X)$ dargestellt, wie man aus der Umstellung der Gleichung (7.1) ersehen kann:

$$Y = \alpha_0 + \alpha_1 \cdot X + \varepsilon. \tag{7.2}$$

Der Regressand ist die Summe einer linearen Funktion von X und des Residuums ε

Den Fall $\alpha_1 = 0$ betrachten wir als Spezialfall der linearen regressiven Abhängigkeit, bei dem wir auch von *regressiver Unabhängigkeit* sprechen. Es gilt dann nämlich: $E(Y|X) = E(Y) = \alpha_0$.

Regressive Unabhängigkeit

Genau genommen muss Gleichung (7.1) nur „fast sicher" bezüglich des zugrunde gelegten Wahrscheinlichkeitsmaßes gelten (s. Bauer, 2002). Dies bedeutet, dass es eine Menge von Werten von X geben kann, für welche die bedingten Erwartungswerte $E(Y|X=x)$ *nicht* auf der durch Gleichung (7.1) beschriebenen Geraden liegen. Die Wahrscheinlich-

> **Anwendungsbox 2**
>
> Die beiden Koeffizienten α_0 und α_1 sind theoretische Größen, die erst im Rahmen einer linearen Regression vorkommen. Die Gleichungen (7.3) und (7.4) zeigen, dass und wie sie auf empirisch schätzbare Kennwerte wie $E(X)$, $E(Y)$, $Var(X)$ und $Cov(X, Y)$ zurückgeführt werden können, die auch ohne ein lineares Regressionsmodell schon definiert sind. Man spricht in diesem Kontext auch von der *Identifikation* der theoretischen Größen α_0 und α_1. In Anwendungen kann man die Parameter $E(X)$, $E(Y)$, $Var(X)$ und $Cov(X, Y)$ durch die entsprechenden Stichprobenkennwerte schätzen und erhält damit auch Schätzungen für die regressionstheoretischen Kennwerte α_0 und α_1.

keit, dass X einen Wert in dieser Menge annimmt, muss dann aber 0 sein. Um Nichtmathematiker nicht weiter zu verwirren, wird in diesem, wie auch in den nächsten Kapiteln, auf die Einschränkung „fast sicher" verzichtet.

Weitere wichtige Folgerungen aus Gleichung (7.1) sind:

Identifikation der Regressionskonstanten α_0

$$\alpha_0 = E(Y) - \alpha_1 \cdot E(X), \tag{7.3}$$

und

Identifikation des Regressionskoeffizienten α_1

$$\alpha_1 = Cov(X, Y) / Var(X) \tag{7.4}$$

(s. hierzu Übung 1). Nach Gleichung (7.3) lässt sich also die Konstante α_0 aus den Erwartungswerten und dem Koeffizienten α_1 berechnen, der seinerseits gleich der Kovarianz von X und Y geteilt durch die Varianz von X ist.

Ordinatenabschnitt und Steigung

Den Koeffizienten α_0 bezeichnet man auch als *Ordinatenabschnitt* und α_1 als *Steigung* der linearen Regression. Abbildung 1 veranschaulicht die Regressionsgerade und die Bedeutung der beiden Koeffizienten α_0 und α_1.

Eine weitere Folgerung aus Gleichung (7.1) ist[1]

Die bedingten Erwartungswerte von Y gegeben X = x liegen auf einer Geraden

$$E(Y | X = x) = \alpha_0 + \alpha_1 \cdot x, \tag{7.5}$$

d. h. die bedingten Erwartungswerte von Y für jeden gegebenen Wert x von X liegen tatsächlich auf einer Geraden. Dies ist für die im nächsten Kapitel dargestellte lineare Quasi-Regression nicht unbedingt der Fall. Die Gleichung (7.5) erhält man durch Einsetzen von $X = x$ in (7.1).

Für das Residuum $\varepsilon := Y - E(Y | X)$ gelten natürlich alle im letzten Kapitel ausführlich besprochenen Eigenschaften. Insbesondere sind die bedingten Erwartungswerte von ε für jeden gegebenen Wert x von X gleich Null:

Eigenschaften des Residuums

$$E(\varepsilon | X = x) = 0. \tag{7.6}$$

---

[1] Für den Stochastiker sei angemerkt, dass der bedingte Erwartungswert $E(Y|X=x)$ als Wert der Faktorisierung f der bedingten Erwartung $E(Y|X) = f(X)$ definiert ist (s. Bauer, 2002, S. 115ff sowie Abschnitt 6.3). Die oben angesprochenen Einschränkungen gelten natürlich hier entsprechend, d. h. Gleichung (7.5) gilt nur für P^X-fast alle x).

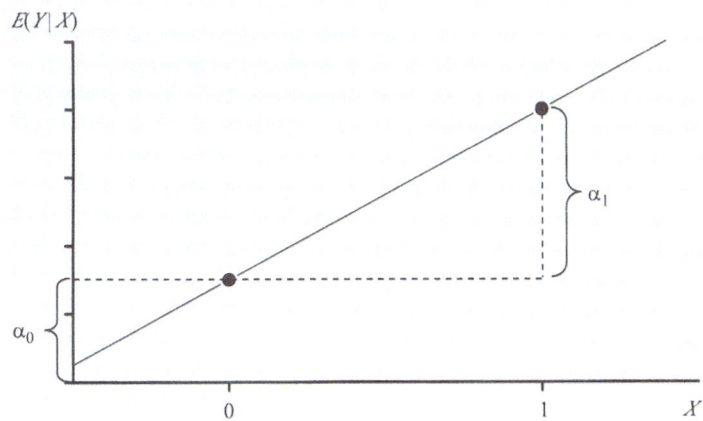

Abbildung 1. Darstellung einer linearen Regression. Dabei ist α_0 der Ordinatenabschnitt und α_1 die Steigung der Geraden.

Im Falle einer linearen Regression lässt sich der Determinationskoeffizient durch die Gleichungen

$$R^2_{Y|X} = \alpha_1^2 \frac{Var(X)}{Var(Y)} = \frac{Cov(X,Y)^2}{Var(X) \cdot Var(Y)} = Kor(X,Y)^2 \qquad (7.7)$$

Determinationskoeffizient

berechnen. Diese Gleichungen geben die Beziehungen zwischen dem Determinationskoeffizienten und (a) dem Steigungskoeffizienten der linearen Regression, (b) der Kovarianz und schließlich (c) der Korrelation zwischen X und Y an. Letztere ist die Wurzel aus dem Determinationskoeffizienten.

7.2.2 Parametrisierung einer Regression

Eine Regression $E(Y|X)$ kann auf verschiedene Arten *parametrisiert*, d. h. durch verschiedene Gleichungen dargestellt werden, in denen verschiedene Parameter vorkommen. Ein einfaches Beispiel ist, dass man den Regressor X durch den Regressor $-X$ ersetzt. In diesem Fall würde man anstelle von α_1 den Steigungskoeffizienten $-\alpha_1$ erhalten. Der entscheidende Sachverhalt ist dabei, dass sich die Regression $E(Y|X)$ selbst nicht ändert, obwohl die Gleichung mit den darin vorkommenden Parametern anders aussieht. Die Regression $E(Y|X)$ verändert sich durch die Auswechslung von X durch $-X$ deswegen nicht, weil sie definitionsgemäß eine Zufallsvariable ist, deren Werte die bedingten Erwartungswerte $E(Y|X=x)$ sind. Diese sind aber identisch, egal, ob man X oder $-X$ als Regressor betrachtet, d. h. es gilt: $E(Y|X=x) = E(Y|X=-x)$ für alle Werte x von X. Auch wenn sich die Gleichungen, und die darin vorkommenden Parameter ändern, gilt also: $E(Y|X) = E(Y|-X)$. Das Entsprechende gilt selbst für einen Übergang von einem Regressor X zu $\ln X$ [$\ln$ steht für den „natürlichen Logarithmus" (s. R-Box 1)]. In diesem Fall ändert sich im Allgemeinen sogar der Gleichungstyp, denn wenn die Regression

Regression kann durch verschiedene Gleichungen angegeben werden

$E(Y|X) = E(Y|-X)$

E(Y|X) = E(Y| ln X)

Regression E(Y|X) ändert sich durch Parametrisierung nicht

E(Y|X) eine lineare Funktion von X ist, so kann sie im Allgemeinen nicht zugleich eine lineare Funktion von ln X sein und umgekehrt, wenn E(Y| ln X) eine lineare Funktion von ln X ist, so kann diese Regression im allgemeinen nicht zugleich eine lineare Funktion von X sein. Dennoch bleibt die Regression identisch: E(Y|X) = E(Y| ln X), d. h. für jedes Ergebnis ω des zugrunde liegenden Zufallsexperiments gilt: E(Y|X)(ω) = E(Y| ln X)(ω) (s. hierzu Abb. 6.1). Was sich ändert ist lediglich die *Parametrisierung* der Regression, d. h. ihre Darstellung durch eine Gleichung bestimmten Typs (z. B. linear oder nichtlinear) oder durch bestimmte Parameter in verschiedenen Gleichungen des gleichen Typs. Ein anderes Beispiel mit verschiedenen Parametrisierungen ein- und derselben Regression werden wir im nächsten Abschnitt über dichotome Regressoren kennen lernen.

7.2.3 Dichotomer Regressor

Die Regression ist immer linear in X, wenn X dichotom ist.

Saturierte Parametrisierung

Im Allgemeinen muss die Regression $E(Y|X)$ nicht unbedingt eine lineare Funktion von X sein. Nimmt der Regressor X jedoch nur zwei verschiedene reelle Werte an, z. B. $X = 1$ für die Experimentalbedingung und $X = 0$ für die Kontrollbedingung, so gilt Gleichung (7.1) *immer*. Man spricht in diesem Zusammenhang auch von einer *saturierten Parametrisierung*. Zwei bedingte Erwartungswerte, $E(Y|X=1)$ und $E(Y|X=0)$, werden durch eine lineare Gleichung mit zwei Parametern, α_0 und α_1, beschrieben. Für die beiden Regressionskoeffizienten gelten im dichotomen Fall mit der Kodierung der Werte von X mit 0 und 1 außer den allgemeinen Gleichungen (7.3) und (7.4) auch:

Interpretation der Regressionskoeffizienten bei mit 0 und 1 kodiertem Regressor

$$\alpha_0 = E(Y|X=0) \tag{7.8}$$

und

$$\alpha_1 = E(Y|X=1) - E(Y|X=0). \tag{7.9}$$

Unterschiedliche Kodierungen des Regressors führen zu verschiedenen Interpretationen der Regressionskoeffizienten!

Dies kann man sich durch Einsetzen von $X = 0$ und dann von $X = 1$ in Gleichung (7.5) und Auflösung der so erhaltenen Gleichung nach α_1 leicht klarmachen. In diesem Fall ist also α_1 die Differenz zwischen dem Erwartungswert von Y in der Experimentalbedingung und dem Erwartungswert von Y in der Kontrollbedingung (s. dazu auch Abb. 1).

Interpretation der Regressionskoeffizienten bei mit −1 und 1 kodiertem Regressor

Man beachte jedoch, dass diese Interpretation der beiden Regressionskoeffizienten (a) von der Kodierung der Werte von X mit 0 und 1 und (b) von der Wahl einer Gleichung vom Typ (7.1), d. h. von der Parametrisierung abhängt. Kodiert man stattdessen die beiden Bedingungen z. B. mit −1 und +1, so kommt man zu einer anderen Parametrisierung und damit zu einer anderen Interpretation der beiden Regressionskoeffizienten. Bezeichnen wir den mit der neuen Kodierung verknüpften Regressor mit X^*, so erhalten wir (s. hierzu Übung 3):

$$\alpha_0 = [E(Y|X^*=1) + E(Y|X^*=-1)]/2 \tag{7.10}$$

> **Zusammenfassungsbox 1. Das Wichtigste zur linearen Regression**
>
> Die Regression $E(Y|X)$ von Y auf X heißt *linear in X*, wenn gilt:
>
> $$E(Y|X) = \alpha_0 + \alpha_1 X.$$
>
> $\alpha_0 = E(Y) - \alpha_1 E(X), \quad \alpha_1 = \dfrac{Cov(X,Y)}{Var(X)}$
>
> $R^2_{Y|X} = \alpha_1^2 \dfrac{Var(X)}{Var(Y)} = Kor(X,Y)^2$
>
> Regressionskoeffizienten bei Werten 0 und 1 von X:
>
> $\alpha_0 = E(Y|X=0)$
> $\alpha_1 = E(Y|X=1) - E(Y|X=0)$
>
> Regressionskoeffizienten bei Werten −1 und 1 von X^*:
>
> $\alpha_0 = [E(Y|X^*=1) + E(Y|X^*=-1)] / 2$
> $\alpha_1 = [E(Y|X^*=1) - E(Y|X^*=-1)] / 2$

Lineare Regression

Identifikation der Regressionskoeffizienten

Interpretation der Regressionskoeffizienten bei Kodierung des Regressors mit 0 und 1 ...

... mit −1 und 1

und

$$\alpha_1 = [E(Y|X^*=1) - E(Y|X^*=-1)] / 2. \qquad (7.11)$$

Danach ist also α_0 der (ungewichtete) Durchschnitt der beiden bedingten Erwartungswerte und α_1 ist die Hälfte der Differenz zwischen den beiden bedingten Erwartungswerten.

Bei einem dichotomen (zweiwertigen) Regressor besteht nicht die Frage, *ob* die Regression $E(Y|X)$ tatsächlich eine lineare Funktion von X ist, sondern nur noch, ob α_1 gleich Null ist, ob also Y von X regressiv linear abhängig oder aber regressiv unabhängig ist. Die durch Gleichung (7.1) formulierte Parametrisierung ist bei einem dichotomen Regressor nämlich *saturiert*, d. h. sie ist in diesem Fall also immer gültig.

Die regressive Unabhängigkeit ist in diesem Fall äquivalent mit der Gleichheit der Erwartungswerte von Y in den beiden durch $X=0$ bzw. $X=1$ repräsentierten Bedingungen. Jede Aussage, die einen Unterschied bezüglich des Erwartungswerts einer Zufallsvariablen Y zwischen zwei Gruppen behauptet, kann also auch als Aussage über eine regressiv lineare Abhängigkeit des Regressanden Y von einem zweiwertigen Regressor X, der mit seinen beiden Werten die beiden Gruppen repräsentiert, formuliert werden. Die Hypothese $\alpha_1 = 0$ ist also äquivalent mit der Hypothese, die wir schon als Nullhypothese des *t*-Tests für unabhängige Gruppen kennen: $E(Y|X=1) = E(Y|X=0)$ bzw. $\mu_1 = \mu_0$.

Saturierte Parametrisierung

Bei regressiver Unabhängigkeit sind die Erwartungswerte in beiden Bedingungen gleich

7.3 Beispiel: Das Stevenssche Potenzgesetz II

7.3.1 Das deterministische Potenzgesetz

Nach Stevens (1975) soll zwischen dargebotenen Linien der Länge X und den vom Pbn hergestellten Linien der Länge Y, dem Urteil also, die folgende Beziehung gelten:

Stevenssches Potenzgesetz

$$Y = b \cdot X^a, \qquad (7.12)$$

wobei a und b positive reelle Zahlen sind. Für den beschriebenen Typ von Experimenten scheint dies nicht weiter verwunderlich, da man sogar $Y = X$ erwarten würde, also denjenigen Fall der obigen Gleichung, in dem $a = 1$ und $b = 1$ ist.

Inhaltliche und methodische Probleme

Aber auch bei den geschilderten einfachen Experimenten, bei denen keine Kontexte (wie z. B. die Quadrate bei den Baldwin-Figuren) im Spiel sind, gibt es einige inhaltliche und methodische Probleme. Tatsächlich kann beispielsweise bezweifelt werden, ob eine Person überhaupt in der Lage ist, eine Linie in ihrer Länge absolut zu beurteilen. Nach Shepard (1981) gelingt ihr das nur scheinbar. In Wirklichkeit aber vergleicht die Person die Größe des Netzhautabbildes mit der geschätzten Entfernung. (Hier ergeben sich übrigens interessante Beziehungen zum Phänomen der Größenkonstanz und zu Bezugssystemtheorien; s. z. B. Helson, 1964). Nimmt man einer Person die Möglichkeit, die Entfernung abzuschätzen, etwa durch monokulare Darbietung in einem Dunkelfeld, so kann diese Person auch nicht mehr die Größe einer dargebotenen Linie veridikal einschätzen.

Stevenssches Potenzgesetz ist nicht deterministisch

Ein im gegenwärtigen Kontext zentraler Punkt ist, dass das durch Gleichung (7.12) formulierte Potenzgesetz nur als eine unnötig grobe Idealisierung der in den beschriebenen Experimenten beobachtbaren Abhängigkeiten angesehen werden muss, da diese keineswegs so deterministisch sind, wie es Gleichung (7.12) verlangt. Stattdessen streuen die Urteile (d. h. die Längen der hergestellten Linien) um die durch Gleichung (7.12) angegebenen Punkte. Darüber hinaus stehen die Streuungen der Urteile sogar in einem gesetzmäßigen Zusammenhang mit der Größe des Reizes, was als *Webersches Gesetz* bekannt ist. Gälte tatsächlich das deterministische Potenzgesetz, so würde das durch das Webersche Gesetz beschriebene Phänomen gar nicht existieren. Wir werden darauf noch im Detail zu sprechen kommen.

Webersches Gesetz

7.3.2 Das stochastische Potenzgesetz

Logarithmische Transformation von X und Y

Ein erster Schritt zu einer realistischeren Formulierung des Potenzgesetzes besteht in der logarithmischen Transformation (s. R-Box 1) der Variablen X und Y, die es ermöglicht, anstelle des Potenzgesetzes (7.12) die lineare Gleichung

$$\ln Y = \alpha_0 + \alpha_1 \cdot \ln X \qquad (7.13)$$

> **Regelbox 1. Das Wichtigste zum Logarithmus und zur Exponentialfunktion**
>
> Der *Logarithmus* zur Basis b, abgekürzt: log_b, ist wie folgt definiert: $log_b(x) := y$ genau dann, wenn $x = b^y$, wobei $x > 0$. Dabei gelten folgende Rechenregeln:
>
> (i) $log_b(x_1 \cdot x_2) = log_b x_1 + log_b x_2$, wobei $b, x_1, x_2 > 0$ und $b \neq 1$
>
> (ii) $log_b 1 = 0$
>
> (iii) $log_b b = 1$
>
> (iv) $log_b(x_1/x_2) = log_b x_1 - log_b x_2$
>
> (v) $log_b x^a = a \cdot log_b x$
>
> Beim *natürlichen Logarithmus* gelten: $b = e$ und $ln\, x := log_e x$, wobei e (ungefähr gleich 2.7183) die *natürliche* oder *Eulersche Zahl* ist.
>
> Die *Exponentialfunktion* ist die Umkehrfunktion der logarithmischen Transformation zur Basis der natürlichen Zahl e. Dazu gelten folgende Rechenregeln:
>
> (vi) $exp(ln\, x) = x$, wobei $x > 0$
>
> (vii) $exp(0) = 1$
>
> (viii) $exp(x_1 + x_2) = exp\, x_1 \cdot exp\, x_2$
>
> (ix) $exp(x_1 - x_2) = exp\, x_1 / exp\, x_2$
>
> (x) $exp(a \cdot x) = (exp\, x)^a$

zu betrachten, wobei $\alpha_0 := ln\, b$ und $\alpha_1 := a$. Soll sich der stochastische Charakter des Gesetzes auch in seiner Formulierung niederschlagen (und nicht erst in der Art der Datenauswertung, wie dies bei vielen Autoren der Fall ist), so kann man nun die Gleichung (7.13) durch

$$E(ln\, Y | ln\, X) = \alpha_0 + \alpha_1 \cdot ln\, X \qquad (7.14)$$

Stochastisches Potenzgesetz der Psychophysik in logarithmierter Form

ersetzen. Hier wird also nicht mehr verlangt, dass die logarithmierten Urteile selbst eine lineare Funktion der logarithmierten Reize sind, sondern nur, dass dies für deren bedingte Erwartungswerte gilt, gegeben feste Werte x der physikalischen Größe X. (Mit einem Wert x ist auch $ln\, x$ fest gegeben.) Gleichung (7.14)—zusammen mit der inhaltlichen Interpretation von X und Y als physikalischer Reiz bzw. subjektives Urteil— soll das *stochastische Potenzgesetz der Psychophysik in logarithmierter Form* genannt werden, bei dem es sich also um eine lineare regressive Abhängigkeit des Regressanden $ln\, Y$ (logarithmiertes Urteil) vom Regressor $ln\, X$ (logarithmierter Reiz) handelt.

Man beachte, dass $E(ln\, Y | ln\, X) = E(ln\, Y | X)$ (s. Abschnitt 7.2.2). Dagegen gilt $E(ln\, Y | ln\, X) = E(Y | ln\, X)$ *nicht*, da die Werte dieser beiden Regressionen jeweils ganz andere Zahlen sind. Während letztere also ganz unterschiedliche Regressionen bezeichnen, sind $E(ln\, Y | ln\, X)$ und $E(ln\, Y | X)$ nur verschiedene Notationen für ein und dieselbe Regression. Von unterschiedlichen Parametrisierungen könnten wir hier erst sprechen, wenn wir für $E(ln\, Y | X)$ eine Gleichung angegeben hätten, die sich

Verschiedene Notationen: $E(ln\, Y | ln\, X) = E(ln\, Y | X)$

Anwendungsbox 3.

Die wesentliche Aussage des stochastischen Potenzgesetzes in seiner logarithmierten Version ist, dass die logarithmierte Urteilslinie ($ln\ Y$) *linear regressiv* von der logarithmierten Reizlinie ($ln\ X$) abhängt. Für die von Ihnen erzeugten Daten (s. A-Box 1) können Sie nun die Parameter einer linearen Regression und den dazugehörigen Determinationskoeffizienten schätzen. Darüber hinaus ist es ratsam, sich ein Streudiagramm der Wertekombinationen von X und Y anzusehen. Des Weiteren ist es auch instruktiv, sich die Residuen bezüglich der linearen Regression, ebenfalls in einem Streudiagramm anzusehen. Die Regression könnte ja auch eine ganz andere als eine lineare Funktion von $ln\ X$ sein. Die Regression mag unbekannt sein und wir können postulieren, dass es sich um eine *lineare* Funktion handelt. Aber wie kann man dies überprüfen? Im nächsten Kapitel werden wir die dazu notwendige Theorie behandeln und lernen, wie man eine Regression so parametrisieren kann, dass der verwendete Funktionstyp gar nicht falsch sein *kann*. In diesem Kontext spricht man daher auch von einer *saturierten Parametrisierung*.

von (7.14) entweder im Typ oder in den verwendeten Parametern unterscheiden würde.

Definieren wir das Residuum

$$\varepsilon := ln\ Y - E(ln\ Y|\ ln\ X), \quad (7.15)$$

so können wir Gleichung (7.14) auch wie folgt schreiben:

$$ln\ Y = \alpha_0 + \alpha_1 \cdot ln\ X + \varepsilon. \quad (7.16)$$

Unkorreliertheit von Residuum und Regressor

Das Residuum ε hat alle im letzten Kapitel ausführlich behandelten Eigenschaften. Die wichtigste dabei ist wohl, dass ε für jeden gegebenen Wert $ln\ x$ des Regressors $ln\ X$ den bedingten Erwartungswert 0 hat. Daraus folgt die Unkorreliertheit von Residuum und Regressor. Dies darf jedoch nicht damit verwechselt werden, dass die *bedingte Varianz* des Residuums ε für alle Werte des Regressors gleich ist. Ob dieses der Fall ist oder nicht, ist eine empirische Frage, wohingegen die Unkorreliertheit von Residuum und Regressor eine einfache logische Folgerung aus der Definitionsgleichung (7.15) ist [s. Regel (vi) in Regelbox 6.3].

Betrachtet man die exponentielle Transformation der Gleichung (7.16), so erhält man

Stochastisches Potenzgesetz

$$Y = b \cdot X^a \cdot \delta, \quad (7.17)$$

Multiplikative Fehlervariable δ

das stochastische Potenzgesetz, wobei $\delta := exp\ \varepsilon$. Bei δ handelt es sich also um eine multiplikative Fehlervariable, deren Eigenschaften sich aus den Eigenschaften des Residuums ε ableiten lassen. Ist die bedingte Verteilung von ε gegeben X beispielsweise eine Normalverteilung, so folgt unter anderem (s. z. B. Thomas, 1981, 1983)

$$E(\delta|X) = exp[(1/2) \cdot Var(\varepsilon|X)] \quad (7.18)$$

(s. hierzu auch Müller, 1975, S. 433). Bemerkenswert ist dabei, dass der bedingte Erwartungswert von δ von der bedingten Varianz von ε abhängt. Nur wenn die bedingte Varianz $Var(Y|X) = Var(\varepsilon)$ eine Kostante ist, hat δ einen konstanten bedingten Erwartungswert, der dann also nicht mehr von der Ausprägung x von X abhängig ist.

7.4 Zusammenfassende Bemerkungen

In diesem Kapitel wurde der Spezialfall einer regressiven Abhängigkeit betrachtet, in dem nur ein einziger numerischer Regressor X vorliegt und die Regression $E(Y|X)$ eine *lineare Funktion* des Regressors X ist. Diese spezielle Art der Abhängigkeit nennen wir *linear regressiv*. Das psychophysikalische Potenzgesetz von S. S. Stevens in seiner logarithmierten Form wurde als Beispiel für eine solche *lineare regressive* Abhängigkeit behandelt.

Mit der Regression beschreiben wir in einer Anwendung einen für uns meist unbekannten, noch zu erforschenden Aspekt der Realität. Daher ist die Aussage, dass eine bestimmte Regression *linear* im betrachteten Regressor X ist, in der Regel eine Hypothese, die wahr oder falsch sein kann. Die Regression kann also durchaus eine ganz andere Funktion des Regressors X sein, worauf wir im nächsten Kapitel ausführlicher eingehen werden. Ist die Regression tatsächlich linear in X, so ist der Korrelationskoeffizient ein Kennwert für die Stärke der mit der Regression beschriebenen Abhängigkeit. Wird er quadriert, ist er mit dem Determinationskoeffizienten identisch.

Hypothese der Linearität der Regression muss geprüft werden

Korrelationskoeffizient misst Stärke der linearen Abhängigkeit

Determinationskoeffizient

Der im letzten Kapitel dargestellte allgemeine Begriff einer *Regression* wurde in diesem Kapitel durch den Begriff der *Parametrisierung einer Regression* ergänzt. Wie oben bereits erwähnt, beschreibt die Regression in einer Anwendung den für uns meist unbekannten, noch zu erforschenden Aspekt der Realität. Sie kann aber durchaus in Form ganz verschieden aussehender Gleichungen (Parametrisierungen) angegeben werden, in der auch ganz unterschiedliche Parameter vorkommen. Dies wurde z. B. im Abschnitt über dichotome Regressoren exemplifiziert, wo gezeigt wurde, dass unterschiedliche Kodierungen des Regressors zu unterschiedlichen Interpretationen der Regressionskoeffizienten führen.

Parametrisierung einer Regression

Fragen

F1. Wodurch zeichnet sich eine lineare Regression $E(Y|X)$ aus?   leicht
F2. Wie kann man den Steigungskoeffizienten α_1 der linearen Regression interpretieren, wenn der Regressor X nur die beiden Werte 0 und 1 annehmen kann?   leicht
F3. Wieso unterscheidet man zwischen einer Regression $E(Y|X)$ und seiner Parametrisierung?   mittel
F4. Wie kommt man vom deterministischen Potenzgesetz zu einer linearen Regression?   leicht

Antworten

A1. Eine lineare Regression $E(Y|X)$ zeichnet sich dadurch aus, dass sie eine *lineare Funktion* von X ist.
A2. Wenn der Regressor X nur die beiden Werte 0 und 1 annehmen kann, ist der Steigungskoeffizient α_1 der linearen Regression gleich der Differenz der beiden bedingten Erwartungswerte $E(Y|X=1)$ und $E(Y|X=0)$.

A3. Diese Unterscheidung ist insofern wichtig, als es zu ein und derselben Regression $E(Y|X)$ verschiedene Parametrisierungen gibt, d. h. Möglichkeiten sie durch eine Gleichung darstellen, in der neben dem Regressor und oder Funktionen des Regressors feste Zahlen (d. h. Parameter) vorkommen, welche die Regression genau beschreiben. Eine Parametrisierung ist also die Darstellung der Regression in einer Gleichung bestimmten Typs unter Verwendung einer speziellen Funktion des Regressors.

A4. Man kommt vom deterministischen Potenzgesetz zu einer linearen Regression, indem man zunächst das Potenzgesetz logarithmiert und einen additiven Fehlerterm ε hinzufügt, den man inhaltlich als Urteilsfehler interpretieren kann. Von diesem Urteilsfehler muss man allerdings annehmen, dass seine bedingten Erwartungswerte $E(\varepsilon|X=x)$ gleich 0 sind.

Übungen

mittel   Ü1. Leiten Sie die Gleichungen (7.3) und (7.4) her.

mittel   Ü2. Leiten Sie die in der Gleichung (7.7) angegebenen Gleichungen für den Determinationskoeffizienten im Fall einer linearen Regression $E(Y|X)$ her.

mittel   Ü3. Zeigen Sie, dass im Falle eines dichotomen Regressors X^* mit den beiden Werten -1 und 1 für die beiden Regressionskoeffizienten α_0 und α_1 die Gleichungen (7.10) und (7.11) gelten.

mittel   Ü4. Leiten Sie die Gleichung (7.13) aus (7.12) unter Verwendung der in Regelbox 1 angegebenen Regeln für den Logarithmus her.

Lösungen

L1. Die Gleichung (7.3) kann man wie folgt ableiten:

R-Box 6.2, (iv) $E(Y) = E[E(Y|X)]$
Gl. (7.1) $= E(\alpha_0 + \alpha_1 \cdot X)$
R-Box 5.1, (i) bis (iii) $= \alpha_0 + \alpha_1 \cdot E(X)$.

Die Umstellung dieser Gleichung ergibt dann Gleichung (7.3). Zur Ableitung der Gleichung (7.4) benutzen wir die Gleichung (7.2):

Gl. (7.2) $Cov(X, Y) = Cov(X, \alpha_0 + \alpha_1 \cdot X + \varepsilon)$
R-Box 5.3, (iii) bis (v) $= \alpha_1 \cdot Cov(X, X) + Cov(X, \varepsilon)$
R-Box 6.3, (vi), Def. von $Var(X)$ $= \alpha_1 \cdot Var(X)$.

Dividieren auf beiden Seiten dieser Gleichung durch $Var(X)$ ergibt dann (7.4).

L2. Der Determinationskoeffizient wurde in Kapitel 6 als Verhältnis der Varianz der Regression zur Varianz des Regressanden definiert. Im Fall einer linearen Regression gilt für die Varianz der Regression:

R-Box 5.2, (iii), (iv) $Var[E(Y|X)] = Var(\alpha_0 + \alpha_1 \cdot X) = \alpha_1^2 \cdot Var(X)$.

Dies führt direkt zur ersten in (7.7) angegebenen Gleichung. Die zweite ergibt sich aus dieser durch Einsetzen der Gleichung $\alpha_1 = Cov(X, Y) / Var(X)$ [s. Gl. (7.4).] Ein Vergleich der so gewonnenen zweiten in (7.7) angegebenen Gleichung mit der Definitionsgleichung für die Korrelation zeigt, dass es sich bei dieser zweiten Gleichung tatsächlich um die quadrierte Korrelation handelt.

L3. Bei dichotomem Regressor X muss die Regression linear sein. Setzt man die beiden Werte -1 und 1 für X^* ein, erhält man aus der Gleichung (7.1) für die lineare Regression die beiden Gleichungen

$$E(Y|X^*=-1) = \alpha_0 + \alpha_1 \cdot (-1) = \alpha_0 - \alpha_1$$
$$E(Y|X^*=1) \;\; = \alpha_0 + \alpha_1 \cdot 1 = \alpha_0 + \alpha_1.$$

Addiert man beide Gleichungen und teilt man durch 2, erhält man Gleichung (7.10), subtrahiert man beide Gleichungen und teilt durch 2, erhält man (7.11).

L4. Anwendung des Logarithmus naturalis auf beide Seiten von (7.12) ergibt:

Gl. (7.12) $ln\, Y = ln\,(b \cdot X^a)$
R-Box 1, Regel (i) $= ln\, b + ln(X^a)$

$$= \ln b + a \cdot \ln X \quad \text{R-Box 1, Regel (v)}$$
$$= \alpha_0 + \alpha_1 \cdot \ln X \quad \text{Gl. (7.13)}$$

mit $\alpha_0 := \ln b$ und $\alpha_1 := a$.

8 Einfache nichtlineare Regression

Nachdem der allgemeine Begriff der Regression eingeführt und der Spezialfall einer linearen Regression mit einem Regressor behandelt wurde, wenden wir uns nun dem Fall zu, in dem zwar ebenfalls ein eindimensionaler numerischer Regressor X vorliegt, die Regression aber *keine* lineare Funktion des Regressors ist. Auch in einem solchen Fall kann man eine Korrelation berechnen, die dann aber nur angibt, wie stark die durch eine *lineare Funktion* des Regressors beschreibbare Abhängigkeit ist. Diese Funktion nennen wir dann die *lineare Quasi-Regression*. In der Regel dürfte aber die „echte" Regression von größerem Interesse sein, die die tatsächliche Form der Abhängigkeit, jedenfalls was die bedingten Erwartungswerte des Regressanden angeht, beschreibt. Allerdings spielt die lineare Quasi-Regression auch bei der Prüfung der Linearität der Regression eine Rolle.

Überblick. Wir kommen zunächst auf das Beispiel des Stevensschen Potenzgesetzes zurück und führen danach den Begriff der *linearen Quasi-Regression* ein, der dem Begriff der (echten) linearen Regression gegenübergestellt wird. Dann folgt wieder ein Abschnitt zur Anwendung auf das Potenzgesetz. Schließlich behandeln wir verschiedene Parametrisierungen von nichtlinearen Regressionen und erläutern deren Anwendung bei der Prüfung der Linearität einer Regression. Zu diesen Parametrisierungen gehören sowohl die polynomiale Parametrisierung als auch die Parametrisierung durch Indikatorvariablen (Dummy-Variablen) und die logistische Regression. Man beachte, dass wir nichtlineare Regressionen nicht zuletzt auch für die Prüfung der Linearität einer Regression benötigen.

8.1 Beispiel: Das Stevenssche Potenzgesetz III

Empirische Überprüfung des Stevensschen Potenzgesetzes

Im letzten Kapitel haben wir das psychophysikalische Potenzgesetz von Stevens (s. z. B. Stevens, 1975) behandelt. In diesem Kapitel werden wir dieses Beispiel fortführen und uns fragen, wie man dieses Gesetz, das in seiner stochastischen und logarithmierten Version ja die Linearität einer Regression behauptet, empirisch überprüfen kann. Im letzten Kapitel haben wir einfach vorausgesetzt, dass die Regression linear ist und die Regressionskoeffizienten aus Stichprobendaten geschätzt (s. A-Box 7.3). Diese Voraussetzung der Linearität haben wir aber nicht geprüft. Dies soll nun nachgeholt werden. Darüber hinaus soll untersucht werden, ob

> **Anwendungsbox 1.**
>
> Über die Internet-Adresse http://www.wahrscheinlichkeit-und-regression.de finden Sie ein Programm, mit dem Sie das 8.1 erwähnte Experiment selbst durchführen können. Dort ist auch beschrieben, wie man das Programm ausführt und welche Voraussetzungen auf Ihrem PC vorhanden sein müssen, und wie man diese herstellen kann, um das Experiment mit diesem Programm durchzuführen. Sie können das Programm direkt aus dem Internet starten oder es lokal speichern.

Experiment: Baldwin-Figuren

das Potenzgesetz auch auf Reize mit Kontexten verallgemeinerbar ist, wie dies z. B. Bredenkamp (1982, 1984a, 1984b) postuliert hat.

Um eine konkrete Anschauung dieser Fragestellung zu erlangen, können Sie wieder selbst ein kleines Experiment durchführen (s. A-Box 1). Dazu machen Sie einen ähnlichen Versuch wie im letzten Kapitel, allerdings mit dem Unterschied, dass die Reizlinie in einen bestimmten Kontext eingebettet ist, nämlich in zwei Quadrate. Die resultierenden Objekte nennt man Baldwin-Figuren. Bei diesen Figuren treten systematische Täuschungen, d. h. Abweichungen der Länge der Urteilslinien von der Länge der Reizlinien auf (vgl. hierzu Abb. 1).

Bevor wir diese Anwendung weiter verfolgen, werden in den nächsten Abschnitten weitere regressionstheoretische Konzepte eingeführt. Dazu gehören der Begriff der linearen Quasi-Regression und verschiedene Parametrisierungen nichtlinearer Regressionen. Dabei werden die Begriffe zur Verfügung gestellt, die uns dann erlauben werden, die inhaltlichen Fragen zur Baldwin-Täuschung zu beantworten.

8.2 Lineare Quasi-Regression

Lineare Quasi-Regression oder „lineare Regression 2. Art" oder „lineare Kleinst-Quadrat-Regression"

Ein Begriff, der leicht mit dem Begriff der linearen Regression verwechselt werden kann, ist der der *linearen Quasi-Regression* [oder „lineare Regression 2. Art" (Müller, 1975) oder „lineare Kleinst-Quadrat-Regression"]. Dieser Begriff wurde in Kapitel 5 schon eingeführt, um die Art der Abhängigkeit anzugeben, deren Stärke durch eine Korrelation beschrieben wird. Dieser Begriff ist aber auch zur Formulierung der Hypothese hilfreich, dass eine Regression $E(Y|X)$ linear in X ist.

> **Definition 1.** Seien X und Y numerische Zufallsvariablen mit endlichen Erwartungswerten und Varianzen auf dem gleichen Wahrscheinlichkeitsraum. Als *lineare Quasi-Regression* wird diejenige lineare Funktion $Q(Y|X) := \alpha_0 + \alpha_1 \cdot X$ von X bezeichnet, für deren Residuum
>
> $$v := Y - (\alpha_0 + \alpha_1 \cdot X), \quad \alpha_0, \alpha_1 \in \mathbb{R}, \quad (8.1)$$
>
> die folgenden beiden Gleichungen gelten:
>
> $$E(v) = 0, \quad (8.2)$$
>
> $$Cov(v, X) = 0. \quad (8.3)$$

Abbildung 1. Müller-Lyer-Figur (links) und Baldwin-Figur (rechts). Unterhalb der Figuren sind zum direkten Vergleich jeweils Linien gleicher Länge ohne die entsprechenden Kontextreize abgebildet.

Das Residuum ν (sprich: ny) hat *per definitionem* den Erwartungswert Null. Auch die Kovarianz $Cov(\nu, X)$ von ν und X ist definitionsgemäß gleich 0, d. h. dass X und ν unkorreliert sind. Man beachte, dass es sich bei der Unkorreliertheit von ν und X nicht um eine Voraussetzung handelt, die in irgendeinem Fall einmal falsch sein könnte. Ohne diese Unkorreliertheit wären die Fehlervariable ν und die Koeffizienten α_0 und α_1 gar nicht definiert (s. dazu Übung 1).

Erwartungswert des Residuums ist gleich 0

Fehlervariable ν und X sind unkorreliert

Die in den Gleichungen (8.2) und (8.3) formulierten Eigenschaften gelten auch für das Residuum $\varepsilon := Y - E(Y|X)$ einer echten linearen Regression entsprechend, wie in Kapitel 6 gezeigt wurde. Da sie sowohl für ε, als auch für ν gelten, eignen sich diese beiden Eigenschaften *nicht* zur Prüfung, ob es sich bei einer gegebenen linearen Funktion von X um eine (echte) lineare Regression oder aber nur um eine lineare Quasi-Regression handelt. Gilt dagegen für $\nu := Y - Q(Y|X)$ nicht die Gleichung $E(\nu|X=x) = 0$ [vgl. dagegen Regel (iii) in R-Box 6.3] für alle Werte x von X,[1] so kann man daraus schließen, dass die lineare Quasi-Regression $Q(Y|X)$ nicht zugleich auch die (echte) Regression $E(Y|X)$ ist (s. dazu auch Abb. 2). Wenn jedoch für alle Werte x von X die Gleichung $E(\nu|X=x) = 0$ gilt, so ist in diesem Fall die lineare Quasi-Regression $Q(Y|X)$ zugleich auch die (echte) Regression $E(Y|X)$. Andernfalls sind $E(Y|X)$ und $Q(Y|X)$ eben verschiedene Dinge und $E(Y|X)$ kann dann auch nicht durch eine lineare Funktion von X parametrisiert werden.

Unkorreliertheit von X und Residuum ε

Eigenschaften des Residuums und deren Eignung zur Unterscheidung der Regressionen

Nur wenn auch $E(\nu|X) = 0$ gilt, sind Regression und lineare Quasi-Regression identisch

Die Variable Y wird auch hier als Summe einer linearen Funktion der Variablen X und der Fehlervariablen ν dargestellt, wie man aus der Umstellung der Gleichung (8.1) ersehen kann:

$$Y = \alpha_0 + \alpha_1 \cdot X + \nu. \qquad (8.4)$$

Definition 2. Unter den gleichen Voraussetzungen wie in Definition 1 kann die *lineare Quasi-Regression von Y auf X* auch als diejenige lineare Funktion von X definiert werden, welche die folgende Funktion der reellen Zahlen a_0 und a_1 minimiert:

$$LS(a_0, a_1) = E[(Y - (a_0 + a_1 \cdot X))^2]. \qquad (8.5)$$

Kleinst-Quadrat-Kriterium

---

[1] Sofern diese Werte x von X eine Wahrscheinlichkeit größer null haben.

Diejenigen Zahlen a_0 und a_1, für welche die Funktion $LS(a_0, a_1)$ ein Minimum annimmt, seien mit α_0 und α_1 bezeichnet. Die lineare Quasi-Regression ist dann definiert durch:

$$Q(Y|X) := \alpha_0 + \alpha_1 \cdot X. \tag{8.6}$$

Das durch Gleichung (8.5) definierte Optimierungskriterium heißt *Kleinst-Quadrat-Kriterium* (Least squares criterion). Bezeichnet man als Fehlervariable wiederum die durch Gleichung (8.1) gegebene Variable v, so folgen für v die Gleichungen (8.2) und (8.3).

Aus (beiden Arten) der Definition der Quasi-Regression kann man übrigens, unter Verwendung einiger elementarer Rechenregeln für Erwartungswerte und Kovarianzen, die Gleichung

Identifikation der Koeffizienten der linearen Quasi-Regression

$$\alpha_0 = E(Y) - \alpha_1 \cdot E(X), \tag{8.7}$$

und

$$\alpha_1 = Cov(X, Y)/Var(X) \tag{8.8}$$

für die Koeffizienten der linearen Quasi-Regression ableiten. Die Formeln für α_0 und α_1 sind also für die lineare Quasi-Regression $Q(Y|X)$ und die lineare Regression $E(Y|X)$ identisch.

Ebenfalls identisch sind die Formeln für den *Determinationskoeffizienten* der linearen Quasi-Regression:

Quasi-Determinationskoeffizient

$$Q^2_{Y|X} := \frac{\alpha_1^2 \, Var(X)}{Var(Y)} = Kor(X, Y)^2. \tag{8.9}$$

Dieser ist nur dann auch ein echter Determinationskoeffizient, wenn $E(Y|X)$ tatsächlich eine *lineare* Funktion von X ist. In diesem Fall sind dann auch die Regression $E(Y|X)$ und die lineare Quasi-Regression $Q(Y|X)$ identisch.

Der Begriff der linearen Quasi-Regression hat, unter dem Aspekt der Anwendung in empirischen Wissenschaften, einen schwerwiegenden Nachteil: Er impliziert *nicht*, dass die Werte $Q(Y|X=x) = \alpha_0 + \alpha_1 \cdot x$ der linearen Quasi-Regression identisch mit den Erwartungswerten $E(Y|X=x)$ von Y bei gegebenem Wert x von X sind. Genauso wenig impliziert er, dass der bedingte Erwartungswert $E(v|X=x)$ der Fehlervariablen v für jeden gegebenen Wert x von X gleich Null ist [s. dagegen R-Box 6.3, Regel (iii)]. Die Werte der linearen Quasi-Regression $Q(Y|X)$ sind also in diesem Sinne nicht die besten Schätzungen für Y bei gegebenem $X=x$. Sie sind lediglich die besten Schätzungen von Y im Sinne des in Gleichung (8.5) angegebenen Kleinst-Quadrat-Kriteriums, wenn nur solche Schätzungen betrachtet werden, die sich in der Form $a_0 + a_1 \cdot x$ schreiben lassen.

Die Bedeutung dieses Nachteils kann man sich anhand von Abbildung 2 verdeutlichen, die zeigt, dass die lineare Quasi-Regression eine scheinbare Unabhängigkeit der Variablen Y von X anzeigen kann, obwohl eine starke nichtlineare regressive Abhängigkeit vorliegt. Ist die Regression $E(Y|X)$ *keine* lineare Funktion von X, so ist die lineare Quasi-Regression von Y auf X zwar definiert, aber wohl nur selten von inhaltlicher Bedeutung, da sich nämlich durchaus Fälle angeben lassen, in denen $E(Y|X)$ eine wichtige regelhafte Abhängigkeit der Variablen Y von X beschreibt (z. B. eine quadratische), der Koeffizient α_1 der linearen Quasi-Regression aber gleich Null ist. Dennoch ist der

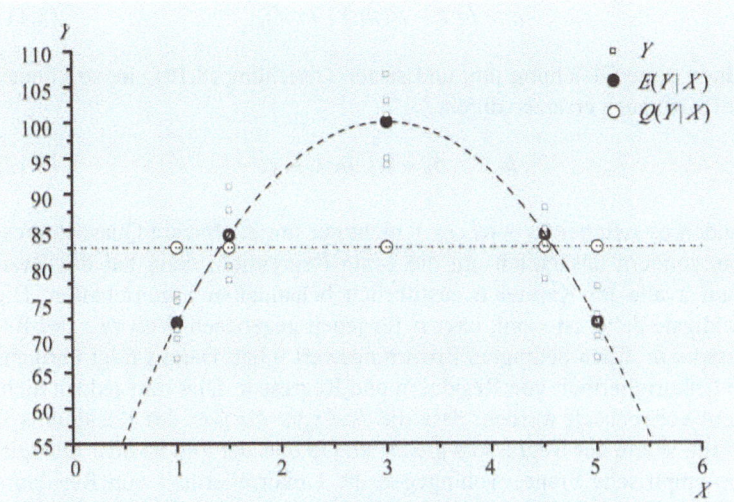

Abbildung 2. Regression und lineare Quasi-Regression bei parabolischer regressiver Abhängigkeit einer Variablen Y von einer Variablen X. Die (echte) Regression ist die Parabel, die bedingten Erwartungswerte sind die ausgefüllten Punkte. Die lineare Quasi-Regression wird durch die parallel zur X-Achse verlaufende Gerade mit den nicht ausgefüllten Punkten gekennzeichnet. Die Quadrate sind die Wertepaare von (X, Y).

Begriff der linearen Quasi-Regression nützlich, um die Art der Abhängigkeit zu verstehen, deren Stärke durch den Korrelationskoeffizienten beschrieben wird.

Darüber hinaus können wir mittels dieses Begriffs eine Hypothese der Form

$$H_0: E(Y|X) = Q(Y|X)$$

formulieren. Beide Seiten der Gleichung sind mathematisch wohldefinierte Begriffe, links die Regression, rechts die lineare Quasi-Regression. Die Hypothese, die in konkreten Anwendungsfällen durchaus falsch sein kann, postuliert deren Gleichheit. Das im folgenden Abschnitt dargestellte Beispiel soll dies illustrieren.

8.3 Beispiel: Das Stevenssche Potenzgesetz IV

Gemäß dem im letzten Kapitel ausführlich beschriebenen stochastischen Potenzgesetz in seiner logarithmierten Form soll zwischen dargebotenen Linien der Länge X und den vom Pbn hergestellten Linien der Länge Y, dem Urteil also, die folgende Beziehung gelten:

Anwendung auf das Potenzgesetz

$$E(ln\,Y | ln\,X) = \alpha_0 + \alpha_1 \cdot ln\,X. \tag{8.10}$$

Wie kann diese Hypothese überprüft werden? Definieren wir das Residuum

$$\varepsilon := \ln Y - E(\ln Y | \ln X), \qquad (8.11)$$

ordnen diese Gleichung um, und setzen Gleichung (8.10) ein, so können wir (8.10) auch ersetzen durch:

$$\ln Y = \alpha_0 + \alpha_1 \cdot \ln X + \varepsilon. \qquad (8.12)$$

Unkorreliertheit von Residuum und Regressor

Handelt es sich bei $\alpha_0 + \alpha_1 \cdot \ln X$ nicht nur um die lineare Quasi-Regression, sondern tatsächlich um die echte Regression, dann hat das Residuum ε alle im Kapitel 6 ausführlich behandelten Eigenschaften. Die wichtigste dabei ist wohl, dass ε für jeden gegebenen Wert $\ln x$ des Regressors $\ln X$ den bedingten Erwartungswert 0 hat. Daraus folgt übrigens die Unkorreliertheit von Residuum und Regressor. Dies darf jedoch nicht damit verwechselt werden, dass die *bedingte Varianz* des Residuums ε für alle Werte des Regressors gleich ist. Ob dies der Fall ist oder nicht, ist eine empirische Frage, wohingegen die Unkorreliertheit von Residuum und Regressor eine einfache logische Folgerung aus der Definitionsgleichung (8.11) ist [s. Regel (vi) in R-Box 6.3].

Wie können wir nun in einer Anwendung überprüfen, ob $\alpha_0 + \alpha_1 \cdot \ln X$ die echte oder nur die lineare Quasi-Regression ist? Auf diese Frage werden wir in den Anwendungsboxen 2 und 3 zurückkommen, nachdem wir die einfache nichtlineare Regression und einige ihrer Parametrisierungen der behandelt haben, die in Anwendungen eine wichtige Rolle spielen werden.

8.4 Einfache nichtlineare Regression

Möglichkeiten der Parametrisierung

In diesem Abschnitt stellen wir drei Möglichkeiten vor, eine Regression $E(Y|X)$, die nichtlinear in X ist, zu parametrisieren, wenn ein eindimensionaler numerischer Regressor X vorliegt. Wie bereits im letzten Kapitel behandelt, ist mit „Parametrisierung" gemeint, dass wir eine Gleichung für die Regression $E(Y|X)$ aufstellen, in der neben dem Regressor und/oder Funktionen des Regressors gewisse Parameter (feste Zahlen) vorkommen, die dann in empirischen Anwendungen geschätzt werden können.

Alle drei Parametrisierungen haben jeweils andere Vor- und Nachteile, die wir in diesem Abschnitt auch diskutieren werden. Man beachte dabei, dass diese Parametrisierungen nur exemplarisch behandelt werden. Prinzipiell kann eine Regression $E(Y|X)$ *irgendeine* Funktion von X sein.[2]

---

[2] In der Theorie der Verallgemeinerten Linearen Modelle (MacCullagh & Nelder, 1999) findet man weitere häufig verwendete Funktionsklassen.

> **Zusammenfassungsbox 1. Das Wichtigste zur linearen Quasi-Regression**
>
> Als *lineare Quasi-Regression* wird diejenige lineare Funktion $Q(Y|X) := \alpha_0 + \alpha_1 \cdot X$ von X bezeichnet, für welche die Eigenschaften
>
> (i) $Y = \alpha_0 + \alpha_1 \cdot X + v$,
> (ii) $E(v) = 0$,
> (iii) $Cov(v, X) = 0$,
>
> gelten, wobei α_0 sowie α_1 reelle Zahlen sind.
>
> Die *lineare Quasi-Regression* $Q(Y|X)$ von Y auf X ist diejenige lineare Funktion $\alpha_0 + \alpha_1 X$, welche die folgende Funktion der reellen Zahlen a_0 und a_1 minimiert:
>
> $$LS(a_0, a_1) = E[(Y - (a_0 + a_1 \cdot X))^2]$$
>
> Für die *Fehlervariable* v gelten im Allgemeinen nicht alle Eigenschaften des Residuums bzgl. einer echten Regression. So gelten zwar $E(v) = 0$ und $Cov(v, X) = 0$, im Allgemeinen nicht aber $E(v|X) = 0$. Für α_0 und α_1 gelten die gleichen Berechnungsformeln wie für die Koeffizienten der echten linearen Regression. Auch für den Determinationskoeffizienten der linearen Quasi-Regression gelten wieder:
>
> $$Q^2_{Y|X} := \alpha_1^2 \, \frac{Var(X)}{Var(Y)} = Kor(X, Y)^2.$$

1. Definition

2. Definition

Eigenschaften der Fehlervariable v

Determinationskoeffizient der linearen Quasi-Regression

8.4.1 Parametrisierung als polynomiales Regressionsmodell

In Abbildung 2 haben wir oben bereits einen Fall kennen gelernt, in dem eine einfache Regression $E(Y|X)$ keine lineare Funktion, sondern eine *quadratische Funktion*

$$E(Y|X) = \alpha_0 + \alpha_1 \cdot X + \alpha_2 \cdot X^2, \qquad (8.13)$$

Quadratische Funktion

von X ist. Prinzipiell gibt es natürlich auch Fälle in denen die Regression auch eine kubische Funktion von X oder gar ein Polynom noch höherer Ordnung ist:

$$E(Y|X) = \alpha_0 + \alpha_1 \cdot X + \alpha_2 \cdot X^2 + \ldots + \alpha_{n-1} \cdot X^{n-1}. \qquad (8.14)$$

Polynom $(n-1)$-ter Ordnung

Dabei muss der Regressor X allerdings mindestens n verschiedene Werte annehmen können, denn durch n Punkte kann man immer ein Polynom $(n-1)$-ter Ordnung legen. Betrachtet man ein Polynom $(n-1)$-ter Ordnung, wenn X nur n verschiedene Werte annimmt, so liegt eine *saturierte Parametrisierung* vor. Das bedeutet, dass diese Parametrisierung nicht falsch sein kann. Im Fall eines zweiwertigen Regressors X, dem wir einen besonderen Abschnitt gewidmet haben (s. Abschnitt 7.2.4), war $E(Y|X)$ eine lineare Funktion von X, die ja ein Polynom 1. Ordnung ist.

Saturierte Parametrisierung

Prinzipiell kann man ein polynomiales Regressionsmodell auch dann verwenden, wenn der Regressor X sehr viele verschiedene Zahlen als Werte annehmen kann oder wenn er gar kontinuierlich ist. Allerdings ist es dann nicht mehr möglich, eine saturierte Parametrisierung zu formulieren. Dennoch besteht ja durchaus die Möglichkeit, dass die betrachtete

Vorteil der polynomialen Parametrisierung

*Grundidee:
Vergleich der linearen
Quasi-Regression mit einer saturierten
Parametrisierung der Regression*

> **Anwendungsbox 2. Prüfung der Linearität einer Regression I**
>
> Die wesentliche Aussage des stochastischen Potenzgesetzes in seiner logarithmierten Version ist, dass die logarithmierte Urteilslinie ($ln\ Y$) *linear regressiv* von der logarithmierten Serienreizlinie ($ln\ X$) abhängt. In der nun eingeführten Terminologie heißt das, dass die lineare Quasi-Regression der logarithmierten Urteilslinie auf die logarithmierte Reizlinie zugleich auch die echte Regression ist. Die echte Regression könnte ja auch eine ganz andere als eine lineare Funktion von $ln\ X$ sein. In diesem Fall wären die echte Regression $E(ln\ Y | ln\ X)$ und die lineare Quasi-Regression zwei unterschiedliche Dinge. Die echte Regression mag unbekannt sein und wir können postulieren, dass es sich um eine *lineare* Funktion handelt. Aber wie kann man dies überprüfen? Im Abschnitt 8.4 behandeln wir die notwendige Theorie dazu und lernen, wie man eine echte Regression so parametrisieren kann, dass der verwendete Funktionstyp gar nicht falsch sein *kann*. In diesem Kontext spricht man daher auch von einer *saturierten Parametrisierung*.
>
> Man kann die Linearität einer Regression $E(Y|X)$ dadurch prüfen, dass man mit einem Programm zur multiplen linearen Regression zunächst eine lineare Quasi-Regression und den zugehörigen Quasi-Determinationskoeffizienten $Q^2_{Y|X} = \alpha_1^2\ Var(X)/Var(Y)$ berechnet. Danach kann man eine saturierte Parametrisierung für die Regression $E(Y|X)$ und den Determinationskoeffizienten $R^2_{Y|X}$ berechnen. Die Prüfung der Linearität der Regression geschieht nun über den Vergleich von $Q^2_{Y|X}$ und $R^2_{Y|X}$. Ist die Regression $E(Y|X)$ wirklich linear, dann gilt:
>
> $$H_0:\ R^2_{Y|X} - Q^2_{Y|X} = 0$$
>
> und die lineare Quasi-Regression ist auch die echte Regression. Andernfalls ist diese Differenz eine Kenngröße für das Ausmaß der Nichtlinearität der Regression $E(Y|X)$. Natürlich gelten diese Aussagen nur für die Population bzw. die wahren Parameter. Im Allgemeinen Linearen Modell bzw. der multiplen linearen Regressionsanalyse gibt es jedoch auch einen Signifikanztest, der genau auf diesem Weg die H_0 der Linearität der Regression testet.
>
> Anstatt mit einem Zellenmittelwertemodell und einem Statistikprogramm zur multiplen linearen Regression, kann man den Determinationskoeffizienten für eine saturierte Parametrisierung auch über eine Varianzanalyse (ANOVA) berechnen. Dieser Determinationskoeffizient kann dabei als „Quadratsumme zwischen" geteilt durch die „Quadratsumme total" geschätzt werden.

Quadratische bzw. kubische Quasi-Regression

Verallgemeinerung auf Polynome höherer Ordnung

Folge: Schätzung der Regressionsparameter versagt

Regression $E(Y|X)$ tatsächlich nur eine lineare, quadratische oder kubische Funktion von X ist, selbst wenn X kontinuierlich ist. Dies ist als Vorteil der Parametrisierung einer Regression $E(Y|X)$ als Polynom zu nennen.

Das Prinzip der linearen Quasi-Regression kann man natürlich auch auf den Fall der quadratischen oder kubischen Regression anwenden. An die Stelle der im Sinne des Kleinst-Quadrat-Kriteriums bestangepassten *linearen* Funktion von X tritt dann eben das entsprechende Polynom 2. oder 3. Grades und man würde von der *quadratischen* bzw. *kubischen Quasi-Regression* sprechen.

Bei der praktischen Anwendung einer polynomialen Parametrisierung höherer Ordnung tritt oft das Problem der *Multikolinearität* auf: Die Variablen X, X^2, etc. sind dann hoch miteinander korreliert und eine dieser Variablen lässt sich fast perfekt als gewichtete Summe (d. h. als Linearkombination) der anderen berechnen. Das ist insbesondere dann schnell der Fall, wenn X nur positive Zahlen als Werte annehmen kann (s. Übung 3). In diesem Fall versagt der Schätzalgorithmus für die Regressionsparameter $\alpha_0, \alpha_1, \alpha_2$ etc. Für solche Fälle bietet sich dann z. B. die Parametrisierung einer nichtlinearen Regression als Zellenmittelwertemodell an. Eine alternative ist die Verwendung von *orthogonalen Polynomen* (s. z. B. von Eye & Schuster, 1998, pp. 124). *Orthogonale Polynome*

8.4.2 Parametrisierung als Zellenmittelwertemodell

Wenn der Regressor X einer Regression $E(Y|X)$ nur n verschiedene Werte $x_1, ..., x_n$ annimmt, können wir die Regression $E(Y|X)$ auch als Zellenmittelwertemodell parametrisieren. Dazu werden zunächst die folgenden n Indikatorvariablen eingeführt:

$$I_i = \begin{cases} 1, \text{falls } X = x_i \\ 0, \text{andernfalls} \end{cases}, \quad i = 1, ..., n. \tag{8.15}$$

Indikatorvariable für die Werte x_i von X

Die Variablen I_i, die oft auch als *Dummy-Variablen* bezeichnet werden, zeigen jeweils mit ihrem Wert 1 an, ob der Regressor X den Wert x_i annimmt. Alle $n-1$ anderen Indikatorvariablen nehmen dann den Wert 0 an. Man beachte, dass diese Indikatorvariablen I_i Funktionen von X sind und dass die $I_1, ..., I_n$ zusammen exakt die gleiche Information beinhalten, wie der Regressor X. Es gilt daher $E(Y|X) = E(Y|I_1, ..., I_n)$, so dass wir uns beider Notationen für diese Regression bedienen können.

Dummy-Variablen

$E(Y|X) = E(Y|I_1, ..., I_n)$

Die folgende Parametrisierung als Zellenmittelwertemodell liefert nun ein saturiertes Modell:

$$E(Y|X) = \mu_1 \cdot I_1 + ... + \mu_n \cdot I_n. \tag{8.16}$$

Zellenmittelwertemodell

Die Verwendung der Symbole $\mu_1, ..., \mu_n$ als Koeffizienten der I_i ist mit Bedacht gewählt, da es sich bei diesen Parametern tatsächlich um die bedingten Erwartungswerte handelt, d. h.

$$\mu_i = E(Y|X = x_i), \quad \text{für } i = 1, ..., n. \tag{8.17}$$

Bedingte Erwartungswerte

Dies erkennt man sofort, wenn man die bedingten Erwartungswerte $E(Y|X = x_i)$ für alle n Werte von X aus Gleichung (8.16) ausrechnet:

$$E(Y|X = x_1) = \mu_1 \cdot 1 + \mu_2 \cdot 0 + ... + \mu_n \cdot 0 = \mu_1,$$

$$E(Y|X = x_2) = \mu_1 \cdot 0 + \mu_2 \cdot 1 + \mu_3 \cdot 0 + ... + \mu_n \cdot 0 = \mu_2,$$

$$\vdots$$

$$E(Y|X = x_n) = \mu_1 \cdot 0 + \mu_2 \cdot 0 + ... + \mu_n \cdot 1 = \mu_n.$$

Diese bedingten Erwartungswerte kann man auch als *Zellenmittelwerte* bezeichnen, wobei eine „Zelle" hier nichts anderes als ein Wert des betrachteten Regressors bedeuten soll. In Anwendungen erhebt man nämlich in der Regel mehrere Beobachtungen des Regressanden Y pro Wert

Andere Bezeichnung: Zellenmittelwerte

Prüfung der Linearitätshypothese

Kenngröße für das Ausmaß der Nichtlinearität: $R^2_{Y.X} - Q^2_{Y.X}$

Nullhypothese

Signifikanztest

Voraussetzungen

> **Anwendungsbox 3. Prüfung der Linearität einer Regression II**
>
> Sie haben begleitend zum letzten Kapitel ein kleines Experiment durchgeführt, in dem Linienlänge *ohne* Kontexte zu beurteilen waren. In diesem Kapitel wurden Sie dazu angeleitet, ein zweites Experiment durchzuführen, in dem Linienlängen zu beurteilen waren, die *mit* einem Kontext dargeboten wurden. Für die von Ihnen erzeugten Daten aus diesen beiden Experimenten liegen jeweils fünf verschiedene Serienreizlinien und damit Werte des Regressors vor und für jede Reizlinie haben Sie in jedem der beiden Experimente einige Urteilslinien erzeugt. Sie können nun für jeden der beiden Datensätze nach Gleichung (8.16) die fünf Indikatorvariablen für die Werte des Regressors berechnen und mit einem Programm zur multiplen linearen Regression die Regression der logarithmierten Urteilslinie auf diese fünf Indikatorvariablen berechnen. Dabei ist zu beachten, dass Sie eine multiple lineare Regression *ohne die allgemeine Konstante* berechnen lassen, die ja in Gleichung (8.16) nicht vorkommt. Auf diese Weise erhalten Sie Schätzungen für die Parameter der Gleichung (8.16) und eine Schätzung des Determinationskoeffizienten. Mit dem gleichen Programm können Sie die lineare Quasi-Regression analysieren und erhalten dabei Schätzungen für die Koeffizienten der Gleichung (8.6) und des Quasi-Determinationskoeffizienten. Nun können Sie einen Signifikanztest für die Nullhypothese
>
> $$H_0: \quad R^2_{Y.X} - Q^2_{Y.X} = 0$$
>
> durchführen, dass die Regression linear ist. Dieses geschieht über die Teststatistik:
>
> $$F = \frac{(\hat{R}^2_{Y.X} - \hat{Q}^2_{Y.X})/(n-2)}{(1 - \hat{R}^2_{Y.X})/(N-n)}.$$
>
> Dabei sind n die Anzahl der Parameter in der saturierten Parametrisierung (hier: die 5 verschiedenen Reizlinien), 2 die Anzahl der Parameter in der eingeschränkten, linearen Quasi-Regression und N die Stichprobengröße (hier: die Gesamtzahl der Urteilslinien). Diese Teststatistik ist mit $n-2$ Zähler- und $N-n$ Nennerfreiheitsgraden F-verteilt. Dabei setzen wir allerdings folgendes voraus: (a) die Unabhängigkeit der Fehlervariablen untereinander, d. h. der logarithmierten Abweichungen der Urteilslinien von ihrem bedingten Erwartungswert gegeben die jeweilige Länge der Serienreizlinie, (b) die Gleichheit der Fehlervarianzen zwischen den fünf Bedingungen (d. h. Längen der Reizlinien) und (c) die Normalverteilung der logarithmierten Urteilslinien innerhalb jeder der fünf Serienreize.
>
> Den Determinationskoeffizienten für das saturierte Modell kann man alternativ auch über eine einfaktorielle Varianzanalyse mit fünf Gruppen berechnen. Dabei erspart man sich die Bildung der Indikatorvariablen.
>
> Wenn das Stevenssche Potenzgesetz gilt, dürfte bei den Daten des 1. Experiments der Test nicht signifikant werden. Auch beim zweiten Experiment sollte dies so sein, wenn Bredenkamp (1982, 1984a, 1984b) recht hätte. Ich denke allerdings, dass die Nullhypothese hier nicht zutrifft (s. Erdfelder & Steyer, 1984). Ob Sie allerdings ebenfalls zu diesem Schluss kommen, hängt nicht zuletzt auch von der Stichprobengröße ab, d. h. davon, wie viele Urteilslinien Sie insgesamt erzeugt haben, da mit der Zahl der Urteilslinien (der Stichprobengröße) auch die Teststärke steigt.
>
> Wenn die Hypothese der Linearität der Regression für das 2. Experiment verworfen wird, stellt sich natürlich die Frage, von welchem Typ diese Regression dann ist. Sie können diese Frage nach dem gleichen Prinzip wie oben untersuchen. An die Stelle der linearen Quasi-Regression tritt dann eben eine quadratische, kubische Quasi-Regression oder auch eine ganz andere Funktion.

von X. Auf diese Weise entstehen Zellen, innerhalb derer man die verschiedenen Beobachtungen des Regressanden Y anordnen kann.

Der Vorteil dieser Parametrisierung einer Regression $E(Y|X)$ als Zellenmittelwertemodell liegt zum einen in der Vermeidung des Problems der Multikolinearität und zum anderen in der einfachen Interpretation der Parameter μ_i als Zellenmittelwerte. Ein Nachteil ist, dass man in dieser Parametrisierung auch dann genau n Parameter braucht, wenn die Regression $E(Y|X)$ tatsächlich *linear* in X ist. Die polynomiale, hier also lineare Parametrisierung dagegen kommt in diesem Fall mit nur zwei Parametern aus.

Vorteil: kein Multikolinearitätsproblem und einfache Interpretation der Parameter

8.4.3 Logistische Regression

Ist Y ein dichotomer Regressand mit Werten 0 und 1, dann ist die Regression $E(Y|X)$ zugleich auch die bedingte Wahrscheinlichkeitsfunktion $P(Y=1|X)$. Ist X nicht auch ein dichotome Variable, sondern kontinuierlich, dann kann $E(Y|X)$ nicht als lineare Regression parametrisiert werden, da eine Gerade mit einer Steigung ungleich 0 inkonsistent mit dem Wertebereich [0, 1] einer (bedingten) Wahrscheinlichkeit ist (s. dazu auch Abb. 3). In diesem Fall wäre eine *lineare* Regression logisch widersprüchlich.

In diesem Fall kann man auf die logistisch lineare Parametrisierung

$$P(Y=1|X) = \frac{exp(\gamma_0 + \gamma_1 X)}{1 + exp(\gamma_0 + \gamma_1 X)} \qquad (8.18)$$

Logistische lineare Parametrisierung

der Regression $E(Y|X)$ bzw. $P(Y=1|X)$ zurückgreifen, die prinzipiell auch dann gelten kann, wenn X kontinuierlich ist.[3] Abbildung 3 beschreibt den Verlauf einer solchen logistisch linearen Regression. Man sieht, das es sich bei einer solchen logistischen Funktion von X um eine s-förmige Kurve handelt, die sich für X gegen $-\infty$ der 0 für X gegen $+\infty$ der 1 annähert.

Bei einem kontinuierlichen Regressor X und einem dichotom n Regressanden Y muss die Regression $E(Y|X)$ bzw. $P(Y=1|X)$ natürlich nicht unbedingt durch eine logistisch lineare Parametrisierung darstellbar sein. Der allgemeinere Fall wäre der einer logistisch polynomialen Parametrisierung:

$$P(Y=1|X) = \frac{exp(\gamma_0 + \gamma_1 X + \gamma_2 X^2 + ... + \gamma_{n-1} X^{n-1})}{1 + exp(\gamma_0 + \gamma_1 X + \gamma_2 X^2 + ... + \gamma_{n-1} X^{n-1})}. \qquad (8.19)$$

Logistische polynomiale Parametrisierung

Hier sind die gleichen Vor- und Nachteile wie bei der im Abschnitt 8.4.1 behandelten polynomialen Parametrisierung zu bedenken.

---

[3] Auch in der Item-response-Theorie (IRT) macht man von solchen logistischen Regressionen Gebrauch. Dabei ist der Regressor X allerdings eine latente Variable. Handelt es sich bei Y um eine Variable, die mit 1 oder 0 anzeigt, ob eine Aufgabe gelöst wird oder nicht, kann man die Werte dieser latenten Variablen als „Fähigkeit" interpretieren, die, neben den Itemparametern γ_0 und γ_1 die Lösungswahrscheinlichkeit $P(Y=1|X=x)$ determinieren (s. z. B. Steyer & Eid, 2001).

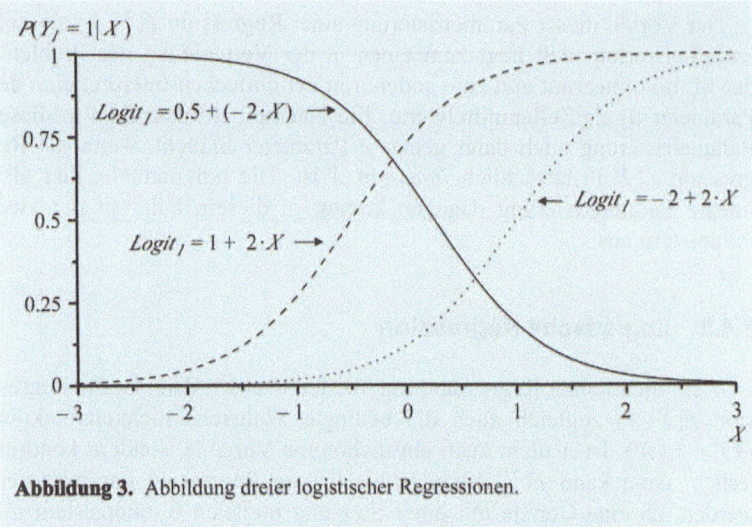

Abbildung 3. Abbildung dreier logistischer Regressionen.

Aus den gleichen Gründen, die wir in den Abschnitten 8.4.1 und 8.4.2 schon genannt haben, sollte man auch die Anwendung einer Parametrisierung erwägen, die analog zu der des Zellenmittelwertemodells ist. Das heißt, man verwendet wieder die in Gleichung (8.15) definierten Indikatorvariablen für die Werte des Regressors und erhält mit

Saturiertes Modell

$$P(Y=1 \mid X) = \frac{exp(\lambda_1 I_1 + \lambda_2 I_2 + ... + \lambda_n I_n)}{1 + exp(\lambda_1 I_1 + \lambda_2 I_2 + ... + \lambda_n I_n)} \quad (8.20)$$

eine saturierte Parametrisierung, falls der Regressor X nur n verschiedene Werte $x_1, ..., x_n$ annehmen kann.

Die Parameter in einer logistischen Regression sind nicht ganz einfach zu interpretieren. Am linearen Fall wollen wir dazu noch eine Überlegung anstellen. Der *logarithmierte Wettquotient* oder *Logit*

Logarithmierter Wettquotient (Logit)

$$ln \frac{P(Y=1 \mid X)}{P(Y=0 \mid X)} = \gamma_0 + \gamma_1 X \quad (8.21)$$

ist dann nämlich eine lineare Funktion von X. Daher bietet sich folgende Sichtweise an: Anstelle der Regression $E(Y \mid X) = P(Y=1 \mid X)$ betrachtet man den Logit und modelliert diesen als lineare Funktion von X. In dieser linearen Funktion hat man dann wieder eine Regressionskonstante γ_0 und einen Steigungskoeffizienten γ_1.

Vorgehen für eine anschauliche Interpretation

Aber auch dies liefert keine sehr anschauliche Interpretation. Daher empfiehlt es sich folgendes Vorgehen: Die logistische Regression kann man verwenden, um eine Parametrisierung der Regression zu berechnen. Liegt diese erst einmal vor, kann man die resultierende Gleichung der Form (8.18) oder im multiplen Fall (8.20) benutzen, um die Werte der bedingten Wahrscheinlichkeitsfunktion $P(Y=1 \mid X)$ für verschiedene Werte von X zu berechnen und miteinander zu vergleichen. Diese Vergleiche

> **Zusammenfassungsbox 2. Das Wichtigste zur nichtlinearen Regression**
>
> **A. Parametrisierung als Polynom von X**
>
> $$E(Y|X) = \alpha_0 + \alpha_1 \cdot X + \alpha_2 \cdot X^2 + \ldots + \alpha_{n-1} \cdot X^{n-1}$$
>
> *Polynom $(n-1)$-ter Ordnung*
>
> Dies ist eine saturierte Parametrisierung, wenn X nur n verschiedene Werte annimmt.
>
> **B. Parametrisierung durch Indikatorvariablen für die Werte von X**
>
> $$I_i = \begin{cases} 1, \text{ falls } X = x_i \\ 0, \text{ andernfalls} \end{cases}, \quad i = 1, \ldots, n$$
>
> *Indikatorvariablen für die Werte x_i von X*
>
> $$E(Y|X) = \mu_1 \cdot I_1 + \mu_2 \cdot I_2 + \ldots + \mu_n \cdot I_n$$
>
> *Zellenmittelwertemodell*
>
> Dies ist ebenfalls eine saturierte Parametrisierung, wenn X nur n verschiedene Werte annehmen kann. Es gilt: $\mu_i = E(Y|X=x_i)$.
>
> **C. Prüfung der Linearität der Regression**
>
> Man bildet die Differenz zwischen dem Determinationskoeffizienten $R^2_{Y|X}$ aus einer saturierten Parametrisierung und dem Quasi-Determinationskoeffizienten $Q^2_{Y|X}$ aus der linearen Quasi-Regression. Ist die Regression wirklich linear, muss diese Differenz—in der Stichprobe natürlich nur annähernd—gleich null sein.
>
> *$R^2_{Y|X} - Q^2_{Y|X}$*
>
> **D. Logistische Regression**
>
> Anstelle der Regression $E(Y|X)$ bzw. $P(Y=1|X)$ betrachtet man den Logit
>
> $$ln \frac{P(Y=1|X)}{P(Y=0|X)}$$
>
> *Logit (oder logarithmierter Wettquotient)*
>
> und nimmt für diesen eine der oben angegebenen Parametrisierungen. Dann kann man aus den erhaltenen Formeln die bedingten Wahrscheinlichkeiten $P(Y=1|X=x)$ berechnen und miteinander vergleichen.

sind dann leicht verständlich, da dabei ja nur die bedingten Wahrscheinlichkeiten $P(Y=1 | X=x)$ vorkommen.

8.5 Zusammenfassende Bemerkungen

In diesem und dem letzten Kapitel wurde der Spezialfall einer Regression betrachtet, in dem nur ein einziger numerischer Regressor X vorliegt. In diesem Fall kann sich die Regression $E(Y|X)$ u. U. durch eine *lineare Funktion* von X beschreiben lassen. Sofern der Regressor nicht gerade dichotom ist, kann die Regression aber durchaus eine ganz andere Funktion des Regressors X sein. Man kann in solchen Fällen trotzdem eine, nach dem Kleinst-Quadrat-Kriterium bestangepasste, lineare Funktion von X suchen und feststellen, wie gut sich die Abhängigkeit zwischen den beiden betrachteten Variablen X und Y durch eine lineare Funktion beschreiben lässt. Der Korrelationskoeffizient ist genau dafür ein Kennwert. Wird er quadriert, ist er auch mit dem Determinationskoeffizienten der linearen Quasi-Regression und auch mit dem echten Determinationskoeffizienten identisch, sofern die Regression wirklich linear in X ist.

Kleinst-Quadrat-Kriterium

Korrelationskoeffizient

Prüfung der Linearitätshypothese

Ausführlich wurde auch dargestellt, wie man die Hypothese prüfen kann, dass eine Regression $E(Y|X)$ linear in X ist. Die beste Strategie dabei ist, eine saturierte Parametrisierung für $E(Y|X)$ zu finden und den zugehörigen Determinationskoeffizienten zu bestimmen. Der Vergleich dieses Determinationskoeffizienten mit dem Determinationskoeffizienten der linearen Quasi-Regression gibt dann Aufschluss über die Gültigkeit der Linearitätshypothese. Zur Prüfung dieser Hypothese wurde auch ein Signifikanztest im Rahmen des Allgemeinen Linearen Modells angegeben.

Fragen

leicht   F1. Worin besteht der Unterschied zwischen einer echten linearen Regression und einer linearen Quasi-Regression?

leicht   F2. Welche Eigenschaft der jeweiligen Residuen unterscheidet eine echte lineare Regression von einer linearen Quasi-Regression?

leicht   F3. Welche Eigenschaften der jeweiligen Residuen haben die echte lineare Regression und die lineare Quasi-Regression gemeinsam?

leicht   F4. Welche beiden Definitionen der linearen Quasi-Regressionen gibt es?

leicht   F5. In welchem Fall sind die echte lineare Regression und die lineare Quasi-Regression identisch?

Antworten

A1. Die Werte einer echten linearen Regression $E(Y|X)$ sind die bedingten Erwartungswerte $E(Y|X=x)$. Dies ist bei einer linearen Quasi-Regression nicht unbedingt der Fall. Ihre Werte sind ganz einfach die linearen Transformationen $\alpha_0 + \alpha_1 x$ der Werte x von X. Dies müssen nicht unbedingt zugleich die bedingten Erwartungswerte $E(Y|X=x)$ sein.

A2. Für die Residuen ε einer echten linearen Regression gilt, dass ihre bedingten Erwartungswerte $E(\varepsilon|X=x)$ gleich 0 sind. Bei einer linearen Quasi-Regression gilt dies nicht unbedingt.

A3. Beide Residuen haben den (unbedingten) Erwartungswert 0 und sind mit ihrem Regressor unkorreliert [s. die Gln. (8.2) und (8.3)].

A4. Die lineare Quasi-Regression kann als diejenige lineare Funktion von X definiert werden, für die das Residuum $v := Y - (\alpha_0 + \alpha_1 X)$ die Gleichungen (8.2) und (8.3) erfüllt. Man kann sie aber auch als diejenige lineare Funktion von X definieren, die das Kleinst-Quadrat-Kriterium $LS(a_0, a_1) = E[(Y - (a_0 + a_1 \cdot X))^2]$ minimiert.

A5. Die echte lineare Regression und die lineare Quasi-Regression sind identisch, wenn die Werte der linearen Quasi-Regression auch die bedingten Erwartungswerte $E(Y|X=x)$ sind. Dies ist insbesondere dann der Fall, wenn der Regressor X nur die beiden Werte 0 und 1 annehmen kann.

Übungen

leicht   Ü1. Zeigen Sie, dass die Koeffizienten α_0, α_1 und damit auch die Residualvariable v durch die Gleichungen (8.1) bis (8.3) eindeutig definiert sind.

leicht   Ü2. Zeigen Sie unter Verwendung der Rechenregeln für Erwartungswerte und Kovarianzen sowie der Gleichungen $\alpha_0 = E(Y) - \alpha_1 \cdot E(X)$ und $\alpha_1 = Cov(X, Y) / Var(X)$ (s. Übung 1), dass für $v := Y - (\alpha_0 + \alpha_1 \cdot X)$ die Gleichungen (8.2) und (8.3) gelten.

schwer   Ü3. Sei X eine Zufallsvariable mit den Werten 1, 2, 3 und 4, die alle mit gleicher Wahrscheinlichkeit auftreten mögen. Berechnen Sie die Korrelationen zwischen den drei Zufallsvariablen X, X^2 und X^3.

schwer   Ü4. Zeigen Sie, dass die beiden Definitionen der linearen Quasi-Regression äquivalent sind.

Lösungen

L1. Unter Verwendung der Gleichung (8.4), die ja nur eine Umstellung der Gleichung (8.1) ist, erhält man

$Cov(X, Y) = Cov(X, \alpha_0 + \alpha_1 \cdot X + v)$ Gl. (8.4)

$= \alpha_1 \cdot Cov(X, X) + Cov(X, v)$ R-Box 5.3, (iii) bis (v)

$= \alpha_1 \cdot Var(X)$. Gl. (8.3), Def. von $Var(X)$

Dividieren wir auf beiden Seiten dieser Gleichung durch $Var(X)$ und lösen sie nach α_1 auf, dann erhalten wir $\alpha_1 = Cov(X, Y) / Var(X)$. Der Koeffizient α_1 ist also eindeutig definiert, falls die Varianz $Var(X)$ größer Null ist. Um zu zeigen, dass auch α_0 durch die Gleichungen (8.1) bis (8.3) eindeutig definiert ist, betrachten wir

$E(Y) = E(\alpha_0 + \alpha_1 \cdot X + v)$ Gl. (8.4)

$= \alpha_0 + \alpha_1 \cdot E(X)$. R-Box 5.1, (i) - (iii), Gl. (8.2)

Die Umstellung dieser Gleichung ergibt dann

$\alpha_0 = E(Y) - \alpha_1 \cdot E(X)$

[vgl. Gl. (8.7)]. Da alle Terme auf der rechten Seite dieser Gleichung eindeutig definiert sind, ist damit auch α_0 eindeutig definiert. Da $v := Y - (\alpha_0 + \alpha_1 \cdot X)$, ist damit auch das Residuum bzgl. der linearen Quasi-Regression durch die Gleichungen (8.2) bis (8.1) eindeutig definiert.

L2.
$E(v) = E[Y - (\alpha_0 + \alpha_1 \cdot X)]$ Einsetzen von v

$= E(Y) - \alpha_0 - \alpha_1 E(X)$

$= E(Y) - [E(Y) - \alpha_1 \cdot E(X)] - \alpha_1 \cdot E(X) = 0$. Einsetzen von α_0

$Cov(v, X) = Cov[Y - (\alpha_0 + \alpha_1 \cdot X), X]$ Einsetzen von v

$= Cov(Y, X) - \alpha_1 \cdot Var(X)$ R-Box 5.3, (iii) - (v)

$= Cov(Y, X) - [Cov(X, Y) / Var(X)] \cdot Var(X) = 0$. Einsetzen von α_1

L3. Wir verwenden dazu die Rechenregel (i) aus Regelbox 5.3 zur Berechnung der Kovarianzen. Die einzelnen Berechnungsschritte, die dabei gebraucht werden, sind in den folgenden beiden Tabellen angegeben, wobei in der zweiten Tabelle in den drei Spalten oberhalb der Diagonalen die Kovarianzen, in der Diagonalen die Varianzen und unterhalb der Diagonalen die Korrelationen angegeben sind. Man beachte, dass mit den Wahrscheinlichkeiten für die Werte von X auch die Wahrscheinlichkeiten für die Werte von X^2 und X^3 sowie für die Produktvariablen $X \cdot X^2$, $X \cdot X^3$ und $X^2 \cdot X^3$ festliegen.

$P(X=x)$	X	X^2	X^3	$X \cdot X^2$	$X \cdot X^3$	$X^2 \cdot X^3$
¼	1	1	1	1	1	1
¼	2	4	8	8	16	32
¼	3	9	27	27	81	243
¼	4	16	64	64	256	1024
$E(\ )$	2.5	7.5	25	25	88.5	325
$Std(\ )$	1.12	5.68	24.44			

	X	X^2	X^3
X	1.25	6.25	26.00
X^2	.984	32.25	137.50
X^3	.951	.991	597.50

L4. Um die Äquivalenz der beiden Definitionen der linearen Quasi-Regression zu zeigen, überlegen wir uns zuerst, dass die Funktion $LS(a_0, a_1)$ tatsächlich für

$a_0 = \alpha_0$ und $a_1 = \alpha_1$ ein Minimum hat, wobei wir die Formeln (8.7) und (8.8) für diese beiden Koeffizienten verwenden können. Der Einfachheit halber definieren wir: $Q := \alpha_0 + \alpha_1 \cdot X$. Aus den Gleichungen (8.2), (8.3) und $Cov(v, X) = E(v \cdot X) - E(v) \cdot E(X)$ folgt dann: $E(v \cdot X) = 0$. Daher und wegen $E(v) = 0$ folgt für eine beliebige lineare Funktion $f(X) = a_0 + a_1 \cdot X$ von X, deren Erwartungswert und Varianz endlich sind:

$$\begin{aligned} E[(Y-Q) \cdot (Q - f(X))] &= E[v \cdot (Q - f(X))] \\ &= E[v \cdot (\alpha_0 + \alpha_1 \cdot X - (a_0 + a_1 \cdot X))] \\ &= E[v \cdot (\alpha_0 - a_0 + (\alpha_1 - a_1) \cdot X)] \\ &= (\alpha_0 - a_0) \cdot E(v) + (\alpha_1 - a_1) \cdot E(v \cdot X) = 0. \end{aligned}$$

Betrachten wir nun

$$\begin{aligned} E[(Y - f(X))^2] &= E\left[\left[(Y - Q) + (Q - f(X))\right]^2\right] \\ &= E[(Y-Q)^2] + E[(Q - f(X))^2] + 2 \cdot E[(Y-Q) \cdot (Q - f(X))] \\ &= E[(Y-Q)^2] + E[(Q - f(X))^2], \end{aligned}$$

so sehen wir, dass die Funktion $E[(Y - f(X))^2]$ tatsächlich für $f(X) = Q$ ein Minimum annimmt, da $E[(Y-Q)^2]$ eine Konstante ist.

Die umgekehrte Implikationsrichtung beweisen wir, indem wir die Funktion $LS(a_0, a_1) = E[(Y - (a_0 + a_1 \cdot X))^2]$ minimieren. Nach dem üblichen Verfahren (partielle Ableitungen nach a_0 bzw. a_1 bilden, Nullsetzen, etc.) ergibt sich dabei das Minimum von $LS(a_0, a_1)$ für $a_0 = \alpha_0 = E(Y) - \alpha_1 \cdot E(X)$, und $a_1 = \alpha_1 = Cov(X, Y) / Var(X)$. Unter Verwendung der üblichen Rechenregeln für Erwartungswerte und Kovarianzen (s. die Regelboxen 5.1 bis 5.3) folgen dann für $v := Y - (\alpha_0 + \alpha_1 \cdot X)$ die Gleichungen (8.2) und (8.3) (s. hierzu Übung 2).

9 Zweifache lineare Regression

In den letzten beiden Kapiteln haben wir uns mit dem Fall beschäftigt, in dem X ein eindimensionaler numerischer Regressor ist. Nimmt man zu X einen zweiten Regressor Z hinzu, so stellt sich bei einer konkreten Anwendung immer die Frage, wie der bedingte Erwartungswert des Regressanden Y von den Werten x *und* z der beiden Regressoren X und Z abhängt. Inhaltlich Fragestellungen sind dann z. B.: Hängt das subjektive Urteil (Y) der Schwere eines physikalischen Gegenstands, außer vom physikalischem Gewicht (X), auch vom Volumen (Z) des Gegenstands ab? Wenn ja, wie? Gilt beispielsweise bei konstantem Volumen aber variablem Gewicht das Potenzgesetz oder gilt es vielleicht bei konstantem Verhältnis von Gewicht und Volumen? Hängt die Kriminalitätsrate (Y) in einem bestimmten Wohngebiet nicht nur von der durchschnittlichen Bebauungshöhe (X) ab, sondern auch vom durchschnittlichen sozialen Status (Z) in dem betrachteten Wohngebiet? Wenn ja, wie? Ist insbesondere bei konstantem sozialen Status die Kriminalitätsrate regressiv unabhängig von der durchschnittlichen Bebauungshöhe? Hängt die Leistung in einem Intelligenztest (Y) eines Kindes nicht nur davon ab, wie hoch seine Bleibelastung (X) durch die Umwelt ist, sondern auch vom sozialen Status der Eltern (Z)? Ist insbesondere bei konstantem sozialen Status der Eltern die Leistung in dem betrachteten Intelligenztest regressiv unabhängig von der Bleibelastung?

Inhaltliche Fragestellungen

Allgemein gesprochen geht es bei all diesen inhaltlichen Fragen darum, wie X und Z zur Regression $E(Y|X, Z)$ verknüpft werden können. Ist die Verknüpfung additiv, multiplikativ oder beides? Müssen auch die höheren Potenzen wie X^2, Z^2, X^3, Z^3 etc. berücksichtigt werden? Muss Z überhaupt berücksichtigt werden, oder gilt $E(Y|X, Z) = E(Y|X)$? Offenbar ergeben sich, wenn man zwei Regressoren X und Z betrachtet, eine ganze Reihe von verschiedenen regressiven Abhängigkeitsarten, die durch die Festlegung des Typs der Funktion $f(X, Z) = E(Y|X, Z)$ definiert werden können.

Wie können X und Z zur Regression $E(Y|X, Z)$ verknüpft werden?

Überblick. In den folgenden drei Kapiteln behandeln wir die wichtigsten Arten regressiver Abhängigkeit, die bei zwei Regressoren vorkommen können. In diesem Kapitel wird die einfachste Art regressiver Abhängigkeit behandelt, die bei der Betrachtung eines Regressanden Y und *zweier* Regressoren X und Z vorkommen kann, nämlich, dass die Regression $E(Y|X, Z)$ eine *Linearkombination*, d. h. eine *gewichtete Summe* von X und Z ist. Wir beginnen wieder mit einem Beispiel. Danach wenden wir uns den allgemeinen Eigenschaften der *zweifachen linearen* Regression $E(Y|X, Z)$ zu. Dabei betrachten wir die bedingten Regressionen, den

Wertebereich der partiellen Regressionskoeffizienten, Maße der praktischen Signifikanz, die Eigenschaften des Residuums, sowie die Identifikationsformeln für die partiellen Regressionskoeffizienten. Außerdem betrachten wir auch den Fall dichotomer Regressoren und studieren die Beziehungen zwischen einfacher und zweifacher linearer Regression. Dabei geht es zum einen um die Bedingungen für die Gleichheit von einfachem und partiellen Regressionskoeffizienten und zum anderen um hinreichende Bedingungen für die Linearität der einfachen Regression, wenn die Linearität der zweifachen Regression vorausgesetzt wird. Schließlich behandeln wir auch die zweifache lineare Quasi-Regression.

9.1 Beispiel: Intelligenz, Bleibelastung und beruflicher Status

In diesem Einführungsbeispiel befassen wir uns mit der Frage, ob eine erhöhte Bleibelastung der Umwelt zu einer Verminderung der Intelligenzleistungen bei Kindern führt (z. B. Needleman, Gunnoe & Leviton, 1979; Winneke, 1983), eine Fragestellung deren gesundheitspolitische Bedeutung auf der Hand liegt. Eine der untersuchten Variablen ist der Bleigehalt in den (Milch-)Zähnen von Schulkindern, der bei einer der Untersuchungen (Stolberg-Studie; Winneke, 1983) zwischen 1.5 und 38 µg/g lag. Dabei wird angenommen, dass der Bleigehalt in den Zähnen anzeigt, wie stark die Kinder in der Vergangenheit Blei in der Umwelt (z. B. Luft, Nahrung etc.) ausgesetzt waren. Per Zeitungsinserat wurden solche Kinder gesucht, denen ein Zahn ausgefallen war und die bereit waren, an einer neuropsychologischen Untersuchung teilzunehmen, bei der unter anderem der HAWIK-Intelligenztest (Hardesty & Priester, 1956) durchgeführt wurde. Tatsächlich fand sich zwischen dem *Logarithmierten Bleigehalt* (X) und dem *Verbalen Intelligenzquotienten* (Y) in der Stichprobe[1] eine negative Korrelation von −.14. Wenn wir davon ausgehen, dass die Abhängigkeit des Regressanden Y vom Regressor X *linear* regressiv ist, dann lässt sich diese Abhängigkeit durch die Gleichung

Negative Korrelation zwischen Bleigehalt und Intelligenz

$$E(Y|X) = \alpha_0 + \alpha_1 X \quad (9.1)$$

beschreiben, wobei $\alpha_1 < 0$. Der Verbale IQ ist dann also negativ linear regressiv abhängig vom Bleigehalt der Zähne.

Neben den beiden Variablen X und Y wurde aber auch der *Berufliche Status der Eltern* der Kinder erfragt, der mit Z bezeichnet sei. Es stellt sich nun die Frage, ob bei gegebenem Wert z von Z (also bei festem beruflichen Status) noch eine lineare regressive Abhängigkeit der Variablen

---

[1] Die Stichprobe bestand aus 104 Kindern. Diese Korrelation ist bei dieser Stichprobengröße auf dem 5%-Niveau nicht signifikant. Nach den Angaben von Winneke wurde eine solche schwache negative Korrelation aber in mehreren Untersuchungen gefunden, so dass die Annahme angebracht erscheint, dass auch hier nicht nur der Korrelationskoeffizient in der Stichprobe, sondern auch die wahre Korrelation schwach negativ ist.

Y von X besteht, ob also eine bezüglich Z partielle lineare regressive Abhängigkeit des *Verbalen IQ* vom *logarithmierten Bleigehalt* der Zähne besteht. Wird diese Frage negativ beantwortet, so kann die „beobachtete" einfache lineare regressive Abhängigkeit zwischen X und Y eine Konsequenz der Korrelation zwischen X und Z sein, die etwa dadurch zustande kommen könnte, dass Familien mit geringerem beruflichen Status häufiger in solchen Gebieten wohnen, die stärker mit Blei belastet sind. Da auch eine Korrelation zwischen Y (Verbalem IQ des Kindes) und Z (Beruflichem Status der Eltern) besteht (in der Stichprobe betrug sie $-.32$), wäre damit eine kausale Abhängigkeit der Variablen Y (des Verbalen IQ) von X (Bleigehalt) unplausibel, denn diese sollte dann auch bei jeder gegebener Ausprägung der Variablen „beruflicher Status" gelten. Tatsächlich folgt auch in einer explizierten Kausalitätstheorie die Gleichheit des einfachen und des partiellen Regressionskoeffizienten von X aus der Annahme der Unkonfundiertheit von $E(Y|X)$ (s. Steyer, Gabler, von Davier & Nachtigall, 2000, Theorem 7).

Partielle lineare regressive Abhängigkeit

Überprüfung des Einflusses möglicher Drittvariablen

Die Daten der Stolberg-Studie legen nun nahe, dass Y von X bezüglich Z partiell linear regressiv *unabhängig* ist, d. h., dass die Gleichung

$$E(Y|X, Z) = \beta_0 + \beta_1 X + \beta_2 Z \quad (9.2)$$

gilt, wobei der Koeffizient

$$\beta_1 = 0$$

Partielle lineare regressive Unabhängigkeit

ist. Dies ist also ein Beispiel, bei dem eine einfache lineare regressive *Abhängigkeit* vorliegt und zugleich partielle lineare regressive *Unabhängigkeit* besteht. Beide Arten der linearen regressiven Abhängigkeit beinhalten etwas völlig Verschiedenes. *Letztere* fragt nach einer linearen regressiven Abhängigkeit bei gegebener Ausprägung einer dritten Variablen. Besteht also bei gegebenem beruflichen Status (Z) eine lineare regressive Abhängigkeit der Leistung (Y) in dem betrachteten Intelligenztest vom logarithmierten Bleigehalt (X)? Diese Frage wurde in diesem Beispiel verneint. *Erstere* dagegen fragt nach einer linearen regressiven Abhängigkeit unter Ignorierung anderer Variablen. Besteht also ein lineare regressive Abhängigkeit der Leistung (Y) in dem betrachteten Intelligenztest vom logarithmierten Bleigehalt (X)? Diese Frage wurde in diesem Beispiel bejaht.

Verschiedene Arten linearer regressiver Abhängigkeiten beinhalten unterschiedliche Fragestellungen

9.2 Zweifache lineare Regression

In den letzten beiden Kapiteln haben wir immer die Abhängigkeit einer (numerischen) Zufallsvariablen Y von *einer* einzigen numerischen Zufallsvariablen X betrachtet. Dies wird nun insofern verallgemeinert, als wir eine weitere Zufallsvariable Z hinzunehmen.

Einführung eines zweiten Regressors

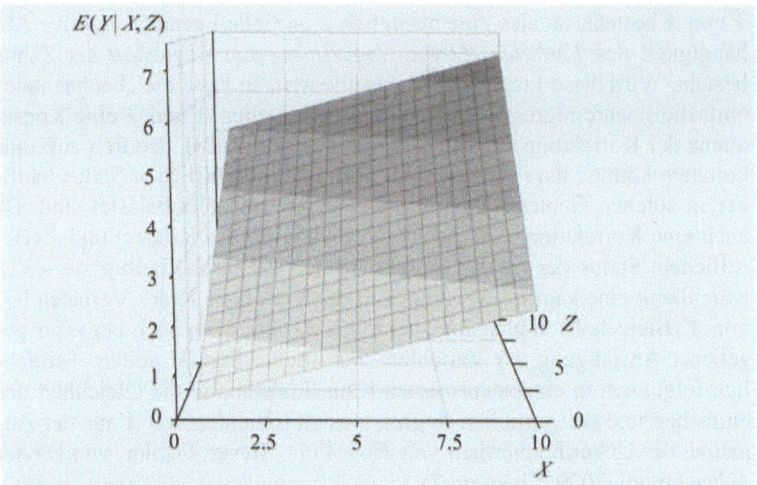

Abbildung 1. Regressionsebene der Regression $E(Y|X, Z) = 0.3 + 0.2 \cdot X + 0.5 \cdot Z$. Jeder Punkt auf der Ebene ist (bei kontinuierlichen Regressoren X und Z) ein Wert $E(Y|X=x, Z=z)$ der Regression $E(Y|X, Z)$.

Definition 1. Seien X, Y und Z jeweils eindimensionale numerische Zufallsvariablen mit endlichen Erwartungswerten und Varianzen auf dem gleichen Wahrscheinlichkeitsraum. Dann heißt die Regression $E(Y|X, Z)$ *linear in* (X, Z), wenn gilt:

$$E(Y|X, Z) = \beta_0 + \beta_1 X + \beta_2 Z, \quad \beta_0, \beta_1, \beta_2 \in \mathrm{IR}. \quad (9.3)$$

Partielle Regressionskoeffizienten β_1 und β_2

Die Fälle, in denen einer oder auch beide Koeffizienten β_1 und β_2 gleich Null sind, betrachten wir als Spezialfälle. Die Koeffizienten β_1 und β_2 nennen wir *partielle Regressionskoeffizienten* und wir sprechen auch von *partieller linearer regressiver Abhängigkeit* der Variablen Y von X gegeben Z (bzw. Y von Z gegeben X). Beim Beispiel der Abhängigkeit der Leistung in einem Intelligenztest Y kann nach der partiellen linearen regressiven Abhängigkeit von der Bleibelastung X bei gegebenem Sozialstatus Z gefragt werden, aber auch nach der partiellen linearen regressiven Abhängigkeit des Intelligenztests Y vom Sozialstatus Z, bei gegebener Bleibelastung X. In Abbildung 1 ist die durch die Gleichung (9.3) beschriebene Regression(sebene) dargestellt.

9.2.1 Die bedingten Regressionen

Zu einem vertieften Verständnis der zweifachen linearen Regression und des partiellen Regressionskoeffizienten gelangt man, wenn man die bedingten Regressionen $E_{Z=z}(Y|X)$ bzw. $E_{X=x}(Y|Z)$ betrachtet. Eine solche Betrachtung kann man aber nur anstellen, wenn die beiden Variablen X und Z dabei *definitorisch unabhängig* sind, wenn also keine der beiden Variablen X und Z als deterministische Funktion der anderen dargestellt werden kann.

Diese Voraussetzung ist keineswegs immer erfüllt. So ist z. B. auch die einfache quadratische Regression $E(Y|X)$ linear in (X, X^2), wenn gilt:

$$E(Y|X) = \beta_0 + \beta_1 X + \beta_2 X^2. \qquad (9.4)$$

Einfache quadratische Regression

Bei der Betrachtung der bedingten Regressionen setzen wir also immer voraus, dass es keine Funktion $f(X)$ gibt mit $Z = f(X)$ und auch keine Funktion $f(Z)$ mit $X = f(Z)$. Nur dann kann bei Konstanthaltung des einen Regressors der andere variieren.

Die wichtigste Konsequenz der Gleichung (9.3) ist, dass jede bedingte Regression $E_{Z=z}(Y|X)$ von Y auf X für einen beliebigen festen Wert z von Z eine *lineare Funktion* von X ist und dass die Steigungskoeffizienten für alle Werte z von Z gleich sind, und umgekehrt, dass die bedingte Regression $E_{X=x}(Y|Z)$ von Y auf Z für einen beliebigen festen Wert x von X eine *lineare Funktion* von Z ist.[2] Dies ist der Schlüssel zum Verständnis der zweifachen linearen Regression.

$E_{Z=z}(Y|X)$ als lineare Funktion von X bei beliebigem festen Wert von Z

Steigungskoeffizienten für alle Werte z von Z sind gleich

Diese bedingten Regressionen sind ganz normale Regressionen, nur dass sie sich auf das bedingte Wahrscheinlichkeitsmaß $P_{Z=z}$ beziehen. Hat jedes Ereignis $\{Z = z\} := \{\omega \in \Omega: Z(\omega) = z\}$ eine Wahrscheinlichkeit $P(\{Z = z\}) > 0$, so ist das bedingte Wahrscheinlichkeitsmaß $P_{Z=z}$ auf der zugrunde gelegten σ-Algebra $\mathfrak{A}$ definiert durch:

$$P_{Z=z}(A) := P(A \cap \{Z = z\})/P(\{Z = z\}), \quad \text{für alle } A \in \mathfrak{A}.^3 \qquad (9.5)$$

Bedingtes Wahrscheinlichkeitsmaß

Repräsentiert Z beispielsweise das Geschlecht mit z_1 = männlich und z_2 = weiblich, dann ist $E_{Z=z_1}(Y|X)$ eine ganz normale einfache Regression innerhalb der Gruppe der männlichen und $E_{Z=z_2}(Y|X)$ eine ganz normale einfache Regression innerhalb der Gruppe der weiblichen Personen.

Demnach folgt für einen beliebigen festen Wert z von Z aus Gleichung (9.3):

$$E_{Z=z}(Y|X) = (\beta_0 + \beta_2 z) + \beta_1 X, \qquad (9.6)$$

Bedingte lineare Regression

also eine *bedingte lineare* Regression von Y auf X gegeben $Z = z$, und zwar mit einem Steigungskoeffizienten β_1, der für alle Werte z von Z gleich ist, und dem Ordinatenabschnitt $\beta_0 + \beta_2 z$, der für verschiedene Werte z von Z verschieden sein kann. Repräsentiert Z beispielsweise das Geschlecht mit $Z_1 = 0$ (für männlich) und $Z_2 = 0$ (für weiblich), dann wird mit Gleichung (9.6) formuliert, dass innerhalb einer Geschlechtsgruppe eine *lineare* Regression vorliegt und dass die Regressionen in beiden Geschlechtsgruppen den gleichen Steigungskoeffizienten β_1 haben. Die Ordinatenabschnitte sind dann β_0 bei den Männern und $\beta_0 + \beta_2$ bei den Frauen.

---

[2] Genau genommen, für fast alle Werte z von Z bzw. fast alle Werte x von X.
[3] Zu den allgemeineren Bedingungen, unter denen $P_{Z=z}$ definiert ist, siehe Gänssler und Stute (1977, S. 193 ff).

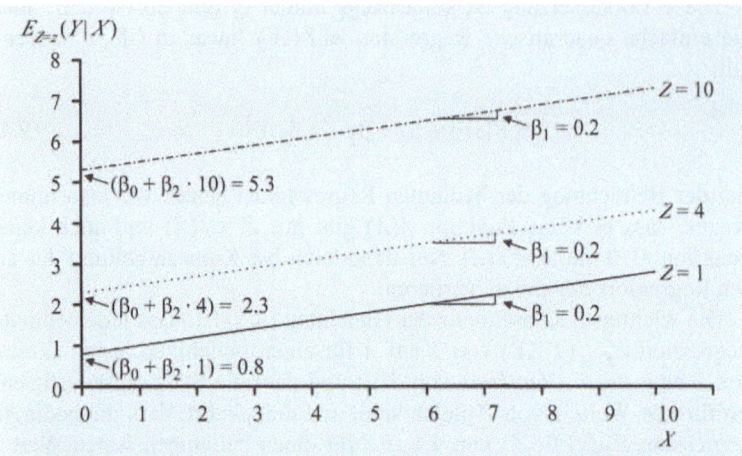

Abbildung 2. Die bedingten Regressionsgeraden bei bzgl. Z partieller linearer regressiver Abhängigkeit des Regressanden Y vom Regressor X. Dabei wird wie in Abbildung 1 die Regression $E(Y|X, Z) = 0.3 + 0.2 \cdot X + 0.5 \cdot Z$ zugrunde gelegt.

Wichtige Eigenschaft der zweifachen linearen Regression

Die Gleichheit der Regressionskoeffizienten β_1 der bedingten linearen Regression für alle Werte z von Z und β_2 der bedingten linearen Regression für alle Werte x von X ist die wesentliche Eigenschaft der zweifachen linearen Regression (s. dagegen die nächsten beiden Kapitel). Zeichnet man die Graphen der bedingten Regressionen von Y auf X für verschiedene Werte z von Z in das gleiche Koordinatensystem, so erhält man eine Schar *paralleler* Geraden (s. Abb. 2). Das Entsprechende gilt für die Graphen der bedingten Regressionen von Y auf Z für verschiedene Werte x von X:

Bedingte lineare Regression

$$E_{X=x}(Y|Z) = (\beta_0 + \beta_1 x) + \beta_2 Z. \quad (9.7)$$

9.2.2 Wertebereich partieller Regressionskoeffizienten

Unbegrenzter Wertebereich der partiellen Regressionskoeffizienten

Der Wertebereich, d. h. der Bereich, in dem partielle Regressionskoeffizienten liegen, ist—im Gegensatz zu dem Bereich, in dem Korrelationen liegen müssen—*nicht begrenzt*. Die Größe der partiellen Regressionskoeffizienten hängt zum einen von der Stärke der jeweiligen Abhängigkeit, aber auch von der Varianz der beteiligten Variablen ab. Selbst wenn alle drei Variablen Y, X, und Z die Varianz 1 haben (z. B. nach einer entsprechenden Standardisierung)—die partiellen Regressionskoeffizienten heißen dann *standardisiert*—, müssen die partiellen Regressionskoeffizienten keineswegs im Intervall zwischen -1 und $+1$ liegen. Der Grund dafür liegt darin, dass *für gegebene Werte z* von Z die Variablen X und Y nicht unbedingt gleiche $(Z= z)$-bedingte Varianzen haben und daher die partiellen Regressionskoeffizienten nicht als Korrelationen interpretiert werden können. Im Fall der einfachen linearen Regression $E(Y|X)$ galt dagegen, dass der Regressionskoeffizient α_1 gleich dem Korrelationsko-

Standardisierte partielle Regressionskoeffizienten

effizienten *Kor*(*X*, *Y*) ist, wenn die beiden Variablen *X* und *Y* gleiche Varianzen haben.

9.2.3 Praktische Signifikanz

In Kapitel 12 werden wir allerdings eine Korrelation, die *Partialkorrelation*, kennen lernen, die besser als partielle Regressionskoeffizienten dazu geeignet ist, die Stärke der Abhängigkeit des Regressanden *Y* vom Regressor *X* zu beschreiben, wenn man von einer partiellen linearen regressiven Abhängigkeit ausgehen kann. Neben der Partialkorrelation ist in manchen Fällen auch die Differenz

$$R^2_{Y|X,Z} - R^2_{Y|Z} \tag{9.8}$$

Partialkorrelation

Stärke des durch X zusätzlich zu Z erklärten Varianzanteils von Y

der Determinationskoeffizienten der beiden Regressionen *E*(*Y*|*X*, *Z*) und *E*(*Y*|*Z*) eine geeignete Kenngröße zur Angabe der „globalen praktischen Signifikanz" der bedingten regressiven Abhängigkeit des Regressanden *Y* vom Regressor *X* gegeben *Z*. „Global deswegen, weil wir auch „lokal" für jeden Wert *z* von *Z* nach der Stärke dieser regressiven Abhängigkeit fragen könnten. Dafür kämen dann wieder die normalen Determinationskoeffizienten für die bedingten Regressionen $E_{Z=z}(Y|X)$ in Frage, die allerdings, selbst bei Gültigkeit von Gleichung (9.3) für verschiedene Werte von *Z* auch verschieden groß sein können, da sich die Varianzen von *X* und *Y* für verschiedene Werte von *Z* unterscheiden können. Die Differenz (9.8) gibt an, wie stark der durch *X* zusätzlich zu *Z* erklärte Varianzanteil von *Y* ist.

Kenngrößen der globalen praktischen Signifikanz: Partialkorrelation und Differenz der Determinationskoeffizienten der beiden Regressionen E(Y|X, Z) und E(Y|Z)

Natürlich ist auch der Determinationskoeffizient der zweifachen Regression *E*(*Y*|*X*, *Z*), d. h. der Kennwert $R^2_{Y|X,Z} = Var[E(Y|X, Z)] / Var(Y)$, in vielen Fällen von Interesse. Dieser lässt sich nach

$$R^2_{Y|X,Z} = \frac{\beta_1^2 Var(X) + \beta_2^2 Var(Z) + 2\beta_1\beta_2 Cov(X,Z)}{Var(Y)} \tag{9.9}$$

Determinationskoeffizient

berechnen, wenn Gleichung (9.3) gilt. Dieser Kennwert beantwortet jedoch nur die Frage nach der Stärke der durch die zweifache Regression *E*(*Y*|*X*, *Z*) beschriebenen Abhängigkeit und differenziert nicht zwischen der Stärke der Abhängigkeit, die auf *X* und der, die auf *Z* zurückgeht.

9.2.4 Das Residuum und seine Eigenschaften

Für das Residuum

$$\varepsilon := Y - E(Y|X,Z) \tag{9.10}$$

gelten, neben den bereits behandelten allgemeinen Eigenschaften, wie z. B.

$$E(\varepsilon \mid X, Z) = 0 \qquad (9.11)$$

und

$$E(\varepsilon) = 0, \qquad (9.12)$$

[s. R-Box 6.3 (ii) und (iii)] insbesondere

Spezielle Eigenschaften des Residuums

$$E(\varepsilon \mid X) = E(\varepsilon \mid Z) = 0. \qquad (9.13)$$

und

$$Cov(\varepsilon, X) = Cov(\varepsilon, Z) = 0. \qquad (9.14)$$

Dies sind Spezialfälle der Regeln (iv) bzw. (viii) in Regelbox 6.3. Demnach sind also die bedingten Erwartungen von ε gegeben X und Z sowie gegeben X bzw. gegeben Z gleich null. Ebenfalls gleich null sind der (unbedingte) Erwartungswert des Residuums ε, sowie die Kovarianzen des Residuums mit seinen Regressoren X und Z. Diese Eigenschaften folgen allein aus der Definitionsgleichung (9.10), wobei wir nur bei den Gleichungen (9.14) von unserer Voraussetzung Gebrauch machen müssen, dass X und Z numerisch sind sowie endliche Erwartungswerte und Varianzen haben (s. die Übungen 1 und 2).

9.2.5 Die Regressionskoeffizienten

Aus Gleichung (9.3) folgt unter Verwendung der Rechenregeln für Erwartungswerte (s. R-Box 5.1 und Übung 3):

Identifikation von β_0

$$\beta_0 = E(Y) - \beta_1 E(X) - \beta_2 E(Z). \qquad (9.15)$$

Demnach lässt sich also der Koeffizient β_0 aus den Erwartungswerten von X, Y und Z berechnen, wenn die beiden partiellen Regressionskoeffizienten β_1 und β_2 bekannt sind.

Wie aber kann man β_1 und β_2 berechnen? Gilt für die Varianzen der beteiligten Variablen: $Var(Y)$, $Var(X)$, $Var(Z) > 0$, und für die Korrelation von X und Z: $Kor(X, Z) < 1$, so lassen sich aus Gleichung (9.3) die folgenden Gleichungen für die partiellen Regressionskoeffizienten ableiten:

Identifikation der partiellen Regressionskoeffizienten

$$\beta_1 = \frac{Var(Z)\,Cov(X,Y) - Cov(X,Z)\,Cov(Y,Z)}{Var(X)\,Var(Z) - Cov(X,Z)^2} \qquad (9.16)$$

$$= \frac{Std(Y)}{Std(X)} \cdot \frac{Kor(X,Y) - Kor(X,Z)\,Kor(Y,Z)}{1 - Kor(X,Z)^2} \qquad (9.17)$$

und

$$\beta_2 = \frac{Var(X)\,Cov(Z,Y) - Cov(X,Z)\,Cov(Y,X)}{Var(X)\,Var(Z) - Cov(X,Z)^2} \quad (9.18)$$

$$= \frac{Std(Y)}{Std(Z)} \cdot \frac{Kor(Z,Y) - Kor(X,Z)\,Kor(X,Y)}{1 - Kor(X,Z)^2} \quad (9.19)$$

Die partiellen Regressionskoeffizienten lassen sich unter den oben angegebenen Voraussetzungen also immer aus den Varianzen und Kovarianzen der beteiligten Variablen berechnen. Alternativ dazu lassen sie sich auch aus den Standardabweichungen und Korrelationen berechnen (s. Übung 4).

Man beachte, dass die Formeln (9.16) bis (9.19) nur für den Fall *zweier* numerischer Regressoren gelten, für die man die Gültigkeit der Gleichung (9.3) voraussetzen kann. Bei *mehr als zwei* Regressoren gelten wieder andere Formeln, je nachdem wie viele Regressoren man betrachtet. Im Kapitel 14 werden wir die allgemeingültigen Formeln dazu behandeln.

9.2.6 Dichotome Regressoren

Im speziellen Fall, in dem X und Z dichotom (zweiwertig) sind, lassen sich die Koeffizienten β_0, β_1 und β_2 noch einfacher berechnen. Ein solcher Fall liegt z. B. vor, wenn X eine Experimental- bzw. eine Kontrollbedingung und Z beispielsweise das Geschlecht repräsentieren. In varianzanalytischer Terminologie liegt dann ein zweifaktorielles Design mit den gekreuzten Faktoren *Experimentelle Bedingungen* und *Geschlecht* vor. In diesem Fall kann man die vier Gleichungen

Einfachere Identifikation der Koeffizienten β_0, β_1 und β_2

Zweifaktorielles Design mit gekreuzten Faktoren

$$E(Y\mid X=1, Z=1) = \beta_0 + \beta_1 + \beta_2 \quad (9.20)$$

$$E(Y\mid X=1, Z=0) = \beta_0 + \beta_1 \quad (9.21)$$

$$E(Y\mid X=0, Z=1) = \beta_0 + \beta_2 \quad (9.22)$$

$$E(Y\mid X=0, Z=0) = \beta_0 \quad (9.23)$$

aus Gleichung (9.3) für die vier bedingten Erwartungswerte $E(Y\mid X=x, Z=z)$ ableiten, und diese dann nach den unbekannten Koeffizienten β_0, β_1 und β_2 auflösen. Demnach ist also β_0 der bedingte Erwartungswert von Y in der Bedingung ($X=0$, $Z=0$). Der Koeffizient

$$\beta_1 = E(Y\mid X=1, Z=0) - E(Y\mid X=0, Z=0) \quad (9.24)$$

ist die Differenz zwischen den bedingten Erwartungswerten von Y in den Bedingungen ($X=1$, $Z=0$) bzw. ($X=0$, $Z=0$) und

$$\beta_2 = E(Y\mid X=0, Z=1) - E(Y\mid X=0, Z=0) \quad (9.25)$$

ist die Differenz zwischen den bedingten Erwartungswerten von Y in den Bedingungen ($X= 0$, $Z= 1$) bzw. ($X= 0$, $Z= 0$).

Man beachte jedoch, dass Gleichung (9.3) nicht notwendigerweise gelten muss, auch nicht im Fall zweier dichotomer Regressoren X und Z. Wie in Abschnitt 9.2.1 bereits veranschaulicht, bedeutet Gleichung (9.3) nämlich, dass der Steigungskoeffizient (der „Effekt") von X in beiden bedingten Regressionen $E_{Z=0}(Y|X)$ und $E_{Z=1}(Y|X)$ identisch ist [s. Gl. (9.6)].[4] Erst im nächsten Kapitel werden wir eine Parametrisierung der Regression $E(Y|X, Z)$ behandeln, die im Fall zweier dichotomer Regressoren X und Z *immer* gilt und eventuell unterschiedliche ($Z=z$)-bedingte Effekte von X berücksichtigt.

„Gleiche Steigungskoeffizienten der bedingten Regressionen" heißt in der Varianzanalyse „keine Interaktion".

9.3 Einfache und zweifache Regression

Zunächst untersuchen wir, unter welchen Bedingungen der einfache Regressionskoeffizient α_1 und der partielle Regressionskoeffizient β_1 identisch sind. Danach gehen wir der Frage nach der allgemeinen Beziehung zwischen einfacher und zweifacher Regression nach.

Betrachten wir die Gleichung (9.16) für den partiellen Regressionskoeffizienten β_1, so stellen wir fest, dass sie sich von der Gleichung für einen einfachen Regressionskoeffizienten unterscheidet, für den ja gilt: $\alpha_1 = Cov(X, Y) / Var(X)$. Zunächst ist vorauszuschicken, dass Gleichung (9.3) keineswegs impliziert, dass die einfache Regression $E(Y|X)$ eine *lineare* Funktion von X ist. Die einfache Regression $E(Y|X)$ ist bei Gültigkeit von Gleichung (9.3) nur dann linear, wenn auch die Regression $E(Z|X)$ linear ist (s. Übung 9).

Die einfache Regression $E(Y|X)$ ist nur dann linear, wenn auch $E(Z|X)$ linear ist

9.3.1 Einfacher und partieller Regressionskoeffizient

Eine erste hinreichende Bedingung für die Linearität von $E(Y|X)$ *und* die Gleichheit des einfachen und des partiellen Regressionskoeffizienten ist jedoch in der folgenden Aussage enthalten.

Hinreichende Bedingungen für die Gleichheit des einfachen und partiellen Regressionskoeffizienten

Theorem 1. Unter den gleichen Voraussetzungen wie in Definition 1 gilt folgendes: Ist Gleichung (9.3) erfüllt und ist $\beta_2 = 0$ oder ist Z von X regressiv unabhängig,

$$E(Z|X) = E(Z), \qquad (9.26)$$

dann folgt (s. Übung 5)

$$E(Y|X) = \alpha_0 + \alpha_1 X, \qquad (9.27)$$

---

[4] In varianzanalytischer Terminologie heißt das, dass mit Gleichung (9.3) keine Interaktionen zwischen den beiden Faktoren zugelassen sind.

wobei

$$\alpha_0 = \beta_0 + \beta_2 E(Z) \qquad (9.28)$$

und

$$\alpha_1 = \beta_1. \qquad (9.29)$$

Die Gleichheit des einfachen und partiellen Regressionskoeffizienten [Gleichung (9.29)] gilt also in zwei Fällen: (a) wenn Gleichung (9.3) und (9.26) gelten und (b) wenn Gleichung (9.3) gilt mit $\beta_2 = 0$.

Außerdem folgen aus den Gleichungen (9.3) und (9.26) auch:

$$Cov(X, Z) = 0, \qquad (9.30)$$

und

$$Var[E(Y|X, Z)] = \beta_1^2 \, Var(X) + \beta_2^2 \, Var(Z). \qquad (9.31)$$

Gilt außer den Gleichungen (9.3) und (9.26) auch

$$E(X|Z) = E(X), \qquad (9.32)$$

dann folgen auch

$$Var[E(Y|X, Z)] = Var[E(Y|X)] + Var[E(Y|Z)], \qquad (9.33)$$

$$R^2_{Y|X,Z} = R^2_{Y|X} + R^2_{Y|Z}, \qquad (9.34)$$

sowie (s. Übungen 6 bis 8)

$$R^2_{Y|X} = Kor(X,Y)^2 \text{ und } R^2_{Y|Z} = Kor(Y,Z)^2. \qquad (9.35)$$

Wir können also festhalten, dass die einfache Regression $E(Y|X)$ selbst dann nicht unbedingt linear in X ist, wenn Gleichung (9.3) gilt. Selbst wenn $E(Y|X)$ linear in X ist, ist der einfache Regressionskoeffizient α_1 im Allgemeinen *nicht* mit dem entsprechenden partiellen Regressionskoeffizienten β_1 identisch. Diese beiden Koeffizienten sind aber dann identisch, wenn sowohl Gleichung (9.3) als auch Gleichung (9.26) gelten oder wenn Gleichung (9.3) gilt mit $\beta_2 = 0$. Die Gültigkeit der Gleichungen (9.3) und (9.26) ist auch eine hinreichende Bedingung dafür, dass sich die Varianz der Regression $E(Y|X, Z)$ additiv aus den mit β_1^2 bzw. β_2^2 gewichteten Varianzen der beiden Regressoren X und Z zusammensetzt [s. Gl. (9.33)]. Bei Gültigkeit der Gleichungen (9.3), (9.26) und (9.32) ist außerdem der Determinationskoeffizient $R^2_{Y|X,Z}$ der Regression von Y auf X und Z gleich der Summe der Determinationskoeffizienten $R^2_{Y|X}$ und $R^2_{Y|Z}$. Die beiden Determinationskoeffizienten $R^2_{Y|X}$ und $R^2_{Y|Z}$ sind bei Gültigkeit der Gleichungen (9.3), (9.26) und (9.32) gleich den quadrierten Korrelationen von X und Y bzw. von Y und Z [s. Gl. (9.35)].

Zusammenfassung der Beziehungen zwischen einfacher und zweifacher Regression

Kann man zwar die Gültigkeit der Gleichung (9.3) voraussetzen, nicht jedoch Gleichung (9.26), so gilt Gleichung (9.9) für den Determinationskoeffizienten $R^2_{Y|X,Z}$ (s. Übung 7). Demnach muss also im Fall korrelierter Regressoren auch deren Kovarianz bei der Berechnung der Varianz von $E(Y|X, Z)$ berücksichtigt werden, jedenfalls dann, wenn die beiden partiellen Regressionskoeffizienten ungleich null sind. Ist mindestens einer von beiden gleich null, so vereinfacht sich Gleichung (9.9) entsprechend.

9.3.2 Bedingung für die Linearität der Regression

Kann man nicht voraussetzen, dass Z von X regressiv unabhängig ist [s. Gl. (9.26)], und gilt stattdessen

$$E(Z|X) = \gamma_0 + \gamma_1 X, \tag{9.36}$$

so folgt dennoch Gleichung (9.27) und der Koeffizient α_1 der Gleichung (9.27) lässt sich aus den Koeffizienten der Gleichungen (9.3) und (9.36) berechnen:

$$E(Y|X) = (\beta_0 + \beta_2 \gamma_0) + (\beta_1 + \beta_2 \gamma_1) X. \tag{9.37}$$

Demnach ist, wenn man die Gleichungen (9.3) und (9.36) voraussetzt, $E(Y|X)$ eine *lineare* Regression mit dem Ordinatenabschnitt $\alpha_0 := \beta_0 + \beta_2 \gamma_0$ und dem Steigungskoeffizienten $\alpha_1 := \beta_1 + \beta_2 \gamma_1$. Gleichung (9.37) zeigt, dass α_1 auch dann von Null verschieden sein kann, wenn β_1 gleich null ist und umgekehrt. Auch umgekehrte Vorzeichen von α_1 und β_1 sind durchaus möglich. Bei der Ableitung der Gleichung (9.37) (s. Übung 5) sieht man, dass $E(Y|X)$ durchaus keine lineare Funktion von X sein muss, selbst dann nicht, wenn Gleichung (9.3) gilt. Der Fall, dass trotz Gültigkeit der Gleichung (9.3) die Regression $E(Y|X)$ *keine* lineare Funktion von X ist, tritt z. B. dann ein, wenn die Regression $E(Z|X)$ eine nichtlineare Funktion von X ist.

9.4 Lineare Quasi-Regression

Echte lineare Regression vs. lineare Quasi-Regression

Optimale Linearkombination von X und Z

Zum Abschluss wollen wir noch den Begriff der zweifachen *linearen Quasi-Regression* betrachten, der leicht mit dem der „echten" zweifachen linearen Regression verwechselt werden kann. Der Unterschied zwischen den beiden Begriffen liegt darin, dass die lineare Quasi-Regression eine in einem bestimmten Sinn optimale Linearkombination von X und Z ist, gleichgültig, ob die echte Regression eine Linearkombination von X und Z ist oder aber eine andere Funktion von X und Z.

Definition 2. Unter den gleichen Voraussetzungen wie in Definition 1 handelt es sich bei der *zweifachen linearen Quasi-Regression*, die wir mit $Q(Y|X, Z)$ bezeichnen, um diejenige Linearkombination $\beta_0 + \beta_1 X + \beta_2 Z$ von X und Z, die folgendes erfüllt:

$$Y = \beta_0 + \beta_1 X + \beta_2 Z + \nu, \tag{9.38}$$

$$E(\nu) = 0, \tag{9.39}$$

und

$$Cov(\nu, X) = Cov(\nu, Z) = 0. \tag{9.40}$$

Die Variable Y wird hier also als Summe von $Q(Y|X, Z) = \beta_0 + \beta_1 X + \beta_2 Z$ und der Fehlervariablen ν dargestellt. Dabei bezeichnen wir ν als *Fehlervariable* bezüglich der linearen Quasi-Regression $Q(Y|X, Z)$. Sie hat den Erwartungswert null. Auch die Kovarianzen $Cov(\nu, X)$ und $Cov(\nu, Z)$ sind null. Dies sind, neben der Gleichung (9.38) die Bedingungen, welche die Fehlervariable ν und die zweifache lineare Quasi-Regression $Q(Y|X, Z)$ definieren.

Man beachte auch hier, dass es sich bei der Unkorreliertheit von ν und X, sowie von ν und Z keineswegs um Voraussetzungen handelt, die in irgendeinem Fall einmal falsch sein könnten. Sie sind Bestandteil einer formalen Definition und damit weder einer empirischen Überprüfung zugänglich noch bedürftig. Der zweifachen linearen Quasi-Regression ist hier ein eigener Abschnitt gewidmet, weil sie implizit immer dann verwendet wird, wenn man vermeintlich die partiellen Regressionskoeffizienten nach den Formeln (9.16) und (9.18) berechnet, ohne dass man vorher untersucht, ob die Regression $E(Y|X, Z)$ tatsächlich eine Linearkombination von X und Z ist. Den Namen „Quasi-Regression" haben wir gewählt, weil er wohl deutlicher macht, dass es sich dabei im Allgemeinen *nicht* um eine echte Regression handelt. Die Bezeichnungen „Regression 1. Art" und „Regression 2. Art" (Müller, 1975) dagegen heben diesen Unterschied nicht so deutlich hervor.

9.4.1 Eine zweite, äquivalente Definition

Auch im Fall zweier Regressoren gibt es eine alternative, mit der obigen völlig äquivalente Definition[5] der zweifachen linearen Quasi-Regression $Q(Y|X, Z)$ von Y auf X und Z.

Definition 3. Unter den gleichen Voraussetzungen wie in Definition 1 können wir $Q(Y|X, Z)$ auch als diejenige Linearkombination von X und Z definieren, welche die folgende Funktion der reellen Zahlen b_0, b_1 und b_2, das *Kleinst-Quadrat-Kriterium*, minimiert:

$$LS(b_0, b_1, b_2) = E[[Y - (b_0 + b_1 X + b_2 Z)]^2]. \tag{9.41}$$

Kleinst-Quadrat-Kriterium

Diejenigen Zahlen b_0, b_1 und b_2, für welche die Funktion $LS(b_0, b_1, b_2)$ ein Minimum annimmt, seien mit β_0, β_1 und β_2 respektive, bezeich-

---

[5] Den Beweis der Äquivalenz der beiden Definitionen der zweifachen linearen Quasi-Regression kann man wie bei der linearen Quasi-Regression führen (s. die entsprechende Übung in Kapitel 8).

net. Die *zweifache lineare Quasi-Regression* ist dann definiert durch:

$$Q(Y|X, Z) := \beta_0 + \beta_1 X + \beta_2 Z. \tag{9.42}$$

Beziehungen zwischen linearer Quasi-Regression und echter linearer Regression

Bezeichnet man als Fehlervariable wiederum die durch Gleichung (9.38) gegebene Variable, so folgen für v die Gleichungen (9.39) bis (9.40).

Ist die Regression $E(Y|X, Z)$ linear in (X, Z), so sind Regression und Quasi-Regression identisch. In diesem und *nur* in diesem Fall sind auch das Residuum ε und die Fehlervariable v identisch. Natürlich gelten dann alle für ε aufgeführten Eigenschaften auch für v. Die in den Gleichungen (9.11) und (9.13) beschriebenen Eigenschaften des Residuums eignen sich am besten zur empirischen Überprüfung, ob die zweifache lineare Quasi-Regression $Q(Y|X, Z)$ mit der (echten) Regression $E(Y|X, Z)$ identisch ist. Ist eine dieser Gleichungen nicht erfüllt, so sind $Q(Y|X, Z)$ und $E(Y|X, Z)$ nicht identisch. Die Eigenschaften (9.12) und (9.14) dagegen sind für eine solche Überprüfung nicht geeignet, da sie nicht nur für das Residuum ε, sondern zugleich auch für die Fehlervariable v gelten [s. Gln. (9.39) und (9.40)].

Ist $E(Y|X, Z)$ *keine* lineare sondern eine kompliziertere Funktion von X und Z, so ist die zweifache lineare Quasi-Regression von Y auf X und Z dennoch definiert. Auch in diesem Fall lassen sich die Koeffizienten der Gleichung (9.42) berechnen, und zwar gelten für β_0, β_1 und β_2 die gleichen Formeln, wie für die entsprechenden Koeffizienten der „echten" linearen Regression.[6] Dennoch lassen sich diese Koeffizienten nur dann als partielle Regressionskoeffizienten interpretieren [s. insbesondere die Erläuterung zur Gl. (9.6)], wenn zugleich auch Gleichung (9.3) gilt. Andernfalls kommt diesen Koeffizienten keine weitere Bedeutung zu als eben Koeffizienten der Variablen in Gleichung (9.42) zu sein und diejenigen Zahlen b_0, b_1 und b_2 zu sein, für welche die Funktion $LS(b_0, b_1, b_2)$ ein Minimum annimmt [s. Gl. (9.41)]. Die partiellen Regressionskoeffizienten β_0, β_1 und β_2 dagegen erlauben eine viel weitergehende und inhaltlich bedeutsamere Interpretation, zum Beispiel, dass β_1 der Steigungskoeffizient der bedingten linearen Regressionen von Y auf X ist, gleichgültig auf welchem Wert z man Z festhält. Außerdem erlauben die partiellen Regressionskoeffizienten in Verbindung mit Gleichung (9.3), die bedingten Erwartungswerte $E(Y|X=x, Z=z)$ anzugeben.

Gleiche Vorbehalte wie bei einfacher linearer Regression

Ist Y nicht linear regressiv abhängig von X und Z, so ist die zweifache lineare Quasi-Regression wohl nur selten von inhaltlicher Bedeutung. Es lassen sich nämlich durchaus Fälle angeben, in denen $E(Y|X, Z)$ eine wichtige regelhafte Abhängigkeit der Variablen Y von X und Z beschreibt, die Koeffizienten β_1 und β_2 der linearen Quasi-Regression aber gleich Null sind. Für den Begriff der zweifachen linearen Quasi-Regression $Q(Y|X, Z)$ treffen daher die gleichen Vorbehalte zu, wie sie ausführlich im letzten Kapitel zur einfachen linearen Quasi-Regression for-

---

[6] Die Ableitung dieser Formeln erfolgt analog zur Ableitung der entsprechenden Formeln für die (echten) partiellen Regressionskoeffizienten (s. Übung 4).

muliert wurden. Der entscheidende Mangel ist auch hier, dass dieser Begriff nicht gewährleistet, dass die bedingten Erwartungswerte $E(Y|X=x, Z=z)$ auf der durch die zweifache lineare Quasi-Regression $Q(Y|X,Z)$ aufgespannten Ebene liegen. Die wahre regressive Abhängigkeit des Regressanden Y von den beiden Regressoren X und Z kann also weitaus komplizierter als linear sein, ohne dass man dies bei der Betrachtung der zweifachen linearen Quasi-Regression bemerken würde.

9.5 Zusammenfassende Bemerkungen

Die Koeffizienten der zweifachen linearen Regression (und damit die *partielle* lineare regressive Abhängigkeit einer Variablen Y von einer Variablen X gegeben Z) unterscheiden sich von den Koeffizienten der einfachen linearen Regression (und damit von der *einfachen* linearen regressiven Abhängigkeit) ganz wesentlich. Im allgemeinen folgt weder aus der einfachen linearen regressiven Abhängigkeit die partielle noch umgekehrt. Dabei kann es sogar so sein, dass eine starke einfache lineare regressive Abhängigkeit einer Variablen Y von einer Variablen X besteht, dass bei gegebener Variablen Z aber zugleich der partielle Regressionskoeffizient von X gleich Null ist. Selbst die Umkehrung der Richtungen der Abhängigkeiten ist möglich, d. h. Y kann von X positiv linear regressiv abhängig sein (d. h. für den einfachen Regressionskoeffizienten gilt: $\alpha_1 > 0$) und zugleich negativ partiell linear regressiv abhängig bezüglich einer dritten Variablen Z (d. h. für den partiellen Regressionskoeffizienten gilt: $\beta_1 < 0$). Solche Phänomene werden oft unter dem Stichwort „Suppressionseffekte" (s. z. B. Bortz, 1999, S. 442ff.) behandelt. Diese Phänomene können nur dann auftreten, wenn die Regressoren X und Z korreliert sind, also vor allem in Beobachtungsstudien, bei denen die Regressoren mit ihrer „natürlichen" Korrelation erfasst werden. In Kapitel 15 werden wir solche Paradoxa ausführlich behandeln.

Wesentliche Unterschiede zwischen Koeffizienten der zweifachen und der einfachen linearen Regression

Suppressionseffekte

Fragen

F1. Was ist die wichtigste Eigenschaft der bezüglich Z partiellen regressiv-linearen Abhängigkeit eines Regressanden Y von einem Regressor X? — leicht

F2. Unter welcher Bedingung ist, falls Gleichung (9.3) vorausgesetzt wird, die einfache Regression $E(Y|X)$ eine lineare Funktion von X? — leicht

F3. Unter welchen Bedingungen sind, falls Gleichung (9.3) vorausgesetzt wird, der einfache und der partielle Regressionskoeffizient von X identisch? — mittel

F4. Unter welchen Bedingungen ist der Determinationskoeffizient $R^2_{Y|X,Z}$ die Summe der Determinationskoeffizienten $R^2_{Y|X}$ und $R^2_{Y|Z}$? — mittel

F5. Wie kann man den Determinationskoeffizienten $R^2_{Y|X,Z}$ im Allgemeinen ausrechnen, wenn man die Gleichung (9.3), aber keine weiteren Bedingungen voraussetzen kann? — leicht

F6. Was ist der wesentliche Unterschied zwischen der Regression $E(Y|X,Z)$ und der zweifachen linearen Quasi-Regression $Q(Y|X,Z)$? — leicht

Antworten

A1. Die wichtigste Eigenschaft der bezüglich Z partiellen linearen regressiven Abhängigkeit eines Regressanden Y von einem Regressor X ist die Gleichheit der Regressionskoeffizienten β_1 der bedingten linearen Regression für alle Werte z von Z.

A2. Falls Gleichung (9.3) vorausgesetzt wird und die Regression $E(Z|X)$ linear ist, ist auch die einfache Regression $E(Y|X)$ eine lineare Funktion von X.

A3. Falls Gleichung (9.3) vorausgesetzt wird und Z von X regressiv unabhängig ist oder der Koeffizient β_2 aus Gleichung (9.3) gleich null ist, sind der einfache und der partielle Regressionskoeffizient von X identisch.

A4. Wird Gleichung (9.3) vorausgesetzt und sind X und Z voneinander regressiv unabhängig [s. Gln. (9.26) und (9.32)], ist der Determinationskoeffizient $R^2_{Y|X,Z}$ die Summe der Determinationskoeffizienten $R^2_{Y|X}$ und $R^2_{Y|Z}$.

A5. Im allgemeinen Fall, wenn man nur die Gleichung (9.3), aber keine weiteren Bedingungen voraussetzen kann, kann man den Zähler des Determinationskoeffizienten $R^2_{Y|X,Z}$ unter Verwendung der Gleichung (9.9) ausrechnen.

A6. Der wesentliche Unterschied zwischen der Regression $E(Y|X,Z)$ und der zweifachen linearen Quasi-Regression $Q(Y|X,Z)$ ist, dass $Q(Y|X,Z)$ zwar ebenso wie $E(Y|X,Z)$ das Kleinst-Quadrat-Kriterium minimiert, aber nur bei der Regression $E(Y|X,Z)$ ist garantiert, dass ihre Werte auch die bedingten Erwartungswerte $E(Y|X=x, Z=z)$ sind.

Übungen

leicht   Ü1. Zeigen Sie, dass die Gleichungen (9.13) aus Gleichung (9.11) folgen!

leicht   Ü2. Zeigen Sie, dass die Gleichungen (9.14) aus den Gleichungen (9.13) folgen!

leicht   Ü3. Zeigen Sie, dass die Gleichung (9.15) aus der Gleichung (9.3) folgt!

schwer   Ü4. Zeigen Sie, dass die Gleichungen (9.16) und (9.18) aus der Gleichung (9.3) folgen!

mittel   Ü5. Zeigen Sie, dass die Gleichungen (9.27) bis (9.29) aus den Gleichungen (9.3) und (9.26) folgen!

schwer   Ü6. Zeigen Sie, dass die Gleichung (9.30) aus Gleichung (9.26) folgt!

mittel   Ü7. Zeigen Sie, dass die Gleichung (9.9) aus Gleichung (9.3) folgt und dass auch Gleichung (9.33) folgt, wenn wir auch Gleichung (9.26) und die daraus folgende Gleichung (9.30) voraussetzen können!

mittel   Ü8. Zeigen Sie, dass die Gleichung (9.34) aus den Gleichungen (9.3), (9.26) und (9.32) folgt!

mittel   Ü9. Zeigen Sie, dass die Gleichung (9.37) aus den Gleichungen (9.3) und (9.36) folgt!

mittel   Ü10. Geben Sie ein Zahlenbeispiel, in dem zwar der partielle Regressionskoeffizient β_1 aus Gleichung (9.3) positiv ist, aber der einfache Regressionskoeffizient α_1 aus Gleichung (9.27) gleich null ist! [Hinweis: Nutzen Sie Gleichung (9.37)!]

Lösungen

L1. Die Gleichungen (9.13) folgen aus Gleichung (9.11), denn

R-Box 6.3 (v) $E(\varepsilon|X) = E[E(\varepsilon|X,Z)|X]$

Gl. (9.11) $= E(0|X)$

R-Box 6.2 (i) $= 0$.

Das Entsprechende gilt für $E(\varepsilon|Z)$.

L2. Die Gleichungen (9.14) folgen aus (9.13), da $E(\varepsilon|X) = 0 + 0 \cdot X$ eine lineare Regression mit dem Steigungskoeffizienten $\alpha_1 = 0$ ist. Für diesen gilt aber immer $\alpha_1 = Cov(X, \varepsilon) / Var(X)$. Daraus folgt: $Cov(X, \varepsilon) = 0$. Das entsprechende Argument gilt für $Cov(Z, \varepsilon)$.

L3. Die Gleichung (9.15) folgt aus Gleichung (9.3), denn

R-Box 6.2 (iv) $E(Y) = E[E(Y|X,Z)]$

Gl. (9.3) $= E(\beta_0 + \beta_1 X + \beta_2 Z)$

> **Zusammenfassungsbox 1. Das Wichtigste zur zweifachen linearen Regression**
>
> Die Regression $E(Y|X, Z)$ heißt *linear* in (X, Z), wenn sie eine Linearkombination von X und Z ist, d. h. wenn gilt:
>
> $$E(Y|X, Z) = \beta_0 + \beta_1 X + \beta_2 Z,$$
>
> wobei β_0, β_1 und β_2 reelle Zahlen sind. Die Zahlen β_1 und β_2 heißen dann *partielle Regressionskoeffizienten*. Sie heißen *standardisierte partielle Regressionskoeffizienten* wenn, die Variablen X, Y, und Z gleiche Varianzen haben.
>
> Für das Residuum $\varepsilon := Y - E(Y|X, Z)$ gelten:
>
> $$E(\varepsilon|X, Z) = E(\varepsilon|X) = E(\varepsilon|Z) = E(\varepsilon) = Cov(\varepsilon, X) = Cov(\varepsilon, Z) = 0$$
>
> $\beta_0 = E(Y) - \beta_1 E(X) - \beta_2 E(Z)$
>
> $$\beta_1 = \frac{Var(Z)\,Cov(X, Y) - Cov(X, Z)\,Cov(Y, Z)}{Var(X)\,Var(Z) - Cov(X, Z)^2}$$
>
> $$= \frac{Std(Y)}{Std(X)} \cdot \frac{Kor(X, Y) - Kor(X, Z)\,Kor(Y, Z)}{1 - Kor(X, Z)^2}$$
>
> $$\beta_2 = \frac{Var(X)\,Cov(Z, Y) - Cov(X, Z)\,Cov(Y, X)}{Var(X)\,Var(Z) - Cov(X, Z)^2}$$
>
> $$= \frac{Std(Y)}{Std(Z)} \cdot \frac{Kor(Z, Y) - Kor(X, Z)\,Kor(X, Y)}{1 - Kor(X, Z)^2}$$
>
> $\beta_0 = E(Y|X = 0, Z = 0)$,
> $\beta_1 = E(Y|X = 1, Z = 0) - E(Y|X = 0, Z = 0)$
> $\beta_2 = E(Y|X = 0, Z = 1) - E(Y|X = 0, Z = 0)$
>
> Wird $E(Y|X, Z) = \beta_0 + \beta_1 X + \beta_2 Z$ vorausgesetzt, gilt $\alpha_1 = \beta_1$, wenn: $E(Z|X) = E(Z)$ oder $\beta_2 = 0$.
>
> $$R^2_{Y|X, Z} = \frac{\beta_1^2\,Var(X) + \beta_2^2\,Var(Z) + 2\beta_1\beta_2\,Cov(X, Z)}{Var(Y)}$$
>
> Kennwert für die Stärke der partiellen linearen regressiven Abhängigkeit des Regressanden Y von X, oder der durch X zusätzlich zu Z erklärte Varianzanteil von Y.

Definition

Partielle und standardisierte partielle Regressionskoeffizienten

Eigenschaften des Residuums

Identifikation der Regressionskoeffizienten aus den Erwartungswerten, Varianzen und Kovarianzen der beteiligten Variablen

Dichotome Regressoren mit Werten 0 und 1

Hinreichende Bedingungen für die Gleichheit des einfachen und des partiellen Regressionskoeffizienten

Determinationskoeffizient

$R^2_{Y|X, Z} - R^2_{Y|Z}$

$\qquad\qquad = \beta_0 + \beta_1 E(X) + \beta_2 E(Z).$ R-Box 5.1 (i) bis (iii)

L4. Die Gleichungen (9.16) und (9.18) erhält man durch Auflösung der beiden Gleichungen

$\qquad Cov(X, Y) = Cov(X, \beta_0 + \beta_1 X + \beta_2 Z + \varepsilon)$ Gl. (9.3) und (9.10)
$\qquad\qquad\quad\ = \beta_1 Var(X) + \beta_2 Cov(X, Z)$ R-Box 5.3 (v), Def. der Varianz, (9.14)

und

$\qquad Cov(Z, Y) = Cov(Z, \beta_0 + \beta_1 X + \beta_2 Z + \varepsilon)$ Gl. (9.3) und (9.10)
$\qquad\qquad\quad\ = \beta_1 Cov(X, Z) + \beta_2 Var(Z)$ R-Box 5.3 (v), Def. der Varianz, (9.14)

nach den beiden Unbekannten β_1 und β_2. Die Gleichungen für die Korrelationen ergeben sich dann durch Einsetzen der Definitionsgleichungen für Korrelationen

(s. R-Box 5.3) und entsprechende Umformungen. Die Umformung der ersten dieser beiden Gleichungen ergibt:

$$\beta_1 = \frac{Cov(X,Y) - \beta_2 Cov(X,Z)}{Var(X)}.$$

Setzen wir dies in die zweite Gleichung ein, erhalten wir

$$Cov(Z,Y) = \left[\frac{Cov(X,Y) - \beta_2 Cov(X,Z)}{Var(X)}\right] \cdot Cov(Z,X) + \beta_2 Var(Z).$$

Multiplizieren beider Seiten mit $Var(X)$ ergibt:
$Cov(Z,Y) \cdot Var(X)$
$= [Cov(X,Y) - \beta_2 Cov(Z,X)] Cov(Z,X) + \beta_2 Var(Z) \cdot Var(X)$
$= Cov(X,Y) \cdot Cov(Z,X) - \beta_2 Cov(Z,X)^2 + \beta_2 Var(Z) \cdot Var(X).$

Diese Gleichung lässt sich nun weiter umformen zu:
$Cov(Z,Y) \cdot Var(X) - Cov(X,Y) \cdot Cov(Z,X)$
$= \beta_2 \left[-Cov(Z,X)^2 + Var(Z) \cdot Var(X)\right].$

Daraus folgt nun:

$$\beta_2 = \frac{Cov(Z,Y) Var(X) - Cov(X,Y) Cov(Z,X)}{Var(X) Var(Z) - Cov(Z,X)^2}.$$

Die entsprechende Gleichung für β_1 erhält man durch Vertauschung von X und Z.

L5. Die Gleichungen (9.27) bis (9.29) folgen aus den Gleichungen (9.3) und (9.26), denn:

R-Box 6.2 (v) $E(Y|X) = E[E(Y|X,Z)|X]$
Gl. (9.3) $= E(\beta_0 + \beta_1 X + \beta_2 Z | X)$
R-Box 6.2 (i) bis (iv) $= \beta_0 + \beta_1 E(X|X) + \beta_2 E(Z|X)$
R-Box 6.2 (v) $= \beta_0 + \beta_1 X + \beta_2 E(Z|X)$
Gl. (9.26) $= [\beta_0 + \beta_2 E(Z)] + \beta_1 X.$

L6. Die Gleichung (9.30) folgt aus der regressiven Unabhängigkeit der Variablen Z von X [Gl. (9.26))], denn:

R-Box 5.3 (i) $Cov(X,Z) = E(XZ) - E(X)E(Z)$
R-Box 6.2 (iv) $= E[E(XZ|X)] - E(X)E(Z)$
R-Box 6.2 (vii) $= E[XE(Z|X)] - E(X)E(Z)$
Gl. (9.26) $= E[XE(Z)] - E(X)E(Z)$
R-Box 5.1 (ii) $= E(X)E(Z) - E(X)E(Z) = 0.$

L7. Die Gleichung (9.34) folgt aus Gleichung (9.3), denn:

Gl. (9.3) $Var[E(Y|X,Z)] = Var(\beta_0 + \beta_1 X + \beta_2 Z)$
R-Box 5.2 (v) $= \beta_1^2 Var(X) + \beta_2^2 Var(Z) + 2\beta_1 \beta_2 Cov(Y,X).$

Können wir auch Gleichung (9.26) und die daraus folgende Gleichung (9.30) verwenden, dann folgt:

Gl. (9.30) $Var[E(Y|X,Z)] = \beta_1^2 Var(X) + \beta_2^2 Var(Z).$

L8. Die Gleichung (9.34) folgt aus den Gleichungen (9.3), (9.26) und (9.32), denn aus der Gleichung (9.31) erhält man durch Einsetzen der beiden Gleichungen $\beta_1 = Cov(X,Y)/Var(X)$ und $\beta_2 = Cov(Z,Y)/Var(Z)$, die bei Gültigkeit der Gleichung (9.26) und (9.32) für die partiellen Regressionskoeffizienten gelten:

$$Var[E(Y|X,Z)] = Cov(X,Y)^2/Var(X) + Cov(Y,Z)^2/Var(Z)$$

Dividieren durch die Varianz von Y ergibt:

$$\frac{Var[E(Y|X,Z)]}{Var(Y)} = \frac{Cov(X,Y)^2}{Var(X) \cdot (Var)} + \frac{Cov(Y,Z)^2}{Var(Z) \cdot Var(Y)}$$

Durch Einsetzen der Definitionen der drei Determinationskoeffizienten $R^2_{Y|X,Z}$, $R^2_{Y|X}$ und $R^2_{Y|Z}$ (s. R-Box 6.3) erhält man dann die Gleichung (9.34).

L9. Die Gleichung (9.37) folgt aus den Gleichungen (9.3) und (9.36), denn

$$\begin{aligned} E(Y|X) &= E[E(Y|X,Z)|X] & &\text{R-Box 6.2 (v)} \\ &= E[\beta_0 + \beta_1 X + \beta_2 Z|X] & &\text{Gl. (9.3)} \\ &= E(\beta_0|X) + E(\beta_1 X|X) + E(\beta_2 Z|X) & &\text{R-Box 6.2 (iii)} \\ &= \beta_0 + \beta_1 X + \beta_2 E(Z|X) & &\text{R-Box 6.2 (i), (v), (ii)} \\ &= \beta_0 + \beta_1 X + \beta_2 (\gamma_0 + \gamma_1 X) & &\text{Gl. (9.36)} \\ &= (\beta_0 + \beta_2 \gamma_0) + (\beta_1 + \beta_2 \gamma_1) X. \end{aligned}$$

L10. Unter Verwendung der Gleichung (9.37) lassen sich solche Beispiele leicht angeben. Sind beispielsweise $\beta_0 = 100$, $\beta_1 = 10$ und $\beta_2 = 5$ die Koeffizienten der Gleichung (9.3), so führen die Koeffizienten $\gamma_0 = 1$ und $\gamma_1 = -2$ aus Gleichung (9.36) zu einer linearen Regression $E(Y|X)$ mit dem Steigungskoeffizienten $\alpha_1 = 0$.

10 Bedingte lineare Regression

Im letzten Kapitel haben wir uns zum ersten Mal mit dem Fall zweier numerischer Regressoren X und Z beschäftigt. Dabei war die Regression $E(Y|X, Z)$ eine Linearkombination von X und Z. Eine entscheidende Eigenschaft dabei war, dass die bedingten Regressionen von Y auf X gegeben $Z = z$ *lineare* Funktionen von X waren, und zwar mit für jeden Wert z von Z *gleichen* Steigungskoeffizienten der bedingten Regressionsgeraden. Diese verlaufen demnach parallel. In einem solchen Fall sprechen wir von partieller linearer regressiver Abhängigkeit. In diesem Kapitel betrachten wir nun einen etwas komplizierteren Fall, bei dem die bedingten Regressionen zwar ebenfalls lineare Funktionen von X sind, deren Graphen aber *nicht* mehr unbedingt parallel verlaufen. In diesem Fall sprechen wir nicht mehr von partieller, sondern von *bezüglich Z bedingter linearer regressiver Abhängigkeit* der Variablen Y von X.

Graphen der bedingten linearen Regressionen müssen nicht mehr parallel verlaufen

Überblick. Wir behandeln zunächst ein Beispiel für die bedingte lineare regressive Abhängigkeit, nämlich das *Verhältnismodell* für geometrisch-optische Täuschungen (wie z. B. die Baldwin-Täuschung). Danach kommen wir zum Begriff der *bedingten linearen regressiven Abhängigkeit*, der dadurch definiert ist, dass sich die Regression $E(Y|X, Z)$ durch eine Funktion (von X und Z) der Form

$$E(Y|X, Z) = g_0(Z) + g_1(Z) \cdot X$$

darstellen lässt. Anschließend gehen wir auf einige Spezialfälle ein, die sich zum einen dadurch ergeben, dass die Funktionen $g_0(Z)$ und $g_1(Z)$ eine spezielle Form annehmen, und zum anderen dadurch, dass X und Z dichotom sind.

10.1 Beispiel. Das Verhältnismodell für geometrisch-optische Täuschungen I

Im Kapitel 7 wurde als klassischer Anwendungsfall einer linearen Regression das stochastische Potenzgesetz in logarithmierter Form behandelt, dessen Gültigkeit für Experimente postuliert wird, bei dem eine Versuchsperson eine Linie herstellen soll, deren Länge ihr gleich lang wie eine ihr dargebotene Linie erscheint. Die Linie wird dabei *ohne* Kontext—soweit das denn überhaupt geht—dargeboten. Bredenkamp (1984a, 1984b) hat die Frage aufgeworfen, ob und wenn ja, wie sich das Potenz-

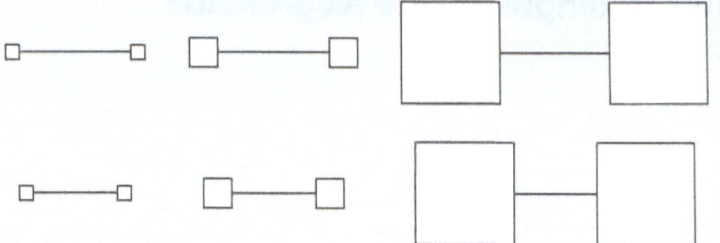

Abbildung 1. Sechs Baldwin-Figuren, die sich aus der Kombination von Linien zweier verschiedener Längen und Quadraten dreier verschiedener Größen ergeben.

gesetz auch für Reize mit Kontext verallgemeinern lässt. Mit „Kontext" sind dabei bspw. die Quadrate der in Abbildung 1 dargestellten Baldwin-Figuren gemeint, bei denen offensichtlich optische Täuschungen auftreten. Die Linien zwischen den Quadraten werden, bei objektiv gleicher Linienlänge, verschieden lang wahrgenommen, wenn sich die Größe der eingrenzenden Quadrate in geeigneter Weise unterscheidet. Die sechs Figuren sind aus der Kombination von drei verschieden großen Quadraten und zwei verschieden langen Linien zwischen den Quadraten zusammengesetzt. Dem Wahrnehmungseindruck nach scheint es sich jedoch bei letzteren um Linien von mehr als zwei verschiedenen Längen zu handeln.

Eine Theorie zu diesen Baldwin-Täuschungen sollte natürlich möglichst präzise Aussagen darüber beinhalten, wie die Länge der von der Person hergestellten Urteilslinie von der Länge der Reizlinien zwischen den Quadraten und der Größe der Quadrate abhängt. Darüber hinaus stellt sich die Frage, wie diese Wahrnehmungstäuschungen in Einklang mit den klassischen Gesetzen der Psychophysik zu bringen sind. Irgendein Zusammenhang muss wohl bestehen, oder sollten diese Kontexte die Gesetze der Psychophysik (z. B. das Stevenssche Potenzgesetz und das Webersche Gesetz) völlig außer Kraft setzen?

Zusammenhang zwischen Wahrnehmungstäuschungen und klassischen Gesetzen der Psychophysik

Erdfelder und Steyer (1984) sowie Telser und Steyer (1989) haben eine ganze Reihe von verschiedenen Modellen diskutiert und untersucht, die als Verallgemeinerung des Potenzgesetzes für Reize mit Kontext angesehen werden können. Bei der empirischen Überprüfung erwies sich das folgende Modell als das beste:

$$E(\ln Y | \ln X, Z) = g_0(Z) + g_1(Z) \cdot \ln X, \qquad (10.1)$$

wobei $\ln Y$ den natürlichen Logarithmus der Länge der Urteilslinie, X die Länge der Reizlinie (zwischen den Quadraten) und Z das Verhältnis von Seitenlänge des Quadrats zur Länge der Serienreizlinie bezeichnen. Diese Modell, das wir als „Verhältnismodell" bezeichnen, postuliert also eine bedingte linear regressive Abhängigkeit der logarithmierten Länge der Urteilslinie von der logarithmierten Länge der Serienreizlinie bei gegebenem Kontext-Serienreiz-Verhältnis.

Verhältnismodell geometrisch-optischer Täuschungen

Veranschaulichung

Anschaulich gesprochen bedeutet dies folgendes: Vergrößert man beispielsweise eine Baldwin-Figur mit k unterschiedlichen Faktoren und

Tabelle 1. Kontext-Serienreiz-Kombinationen und die dabei vorkommenden konstanten Kontext-Serienreiz-Verhältnisse.

		Kontextreiz			
		1	2	4	8
Serienreiz	1	1/1	2/1		
	2	1/2	1/1	2/1	
	4		1/2	1/1	2/1
	8			1/2	1/1

Anmerkungen. Nur diejenigen Kontext-Serienreiz-Verhältnisse sind aufgeführt, in denen mindestens drei verschiedene Serienreize vorkommen. Nur bei diesen Verhältnissen kann die im Text formulierte Hypothese falsch sein.

lässt, bei *einer* aus den k Baldwin-Figuren zufällig ausgewählten Figur, eine Person die Länge X der Linie zwischen den Quadraten mit der Herstellung einer Urteilslinie der Länge Y schätzen, so sollte das (stochastische) Potenzgesetz (in seiner logarithmierten Form; s. Kap. 7)

$$E_{Z=z}(\ln Y \mid \ln X) = g_0(z) + g_1(z) \cdot \ln X \qquad (10.2)$$

Einfache lineare Regression bei festen Werten z von Z

gelten. Dabei sind $g_0(z)$ und $g_1(z)$ reelle Zahlen, die je nach Kontext-Serienreiz-Verhältnis z verschieden groß sein können.

Die entsprechende Art der Abhängigkeit sollte beispielsweise auch bei der Gewichts-Volumen-Täuschung gelten. Wird dort das Volumen (dies ist hier der Kontext) proportional mit dem Gewicht größer, wie dies zum Beispiel bei den üblichen Gewichten für eine Balkenwaage der Fall ist, so sollte das Potenzgesetz gelten. Würde man dagegen die Gewichte in Schachteln konstanter Größe darbieten, so wäre das Verhältnis von Volumen der Schachtel zu Gewicht nicht mehr konstant und das Potenzgesetz dürfte nicht mehr gelten. Bevor wir dieses Beispiel der Baldwin-Täuschung weiterverfolgen, sollen nun die dazu notwendigen Grundlagen behandelt werden.

10.2 Bedingte lineare Regression

Wir beginnen zunächst mit der allgemeinen Definition und untersuchen dann einige Eigenschaften des Begriffs, insbesondere die Eigenschaften des Residuums und die Beziehung zur einfachen linearen Regression.

Definition 1. Seien X und Y numerische Zufallsvariablen mit endlichen Erwartungswerten und Varianzen und Z eine Zufallsvariable, alle auf einem gemeinsamen Wahrscheinlichkeitsraum. Dann heißen die Regression $E(Y \mid X, Z)$ bzgl. *Z bedingt linear in X* und *Y von X bzgl. Z*

*Experiment
zur Baldwin-Täuschung*

Anwendungsbox 1

Über die Internet-Adresse http://www.wahrscheinlichkeit-und-regression.de finden Sie wieder ein Programm, mit dem Sie ein Experiment zur Baldwin-Täuschung (s. Abschnitt 10.1) selbst durchführen können Dort ist auch beschrieben, wie man das Programm ausführt, welche Voraussetzungen auf Ihrem PC vorhanden sein müssen, und wie man diese herstellen kann, um das Experiment mit diesem Programm durchzuführen. Sie können das Programm direkt aus dem Internet starten oder es lokal speichern.

Bei diesem Experiment geht es darum, jeweils die Länge des Serienreizes einer Baldwin-Figur durch die Herstellung einer kontextfreien Linie zu beurteilen. In Tabelle 1 sind die jeweilige Serienreizlänge und das jeweilige Kontext-Serienreiz-Verhältnis von zehn Baldwin-Figuren angegeben, die Sie in diesem Experiment jeweils mehrfach zu beurteilen haben. Die resultierenden Daten können Sie dann später über ein bedingtes lineares Regressionsmodell analysieren.

In diesem Experiment werden drei verschiedene Kontext-Serienreiz-Verhältnisse realisiert, innerhalb derer mindestens drei verschiedene Serienreize vorkommen. Ein Blick auf Tabelle 1 zeigt, dass es sich dabei um die Kontext-Serienreiz-Verhältnisse 1/2, 1/1 und 2/1 handelt. Im Kontext-Serienreiz-Verhältnis 1/2 kommen die drei Serienreize der Länge 2, 4 und 8 vor, im Kontext-Serienreiz-Verhältnis 1 die vier Serienreize der Länge 1, 2, 4 und 8, und im Kontext-Serienreiz-Verhältnis 2 die drei Serienreize der Länge 1, 2 und 4. Die anderen möglichen Kontext-Serienreiz-Verhältnisse sind für eine empirische Prüfung der inhaltlichen Hypothese nicht von Interesse, weil dort nur höchstens zwei verschieden lange Serienreize realisiert wären, so dass bei diesen Kontext-Serienreiz-Verhältnissen immer eine bedingte lineare Regression des logarithmierten Urteils auf den logarithmierten Serienreiz vorliegt. In Abschnitt 10.6 werden wir dieses Beispiel fortführen.

*Bzgl. Z
bedingte lineare Regression*

bedingt linear regressiv abhängig, wenn zwei (beliebige) numerische Funktionen $g_0(Z)$ und $g_1(Z)$ von Z existieren, für die gilt:[1]

$$E(Y \mid X, Z) = g_0(Z) + g_1(Z) \cdot X. \qquad (10.3)$$

Im Fall $g_1(Z) = \gamma_0$, $\gamma_0 \in \mathbb{R}$, heißt *Y von X bzgl. Z partiell linear regressiv abhängig*.

In Abbildung 2 ist die durch diese Gleichung beschriebene Regressionsfläche für kontinuierliche Regressoren X und Z dargestellt. Die Regressionsfläche ist dabei die Menge der Werte $E(Y \mid X = x, Z = z)$ der Regression $E(Y \mid X, Z)$.

Modifikatorfunktion $g_1(Z)$

Die Funktion $g_1(Z)$ bezeichnen wir als *Modifikatorfunktion* und ihre Werte $g_1(z)$ nennen wir *bedingte lineare Regressionskoeffizienten*. Es handelt sich um die Steigungskoeffizienten der bedingten linearen Regressionen von Y auf X, gegeben $Z = z$. Die Werte $g_0(z)$ der Funktion $g_0(Z)$ dagegen sind die Ordinatenabschnitte der bedingten linearen Regressionen von Y auf X, gegeben $Z = z$ (s. Abb. 3). Die Variable Z nennen wir in diesem Kontext auch *Modifikator(variable)*.[2]

Modifikator(variable) Z

---

[1] Mit $g_0(Z)$ und $g_1(Z)$ sind nur „messbare Funktionen" von Z gemeint, d. h. die von $g_0(Z)$ und $g_1(Z)$ erzeugten σ-Algebren sind Teilmengen der von Z erzeugten σ-Algebra. Damit sind jedoch keinerlei inhaltlich relevanten Einschränkungen verbunden.

[2] Anstelle von *Modifikator* wird hier auch oft die Bezeichnung *Moderator* verwendet,

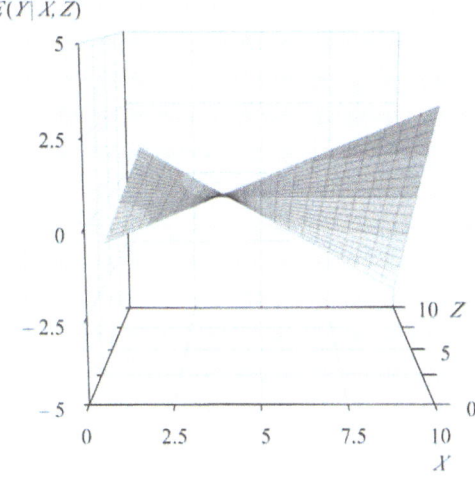

Abbildung 2. Darstellung der durch Gleichung (10.3) beschriebenen Regressionsfläche mit $g_0(Z) = -0.5 + 0.4 \cdot Z$ und $g_1(Z) = 0.15 - 0.1 \cdot Z$.

Man beachte, dass wir auch hier wieder die bezüglich Z bedingte regressive Unabhängigkeit [d. h. den Fall $g_1(Z) = 0$] als speziellen Fall der bedingten linearen regressiven Abhängigkeit betrachten. Weiter beachte man, dass Gleichung (10.3) die wesentliche Bedingung bei der Definition *einer bestimmten Art* der regressiven Abhängigkeit ist. Sie ist keineswegs in allen Anwendungsfällen gültig. Ob sie in einer speziellen Anwendung gültig ist oder nicht, ist eine empirische Frage, es sei denn, dass X dichotom ist (s. Abschnitt 10.4).

10.2.1 Die bedingten Regressionen

Der Schlüssel zum Verständnis der bedingten linearen regressiven Abhängigkeit liegt wieder in der Betrachtung der bedingten Regressionen von Y auf X bei jeweils gegebenem Wert z der Variablen Z. Für einen beliebigen festen Wert z von Z folgt nämlich aus Gleichung (10.3):

$$E_{Z=z}(Y \mid X) = g_0(z) + g_1(z) \cdot X, \qquad (10.4)$$

Einfache lineare Regression bei festen Werten z von Z

also wieder eine bedingte *lineare* Regression, wobei—und das unterscheidet die hier behandelte bedingte von der partiellen linearen regressiven Abhängigkeit—die Regressionskoeffizienten $g_1(z)$ der bedingten linearen Regressionen nicht unbedingt für alle Werte z von Z die gleichen sind. Zeichnet man die Graphen der bedingten Regressionen von Y auf X für verschiedene Werte z von Z in das gleiche Koordinatensystem, so erhält man eine Schar von Geraden, die im allgemeinen *nicht* parallel sind (s. Abb. 3).

---

die u. W. auf Saunders (1956) zurückgeht. Cattell (1963) spricht hier auch von *Modulatoren*. Zur Verwendung von Moderatormodellen in der Persönlichkeits- und Einstellungsforschung siehe Schmitt (1990).

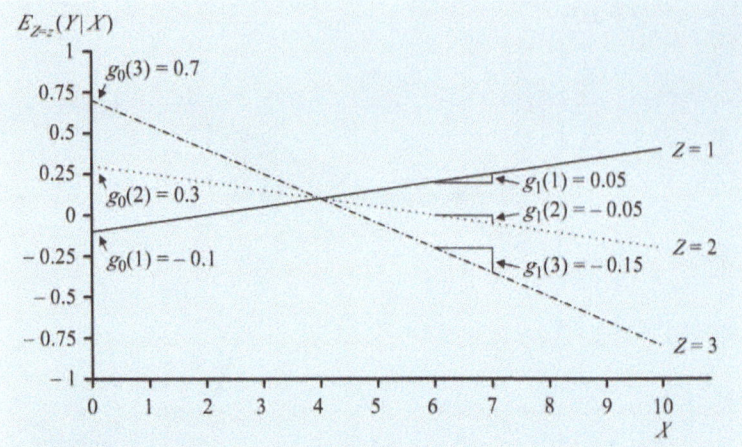

Abbildung 3. Graphen der bedingten linearen Regressionen von Y auf X für einige Werte z von Z.

10.2.2 Eigenschaften des Residuums

Für das Residuum

Das Residuum
$$\varepsilon := Y - E(Y \mid X, Z), \tag{10.5}$$

gelten natürlich alle im Kapitel 6 behandelten Eigenschaften, insbesondere diejenigen, die schon im letzten Kapitel behandelt wurden:

... und seine Eigenschaften
$$E(\varepsilon \mid X, Z) = E(\varepsilon \mid X) = E(\varepsilon \mid Z) = 0, \tag{10.6}$$

$$E[\varepsilon \mid g_0(Z)] = E[\varepsilon \mid g_1(Z)] = 0 \tag{10.7}$$

$$E(\varepsilon) = 0, \tag{10.8}$$

und

$$Cov(\varepsilon, X) = Cov(\varepsilon, Z) = Cov[\varepsilon, g_0(Z)] = Cov[\varepsilon, g_1(Z)] = 0. \tag{10.9}$$

Für die Unkorreliertheit von ε und Z (s. die letzte Gleichung) müssen wir natürlich die zusätzliche Annahme machen, dass auch Z numerisch ist. Bei den anderen oben aufgeführten Eigenschaften des Residuums dagegen ist diese zusätzliche Annahme nicht nötig. Nach den Gleichungen (10.6) und (10.7) sind also die bedingten Erwartungen von ε gegeben X und Z, gegeben X, gegeben Z, gegeben $g_0(Z)$ sowie gegeben $g_1(Z)$ gleich 0. Ebenfalls gleich 0 sind der (unbedingte) Erwartungswert des Residuums ε, sowie die Kovarianzen des Residuums mit seinen Regressoren. Diese Eigenschaften folgen allein aus der Definitionsgleichung (10.5), wobei wir nur bei der Gleichung (10.9) von der Voraussetzung Gebrauch machen müssen, dass X und Z numerisch sind und endliche Erwartungswerte und Varianzen haben. (Andernfalls wären diese Kovarianzen gar nicht definiert.)

Die in den Gleichungen (10.6) und (10.7) beschriebenen Eigenschaften des Residuums eignen sich am besten zur empirischen Überprüfung der Frage, ob in einer konkreten Anwendung der betrachtete Regressand Y von X tatsächlich Z-bedingt linear regressiv abhängig ist. Ist für eine spezifizierte Funktion von X und Z der Form $g_0(Z) + g_1(Z) \cdot X$ und die Variable $\varepsilon := Y - [g_0(Z) + g_1(Z) \cdot X]$ eine der drei Gleichungen $E(\varepsilon \mid X, Z) = E(\varepsilon \mid X) = E(\varepsilon \mid Z)$ [vgl. Gleichung (10.6) und (10.7)] *nicht* erfüllt, so kann in einem solchen Fall diese Funktion $g_0(Z) + g_1(Z) \cdot X$ nicht die Regression $E(Y \mid X, Z)$ sein.

Anwendung bei der empirischen Überprüfung bedingter linearer regressiver Abhängigkeit

10.2.3 Einfache Spezialfälle der bedingten linearen regressiven Abhängigkeit

Ist die Regression $E(Y \mid X, Z)$ von Y auf X und Z mit der Regression $E(Y \mid X)$ von Y auf X identisch, d. h. gilt $E(Y \mid X, Z) = E(Y \mid X)$, so sprechen wir von *bedingter regressiver Unabhängigkeit* des Regressanden Y von Z, gegeben X.

Bedingte regressive Unabhängigkeit

Die obige Definition der bedingten linearen regressiven Abhängigkeit schließt auch denjenigen Spezialfall ein, in dem $g_0(Z)$ und $g_1(Z)$ konstante Funktionen von Z sind, also für alle Werte z von Z den gleichen Wert $g_0(Z) = \alpha_0$ bzw. $g_1(Z) = \gamma_0$ annehmen. In diesem Fall vereinfacht sich Gleichung (10.3) zu

$$E(Y \mid X, Z) = \beta_0 + \gamma_0 X = E(Y \mid X). \qquad (10.10)$$

Dies ist also ein Spezialfall der bedingten regressiven Unabhängigkeit des Regressanden Y von Z, gegeben X. Warum wir hier die Koeffizienten dieser einfachen linearen Regression mit β_0 bzw. γ_0 bezeichnen, wird in den folgenden Abschnitten verständlich [s. insbesondere die Gln. (10.11) und (10.13)].

Sind dagegen

$$g_0(Z) = \beta_0 + \beta_1 Z, \quad \beta_0, \beta_1 \in \mathbb{R}, \qquad (10.11)$$

eine lineare Funktion von Z und $g_1(Z) = \gamma_0$ eine konstante reelle Funktion, so vereinfacht sich Gleichung (10.3) zu

$$E(Y \mid X, Z) = \beta_0 + \beta_1 Z + \gamma_0 X, \qquad (10.12)$$

Zweifache lineare Regression

dem im letzten Kapitel behandelten Spezialfall der zweifachen linearen Regression. In den beiden bisher genannten Spezialfällen ist also die Modifikatorfunktion $g_1(Z)$ eine Konstante.

Gilt sowohl Gleichung (10.11) und ist

$$g_1(Z) = \gamma_0 + \gamma_1 Z, \quad \gamma_0, \gamma_1 \in \mathbb{R}, \qquad (10.13)$$

> **Anwendungsbox 2**
>
> Bevor wir weitere Eigenschaften der bedingten linearen Regression betrachten, wollen wir einige weitere Beispiele anführen. Ist Y das *Aktuelle Wohlbefinden*, X das *Habituelle Wohlbefinden* und Z die *Stimmungsvariabilität*, dann hängt das Aktuelle Wohlbefinden (Y) deutlich weniger stark vom Habituellen Wohlbefinden (X) ab, wenn die Stimmungsvariabilität (Z) hoch (z. B. $Z=3$) als wenn sie niedrig (z. B. $Z=1$) ist. Eid, Notz, Steyer und Schwenkmezger (1994) haben dies in einer empirischen Untersuchung für messfehlerbereinigte (latente) Variablen X und Y nachgewiesen, wobei die Stimmungsvariabilität mit einer deutschen Version des „Mood survey" erhoben wurde (s. Bohner, Hormuth & Schwarz, 1991).
>
> Spielberger (1966) postuliert *stärkere* Effekte angstauslösender Situationen (X) auf die *Stateangst* (Y) bei hoher Ausprägung der *Traitangst* (Z = hoch) und schwächere Effekte von X bei niedriger Ausprägung (Z = niedrig) (s. auch Amelang & Bartussek, 1997, S. 459).
>
> Klassische Beispiele sind auch die *Aptitude-Treatment-Interactions* (s. z. B. Cronbach & Snow, 1977). Damit bezeichnet man z. B. das Phänomen, dass mit einer pädagogischen Maßnahme (X)—verglichen mit einer nichtbehandelten Gruppe—bei Lernenden mit hohen Fähigkeiten (Z = hoch) ein größerer Effekt auf eine bestimmte Leistungsvariable (Y) erzielt wird, als bei Lernenden mit niedrigen Fähigkeiten (Z = niedrig).
>
> Auch in der Klinischen Psychologie ergeben sich ganz ähnliche Fragestellungen, wenn die *Differentielle Indikation* untersucht wird, also die Frage, ob für Klienten mit unterschiedlichen Ausprägungen auf einer Variablen Z (z. B. eine bestimmte Persönlichkeits-, Motivations- oder Einstellungsvariable oder auch bestimmte Störungsarten) eine Behandlung (X)—verglichen mit einer nichtbehandelten Gruppe—unterschiedliche Effekte auf das gewählte Kriterium (Y) (z. B. Lebenszufriedenheit) hat.

Aptitude-Treatment-Interactions

Anwendung in der Klinischen Psychologie

eine *lineare Modifikatorfunktion*, so ergibt Gleichung (10.3)

Additive und multiplikative Verknüpfung von X und Z zur Regression $E(Y \mid X, Z)$

$$E(Y \mid X, Z) = (\beta_0 + \beta_1 Z) + (\gamma_0 + \gamma_1 Z) \cdot X$$
$$= \beta_0 + \beta_1 Z + \gamma_0 X + \gamma_1 XZ. \qquad (10.14)$$

In diesem Spezialfall sind also X und Z additiv *und* multiplikativ zur Regression $E(Y \mid X, Z)$ verknüpft.

Sind X und Z dichotom, ist Gl. (10.14) allgemeingültig

Wie wir im Abschnitt 10.4 sehen werden, ist aber auch Gleichung (10.14) nur dann allgemeingültig, wenn X und Z dichotom sind. In diesem Fall lässt sich die Regression $E(Y \mid X, Z)$ immer in der Form der Gleichung (10.14) darstellen. In anderen Fällen kann es jedoch sein, dass X und Z nicht auf eine derart einfache Weise zur Regression $E(Y \mid X, Z)$ verknüpft werden können. Wie wir bereits bemerkt haben, existiert selbst eine Darstellung in der Form der Gleichung (10.3) nicht in allen Anwendungen.

Man beachte, dass Z in der Gleichung (10.3) durchaus auch für eine vektorielle Variable stehen kann. Ist z. B. $Z = (Z_1, Z_2)$ ein 2-dimensionaler Vektor numerischer Zufallsvariablen, und handelt es sich bei $g_0(Z)$ und $g_1(Z)$ jeweils um lineare Funktionen von Z_1 und Z_2, dann ist auch

$$E(Y \mid X, Z) = (\beta_0 + \beta_1 Z_1 + \beta_2 Z_2) + (\gamma_0 + \gamma_1 Z_1 + \gamma_2 Z_2) \cdot X \qquad (10.15)$$

ein Spezialfall von Gleichung (10.3). Das *allgemeine Prinzip der bedingten linearen Regression* ist die Beschreibung der regressiven Abhängigkeit des Regressanden Y vom Regressor X durch eine lineare Funktion von X bei konstanter Ausprägung einer oder mehrerer anderer Variablen Z.

Allgemeines Prinzip der bedingten linearen Regression

10.3 Parametrisierungen der bedingten linearen Regression

Im Allgemeinen spielt die Anzahl der Werte von Z keine Rolle, gleichgültig, ob Z nun ein- oder mehrdimensional ist. Zur Analyse einer bedingten linearen Regression mit verfügbaren PC-Programmen zur multiplen linearen Regression allerdings müssen die Funktionen $g_0(Z)$ und $g_1(Z)$ als lineare Funktionen vom Typ

$$g_0(Z) = \beta_0 + \beta_1 Z_1 + \beta_2 Z_2 + \ldots + \beta_{k-1} Z_{k-1} \quad (10.16)$$

$$g_1(Z) = \gamma_0 + \gamma_1 Z_1 + \gamma_2 Z_2 + \ldots + \gamma_{k-1} Z_{k-1} \quad (10.17)$$

dargestellt werden, wobei jede der Variablen $Z_1, Z_2, \ldots, Z_{k-1}$ eine (zunächst beliebige) Funktion von Z ist. Spezielle Beispiele dazu werden wir gleich kennen lernen. Liegt überhaupt eine bedingte lineare Regression $E(Y|X, Z)$ vor, existiert ein Darstellung der Form (10.16) und (10.17) immer dann, wenn Z nur k verschiedene Werte annehmen kann.

Nimmt Z nur k verschiedene Werte an, existiert immer eine Darstellung durch die Gln. (10.16) und (10.17)

10.3.1 Parametrisierung als Polynome

Kann Z nur k verschiedene Zahlen als Werte annehmen, so lassen sich sowohl die Funktion $g_0(Z)$ als auch die Modifikatorfunktion $g_1(Z)$ immer als ein Polynom $(k-1)$-ten Grades darstellen:

$$g_0(Z) = \beta_0 + \beta_1 Z + \beta_2 Z^2 + \ldots + \beta_{k-1} Z^{k-1} \quad (10.18)$$

und

$$g_1(Z) = \gamma_0 + \gamma_1 Z + \gamma_2 Z^2 + \ldots + \gamma_{k-1} Z^{k-1}. \quad (10.19)$$

Polynomiale Parametrisierung der bedingten linearen Regression

Die Koeffizienten β_i und γ_i, $i = 1, \ldots, k-1$, sind dabei reelle Zahlen. Wir nennen dies die *polynomiale Parametrisierung* der bedingten linearen Regression. Sind diese beiden Polynome bekannt, so lassen sich die bedingten Regressionskoeffizienten $g_0(z)$ und $g_1(z)$ für jeden beliebigen Wert z von Z berechnen.

Bei dem am Ende dieses Kapitels ausführlich dargestellten Beispiel geht es bspw. um die Frage, ob bei Baldwin-Figuren (s. Abb. 1) das logarithmierte Urteil über die Länge des Serienreizes (Y) bei gegebenem Kontext-Serienreiz-Verhältnis (Z) *linear* von der logarithmierten Länge des Serienreizes (X) abhängt. Dies würde nämlich bedeuten, dass das Stevenssche Potenzgesetz bei konstantem Kontext-Serienreiz-Verhältnis gilt. Die damit formulierte Hypothese beinhaltet also keine Restriktionen über die Funktionen $g_0(Z)$ und $g_1(Z)$, sondern postuliert „nur" die Gültigkeit der Gleichung (10.3). Die Funktionen $g_0(Z)$ und $g_1(Z)$ sollten daher genau so viele verschiedene Werte wie Z selbst annehmen können.

10.3.2 Parametrisierung durch Indikatorvariablen

Wesentlich ist die Frage nach der Abhängigkeit des Regressanden Y vom Regressor X bei gegebenen Werten z

Das Wesentliche bei der in diesem Kapitel dargestellten Betrachtungsweise multipler Regressionen ist nicht die Verwendung von Polynomen. Wesentlich ist die Frage nach der Art der Abhängigkeit des Regressanden Y vom Regressor X bei gegebenen Werten z eines oder mehrerer weiterer Regressoren Z. Dabei ist manchmal durchaus die Verwendung anderer Funktionen anstelle der oben angesprochenen Polynome sinnvoll. Die *Parametrisierung* der bedingten linearen Regression *durch Indikatorvariablen* kann man wie folgt beschreiben: Kann Z nur k verschiedene Werte annehmen, so lässt sich sowohl die Funktion

$$g_0(Z) = \beta_0 + \beta_1 I_1 + \ldots + \beta_j I_j + \ldots + \beta_{k-1} I_{k-1} \qquad (10.20)$$

als auch die Funktion

Parametrisierung der Modifikatorfunktion durch Indikatorvariablen

$$g_1(Z) = \gamma_0 + \gamma_1 I_1 + \ldots + \gamma_j I_j + \ldots + \gamma_{k-1} I_{k-1} \qquad (10.21)$$

als eine gewichtete Summe von Indikatorvariablen I_j darstellen, wobei jede Indikatorvariable I_j den Wert 1 annimmt, falls der $j$te Wert von Z vorliegt und andernfalls den Wert 0. Auch auf diese Weise wird gewährleistet, dass die Funktionen $g_0(Z)$ und $g_1(Z)$ für jeden Wert z von Z andere Werte annehmen können, die dann die Rolle der Regressionskoeffizienten in der bedingten Regression

$$E_{Z=z}(Y|X) = g_0(z) + g_1(z) \cdot X \qquad (10.22)$$

spielen können. Die Darstellungsform der beiden Funktionen $g_0(Z)$ und $g_1(Z)$ als eine Summe von Indikatorvariablen [siehe Gleichungen (10.20) und (10.21)] bedarf, im Gegensatz zu ihrer Darstellung als Polynome, nicht einmal der Voraussetzung, dass Z eine numerische Zufallsvariable ist.

Auch wenn diese Formeln auf den ersten Blick recht kompliziert erscheinen mögen, sollte man dennoch bedenken, dass damit eine große Vereinfachung erzielt werden kann, wenn man beschreiben will, wie die regressive Abhängigkeit des Regressanden Y vom Regressor X von den Ausprägungen der Variablen Z modifiziert wird. Ein Beispiel für die Darstellung der Funktionen $g_0(Z)$ und $g_1(Z)$ als Summe von Indikatorvariablen werden wir im Abschnitt 10.6 behandeln (s. auch Frage 4).

10.4 Dichotome Regressoren

Gleichung (10.3) ist zum Beispiel immer dann erfüllt (aber nicht *nur* dann), wenn X nur zwei verschiedene Werte annehmen kann. In diesem Fall sind die bedingten Regressionen von Y auf X gegeben $Z = z$ zwangsläufig linear. Nimmt X bspw. nur die Werte 0 und 1 an, so sind die bedingten Regressionskoeffizienten $g_1(z)$ als bedingte wahre Mittelwertsunterschiede zwischen den beiden durch X repräsentierten Gruppen bei gegebenem $Z = z$ zu interpretieren. In Formeln:

Regressor X dichotom

$$g_1(z) = E_{Z=z}(Y|X=1) - E_{Z=z}(Y|X=0) \qquad (10.23)$$

oder auch

$$g_1(z) = E(Y|X=1, Z=z) - E(Y|X=0, Z=z). \qquad (10.24)$$

Beide Schreibweisen sind äquivalent.

Repräsentiert Z bspw. mit den beiden Werten z_1 und z_2 das Geschlecht und X zwei experimentelle Bedingungen, so ist $g_1(z_1)$ der (bedingte) wahre Mittelwerteunterschied bzgl. Y zwischen den beiden experimentellen Gruppen in der ersten Geschlechtsgruppe und $g_1(z_2)$ der (bedingte) wahre Mittelwerteunterschied bzgl. Y zwischen den beiden experimentellen Gruppen in der zweiten Geschlechtsgruppe [s. hierzu die Gln. (10.30) bis (10.32)].

Beispiel

Nimmt X nur zwei verschiedene Werte an, so existieren *immer* Funktionen $g_0(Z)$ und $g_1(Z)$ derart, dass sich die Regression $E(Y|X, Z)$ in der Form der Gleichung (10.3) darstellen lässt. Wenn außerdem Z nur k verschiedene Werte annimmt, so lassen sich die beiden Funktionen $g_0(Z)$ und $g_1(Z)$ immer als Polynome $(k-1)$-ten Grades darstellen [s. die Gln. (10.18) und (10.19)], aber es existieren auch andere Darstellungsformen, wie wir in Abschnitt 10.3.2 bereits gesehen haben.

Nehmen beide Regressoren X und Z jeweils nur zwei verschiedene reelle Werte an, zum Beispiel $X = 1$ für die Experimental- und $X = 0$ für die Kontrollbedingung und $Z = 1$ für männlich und $Z = 0$ für weiblich, so ist die folgende Gleichung allgemeingültig:

Beide Regressoren dichotom

$$\begin{aligned} E(Y|X, Z) &= (\beta_0 + \beta_1 Z) + (\gamma_0 + \gamma_1 Z) \cdot X \\ &= \beta_0 + \beta_1 Z + \gamma_0 X + \gamma_1 Z \cdot X. \end{aligned} \qquad (10.25)$$

Die Parameter β_0, β_1, γ_0 und γ_1 lassen sich dann durch die Auflösung des folgenden Systems der vier Gleichungen berechnen, die sich aus Gleichung (10.25) durch Einsetzen der vier Wertekombinationen von X und Z ergeben:

$$E(Y|X=1, Z=1) = \beta_0 + \beta_1 + \gamma_0 + \gamma_1 \qquad (10.26)$$

$$E(Y|X=1, Z=0) = \beta_0 + \gamma_0 \qquad (10.27)$$

$$E(Y|X=0, Z=1) = \beta_0 + \beta_1 \qquad (10.28)$$

$$E(Y|X=0, Z=0) = \beta_0. \qquad (10.29)$$

*Interpretation
der Regressionskoeffizienten
bei Gültigkeit
der Gleichung* (10.25)

Demnach ist also β_0 der bedingte Erwartungswert von Y in der Bedingung $X = 0$, $Z = 0$, also der weiblichen Kontrollgruppe. Der Koeffizient

$$\gamma_0 = E(Y|X = 1, Z = 0) - E(Y|X = 0, Z = 0) \qquad (10.30)$$

ist die Differenz zwischen den bedingten Erwartungswerten von Y in der weiblichen Experimental- und Kontrollgruppe. Dagegen ist

$$\beta_1 = E(Y|X = 0, Z = 1) - E(Y|X = 0, Z = 0) \qquad (10.31)$$

die Differenz zwischen den bedingten Erwartungswerten von Y in der männlichen und weiblichen Kontrollgruppe. Der Koeffizient

$$\gamma_1 = [E(Y|X = 1, Z = 1) - E(Y|X = 0, Z = 1)]$$
$$- [E(Y|X = 1, Z = 0) - E(Y|X = 0, Z = 0)] \qquad (10.32)$$

kann dann als Differenz zwischen den Erwartungswertdifferenzen der Experimental- und Kontrollgruppe in den beiden Geschlechtsgruppen interpretiert werden.

Die bedingten Regressionskoeffizienten $g_0(z)$ und $g_1(z)$ können in diesem Fall folgendermaßen interpretiert werden:

*Interpretation
der bedingten
Regressionskoeffizienten
$g_0(z)$ und $g_1(z)$*

$$g_0(0) = E(Y|X = 0, Z = 0) = \beta_0 \qquad (10.33)$$

$$g_1(0) = E(Y|X = 1, Z = 0) - E(Y|X = 0, Z = 0) = \gamma_0 \qquad (10.34)$$

$$g_0(1) = E(Y|X = 0, Z = 1) = \beta_0 + \beta_1 \qquad (10.35)$$

$$g_1(1) = E(Y|X = 1, Z = 1) - E(Y|X = 0, Z = 1) = \gamma_0 + \gamma_1. \qquad (10.36)$$

Die Zahl $g_0(0)$ ist in diesem Beispiel also gleich dem Erwartungswert von Y in der weiblichen Kontrollgruppe, wohingegen $g_1(0)$ die Differenz der Erwartungswerte von Y in der weiblichen Experimental- und Kontrollgruppe ist. Entsprechend lassen sich $g_0(1)$ und $g_1(1)$ interpretieren. Der einzige Unterschied besteht darin, dass sich diese Zahlen auf die Gruppe der Männer beziehen (s. Abb. 4).

Verglichen mit den Koeffizienten der Gleichung (10.25) lassen sich die bedingten Regressionskoeffizienten $g_0(z)$ und $g_1(z)$ also viel einfacher interpretieren, insbesondere kommen keine doppelten Differenzen vor [vgl. dagegen Gl. (10.32)]. Darüber hinaus lässt sich eine Regression $E(Y|X, Z)$ oft auch dann noch als bedingte lineare Regression [in der Form der Gleichung (10.3)] darstellen, wenn Gleichung (10.25) nicht gilt. Umgekehrt impliziert die Gültigkeit der Gleichung (10.25), dass sich die Regression $E(Y|X, Z)$ auch als bedingte lineare Regression in der Form der Gleichung (10.3) darstellen lässt.

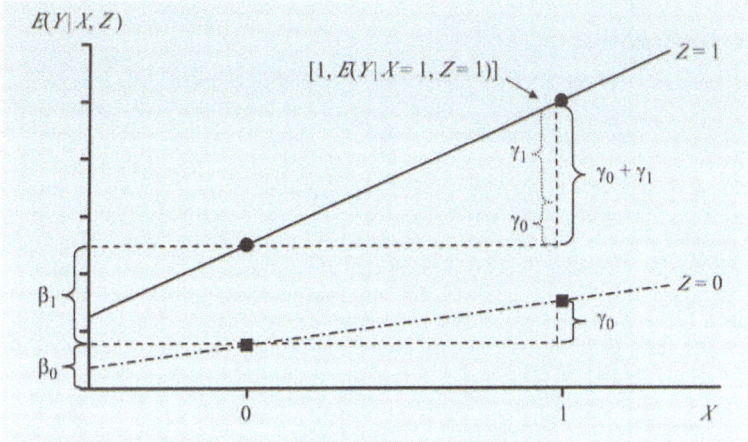

Abbildung 4. Bedingte lineare Regressionen bei dichotomen Regressoren mit Werten 0 und 1.

10.5 Einfache und bedingte lineare Regression

Wenn Y von X *bedingt* linear regressiv abhängig ist gegeben Z, folgt dann auch, dass Y von X (einfach) linear regressiv abhängig ist? Die Antwort lautet: im Allgemeinen nicht. Wir betrachten zunächst zwei Bedingungen, unter denen bei bedingter linear regressiver Abhängigkeit auch einfache lineare regressive Abhängigkeit vorliegt und dann eine Bedingung, unter der dies nicht der Fall ist.

Eine erste hinreichende Bedingung dafür, dass die bedingte *und* einfache Regression von Y und X linear sind, ist, dass X nur zwei verschiedene Werte annehmen kann. Eine zweite hinreichende Bedingung lässt sich folgendermaßen formulieren: Wenn Y von X bedingt linear regressiv abhängig ist gegeben Z [d. h. es gilt Gl. (10.3)], und X und Z sind stochastisch unabhängig oder es gelten zumindest

$$E[g_0(Z)|X] = E[g_0(Z)] \qquad (10.37)$$

und

$$E[g_1(Z)|X] = E[g_1(Z)], \qquad (10.38)$$

dann folgt

$$E(Y|X) = \alpha_0 + \alpha_1 X \qquad (10.39)$$

(s. Übung 2), wobei

$$\alpha_0 = E[g_0(Z)] \quad \text{und} \quad \alpha_1 = E[g_1(Z)]. \qquad (10.40)$$

Beziehung zwischen den Regressionskoeffizienten der einfachen und der bedingten linearen Regression

Verfahren zur Vereinfachung des Modells

F-test

Voraussetzungen

> **Anwendungsbox 3.**
>
> In Gleichung (10.46) kommen fünf Regressoren und sechs unbekannte Parameter vor. Ein Programm zur multiplen linearen Regression liefert Ihnen nun—basierend, auf den von Ihnen erzeugten Daten (s. A-Box 1)—Schätzungen dieser sechs Parameter, die zugehörigen Standardschätzfehler und t-Werte sowie eine Schätzung des zu diesem Modell gehörenden Determinationskoeffizienten. Anhand der t-Werte können Sie entscheiden, ob der jeweils geschätzte Parameter signifikant von null verschieden ist. Sollte dies für einen der Parameter nicht der Fall sein, könnte man den betreffenden Regressor in der Gleichung (10.46) weglassen und so eine ökonomischere Parametrisierung analysieren, die einen Parameter weniger hat. Die Parameter der reduzierten Gleichung sind dann aber wieder neu zu schätzen. Sind mehrere Parameter nichtsignifikant, so kann man auch die Gleichung um mehrere Regressoren auf einmal reduzieren. Ob man dies allerdings tun sollte oder nicht, ist besser durch einen F-Test zu entscheiden, mit dem man auch die Nullhypothese prüfen kann, dass zwei oder mehr Parameter gleich null sind.
>
> Die allgemeine Strategie dabei ist, die Determinationskoeffizienten für die reduzierte und die Ausgangsgleichung miteinander zu vergleichen. Ist die Differenz groß, so spricht dies gegen die Nullhypothese und für die Ausgangsgleichung. Zur Durchführung des Signifikanztests berechnet man die Teststatistik
>
> $$F = \frac{(\hat{R}^2_{Y|X_1,\ldots,X_m} - \hat{R}^2_{Y|X_1,\ldots,X_{m-p}})/p}{(1 - \hat{R}^2_{Y|X_1,\ldots,X_m})/(N - m - 1)}.$$
>
> Dabei sind $X_1, \ldots, X_m$ die Regressoren des Ausgangsgleichung und $X_1, \ldots, X_{m-p}$ die in der reduzierten Gleichung verbliebenen Regressoren, die also um p Regressoren reduziert wurde. Mit anderen Worten, die Ausgangsgleichung enthält $m + 1$ Parameter (einschließlich der Regressionskonstanten β_0) und die reduzierte Gleichung $m + 1 - p$ Parameter. N ist die Stichprobengröße (hier: die Gesamtzahl der Urteilslinien). Diese Teststatistik ist mit p Zähler- und $N - m - 1$ Nenner-Freiheitsgraden F-verteilt. Dabei setzen wir allerdings folgendes voraus: (a) die Unabhängigkeit der Fehlervariablen untereinander, d. h. der Abweichungen der logarithmierten Urteilslinien von ihrem bedingten Erwartungswert gegeben die jeweilige Bedingung (d. h. Kombination von Serienreiz und Kontext-Serienreizverhältnis), (b) die Gleichheit der Fehlervarianzen zwischen den zehn Bedingungen und (c) die Normalverteilung der logarithmierten Urteilslinien innerhalb jeder der zehn Bedingungen.
>
> Das beschriebene Verfahren führt zu einer sparsamen Parametrisierung der durch Gleichung (10.1) bzw. (10.46) beschriebenen bzgl. Z bedingten linearen Regression. Es ist *kein* Verfahren zur *Prüfung* der Linearitätshypothese, d. h. der Hypothese, dass sich diese Regression wirklich durch diese beiden Gleichungen beschreiben lässt. Dieser Frage werden wir erst im nächsten Kapitel nachgehen.

Bei stochastischer Unabhängigkeit von X und Z [oder wenigstens bei Gültigkeit der Gleichungen (10.37) und (10.38)] folgt also aus Gleichung (10.3) auch die Gleichung (10.39) und die Regressionskoeffizienten α_0 und α_1 sind die Erwartungswerte der Funktionen $g_0(Z)$ bzw. $g_1(Z)$. Anschaulicher ausgedrückt ist α_1 dann also der wahre Mittelwert der bedingten Regressionskoeffizienten $g_1(z)$. Sind X und Z dagegen korreliert und ist $g_1(Z)$ keine Konstante, so kann α_1 im Allgemeinen nicht auf diese Weise interpretiert werden. Es ist dann nicht einmal mehr sicher, dass Y von X linear regressiv abhängig ist, dass also Gleichung (10.39) gilt.

Die oben angegebene Folgerung, dass die Regression $E(Y|X)$ eine lineare Funktion von X ist [s. Gl. (10.39)], ist keineswegs selbstverständlich. Gelten beispielsweise die Gleichungen (10.3), (10.11) und (10.13), nicht aber die Gleichungen (10.37) und (10.38), sondern stattdessen

$$E(Z|X) = \lambda_0 + \lambda_1 X, \qquad (10.41)$$

so folgt:

$$E(Y|X) = \alpha_0 + \alpha_1 X + \alpha_2 X^2 \qquad (10.42)$$

(s. Übung 2), wobei die Koeffizienten α_0, α_1 und α_2 reelle Zahlen sind. Nur wenn X dichotom ist, vereinfacht sich dieses Polynom zweiten Grades zu einem Polynom ersten Grades (s. Übung 4).

10.6 Beispiel: Das Verhältnismodell für geometrisch-optische Täuschungen II

In Abschnitt 10.3.2 haben wir behandelt, wie man die Funktionen $g_0(Z)$ und $g_1(Z)$ in einem bedingten linearen Regressionsmodell durch eine gewichtete Summe von Indikatorvariablen darstellen kann, wenn die Anzahl der Werte von Z endlich ist. Wie kann man dies hier anwenden und damit das in Gleichung (10.1) formulierte Verhältnismodell in eine „normale" multiple lineare Regressionsgleichung überführen?

Dazu betrachten wir wieder das Experiment zur Baldwin-Täuschung, das wir bereits in Anwendungsbox 1 beschrieben haben. Wie dort bereits beschrieben, sind in diesem Experiment drei verschiedene Kontext-Serienreiz-Verhältnisse realisiert, innerhalb derer mindestens drei verschiedene Serienreize vorkommen. Ein Blick auf Tabelle 1 zeigt, welche Kontext-Serienreiz-Verhältnisse dabei mit welchen Serienreizen kombiniert wurden.

Für die drei Kontext-Serienreiz-Verhältnisse seien zunächst die folgenden beiden Indikatorvariablen definiert:

$$I_{1/2} := \begin{cases} 1, & \text{falls das Kontext-Serienreiz-Verhältnis 1/2 vorliegt} \\ 0, & \text{andernfalls,} \end{cases}$$

$$I_{1/1} := \begin{cases} 1, & \text{falls das Kontex-Serienreiz-Verhältnis 1/1 vorliegt} \\ 0, & \text{andernfalls,} \end{cases}$$

Definition der Indikatorvariablen

Die beiden Funktionen

$$g_0(Z) := \beta_0 + \beta_1 I_{1/2} + \beta_2 I_{1/1} \qquad (10.43)$$

und

$$g_1(Z) := \gamma_0 + \gamma_1 I_{1/2} + \gamma_2 I_{1/1} \qquad (10.44)$$

können für jedes der drei Kontext-Serienreiz-Verhältnisse andere Werte annehmen. Für das Kontext-Serienreiz-Verhältnis 2/1 erhalten wir aus diesen beiden Gleichungen $g_0(2/1) = \beta_0$ und $g_1(2/1) = \gamma_0$, für das Kontext-Serienreiz-Verhältnis 1/2 erhalten wir $g_0(1/2) = \beta_0 + \beta_1$ und $g_1(1/2) = \gamma_0 + \gamma_1$ und für das Kontext-Serienreiz-Verhältnis 1/1 erhalten wir aus diesen beiden Gleichungen $g_0(1/1) = \beta_0 + \beta_2$ und $g_1(1/1) = \gamma_0 + \gamma_2$. Bei diesen Werten handelt es sich um die Koeffizienten $g_0(z)$ und $g_1(z)$ der bedingten linearen Regressionen $E_{Z=z}(ln\,Y|\,ln\,X) = g_0(z) + g_1(z) \cdot ln\,X$. Die zu konstruierende Gleichung für die Regression $E(ln\,Y|\,ln\,X, Z)$ ist dann also:

$$E(ln\,Y|\,ln\,X, Z) = \beta_0 + \beta_1 I_{1/2} + \beta_2 I_{1/1} \\ + (\gamma_0 + \gamma_1 I_{1/2} + \gamma_2 I_{1/1})\,ln\,X, \qquad (10.45)$$

bzw. nach Ausmultiplizieren der zweiten Zeile:

Parametrisierung als multiple lineare Regression

$$E(ln\,Y|\,ln\,X, Z) = \beta_0 + \beta_1 I_{1/2} + \beta_2 I_{1/1} \\ + \gamma_0\,ln\,X + \gamma_1\,I_{1/2}\,ln\,X + \gamma_2\,I_{1/1}\,ln\,X. \qquad (10.46)$$

Dies ist die Form einer „normalen" multiplen linearen Regression (mit fünf Regressoren), in der die Parameter des Verhältnismodells mit Computerprogrammen zur multiplen linearen Regression geschätzt und Hypothesen über diese Parameter und das Modell insgesamt getestet werden können, wenn die Länge des Serienreizes in jeder der 10 Kontext-Serienreiz-Kombinationen (s. Tab. 1) jeweils mehrfach beurteilt wurde. Wie dies im Detail geschieht, ist Gegenstand entsprechender statistischer Schätz- und Testtheorien (s. z. B. Fahrmeir, Hamerle & Tutz, 1996; Searle, 1971). Im Kapitel 14 werden wir dazu noch einiges ausführen.

Ein interessanter Aspekt bei diesem Modell liegt auch darin, dass mit der Zusatzannahme der bezüglich Z bedingten stochastischen Unabhängigkeit von Serienreizlänge X und Residuum $\varepsilon := ln\,Y - E(ln\,Y\,|\,X, Z)$ auch Aussagen über die Beziehung zwischen bedingter Standardabweichung des Urteils und der Serienreizgröße abgeleitet werden können. Gilt Gleichung (10.1) und die Z-bedingte stochastische Unabhängigkeit von X und ε, und sind die bedingten Regressionskoeffizienten $g_1(z)$ für verschiedene Werte z von Z tatsächlich verschieden, so kann nach den im Kapitel 7 dargestellten Ableitungen das Webersche Gesetz bei diesen Reizen mit Kontext nicht mehr gültig sein. Stattdessen müsste dann für die bedingte Standardabweichung von Y gegeben X bei konstantem $Z = z$ die Beziehung

$$Std_{Z=z}(Y|X) = exp[g_0(z)] + X^{g_1(z)} \cdot Std(\delta\,|\,Z=z) \qquad (10.47)$$

gelten, wobei $Std(\delta\,|\,Z=z)$ die bedingte Standardabweichung der in Kapitel 7 definierten multiplikativen Fehlervariablen δ ist. Da $exp[g_0(z)]$ und $Std(\delta\,|\,Z=z)$ reelle Zahlen sind, ist bei gegebenem Kontext-Serienreiz-Verhältnis z die bedingte Standardabweichung $Std_{Z=z}(Y|X)$ eine *Potenzfunktion* von X, die im Fall $g_1(z) \neq 1$ *nicht* zugleich auch eine lineare Funktion von X sein kann. Das Webersche Gesetz kann in dieser Situation also nicht mehr gelten und müsste in der Form der Gleichung (10.47) verallgemeinert werden.

Zusammenfassungsbox 1. Das Wichtigste zur bedingten linearen Regression

Die Regression $E(Y|X, Z)$ heißt *bzgl. Z bedingt linear in X*, wenn gilt: *Definition*

$$E(Y|X, Z) = g_0(Z) + g_1(Z) \cdot X,$$

wobei $g_0(Z)$ und $g_1(Z)$ beliebige (numerische) Funktionen von Z sind. Die Werte $g_0(z)$ von $g_0(Z)$ sind die Ordinatenabschnitte und die Werte $g_1(z)$ von $g_1(Z)$ sind die Steigungskoeffizienten der bedingten linearen Regressionen $E_{Z=z}(Y|X)$ von Y auf X. Die Funktion $g_1(Z)$ heißt *Modifikator-* oder auch *Moderatorfunktion*. *Modifikator- oder Moderatorfunktion*

Für das Residuum $\varepsilon := Y - E(Y|X, Z)$ gelten: *Eigenschaften des Residuums*

$$E(\varepsilon|X, Z) = E(\varepsilon|X) = E(\varepsilon|Z) = E[\varepsilon|g_0(Z)] = E[\varepsilon|g_1(Z)] = E(\varepsilon) = 0$$

$$Cov(\varepsilon, X) = Cov(\varepsilon, Z) = Cov[\varepsilon, g_0(Z)] = Cov[\varepsilon, g_1(Z)] = 0$$

$g_0(z) = E(Y|X=0, Z=z)$ *Dichotomer Regressor X mit Werten 0 und 1*

$g_1(z) = E(Y|X=1, Z=z) - E(Y|X=0, Z=z)$

$g_0(0) = E(Y|X=0, Z=0)$ *Dichotome Regressoren X und Z mit Werten 0 und 1*

$g_0(1) = E(Y|X=0, Z=1)$

$g_1(0) = E(Y|X=1, Z=0) - E(Y|X=0, Z=0)$

$g_1(1) = E(Y|X=1, Z=1) - E(Y|X=0, Z=1)$

Ist $E(Y|X, Z)$ bzgl. Z bedingt linear und gelten sowohl $E[g_0(Z)|X] = E[g_0(Z)]$ als auch $E[g_1(Z)|X] = E[g_1(Z)]$ (insbesondere also bei stochastischer Unabhängigkeit von X und Z), dann folgt: *Beziehung zwischen bedingter und einfacher linearer Regression*

$$E(Y|X) = E[g_0(Z)] + E[g_1(Z)] \cdot X.$$

Zur Analyse einer bedingten linearen Regression mit verfügbaren PC-Programmen zur multiplen linearen Regressionsanalyse müssen die Funktionen $g_0(Z)$ und $g_1(Z)$ als lineare Funktionen vom Typ *Parametrisierung bedingter linearer Regressionen*

$$g_0(Z) = \beta_0 + \beta_1 Z_1 + \beta_2 Z_2 + \ldots + \beta_{k-1} Z_{k-1}$$

$$g_1(Z) = \gamma_0 + \gamma_1 Z_1 + \gamma_2 Z_2 + \ldots + \gamma_{k-1} Z_{k-1}$$

dargestellt werden. Liegt überhaupt eine bzgl. Z bedingte lineare Regression $E(Y|X, Z)$ vor, geht dies immer dann, wenn Z nur k verschiedene Werte annehmen kann.

$$R^2_{Y|X,Z} = \frac{Var[g_0(Z)] + Var[g_1(Z) \cdot X] + 2\,Cov[g_0(Z), g_1(Z) \cdot X]}{Var(Y)}$$

Determinationskoeffizient $R^2_{Y|X,Z}$

Kennwert für die Stärke der bedingten linearen regressiven Abhängigkeit des Regressanden Y von X oder der durch X zusätzlich zu Z erklärte Varianzanteil von Y. *$R^2_{Y|X,Z} - R^2_{Y|Z}$*

10.7 Zusammenfassende Bemerkungen

In diesem Kapitel wurde eine zweite, immer noch recht einfache Art der regressiven Abhängigkeit eines Regressanden Y von zwei Regressoren X und Z behandelt, die als *bedingte* lineare regressive Abhängigkeit der Variablen Y von X gegeben Z bezeichnet wurde. Dieser Name rührt daher, dass bei gegebenem $Z = z$, die Regression von Y auf X linear ist. Im Gegensatz zur *partiellen* linear regressiven Abhängigkeit verlaufen die bedingten Regressionsgeraden in diesem Fall nicht mehr unbedingt parallel. Bei der partiellen linear regressiven Abhängigkeit dagegen sind die bedingten Regressionskoeffizienten $g_1(z)$ alle gleich.

Die bedingten Regressionsgeraden verlaufen nicht unbedingt parallel

Die bedingten Regressionskoeffizienten enthalten im Allgemeinen spezifischere Informationen über die regressive Abhängigkeit einer Variablen Y von einer Variablen X, als die unbedingten Regressionskoeffizienten. Gilt für $E(Y|X, Z)$ die Gleichung (10.3) und sind die Regressoren X und Z voneinander unabhängig, so ist die einfache Regression $E(Y|X)$ linear und der einfache Regressionskoeffizient α_1 ist der Erwartungswert der Funktion $g_1(Z)$ der bedingten Regressionskoeffizienten. Er enthält dann also nur eine Aussage über die „durchschnittliche linear regressive Abhängigkeit". Zur Beziehungen zwischen den beiden Regressionen $E(Y|X, Z)$ und $E(Y|X)$ ist außerdem zu bemerken, dass $E(Y|X)$ im allgemeinen *nicht* linear ist, wenn Y bezüglich Z bedingt linear regressiv abhängig ist von X, d. h. wenn für $E(Y|X, Z)$ Gleichung (10.3) gilt. Ein Beispiel dazu wurde angegeben.

Eine Anwendung aus dem Bereich der Psychophysik der Wahrnehmungstäuschungen diente zur Illustration der bedingten linear regressiven Abhängigkeit. Die bedingte lineare regressive Abhängigkeit diente dabei zu einer Verallgemeinerung des psychophysikalischen Potenzgesetzes für Reize mit Kontext.

Fragen

leicht   F1. Was muss für die Funktionen $g_0(Z)$ und $g_1(Z)$ gelten, damit aus Gleichung (10.3) der im letzten Kapitel behandelte Fall der zweifachen linearen Regression $E(Y|X, Z)$ resultiert?

mittel   F2. Folgt aus Gleichung (10.3), dass auch $E(Y|X)$ eine lineare Funktion von X ist?

schwer   F3. In einem Herstellungsexperiment zur Baldwin-Täuschung sei jede von fünf Linien (Serienreizen) der Länge 0.5, 1, 2, 4 und 8 cm im Kontext von fünf Quadraten der Kantenlänge 0.5, 1, 2, 4 und 8 cm mehrfach zu beurteilen.
(a) Wie viele Kontext-Serienreiz-Kombinationen gibt es?
(b) Wie viele verschiedene Kontext-Serienreiz-Verhältnisse gibt es in diesem Experiment, innerhalb derer mindestens drei verschiedene Serienreize vorkommen, um welche Kontext-Serienreiz-Verhältnisse handelt es sich dabei und welche Serienreize kommen bei welchem Kontext-Serienreiz-Verhältnis vor?

schwer   F4. Wie viele Indikatorvariablen braucht man, um die Funktionen $g_0(Z)$ und $g_1(Z)$ des mit Gleichung (10.1) formulierten Verhältnismodells in diesem Experiment mit fünf Serienreizen und fünf Kontexten darzustellen?

mittel   F5. Wozu ist es nützlich, die Funktionen $g_0(Z)$ und $g_1(Z)$ der bedingten linearen Regression als lineare Funktionen vom Typ $g_0(Z) = \beta_0 + \beta_1 Z_1 + ... + \beta_{k-1} Z_{k-1}$ und $g_1(Z) = \gamma_0 + \gamma_1 Z_1 + ... + \gamma_{k-1} Z_{k-1}$ darzustellen und unter welcher Voraussetzung funktioniert dies immer? Welche Beispiele für derartige Funktionen kennen Sie?

Antworten

A1. Die Funktion $g_0(Z)$ muss eine lineare Funktion von Z sein und $g_1(Z)$ eine Konstante.

A2. Nein! Es gibt aber Fälle, in denen auch $E(Y|X)$ eine lineare Funktion von X ist, wenn Gleichung (10.3) gilt. Insbesondere bei stochastischer Unabhängigkeit von X und Z gilt dies.

A3. (a) Es gibt in diesem Experiment $5 \cdot 5 = 25$ Kontext-Serienreiz-Kombinationen.
(b) Konstruiert man eine zu Tabelle 1 analoge Tabelle, so sieht man, dass es fünf Kontext-Serienreiz-Verhältnisse gibt, innerhalb derer es mindestens drei verschiedene Serienreize gibt. Dies sind die Kontext-Serienreiz-Verhältnisse 1/4, 1/2, 1/1, 2/1 und 4/1. Im Kontext-Serienreiz-Verhältnis 1/4 kommen die drei Serienreize der Länge 2 cm, 4 cm und 8 cm vor, im Kontext-Serienreiz-Verhältnis 1/2 die vier Serienreize der Länge 1 cm, 2 cm, 4 cm und 8 cm, im Kontext-Serienreiz-Verhältnis 1 die fünf Serienreize der Länge 0.5 cm, 1 cm, 2 cm, 4 cm und 8 cm, im Kontext-Serienreiz-Verhältnis 2 die vier Serienreize der Länge 0.5 cm, 1 cm, 2 cm und 4 cm und im Kontext-Serienreiz-Verhältnis 4 die drei Serienreize der Länge 0.5 cm, 1 cm und 2 cm.

A4. Man braucht vier Indikatorvariablen, die jeweils ein Kontext-Serienreiz-Verhältnis anzeigen, um die Funktionen $g_0(Z)$ und $g_1(Z)$ als Summe dieser Indikatorvariablen darzustellen.

A5. Die Funktionen $g_0(Z)$ und $g_1(Z)$ einer bedingten linearen Regression müssen als lineare Funktionen vom Typ

$$g_0(Z) = \beta_0 + \beta_1 Z_1 + \beta_2 Z_2 + \ldots + \beta_{k-1} Z_{k-1}$$
$$g_1(Z) = \gamma_0 + \gamma_1 Z_1 + \gamma_2 Z_2 + \ldots + \gamma_{k-1} Z_{k-1}$$

dargestellt werden, wenn man verfügbare PC-Programme zur multiplen linearen Regression zur Analyse bedingter linearer Regressionen verwenden will. Liegt überhaupt eine bedingte lineare Regression $E(Y|X, Z)$ vor, lässt sich eine Darstellung dieses Typs immer dann finden, wenn Z nur k verschiedene Werte annehmen kann. Beispiele sind die *polynomiale Parametrisierung*, bei der gilt: $Z_j = Z^j$ und die *Parametrisierung durch Indikatorvariablen I_j*, die jeweils mit dem Wert 1 anzeigen, ob Z den $j$ten Wert angenommen hat. Die Parametrisierung durch Indikatorvariablen kann man auch dann verwenden, wenn Z eine qualitative (nichtnumerische) Variable ist.

Übungen

Ü1. Zeigen Sie unter Verwendung der Rechenregeln für bedingte Erwartungen, dass die beiden bedingten Erwartungen $E(Y|X, Z)$ und $E(Y|X)$ identisch sind, falls $E(Y|X, Z) = \beta_0 + \gamma_0 X$. — mittel

Ü2. Zeigen Sie, dass aus den Gleichungen (10.3), (10.37) und (10.38) folgt, dass $E(Y|X)$ eine *lineare* Regression mit den Regressionskoeffizienten $\alpha_0 = E[g_0(Z)]$ und $\alpha_1 = E[g_1(Z)]$ ist. — mittel

Ü3. Zeigen Sie, dass aus den Gleichungen (10.14) und (10.41) die Gleichung (10.42) folgt. — mittel

Ü4. Zeigen Sie, dass sich jede quadratische Funktion von X der Form $a_0 + a_1 X + a_2 X^2$ auch als lineare Funktion von X der Form $b_0 + b_1 X$ darstellen lässt, wenn X dichotom ist. — mittel

Ü5. Zeigen Sie unter der Verwendung der Rechenregeln für Regressionen, dass die folgende Gleichung gilt: $E(\ln Y | \ln X, Z) = E(\ln Y | X, Z)$. — mittel

Lösungen

L1. Dass $E(Y|X, Z)$ und $E(Y|X)$ in diesem Fall identisch sind, kann man wie folgt zeigen:

$$E(Y|X) = E[E(Y|X, Z) | X] \qquad \text{R-Box 6.2 (vi)}$$
$$= E(\beta_0 + \gamma_0 \cdot X | X) \qquad \text{s. Voraussetzung}$$

R-Box 6.2 (iii), (v)	$= \beta_0 + \gamma_0 \cdot X$

L2. Zum Beweis dieser Behauptung betrachten wir die folgenden Gleichungen:

R-Box 6.2 (vi)	$E(Y\|X) = E[E(Y\|X, Z)\|X]$
Gl. (10.3)	$= E[g_0(Z) + g_1(Z) \cdot X \| X]$
R-Box 6.2 (iii)	$= E[g_0(Z)\|X] + E[g_1(Z) \cdot X\|X]$
R-Box 6.2 (vii)	$= E[g_0(Z)\|X] + E[g_1(Z)\|X] \cdot X$
Gln. (10.37), (10.38)	$= E[g_0(Z)] + E[g_1(Z)] \cdot X$

L3. Dass aus den Gleichungen (10.14) und (10.41) die Gleichung (10.42) folgt, sieht man wie folgt:

R-Box 6.2 (vi)	$E(Y\|X) = E[E(Y\|X, Z)\|X]$
Gl. (10.14)	$= E(\beta_0 + \beta_1 Z + \gamma_0 X + \gamma_1 X Z \| X)$
R-Box 6.2 (iii), (v), (vii)	$= \beta_0 + \gamma_0 X + \beta_1 E(Z\|X) + \gamma_1 X E(Z\|X)$
Gl. (10.41)	$= \beta_0 + \gamma_0 X + \beta_1 (\lambda_0 + \lambda_1 X) + \gamma_1 X (\lambda_0 + \lambda_1 X)$
	$= (\beta_0 + \beta_1 \lambda_0) + (\gamma_0 + \beta_1 \lambda_1 + \gamma_1 \lambda_0) X + (\gamma_1 \lambda_1) X^2$.

Ist also die Zahl $\gamma_1 \lambda_1$ ungleich Null, dann ist $E(Y|X)$ ein Polynom 2. Grades, es sei denn X ist dichotom (s. Übung 4).

L4. Wenn X dichotom mit den beiden Werten x_1 und x_2 ist, dann lässt sich jede quadratische Funktion von X der Form $f(X) = a_0 + a_1 X + a_2 X^2$ auch als lineare Funktion von X der Form $f(X) = b_0 + b_1 X$ darstellen. Dies folgt schon daraus, dass man durch zwei Punkte $[x_1, f(x_1)]$ und $[x_2, f(x_2)]$ immer eine Gerade legen kann. Die Beziehung zwischen den Koeffizienten des Polynoms 2. Grades und der Geradengleichung erhält man aus der Auflösung der beiden Gleichungen

$$a_0 + a_1 x_1 + a_2 x_1^2 = b_0 + b_1 x_1 \quad \text{und} \quad a_0 + a_1 x_2 + a_2 x_2^2 = b_0 + b_1 x_2$$

nach b_0 und b_1. Dabei resultieren: $b_0 = a_0 - a_2 x_1 x_2$ und $b_1 = a_1 + a_2 (x_1 + x_2)$.

L5. Da X und Z nur positive Zahlen als Werte annehmen können, ist die zweidimensionale Zufallsvariable (X, Z) eine Funktion der zweidimensionalen Zufallsvariablen $(\ln X, Z)$. Daher gilt:

R-Box 6.2 (vi)	$E(\ln Y \| X, Z) = E[E(\ln Y \| \ln X, Z) \| X, Z]$
Annahme des Verhältnismodells	$= E[g_0(Z) + g_1(Z) \cdot \ln X \| X, Z]$
R-Box 6.2 (iii), (v)	$= g_0(Z) + g_1(Z) \cdot \ln X$.

11 Bedingte nichtlineare Regression

Im letzten Kapitel haben wir uns mit dem Fall beschäftigt, dass die Regression $E(Y|X, Z)$ bzgl. Z bedingt linear in X ist, dass also für jeden gegebenen Wert z der Zufallsvariablen Z die bedingte Regression $E_{Z=z}(Y|X)$ eine *lineare* Funktion von X ist. In diesem Kapitel werden wir diese Klasse von Modellen insofern verallgemeinern, als dass wir nun auch den Fall betrachten, dass die bedingten Regressionen $E_{Z=z}(Y|X)$ *keine* lineare Funktion von X sind. Diese Alternative zur Linearität ist insbesondere auch für die Prüfung der Hypothese von Interesse, dass die Regression $E(Y|X, Z)$ bzgl. Z bedingt linear in X ist. Zur Illustration werden wir wieder das Beispiel des Verhältnismodells für geometrisch-optische Täuschungen heranziehen, das wir bereits im letzten Kapitel begonnen haben. In diesem Kapitel werden also u. a. die Grundlagen dargestellt, die zur Prüfung dieses Modells nützlich sind.

Überblick. Wir greifen zunächst das Beispiel des Verhältnismodells für geometrisch-optische Täuschungen auf, führen danach den Begriff der *bedingten linearen Quasi-Regression* ein und stellen ihn wiederum dem Begriff der (echten) bedingten linearen Regression gegenüber. Dann folgt wieder ein Abschnitt zur Anwendung auf das Verhältnismodell für geometrisch-optische Täuschungen. Schließlich behandeln wir verschiedene Parametrisierungen von bedingten nichtlinearen Regressionen und erläutern deren Anwendung bei der Prüfung der Linearität einer Regression. Einige Bemerkungen zur *logistischen Regression* schließen dieses Kapitel ab.

11.1 Beispiel: Das Verhältnismodell für geometrisch-optische Täuschungen III

Im letzten Kapitel haben wir das Verhältnismodell für geometrisch-optische Täuschungen behandelt. In diesem Kapitel werden wir dieses Beispiel fortführen und untersuchen, wie man dieses Modell, das ja die Linearität der Regression des logarithmierten Urteils ($ln\ Y$) auf den logarithmierten Serienreiz ($ln\ X$) bei konstantem Kontext-Serienreiz-Verhältnis $Z = z$ behauptet, empirisch überprüfen kann. In anderen Worten geht es nun um die Frage, wie man überprüfen kann, dass es Funktionen $g_0(Z)$ und $g_1(Z)$ von Z gibt, so dass gilt:

$$E(ln\ Y\ |\ ln\ X, Z) = g_0(Z) + g_1(Z) \cdot ln\ X. \qquad (11.1)$$

Im letzten Kapitel haben wir einfach vorausgesetzt, dass, für jeden Wert z von Z, die bedingten Regressionen $E_{Z=z}(Y|X)$ lineare Funktionen von X sind und haben die Regressionskoeffizienten aus Stichprobendaten geschätzt. Diese Voraussetzung der bedingten Linearität haben wir aber nicht überprüft. Dies soll nun nachgeholt werden. Die Grundidee dabei wird sein, dass wir für die Regression $E(\ln Y|\ln X, Z)$ eine weniger restriktive Funktionsform finden—am besten eine Funktionsform, die überhaupt keine Restriktion beinhaltet—und dann untersuchen, ob dieses weniger restriktive Modell signifikant mehr Varianz des logarithmierten Urteils erklärt, als das durch (11.1) definierte Modell. Bevor wir dieses praktische Vorhaben durchführen, sollen aber die dazu notwendigen begrifflichen Voraussetzungen, insbesondere also die Begriffe der bedingten linearen Quasi-Regression und der bedingten nichtlinearen Regression, eingeführt werden.

Grundidee zur Prüfung der Linearität einer Regression

11.2 Bedingte lineare Quasi-Regression

Nachdem wir im letzten Kapitel die bzgl. Z bedingte lineare Regression behandelt haben, führen wir nun den Begriff der *bzgl. Z bedingten linearen Quasi-Regression* $Q(Y|X, Z)$ ein. Ist die Regression $E(Y|X, Z)$ tatsächlich bzgl. Z bedingt linear, so sind $Q(Y|X, Z)$ und $E(Y|X, Z)$ identisch. Andernfalls erklärt die Regression $E(Y|X, Z)$ mehr Varianz als die bedingte lineare *Quasi-Regression* $Q(Y|X, Z)$. Wie wir sehen werden, ist dies die Grundlage zur Prüfung der Hypothese, dass die Regression $E(Y|X, Z)$ bzgl. Z bedingt linear ist. Die Zufallsvariable Z kann dabei durchaus mehrdimensional und muss nicht unbedingt numerisch sein.

Definition 1. Seien X, Y und Z Zufallsvariablen auf einem gemeinsamen Wahrscheinlichkeitsraum und $g_0(Z)$, $g_1(Z)$ zwei numerische Funktionen von Z. Die Funktion

$$Q(Y|X, Z) = g_0(Z) + g_1(Z) \cdot X \qquad (11.2)$$

Bedingte lineare Quasi-Regression

heißt die *bzgl. Z bedingte lineare Quasi-Regression* von Y auf X, wenn für jeden Wert z von Z gilt, dass die Funktion[1]

$$LS_z[f_0(z), f_1(z)] = E_{Z=z}[(Y - [f_0(z) + f_1(z) \cdot X])^2] \qquad (11.3)$$

Kleinst-Quadrat-Kriterium

für $f_0(z) = g_0(z)$ und $f_1(z) = g_1(z)$ ihr Minimum hat, wobei $g_0(z)$ und $g_1(z)$ die Werte von $g_0(Z)$ bzw. $g_1(Z)$ sind.

Diese Definition ist so gewählt, dass wir für jeden Wert z von Z eine „ganz normale" lineare Quasi-Regression vorliegen haben. Daher lassen

---

[1] Bei kontinuierlichem Z muss diese Bedingung natürlich nur für „fast alle" Werte z von Z gelten und mit $g_0(Z)$ und $g_1(Z)$ sind natürlich, wie schon im letzten Kapitel, nur „messbare Funktionen" von Z gemeint, d. h. die von $g_0(Z)$ und $g_1(Z)$ erzeugten σ-Algebren sind Teilmengen der von Z erzeugten σ-Algebra. Damit sind jedoch keinerlei inhaltlich relevanten Einschränkungen verbunden.

sich alle Eigenschaften der linearen Quasi-Regression auf die bzgl. $Z = z$ bedingten linearen Quasi-Regressionen

$$Q_{Z=z}(Y \mid X) = g_0(z) + g_1(z) \cdot X \qquad (11.4)$$

übertragen.

11.2.1 Eigenschaften des Residuums

Das Residuum

$$v := Y - g_0(Z) + g_1(Z) \cdot X \qquad (11.5)$$

Residuum der bedingten linearen Quasi-Regression

(sprich: ny) hat also für jeden Wert z von Z die Eigenschaften

$$E_{Z=z}(v) = E(v \mid Z = z) = 0, \qquad (11.6)$$

...und seine Eigenschaften

$$Cov_{Z=z}(v, X) = Cov(v, X \mid Z = z) = 0, \qquad (11.7)$$

Woraus folgt, dass auch der unbedingte Erwartungswert und die unbedingte Varianz des Residuums gleich 0 sind:

$$E(v) = 0, \qquad (11.8)$$

$$Cov(v, X) = 0 \qquad (11.9)$$

(s. dazu Übung 1). Dabei beachte man, dass in Gleichung (11.6) nur der bzgl. $Z = z$ bedingte Erwartungswert von v gleich 0 ist. Es gilt jedoch nicht unbedingt auch $E(v \mid Z = z, X = x) = 0$, und das Entsprechende lässt sich für die bedingten Kovarianzen sagen, d. h. es gilt nicht unbedingt $Cov(v, Z \mid X = x) = 0$.

Die in den Gleichungen (11.6) und (11.8) formulierten Eigenschaften gelten auch für das Residuum $\varepsilon := Y - E(Y \mid X, Z)$ einer bzgl. Z bedingten echten linearen Regression, aber nur für letztere gilt in jedem Fall auch die stärkere Eigenschaft:

$$E_{Z=z}(\varepsilon \mid X) = 0. \qquad (11.10)$$

Auch für die bedingte lineare Quasi-Regression gibt es eine zweite, mit der ersten äquivalente Definition. Dabei würde man die bzgl. Z bedingte lineare Quasi-Regression als diejenige Funktion $Q(Y \mid X, Z) = g_0(Z) + g_1(Z) \cdot X$ definieren, für die gilt, dass für jeden Wert z von Z das Residuum

$$v_z := Y - [g_0(z) + g_1(z) \cdot X] \qquad (11.11)$$

die Eigenschaften

$$E_{Z=z}(v_z) = 0 \qquad (11.12)$$

und

$$Cov_{Z=z}(v_z, X) = 0 \quad (11.13)$$

hat. Für den unbedingten Fall hatten wir uns damit im Kapitel über einfache nichtlineare Regression ausführlich beschäftigt. Die entsprechenden Ergebnisse und Beweise gelten hier analog.

11.2.2 Parametrisierungen

Im letzten Kapitel haben wir verschiedene Möglichkeiten besprochen, die Funktionen $g_0(Z)$ und $g_1(Z)$ zu parametrisieren. Dazu gehörten zum einen die Parametrisierungen als Polynome von Z und zum anderen die Parametrisierung durch Indikatorvariablen für die Werte z von Z. Diese Parametrisierungen kann man in gleicher Weise auch für die Funktionen $g_0(Z)$ und $g_1(Z)$ der bedingten linearen Quasi-Regression vornehmen.

Ebenfalls identisch sind die Formeln für den *Determinationskoeffizienten der bedingten linearen Quasi-Regression*

Determinationskoeffizient der bedingten linearen Quasi-Regression

$$Q^2_{Y|X,Z} = \frac{Var[g_0(Z)] + Var[g_1(Z) \cdot X] + 2 \cdot Cov[g_0(Z), g_1(Z) \cdot X]}{Var(Y)}. \quad (11.14)$$

Dieser ist allerdings nur dann auch ein echter Determinationskoeffizient, wenn $E(Y|X, Z)$ tatsächlich eine Funktion vom Typ $g_0(Z) + g_1(Z) \cdot X$ ist. In diesem Fall sind auch die Regression $E(Y|X, Z)$ und die bedingte lineare Quasi-Regression $Q(Y|X, Z)$ identisch.

Neben verschiedenen Parametrisierungen und Spezialfällen der Funktionen $g_0(Z)$ und $g_1(Z)$ haben wir im letzten Kapitel auch schon darauf hingewiesen, dass die Zufallsvariable Z in der Gleichung (11.2) durchaus auch für eine vektorielle Variable stehen kann. Ist z. B. $Z = (Z_1, Z_2)$ ein zweidimensionaler Vektor numerischer Zufallsvariablen, und handelt es sich bei $g_0(Z)$ und $g_1(Z)$ jeweils um lineare Funktionen von Z_1 und Z_2, dann ist auch

$$Q(Y|X, Z) = (\beta_0 + \beta_1 Z_1 + \beta_2 Z_2) + (\gamma_0 + \gamma_1 Z_1 + \gamma_2 Z_2) \cdot X \quad (11.15)$$

Allgemeines Prinzip der bedingten linearen Quasi-Regression

ein Spezialfall von Gleichung (11.2). Für $g_0(Z)$ könnte aber bspw. auch gelten: $g_0(Z) = \beta_0 + \beta_1 Z_1 + \beta_2 Z_2 + \beta_3 Z_1 Z_2$ und für $g_1(Z) = \gamma_0 + \gamma_1 Z_1 + \gamma_2 Z_2 + \gamma_3 Z_1 Z_2$. Genauso gut könnten in diesen Funktionen auch quadratische Terme von Z_1 und/oder Z_2 oder auch deren Produkte vorkommen. Das *allgemeine Prinzip der bedingten linearen Quasi-Regression* ist die Beschreibung der regressiven Abhängigkeit des Regressanden Y vom Regressor X durch eine lineare Funktion von X bei konstanten Ausprägungen einer oder mehrerer anderer Variablen Z.

11.3 Bedingte nichtlineare Regression

Wie kann man nun prüfen, ob die bedingte lineare Quasi-Regression $Q(Y|X, Z)$ und die (echte) Regression $E(Y|X, Z)$ identisch sind und damit ob die Regression $E(Y|X, Z)$ tatsächlich vom Typ

$$E(Y|X, Z) = g_0(Z) + g_1(Z) \cdot X \qquad (11.16)$$

ist?

11.3.1 Bedingte polynomiale Regression

Möglicherweise ist $E(Y|X, Z)$ bzgl. Z bedingt quadratisch,

$$E(Y|X, Z) = g_0(Z) + g_1(Z) \cdot X + g_2(Z) \cdot X^2, \qquad (11.17)$$

Bedingte quadratische Regression

oder bzgl. Z bedingt kubisch? Kann X genau n verschiedene Werte annehmen, so ist erst

$$E(Y|X, Z) = g_0(Z) + g_1(Z) \cdot X + g_2(Z) \cdot X^2 + \ldots + g_{n-1}(Z) \cdot X^{n-1} \qquad (11.18)$$

Bedingte polynomiale Regression

allgemeingültig. Dabei spielt die Anzahl der Werte von Z keine Rolle. Kann Z jedoch nur k verschiedene Werte annehmen, so lässt sich jede der Funktionen $g_0(Z), g_1(Z), g_2(Z), \ldots, g_{n-1}(Z)$ ihrerseits als Polynom $(k-1)$-ten Grades darstellen (s. Abschnitt 10.3).

Wie bereits betont, ist das Wesentliche bei der in diesem Kapitel dargestellten Betrachtungsweise multipler Regressionen jedoch nicht die Verwendung von Polynomen. Wesentlich ist vielmehr die Frage nach der Art der Abhängigkeit des Regressanden Y vom Regressor X bei gegebenen Werten z eines oder mehrerer weiterer Regressoren Z. Für den Fall, dass Gleichung (11.16) gilt, haben wir bereits gesehen, dass auch die Verwendung anderer Funktionen anstelle der oben angesprochenen Polynome sinnvoll ist. Kann Z nur k verschieden Werte annehmen, so lässt sich z. B. auch jede der Funktionen $g_0(Z), g_1(Z), \ldots, g_i(Z), \ldots, g_{n-1}(Z)$ als eine gewichtete Summe

Die allgemeine hier behandelte Fragestellung

$$g_i(Z) = \beta_{i0} + \beta_{i1} I_1 + \ldots + \beta_{ij} I_j + \ldots + \beta_{i, k-1} I_{k-1}, \qquad (11.19)$$

Parametrisierung der Funktionen $g_i(Z)$ durch Indikatorvariablen

von Indikatorvariablen I_j darstellen, wobei jede Indikatorvariable I_j den Wert 1 annimmt, falls der j-te Wert von Z vorliegt und andernfalls den Wert 0. Auch auf diese Weise wird gewährleistet, dass jede Funktion $g_i(Z)$ für jeden Wert z von Z einen anderen Wert $g_i(z)$ annehmen kann, der dann die Rolle des Regressionskoeffizienten in der bedingten Regression

$$E_{Z=z}(Y|X) = g_0(z) + g_1(z) \cdot X + g_2(z) \cdot X^2 + \ldots + g_{n-1}(z) \cdot X^{n-1} \qquad (11.20)$$

spielen kann.

Prinzipiell kann man ein solches bedingtes polynomiales Regressionsmodell auch dann verwenden, wenn der Regressor X sehr viele verschiedene Zahlen als Werte annehmen kann oder wenn er gar kontinuierlich ist. Allerdings ist es dann nicht mehr praktikabel, ein saturiertes Modell zu formulieren. Dennoch besteht ja durchaus die Möglichkeit, dass die betrachtete Regression $E(Y|X, Z)$ tatsächlich nur eine bzgl. Z bedingte lineare, quadratische oder kubische Funktion von X ist, selbst wenn X kontinuierlich ist. Dies ist ein Vorteil der Parametrisierung einer Regression $E(Y|X, Z)$ als bedingtes polynomiales Regressionsmodell.

Multikolinearität bei bedingter polynomialer Regression

Wie bereits im Kapitel über einfache nichtlineare Regression erwähnt, tritt bei der praktischen Anwendung einer polynomialen Regression höherer Ordnung oft das Problem der *Multikolinearität* auf: Die Variablen X, X^2, etc. sind dann hoch miteinander korreliert und eine dieser Variablen lässt sich fast perfekt als gewichtete Summe (d. h. als Linearkombination) der anderen Variablen berechnen. Das ist insbesondere dann schnell der Fall, wenn X nur positive Zahlen als Werte annehmen kann (s. dazu Kap. 8, Übung 3). In diesem Fall versagt der Schätzalgorithmus für die Regressionsparameter. Wie schon im Kapitel über die nichtlineare Regression erwähnt, bietet sich für solche Fälle dann z. B. die Parametrisierung einer nichtlinearen Regression als Zellenmittelwertemodell an. Eine andere Alternative ist die Verwendung von *orthogonalen Polynomen* (s. z. B. von Eye & Schuster, 1998, pp. 124).

11.3.2 Das Zellenmittelwertemodell bei diskreten Regressoren

Die im vorangegangenen Abschnitt skizzierte Vorgehensweise ist bei wenigen Werten von X und Z noch praktikabel, wird aber mit zunehmender Zahl der Werte von X und von Z zunehmend unübersichtlich und auch rechentechnisch unpraktikabel. Eine Alternative dazu ist das *Zellenmittelwertemodell*. Dabei wird für jede Wertekombination von X und Z eine eigene Indikatorvariable gebildet,

Indikatorvariablen für jede Zelle (i, j)

$$I_{ij} = \begin{cases} 1, \text{ falls } X = x_i \text{ und } Z = z_j \\ 0, \text{ andernfalls} \end{cases}, \quad i = 1, ..., n, \quad j = 1, ..., k, \quad (11.21)$$

die mit dem Wert 1 anzeigt, dass diese Wertekombination vorliegt, und sonst den Wert 0 annimmt. Alle anderen Indikatorvariablen nehmen für die Wertekombination $X = x_i$ und $Z = z_j$ den Wert 0 an.

Die folgende Parametrisierung als Zellenmittelwertemodell liefert nun eine saturierte Parametrisierung:

Zellenmittelwertemodell

$$E(Y|X, Z) = \mu_{11} \cdot I_{11} + \mu_{12} \cdot I_{12} + ... + \mu_{ij} \cdot I_{ij} + ... + \mu_{nk} \cdot I_{nk} \quad (11.22)$$

Man beachte, dass die Indikatorvariablen I_{ij} Funktionen der Variablen (X, Z) sind und alle zusammen die gleiche Information enthalten wie X und Z zusammen, d. h. die von (X, Z) und $(I_{11}, I_{12}, ..., I_{ij}, ..., I_{nk})$ erzeugten σ-Algebren sind identisch. Es gilt daher die Gleichung $E(Y|X, Z) = E(Y|I_{11}, I_{12}, ..., I_{ij}, ..., I_{nk})$ und wir können uns beider Notationen bedienen.

Die Verwendung der Symbole μ_{ij} als Koeffizienten der I_{ij} ist auch hier mit Bedacht gewählt, da es sich bei diesen Parametern tatsächlich um die bedingten Erwartungswerte handelt, d. h.

$$\mu_{ij} = E(Y|X=x_i, Z=z_j), \quad \text{für } i = 1, ..., n, \quad j = 1, ..., k. \quad (11.23)$$

Zellenmittelwerte

Haben X und Z nun n bzw. k verschiedene Werte, dann kann es also $n \cdot k$ solcher Indikatorvariablen geben[2] und die Regression $E(Y|X, Z)$ lässt sich immer als gewichtete Summe dieser $n \cdot k$ Indikatorvariablen (ohne Regressionskonstante) darstellen. Auf diese Weise kann man unter den genannten Voraussetzungen immer ein *saturiertes Modell* erhalten. Der Vergleich des Determinationskoeffizienten des saturierten Modells mit dem Determinationskoeffizienten für die bzgl. Z bedingte lineare Quasi-Regression gibt dann Aufschluss darüber, ob letztere zugleich auch die echte lineare Regression ist. Diese Vorgehensweise ist auch die Grundlagen für einen entsprechenden Signifikanztest. Auf einige Details dazu gehen wir in Anwendungsbox 2 ein.

Vorgehen zur Prüfung der bedingten Linearität

Dass Gleichung (11.23) gilt, erkennt man sofort, wenn man die bedingten Erwartungswerte $E(Y|X=x_i, Z=z_j)$ für alle Werte von X und Z aus Gleichung (11.22) ausrechnet:

$$E(Y|X=x_1, Z=z_1) = \mu_{11} \cdot 1 + \mu_{21} \cdot 0 + ... + \mu_{nk} \cdot 0 = \mu_{11},$$

$$E(Y|X=x_2, Z=z_1) = \mu_{11} \cdot 0 + \mu_{21} \cdot 1 + ... + \mu_{nk} \cdot 0 = \mu_{21},$$

$$\vdots$$

$$E(Y|X=x_n, Z=z_k) = \mu_{11} \cdot 0 + \mu_{21} \cdot 0 + ... + \mu_{nk} \cdot 1 = \mu_{nk}.$$

Diese bedingten Erwartungswerte kann man auch als *Zellenmittelwerte* bezeichnen, wobei eine „Zelle" nichts anderes, als eine Wertekombination von X und Z ist.

Der Vorteil dieser Parametrisierung einer Regression $E(Y|X, Z)$ als Zellenmittelwertemodell liegt zum einen in der Vermeidung des Problems der Multikolinearität und zum anderen in der einfachen Interpretation der Parameter μ_{ij} als Zellenerwartungswerte. Ein Nachteil ist, dass man in diesem Modell selbst dann genau so viele Parameter braucht, wie Kombinationen der Werte von X und Z realisiert sind, wenn die Regression $E(Y|X, Z)$ tatsächlich bzgl. Z bedingt *linear* ist. Die polynomiale Parametrisierung wäre in diesem Fall sparsamer.

---

[2] Bei der in Kapitel 10, Tabelle 1 dargestellten Anwendung sind nicht alle Kombinationen von Kontext-Serienreiz-Verhältnissen (Z) und Serienreizen (X) realisiert. In einem solchen Fall bildet man eben nur für jede tatsächlich realisierte Kombination eine solche Indikatorvariable.

H_0: Die Regression ist bedingt linear

F-Test

ANOVA liefert Determinationskoeffizient für eine saturierte Parametrisierung

> **Anwendungsbox 1.**
>
> Die bzgl. Z bedingte Linearität einer Regression $E(Y|X, Z)$ kann man dadurch prüfen, dass man mit einem Programm zur multiplen linearen Regression zunächst eine bzgl. Z bedingte lineare Quasi-Regression und den zugehörigen Quasi-Determinationskoeffizienten $Q^2_{Y|X,Z}$ berechnet. Danach kann man eine saturierte Parametrisierung für die Regression $E(Y|X, Z)$ und den Determinationskoeffizienten $R^2_{Y|X,Z}$ berechnen. Die Prüfung der bedingten Linearität der Regression geschieht nun über den Vergleich von $Q^2_{Y|X,Z}$ und $R^2_{Y|X,Z}$. Ist die Regression $E(Y|X, Z)$ wirklich bzgl. Z bedingt linear, so sind diese beiden Determinationskoeffizienten identisch, d. h. ihre Differenz $R^2_{Y|X,Z} - Q^2_{Y|X,Z}$ ist gleich null und die bzgl. Z bedingte lineare Quasi-Regression ist tatsächlich auch gleich der echten Regression. Andernfalls ist diese Differenz eine Kenngröße für das Ausmaß der bzgl. Z bedingten Nichtlinearität der Regression $E(Y|X, Z)$. Natürlich gelten diese Aussagen wieder nur für die Population bzw. für die wahren Parameter.
>
> Im Rahmen des Allgemeinen Linearen Modells bzw. der Multiplen Regressionsanalyse gibt es jedoch auch einen Signifikanztest, der genau auf diesem Weg, die Nullhypothese der bedingten Linearität der Regression testet. Anstatt mit einem Zellenmittelwertemodell und einem Statistikprogramm zur multiplen linearen Regression, kann man den Determinationskoeffizienten für ein saturiertes Modell auch über eine Varianzanalyse (ANOVA) rechnen. Kommen alle Wertekombinationen von X und Z tatsächlich vor, kann man eine zweifaktorielle ANOVA durchführen. In unserem Beispiel ist dies jedoch nicht der Fall (s. dazu Tab. 1 in Kap. 10). In diesem Fall muss man die tatsächlich realisierten Wertekombinationen von X und Z zu Werten eines einzigen varianzanalytischen Faktors machen und damit eine einfaktorielle ANOVA rechnen. Der Determinationskoeffizient der Regression $E(Y|X, Z)$ kann dann als „Quadratsumme zwischen" geteilt durch die „Quadratsumme total" geschätzt werden. Zu weiteren Details für dieses Beispiel siehe Anwendungsbox 2.

11.4 Beispiel: Das Verhältnismodell für geometrisch-optische Täuschungen IV

Die wesentliche Aussage des Verhältnismodells geometrisch-optischer Täuschungen ist, dass die logarithmierte Urteilslinie ($ln\,Y$) bei konstantem Kontext-Serienreizverhältnis $Z = z$ *linear regressiv* von der logarithmierten Reizlinie ($ln\,X$) abhängt [s. Gl. (11.1)]. In der nun eingeführten Terminologie heißt das, dass die bzgl. Z bedingte lineare Quasi-Regression

$$Q(ln\,Y \mid ln\,X, Z) = \beta_0 + \beta_1 I_{1/2} + \beta_2 I_{1/1}$$
$$+ \gamma_0\,ln\,X + \gamma_1 I_{1/2}\,ln\,X + \gamma_2 I_{1/1}\,ln\,X. \qquad (11.24)$$

der logarithmierten Urteilslinie auf die logarithmierte Reizlinie zugleich auch die echte bzgl. Z bedingte lineare Regression von $ln\,Y$ auf $ln\,X$ ist [s. Gl. (10.46)]. Diese echte Regression könnte ja auch eine Funktion ganz anderen Typs sein, wie wir in den vorangegangenen Abschnitten gesehen haben. Die echte Regression mag unbekannt sein und wir kön-

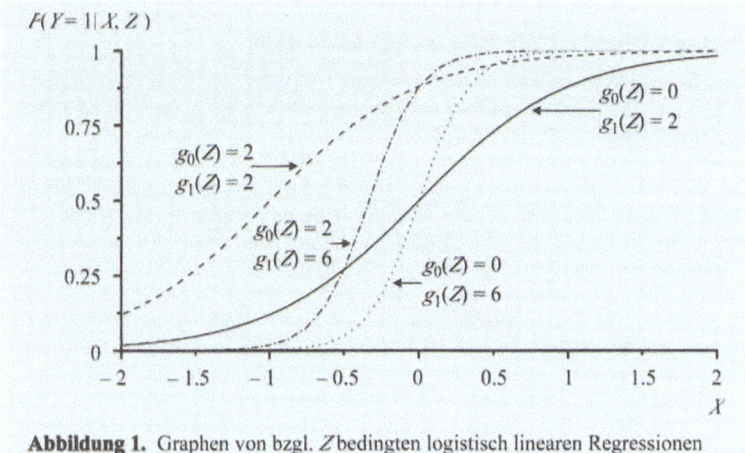

Abbildung 1. Graphen von bzgl. Z bedingten logistisch linearen Regressionen

nen postulieren, dass es sich um eine Funktion vom Typ $g_0(Z) + g_1(Z) \cdot X$ handelt. Wie lässt sich diese Hypothese nun überprüfen?

Zum einen bietet sich dafür für jeden Werte z von Z eine Analyse des Residuums an, ob sie die Gleichung (11.10) erfüllt. Dies kann man sehr anschaulich bspw. durch die Betrachtung der entsprechenden Streudiagramme machen. Darüber hinaus bietet sich jedoch auch ein Signifikanztest an, dessen Logik in den Anwendungsboxen 1 und 2 dargestellt ist. Dieser Signifikanztest weist den Vorzug auf, dass er die Linearität der bedingten Regressionen $E_{Z=z}(Y|X)$ für alle Werte z von Z in einem einzigen Signifikanztest prüft. Damit kann man das Problem der Kumulation des α-Fehlers vermeiden, mit dem man dann konfrontiert wäre, wenn man die Linearität der Regression $E_{Z=z}(Y|X)$ für jeden Wert z von Z einzeln überprüfen würde.

Kumulation des α-Fehlers

11.5 Logistische Regression

Ist Y ein dichotomer Regressand mit Werten 0 und 1, dann ist die Regression $E(Y|X,Z)$ zugleich auch die bedingte Wahrscheinlichkeitsfunktion $P(Y=1|X,Z)$. Ist X nicht ebenfalls ein dichotome Variable, sondern im Wertebereich mindestens nach einer Seite unbegrenzt, dann kann $P(Y=1|X,Z)$ nicht als bzgl. Z bedingte lineare Regression parametrisiert werden, da eine Gerade mit einer Steigung ungleich 0 inkonsistent mit dem Wertebereich [0, 1] einer (bedingten) Wahrscheinlichkeit ist. In diesem Fall wäre eine bzgl. Z bedingte lineare Regression logisch widersprüchlich. Dies trifft für den bedingten Fall also genauso zu wie für den Fall der einfachen linearen Regression (s. dazu das Kapitel über einfache nichtlineare Regression.)

In diesem Fall kann man auf die logistische bzgl. Z bedingte lineare Parametrisierung

$$P(Y=1 \mid X,Z) = \frac{exp[g_0(Z) + g_1(Z) \cdot X]}{1 + exp[g_0(Z) + g_1(Z) \cdot X]} \qquad (11.25)$$

Logistische lineare Parametrisierung

Anwendungsbox 2. Prüfung der bedingten Linearität

Für die von Ihnen erzeugten Daten (s. Kap. 10, A-Box 1) liegen drei Kontext-Serienreiz-Verhältnisse mit jeweils drei (für die Verhältnisse 1/2 und 2/1) oder vier Serienreizlinien vor (für das Verhältnis 1/1; s. Kap. 10, Tab.1) und für jede der insgesamt zehn Kombinationen der drei Kontext-Serienreiz-Verhältnisse und der Serienreize haben Sie jeweils einige Urteilslinien erzeugt. Sie können nun für diesen Datensatz nach Gleichung (11.21) die zehn Indikatorvariablen für die Werte des Regressors bilden und mit einem Programm zur multiplen linearen Regression die Regression der logarithmierten Urteilslinie auf diese zehn Indikatorvariablen berechnen. Dabei ist wieder zu beachten, dass Sie eine multiple lineare Regression *ohne die allgemeine Konstante* berechnen lassen, die ja in Gleichung (11.22) nicht vorkommt. Auf diese Weise erhalten Sie Schätzungen für die Parameter der Gleichung (11.22) und eine Schätzung des Determinationskoeffizienten. Mit dem gleichen Programm können Sie die bedingte lineare Quasi-Regression berechnen und erhalten dabei Schätzungen für die Koeffizienten der Gleichung (11.24) und des zugehörigen Determinationskoeffizienten. Nun können Sie einen Signifikanztest für die Nullhypothese durchführen, die besagt, dass die Regression bedingt linear ist. Diese geschieht über die folgende Teststatistik:

Nullhypothese

F-Test

$$F = \frac{(\hat{R}^2_{Y|X,Z} - \hat{Q}^2_{Y|X,Z})/(n-p)}{(1-\hat{R}^2_{Y|X,Z})/(N-n)}. \tag{11.26}$$

Dabei sind n die Anzahl der Parameter im saturierten Modell (hier: die 10 realisierten Kombinationen von Kontext-Serienreiz-Verhältnissen und Serienreizlinien), p die Anzahl der Parameter im eingeschränkten bzgl. Z bedingten linearen Modell [hier: 6; s. Gl. (11.24)] und N die Stichprobengröße (hier: die Gesamtzahl der Urteilslinien). Diese Teststatistik ist mit $n-p$ Zähler- und $N-n$ Nennerfreiheitsgraden F-verteilt, wobei wir allerdings die drei folgenden Annahmen machen: (a) die Unabhängigkeit der Fehlervariablen untereinander, d. h. der logarithmierten Abweichungen der Urteilslinien von ihrem bedingten Erwartungswert gegeben die jeweilige Kombination von Kontext-Serienreiz-Verhältnissen und Serienreizlinien, (b) die Gleichheit der Fehlervarianzen zwischen den zehn Bedingungen und (c) die Normalverteilung der logarithmierten Urteilslinien innerhalb jeder der zehn Bedingungen.

Voraussetzungen

Berechnung des Determinationskoeffizienten über eine einfaktorielle ANOVA

Den Determinationskoeffizienten für die saturierte Parametrisierung kann man alternativ auch über eine einfaktorielle Varianzanalyse mit 10 Gruppen berechnen. Dabei erspart man sich die Bildung der Indikatorvariablen. Wie bereits erwähnt, muss man in unserem Fall die tatsächlich realisierten Wertekombinationen von X und Z zu Werten eines einzigen varianzanalytischen Faktors machen und mit diesem eine einfaktorielle ANOVA rechnen. Der Determinationskoeffizient der Regression $E(Y|X,Z)$ kann dann als „Quadratsumme zwischen" geteilt durch die „Quadratsumme total" geschätzt werden.

Wenn das Verhältnismodell für geometrisch-optische Täuschungen gilt, dürfte der Test nicht signifikant werden. Wenn die Hypothese der bzgl. Z bedingten Linearität der Regression verworfen wird, stellt sich natürlich die Frage, von welchem Typ diese Regression dann ist. Diese Frage können Sie nach dem gleichen Prinzip wie oben untersuchen. An die Stelle der linearen Quasi-Regression tritt dann eben eine quadratische, kubische Quasi-Regression oder auch eine ganz andere Funktion. Ansonsten bleibt das Verfahren unverändert.

11.5 Logistische Regression

der Regression $E(Y|X,Z)$ bzw. $P(Y=1|X,Z)$ zurückgreifen, die prinzipiell auch dann gelten kann, wenn X kontinuierlich ist. Abbildung 1 beschreibt den Verlauf solcher logistisch linearen Regressionen. Man sieht, dass es sich bei solchen logistischen Funktionen von X um s-förmige Kurven handelt, die sich für X gegen $-\infty$ der 0, und für X gegen $+\infty$ der 1 annähern. Für jeden Wert z von Z können nun Lokation und Steigung der logistischen Funktion verschieden sein.

Logistische polynomiale Parametrisierung

Bei einem kontinuierlichen Regressor X und einem dichotomen Regressanden Y muss die Regression $E(Y|X,Z)$ bzw. $P(Y=1|X,Z)$ natürlich nicht unbedingt durch eine logistisch lineare Parametrisierung darstellbar sein. Der allgemeinere Fall wäre der einer bzgl. Z bedingten logistisch polynomialen Parametrisierung:

$$P(Y=1|X,Z) = \frac{exp[g_0(Z)+g_1(Z)\cdot X + g_2(Z)\cdot X^2 + \ldots]}{1+exp[g_0(Z)+g_1(Z)\cdot X + g_2(Z)\cdot X^2 + \ldots]}. \quad (11.27)$$

Hier sind die gleichen Vor- und Nachteile wie bei der im Abschnitt 11.3.1 behandelten polynomialen Parametrisierung zu bedenken.

Aus den gleichen Gründen, die wir im Abschnitt 11.3.1 schon genannt haben, sollte man auch die Anwendung einer Parametrisierung erwägen, die analog zu der des Zellenmittelwertemodells ist. Das heißt, man verwendet wieder die in Gleichung (11.21) definierten Indikatorvariablen für die Werte des Regressors und erhält mit

$$P(Y=1|X,Z) = \frac{exp(\lambda_{11}I_{11}+\lambda_{21}I_{21}+\ldots+\lambda_{nk}I_{nk})}{1+exp(\lambda_{11}I_{11}+\lambda_{21}I_{21}+\ldots+\lambda_{nk}I_{nk})} \quad (11.28)$$

Saturierte Parametrisierung

eine saturierte Parametrisierung, falls die Regressoren X und Z nur n bzw. k verschiedene Werte annehmen können.

Wie im Kapitel über nichtlineare Regression schon besprochen, sind die Parameter in einer logistischen Regression nicht ganz einfach zu interpretieren. Die bereits im Kapitel über einfache nichtlineare Regression angestellten Überlegungen wollen wir auch hier durchspielen. Der erste Schritt zu einem besseren Verständnis ist, dass man sich klarmacht, das der *logarithmierte Wettquotient* oder *Logit*

$$ln\frac{P(Y=1|X,Z)}{P(Y=0|X,Z)} \quad (11.29)$$

Logarithmierter Wettquotient

voll und ganz durch die bedingte Wahrscheinlichkeit $P(Y=1|X,Z)$ determiniert ist, aber einen unbegrenzten Wertebereich zwischen $-\infty$ und $+\infty$ hat. Daher steht einer Erklärung des Logits durch ein *lineares* Modell bei einem kontinuierlichen Regressor X nichts im Wege. Darüber hinaus ist Gleichung (11.25) äquivalent mit

$$ln\frac{P(Y=1|X,Z)}{P(Y=0|X,Z)} = g_0(Z)+g_1(Z)\cdot X. \quad (11.30)$$

Daher bietet sich wieder folgende Sichtweise an: Anstelle des Regressanden Y betrachtet man den Logit von Y und modelliert diesen als bzgl. Z bedingte lineare Funktion von X. Bei gegebenen Werten z von Z kommen dann in den linearen Funktionen von X wieder eine Regressionskonstante $g_0(z)$ und ein Steigungskoeffizient $g_1(z)$ vor.

Vorgehen für eine anschauliche Interpretation

Eine Interpretation in Termini bedingter Wahrscheinlichkeiten liefert dann das folgende Vorgehen: Man verwendet die logistische Regression, um zu einer validen Parametrisierung der Regression zu gelangen. Liegt diese—nach entsprechenden Modelltests—erst einmal vor, kann man die resultierende Gleichung benutzen, um, bei gegebenem Wert z von Z, die Werte der bedingten Wahrscheinlichkeitsfunktion $P_{Z=z}(Y=1 \mid X)$ für verschiedene Werte von X zu berechnen und miteinander zu vergleichen. Diese Vergleiche sind dann wieder relativ leicht verständlich, da dabei ja nur die bedingten Wahrscheinlichkeiten $P(Y=1 \mid X=x, Z=z)$ vorkommen.

11.6 Zusammenfassende Bemerkungen

In diesem und dem letzten Kapitel wurde der Spezialfall einer regressiven Abhängigkeit betrachtet, in dem ein (möglicherweise mehrdimensionaler und nicht unbedingt numerischer) Regressor Z und ein numerischer Regressor X vorliegen. In diesem Fall kann sich die Regression $E(Y \mid X, Z)$ u. U. durch eine bzgl. Z bedingte *lineare Funktion* von X beschreiben lassen. Sofern der Regressor X nicht gerade dichotom ist, kann die Regression aber durchaus eine ganz andere Funktion von X sein. Man kann in solchen Fällen dann trotzdem die, für jeden Wert z von Z, nach dem Kleinst-Quadrat-Prinzip bestangepassten, linearen Funktionen von X suchen und feststellen. Die Werte $g_0(z)$ und $g_1(z)$ der Funktionen $g_0(Z)$ bzw. $g_1(Z)$ sind dabei die Ordinatenabschnitte bzw. Steigungen dieser linearen Funktionen.

Grundprinzip bei der Prüfung der bedingten Linearität

Ausführlich wurde auch dargestellt, wie man die Hypothese prüfen kann, dass eine Regression $E(Y \mid X, Z)$ bzgl. Z bedingt linear ist. Die optimale Strategie dabei ist, eine saturierte Parametrisierung für $E(Y \mid X, Z)$ zu finden und den zugehörigen Determinationskoeffizienten zu bestimmen. Der Vergleich dieses Determinationskoeffizienten mit dem Determinationskoeffizienten der bzgl. Z bedingten linearen Quasi-Regression gibt dann Aufschluss über die Gültigkeit der bedingten Linearitätshypothese. Zur Prüfung dieser Hypothese wurde auch ein Signifikanztest angegeben.

Schließlich wurden auch verschiedene Arten bedingter nichtlinearer Regressionen dargestellt. Dazu gehörten bzgl. Z bedingte Polynome von X höheren Grades, aber auch logistische Parametrisierungen der Regression $E(Y \mid X, Z) = P(Y=1 \mid X, Z)$, die bei einem Regressanden Y mit den Werten 0 und 1 in Frage kommen.

> **Zusammenfassungsbox 1. Das Wichtigste zur bedingten nichtlinearen Regression**
>
> **A. Parametrisierung als Polynom von X**
>
> $E(Y \mid X, Z) = g_0(Z) + g_1(Z) \cdot X + g_2(Z) \cdot X^2 + \ldots + g_{n-1}(Z) \cdot X^{n-1}$ *Polynom $(n-1)$ter Ordnung*
>
> Dies ist zugleich eine saturierte Parametrisierung, wenn X nur n verschiedene Werte annehmen kann. Die Funktionen $g_i(Z)$ können ihrerseits wieder als Polynome oder auch durch Indikatorvariablen parametrisiert werden.
>
> **B. Parametrisierung des saturierten Modells durch Indikatorvariablen**
>
> $I_{ij} = \begin{cases} 1, \text{ falls } X = x_i \text{ und } Z = z_j \\ 0, \text{ andernfalls} \end{cases}$, $i = 1, \ldots, n, \; j = 1, \ldots, k,$ *Indikatorvariablen für die Wertepaare (x_i, z_j)*
>
> $E(Y \mid X, Z) = \mu_{11} \cdot I_{11} + \mu_{21} \cdot I_{21} + \ldots + \mu_{nk} \cdot I_{nk}$ *Zellenmittelwertemodell*
>
> Dies ist eine saturierte Parametrisierung, wenn X nur n und Z nur k verschiedene Werte annehmen kann. Es gilt: $\mu_{ij} = E(Y \mid X = x_i, Z = z_j)$.
>
> **C. Prüfung der bedingten Linearität der Regression**
>
> Man bildet die Differenz zwischen dem Determinationskoeffizienten $R^2_{Y \mid X, Z}$ einer saturierten Parametrisierung und dem Determinationskoeffizienten $Q^2_{Y \mid X, Z}$ der bzgl. Z bedingten linearen Quasi-Regression. Ist die Regression wirklich linear, muss diese Differenz in der Population gleich null sein. $R^2_{Y \mid X, Z} - Q^2_{Y \mid X, Z}$
>
> **D. Logistische Regression**
>
> Anstelle der Regression $E(Y \mid X, Z)$ bzw. $P(Y = 1 \mid X, Z)$ betrachtet man den Logit $\ln[P(Y = 1 \mid X, Z) / P(Y = 0 \mid X, Z)]$ und nimmt für diesen eine der oben für die Regression $E(Y \mid X, Z)$ angegebenen Parametrisierungen. Danach kann man aus den so erhaltenen Formeln die bedingten Wahrscheinlichkeiten $P(Y = 1 \mid X = x, Z = z)$ und miteinander vergleichen.

Fragen

F1.	Worin besteht der Unterschied zwischen einer echten bzgl. Z bedingten linearen Regression und einer bzgl. Z bedingten linearen Quasi-Regression?	mittel
F2.	Welche Eigenschaft der jeweiligen Residuen unterscheidet eine echte bzgl. Z bedingte lineare Regression von einer bzgl. Z bedingten linearen Quasi-Regression?	mittel
F3.	Welche Eigenschaften der jeweiligen Residuen haben die echte bzgl. Z bedingte lineare Regression und die bzgl. Z bedingte lineare Quasi-Regression gemeinsam?	leicht
F4.	In welchem Fall sind die echte bzgl. Z bedingte lineare Regression und die bzgl. Z bedingte lineare Quasi-Regression identisch?	leicht
F5.	Warum sind $E(Y \mid X, Z)$ und $E(Y \mid \ln X, Z)$ identisch?	leicht
F6.	In welchem Fall ist die Regression $E(Y \mid X, Z)$ immer eine bzgl. Z bedingte lineare Funktion von X?	leicht
F7.	Wie kann man am besten prüfen, ob die Regression $E(Y \mid X, Z)$ eine bzgl. Z bedingte lineare Funktion von X ist?	mittel
F8.	Was ist das allgemeine Prinzip der bzgl. Z bedingten linearen Quasi-Regression $E(Y \mid X, Z)$?	mittel

mittel F9. Wie viele Parameter braucht man, wenn man für die Funktionen $g_0(Z)$ und $g_1(Z)$ saturierte Parametrisierungen haben will und Z nur k verschiedene Werte annehmen kann?

leicht F10. Unter welchen Bedingungen ist die bzgl. Z bedingte lineare Quasi-Regression mit der zweifachen linearen Quasi-Regression identisch?

mittel F11. Wie viele Parameter braucht man für eine saturierte Parametrisierungen der Regression $E(Y|X, Z) = g_0(Z) + g_1(Z) \cdot X + g_2(Z) \cdot X^2$, wenn X nur drei und Z nur zwei verschiedene Werte annehmen können?

mittel F12. Welchen Vorteil hat das Zellenmittelwertemodell gegenüber einer Parametrisierung einer Regression als bzgl. Z bedingtes Polynom $(n-1)$-ten Grades, wenn X nur n verschiedene Werte annehmen kann.

mittel F13. Warum wäre eine bzgl. Z bedingte lineare Regression $E(Y|X, Z)$ logisch widersprüchlich, wenn Y ein dichotomer Regressand mit Werten 0 und 1, und der Wertebereich von X zumindest nach einer Seite nicht begrenzt ist?

Antworten

A1. Die Werte einer echten bzgl. Z bedingten linearen Regression $E(Y|X, Z)$ sind die bedingten Erwartungswerte $E(Y|X=x, Z=z)$ Dies ist bei einer bzgl. Z bedingten linearen Quasi-Regression nicht unbedingt der Fall. Ihre Werte sind ganz einfach die linearen Transformationen $g_0(z) + g_1(z) \cdot x$ der Werte x von X. Dies müssen nicht unbedingt zugleich die bedingten Erwartungswerte $E(Y|X=x, Z=z)$ sein.

A2. Für die Residuen ε einer echten bzgl. Z bedingten linearen Regression gilt, dass ihre bedingten Erwartungswerte $E(\varepsilon|X=x, Z=z)$ gleich 0 sind. Bei einer bzgl. Z bedingten linearen Quasi-Regression gilt dies nicht unbedingt.

A3. Beide Residuen haben den (unbedingten) Erwartungswert 0 und sind mit X unkorreliert [s. die Gln. (11.8) und (11.9)].

A4. Die echte bzgl. Z bedingte lineare Regression und die bzgl. Z bedingte lineare Quasi-Regression sind identisch, wenn die Werte der bedingten linearen Quasi-Regression auch die bedingten Erwartungswerte $E(Y|X=x, Z=z)$ sind. Dies ist insbesondere dann der Fall, wenn der Regressor X nur die beiden Werte 0 und 1 annehmen kann.

A5. $E(Y|X, Z)$ und $E(Y|\ln X, Z)$ sind nur verschiedene Notationen für ein und dieselbe Funktion. Beides sind per definitionem als Regressionen Funktionen auf der Menge Ω der möglichen Ergebnisse des betrachteten Zufallsexperiments und nehmen für jedes mögliche Ergebnis den gleichen Wert an, nämlich den bedingten Erwartungswert von Y gegeben $X=x$ und $Z=z$.

A6. Wenn X dichotom ist.

A7. Indem man eine saturierte Parametrisierung der Regression $E(Y|X, Z)$ wählt und prüft, ob diese signifikant mehr Varianz erklärt als die bzgl. Z bedingte lineare Quasi-Regression $Q(Y|X, Z)$. Eine andere, sehr anschauliche Möglichkeit, ist die Überprüfung, ob die Residuen v bzgl. der bedingten linearen Quasi-Regression $Q(Y|X, Z)$ auch die Eigenschaft $E(v|X, Z) = 0$ hat. Falls ja, so sind $Q(Y|X, Z)$ und $E(Y|X, Z)$ identisch und $E(Y|X, Z)$ ist tatsächlich eine bzgl. Z bedingte lineare Funktion von X.

A8. Das allgemeine Prinzip bei der Anwendung der bzgl. Z bedingten linearen Quasi-Regression $E(Y|X, Z)$ ist die Beschreibung der regressiven Abhängigkeit des Regressanden Y vom Regressor X durch eine lineare Funktion von X bei konstanten Ausprägungen einer (möglicherweise mehrdimensionalen) anderen Variablen Z. Für die Funktionen $g_0(Z)$ und $g_1(Z)$ werden keinerlei Einschränkungen gemacht.

A9. Genau $2k$ Parameter.

A10. Wenn gelten: $g_0(Z) = \beta_0 + \beta_1 Z$ und $g_1(Z) = \gamma_0$.

A11. Genau $3 \cdot 2 = 6$ Parameter.

A12. Wenn X nur n verschiedene Werte annehmen kann, hat die Parametrisierung einer Regression $E(Y|X, Z)$ als Zellenmittelwertemodell gegenüber einer Parametrisierung als bzgl. Z bedingtes Polynom $(n-1)$-ten Grades den Vorteil, dass dann das Problem der Multikolinearität nicht auftritt.

A13. Ist Y ein dichotomer Regressand mit Werten 0 und 1, dann ist $E(Y|X,Z)$ zugleich auch die bedingte Wahrscheinlichkeitsfunktion $P(Y=1|X,Z)$. Ist X im Wertebereich zumindest nach einer Seite nicht begrenzt, dann kann $P(Y=1|X,Z)$ nicht als bzgl. Z bedingte lineare Regression parametrisiert werden, da dann eine Gerade mit einer Steigung ungleich 0 inkonsistent mit dem Wertebereich [0, 1] einer (bedingten) Wahrscheinlichkeit ist. In diesem Fall wäre eine bzgl. Z bedingte lineare Regression logisch widersprüchlich.

Übungen

Ü1. Zeigen Sie, dass aus der Definition der bzgl. Z bedingten linearen Quasi-Regression, die Gleichungen (11.6) bis (11.9) folgen.   mittel

Ü2. Berechnen Sie die beiden Differenzen der bedingten Wahrscheinlichkeiten   mittel

$$P(Y=1|X=0, Z=0) - P(Y=1|X=1, Z=0)$$

und

$$P(Y=1|X=0, Z=1) - P(Y=1|X=1, Z=1)$$

aus der Gleichung (11.25) mit $g_0(Z) = 0.5 + 1.0 \cdot Z$ und $g_1(Z) = 0.3 + 0.5 \cdot Z$.

Lösungen

L1. Die Gleichungen (11.6) und (11.7) folgen aus der Definition der bzgl. Z bedingten linearen Quasi-Regression, da diese per definitionem für jeden Wert z von Z das Kleinst-Quadrat-Kriterium [s. Gl. (11.3)] minimiert. Im Kapitel 8 wurde aber schon bewiesen, dass ein Residuum bzgl. einer im Sinne des Kleinst-Quadrat-Kriteriums optimale lineare Funktion den Erwartungswert 0 [Gl. (11.6)] hat und mit seinem Regressor unkorreliert ist [Gl. (11.7)]. Gelten diese beiden Gleichungen aber schon für jeden Wert z von Z, dann folgen auch $E(v) = 0$ und $Cov(v, X) = 0$, da

$$E(v) = E[E(v|Z)] = E(0) = 0 \qquad \text{R-Box 6.2, (iv)}$$

und

$$\begin{aligned}
Cov(v, X) &= E(v \cdot X) & &\text{R-Box 5.3, (i), } E(v) = 0 \\
&= E[E(v \cdot X | Z)] & &\text{R-Box 6.2, (iv)} \\
&= E[Cov(v, X | Z)] & &E(v | Z) = 0 \\
&= E(0) = 0. & &\text{Gl. (11.7)}
\end{aligned}$$

Mit der Verwendung der bedingten Kovarianz $Cov(v, X|Z)$ haben wir einen Vorgriff auf das nächste Kapitel unternommen. Bisher haben wir nur die Werte $Cov(v, X|Z=z)$ der bedingten Kovarianzfunktion $Cov(v, X|Z)$ kennen gelernt.

L2. Unter Verwendung von Gleichung (11.25) mit $g_0(Z) = 0.5 + 1.0 \cdot Z$ und $g_1(Z) = 0.3 + 0.5 \cdot Z$ ergibt sich für die einzelnen Terme der Differenz $P(Y=1|X=0, Z=0) - P(Y=1|X=1, Z=0)$ folgendes:

$$P(Y=1|X=0, Z=0) = \frac{exp[(0.5 + 1.0 \cdot 0) + (0.3 + 0.5 \cdot 0) \cdot 0]}{1 + exp[(0.5 + 1.0 \cdot 0) + (0.3 + 0.5 \cdot 0) \cdot 0]}$$

$$= \frac{exp(0.5)}{1 + exp(0.5)} = 0.6225,$$

$$P(Y=1|X=1, Z=0) = \frac{exp[(0.5 + 1.0 \cdot 0) + (0.3 + 0.5 \cdot 0) \cdot 1]}{1 + exp[(0.5 + 1.0 \cdot 0) + (0.3 + 0.5 \cdot 0) \cdot 1]}$$

$$= \frac{exp(0.8)}{1 + exp(0.8)} = 0.6899.$$

Daraus ergibt sich die Differenz $P(Y=1|X=0, Z=0) - P(Y=1|X=1, Z=0) = -0.0674$.

Für die Terme der Differenz $P(Y=1|X=0, Z=1) - P(Y=1|X=1, Z=1)$ ergibt sich nach gleicher Vorgehensweise:

$$P(Y=1|X=0, Z=1) = \frac{exp(1.5)}{1+exp(1.5)} = 0.8175$$

und

$$P(Y=1|X=1, Z=1) = \frac{exp(2.3)}{1+exp(2.3)} = 0.9089.$$

Daraus erhalten wir: $P(Y=1|X=0, Z=1) - P(Y=1|X=1, Z=1) = -0.0914$. Diese können nun als Effekte von X auf Y bei gegebenen Werten $Z=0$ bzw. $Z=1$ interpretiert werden.

12 Bedingte Varianz und Kovarianz

Der Erwartungswert ist eine Kenngröße für die *zentrale Tendenz* oder *die Lage* (der Verteilung) einer Zufallsvariablen. Oft ist aber auch die *Dispersion* oder Streubreite der Verteilung einer Zufallsvariablen von Interesse, und man möchte Aussagen darüber formulieren, ob und wie die Dispersion einer Variablen Y von den Werten x einer weiteren, möglicherweise mehrdimensionalen Zufallsvariablen X abhängt. Der dafür relevante Begriff ist die *bedingte Varianz*. Die häufigste Aussage ist wohl, dass die bedingte Varianz von Y unabhängig von X ist, also für alle Werte x von X gleich ist. Bei der subjektiven Beurteilung der Größe physikalischer Gegenstände dagegen beobachtet man, dass das subjektive Urteil um so mehr variiert, je größer der Gegenstand ist. Tatsächlich ist es (zumindest näherungsweise) sogar so, dass die bedingte Standardabweichung (positive Wurzel der bedingten Varianz) des Urteils Y eine lineare Funktion der Größe X des Gegenstands ist. Dies ist eine Version des Weberschen Gesetzes (s. Abschnitt 12.5 oder Gescheider, 1976, S. 34 ff).

Kenngrößen der Verteilung von Zufallsvariablen

Wozu die bedingte Varianz?

Aber auch Aussagen über die bedingte Kovarianz zweier Variablen Y_1 und Y_2 bei gegebener Variablen X kommen in psychologischen Modellen häufig vor. Bei Modellen latenter Variablen z. B. wird häufig angenommen, dass die manifesten Variablen (bedingt) unkorreliert sind bei gegebenen Werten der latenten Variablen. Die Grundidee dabei ist, dass die gemeinsame Abhängigkeit von der (bzw. den) latenten Variablen die einzige Ursache für die Kovarianz (und damit für die Korrelation) der manifesten Variablen ist. Bei Modellen der Faktorenanalyse kommt man schon mit etwas schwächeren, aber sehr ähnlichen Annahmen aus.

Wozu die bedingte Kovarianz?

Auch in anderen Kontexten sind Aussagen über bedingte Varianzen und/oder Kovarianzen von Interesse. Eine pädagogische Intervention, wie z. B. ein Kurs in Statistik kann dazu führen, dass nicht nur der Erwartungswert einer Variablen Y (z. B. „Kenntnis statistischer Grundbegriffe" oder „Interesse an Statistik"), sondern auch deren Varianz gegenüber einer nicht unterrichteten Gruppe steigt. (Der Regressor X wäre dabei die „Teilnahme bzw. Nichtteilnahme" am Unterricht.)

Normiert man die bedingte Kovarianz, erhält man die *bedingte Korrelation*. Schließlich ist für viele Fragestellungen auch die *Partialkorrelation* von Interesse, die wir ebenfalls in diesem Kapitel—und zwar für beliebige Regressionen und nicht nur für lineare—einführen werden.

Überblick. Als einführendes Beispiel behandeln wir die Beurteilung der Länge einer Linie, die in verschiedenen Kontexten eingebettet ist. Dabei wird die Hypothese formuliert, dass auch die *Varianz* der Urteile über die

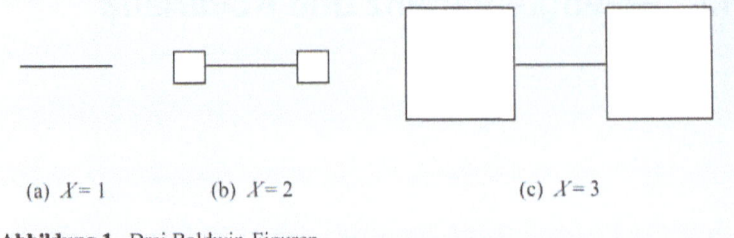

(a) $X = 1$ (b) $X = 2$ (c) $X = 3$

Abbildung 1. Drei Baldwin-Figuren.

Linienlänge vom Kontext abhängt. Danach werden die Begriffe der bedingten Varianz und Kovarianz formal eingeführt, dann deren wichtigste Eigenschaften behandelt. Darauf folgt ein Abschnitt über die bedingte Korrelation und die Partialkorrelation. Schließlich wird das Webersche Gesetz für Herstellungsexperimente als Beispiel für die bedingte Varianz dargestellt und gezeigt, wie man die Rechenregeln für bedingte Varianzen verwenden kann, um ein Gesetz der Psychophysik aus wenigen Grundannahmen herzuleiten.

12.1 Beispiel: Baldwin-Täuschung

Zufallsexperiment

Als erstes Beispiel für ungleiche bedingte Varianzen ziehen wir wieder ein Experiment zur Baldwin-Täuschung heran. Dazu betrachten wir das folgende Zufallsexperiment: Es wird eine der drei in Abbildung 1 dargestellten Figuren zufällig ausgewählt (d. h. jede Figur hat die gleiche Wahrscheinlichkeit, gezogen zu werden) und einer Person auf einem Bildschirm dargeboten, mit der Bitte, die Länge der Linie zwischen den Quadraten auf dem Bildschirm durch die Herstellung einer zweiten, ihr gleich lang erscheinenden Linie einzuschätzen. In Tabelle 1 sind idealisierte bedingte Wahrscheinlichkeiten zusammengestellt, die dieses Zufallsexperiment charakterisieren und in Abbildung 2 idealisierte mögliche Werte der Urteilsvariablen Y für die drei zu beurteilenden Figuren (s. dazu auch A-Box 1.)

Die unterschiedliche bedingte Varianz der Urteilsvariablen bei den drei Figuren, die durch die drei Werte von X repräsentiert werden, ist in Abbildung 2 und Tabelle 1 durch die unterschiedliche Streubreite der Y-

Tabelle 1. Bedingte Verteilungen der Urteile.

Y (Urteil in mm)	$P(Y=y \mid X=1)$	$P(Y=y \mid X=2)$	$P(Y=y \mid X=3)$
13	0.1	0.0	0.1
14	0.2	0.0	0.2
15	0.4	0.05	0.4
16	0.2	0.1	0.2
17	0.1	0.2	0.1
18	0.0	0.3	0.0
19	0.0	0.2	0.0
20	0.0	0.1	0.0
21	0.0	0.05	0.0

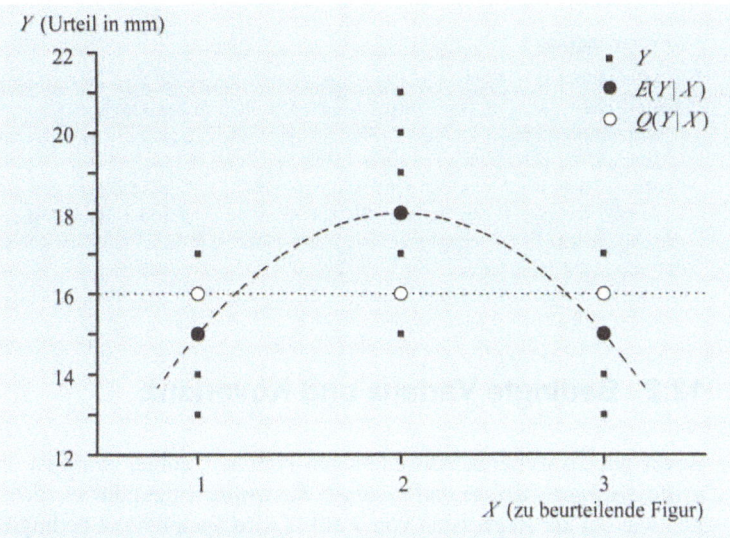

Abbildung 2. Idealisierte Darstellung der möglichen Werte der Urteilsvariablen Y für die drei zu beurteilenden Figuren.

Werte dargestellt. In Abbildung 3 ist nun direkt die *bedingte Varianz* von Y für die drei verschiedenen Werte von X aufgetragen. Dabei mache man sich klar, dass die Kurve hier zwar einen ähnlichen Verlauf hat, wie die Darstellung der *bedingten Erwartungswerte* in Abbildung 2, dass in den beiden Abbildungen aber dennoch zwei verschiedene Dinge dargestellt sind. In Abbildung 2 sind die unterschiedlichen bedingten Varianzen an der Streubreite der Werte der Urteilsvariablen zu erkennen, in Abbildung 3 dagegen sind unterschiedlichen bedingten Varianzen direkt als Funktion von X eingetragen.

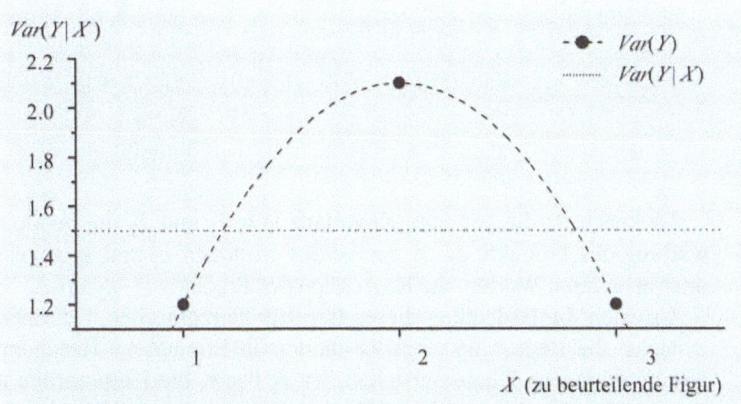

Abbildung 3. Darstellung der bedingten Varianz der Urteilsvariablen Y für die drei verschiedenen Werte von X.

> **Anwendungsbox 1**
>
> In Kapitel 10 haben Sie bereits Daten hergestellt, die Sie für eine Überprüfung der Abhängigkeit der bedingten Varianzen der Urteile von der Größe des Kontextes (Quadrats) heranziehen können. Ziehen Sie aus diesen Daten bspw. alle diejenigen heraus, welche sich auf den zu beurteilenden Serienreiz der Länge 4 beziehen. Diese Serienreizlänge wurde mit drei Quadraten der Größe 2, 4 und 8 dargeboten und jeweils mehrfach von Ihnen beurteilt. Sie können nun für jedes der drei Kontextquadrate die Varianz ihrer Urteilslinien berechnen und in einer Abbildung darstellen, die der Abbildung 3 entspricht.

12.2 Bedingte Varianz und Kovarianz

Bevor wir zu weiteren Anwendungen kommen, sollen zunächst die Begriffe *bedingte Varianz* und *bedingte Kovarianz* eingeführt werden. Ähnlich wie bei der Regression von Y auf X wird auch bei der bedingten Varianz und der bedingten Kovarianz zwischen zwei Begriffen unterschieden: Die bedingte Varianz $Var(Y|X)$ von Y gegeben X ist eine Zufallsvariable, deren Werte die bedingten Varianzen $Var(Y|X=x)$ gegeben $X=x$ sind. Zur besseren Unterscheidung sprechen wir auch manchmal von der bedingten Varianz*funktion*, die wir mit $Var(Y|X)$ notieren und der bedingten Varianz $Var(Y|X=x)$ bei gegebenem Wert x von X, eine feste Zahl. Das Entsprechende gilt für die bedingte Kovarianz, die nun als erstes definiert werden soll.

$Var(Y|X)$ vs. $Var(Y|X=x)$

> **Definition 1.** Seien Y_1 und Y_2 zwei numerische Zufallsvariablen mit endlichen Erwartungswerten und endlichen Varianzen und X eine (ein- oder mehrdimensionale) Zufallsvariable (mit beliebiger Wertemenge), alle drei auf dem gleichen Wahrscheinlichkeitsraum. Außerdem seien:
>
> $$\varepsilon_1 := Y_1 - E(Y_1|X) \quad \text{und} \quad \varepsilon_2 := Y_2 - E(Y_2|X) \quad (12.1)$$
>
> die Residuen von Y_1 bzw. Y_2 bezüglich ihrer Regression auf X. Die bedingte Kovarianz von Y_1 und Y_2 gegeben X ist dann definiert durch:
>
> $$Cov(Y_1, Y_2|X) := E[[Y_1 - E(Y_1|X)] \cdot [Y_2 - E(Y_2|X)]|X]$$
> $$= E(\varepsilon_1 \cdot \varepsilon_2|X) \quad (12.2)$$

Demnach ist die bedingte Kovarianz von Y_1 und Y_2 die bedingte Erwartung des Produkts $\varepsilon_1 \cdot \varepsilon_2$ der beiden Residuen ε_1 und ε_2 gegeben X, oder in anderen Worten, die Regression des Produkts $\varepsilon_1 \cdot \varepsilon_2$ auf X.

Bedeutung der Residuen

Um sich die Bedeutung dieses Begriffs klarzumachen, rufe man sich zunächst die Bedeutung eines Residuums in Erinnerung. Residuen können verschiedene Dinge darstellen. Ist Y_1 bspw. die Körpergröße und X das Geschlecht, dann sind die Werte des Residuums ε_1 die Abweichungen der individuellen Körpergrößen vom geschlechtsbedingten Erwartungswert. Ist Y_2 dann bspw. das Körpergewicht, so kann man sich fra-

Beispiel

gen, wie stark die beiden Variablen Y_1 und Y_2 *innerhalb* der beiden Geschlechtsgruppen kovariieren und/oder korrelieren. In diesem Beispiel ist diese Korrelation sicherlich relativ stark. Ob und wenn ja, in welchem Ausmaß dies für andere Variablen Y_1, Y_2 und X der Fall ist, kann in vielen Anwendungen von großem Interesse sein.

Definition 2. Seien Y eine numerische Zufallsvariable mit endlichem Erwartungswert und endlicher Varianz und X eine (ein- oder mehrdimensionale) Zufallsvariable (mit beliebiger Wertemenge), beide auf dem gleichen Wahrscheinlichkeitsraum. Die *bedingte Varianz* von Y gegeben X ist dann die bedingte Kovarianz von Y mit sich selbst. In Formeln:

$$Var(Y|X) := Cov(Y, Y|X). \quad (12.3)$$

Bedingte Varianz

Die *bedingte Streuung* oder *bedingte Standardabweichung von Y gegeben X* ist definiert durch:

$$Std(Y|X) := +\sqrt{Var(Y|X)}, \quad (12.4)$$

Bedingte Standardabweichung

d. h. als positive Quadratwurzel aus der bedingten Varianz $Var(Y|X)$.

12.3 Eigenschaften der bedingten Varianz und der bedingten Kovarianz

Die hier zu besprechenden Eigenschaften bedingter Varianzen und Kovarianzen, die sich aus den obigen Definitionen ableiten lassen, sind alle in Regelbox 1 zusammengestellt. Sie können in vielen Anwendungen als Rechenregeln eingesetzt werden. Dabei wird immer vorausgesetzt, dass die beteiligten Regressanden numerisch mit endlichen Erwartungswerten und Varianzen sind. Dadurch wird auch die Endlichkeit der bedingten und unbedingten Kovarianzen sichergestellt. Die (möglicherweise mehrdimensionale) Zufallsvariable X dagegen kann beliebige Werte annehmen, muss also nicht unbedingt numerisch sein. Fast alle diese Regeln haben ein Analogon im unbedingten Fall (s. dazu Frage 7).

Voraussetzungen

Wir beginnen mit der Eigenschaft (i) in Regelbox 1, die ein Spezialfall der Regel (viii) für bedingte Kovarianzen ist. Gemäß Regel (viii) ist die bedingte Kovarianz zwischen zwei Zufallsvariablen Y_1 und Y_2 gleich der Differenz der Regression des Produkts $Y_1 \cdot Y_2$ auf X und dem Produkt der Regressionen von Y_1 bzw. Y_2 auf X. Entsprechend gilt für die bedingte Varianz einer Variablen Y, dass sie gleich der Differenz zwischen der Regression von Y^2 auf X und der quadrierten Regression von Y auf X [s. Regel (i)].

Eine weitere, fast triviale Eigenschaft ist, dass die bedingte Kovarianz gleich null ist, wenn eine der beiden Variablen eine Konstante ist [s. Regel (ix)]. Entsprechend ist auch die bedingte Varianz einer Konstanten gleich null [s. Regel (ii)].

*Invarianz
der bedingten Kovarianz
gegenüber Translationen*

Die nächste Eigenschaft ist die Invarianz der bedingten Kovarianz unter Translationen (d. h. Verschiebungen um eine Konstante) der beteiligten Variablen. Danach ist die bedingte Kovarianz zweier um Konstanten verschobener Zufallsvariablen Y_1 und Y_2 gleich der bedingten Kovarianz von Y_1 und Y_2 [s. Regel (x)]. Entsprechend ist auch die bedingte Varianz invariant gegenüber Translationen [s. Regel (iii)].

Als nächstes betrachten wir die bedingte Kovarianz zweier mit Konstanten multiplizierter Zufallsvariablen Y_1 und Y_2 [s. Regel (xi)]. Diese ist gleich dem Produkt der beiden Konstanten und der bedingten Kovarianz von Y_1 und Y_2. Entsprechend ist die bedingte Varianz einer mit einer Konstanten multiplizierten Zufallsvariablen Y gleich dem Produkt des Quadrats der Konstanten mit der bedingten Varianz von Y [s. Regel (iv)].

Wichtig ist auch die Regel (xii), wonach die bedingte Kovarianz der gewichteten Summen $\alpha_1 Y_1 + \alpha_2 Y_2$ bzw. $\beta_1 Z_1 + \beta_2 Z_2$ von je zwei Zufallsvariablen gleich der mit den Produkten der Gewichte gewichteten Summe der bedingten Kovarianzen der Variablen Y_i und Z_j ist. Der Spezialfall für die bedingte Varianz der gewichteten Summe zweier Zufallsvariablen Y_1 und Y_2 ist in Regel (v) aufgeschrieben. Für die bedingte Kovarianz der Differenz $Y_1 - Y_2$ zweier numerischer Zufallsvariablen Y_1 und Y_2 folgt übrigens als Spezialfall:

*Bedingte Varianz
einer Differenzvariablen*

$$Var(Y_1 - Y_2 \mid X) = Var(Y_1 \mid X) + Var(Y_2 \mid X) - 2\,Cov(Y_1, Y_2 \mid X). \quad (12.5)$$

Demnach ist die bedingte Varianz der Differenz $Y_1 - Y_2$ zweier numerischer Zufallsvariablen Y_1 und Y_2 gleich der Differenz zwischen der *Summe* der bedingten Varianzen der beiden Variablen und der mit dem Faktor 2 multiplizierten bedingten Kovarianz zwischen Y_1 und Y_2. Die in Regel (v) vorkommenden Gewichte sind hier $\alpha_1 = 1$ und $\alpha_2 = -1$.

Schließlich betrachten wir noch die folgende Eigenschaft, bei der zwei numerische Funktionen $f_1(X)$ und $f_2(X)$ von X vorkommen: Gemäß Regel (xiii) ist die bedingte Kovarianz der Produkte $f_1(X) \cdot Y_1$ und $f_2(X) \cdot Y_2$ gleich dem Produkt von $f_1(X) \cdot f_2(X)$ und der bedingten Kovarianz von Y_1 und Y_2. Als Spezialfall erhalten wir folgendes: Die bedingte Varianz des Produkts $f(X) \cdot Y$ ist gleich dem Produkt von $f(X)^2$ mit der bedingten Varianz von Y [s. Regel (vi)]

Als letzte Eigenschaft sei noch erwähnt, dass der Erwartungswert der bedingten Kovarianz gleich der (unbedingten) Kovarianz der beiden zugehörigen Residuen ist [s. Regel (xiv)], und dass der Erwartungswert der bedingten Varianz gleich der Varianz des zugehörigen Residuums ist [s. Regel (vii)]. Dies sind zwei wichtige Eigenschaften, die nicht zuletzt auch zum Verständnis der Kovarianz zweier Residuen bzw. der Varianz eines Residuums beitragen.

Die beiden letztgenannten Regeln können auch manchmal hilfreich sein, wenn es um die Berechnung der Kovarianz zweier Residuen bzw. der Varianz eines Residuums geht. Will man z. B. die Varianz des Residuums für das in den Abbildungen 1 bis 3 dargestellte Beispiel berechnen, so sind zunächst die drei bedingten Varianzen $Var(Y \mid X = x)$ für die Werte 1, 2 und 3 von X und dann der Erwartungswert über diese drei Werte der Zufallsvariablen $Var(Y \mid X)$ auszurechnen. Diese drei Werte

> **Regelbox 1. Das Wichtigste zu bedingten Varianzen und Kovarianzen**
>
> **A. Definitionen**
>
> $Cov(Y_1, Y_2 | X) := E\{[Y_1 - E(Y_1|X)] \cdot [Y_2 - E(Y_2|X)] | X\} = E(\varepsilon_1 \cdot \varepsilon_2 | X)$ *Bedingte Kovarianz*
> $Var(Y|X) := Cov(Y, Y|X) = E(\varepsilon^2 | X)$ *Bedingte Varianz*
> $Std(Y|X) := +\sqrt{Var(Y|X)}$ *Bedingte Standardabweichung*
>
> **B. Rechenregeln für bedingten Varianzen**
>
> In den folgenden Regeln bezeichnen griechische Buchstaben immer reelle Zahlen.
>
> (i) $Var(Y|X) = E(Y^2|X) - E(Y|X)^2$ *Rechenregeln für bedingte Varianzen*
> (ii) $Var(Y|X) = 0$, falls $Y = \alpha$
> (iii) $Var(\alpha + Y|X) = Var(Y|X)$
> (iv) $Var(\alpha \cdot Y|X) = \alpha^2 Var(Y|X)$
> (v) $Var(\alpha_1 Y_1 + \alpha_2 Y_2 | X)$
> $= \alpha_1^2 Var(Y_1|X) + \alpha_2^2 Var(Y_2|X) + 2\alpha_1\alpha_2 Cov(Y_1, Y_2|X)$
> (vi) $Var[f(X) \cdot Y | X] = f(X)^2 \cdot Var(Y|X)$
> (vii) $E[Var(Y|X)] = Var(\varepsilon) = E(\varepsilon^2)$
>
> **C. Rechenregeln für bedingten Kovarianzen**
>
> (viii) $Cov(Y_1, Y_2|X) = E(Y_1 \cdot Y_2|X) - E(Y_1|X) \cdot E(Y_2|X)$ *Rechenregeln für bedingte Kovarianzen*
> (ix) $Cov(Y_1, Y_2|X) = 0$, falls $Y_1 = \alpha$ oder $Y_2 = \alpha$
> (x) $Cov(\alpha_1 + Y_1, \alpha_2 + Y_2 | X) = Cov(Y_1, Y_2|X)$
> (xi) $Cov(\alpha_1 Y_1, \alpha_2 Y_2 | X) = \alpha_1 \alpha_2 Cov(Y_1, Y_2|X)$
> (xii) $Cov(\alpha_1 Y_1 + \alpha_2 Y_2, \beta_1 Z_1 + \beta_2 Z_2 | X)$
> $= \alpha_1 \beta_1 Cov(Y_1, Z_1 | X) + \alpha_1 \beta_2 Cov(Y_1, Z_2 | X)$
> $+ \alpha_2 \beta_1 Cov(Y_2, Z_1 | X) + \alpha_2 \beta_2 Cov(Y_2, Z_2 | X)$
> (xiii) $Cov[f_1(X) \cdot Y_1, f_2(X) \cdot Y_2 | X] = f_1(X) \cdot f_2(X) \cdot Cov(Y_1, Y_2|X)$.
> (xiv) $E[Cov(Y_1, Y_2|X)] = Cov(\varepsilon_1, \varepsilon_2) = E(\varepsilon_1 \cdot \varepsilon_2)$

haben die gleiche Auftretenswahrscheinlichkeit wie die Werte von X (hier: jeweils 1/3) (s. hierzu auch Übung 1).

12.4 Bedingte Korrelationen und Partialkorrelation

Die in Regel (xiv) [s. R-Box 1] dargestellte Eigenschaft führt uns zu der bereits in der Einleitung angesprochenen Frage nach der bedingten Korrelation zwischen zwei Variablen Y_1 und Y_2 bei gegebenem Wert x einer dritten Variablen X und deren Zusammenhang zur *Partialkorrelation*. Auch hier unterscheiden wir zunächst zwischen der *bedingten Korrelation* $Kor(Y_1, Y_2 | X=x)$, eine Zahl, und der *bedingten Korrelationsfunktion* $Kor(Y_1, Y_2 | X)$, eine Zufallsvariable. Die *Partialkorrelation* werden wir mit $Kor(Y_1, Y_2 . X)$ notieren.

$Kor(Y_1, Y_2 | X=x)$
vs.
$Kor(Y_1, Y_2 | X)$

$Kor(Y_1, Y_2 . X)$

Definition 3. Unter den gleichen Voraussetzungen wie in Definition 1 ist die *bedingte Korrelationsfunktion* zweier numerischer Zufallsvariablen Y_1 und Y_2 gegeben X definiert durch:

$$Kor(Y_1, Y_2 | X) := \frac{Cov(Y_1, Y_2 | X)}{Std(Y_1 | X) \cdot Std(Y_2 | X)}, \quad (12.6)$$

und die *bedingte Korrelation* gegeben $X = x$ durch:

$$Kor(Y_1, Y_2 | X = x) := \frac{Cov(Y_1, Y_2 | X = x)}{Std(Y_1 | X = x) \, Std(Y_2 | X = x)}. \quad (12.7)$$

Es gibt mehrere Korrelationen zwischen einem gegebenem Paar von Zufallsvariablen

Die bedingten Korrelationen $Kor(Y_1, Y_2 | X = x)$ können für verschiedene Werte x von X durchaus völlig verschieden sein. Ist X bspw. die Geschlechtsvariable, so kann die Korrelation zweier Variablen Y_1 und Y_2 in der Subpopulation der Männer ganz anders aussehen als in der Subpopulation der Frauen. Das macht deutlich, dass es *die* Korrelation zwischen zwei Variablen nicht gibt, sondern dass man zwischen der (einfachen oder unbedingten) Korrelation und bedingten Korrelationen unterscheiden muss. Dass diese Unterscheidung zwischen verschiedenen Korrelationen nicht die einzige ist, wird in der folgenden Definition der Partialkorrelation deutlich.

Definition 4. Unter den gleichen Voraussetzungen wie in Definition 1 ist die *Partialkorrelation* zweier numerischer Zufallsvariablen Y_1 und Y_2 bzgl. X definiert durch

Partialkorrelation

$$Kor(Y_1, Y_2 . X) := \frac{Cov(\varepsilon_1, \varepsilon_2)}{Std(\varepsilon_1) \cdot Std(\varepsilon_2)}, \quad (12.8)$$

wobei ε_i, $i = 1, 2$, das Residuum bzgl. der Regression $E(Y_i | X)$ ist.

Dass die Partialkorrelation durchaus etwas mit der bedingten Korrelationen zu tun hat, zeigen die Regeln (xiv) und (vii) in Regelbox 1. Man kann die Partialkorrelation als eine über die Verteilung von X „gemittelte" bedingte Korrelation interpretieren, jedenfalls in dem Sinn, dass die Partialkorrelation mit den Erwartungswerten der bedingten Kovarianzen und Varianzen definiert sind.

Für die praktische Berechnung einer Partialkorrelation sind die im folgenden Theorem aufgeführten Formeln von Nutzen.

Theorem 1. Für die Partialkorrelation zweier numerischer Zufallsvariablen Y_1 und Y_2 bzgl. X gilt:

$$Kor(Y_1, Y_2 . X) = \frac{Kor(Y_1, Y_2) - R_{Y_1 | X} R_{Y_2 | X} Kor[E(Y_1 | X), E(Y_2 | X)]}{\sqrt{1 - R^2_{Y_1 | X}} \cdot \sqrt{1 - R^2_{Y_2 | X}}}. \quad (12.9)$$

Dabei bezeichnen $R^2_{Y_1|X}$ und $R^2_{Y_2|X}$ die Determinationskoeffizienten der beiden Regressionen $E(Y_i|X)$. Im Fall, dass die Regressionen $E(Y_i|X) = \alpha_{i0} + \alpha_{i1}X$, $i = 1, 2$, linear sind, gilt auch:

$$Kor(Y_1, Y_2.X) = \frac{Kor(Y_1, Y_2) - Kor(Y_1, X) \cdot Kor(Y_2, X)}{\sqrt{1 - Kor(Y_1, X)^2} \cdot \sqrt{1 - Kor(Y_2, X)^2}}. \quad (12.10)$$

Während die Ableitung der Gleichung (12.9) etwas langwierig ist (s. Übung 6), erkennt man schnell, dass Gleichung (12.10) aus Gleichung (12.9) folgt. Im Fall linearer Regressionen $E(Y_i|X) = \alpha_{i0} + \alpha_{i1}X$ korrelieren diese Regressionen nämlich zu 1 (s. Frage 6) und die quadrierten Korrelationskoeffizienten sind gleich den entsprechenden Determinationskoeffizienten.

Lineare Regressionen auf denselben Regressor korrelieren zu 1

12.5 Das Webersche Gesetz für Herstellungsexperimente

Wir zeigen nun, wie sich das Webersche Gesetz für die im Kapitel 7 betrachteten Herstellungsexperimente aus dem stochastischen Potenzgesetz und zwei zusätzlichen Annahmen ableiten lässt.

Im Kapitel 7 haben wir das stochastische Potenzgesetz für Herstellungsexperimente betrachtet, bei denen die Größe X eines physikalischen Reizes durch die Herstellung eines zweiten physikalischen Reizes beurteilt wird, dessen Größe Y gleich der des ersten Reizes eingeschätzt wird:

$$Y = b \cdot X^a \cdot \delta. \quad (12.11)$$

Stochastisches Potenzgesetz

Bei δ handelte es sich um eine multiplikative Fehlervariable, deren Eigenschaften sich aus den Eigenschaften des Residuums $\varepsilon := \ln Y - E(\ln Y | \ln X)$ ableiten lassen. Nach Regel (vi) (s. R-Box 1) erhält man aus Gleichung (12.11)

$$Var(Y|X) = Var(b \cdot X^a \cdot \delta | X) = (b \cdot X^a)^2 \cdot Var(\delta|X). \quad (12.12)$$

Machen wir eine erste Zusatzannahme, nämlich $a = b = 1$, so folgt:

$$Var(Y|X) = X^2 \cdot Var(\delta|X). \quad (12.13)$$

1. Zusatzannahme: $a = b = 1$

Die Annahme $a = b = 1$ ist für den Fall, dass Reiz und Urteil von gleicher Qualität sind (z. B. Linien gleicher Stärke, Töne gleicher Tonhöhe, etc.), sowie ohne Kontext und mit gleicher Distanz dargeboten werden, durchaus realistisch.

Gilt nun darüber hinaus die zweite Zusatzannahme, dass nämlich ε und X (s. Abschnitt 7.3) stochastisch unabhängig sind, so folgt daraus zunächst:

2. Zusatzannahme: X und ε stochastisch unabhängig

$$Var(\varepsilon\,|\,X) = Var(\varepsilon) \quad \text{bzw.} \quad E(\varepsilon^2\,|\,X) = E(\varepsilon^2). \tag{12.14}$$

Diese beiden Gleichungen sind definitionsgemäß einander äquivalent. Aus der oben genannten zweiten Zusatzannahme folgt außer der Gleichung (12.14) aber auch die stochastische Unabhängigkeit von δ und X, da δ eine Funktion von ε ist. Insbesondere folgt dann

$$Var(\delta\,|\,X) = Var(\delta), \tag{12.15}$$

und daher aus Gleichung (12.13)

$$Var(Y\,|\,X) = E(\varepsilon^2\,|\,X) = Var(\delta)\cdot X^2. \tag{12.16}$$

Die positive Quadratwurzel aus $Var(Y|X)$ ist

$$Std(Y\,|\,X) = Std(\delta)\cdot X, \tag{12.17}$$

wobei $Std(\delta) := +\sqrt{Var(\delta)}$ die Standardabweichung der multiplikativen Fehlervariablen δ bezeichnet. Gemäß Gleichung (12.17) wächst also die Standardabweichung (der Standardfehler) des Urteils Y, und damit die Standardabweichung des Urteilsfehlers, mit der Größe des zu beurteilenden physikalischen Reizes linear an, und zwar um den Faktor $Std(\delta)$.

Webersches Gesetz für Unterschiedsschwellen:
$\Delta X = k \cdot X$

Die Gleichung (12.17) hat die Struktur des Weberschen Gesetzes, das in der Form $\Delta X = k \cdot X$ bekannt ist, wobei ΔX die *Unterschiedsschwelle* bezeichnet, d. h. den *eben merklichen Unterschied* zwischen zwei physikalischen Reizgrößen. Die Gleichung (12.17)—zusammen mit der Interpretation von X und Y als Reiz bzw. Urteil—soll daher das *Webersche Gesetz für Herstellungsexperimente* genannt werden. Die bedingte Standardabweichung $Std(Y|X=x)$ ist proportional zur Unterschiedsschwelle bei gegebenem $X=x$ (vgl. Fechner, 1882, S. 105 ff. oder auch Gescheider, 1976, S. 35). Offensichtlich ist die bedingte Standardabweichung $Std(Y|X=x)$ eine Kenngröße für die Diskriminationsleistung der Wahrnehmung des betrachteten physikalischen Reizes der Größe x (z. B. einer Linie der Länge x) durch die urteilende Person.

Kenngrößen der Diskriminationsleistung

Die Zahl $Std(\delta)$, die *Webersche Konstante*, ist dagegen eine Kenngröße für die sensorische Diskriminationsleistung der betrachteten Wahrnehmungsmodalität unabhängig von der Größe des betrachteten physikalischen Reizes (optimal zur Mitarbeit motivierte Versuchsperson und gleiche Versuchsbedingungen wie Helligkeit, Darbietungsdauer etc. vorausgesetzt). Sie ist bei der Linienwahrnehmung anders als bei der Flächenwahrnehmung und dort wieder anders als bei der Wahrnehmung des Gewichts, der Lautstärke, etc.

> **Zusammenfassungsbox 1. Das Wichtigste zur bedingten Korrelation und zur Partialkorrelation**
>
> $$Kor(Y_1, Y_2 \mid X) := \frac{Cov(Y_1, Y_2 \mid X)}{Std(Y_1 \mid X)\, Std(Y_2 \mid X)}$$ *Bedingte Korrelationsfunktion*
>
> $$Kor(Y_1, Y_2 \mid X = x) := \frac{Cov(Y_1, Y_2 \mid X = x)}{Std(Y_1 \mid X = x)\, Std(Y_2 \mid X = x)}$$ *Bedingte Korrelation*
>
> $$Kor(Y_1, Y_2.X) := Kor(\varepsilon_1, \varepsilon_2) = \frac{Cov(\varepsilon_1, \varepsilon_2)}{Std(\varepsilon_1)\, Std(\varepsilon_2)}$$ *Partialkorrelation*
>
> $$= \frac{Kor(Y_1, Y_2) - R_{Y_1 \mid X}\, R_{Y_2 \mid X}\, Kor[E(Y_1 \mid X), E(Y_2 \mid X)]}{\sqrt{1 - R^2_{Y_1 \mid X}} \cdot \sqrt{1 - R^2_{Y_2 \mid X}}}$$
>
> $$Kor(Y_1, Y_2.X) = \frac{Kor(Y_1, Y_2) - Kor(Y_1, X) \cdot Kor(Y_2, X)}{\sqrt{1 - Kor(Y_1, X)^2} \cdot \sqrt{1 - Kor(Y_2, X)^2}}$$ *Partialkorrelation bei linearen Regressionen $E(Y_i \mid X) = \alpha_{i0} + \alpha_{i1} X$*

12.6 Zusammenfassende Bemerkungen

In diesem Kapitel wurden die Begriffe der bedingten Varianz und Kovarianz behandelt, bei denen es sich um spezielle Regressionen handelt, bei denen an die Stelle des Regressanden Y der Regressand $[Y - E(Y \mid X)]^2$ bzw. $[Y_1 - E(Y_1 \mid X)] \cdot [Y_2 - E(Y_2 \mid X)]$ tritt. Mit der bedingten Varianz kann man beschreiben, ob, und wenn ja, wie die Varianz einer Zufallsvariablen Y von den Ausprägungen einer zweiten Zufallsvariablen X abhängt. Mit der bedingten Kovarianz dagegen beschreibt man ob, und wenn ja, wie die Kovarianz zwischen zwei Zufallsvariablen Y_1 und Y_2 von den Ausprägungen einer dritten Zufallsvariablen X abhängt. Einem ähnlichen Zweck dient auch die bedingte Korrelation, nur dass diese auf den Wertebereich zwischen −1 und +1 eingeschränkt ist. Die partielle Korrelation, die hier nicht nur für lineare, sondern für beliebige Regressionen definiert wurde, kann man als eine Art mittlere bedingte Korrelation interpretieren. Mit der Herleitung des Weberschen Gesetzes für Unterschiedsschwellen wurde gezeigt, wie man die Rechenregeln für bedingte Varianzen zur Herleitung dieses Gesetzes der Psychophysik aus wenigen Grundannahmen nutzen kann.

Fragen

F1. Wie ist die bedingte Kovarianz definiert? *leicht*
F2. Was bedeutet ein Wert der bedingten Kovarianz zweier Zufallsvariablen Y_1 und Y_2 gegeben X? *leicht*
F3. Was ist der Unterschied zwischen einer bedingten Kovarianz $Cov(Y_1, Y_2 \mid X = x)$ und einer bedingten Kovarianzfunktion $Cov(Y_1, Y_2 \mid X)$? *leicht*
F4. Was bedeutet ein Wert $Var(Y \mid X = x)$ der bedingten Varianz $Var(Y \mid X)$? *leicht*

leicht	F5.	Was weiß man über die Beziehung zwischen dem Erwartungswert der bedingten Kovarianz zweier numerischer Zufallsvariablen Y_1 und Y_2 gegeben X und der Kovarianz der beiden Residuen $\varepsilon_1 = Y_1 - E(Y_1|X)$ und $\varepsilon_2 = Y_2 - E(Y_2|X)$?
mittel	F6.	Warum korrelieren im Fall linearer Regressionen $E(Y_i|X) = \alpha_{i0} + \alpha_{i1} X$, $i = 1, 2$, diese beiden Regressionen miteinander zu 1?
mittel	F7.	Welche Rechenregeln für (unbedingte) Varianzen und Kovarianzen sind die Analoga zu (v), (vi), (xi) und (xii) der Regelbox 1?

Antworten

A1. Die bedingte Kovarianz zweier numerischer Zufallsvariablen Y_1 und Y_2 gegeben X ist definiert als die bedingte Erwartung $E(\varepsilon_1 \cdot \varepsilon_2 | X)$ des Produkts der beiden Residuen $\varepsilon_1 = Y_1 - E(Y_1|X)$ und $\varepsilon_2 = Y_2 - E(Y_2|X)$ gegeben X.

A2. Ein Wert der bedingten Kovarianz zweier numerischer Zufallsvariablen Y_1 und Y_2 gegeben X gibt an, wie stark die durch eine lineare Funktion beschreibbare Abhängigkeit zwischen Y_1 und Y_2 bei gegebenem Wert x des Regressors X ist.

A3. Die bedingte Kovarianz $Cov(Y_1, Y_2 | X = x)$ ist eine Zahl, wohingegen die bedingte Kovarianz $Cov(Y_1, Y_2 | X)$ eine Zufallsvariable ist, deren Werte die bedingten Kovarianzen $Cov(Y_1, Y_2 | X = x)$ sind.

A4. Ein Wert $Var(Y | X = x)$ der bedingten Varianz $Var(Y | X)$ gibt an, wie stark die Werte des Regressanden Y um den bedingten Erwartungswert $E(Y | X = x)$ herum variieren, d. h. $Var(Y | X = x)$ ist ein Kennwert für die Dispersion der Verteilung des Regressanden Y an der Stelle x von X.

A5. Der Erwartungswert der bedingten Kovarianz zweier numerischer Zufallsvariablen Y_1 und Y_2 gegeben X ist gleich der Kovarianz der beiden Residuen $\varepsilon_1 = Y_1 - E(Y_1|X)$ und $\varepsilon_2 = Y_2 - E(Y_2|X)$.

A6. Die linearen Regressionen $E(Y_i | X) = \alpha_{i0} + \alpha_{i1} X$ korrelieren zu 1, weil es sich jeweils um *lineare Funktionen* einer numerischen Zufallsvariablen X handelt. Eine numerische Zufallsvariable korreliert mit sich selbst zu 1 und die Korrelation ist invariant unter linearen Transformationen.

A7. Der Regel (v) entspricht die Regel (v) der Regelbox 5.2 und der Regel (vi) entspricht die Regel (iii) der Regelbox 5.2. Bei gegebenem Wert x ist nämlich auch $f(x)$ eine Konstante. Weiter entspricht die Regel (xi) der Regel (v) der Regelbox 5.3 und der Regel (xii) entspricht die Regel (iii) der Regelbox 5.3.

Übungen

mittel	Ü1.	Berechnen Sie die Varianz des Residuums für das in den Abbildungen 1 bis 3 dargestellte Beispiel unter Verwendung der Rechenregel aus Regelbox 1!
mittel	Ü2.	Leiten Sie die Gleichung $Cov(Y_1, Y_2 | X) = E(Y_1 \cdot Y_2 | X) - E(Y_1 | X) \cdot E(Y_2 | X)$ aus der Definition der bedingten Kovarianz ab.
mittel	Ü3.	Leiten Sie die Gleichung $E[Var(Y|X)] = Var(\varepsilon) = E(\varepsilon^2)$ unter Verwendung der Rechenregeln für Erwartungswerte und Eigenschaften des Residuums ε her!
mittel	Ü4.	Das Modell kongenerischer Variablen (s. z. B. Steyer & Eid, 2001, Kap. 13 – 15) kann man durch die beiden Gleichungen $E(Y_i | \eta) = \lambda_{i0} + \lambda_{i1} \eta$, $\lambda_{i0}, \lambda_{i1} \in \mathbb{R}$, und $Cov(\varepsilon_i, \varepsilon_j) = 0$, $i \neq j$, definieren, wobei η eine latente (Zufalls-)Variable ist und $\varepsilon_i := Y_i - E(Y_i | \eta)$. Zeigen Sie unter Verwendung der in den Kapiteln 5 und 6 angegebenen Rechenregeln, dass aus $Cov(Y_i, Y_j | \eta) = 0$, $i \neq j$, die Gleichung $Cov(\varepsilon_i, \varepsilon_j) = 0$, $i \neq j$, folgt.
mittel	Ü5.	Zeigen Sie, dass $$Std(\varepsilon) = Std(Y) \cdot \sqrt{1 - R^2_{Y|X}}$$ gilt, wobei $\varepsilon := Y - E(Y | X)$.
schwer	Ü6.	Leiten Sie die Gleichung (12.9) aus der Gleichung (12.8) ab. Hinweis: Zeigen Sie zunächst, dass $Cov[Y_1, E(Y_2|X)] = Cov[E(Y_1|X), E(Y_2|X)]$ gilt. Unter Verwendung dieser Beziehung, des Ergebnisses aus Übung 5 sowie der Definition der Korrelation und des Determinationskoeffizienten $R^2_{Y_1|X}$ können Sie dann ausgehend von Gleichung (12.8) die Gleichung (12.9) herleiten.

Lösungen

L1. Zunächst sind die drei bedingten Varianzen $Var(Y|X=x)$ für die Werte 1, 2 und 3 von X zu berechnen und dann der Erwartungswert über diese drei Werte der Zufallsvariablen $Var(Y|X)$ zu bilden. Die drei bedingten Varianzen $Var(Y|X=x)$ lassen sich nach der Formel

$$Var(Y|X=x) = E[[Y-E(Y|X=x)]^2|X=x]$$
$$= \sum_i [y_i - E(Y|X=x)]^2 P(Y=y_i|X=x)$$

berechnen. Dabei beachte man, dass die Werte $[y_i - E(Y|X=x)]^2$ die gleiche Auftretenswahrscheinlichkeit haben wie die Werte y_i. Die beiden *verschiedenen* Werte der bedingten Varianz $Var(Y|X)$ sind 1.2 (mit der Auftretenswahrscheinlichkeit $1/3 + 1/3 = 2/3$) und 2.1 (mit der Auftretenswahrscheinlichkeit 1/3) (s. Abb. 3). Das Ergebnis für die Varianz des Residuums ist dann 1.5.

L2.
$$Cov(Y_1, Y_2 | X) = E[[Y_1 - E(Y_1|X)] \cdot [Y_2 - E(Y_2|X)] | X] \quad \text{Def. von } Cov(Y_1, Y_2|X)$$
$$= E[[Y_1 Y_2 - Y_1 \cdot E(Y_2|X) - Y_2 \cdot E(Y_1|X) + E(Y_1|X) \cdot E(Y_2|X)] | X]$$
$$= E(Y_1 Y_2 | X) - E(Y_2|X) \cdot E(Y_1|X) - E(Y_1|X) \cdot E(Y_2|X) + E(Y_1|X) \cdot E(Y_2|X) \quad \text{Box 6.2 (iii), (vii)}$$
$$= E(Y_1 Y_2 | X) - E(Y_1|X) \cdot E(Y_2|X).$$

L3.
$$E[Var(Y|X)] = E[E(\varepsilon^2|X)] \quad \text{Def. von } Var(Y|X)$$
$$= E(\varepsilon^2) \quad \text{R-Box 6.2 (iv)}$$
$$= E(\varepsilon^2) - E(\varepsilon)^2 \quad \text{R-Box 6.3 (ii)}$$
$$= Var(\varepsilon) \quad \text{R-Box 5.2 (i)}$$

L4. Es gilt annahmegemäß
$$Cov(Y_i, Y_j | \eta) = E(\varepsilon_i \cdot \varepsilon_j | \eta) = 0. \quad \text{Def. der bedingten Kovarianz}$$
Daraus folgt wegen $E(\varepsilon_i) = 0$ und $Cov(\varepsilon_i, \varepsilon_j) = E(\varepsilon_i \varepsilon_j)$
$$0 = E(0) = E[E(\varepsilon_i \cdot \varepsilon_j | \eta)] \quad \text{R-Box 6.3 (ii), R-Box 5.3 (i)}$$
$$= E(\varepsilon_i \cdot \varepsilon_j). \quad \text{R-Box 6.2 (iv)}$$

L5. Es gilt:
$$Std(\varepsilon) = \sqrt{Var(\varepsilon)} \quad \text{R-Box 5.2, Def. der Streuung}$$
$$= \sqrt{Var(Y) - Var[E(Y|X)]} \quad \text{Box 6.3 (x)}$$
$$= \sqrt{Var(Y) - Var(Y) \cdot R^2_{\eta,X}} \quad \text{Z-Box 6.1, Def. von } R^2_{\eta,X}$$
$$= \sqrt{Var(Y) \cdot (1 - R^2_{\eta,X})}$$
$$= Std(Y) \cdot \sqrt{1 - R^2_{\eta,X}}.$$

L6. Zunächst ist zu zeigen, dass $Cov[Y_1, E(Y_2|X)] = Cov[E(Y_1|X), E(Y_2|X)]$ gilt. Es ist
$$Cov[Y_1, E(Y_2|X)] = Cov[E(Y_1|X) + \varepsilon_1, E(Y_2|X)] \quad Y_1 = E(Y_1|X) + \varepsilon_1$$
$$= Cov[E(Y_1|X), E(Y_2|X)] + Cov[\varepsilon_1, E(Y_2|X)] \quad \text{R-Box 5.3 (v)}$$
$$= Cov[E(Y_1|X), E(Y_2|X)]. \quad \text{R-Box 6.3 (ix)}$$

Entsprechend gilt natürlich auch
$$Cov[Y_1, E(Y_2|X)] = Cov[E(Y_2|X), E(Y_1|X)]$$
$$= Cov[E(Y_1|X), E(Y_2|X)].$$

Im Folgenden soll nunmehr gezeigt werden, dass Gleichung (12.9) aus Gleichung (12.8) folgt. Der Ausgangspunkt ist die Definitionsgleichung

$$Kor(Y_1, Y_2 . X) = \frac{Cov(\varepsilon_1, \varepsilon_2)}{Std(\varepsilon_1) \, Std(\varepsilon_2)}, \quad \text{wobei } \varepsilon_i := Y_i - E(Y_i|X), \quad \text{Gl. (12.8)}$$

deren Zähler und Nenner wir nun getrennt entwickeln. Wir beginnen mit dem Zähler.

$$Cov(\varepsilon_1, \varepsilon_2) = Cov[Y_1 - E(Y_1|X), Y_2 - E(Y_2|X)]$$
$$= Cov(Y_1, Y_2) - Cov[Y_1, E(Y_2|X)] - Cov[Y_2, E(Y_1|X)] \quad \text{R-Box 5.3 (v)}$$
$$+ Cov[E(Y_1|X), E(Y_2|X)]$$

R-Box 5.3, Def. $Kor(X, Y)$

$$\begin{aligned}
&= Cov(Y_1, Y_2) - Cov[E(Y_1|X), E(Y_2|X)] \\
&= Std(Y_1)\,Std(Y_2)\,Kor(Y_1, Y_2) - Cov[E(Y_1|X), E(Y_2|X)] \\
&= Std(Y_1)\,Std(Y_2)\left[Kor(Y_1, Y_2) - \frac{Cov[E(Y_1|X), E(Y_2|X)]}{Std(Y_1)\,Std(Y_2)}\right]
\end{aligned}$$

Z-Box 6.1, Def. $R_{Y_1|X}^2$ bzw. Def. $R_{Y_1|X}$

$$= Std(Y_1)\,Std(Y_2)\left[Kor(Y_1, Y_2) - R_{Y_1|X} R_{Y_2|X} \frac{Cov[E(Y_1|X), E(Y_2|X)]}{Std[E(Y_1|X)]\,Std[E(Y_2|X)]}\right]$$

$$= Std(Y_1)\,Std(Y_2)\left[Kor(Y_1, Y_2) - R_{Y_1|X} \cdot R_{Y_2|X} \cdot Kor[E(Y_1|X), E(Y_2|X)]\right].$$

Für das Produkt der Streuungen gilt:

$$Std(\varepsilon_1) \cdot Std(\varepsilon_2) = Std(Y_1) \cdot Std(Y_2) \cdot \sqrt{1 - R_{Y_1|X}^2} \cdot \sqrt{1 - R_{Y_2|X}^2}\,.$$

Fügen wir nun Zähler und Nenner zusammen und kürzen, erhalten wir:

s. Übung 5

$$Kor(Y_1, Y_2 \cdot X) = \frac{Kor(Y_1, Y_2) - R_{Y_1|X} R_{Y_2|X} Kor[E(Y_1|X), E(Y_2|X)]}{\sqrt{1 - R_{Y_1|X}^2} \cdot \sqrt{1 - R_{Y_2|X}^2}}\,.$$

13 Matrizen

Bisher haben wir nur den Fall einer Regression mit zwei Regressoren betrachtet. In empirischen Anwendungen ist es jedoch die Regel, dass eine Zufallsvariable nicht nur von einer oder zwei, sondern von vielen Variablen abhängt. In solchen Fällen wird die bisherige Betrachtung von einzelnen Regressionsgleichungen mühselig, aufwendig und unökonomisch. Daher sind die vereinfachenden Schreibweisen nützlich, die mit der Anwendung der Matrixalgebra möglich werden.

Um mit Matrizen rechnen zu können, müssen wir die grundlegenden Rechenoperationen definieren. Diese werden auf die Rechenoperationen mit reellen Zahlen zurückgeführt.

Überblick. Wir beginnen mit der Definition einer Matrix und ihres Typs und behandeln einige spezielle Matrizen. Im Anschluss führen wir dann Rechenoperationen, wie die Addition und die Multiplikation von Matrizen ein. Dabei behandeln wir auch die Inverse einer Matrix, gehen auf deren Berechnung jedoch nur in besonders einfachen Fällen ein. Danach geht es um den Rang einer Matrix und das damit verbundene Konzept der linearen Unabhängigkeit von Vektoren. Die wichtigsten Begriffe und Regeln werden in einer Zusammenfassungsbox dargestellt. Schließlich gehen wir noch auf die Besonderheiten ein, die für Erwartungswertvektoren und Kovarianzmatrizen gelten.

13.1 Definitionen und Spezialfälle

13.1.1 Definition und Typ einer Matrix

Eine *Matrix* **A** ist definiert als eine geordnete Menge von *Komponenten* a_{ij} mit $i = 1, ..., n$ und $j = 1, ..., m$, die in n Zeilen und m Spalten angeordnet sind. Die Komponenten sind in der Regel reelle Zahlen oder manchmal auch numerische Zufallsvariablen (s. Abschnitt 13.5).

Komponenten einer Matrix sind meist reelle Zahlen

Matrizen werden im Allgemeinen mit fett gedruckten Großbuchstaben bezeichnet, ihre Komponenten mit den entsprechenden Kleinbuchstaben, versehen mit Indizes für ihre Zeile (erster Index) und Spalte (zweiter Index). Besteht die Matrix **A** beispielsweise aus zwei Zeilen und drei Spalten, so schreibt man

Der erste Index der Komponente einer Matrix bezieht sich immer auf die Zeile, der zweite auf die Spalte

Beispiel einer (2 × 3)-Matrix

$$\mathbf{A} = \begin{pmatrix} a_{11} & a_{12} & a_{13} \\ a_{21} & a_{22} & a_{23} \end{pmatrix} \quad \text{oder} \quad \mathbf{A} = (a_{ij}),$$

wobei $i = 1, ..., n$ und $j = 1, ..., m$. Im obigen Fall sind $n = 2$ und $m = 3$.

Der *Typ $n \times m$ einer Matrix*, gelesen „n mal m", gibt die Anzahl ihrer Zeilen und Spalten an. Im obigen Beispiel haben wir es also mit einer (2 × 3)-Matrix zu tun.

Datenmatrizen zur Beschreibung von Beobachtungen

Zur Beschreibung von Beobachtungen verwendet man *Datenmatrizen*, die die Werte von mehreren Personen auf mehreren Variablen beinhalten. Sie besitzen N Zeilen, in denen für jeden der N Probanden die Werte von m Variablen stehen. Wäre die obige Matrix eine Datenmatrix, dann würde sie also die Werte von $N = 2$ Personen auf $m = 3$ Variablen enthalten.

13.1.2 Spezielle Matrizen

Ein *Vektor* ist eine Matrix, die nur aus einer einzigen Zeile oder einer einzigen Spalte besteht. Vektoren werden meist mit fett gedruckten Kleinbuchstaben bezeichnet. Ein Vektor heißt *Zeilenvektor*, wenn er als Zeile (mit nebeneinander stehenden Komponenten) oder *Spaltenvektor*, wenn er als Spalte (mit untereinander stehenden Komponenten) aufgeschrieben wird.

Zeilenvektor

Spaltenvektor

Eine $(n \times m)$-Matrix $\mathbf{A}$ lässt sich in n Zeilen- und m Spaltenvektoren zerlegen. Die zwei Zeilenvektoren sind $(a_{11} \; a_{12} \; a_{13})$ bzw. $(a_{21} \; a_{22} \; a_{23})$ und die drei Spaltenvektoren:

$$\boldsymbol{a}_1 = \begin{pmatrix} a_{11} \\ a_{21} \end{pmatrix}, \quad \boldsymbol{a}_2 = \begin{pmatrix} a_{12} \\ a_{22} \end{pmatrix} \quad \text{und} \quad \boldsymbol{a}_3 = \begin{pmatrix} a_{13} \\ a_{23} \end{pmatrix}.$$

Einsen-Vektor

Ein *Einsen-Vektor* ist ein Vektor, dessen Elemente alle gleich eins sind, zum Beispiel:

Einsen-Spaltenvektor bzw. Einsen-Zeilenvektor

$$\begin{pmatrix} 1 \\ 1 \end{pmatrix} \quad \text{und} \quad (1 \; 1 \; 1).$$

Quadratische Matrix

Ordnung

Hauptdiagonale

Spur

Eine *quadratische Matrix* enthält gleich viele Spalten wie Zeilen. Sie also vom Typ $n \times n$ oder *der Ordnung n*. Die *Hauptdiagonale* wird von allen Komponenten a_{ij} gebildet, für die $i = j$ gilt; sie verläuft also in einer Matrix von links oben nach rechts unten. Die Komponenten, die auf der Hauptdiagonalen liegen, heißen *Diagonalkomponenten* und ihre Summe heißt die *Spur* der Matrix. Die Matrix

$$\mathbf{A} = \begin{pmatrix} 3 & 5 & 9 \\ 2 & 7 & 6 \\ 5 & 3 & 8 \end{pmatrix}$$

bspw. ist vom Typ 3 × 3. In ihrer Hauptdiagonalen stehen die Komponenten $a_{11} = 3$, $a_{22} = 7$ und $a_{33} = 8$, die Spur der Matrix **A** beträgt somit $3 + 7 + 8 = 18$.

Eine *symmetrische Matrix* **B** ist eine quadratische Matrix, für deren sämtliche Komponenten $b_{ij} = b_{ji}$ gilt. Die Matrix

$$\mathbf{B} = \begin{pmatrix} 3 & 5 & 9 \\ 5 & 7 & 6 \\ 9 & 6 & 8 \end{pmatrix}$$

Symmetrische Matrix

bspw. ist eine symmetrische Matrix der Ordnung 3.

Eine *Diagonalmatrix* ist eine quadratische Matrix, in der alle Komponenten, die nicht auf der Hauptdiagonalen liegen, gleich null sind. Eine solche Matrix ist folglich auch symmetrisch. Die Matrix

$$\mathbf{D} = \begin{pmatrix} 2 & 0 & 0 & 0 \\ 0 & 8 & 0 & 0 \\ 0 & 0 & 4 & 0 \\ 0 & 0 & 0 & 2 \end{pmatrix}$$

Diagonalmatrix

bspw. ist eine Diagonalmatrix der Ordnung 4.

Eine *Skalarmatrix* ist eine Diagonalmatrix, deren Diagonalkomponenten sämtlich gleich c sind, wobei c ein Skalar (eine Zahl) ist. Die Matrix

$$\mathbf{S} = \begin{pmatrix} 6 & 0 & 0 & 0 \\ 0 & 6 & 0 & 0 \\ 0 & 0 & 6 & 0 \\ 0 & 0 & 0 & 6 \end{pmatrix}$$

Skalarmatrix

bspw. ist eine Skalarmatrix der Ordnung 4.

Eine *Einheitsmatrix* ist eine Skalarmatrix mit $c = 1$. Sie wird mit **I** bezeichnet. Wir benötigen sie später, um die Inverse einer Matrix zu definieren. Die Matrix

$$\mathbf{I} = \begin{pmatrix} 1 & 0 & 0 & 0 \\ 0 & 1 & 0 & 0 \\ 0 & 0 & 1 & 0 \\ 0 & 0 & 0 & 1 \end{pmatrix}$$

Einheitsmatrix

ist eine Einheitsmatrix der Ordnung 4.

13.2 Rechenoperationen mit Matrizen

Für Matrizen kann man, wie auch mit Zahlen, verschiedene Rechenoperation durchführen. Dazu zählen z. B. die Addition, Subtraktion, Multiplikation. Allerdings gelten für solche Rechenoperationen eigene Rechenregeln, die sich von den Regeln für Zahlen unterscheiden. Matrizen sind also andere mathematische Objekte als Zahlen.

13.2.1 Transposition einer Matrix

Die *Transponierte* $\mathbf{A}'$ der Matrix $\mathbf{A}$ erhält man, indem man die Zeilen von $\mathbf{A}$ als Spalten schreibt und umgekehrt. Transponiert man bspw. die Matrix

$$\mathbf{A} = \begin{pmatrix} 5 & 8 & 9 \\ 3 & 0 & 2 \end{pmatrix},$$

so erhält man die Transponierte

Transponierte von $\mathbf{A}$

$$\mathbf{A}' = \begin{pmatrix} 5 & 3 \\ 8 & 0 \\ 9 & 2 \end{pmatrix}.$$

Bei rechteckigen, nichtquadratischen Matrizen wird durch die Transposition die Zeilen- und die Spaltenanzahl vertauscht, d. h. aus einer Matrix vom Typ $n \times m$ wird durch Transposition eine Matrix vom Typ $m \times n$. Bei quadratischen Matrizen bleibt der Typ dagegen gleich. Hier kommt das Transponieren einer Spiegelung der Matrix an ihrer Hauptdiagonalen gleich. Folglich bildet die Transposition symmetrische und somit auch Diagonal-, Skalar- und Einheitsmatrizen auf sich selbst ab. (Eine andere

Andere Schreibweise: $\mathbf{A}^T$

Schreibweise für die Transponierte ist übrigens $\mathbf{A}^T$.)

13.2.2 Addition und Subtraktion von Matrizen

Die *Addition* bzw. *Subtraktion* von Matrizen wird über die Addition bzw. Subtraktion der Komponenten der Matrizen definiert. Die Summe bzw. Differenz zweier Matrizen $\mathbf{A}$ und $\mathbf{B}$ erhält man komponentenweise, indem man jeweils die Komponenten a_{ij} und b_{ij} addiert bzw. subtrahiert. Allgemein kann man also schreiben:

$$\mathbf{A} \pm \mathbf{B} = (a_{ij}) \pm (b_{ij}) = (a_{ij} \pm b_{ij}).$$

Beispiele für die Summe und Differenz zweier Matrizen sind:

Summe

$$\begin{pmatrix} 5 & 8 & 9 \\ 3 & 0 & 2 \end{pmatrix} + \begin{pmatrix} -6 & 12 & 0 \\ 0 & 3 & 8 \end{pmatrix} = \begin{pmatrix} 5-6 & 8+12 & 9+0 \\ 3+0 & 0+3 & 2+8 \end{pmatrix} = \begin{pmatrix} -1 & 20 & 9 \\ 3 & 3 & 10 \end{pmatrix}$$

und

Differenz

$$\begin{pmatrix} 5 & 8 & 9 \\ 3 & 0 & 2 \end{pmatrix} - \begin{pmatrix} -6 & 12 & 0 \\ 0 & 3 & 8 \end{pmatrix} = \begin{pmatrix} 5+6 & 8-12 & 9-0 \\ 3-0 & 0-3 & 2-8 \end{pmatrix} = \begin{pmatrix} 11 & -4 & 9 \\ 3 & -3 & -6 \end{pmatrix}.$$

Zu beachten ist, dass die zu addierenden bzw. subtrahierenden Matrizen gleichen Typs sein müssen und dass das Ergebnis ebenfalls diesen Typ besitzt.

Das *Kommutativ-* und das *Assoziativgesetz* der Addition der reellen Zahlen überträgt sich auf die Matrizenaddition (s. dazu die Rechengesetze in R-Box 1).

13.2.3 Multiplikation einer Matrix mit einem Skalar

Als weitere Operation mit Matrizen ist die *Multiplikation* einer Matrix $\mathbf{A}$ mit einer reellen Zahl (oder Skalar) c definiert:

$$c \cdot \mathbf{A} = c \cdot (a_{ij}) = (c \cdot a_{ij}).$$ *Skalarmultiplikation*

Beispiel:

$$3 \cdot \begin{pmatrix} 5 & 8 & 9 \\ 3 & 0 & 2 \end{pmatrix} = \begin{pmatrix} 3\cdot 5 & 3\cdot 8 & 3\cdot 9 \\ 3\cdot 3 & 3\cdot 0 & 3\cdot 2 \end{pmatrix} = \begin{pmatrix} 15 & 24 & 27 \\ 9 & 0 & 6 \end{pmatrix}.$$

Die Skalarmultiplikation ist *kommutativ* und *assoziativ*, d. h.

$$c \cdot \mathbf{A} = \mathbf{A} \cdot c \quad \text{und} \quad c_1 \cdot (c_2 \cdot \mathbf{A}) = (c_1 \cdot c_2) \cdot \mathbf{A}.$$ *Skalarmultiplikation ist kommutativ und assoziativ*

Die *Division* einer Matrix durch einen Skalar $c \neq 0$ ist natürlich die Multiplikation der Matrix mit dem Reziproken des Skalars. Beispiel:

$$\begin{pmatrix} 5 & 8 & 9 \\ 3 & 0 & 2 \end{pmatrix} / 3 = \frac{1}{3} \cdot \begin{pmatrix} 5 & 8 & 9 \\ 3 & 0 & 2 \end{pmatrix} = \begin{pmatrix} 5/3 & 8/3 & 3 \\ 1 & 0 & 2/3 \end{pmatrix}.$$ *Division durch einen Skalar gleich Multiplikation mit dem Reziproken des Skalars*

13.2.4 Multiplikation von Matrizen

Das *Produkt* $\mathbf{AB}$ zweier Matrizen $\mathbf{A}$ und $\mathbf{B}$ ist definiert, wenn die Spaltenzahl von $\mathbf{A}$ gleich der Zeilenzahl von $\mathbf{B}$ ist. Die anderen beiden Typangaben bestimmen den Typ der Ergebnismatrix $\mathbf{AB}$. Das Produkt $\mathbf{AB}$ einer $(n \times m)$-Matrix $\mathbf{A}$ und einer $(m \times p)$-Matrix $\mathbf{B}$ ist also vom Typ $n \times p$. Zum Berechnen des Produkts geht man komponentenweise wie folgt vor: Die (i, j)-te Komponente der Produktmatrix erhält man, indem man die erste Komponente der i-ten Zeile von $\mathbf{A}$ mit der ersten Komponente der j-ten Spalte von $\mathbf{B}$ miteinander multipliziert, dann die zweiten Komponenten usw. Die Summe der so berechneten m Produkte ergibt das Element in der Zeile i und Spalte j der Produktmatrix. In Summenschreibweise sieht das so aus:

$$\mathbf{A}\,\mathbf{B} = \left(\sum_{k=1}^{m} a_{ik} b_{kj} \right).$$ *Summenschreibweise*

*Bedingung:
Spaltenzahl von **A** entspricht
Zeilenzahl von **B***

Diese Berechnungsvorschrift macht es erforderlich, dass die Spaltenzahl von **A** und die Zeilenzahl von **B** übereinstimmen. Multiplizieren wir bspw. die Matrix

$$\mathbf{A} = \begin{pmatrix} 5 & 8 & 9 \\ 3 & 0 & 2 \end{pmatrix}$$

mit der Matrix

$$\mathbf{B} = \begin{pmatrix} 2 & 1 \\ 4 & 3 \\ 1 & 2 \end{pmatrix}$$

so resultiert die Matrix

$$\mathbf{A}\,\mathbf{B} = \begin{pmatrix} 5\cdot 2 + 8\cdot 4 + 9\cdot 1 & 5\cdot 1 + 8\cdot 3 + 9\cdot 2 \\ 3\cdot 2 + 0\cdot 4 + 2\cdot 1 & 3\cdot 1 + 0\cdot 3 + 2\cdot 2 \end{pmatrix} = \begin{pmatrix} 51 & 47 \\ 8 & 7 \end{pmatrix}.$$

*Kommutativgesetz gilt nicht
bei Matrizenmultiplikation*

Die *Assoziativität* ist für die Matrizenmultiplikation erfüllt. Das *Kommutativgesetz* gilt jedoch *nicht*. Letzteres ist sofort ersichtlich, wenn man das Produkt **AB** zweier nicht quadratischer Matrizen betrachtet. Dann ist das Produkt **BA** nur dann definiert, wenn die Zahl der Spalten von **B** mit der Zahl der Zeilen von **A** übereinstimmt. Auch für quadratische Matrizen ist die Multiplikation im Allgemeinen nicht kommutativ, was man mit Hilfe der Vorgehensweise zur Matrizenmultiplikation begründen kann. Diese Rechenregeln sind in der Regelbox 1 zusammengestellt.

Einen Spezialfall der Matrizenmultiplikation bildet die *Multiplikation einer Matrix mit der Einheitsmatrix* entsprechenden Typs. Diese Multiplikation ist kommutativ, und für eine beliebige Matrix **A** gilt:

Multiplikation mit Einheitsmatrix

$$\mathbf{AI} = \mathbf{IA} = \mathbf{A}.$$

Ist dabei **A** nicht quadratisch, so muss **I** auf beiden Seiten der Gleichung verschiedenen Typs sein, d. h. wenn **A** vom Typ $n \times m$ ist, so muss **I** in **AI** den Typ $m \times m$ und in **IA** den Typ $n \times n$ besitzen.

13.2.5 Inverse Matrix

Die zu einer quadratischen Matrix **A** *inverse Matrix* $\mathbf{A}^{-1}$ ist definiert als diejenige Matrix, für die gilt

Inverse $\mathbf{A}^{-1}$

$$\mathbf{A}\mathbf{A}^{-1} = \mathbf{A}^{-1}\mathbf{A} = \mathbf{I},$$

*Inverse ist nur für quadratische
Matrizen definiert
Nicht zu jeder quadratischen
Matrix existiert eine Inverse*

wobei **I** die Einheitsmatrix vom selben Typ wie **A** ist. Hierbei ist zu beachten, dass eine *inverse Matrix nur für quadratische Matrizen definiert* ist und *nicht zu jeder quadratischen Matrix eine Inverse existiert*. Beispiel: Die zur Matrix

$$\mathbf{A} = \begin{pmatrix} 3 & 1 & 5 \\ 0 & 1 & 0 \\ 1 & 2 & 2 \end{pmatrix}$$

inverse Matrix ist

$$\mathbf{A}^{-1} = \begin{pmatrix} 2 & 8 & -5 \\ 0 & 1 & 0 \\ -1 & -5 & 3 \end{pmatrix}.$$

Auch wenn wir das Rechenverfahren, das zur Berechnung von $\mathbf{A}^{-1}$ führt, hier nicht behandeln werden, kann man sich durch Ausmultiplizieren überzeugen, dass $\mathbf{A}^{-1}$ tatsächlich die Inverse von $\mathbf{A}$ ist, denn:

$$\begin{pmatrix} 3 & 1 & 5 \\ 0 & 1 & 0 \\ 1 & 2 & 2 \end{pmatrix} \begin{pmatrix} 2 & 8 & -5 \\ 0 & 1 & 0 \\ -1 & -5 & 3 \end{pmatrix}$$
$$= \begin{pmatrix} 2 & 8 & -5 \\ 0 & 1 & 0 \\ -1 & -5 & 3 \end{pmatrix} \begin{pmatrix} 3 & 1 & 5 \\ 0 & 1 & 0 \\ 1 & 2 & 2 \end{pmatrix} = \begin{pmatrix} 1 & 0 & 0 \\ 0 & 1 & 0 \\ 0 & 0 & 1 \end{pmatrix}.$$

Wir behandeln lediglich zwei Spezialfälle, in denen sich die Inversenberechnung verhältnismäßig einfach gestaltet. Für Diagonalmatrizen (s. Abschnitt 13.1.2),

$$\mathbf{A} = \begin{pmatrix} a_{11} & 0 & \cdots & 0 \\ 0 & a_{22} & & \vdots \\ \vdots & & \ddots & 0 \\ 0 & \cdots & 0 & a_{nn} \end{pmatrix},$$

deren sämtliche Komponenten auf der Hauptdiagonale ungleich null sind, ist die Inverse:

$$\mathbf{A}^{-1} = \begin{pmatrix} \frac{1}{a_{11}} & 0 & \cdots & 0 \\ 0 & \frac{1}{a_{22}} & & \vdots \\ \vdots & & \ddots & 0 \\ 0 & \cdots & 0 & \frac{1}{a_{nn}} \end{pmatrix}.$$

Inverse einer Diagonalmatrix

Ist eine Komponente a_{ii} der Hauptdiagonalen gleich null, so ist die Inverse für die betreffende Matrix nicht definiert.

Die Inverse einer (2×2)-Matrix

$$\mathbf{A} = \begin{pmatrix} a_{11} & a_{12} \\ a_{21} & a_{22} \end{pmatrix}$$

existiert genau dann, wenn $d := a_{11}a_{22} - a_{12}a_{21} \neq 0$. In diesem Fall gilt:

Inverse einer (2×2)-Matrix

$$\mathbf{A}^{-1} = \frac{1}{d}\begin{pmatrix} a_{22} & -a_{12} \\ -a_{21} & a_{11} \end{pmatrix}.$$

13.3 Rang einer Matrix

Um den Rang einer Matrix zu definieren, brauchen wir erst einen anderen Begriff, nämlich den der linearen Unabhängigkeit von Vektoren. Die Vektoren $\boldsymbol{a}_1, \ldots, \boldsymbol{a}_n$ (vom gleichen Typ) heißen *linear unabhängig* genau dann, wenn aus $\lambda_1 \boldsymbol{a}_1 + \ldots + \lambda_n \boldsymbol{a}_n = \boldsymbol{0}$ folgt, dass $\lambda_1 = \ldots = \lambda_n = 0$, wobei $\lambda_1, \ldots, \lambda_n$ reelle Zahlen sind und $\boldsymbol{0}$ ein Vektor vom gleichen Typ ist wie die Vektoren $\boldsymbol{a}_1, \ldots, \boldsymbol{a}_n$, dessen Komponenten alle gleich null sind. Andernfalls nennt man $\boldsymbol{a}_1, \ldots, \boldsymbol{a}_n$ *linear abhängig*. Beispiel: Die beiden Vektoren

Lineare Unabhängigkeit von Vektoren

$$\boldsymbol{a}_1 = \begin{pmatrix} 84 \\ 91 \\ 119 \\ 161 \end{pmatrix} \quad \text{und} \quad \boldsymbol{a}_2 = \begin{pmatrix} 3.6 \\ 3.9 \\ 5.1 \\ 6.9 \end{pmatrix}$$

sind linear abhängig, weil $3 \cdot \boldsymbol{a}_1 - 70 \cdot \boldsymbol{a}_2 = \boldsymbol{0}$ ist.

Der *Rang* einer Matrix $\mathbf{A}$ ist nun definiert als die maximale Anzahl linear unabhängiger Spaltenvektoren (bzw. Zeilenvektoren) von $\mathbf{A}$ und wird mit $Rang(\mathbf{A})$ notiert. Eine quadratische $(n \times n)$-Matrix $\mathbf{A}$ mit *vollem Rang*, d. h. mit $Rang(\mathbf{A}) = n$, heißt *regulär*. Andernfalls heißt $\mathbf{A}$ *singulär*.

Rang einer Matrix

Reguläre und singuläre Matrix

Daraus ergeben sich einige wichtige Folgerungen:

Die wichtigsten Aussagen über Rang und Inverse

(i) Der Rang einer Nullmatrix, d. h. einer Matrix die nur Nullen enthält, ist Null. Ansonsten ist er immer eine positive ganze Zahl.

(ii) Der Rang einer Matrix vom Typ $n \times m$ ist höchstens so groß, wie die kleinere der beiden Zahlen n und m.

(iii) Der Rang einer quadratischen Matrix vom Typ $n \times n$ ist $\leq n$.

(iv) Falls der Rang einer quadratischen Matrix $\mathbf{A}$ vom Typ $n \times n$ gleich n ist, dann existiert die Inverse $\mathbf{A}^{-1}$ von $\mathbf{A}$. Ist der Rang von $\mathbf{A}$ kleiner als n, dann existiert die Inverse von $\mathbf{A}$ nicht.

(v) Wenn $\mathbf{A}$ vom Typ $n \times m$ ist und den Rang m (vollen Spaltenrang) hat, dann existiert die Inverse $(\mathbf{A}'\mathbf{A})^{-1}$ von $\mathbf{A}'\mathbf{A}$. Ist der Rang von $\mathbf{A}$ kleiner m, dann existiert die Inverse $(\mathbf{A}'\mathbf{A})^{-1}$ von $\mathbf{A}'\mathbf{A}$ nicht.

(vi) Es gilt: $Rang(\mathbf{A}) = Rang(\mathbf{A}') = Rang(\mathbf{A}'\mathbf{A}) = Rang(\mathbf{A}\mathbf{A}')$.

Regelbox 1. Matrizenrechnung

A. Definition

Matrix

$$\mathbf{A} = (a_{ij}) = \begin{pmatrix} a_{11} & a_{12} & \cdots & a_{1m} \\ a_{21} & a_{22} & \cdots & a_{2m} \\ \vdots & \vdots & \ddots & \vdots \\ a_{n1} & a_{n2} & \cdots & a_{nm} \end{pmatrix}, \quad \text{mit } m, n \in \mathbb{N}; \; a_{ij} \in \mathbb{R}$$ *(n × m)-Matrix*

$\mathbf{A}$ ist vom Typ $n \times m$ *Typ einer Matrix*

B. Rechenoperationen

Die zu $\mathbf{A} = (a_{ij})$ transponierte Matrix ist $\mathbf{A}' = (a_{ji})$. Beispiel:

wenn $\mathbf{A} = (a_{ij}) = \begin{pmatrix} a_{11} & a_{12} & \cdots & a_{1m} \\ a_{21} & a_{22} & \cdots & a_{2m} \\ \vdots & \vdots & \ddots & \vdots \\ a_{n1} & a_{n2} & \cdots & a_{nm} \end{pmatrix}$, dann ist $\mathbf{A}' = \begin{pmatrix} a_{11} & a_{21} & \cdots & a_{n1} \\ a_{12} & a_{22} & \cdots & a_{n2} \\ \vdots & \vdots & \ddots & \vdots \\ a_{1m} & a_{2m} & \cdots & a_{nm} \end{pmatrix}$. *Transposition*

$\mathbf{A} \pm \mathbf{B} = (a_{ij}) \pm (b_{ij}) = (a_{ij} \pm b_{ij})$ *Addition und Subtraktion*

$c \cdot \mathbf{A} = c \cdot (a_{ij}) = (c \cdot a_{ij})$ *Skalare Multiplikation und Division*

$\mathbf{A} / c = 1/c \cdot \mathbf{A} = 1/c \cdot (a_{ij}) = (a_{ij} / c)$

$\mathbf{A}\,\mathbf{B} = (\sum_{k=1}^{m} a_{ik} b_{kj})$ *Matrizenmultiplikation*

$\mathbf{A}^{-1}$ heißt die *Inverse* der Matrix $\mathbf{A}$, wenn gilt: $\mathbf{A}\mathbf{A}^{-1} = \mathbf{A}^{-1}\mathbf{A} = \mathbf{I}$, wobei $\mathbf{I}$ die Einheitsmatrix ist. Es gilt: $(\mathbf{A}\mathbf{B})^{-1} = \mathbf{B}^{-1}\mathbf{A}^{-1}$, falls diese Inversen existieren. *Inverse Matrix*

C. Rechengesetze

(i) $(\mathbf{A} + \mathbf{B}) + \mathbf{C} = \mathbf{A} + (\mathbf{B} + \mathbf{C})$ *Assoziativgesetze*

(ii) $c_1 \cdot (c_2 \cdot \mathbf{A}) = (c_1 \cdot c_2) \cdot \mathbf{A}$

(iii) $(\mathbf{A}\mathbf{B})\mathbf{C} = \mathbf{A}(\mathbf{B}\mathbf{C})$

(iv) $\mathbf{A} + \mathbf{B} = \mathbf{B} + \mathbf{A}$ *Kommutativgesetze*

(v) $c \cdot \mathbf{A} = \mathbf{A} \cdot c$

Im allgemeinen ist $\mathbf{A}\mathbf{B} \neq \mathbf{B}\mathbf{A}$, aber $Spur(\mathbf{A}\mathbf{B}) = Spur(\mathbf{B}\mathbf{A})$, falls $\mathbf{A}$ vom Typ $n \times m$ und $\mathbf{B}$ vom Typ $m \times n$ sind.

(vi) $(\mathbf{A} + \mathbf{B})\mathbf{C} = \mathbf{A}\mathbf{C} + \mathbf{B}\mathbf{C}$ *Distributivgesetze*

(vii) $\mathbf{C}(\mathbf{A} + \mathbf{B}) = \mathbf{C}\mathbf{A} + \mathbf{C}\mathbf{B}$

(viii) $(\mathbf{A} + \mathbf{B})' = \mathbf{A}' + \mathbf{B}'$ *Gesetze zur Transposition*

(ix) $(\mathbf{A}\mathbf{B})' = \mathbf{B}'\mathbf{A}'$

(x) $\mathbf{A}\mathbf{I} = \mathbf{I}\mathbf{A} = \mathbf{A}$ *Multiplikation mit der Einheitsmatrix*

Beispiel zur Eigenschaft (v) des Rangs von Matrizen: Seien

$$\mathbf{A} = \begin{pmatrix} 3 & 4 & 1 \\ 3 & 1 & 2 \\ 4 & 6 & 3 \\ 1 & 1 & 0 \\ 6 & 7 & 3 \end{pmatrix} \quad \text{und} \quad \mathbf{A'A} = \begin{pmatrix} 71 & 82 & 39 \\ 82 & 103 & 45 \\ 39 & 45 & 23 \end{pmatrix}.$$

Da der *Rang*(**A**) = 3 ist, existiert die Inverse von **A'A**. Wie man sich durch Multiplikation von **A'A** und $(\mathbf{A'A})^{-1}$ überzeugen kann gilt:

$$(\mathbf{A'A})^{-1} = \begin{pmatrix} \dfrac{344}{929} & \dfrac{-131}{929} & \dfrac{-327}{929} \\ \dfrac{-131}{929} & \dfrac{112}{929} & \dfrac{3}{929} \\ \dfrac{-327}{929} & \dfrac{3}{929} & \dfrac{589}{929} \end{pmatrix}.$$

Ist **B** die Matrix, die in ihren ersten drei Spalten mit **A** übereinstimmt, in der vierten Spalte dann aber noch die Summe der ersten drei Spalten enthält, existiert die Inverse $(\mathbf{B'B})^{-1}$ nicht:

$$\mathbf{B} = \begin{pmatrix} 3 & 4 & 1 & 8 \\ 3 & 1 & 2 & 6 \\ 4 & 6 & 3 & 13 \\ 1 & 1 & 0 & 2 \\ 6 & 7 & 3 & 16 \end{pmatrix}, \quad \text{und} \quad \mathbf{B'B} = \begin{pmatrix} 71 & 82 & 39 & 192 \\ 82 & 103 & 45 & 230 \\ 39 & 45 & 23 & 107 \\ 192 & 230 & 107 & 529 \end{pmatrix}.$$

Der Rang von **B** ist nur drei, da der vierte Spaltenvektor eine Linearkombination der ersten drei ist. Folglich existiert $(\mathbf{B'B})^{-1}$ nicht. Ein solcher Fall liegt in Anwendungen dann vor, wenn bspw. neben den Items gleichzeitig auch deren Summe als eigene Variable in einer Datenmatrix betrachtet wird.

13.4 Rechenregeln

Neben den bereits behandelten Assoziativ- und Kommutativgesetzen für Matrizenoperationen (Addition, Multiplikation mit einem Skalar und Matrizenmultiplikation) gibt es Regeln, die für die Nacheinanderausführung zweier verschiedener Matrizenoperationen gelten. Für die Matrizenmultiplikation und -addition z. B. gelten die beiden *Distributivgesetze*:

1. Distributivgesetz
$$(\mathbf{A} + \mathbf{B})\mathbf{C} = \mathbf{AC} + \mathbf{BC}$$

> **Regelbox 2. Erwartungswertvektoren**
>
> **A. Definition**
>
> Für $\boldsymbol{x} = (X_1 \ldots X_m)'$ mit den numerischen Zufallsvariablen $X_1, \ldots, X_m$ ist
>
> $E(\boldsymbol{x}) := E((X_1 \ldots X_m)') = [E(X_1) \ldots E(X_m)]'$
>
> **B. Rechenregeln**
>
> (i) $E(\boldsymbol{x}) = \boldsymbol{x}$, falls $\boldsymbol{x} =$ const
>
> Seien $\boldsymbol{x} = (X_1 \ldots X_m)'$ und $\boldsymbol{y} = (Y_1 \ldots Y_q)'$, wobei $X_1, \ldots, X_m$ und $Y_1, \ldots, Y_q$ numerische Zufallsvariablen mit endlichen Erwartungswerten sind, und $\mathbf{A}$ und $\mathbf{B}$ Matrizen vom Typ $N \times m$ bzw. $N \times q$, die beide reellwertige Konstanten beinhalten. Dann gilt:
>
> (ii) $E(\mathbf{A}\boldsymbol{x} + \mathbf{B}\boldsymbol{y}) = \mathbf{A} E(\boldsymbol{x}) + \mathbf{B} E(\boldsymbol{y})$

und

$$\mathbf{C}(\mathbf{A} + \mathbf{B}) = \mathbf{CA} + \mathbf{CB}.$$

2. Distributivgesetz

Hierbei ist zu beachten, dass es zwei Distributivgesetze gibt, da die Multiplikation von Matrizen im Gegensatz zu der von reellen Zahlen nicht kommutativ ist.

Für die Transposition und die Matrizenmultiplikation gilt die Regel

$$(\mathbf{AB})' = \mathbf{B}'\mathbf{A}'.$$

Hier darf man nicht übersehen, dass sich die Reihenfolge der zu multiplizierenden Matrizen ändert, wenn man die Transposition vor der Multiplikation ausführt. Weitere Regeln, die keiner besonderen Erläuterung bedürfen, sind in Regelbox 1 zusammengestellt.

13.5 Erwartungswert, Varianz und Kovarianz bei mehrdimensionalen Zufallsvariablen

Wir betrachten nun einige spezielle Vektoren und Matrizen, die in der Wahrscheinlichkeits- und Regressionstheorie eine wichtige Rolle spielen. Für die weiteren Betrachtungen setzen wir voraus, dass sowohl $X_1, \ldots, X_m$ als auch $Y_1, \ldots, Y_q$ numerische Zufallsvariablen mit endlichen Erwartungswerten und Varianzen auf einem gemeinsamen Wahrscheinlichkeitsraum sind und damit eine *gemeinsame Verteilung* besitzen.

Voraussetzungen

Um die Schreibweise zu vereinfachen, werden diese Variablen zu den m- bzw. q-dimensionalen Zeilenvektoren $\boldsymbol{x}' = (X_1 \ldots X_m)$ und $\boldsymbol{y}' = (Y_1 \ldots Y_q)$ zusammengefasst. Der *Erwartungswert* eines solchen Vektors ist definiert als Vektor der Erwartungswerte seiner einzelnen Komponenten; es gelten also

$$E(\boldsymbol{x}') := E((X_1 \ldots X_m)) = [E(X_1) \ldots E(X_m)]$$

und

$$E(\boldsymbol{y}') := E((Y_1 \ ... \ Y_q)) = [E(Y_1) \ ... \ E(Y_q)].$$

Für diese Erwartungswerte gelten die in Regelbox 2 zusammengestellten Rechenregeln.

Die *Kovarianzmatrix* $\Sigma_{\boldsymbol{xy}}$, deren Komponenten die Kovarianzen der Variablen $X_1, ..., X_m$ mit den Variablen $Y_1, ..., Y_q$ enthält, erhält man auf analoge Weise. Für zwei Zufallsvariablen X_1 und X_2 gilt definitionsgemäß $Cov(X_1, X_2) := E([X_1 - E(X_1)] \cdot [X_2 - E(X_2)])$. Ebenso kann man nun in Matrixschreibweise den Vektor der Abweichungen der einzelnen Zufallsvariablen von ihrem jeweiligen Erwartungswert betrachten und so zur Kovarianzmatrix $\Sigma_{\boldsymbol{xy}}$ gelangen: $\Sigma_{\boldsymbol{xy}} := E([\boldsymbol{x} - E(\boldsymbol{x})][\boldsymbol{y} - E(\boldsymbol{y})]')$. Man schreibt auch:

Kovarianzmatrix

$$\Sigma_{\boldsymbol{xy}} = Cov(\boldsymbol{x}, \boldsymbol{y}) = \begin{pmatrix} \sigma_{X_1 Y_1} & \sigma_{X_1 Y_2} & \cdots & \sigma_{X_1 Y_q} \\ \sigma_{X_2 Y_1} & \sigma_{X_2 Y_2} & \cdots & \sigma_{X_2 Y_q} \\ \vdots & \vdots & \ddots & \vdots \\ \sigma_{X_m Y_1} & \sigma_{X_m Y_2} & \cdots & \sigma_{X_m Y_q} \end{pmatrix}$$

$\Sigma_{\boldsymbol{xy}}$ enthält die Kovarianzen der Variablen $X_1, ..., X_m$ mit den Variablen $Y_1, ..., Y_q$. Es gilt also $\sigma_{X_i Y_j} := Cov(X_i, Y_j)$. Da $Cov(X_i, Y_j) = Cov(Y_j, X_i)$, ist $\sigma_{X_i Y_j} = \sigma_{Y_j X_i}$. Obwohl jede einzelne Kovarianz in diesem Sinn symmetrisch ist, ist $\Sigma_{\boldsymbol{xy}}$ *keine* symmetrische Matrix.

Betrachtet man nur eine einzige Variable Y, so ist auch $\boldsymbol{y} = (Y)$ ein Vektor, der nur eine einzige Komponente, nämlich die Zufallsvariable Y enthält. $\Sigma_{\boldsymbol{xy}}$ ist dann eine „einspaltige" Matrix, d. h. ein Spaltenvektor:

$$\Sigma_{\boldsymbol{xy}} =: \sigma_{\boldsymbol{xy}} = Cov(\boldsymbol{x}, \boldsymbol{y}) = \begin{pmatrix} \sigma_{X_1 Y} \\ \sigma_{X_2 Y} \\ \vdots \\ \sigma_{X_m Y} \end{pmatrix}, \quad \text{mit } \sigma_{X_i Y} := Cov(X_i, Y).$$

Spezialfall bei $\boldsymbol{x} = \boldsymbol{y}$

Ein Spezialfall liegt vor, wenn $\boldsymbol{x} = \boldsymbol{y}$ gilt. In diesem Fall heißt $\Sigma_{\boldsymbol{xx}}$ die *Varianz-Kovarianzmatrix*. Es gilt $\Sigma_{\boldsymbol{xx}} = E([\boldsymbol{x} - E(\boldsymbol{x})][\boldsymbol{x} - E(\boldsymbol{x})]')$ und analog zu den obigen Betrachtungen ist

Varianz-Kovarianz-Matrix

$$\Sigma_{\boldsymbol{xx}} := Var(\boldsymbol{x}) := Cov(\boldsymbol{x}, \boldsymbol{x}) = \begin{pmatrix} \sigma^2_{X_1} & \sigma_{X_1 X_2} & \cdots & \sigma_{X_1 X_m} \\ \sigma_{X_2 X_1} & \sigma^2_{X_2} & \cdots & \sigma_{X_2 X_m} \\ \vdots & \vdots & \ddots & \vdots \\ \sigma_{X_m X_1} & \sigma_{X_m X_2} & \cdots & \sigma^2_{X_m} \end{pmatrix}.$$

Die Diagonalkomponenten der Matrix $\Sigma_{\boldsymbol{xx}}$ sind die Varianzen der Variablen $X_1, ..., X_m$, da $\sigma_{X_i X_i} := Cov(X_i, X_i) = Var(X_i) = \sigma^2_{X_i}$ gilt.

Regelbox 3. Kovarianz- und Varianz-Kovarianzmatrizen

A. Definition

$$\Sigma_{xy} := Cov(x, y) = \begin{pmatrix} \sigma_{X_1 Y_1} & \sigma_{X_1 Y_2} & \cdots & \sigma_{X_1 Y_q} \\ \sigma_{X_2 Y_1} & \sigma_{X_2 Y_2} & \cdots & \sigma_{X_2 Y_q} \\ \vdots & \vdots & \ddots & \vdots \\ \sigma_{X_m Y_1} & \sigma_{X_m Y_2} & \cdots & \sigma_{X_m Y_q} \end{pmatrix}$$

Kovarianzmatrix Σ_{xy}

$$\Sigma_{xx} := Var(x) := Cov(x, x) = \begin{pmatrix} \sigma_{X_1}^2 & \sigma_{X_1 X_2} & \cdots & \sigma_{X_1 X_m} \\ \sigma_{X_2 X_1} & \sigma_{X_2}^2 & \cdots & \sigma_{X_2 X_m} \\ \vdots & \vdots & \ddots & \vdots \\ \sigma_{X_m X_1} & \sigma_{X_m X_2} & \cdots & \sigma_{X_m}^2 \end{pmatrix}$$

Varianz-Kovarianzmatrix Σ_{xx}

B. Rechenregeln

Seien $x = (X_1 \ldots X_m)'$, $y = (Y_1 \ldots Y_q)'$, $z = (Z_1 \ldots Z_r)'$ und $w = (W_1 \ldots W_s)'$, wobei die Komponenten dieser Vektoren numerische Zufallsvariablen mit endlichen Erwartungswerten sind, und seien weiterhin $\mathbf{A}$ und $\mathbf{B}$ Matrizen vom Typ $n \times m$ bzw. $n \times q$ sowie $\mathbf{C}$ und $\mathbf{D}$ Matrizen vom Typ $m \times r$ bzw. $m \times s$, die alle nur reellwertige Konstanten beinhalten. Dann gelten:

(i) $Var(\mathbf{A}x) = 0$, falls $x = const$

(ii) $Var(\mathbf{A}x) := Cov(\mathbf{A}x, \mathbf{A}x) = \mathbf{A} Var(x) \mathbf{A}'$

(iii) $Var(\mathbf{A}x + \mathbf{B}y) = \mathbf{A} Var(x) \mathbf{A}'$, falls $y = const$

(iv) $Var(\mathbf{A}x + \mathbf{B}y) = \mathbf{A} Var(x) \mathbf{A}' + \mathbf{B} Var(y) \mathbf{B}'$
$\qquad\qquad\qquad\quad + \mathbf{A} Cov(x, y) \mathbf{B}' + \mathbf{B} Cov(y, x) \mathbf{A}'$

(v) $Cov(\mathbf{A}x, \mathbf{B}y) = 0$, falls $x = const.$ oder $y = const$

(vi) $Cov(\mathbf{A}x, \mathbf{B}y) = \mathbf{A} Cov(x, y) \mathbf{B}'$

(vii) $Cov(\mathbf{A}x + \mathbf{B}y, \mathbf{C}z + \mathbf{D}w) = \mathbf{A} Cov(x, z) \mathbf{C}' + \mathbf{A} Cov(x, w) \mathbf{D}'$
$\qquad\qquad\qquad\qquad\qquad\qquad\quad + \mathbf{B} Cov(y, z) \mathbf{C}' + \mathbf{B} Cov(y, w) \mathbf{D}'$

In Regelbox 3 sind die wichtigsten Rechenregeln für Kovarianzmatrizen zusammengefasst. Dabei sind die Regeln (i) bis (iv) Spezialfälle der Regeln (v) bis (vii).

Die Gültigkeit dieser Regeln lässt sich ausgehend von der Definition der Kovarianzmatrix unter Verwendung der allgemeinen Rechenregeln für Vektoren und Matrizen nachweisen. An dieser Stelle soll auf eine Ableitung allerdings verzichtet werden.

13.6 Zusammenfassende Bemerkungen

In diesem Kapitel wurden die wichtigsten Begriffe und Regeln der Matrixalgebra eingeführt, die für die Darstellung komplexer Regressionsmodelle und die Formulierung statistischer Modelle nützlich sind. Dabei haben wir uns auf diejenigen Begriffe beschränkt, die für Anwendungen auch dann unerlässlich sind, wenn entsprechende Computerprogramme, etwa zur Invertierung von Matrizen, zur Verfügung stehen. Im nächsten Kapitel werden wir sehen, welche Vereinfachungen sich ergeben, wenn man die multiple lineare Regression und das Allgemeine Lineare Modell in Matrixschreibweise darstellen kann.

Fragen

leicht	F1.	Was ist (a) die Spur, (b) der Rang und (c) die Inverse einer Matrix?
mittel	F2.	Wann ist die Inverse einer quadratischen Matrix definiert?
mittel	F3.	Wann sind die Vektoren $a_1, ..., a_n$ linear abhängig?
mittel	F4.	Wie lässt sich zeigen, dass die Matrizenmultiplikation (bis auf Spezialfälle) nicht kommutativ ist?
leicht	F5.	Was versteht man unter dem Erwartungswert einer vektoriellen Zufallsvariablen $x = (X_1 ... X_m)'$?
leicht	F6.	Was versteht man unter der Varianz-Kovarianzmatrix einer vektoriellen Zufallsvariablen $x = (X_1 ... X_m)'$? Was steht in der Hauptdiagonalen dieser Varianz-Kovarianzmatrix?

Antworten

A1. (a) Die Spur einer quadratischen Matrix ist die Summe ihrer Diagonalkomponenten.
(b) Der Rang einer Matrix ist die maximale Anzahl linear unabhängiger Spaltenvektoren bzw. Zeilenvektoren der Matrix. Die Anzahl linear unabhängiger Spaltenvektoren ist immer gleich der Anzahl linear unabhängiger Zeilenvektoren.
(c) Die Inverse einer Matrix **A** ist diejenige Matrix, die sowohl vormultipliziert mit **A** als auch nachmultipliziert mit **A** die Einheitsmatrix ergibt.

A2. Die Inverse einer quadratischen Matrix **A** vom Typ $n \times n$ ist genau dann definiert, wenn **A** vollen Rang hat, d. h. wenn $Rang(\mathbf{A}) = n$.

A3. Die Vektoren $a_1, ..., a_n$ sind linear abhängig, wenn mindestens ein λ_i existiert, dass von null verschieden ist, aber dennoch $\lambda_1 a_1 + ... + \lambda_n a_n = \mathbf{0}$ ist.

A4. Am einfachsten lässt sich das zeigen, indem man die Typangaben der zu multiplizierenden Matrizen in der Definition des Produkts zweier Matrizen (s. Abschnitt 13.2.4) betrachtet. Das Produkt **AB** ist nämlich nur dann erklärt, wenn **A** vom Typ $n \times m$ und **B** vom Typ $m \times p$ ist. Das heißt, Spaltenzahl von **A** ($= m$) und Zeilenzahl von **B** ($= m$) stimmen überein. Versucht man nun, das Produkt **BA** zu bilden, so ist dieses für $n \neq p$ überhaupt nicht erklärt, da die Spaltenzahl von **B** ($= p$) und die Zeilenzahl von **A** ($= n$) nicht gleich sind.

Für $n = p$ sind zwar beide Produkte **AB** und **BA** definiert, aber verschiedenen Typs. Das kann man leicht nachvollziehen, indem man einen Spaltenvektor **a** vom Typ $n \times 1$ und einen Zeilenvektor **b**' vom Typ $1 \times n$ multipliziert. Dann hat nämlich das Produkt **ab**' den Typ $n \times n$, das Produkt **b'a** jedoch den Typ 1×1. Multipliziert man zwei quadratische ($n \times n$)-Matrizen, so sind zwar ebenfalls beide Produkte definiert und gleichen Typs (ebenfalls $n \times n$). Diese Produkte sind jedoch in der Regel nicht gleich (s. Übung 1).

Lediglich für zwei Spezialfälle der Matrizenmultiplikation gilt per definitionem die Kommutativität, und zwar für die Multiplikation einer Matrix mit ihrer Inversen (falls diese existiert) und die Multiplikation einer Matrix mit der Einheitsmatrix.

A5. Unter dem Erwartungswert einer vektoriellen Zufallsvariablen $x = (X_1 ... X_m)'$ versteht man den Vektor $E(x) := E((X_1 ... X_m)') = [E(X_1) ... E(X_m)]'$ der Erwartungswerte der Komponenten von x.

A6. Die Varianz-Kovarianzmatrix einer vektoriellen Zufallsvariablen $\boldsymbol{x} = (X_1 \ldots X_m)'$ ist die $(m \times m)$-Matrix der Kovarianzen zwischen den Variablen X_i und X_j, $i, j = 1, \ldots, m$. In der i-ten Zeile und j-ten Spalte steht dabei die Kovarianz zwischen den Variablen X_i und X_j. Diese Matrix ist symmetrisch. In der Hauptdiagonalen dieser Varianz-Kovarianzmatrix stehen die Varianzen der Variablen X_i.

Übungen

Ü1. Gegeben sind die drei Matrizen   leicht bis mittel

$$\mathbf{A} = \begin{pmatrix} 1 & 3 & 2 \\ 0 & -8 & 1 \\ 1 & 3 & 5 \end{pmatrix}, \quad \mathbf{B} = \begin{pmatrix} 1 & 0 & 0 \\ 0 & 2 & 0 \\ 0 & 0 & -8 \end{pmatrix}, \quad \mathbf{C} = \begin{pmatrix} 4 & 0 \\ -2 & 3 \\ 0 & -1 \end{pmatrix}.$$

Prüfen Sie, ob die folgenden Ausdrücke definiert sind, und bestimmen Sie diese gegebenenfalls:
(a) $\mathbf{A} + \mathbf{B}$; (b) $\mathbf{A} + \mathbf{C}$; (c) $\mathbf{A}\mathbf{B}$; (d) $\mathbf{B}\mathbf{A}$; (e) $\mathbf{A}\mathbf{C}$; (f) $\mathbf{C}\mathbf{A}$; (g) $\mathbf{C}^{-1}$; (h) $\mathbf{B}^{-1}$.

Ü2. Das Modell essentiell τ-äquivalenter Variablen besteht aus den Annahmen: schwer
   (1) $Y_i = \lambda_i + \eta + \varepsilon_i$, wobei λ_i Konstanten und ε_i Messfehlervariablen sind,
   (2) $Cov(\eta, \varepsilon_i) = 0$ für alle i,
   (3) $Cov(\varepsilon_i, \varepsilon_j) = 0$ für alle $i \neq j$.
In dieser Aufgabe seien $i, j \in \{1, 2, 3\}$.
(a) Berechnen Sie die von diesem Modell implizierte Struktur der Kovarianzmatrix, indem Sie die einzelnen Komponenten $\sigma_{Y_i Y_j} = Cov(Y_i, Y_j)$ betrachten und die Modellgleichungen für Y_i und Y_j einsetzen.
(b) Bringen Sie das Modell auf die Form $\boldsymbol{y} = \lambda_0 + \Lambda \eta + \boldsymbol{\varepsilon}$, wobei $\boldsymbol{y}$ der Vektor $(Y_1\ Y_2\ Y_3)'$ ist, und schreiben Sie die Annahmen (2) und (3) ebenfalls in Matrixschreibweise auf.
(c) Verwenden Sie nun die Rechenregeln aus Regelbox 3, um für das Modell aus (b) die Struktur der Kovarianzmatrix auszurechnen.

Ü3. Ein Singletrait-multistate-Modell für zwei Messungen zu zwei Messgelegenheiten schwer
ist definiert durch die Gleichungen
   (1) $Y_{it} = \eta_t + \varepsilon_{it}$ mit $\eta_t = \xi + \zeta_t$, $t = 1, 2$,
   (2) $Cov(\xi, \zeta_1) = Cov(\xi, \zeta_2) = 0$,
   (3) $Cov(\zeta_1, \zeta_2) = 0$,
   (4) $Cov(\varepsilon_{it}, \eta_s) = 0$ mit $i, t, s = 1, 2$,
   (5) $Cov(\varepsilon_{it}, \varepsilon_{js}) = 0$ mit $i, j, t, s = 1, 2$ und $(i, t) \neq (j, s)$.
(a) Berechnen Sie die Struktur der von diesem Modell implizierten Kovarianzmatrix für alle Komponenten $Cov(Y_{it}, Y_{js})$ durch Einsetzen der Modellgleichungen für Y_{it} und Y_{js}.
(b) Bringen Sie das Modell in die Form $\boldsymbol{y} = \Lambda \boldsymbol{\eta} + \boldsymbol{\varepsilon}$ mit $\boldsymbol{\eta} = \Gamma \boldsymbol{\xi} + \boldsymbol{\zeta}$, und schreiben Sie die anderen Modellannahmen ebenfalls in Matrixschreibweise auf.
(c) Berechnen Sie die Struktur der Kovarianzmatrix mit Hilfe der Rechenregeln aus Regelbox 3.

Ü4. Geben Sie ein Beispiel für eine (4×3)-Matrix, die nicht den Rang drei hat. leicht

Lösungen

L1. (a) $\mathbf{A}$ und $\mathbf{B}$ sind gleichen Typs, deshalb ist ihre Summe definiert. Es gilt:

$$\mathbf{A} + \mathbf{B} = \begin{pmatrix} 1 & 3 & 2 \\ 0 & -8 & 1 \\ 1 & 3 & 5 \end{pmatrix} + \begin{pmatrix} 1 & 0 & 0 \\ 0 & 2 & 0 \\ 0 & 0 & -8 \end{pmatrix} = \begin{pmatrix} 2 & 3 & 2 \\ 0 & -6 & 1 \\ 1 & 3 & -3 \end{pmatrix}.$$

(b) $\mathbf{A}$ und $\mathbf{C}$ sind verschiedenen Typs, deshalb ist ihre Summe nicht definiert.
(c) $\mathbf{A}$ hat drei Spalten und $\mathbf{B}$ drei Zeilen. Somit ist ihr Produkt definiert, und es gilt:

$$\mathbf{AB} = \begin{pmatrix} 1 & 3 & 2 \\ 0 & -8 & 1 \\ 1 & 3 & 5 \end{pmatrix} \begin{pmatrix} 1 & 0 & 0 \\ 0 & 2 & 0 \\ 0 & 0 & -8 \end{pmatrix} = \begin{pmatrix} 1 & 6 & -16 \\ 0 & -16 & -8 \\ 1 & 6 & -40 \end{pmatrix}.$$

(d) **B** hat drei Spalten und **A** drei Zeilen. Also ist auch das Produkt **B A** definiert:

$$\mathbf{BA} = \begin{pmatrix} 1 & 0 & 0 \\ 0 & 2 & 0 \\ 0 & 0 & -8 \end{pmatrix} \begin{pmatrix} 1 & 3 & 2 \\ 0 & -8 & 1 \\ 1 & 3 & 5 \end{pmatrix} = \begin{pmatrix} 1 & 3 & 2 \\ 0 & -16 & 2 \\ -8 & -24 & -40 \end{pmatrix}.$$

(e) **A** hat drei Spalten und **C** drei Zeilen. Das Produkt **A C** ist also definiert:

$$\mathbf{AC} = \begin{pmatrix} 1 & 3 & 2 \\ 0 & -8 & 1 \\ 1 & 3 & 5 \end{pmatrix} \begin{pmatrix} 4 & 0 \\ -2 & 3 \\ 0 & -1 \end{pmatrix} = \begin{pmatrix} -2 & 7 \\ 16 & -25 \\ -2 & 4 \end{pmatrix}.$$

(f) **C** hat zwei Spalten, aber **A** hat drei Zeilen. Das Produkt **C A** ist folglich nicht definiert.

(g) **C** ist keine quadratische Matrix, kann also nicht invertiert werden.

(h) **B** ist eine Diagonalmatrix, auf deren Hauptdiagonalen sämtliche Komponenten ungleich null sind. Ihre Inverse existiert und berechnet sich wie folgt:

$$\mathbf{B}^{-1} = \begin{pmatrix} \frac{1}{1} & 0 & 0 \\ 0 & \frac{1}{2} & 0 \\ 0 & 0 & -\frac{1}{8} \end{pmatrix}.$$

L2. (a) Die vom Modell implizierte Struktur der einzelnen Kovarianzen $\sigma_{Y_i Y_j} = Cov(Y_i, Y_j)$ berechnet sich wie folgt:

$$\begin{aligned}\sigma_{Y_i Y_j} &= Cov(Y_i, Y_j) \\ &= Cov(\lambda_i + \eta + \varepsilon_i, \lambda_j + \eta + \varepsilon_j) \\ &= Cov(\eta + \varepsilon_i, \eta + \varepsilon_j) \\ &= Cov(\eta, \eta) + Cov(\eta, \varepsilon_j) + Cov(\varepsilon_i, \eta) + Cov(\varepsilon_i, \varepsilon_j)\end{aligned}$$

Annahme (1)
R-Box 5.3 (iv)
R-Box 5.3 (v)

Da laut Aufgabenstellung η und die einzelnen Fehlervariablen sowie jeweils zwei voneinander verschiedene Fehlervariablen unkorreliert sind, gelten:

für $i = j$: $\sigma_{Y_i Y_i} = Cov(\eta, \eta) + Cov(\varepsilon_i, \varepsilon_i) = \sigma_\eta^2 + \sigma_{\varepsilon_i}^2$
für $i \neq j$: $\sigma_{Y_i Y_j} = Cov(\eta, \eta) = \sigma_\eta^2$.

Folglich hat die Varianz-Kovarianzmatrix die Struktur:

$$\Sigma_{yy} = \begin{pmatrix} \sigma_\eta^2 + \sigma_{\varepsilon_1}^2 & \sigma_\eta^2 & \sigma_\eta^2 \\ \sigma_\eta^2 & \sigma_\eta^2 + \sigma_{\varepsilon_2}^2 & \sigma_\eta^2 \\ \sigma_\eta^2 & \sigma_\eta^2 & \sigma_\eta^2 + \sigma_{\varepsilon_3}^2 \end{pmatrix}.$$

(b) Betrachtet man Y_i als die i-te Zeile des Vektors y, so erhält man den gesamten Vektor y als:

$$y = \lambda_0 + \Lambda \eta + \varepsilon = \begin{pmatrix} Y_1 \\ Y_2 \\ Y_3 \end{pmatrix} = \begin{pmatrix} \lambda_1 \\ \lambda_2 \\ \lambda_3 \end{pmatrix} + \begin{pmatrix} 1 \\ 1 \\ 1 \end{pmatrix}(\eta) + \begin{pmatrix} \varepsilon_1 \\ \varepsilon_2 \\ \varepsilon_3 \end{pmatrix}.$$

Aus Annahme (2) erhält man die die Kovarianzmatrix $Cov(\eta, \varepsilon) = \begin{pmatrix} 0 & 0 & 0 \end{pmatrix}$, und aus Annahme (3) die Varianz-Kovarianzmatrix $Var(\varepsilon)$:

$$Var(\varepsilon) = \begin{pmatrix} \sigma_{\varepsilon_1}^2 & 0 & 0 \\ 0 & \sigma_{\varepsilon_2}^2 & 0 \\ 0 & 0 & \sigma_{\varepsilon_3}^2 \end{pmatrix}.$$

(c) Unter Zuhilfenahme des Ergebnisses aus Teilaufgabe (b) kann man schreiben:

$$\begin{aligned}
Var(\mathbf{y}) &= Var(\lambda + \Lambda \eta + \varepsilon) && \text{Annahme (1)} \\
&= Var(\Lambda \eta + \varepsilon) && \text{R-Box 3 (iii)} \\
&= \Lambda\, Var(\eta)\, \Lambda' + Var(\varepsilon) + \Lambda\, Cov(\eta, \varepsilon) + Cov(\varepsilon, \eta)\, \Lambda' && \text{R-Box 3 (iv)} \\
&= \Lambda\, Var(\eta)\, \Lambda' + Var(\varepsilon) && \text{Annahme (2)}
\end{aligned}$$

$$= \begin{pmatrix} 1 \\ 1 \\ 1 \end{pmatrix} (\sigma_\eta^2) \begin{pmatrix} 1 & 1 & 1 \end{pmatrix} + \begin{pmatrix} \sigma_{\varepsilon_1}^2 & 0 & 0 \\ 0 & \sigma_{\varepsilon_2}^2 & 0 \\ 0 & 0 & \sigma_{\varepsilon_3}^2 \end{pmatrix} \quad \text{Einsetzen der Annahmen (1), (3)}$$

$$= \begin{pmatrix} \sigma_\eta^2 & \sigma_\eta^2 & \sigma_\eta^2 \\ \sigma_\eta^2 & \sigma_\eta^2 & \sigma_\eta^2 \\ \sigma_\eta^2 & \sigma_\eta^2 & \sigma_\eta^2 \end{pmatrix} + \begin{pmatrix} \sigma_{\varepsilon_1}^2 & 0 & 0 \\ 0 & \sigma_{\varepsilon_2}^2 & 0 \\ 0 & 0 & \sigma_{\varepsilon_3}^2 \end{pmatrix}$$

$$= \begin{pmatrix} \sigma_\eta^2 + \sigma_{\varepsilon_1}^2 & \sigma_\eta^2 & \sigma_\eta^2 \\ \sigma_\eta^2 & \sigma_\eta^2 + \sigma_{\varepsilon_2}^2 & \sigma_\eta^2 \\ \sigma_\eta^2 & \sigma_\eta^2 & \sigma_\eta^2 + \sigma_{\varepsilon_3}^2 \end{pmatrix}.$$

L3. (a) Hier gilt für die einzelnen Komponenten der Varianz-Kovarianzmatrix:

$$\begin{aligned}
\sigma_{Y_{ik}Y_{jl}} &= Cov(Y_{it}, Y_{js}) \\
&= Cov(\eta_t + \varepsilon_{it}, \eta_s + \varepsilon_{js}) \\
&= Cov(\eta_t, \eta_s) + Cov(\eta_t, \varepsilon_{js}) + Cov(\varepsilon_{it}, \eta_s) + Cov(\varepsilon_{it}, \varepsilon_{js}) && \text{R-Box 5.3 (v)} \\
&= Cov(\eta_t, \eta_s) + Cov(\varepsilon_{it}, \varepsilon_{js}). && \text{Annahme (4)}
\end{aligned}$$

Falls $(i, t) = (j, s)$, folgt daraus:

$$\begin{aligned}
\sigma_{Y_{ik}}^2 &= \sigma_{Y_{ik}Y_{ik}} \\
&= Cov(\xi + \zeta_t, \xi + \zeta_t) + Cov(\varepsilon_{it}, \varepsilon_{it}) \\
&= Cov(\xi, \xi) + 2\,Cov(\xi, \zeta_t) + Cov(\zeta_t, \zeta_t) + Cov(\varepsilon_{it}, \varepsilon_{it}) && \text{R-Box 5.3 (v)} \\
&= Cov(\xi, \xi) + Cov(\zeta_t, \zeta_t) + Cov(\varepsilon_{it}, \varepsilon_{it}) && \text{Annahme (1)} \\
&= \sigma_\xi^2 + \sigma_{\zeta_k}^2 + \sigma_{\varepsilon_{ik}}^2 && \text{R-Box 5.2, Def. der Varianz}
\end{aligned}$$

Für $(i, t) \neq (j, s)$ ist wegen Annahme (6) $Cov(\varepsilon_{it}, \varepsilon_{js}) = 0$ und aus der obigen Gleichung folgt:

$$\begin{aligned}
\sigma_{Y_{ik}Y_{jl}} &= Cov(\xi + \zeta_t, \xi + \zeta_s) \\
&= Cov(\xi, \xi) + Cov(\xi, \zeta_s) + Cov(\zeta_t, \xi) + Cov(\zeta_t, \zeta_s) && \text{R-Box 5.3 (v)} \\
&= Cov(\xi, \xi) + Cov(\zeta_t, \zeta_s) && \text{Annahme (1)} \\
&= \begin{cases} \sigma_\xi^2 + \sigma_{\zeta_t}^2, & \text{falls } i \neq j \text{ und } t = s \\ \sigma_\xi^2, & \text{falls } t \neq s \end{cases}
\end{aligned}$$

Die Varianz-Kovarianzmatrix hat nun die Form:

$$\Sigma_{yy} = \begin{pmatrix} \sigma_\xi^2 + \sigma_{\zeta_1}^2 + \sigma_{\varepsilon_{11}}^2 & \sigma_\xi^2 + \sigma_{\zeta_1}^2 & \sigma_\xi^2 & \sigma_\xi^2 \\ \sigma_\xi^2 + \sigma_{\zeta_1}^2 & \sigma_\xi^2 + \sigma_{\zeta_1}^2 + \sigma_{\varepsilon_{21}}^2 & \sigma_\xi^2 & \sigma_\xi^2 \\ \sigma_\xi^2 & \sigma_\xi^2 & \sigma_\xi^2 + \sigma_{\zeta_2}^2 + \sigma_{\varepsilon_{12}}^2 & \sigma_\xi^2 + \sigma_{\zeta_2}^2 \\ \sigma_\xi^2 & \sigma_\xi^2 & \sigma_\xi^2 + \sigma_{\zeta_2}^2 & \sigma_\xi^2 + \sigma_{\zeta_2}^2 + \sigma_{\varepsilon_{22}}^2 \end{pmatrix}.$$

(b) Analog zu Übung 2(b) betrachte man den Vektor y zeilenweise. Damit er die gesuchte Form annimmt, muss gelten:

$$\eta = \begin{pmatrix} \eta_1 \\ \eta_2 \end{pmatrix} \quad \text{und} \quad \varepsilon = \begin{pmatrix} \varepsilon_{11} \\ \varepsilon_{21} \\ \varepsilon_{12} \\ \varepsilon_{22} \end{pmatrix}.$$

Folglich kann man y schreiben als $y = \Lambda \eta + \varepsilon$ mit $\eta = \Gamma \xi + \zeta$:

$$\begin{pmatrix} Y_{11} \\ Y_{21} \\ Y_{12} \\ Y_{22} \end{pmatrix} = \begin{pmatrix} 1 & 0 \\ 1 & 0 \\ 0 & 1 \\ 0 & 1 \end{pmatrix} \begin{pmatrix} \eta_1 \\ \eta_2 \end{pmatrix} + \begin{pmatrix} \varepsilon_{11} \\ \varepsilon_{21} \\ \varepsilon_{12} \\ \varepsilon_{22} \end{pmatrix}, \quad \text{wobei} \quad \begin{pmatrix} \eta_1 \\ \eta_2 \end{pmatrix} = \begin{pmatrix} 1 \\ 1 \end{pmatrix} (\xi) + \begin{pmatrix} \zeta_1 \\ \zeta_2 \end{pmatrix}.$$

Die anderen Modellannahmen haben in Matrixschreibweise die Form:

(2) $\quad Cov(\xi, \zeta) = \begin{pmatrix} 0 & 0 \end{pmatrix},$

(3) $\quad Var(\zeta) = \begin{pmatrix} \sigma^2_{\zeta_1} & 0 \\ 0 & \sigma^2_{\zeta_2} \end{pmatrix},$

(4) $\quad Cov(\varepsilon, \eta) = \begin{pmatrix} 0 & 0 \\ 0 & 0 \\ 0 & 0 \\ 0 & 0 \end{pmatrix},$

(5) $\quad Var(\varepsilon) = \begin{pmatrix} \sigma^2_{\varepsilon_{11}} & 0 & 0 & 0 \\ 0 & \sigma^2_{\varepsilon_{21}} & 0 & 0 \\ 0 & 0 & \sigma^2_{\varepsilon_{12}} & 0 \\ 0 & 0 & 0 & \sigma^2_{\varepsilon_{22}} \end{pmatrix}.$

(c) $Var(y) = Var(\Lambda \eta + \varepsilon)$

Annahme (1)
R-Box 3, (iv) $\quad = \Lambda\, Var(\eta)\, \Lambda' + Var(\varepsilon) + \Lambda\, Cov(\eta, \varepsilon) + Cov(\varepsilon, \eta)\, \Lambda'$
Annahme (4) $\quad = \Lambda\, Var(\eta)\, \Lambda' + Var(\varepsilon)$
Annahme (1) $\quad = \Lambda\, Var(\Gamma \xi + \zeta)\, \Lambda' + Var(\varepsilon)$
R-Box 3, (iv) $\quad = \Lambda\, [\Gamma\, Var(\xi)\, \Gamma' + Var(\zeta) + \Gamma\, Cov(\xi, \zeta) + Cov(\zeta, \xi)\, \Gamma']\, \Lambda' + Var(\varepsilon)$
Annahme (2) $\quad = \Lambda\, [\Gamma\, Var(\xi)\, \Gamma' + Var(\zeta)]\, \Lambda' + Var(\varepsilon)$

Wir rechnen zunächst den ersten Summanden $\Lambda\, [\Gamma\, Var(\xi)\, \Gamma' + Var(\zeta)]\, \Lambda'$ aus:

Annahmen (3) und (5)
$$\begin{pmatrix} 1 & 0 \\ 1 & 0 \\ 0 & 1 \\ 0 & 1 \end{pmatrix} \left[\begin{pmatrix} 1 \\ 1 \end{pmatrix} (\sigma^2_\xi) \begin{pmatrix} 1 & 1 \end{pmatrix} + \begin{pmatrix} \sigma^2_{\zeta_1} & 0 \\ 0 & \sigma^2_{\zeta_2} \end{pmatrix} \right] \begin{pmatrix} 1 & 1 & 0 & 0 \\ 0 & 0 & 1 & 1 \end{pmatrix}$$

$$= \begin{pmatrix} 1 & 0 \\ 1 & 0 \\ 0 & 1 \\ 0 & 1 \end{pmatrix} \begin{pmatrix} \sigma^2_\xi + \sigma^2_{\zeta_1} & \sigma^2_\xi \\ \sigma^2_\xi & \sigma^2_\xi + \sigma^2_{\zeta_2} \end{pmatrix} \begin{pmatrix} 1 & 1 & 0 & 0 \\ 0 & 0 & 1 & 1 \end{pmatrix}$$

$$= \begin{pmatrix} \sigma_\xi^2 + \sigma_{\zeta_1}^2 & \sigma_\xi^2 \\ \sigma_\xi^2 + \sigma_{\zeta_1}^2 & \sigma_\xi^2 \\ \sigma_\xi^2 & \sigma_\xi^2 + \sigma_{\zeta_2}^2 \\ \sigma_\xi^2 & \sigma_\xi^2 + \sigma_{\zeta_2}^2 \end{pmatrix} \begin{pmatrix} 1 & 1 & 0 & 0 \\ 0 & 0 & 1 & 1 \end{pmatrix}$$

$$= \begin{pmatrix} \sigma_\xi^2 + \sigma_{\zeta_1}^2 & \sigma_\xi^2 + \sigma_{\zeta_1}^2 & \sigma_\xi^2 & \sigma_\xi^2 \\ \sigma_\xi^2 + \sigma_{\zeta_1}^2 & \sigma_\xi^2 + \sigma_{\zeta_1}^2 & \sigma_\xi^2 & \sigma_\xi^2 \\ \sigma_\xi^2 & \sigma_\xi^2 & \sigma_\xi^2 + \sigma_{\zeta_2}^2 & \sigma_\xi^2 + \sigma_{\zeta_2}^2 \\ \sigma_\xi^2 & \sigma_\xi^2 & \sigma_\xi^2 + \sigma_{\zeta_2}^2 & \sigma_\xi^2 + \sigma_{\zeta_2}^2 \end{pmatrix}.$$

Nun können wir die Varianz-Kovarianzmatrix der Fehler addieren und erhalten damit

$$Var(\boldsymbol{y}) = \begin{pmatrix} \sigma_\xi^2 + \sigma_{\zeta_1}^2 + \sigma_{\varepsilon_{11}}^2 & \sigma_\xi^2 + \sigma_{\zeta_1}^2 & \sigma_\xi^2 & \sigma_\xi^2 \\ \sigma_\xi^2 + \sigma_{\zeta_1}^2 & \sigma_\xi^2 + \sigma_{\zeta_1}^2 + \sigma_{\varepsilon_{12}}^2 & \sigma_\xi^2 & \sigma_\xi^2 \\ \sigma_\xi^2 & \sigma_\xi^2 & \sigma_\xi^2 + \sigma_{\zeta_2}^2 + \sigma_{\varepsilon_{21}}^2 & \sigma_\xi^2 + \sigma_{\zeta_2}^2 \\ \sigma_\xi^2 & \sigma_\xi^2 & \sigma_\xi^2 + \sigma_{\zeta_2}^2 & \sigma_\xi^2 + \sigma_{\zeta_2}^2 + \sigma_{\varepsilon_{22}}^2 \end{pmatrix}.$$

L4. Eine einfache Matrix vom Typ 4 × 3, die nicht den Rang drei, sondern nur den Rang zwei hat, ist

$$A = \begin{pmatrix} 1 & 0 & 0 \\ 0 & 1 & 0 \\ 0 & 0 & 0 \\ 0 & 0 & 0 \end{pmatrix}.$$

Weiterführende Literatur

Eine gute Einführung in die Matrizenrechnung bieten Zurmühl und Falk (1992). Lütkepohl (1996) präsentiert viele Theoreme und Rechenregeln und eignet sich daher zum Nachschlagen. Eine Einführung, die auch die Anwendung der Matrizenrechnung in Regressionsmodellen beinhaltet, geben Schmidt und Trenkler (1998). Graybill (1983) und Harville (1999) gehen auf die Anwendung der Matrizenrechnung in der Statistik ein. Schließlich sind noch Searle (1982) und Searle und Willet (2001) zu nennen, die insbesondere die für die Anwendung in der Statistik relevanten Dinge gut verständlich darstellen.

14 Multiple lineare Regression

In den vorangegangenen Kapiteln haben wir uns auf Fälle konzentriert, in denen es um die Beschreibung der Abhängigkeit eines einzigen Regressanden Y von nur einem oder nur zwei Regressoren X und Z ging. Mehr als zwei Regressoren kamen bisher nur am Rande vor, etwa als Spezialfall der bedingten linearen Regression in Kapitel 10. In vielen Anwendungen benötigt man aber mehr als zwei Regressoren, da für fast alle interessanten empirischen Phänomene das Prinzip der multiplen Determiniertheit gilt, wie wir schon ausführlich im Einführungskapitel erläutert haben. Lässt man diese Multiple Determiniertheit außer Acht, führt dies zu schwerwiegenden Problemen in der Interpretation der Regressionskoeffizienten. Darauf werden wir ausführlicher in den nächsten Kapiteln über kausale Regressionsmodelle zu sprechen kommen.

Prinzip der multiplen Determiniertheit

Für den Spezialfall zweier Regressoren lassen sich die Parameter der Regressionsgleichung $E(Y|X_1, X_2) = \beta_0 + \beta_1 X_1 + \beta_2 X_2$ noch relativ leicht aus den Varianzen, Kovarianzen und Erwartungswerte der drei beteiligten Variablen bestimmen. Will man jedoch mehr als zwei Regressoren $X_1, ..., X_m$ in die Betrachtung einbeziehen, werden die Ausdrücke für die Regressionskoeffizienten $\beta_1, ..., \beta_m$ zunehmend komplizierter. In die Gleichung für die Regressionskoeffizienten β_i des Regressors X_i gehen dann die Varianzen und Kovarianzen aller beteiligten Variablen ein. Um hier dennoch zu möglichst überschaubaren Rechenformeln zu gelangen, verwendet man die Matrixschreibweise. Diese ist dann unerlässlich, wenn man auch die statistischen Modelle zur Schätzung von Parametern und Testung von Hypothesen über die Parameter der multiplen linearen Regression betrachtet. Anhand einiger Spezialfälle werden wir zeigen, dass sich mit der multiplen linearen Regression durchaus auch nichtlineare Abhängigkeiten beschreiben lassen.

Auch nichtlineare Abhängigkeiten lassen sich als multiple lineare Regression darstellen

Überblick. In diesem Kapitel führen wir zunächst die multiple lineare Regression mit einem Regressanden Y und beliebig vielen Regressoren $X_1, ..., X_m$ in Vektor- bzw. Matrixnotation ein und gehen auf einige Spezialfälle ein. Weiter werden die Rechenformeln zur Bestimmung der Regressionskoeffizienten $\beta_1, ..., \beta_m$ sowie zur Berechnung des Determinationskoeffizienten $R^2_{Y|X_1, ..., X_m}$ angegeben. Danach behandeln wir die multiple lineare Quasi-Regression und widmen uns ausführlich der Anwendung des Allgemeinen Linearen Modells zur Schätzung von Parametern und Testung von Hypothesen zur multiplen linearen Regression. Schließlich werden auch Verfahren zur Modellsuche behandelt.

Das Allgemeine Lineare Modell zur Parameterschätzung und Testung von Hypothesen

14.1 Multiple lineare Regression

Wie in Kapitel 9 ausgeführt wurde, spricht man von einer zweifachen linearen Regression, wenn sich die Regression $E(Y|X, Z)$ als Linearkombination der Regressoren X und Z darstellen lässt, wenn also gilt: $E(Y|X, Z) = \beta_0 + \beta_1 X + \beta_2 Z$. Wir kommen nun zu einer Verallgemeinerung dieser zweifachen linearen Regression für m Regressoren.

> **Definition 1.** Seien Y und $X_1, ..., X_m$ numerische Zufallsvariablen auf demselben Wahrscheinlichkeitsraum mit endlichen Erwartungswerten, positiven, endlichen Varianzen, sowie regulärer Kovarianzmatrix Σ_{xx}. Dann heißt die Regression $E(Y|X_1, ..., X_m)$ *linear in* $(X_1, ..., X_m)$, falls
>
> $$E(Y|X_1, ..., X_m) = \beta_0 + \beta_1 X_1 + \beta_2 X_2 + ... + \beta_m X_m \qquad (14.1)$$

Multiple lineare Regression

Bevor wir die Matrixdarstellung und die Identifikation der Regressionskoeffizienten behandeln, wollen wir noch auf einige Spezialfälle eingehen, die wir bereits in den vorangegangenen Kapiteln kennen gelernt haben.

14.1.1 Spezialfälle

In Kapitel 9 haben wir bereits darauf hingewiesen dass z. B. auch die einfache quadratische Regression $E(Y|X)$ linear in (X, X^2) ist. Sie ist allerdings nicht linear in X. Natürlich kann daher auch eine einfache Regression linear in (X, X^2, X^3) sein, wenn nämlich gilt:

Eine kubische Regression ist linear in (X, X^2, X^3)

$$E(Y|X) = \beta_0 + \beta_1 X + \beta_2 X^2 + \beta_3 X^3. \qquad (14.2)$$

Man beachte, dass $E(Y|X) = E(Y|X, X^2, X^3)$, da sowohl X^2 als auch X^3 aus X berechnet werden können. Gilt Gleichung (14.2) mit $\beta_2 \neq 0$, oder $\beta_3 \neq 0$, dann ist die Regression $E(Y|X)$ ist zwar nicht linear in X, wohl aber linear in (X, X^2, X^3).

Bei der obigen Definition setzen wir also noch nicht voraus, dass die Regressoren $X_1, ..., X_m$ unabhängig voneinander definiert sind. Dies würde erst dann notwendig werden, wenn wieder die bedingten Regressionen $E_{X_2=x_2, ..., X_m=x_m}(Y|X_1)$ betrachtet würden. Dies wäre aber insofern nichts neues, als wir ja die Variablen $X_2, ..., X_m$ in der $(m-1)$-dimensionalen Variablen $Z = (X_2, ..., X_m)$ zusammenfassen können, und dieser Fall mit einer mehrdimensionalen Zufallsvariablen Z ja schon behandelt wurde (s. dazu Abschnitt 10.3). Stattdessen wollen wir uns in diesem Kapitel auf die Eigenschaften der multiplen linearen Regression konzentrieren, die bisher noch nicht behandelt wurden.

Ein weiterer Spezialfall, den wir bereits im Kapitel über die bedingte lineare Regression kennen gelernt haben, ist

Moderatormodell als multiple lineare Regression

$$E(Y|X_1, X_2) = \beta_0 + \beta_1 X_1 + \beta_2 X_2 + \beta_3 X_1 \cdot X_2. \qquad (14.3)$$

In diesem Spezialfall sind also X_1 und X_2 additiv *und* multiplikativ zur Regression $E(Y|X_1, X_2)$ verknüpft. Auch hier gilt übrigens $E(Y|X_1, X_2) = E(Y|X_1, X_2, X_1 \cdot X_2)$, und zwar mit der gleichen Argumentation wie oben, dass nämlich $X_1 \cdot X_2$ aus X_1 und X_2 berechnet werden kann. (Im Kapitel 10 haben wir die Notation Z statt X_2 und auch andere Symbole für die Regressionskoeffizienten verwendet.)

Schließlich sei explizit auch noch einmal auf den Fall eines qualitativen Regressors X mit n Werten $x_1, ..., x_n$ hingewiesen. Wie wir schon in Abschnitt 8.4.2 gesehen haben, können wir für jeden dieser Werte eine Indikatorvariable

$$I_i = \begin{cases} 1, \text{falls } X = x_i \\ 0, \text{andernfalls} \end{cases}, \quad i = 1, ..., n. \quad (14.4)$$

Indikator- oder Dummy-Variablen

einführen. Die Variablen I_i zeigen jeweils mit ihrem Wert 1 an, ob der Regressor X den Wert x_i annimmt. Alle $n-1$ anderen Indikatorvariablen nehmen dann den Wert 0 an. Diese Indikatorvariablen I_i sind Funktionen von X und alle $I_1, ..., I_n$ beinhalten zusammen exakt die gleiche Information, wie der Regressor X. Es gilt daher $E(Y|X) = E(Y|I_1, ..., I_n)$, so dass wir uns beider Notationen für diese Regression bedienen können.

$E(Y|X) = E(Y|I_1, ..., I_n)$

Mit diesen Indikatorvariablen können wir das Zellenmittelwertemodell

$$E(Y|X) = \beta_0 + \beta_1 \cdot I_1 + \beta_2 \cdot I_2 + ... + \beta_n \cdot I_n, \quad \text{mit } \beta_0 = 0, \quad (14.5)$$

Zellenmittelwertemodell

formulieren, das also ebenfalls ein Spezialfall einer multiplen linearen Regression ist. Wie bereits in Abschnitt 8.4.2 ausgeführt, ist dies ein saturiertes Modell und die Parameter $\beta_1, \beta_2, ..., \beta_n$ können, wegen $\beta_0 = 0$, als Zellenmittelwerte $E(Y|X=x_i)$ interpretiert werden. Aus diesem Grund wurden sie dort auch mit $\mu_1, \mu_2, ..., \mu_n$ notiert. Die Erwartungswerte $E(Y|X=x_i)$ können also durchaus nichtlinear und völlig beliebig von X abhängen und dennoch kann die Regression $E(Y|X)$ als linear in den Indikatorvariablen $(I_1, ..., I_n)$ dargestellt werden.

Eine Regression mit diskretem Regressor kann immer als eine multiple lineare Regression dargestellt werden

Im Abschnitt über Parametrisierungen im Kapitel 10 haben wir noch einige weitere Spezialfälle der multiplen linearen Regression kennen gelernt und in den Beispielabschnitten auch inhaltliche Anwendungen. Dort haben wir deutlich gemacht, dass die Kunst der Regressionsanalyse darin besteht, alle möglichen Anwendungen und Spezialfälle in die Form einer multiplen linearen Regression zu bringen, da nur diese in den gebräuchlichen Computer-Programmpaketen zur Verfügung steht. Wie wir später in diesem Kapitel sehen werden, beruht dies darauf, dass für eine multiple lineare Regression ein einziges einheitliches Verfahren zur Identifikation und Schätzung der Regressionskoeffizienten existiert, sowie ein einheitliches Verfahren zur Prüfung von Hypothesen über diese Regressionskoeffizienten.

Kunst der Regressionsanalyse: Alle Fälle in die Form einer multiplen linearen Regression bringen

Statt weitere Spezialfälle der multiplen linearen Regression zu behandeln, sei auf die entsprechende Literatur verwiesen (s. z. B. Cohen, 1968; Cohen & Cohen, 1983; Fahrmeir & Tutz, 2001; Fox, 1984; Moosbrugger & Zistler, 1994; Neter, Kutner, Nachtsheim & Wasserman,

1996; Searle, 1971; Werner, 2001). Es sei nur soviel gesagt, dass viele varianz- und regressionsanalytische Modelle als solche Spezialfälle aufgefasst werden können.

14.1.2 Eigenschaften des Residuums

Analog zur Regression mit nur zwei Regressoren lässt sich auch hier das Residuum ε bzgl. der Regression $E(Y | X_1, ..., X_m)$ als Abweichung der Zufallsvariablen Y von der Regression $E(Y | X_1, ..., X_m)$ definieren; es gilt also wiederum $\varepsilon := Y - E(Y | X_1, ..., X_m)$. Das Residuum besitzt die bekannten Eigenschaften

Das Residuum

... und seine Eigenschaften

$$E(\varepsilon) = 0, \tag{14.6}$$

$$E(\varepsilon | X_1, ..., X_m) = 0, \tag{14.7}$$

$$Cov[\varepsilon, f(X_1, ..., X_m)] = 0, \tag{14.8}$$

$$Cov(\varepsilon, X_i) = 0 \quad \text{für } i = 1, ..., m \tag{14.9}$$

(vgl. Kap. 6), wobei $f(X_1, ..., X_m)$ eine beliebige[1] numerische Funktion der Regressoren bezeichnet.

14.1.3 Darstellung in Matrixnotation

Fasst man die Regressoren zu dem Zeilenvektor $\boldsymbol{x}' = (X_1 \ldots X_m)$ und die Regressionskoeffizienten $\beta_1, ..., \beta_m$ zu einem m-dimensionalen Spaltenvektor $\beta = (\beta_1 \ldots \beta_m)'$ zusammen, so lässt sich die multiple lineare Regression nun in Matrix- bzw. Vektornotation auch folgendermaßen schreiben:

Multiple lineare Regression in Matrixschreibweise

$$E(\boldsymbol{y} | \boldsymbol{x}) = \beta_0 + \boldsymbol{x}'\beta = \beta_0 + (X_1 \ldots X_m) \begin{pmatrix} \beta_1 \\ \vdots \\ \beta_m \end{pmatrix}. \tag{14.10}$$

Auch hier wird der Regressand als Vektor $\boldsymbol{y} = (Y)$ aufgefasst, der eben nur aus einer einzigen Komponente, nämlich Y, besteht. Daher ist auch β_0 eine reelle Zahl.

Definieren wir den Zeilenvektor $\boldsymbol{z}' := (1 \; X_1 \ldots X_m)$ und den Spaltenvektor $\gamma := (\beta_0 \; \beta_1 \ldots \beta_m)'$, so können wir die Gleichung (14.10) auch wie folgt schreiben:

---

[1] Die Funktion $f(X_1, ..., X_m)$ muss natürlich eine *messbare* Funktion von $(X_1 \ldots X_m)$ sein, d. h. die von ihr erzeugte σ-Algebra muss eine Teilmenge der von $(X_1 \ldots X_m)$ erzeugten σ-Algebra sein (s. Def. 1 in Kap. 4). Außerdem muss sie eine endliche Varianz haben. Andernfalls wäre die Kovarianz nicht definiert.

$$E(y|x) = E(y|z) = z'\gamma = (1 \ X_1 \ ... \ X_m) \begin{pmatrix} \beta_0 \\ \beta_1 \\ \vdots \\ \beta_m \end{pmatrix}. \quad (14.11)$$

Auf diese noch einfachere Darstellung der multiplen linearen Regression werden bei der Einführung des Allgemeinen Linearen Modells in diesem Kapitel zurückgreifen.

14.1.4 Identifikation der Regressionskoeffizienten

Zur Bestimmung von β_0 und der Komponenten von $\beta = (\beta_1 \ ... \ \beta_m)'$ greift man (wie bei der Betrachtung von nur zwei Regressoren X_1 und X_2) auf die Erwartungswerte des Regressanden und der Regressoren sowie die Kovarianzmatrizen Σ_{xx} und Σ_{xy} zurück. Für die Konstante β_0 ergibt sich (s. Übung 1)

$$\beta_0 = E(y) - E(x)'\beta = E(Y) - [E(X_1) \ ... \ E(X_m)]\begin{pmatrix} \beta_1 \\ \vdots \\ \beta_m \end{pmatrix}. \quad (14.12)$$

Identifikation der Regressionskonstanten

Für die Bestimmung von β_0 benötigt man also wiederum, neben den Erwartungswerten der beteiligten Variablen, auch die Regressionskoeffizienten $\beta_1, ..., \beta_m$.

Die Regressionskoeffizienten $\beta_1, ..., \beta_m$ lassen sich ausgehend von der Kovarianzmatrix Σ_{xy} bestimmen. Mit $\varepsilon := y - E(y|x) = y - E(\beta_0 + x'\beta)$ ergibt sich nach den Regeln (v) bis (vii) der Regelbox 13.3

$$\Sigma_{xy} = Cov(x, y) = Cov(x, \beta_0 + x'\beta + \varepsilon) = Cov(x, \beta_0 + \beta'x + \varepsilon)$$
$$= Cov(x, x)\beta = \Sigma_{xx}\beta.$$

Der Vektor β der Regressionsgewichte lässt sich bestimmen, indem man diese Gleichung nach β auflöst. Dies geschieht durch die Multiplikation beider Seiten mit der Inversen Σ_{xx}^{-1} der Kovarianzmatrix der Regressoren. Zur Erinnerung: Diese Inverse existiert, wenn keine der Variablen $X_1, ..., X_m$ eine Linearkombination der übrigen ist (s. z. B. Graybill, 1983; Schmidt & Trenkler, 1998; Searle, 1982; Searle & Willet, 2001; Zurmühl & Falk, 1992; s. dazu auch Abschnitt 13.3).

Nach Multiplikation beider Seiten der obigen Gleichung mit der Inversen Σ_{xx}^{-1} erhält man zunächst

$$\Sigma_{xx}^{-1}\Sigma_{xx}\beta = \Sigma_{xx}^{-1}\Sigma_{xy}$$

Da $\Sigma_{xx}^{-1}\Sigma_{xx} = \mathbf{I}$ die Einheitsmatrix ist, folgt daraus

$$\beta = \Sigma_{xx}^{-1}\Sigma_{xy} \quad (14.13)$$

Allgemeine Formel für die Berechnung der Regressionskoeffizienten

Definition

Residuum

und seine Eigenschaften

Identifikation der Regressionskoeffizienten

Determinationskoeffizient

> **Zusammenfassungsbox 1. Das Wichtigste zur multiplen linearen Regression**
>
> Die Regression $E(Y \mid X_1, ..., X_m)$ heißt *linear in* $(X_1, ..., X_m)$, wenn gilt:
>
> $$E(Y \mid X_1, ..., X_m) = \beta_0 + \beta_1 X_1 + ... + \beta_m X_m,$$
>
> wobei $\beta_0, \beta_1, ..., \beta_m$ reelle Zahlen sind. Die Zahlen $\beta_1, ..., \beta_m$ sind dann *partielle Regressionskoeffizienten*. Sie heißen *standardisierte partielle Regressionskoeffizienten* wenn, die Variablen Y, und $X_1, ..., X_m$ gleiche Varianzen haben.
>
> Für das Residuum $\varepsilon := Y - E(Y \mid X_1, ..., X_m)$ gelten z. B.:
>
> $$E(\varepsilon \mid X_1, ..., X_m) = E(\varepsilon \mid X_i) = E(\varepsilon) = Cov(\varepsilon, X_i) = 0$$
>
> $$\beta_0 = E(y) - E(x)' \beta$$
>
> $$\beta = \Sigma_{xx}^{-1} \Sigma_{xy}.$$
>
> $$R^2_{Y \mid X_1, ..., X_m} = (\beta' \Sigma_{xx} \beta) / Var(Y).$$

Damit haben wir eine Formel zur Berechnung der Regressionskoeffizienten aus den Varianzen und Kovarianzen der Regressoren und des Regressanden, die wir immer dann verwenden können, wenn eine multiple lineare Regression vorliegt und die Inverse Σ_{xx}^{-1} existiert. Dass sich dahinter durchaus auch nichtlineare Regressionen verbergen können, haben wir im Abschnitt 14.1.1 deutlich gemacht.

Die in diesem Abschnitt eingeführte Matrixschreibweise ist zunächst vielleicht ungewohnt. Zur Übung kann man sich verdeutlichen, dass die hier angegebenen Rechenformeln bei der Betrachtung von nur zwei Regressoren X_1 und X_2 zu den aus Kapitel 9 bekannten Rechenformeln für β_0, β_1 und β_2 führen (s. Übung 3). Bereits für drei Regressoren X_1, X_2 und X_3 werden die Rechenformeln zur Bestimmung der Regressionskoeffizienten, wenn man sie nicht in Matrixschreibweise angibt, außerordentlich kompliziert.

14.1.5 Der multiple Determinationskoeffizient

Wie im Fall der zweifachen linearen Regression mit den beiden Regressoren X_1 und X_2 lässt sich auch für den allgemeineren Fall mit m Regressoren $X_1, ..., X_m$ ein multipler Determinationskoeffizient bestimmen, indem man die Varianz der Regression $E(y \mid x)$ in Beziehung zur Varianz des Regressanden Y setzt. Für die Varianz $Var[E(y \mid x)]$ der Regression gilt:

$$Var[E(y \mid x)] = Var(\beta_0 + x' \beta).$$

Da $Var(\beta_0 + x' \beta) = Var(x' \beta) = Var(\beta' x)$ (s. R-Box 13.3), erhält man unter Verwendung von Regel (ii) aus Regelbox 13.3 den Ausdruck

$$Var[E(\boldsymbol{y}|\boldsymbol{x})] = \beta' \, Var(\boldsymbol{x}) \, \beta = \beta' \, \Sigma_{\boldsymbol{xx}} \, \beta. \qquad (14.14)$$

Varianz der Regression

Dabei sind $Var(\boldsymbol{x}) = \Sigma_{\boldsymbol{xx}}$ die $(m \times m)$ Varianz-Kovarianzmatrix der Regressoren $X_1, ..., X_m$ und β der m-dimensionale Spaltenvektor der Regressionskoeffizienten $\beta_1, ..., \beta_m$. Der multiple Determinationskoeffizient ergibt sich dann wie folgt:

$$R^2_{Y|X_1,...,X_m} = [\beta' \, \Sigma_{\boldsymbol{xx}} \, \beta] \, / \, Var(Y). \qquad (14.15)$$

Determinationskoeffizient

Im Fall mit zwei Regressoren X_1 und X_2 erhält man die bereits aus Kapitel 9 bekannte Gleichung

$$R^2_{Y|X_1,X_2} = [\beta_1^2 \, Var(X_1) + \beta_2^2 \, Var(X_2) + 2\beta_1\beta_2 \, Cov(X_1,X_2)] \, / \, Var(Y).$$

Für den Spezialfall, dass alle Regressoren *paarweise unkorreliert* sind, dass also für alle Kovarianzen zweier Regressoren X_i und X_j mit $i \neq j$ gilt: $Cov(X_i, X_j) = 0$, vereinfacht sich der Ausdruck für den multiplen Determinationskoeffizienten. Die Varianz-Kovarianz-Matrix $Var(\boldsymbol{x}) = \Sigma_{\boldsymbol{xx}}$ der Regressoren ist dann eine $(m \times m)$-Diagonalmatrix. Für den Determinationskoeffizienten $R^2_{Y|X_1,...,X_m}$ erhält man dann den Ausdruck

$$R^2_{Y|X_1,...,X_m} = \left(\sum_{i=1}^{m} \beta_i^2 \, Var(X_i) \right) \frac{1}{Var(Y)} = \sum_{i=1}^{m} R^2_{Y|X_i}.$$

Die zweite Gleichung in dieser Formelzeile ist deswegen gültig, weil unter der Voraussetzung paarweiser Unkorreliertheit der Regressoren die partiellen Regressionskoeffizienten zugleich die einfachen Regressionskoeffizienten sind. Die Summanden sind in diesem Spezialfall dann auch die Varianzen der jeweiligen Regression $E(Y|X_i)$.

Spezialfall paarweiser Unkorreliertheit der Regressoren

14.2 Multiple lineare Quasi-Regression

Nicht jede Linearkombination $\beta_0 + \beta_1 X_1 + ... + \beta_m X_m$ von Regressoren ist tatsächlich eine Regression, auch dann nicht, wenn die Koeffizienten $\beta_0, \beta_1, ..., \beta_m$ im Sinne des Kleinst-Quadrat-Prinzips optimal sind. Oft hat man eine Hypothese, dass eine solche optimale Linearkombination zugleich auch die Regression $E(Y|X_1, ..., X_m)$ ist. Um eine solche Hypothese überhaupt formulieren zu können, müssen wir also auch hier zwischen der multiplen *linearen Quasi-Regression* und der (echten) multiplen linearen Regression unterscheiden. Der Unterschied zwischen den beiden Begriffen liegt wieder darin, dass die multiple lineare Quasi-Regression eine in einem bestimmten Sinn optimale Linearkombination der Regressoren $X_1, ..., X_m$ ist, gleichgültig, ob die echte Regression eine Linearkombination der $X_1, ..., X_m$ ist oder aber eine andere Funktion dieser Regressoren.

Die multiple lineare Regression kann man wieder auf zwei Weisen definieren. Die eine Definition basiert direkt auf dem Kleinst-Quadrat-Kriterium, die andere auch den Eigenschaften der Fehlervariable. Der Einfachheit beginnen wir mit letzterer.

Multiple lineare Quasi-Regression

Definition 2. Unter den gleichen Voraussetzungen wie in Definition 1 definieren wir die *multiple lineare Quasi-Regression*, die wir mit $Q(Y|X_1, ..., X_m)$ oder $Q(y|x)$ bezeichnen, als diejenige Linearkombination $\beta_0 + \beta_1 X_1 + ... + \beta_m X_m = \beta_0 + \beta' x$ der Komponenten von $x = (X_1 ... X_m)'$, die folgendes erfüllt:

$$Y = \beta_0 + \beta_1 X_1 + ... + \beta_m X_m + v, \quad (14.16)$$

mit

$$E(v) = 0, \quad (14.17)$$

und

$$Cov(v, X_1) = ... = Cov(v, X_m) = 0. \quad (14.18)$$

Die Variable Y wird hier also als Summe von $Q(y|x) = \beta_0 + x'\beta$ und der Fehlervariablen v dargestellt. Dabei bezeichnen wir die Variable v als *Fehlervariable* bezüglich der multiplen linearen Quasi-Regression $Q(y|x)$. Sie hat den Erwartungswert null. Auch die Kovarianzen $Cov(v, X_1)$, ..., $Cov(v, X_m)$ sind null. Dies sind, neben der Gleichung (14.16) die Bedingungen, welche die Fehlervariable v und die lineare Quasi-Regression $Q(y|x)$ definieren.[2]

14.2.1 Eine zweite, äquivalente Definition

Auch im Fall mehrerer Regressoren gibt es eine alternative, mit der obigen äquivalente Definition[3] der multiplen linearen Quasi-Regression $Q(y|x)$ von Y auf x.

Kleinst-Quadrat-Kriterium

Definition 3. Unter den gleichen Voraussetzungen wie zuvor, können wir $Q(y|x)$ auch als diejenige Linearkombination $\beta_0 + x'\beta$ definieren, welche die folgende Funktion von b_0 und b, das *Kleinst-Quadrat-Kriterium*, minimiert:

$$LS(b_0, b) = E[[Y - (b_0 + x'b)]^2]. \quad (14.19)$$

Diejenige Zahl b_0 und derjenige Vektor b, für welche die Funktion $LS(b_0, b)$ ein Minimum annimmt, seien mit β_0 und β, respektive, bezeichnet. Die multiple lineare Quasi-Regression ist dann definiert

---

[2] Siehe Fußnote 5 in Kapitel 9.
[3] Den Beweis der Äquivalenz der beiden Definitionen der linearen Quasi-Regression kann man wie den der Äquivalenz der linearen Quasi-Regression führen (s. die entsprechende Übung in Kapitel 8).

> **Zusammenfassungsbox 2. Das Wichtigste zur multiplen linearen Quasi-Regression**
>
> Unter den in Definition 1 angegebenen Voraussetzungen ist die *multiple lineare Quasi-Regression* $Q(Y|X_1, ..., X_m)$ als diejenige Linearkombination $\beta_0 + \beta_1 X_1 + ... + \beta_m X_m$ der Regressoren $X_1, ..., X_m$ definiert, für welche die Eigenschaften
>
> $$Y = \beta_0 + \beta_1 X_1 + ... + \beta_m X_m + \nu$$
>
> $$E(\nu) = 0,$$
>
> $$Cov(\nu, X_1) = ... = Cov(\nu, X_m) = 0,$$
>
> gelten, wobei β_0 sowie $\beta_1, ..., \beta_m$ reelle Zahlen sind.
>
> Die *multiple lineare Quasi-Regression* $Q(Y|X_1, ..., X_m)$ von Y auf $X_1, ..., X_m$ ist diejenige Linearkombination $\beta_0 + \beta_1 X_1 + ... + \beta_m X_m$, welche die Funktion
>
> $$LS(b_0, b_1, ..., b_m) = E\big[(Y - (b_0 + b_1 \cdot X_1 + ... + b_m \cdot X_m))^2\big]$$
>
> der reellen Zahlen b_0 und $b_1, ..., b_m$ minimiert.
>
> Für die Fehlervariable ν gelten im Allgemeinen nicht alle Eigenschaften des Residuums bzgl. einer echten Regression. So gelten zwar $E(\nu) = 0$ und $Cov(\nu, X_1) = ... Cov(\nu, X_m) = 0$, im Allgemeinen nicht aber $E(\nu | X_1, ..., X_m) = 0$. Für β_0 sowie für $\beta_1, ..., \beta_m$ gelten die gleichen Berechnungsformeln wie für die Koeffizienten der echten multiplen linearen Regression.
>
> $$Q^2_{Y|X_1,...,X_m} := Var[Q(y|\boldsymbol{x})] / Var(Y) = [\boldsymbol{\beta}' \Sigma_{\boldsymbol{xx}} \boldsymbol{\beta}] / Var(Y).$$
>
> $$R^2_{Y|X_1,...,X_m} - Q^2_{Y|X_1,...,X_{m-p}}$$

1. Definition

2. Definition

Eigenschaften der Fehlervariablen ν

Determinationskoeffizient

Der durch $X_{m-p+1}, ..., X_m$ zusätzlich zu $X_1, ..., X_{m-p}$ erklärte Varianzanteil von Y.

durch:

$$Q(y|\boldsymbol{x}) = \beta_0 + \boldsymbol{x}' \boldsymbol{\beta}. \qquad (14.20)$$

Bezeichnet man als Fehlervariable wiederum $\nu = Y - (\beta_0 + \boldsymbol{x}' \boldsymbol{\beta})$, so folgen für ν die Gleichungen (14.17) und (14.18).

Ist die Regression $E(y|\boldsymbol{x})$ linear in $\boldsymbol{x}$, so sind $E(y|\boldsymbol{x})$ und die multiple lineare Quasi-Regression identisch. In diesem und *nur* in diesem Fall sind auch das Residuum ε und die Fehlervariable ν identisch. Natürlich gelten dann alle für ε aufgeführten Eigenschaften auch für ν.

Die in den Gleichungen (14.7) und (14.8) beschriebenen Eigenschaften des Residuums eignen sich am besten zur empirischen Überprüfung, ob die lineare Quasi-Regression $Q(y|\boldsymbol{x})$ auch die (echte) Regression $E(y|\boldsymbol{x})$ ist. Ist eine dieser Gleichungen nicht erfüllt, so sind $Q(y|\boldsymbol{x})$ und $E(y|\boldsymbol{x})$ nicht identisch. Die Eigenschaften (14.17) und (14.18) dagegen sind für eine solche Überprüfung nicht geeignet, da sie nicht nur für das Residuum ε, sondern zugleich auch für die Fehlervariable ν gelten [s. Gln. (14.6) und (14.9)].

Wann sind ν und ε identisch?

Ist $E(y|x)$ keine *lineare* Funktion der $X_1, ..., X_m$, sondern eine kompliziertere Funktion, so ist die multiple lineare Quasi-Regression von Y auf $X_1, ..., X_m$ dennoch definiert. Auch in diesem Fall lassen sich die Koeffizienten der Gleichung (14.20) berechnen. Dabei gelten die gleichen Formeln, wie für die entsprechenden Koeffizienten der „echten" multiplen linearen Regression.[4] Dennoch lassen sich diese Koeffizienten nur dann als partielle Regressionskoeffizienten interpretieren, wenn zugleich auch Gleichung (14.7) analog für v gilt. Andernfalls kommt diesen Koeffizienten keine weitere Bedeutung zu als eben Koeffizienten der Variablen in Gleichung (14.20) und diejenigen Zahlen zu sein, für welche die Funktion $LS(b_0, b)$ ein Minimum annimmt [s. Gl. (14.19)]. Die partiellen Regressionskoeffizienten dagegen erlauben eine viel weitergehende und inhaltlich bedeutsamere Interpretation, zum Beispiel, als Steigungskoeffizienten bedingter linearer Regressionen. Außerdem erlauben die partiellen Regressionskoeffizienten, in Verbindung mit Gleichung (14.1), die bedingten Erwartungswerte $E(y|x=\mathbf{x})$ anzugeben.

Gleiche Vorbehalte wie bei einfacher linearer Quasi-Regression

Ist die multiple lineare Quasi-Regression nicht zugleich auch die echte Regression $E(y|x)$, so ist sie wohl nur selten von inhaltlicher Bedeutung. Es lassen sich nämlich durchaus Fälle angeben, in denen $E(y|x)$ eine wichtige regelhafte Abhängigkeit beschreibt, die Koeffizienten der multiplen linearen Quasi-Regression aber gleich Null sind. Für den Begriff der multiplen linearen Quasi-Regression $Q(y|x)$ treffen daher die gleichen Vorbehalte zu, wie sie ausführlich im Abschnitt zur einfachen linearen Quasi-Regression formuliert wurden. Der entscheidende Mangel ist auch hier, dass dieser Begriff nicht gewährleistet, dass die bedingten Erwartungswerte $E(y|x=\mathbf{x})$ auf der durch die multiple lineare Quasi-Regression $Q(y|x)$ aufgespannten Ebene liegen. Die wahre regressive Abhängigkeit des Regressanden Y von den Regressoren in x kann also weitaus komplizierter als linear in $(X_1 ... X_m)$ sein, ohne dass man dies bei der Betrachtung der multiplen linearen Quasi-Regression bemerken würde (s. hierzu auch Frage 3). Allerdings benötigen wir die multiple lineare Quasi-Regression auch zur Formulierung der Hypothese, dass die Regression $E(Y|X_1, ..., X_m)$ linear in $(X_1, ..., X_m)$ ist (s. dazu auch A-Box 1).

Für die Bestimmung der Regressionskoeffizienten der multiplen linearen Quasi-Regression gelten übrigens analog die gleichen Formeln (14.12) und (14.13) wie für die entsprechenden Koeffizienten der echten multiplen linearen Regression. Ebenfalls gleich ist die Berechnungsformel für den Determinationskoeffizienten der linearen Quasi-Regression, d. h. es gilt

$$Q^2_{Y|X_1, ..., X_m} := Var[Q(y|x)] / Var(Y) = [\beta' \Sigma_{xx} \beta] / Var(Y). \quad (14.21)$$

---

[4] Die Ableitung dieser Formeln erfolgt analog zur Ableitung der entsprechenden Formeln für die (echten) partiellen Regressionskoeffizienten (s. Übung 4).

14.3 Statistische Modelle zur multiplen linearen Regression

Zu der von uns als Begriff der Wahrscheinlichkeitstheorie behandelten multiplen linearen Regression gibt es verschiedene statistische Modelle, innerhalb derer man die Parameter einer multiplen linearen Regression schätzen und Hypothesen über diese Parameter prüfen kann. All diesen Modellen ist gemeinsam, dass sie sich auf N Zufallsexperimente beziehen, in denen Informationen über die zu schätzenden Parameter gesammelt werden. Welches dieser Modelle in einer konkreten Anwendung anwendbar ist, hängt von den jeweiligen Gegebenheiten dieser Anwendung ab.

Modelle mit *stochastischen Regressoren* bestehen aus der N-maligen Wiederholung unseres bisher betrachteten Einzelexperiments: Ziehen einer Beobachtungseinheit u aus der Population und Registrierung der Werte des Regressanden und der Regressoren. Dies führt dazu, dass man nicht mehr nur einen einzigen Regressanden Y und m Regressoren betrachten muss, sondern N Vektoren $(Y_i X_{i1} \ldots X_{im})$, $i = 1, \ldots, N$, die jeweils das Ergebnis des i-ten Zufallsexperiments repräsentieren. Über diese Vektoren kann man unterschiedliche Verteilungsannahmen machen, z. B. dass die $(Y_i X_{i1} \ldots X_{im})$ unabhängig sind und jeder dieser Vektoren $(m + 1)$-*variat normalverteilt* ist. Andere Modelle gehen nur von der Unabhängigkeit und der *bedingten Normalverteilung* der Y_i bei gegebenen Werten der Regressoren aus (s. z. B. Fahrmeir, Hamerle & Tutz, 1996, S. 96).

Modelle mit stochastischen Regressoren

Mit einem anderen, weitaus häufiger verwendeten statistischen Modell, schätzt man innerhalb der Wertekombinationen $x_1, \ldots, x_m$ der Regressoren $X_1, \ldots, X_m$ die Erwartungswerte $E(Y | X_1 = x_1, \ldots, X_m = x_m)$ von Y, indem man innerhalb dieser Wertekombinationen den Regressanden Y mehrfach beobachtet. Die Werte $x_1, \ldots, x_m$ der Regressoren sind dabei also nicht mehr zufällig, sondern werden als feste Größen betrachtet, die das Design des Experiments charakterisieren. Man spricht daher auch von Modellen mit festen oder nichtstochastischen Regressoren. Das wichtigste dieser Modelle mit festen Regressoren ist das Allgemeine Lineare Modell.

Modelle mit festen Regressoren

14.3.1 Das Allgemeine Lineare Modell

Das Allgemeine Lineare Modell (ALM) ist durch die folgenden Annahmen definiert:

$$\boldsymbol{y} = \mathbf{X}\boldsymbol{\beta} + \boldsymbol{\varepsilon} \quad (14.22)$$

$$\boldsymbol{\varepsilon} \sim \mathcal{N}(\mathbf{0}, \sigma^2 \mathbf{I}). \quad (14.23)$$

Dabei bezeichnet $\boldsymbol{y} = (Y_1 \ldots Y_i \ldots Y_N)'$ nun den Spaltenvektor der für eine Stichprobe des Gesamtumfangs N zu erhebenden „abhängigen" Variablen. Die so genannte *Designmatrix* $\mathbf{X}$ besteht aus $N \times (m + 1)$ festen

Designmatrix $\mathbf{X}$

Kapitel 14. Multiple lineare Regression

Anwendungsbox 1

Wie wir in diesem und den vorangegangenen Kapiteln gesehen haben, lassen sich mit der multiplen linearen Regression durchaus auch komplexe und nichtlineare Abhängigkeiten beschreiben. Dabei gibt es zwei grundsätzliche Strategien.

1. Strategie

Die *erste Strategie* besteht im Vergleich der multiplen linearen Quasi-Regression

$$Q(Y|X_1, X_2, \ldots, X_{m-p}) = \gamma_0 + \gamma_1 X_1 + \ldots + \gamma_{m-p} X_{m-p}$$

mit der Regression

$$E(Y|X_1, \ldots, X_m) = \beta_0 + \beta_1 X_1 + \ldots + \beta_m X_m.$$

Für die Koeffizienten der multiplen linearen Quasi-Regression verwenden wir hier eine andere Notation, um klarzumachen, dass diese γ-Koeffizienten von der entsprechenden β-Koeffizienten verschieden sein können. Die Nullhypothese, die dabei geprüft werden soll, lautet:

Version 1 der Nullhypothese

$$H_0: \beta_{m-p+1} = \beta_{m-p+2} = \ldots = \beta_m = 0$$

oder:

Version 2 der Nullhypothese

$$H_0: Q(Y|X_1, \ldots, X_{m-p}) = E(Y|X_1, X_2, \ldots, X_m).$$

Mit dieser Nullhypothese wird postuliert, dass für die letzten p Regressoren die Regressionskoeffizienten gleich null sind. Damit ist die Allgemeinheit des Verfahrens nicht eingeschränkt, da die Regressoren ja beliebig angeordnet werden können. Mit diesem Verfahren kann also die Hypothese geprüft werden, dass die Regressionskoeffizienten von irgendwelchen p der insgesamt m Regressoren gleich null sind.

Das Vorgehen ist wie folgt: Mit einem Programm zur multiplen linearen Regression wird zunächst die multiple lineare Quasi-Regression mit dem Determinationskoeffizienten $Q^2_{Y|X_1,\ldots,X_{m-p}}$ geschätzt. Dann schätzt man die multiple lineare Regression $E(Y|X_1, \ldots, X_m)$ und den Determinationskoeffizienten $R^2_{Y|X_1,\ldots,X_m}$. Die Prüfung der o. g. Nullhypothese geschieht nun über den Vergleich der beiden Determinationskoeffizienten $Q^2_{Y|X_1,\ldots,X_{m-p}}$ und $R^2_{Y|X_1,\ldots,X_m}$. Gilt die H_0, so sind diese identisch, d. h.

Version 3 der Nullhypothese

$$H_0: R^2_{Y|X_1,\ldots,X_m} - Q^2_{Y|X_1,\ldots,X_{m-p}} = 0$$

und die multiple lineare Quasi-Regression ist tatsächlich auch gleich der echten Regression. Andernfalls ist diese Differenz eine Kenngröße für das Ausmaß der Effekte der ausgelassenen p Regressoren. Die oben genannten drei Formulierungen der Nullhypothese sind logisch äquivalent.

Alle in dieser Box formulierten Hypothesen beziehen sich auf die Population bzw. die wahren Parameter. Im Rahmen des Allgemeinen Linearen Modells bzw. der Multiplen Regressionsanalyse gibt es jedoch auch einen Signifikanztest, der genau auf diesem Weg die o. g. Nullhypothese testet (zu Details s. Abschnitt 14.3).

2. Strategie

Die *zweite Strategie* ist noch allgemeiner: Man formuliert eine H_0 in der Form

Allgemeine Lineare Hypothese

$$H_0: \mathbf{A}\boldsymbol{\beta} - \boldsymbol{\delta} = \mathbf{0}$$

der *Allgemeinen Linearen Hypothese* und testet diese mit einem Programm wie z. B. SYSTAT oder SPSS (über Syntax) direkt, indem man die Matrix $\mathbf{A}$ und den Vektor $\boldsymbol{\delta}$ gemäß seiner Hypothese spezifiziert. Die Matrix $\mathbf{A}$ muss $p \leq m$ linear unabhängige Zeilen enthalten. Damit lassen sich z. B. auch Hypothesen, wie die Gleichheit zweier Regressionskoeffizienten sehr einfach testen (s. dazu Übung 5). Im Abschnitt 14.3 werden wir noch einige ergänzenden Informationen liefern, welche die Brücke zur statistischen Analyse der multiplen linearen Regression bilden.

Zahlen. Dabei besteht jede Zeile von **X** aus den Vektoren $\mathbf{x}_i' := (1\ x_{i1}\ ...\ x_{im})$, eben den Wertekombinationen der Regressoren, innerhalb derer die Beobachtung Y_i erhoben wird und der vorangestellten Konstanten 1, die dazu führt, dass die Regressionskonstante β_0 die erste Komponente von $\boldsymbol{\beta} = (\beta_0\ \beta_1\ ...\ \beta_m)'$ ist. Eine solche Wertekombination $\mathbf{x}_i'$ kommt als Zeile in der Matrix **X** mehrfach vor, und zwar genauso oft, wie in ihr Beobachtungen Y_i erhoben werden. Der Vektor $\boldsymbol{\beta}$ ist, bis auf die zusätzliche Konstante β_0, mit dem zu schätzenden Parametervektor der multiplen linearen Regression identisch. Der Vektor $\boldsymbol{\varepsilon} = (\varepsilon_1\ ...\ \varepsilon_i\ ...\ \varepsilon_N)'$ schließlich enthält die Residuen $Y_i - (\mathbf{x}_i'\boldsymbol{\beta})$.

Annahme (14.23) besagt, dass $\boldsymbol{\varepsilon}$ mit Erwartungswertvektor $E(\boldsymbol{\varepsilon}) = \mathbf{0}$ und der $N \times N$–Kovarianzmatrix $\boldsymbol{\Sigma}_{\varepsilon\varepsilon} = \sigma^2 \mathbf{I}$ multivariat normalverteilt ist. Die Residuen ε_i sind also unkorreliert und haben gleiche Varianzen. Im Rahmen einer multivariaten Normalverteilungsannahme ist die Unkorreliertheit der Residuen äquivalent mit ihrer stochastischen Unabhängigkeit. Jedes Residuum hat in jeder Wertekombination der Regressoren den Erwartungswert 0 und die gleiche Varianz σ^2. Letzteres ist die so genannte Homoskedastizitätsannahme.

Homoskedastizitätsannahme

Dabei beachte man, dass der Index *i* nicht für eine Beobachtungseinheit *u* steht, sondern für die *i*-te anzustellende Beobachtung. Daher ist mit den obigen Annahmen *keineswegs* die Homogenität der Subpopulation von Beobachtungseinheiten innerhalb jeder Wertekombinationen der Regressoren postuliert. Vielmehr können für jede Beobachtungseinheit eine andere Fehlervarianz, ein anderer Erwartungswert und andere Regressionskoeffizienten gelten und dennoch sind die Erwartungswerte und die Fehlervarianzen der Beobachtungen Y_i innerhalb einer Wertekombination der Regressoren gleich. Welche Beobachtungseinheit als *i*-te in die Stichprobe gelangt, ist Zufall. *Bei zufälliger Ziehung* sind die im ALM vorkommenden Erwartungswerte innerhalb einer Wertekombination der Regressoren nur Erwartungswerte über die individuellen Erwartungswerte der Beobachtungseinheiten und das Entsprechende gilt für die Varianz und die Regressionskoeffizienten. Auch sie sind unter der *Voraussetzung der zufälligen Ziehung* innerhalb einer Wertekombination der Regressoren nur Erwartungswerte über die individuellen Regressionskoeffizienten, die für jede Beobachtungseinheit anders sein können. Ist die genannte Ziehung nicht zufällig, und dies ist in Anwendungen leider oft der Fall, sind die im ALM geschätzten Erwartungswerte und anderen Parameter zwar innerhalb jeder Wertekombination der Regressoren gleich, aber u. U. verfälscht. In den nächsten Kapiteln wird deutlicher werden, was „zufällige Ziehung der Beobachtungseinheiten innerhalb einer Wertekombination der Regressoren" bedeutet.

Interpretation der Erwartungswerte, Varianzen und Regressionskoeffizienten im ALM

Folgerungen aus den Annahmen des ALM sind zunächst:

$$E(\mathbf{y}) = \mathbf{X}\boldsymbol{\beta}, \qquad (14.24)$$

und

$$\boldsymbol{\Sigma}_{yy} = \sigma^2 \mathbf{I}. \qquad (14.25)$$

Der Gleichung (14.24) zufolge lassen sich die Erwartungswerte der Beobachtungen Y_i also aus dem Vektor $\mathbf{x}_i$ der Werte der Regressoren und den Regressionskoeffizienten berechnen. Nach Gleichung (14.25) sind auch die Beobachtungen $Y_1, ..., Y_N$ unkorreliert und haben jeweils die gleiche Varianz σ^2. Zur Gleichung (14.24) gelangt man, wenn man berücksichtigt, dass die Komponenten von **X** und $\boldsymbol{\beta}$ im ALM keine Zufallsvariablen sind und man auf der linken Seite von (14.24) die Gleichung (14.22) für $\mathbf{y}$

einsetzt. Die Gleichung (14.25) erhält man ebenfalls unter Ausnutzung der Voraussetzungen, dass **X** und **β** nur Konstanten enthalten (s. dazu auch die Übungen 7 und 8).

Ist **X′ X** regulär, so gilt

$$\hat{\beta} = (\mathbf{X}'\,\mathbf{X})^{-1}\,\mathbf{X}'\,\mathbf{y} \qquad (14.26)$$

zur Schätzung des Vektors der Regressionskoeffizienten. Diese Formel erhält man durch die Minimierung der Kleinst-Quadrat-Funktion

Kleinst-Quadrat-Kriterium des ALM

$$LS(\mathbf{b}) = (\mathbf{y} - \mathbf{X}\,\mathbf{b})'\,(\mathbf{y} - \mathbf{X}\,\mathbf{b}) \qquad (14.27)$$

des ALM, die für $\mathbf{b} = \hat{\beta}$ ihr Minimum hat. Die Gleichung (14.26) gibt zugleich auch den Maximum-likelihood-Schätzer an, wenn man die Normalverteilungsannahme (14.23) macht. Weiter ist noch

$\hat{\beta}$ ist auch ML-Schätzer

Kovarianzmatrix des Schätzers $\hat{\beta}$

$$\Sigma_{\hat{\beta}\hat{\beta}} = \sigma^2\,(\mathbf{X}'\,\mathbf{X})^{-1} \qquad (14.28)$$

von Bedeutung, die Kovarianzmatrix dieser Schätzer. Die Wurzeln aus den diagonalen Komponenten von $\Sigma_{\hat{\beta}\hat{\beta}}$ sind die Standardschätzfehler der Regressionskoeffizienten. Schließlich sei noch die Formel zur Schätzung des Determinationskoeffizienten genannt, wobei $\overline{Y} = (1/N) \cdot \sum_{i=1}^{N} Y_i$:

Standardschätzfehler der Komponenten von $\hat{\beta}$

Schätzer des Determinationskoeffizienten

$$\hat{R}^2 = \frac{\mathbf{y}'\mathbf{X}\hat{\beta} - N \cdot \overline{Y}^2}{\mathbf{y}'\mathbf{y} - N \cdot \overline{Y}^2} = \frac{\textit{Quadratsumme der Regression}}{\textit{Quadratsumme Gesamt}}. \qquad (14.29)$$

Da die Regressoren im ALM fixiert sind, legt der Anwender mit der Designmatrix **X** auch die Häufigkeiten des Auftretens der Wertekombinationen der Regressoren fest. Betrachtet man das Zufallsexperiment, zufällig eine Zeile der Designmatrix und die zugehörige Beobachtung Y_i zu ziehen, wobei jede Zeile die gleiche Wahrscheinlichkeit hat gezogen zu werden, dann erhält man über das ALM nicht nur die Schätzung der Regressionsgewichte, sondern mit R^2 auch des Determinationskoeffizienten $R^2_{Y|X_1,...,X_m}$ der multiplen linearen Regression der in den Abschnitten 14.1 und 14.2 betrachteten multiplen linearen Regression.

14.3.2 Signifikanztests im Allgemeinen Linearen Modell

In Anwendungsbox 1 haben wir zwei allgemeine Nullhypothesen und die damit verbundenen Strategien kennen gelernt, diese Hypothesen zu testen. Im obigen Abschnitt wurden das Allgemeine Lineare Modell (ALM) und die Schätzung der Parameter in diesem Modell dargestellt. In diesem Abschnitt wird nun beschrieben, wie man die o. g. Hypothesen testet.

Will man die Nullhypothese

Nullhypothese

$$H_0: \beta_{m-p+1} = \beta_{m-p+2} = ... = \beta_m = 0 \qquad (14.30)$$

testen, dass einige Koeffizienten der multiplen linearen Regression null sind (s. A-Box 1, 1. Strategie), schätzt man zunächst den Determinationskoeffizienten $\hat{R}_E^2$ für die Regression und dann $\hat{R}_Q^2$ für die multiple lineare Quasi-Regression, und zwar nach der in (14.29) angegebenen Formel für $\hat{R}^2$. Dabei beachte man, dass dies jeweils mit unterschiedlichen Designmatrizen und unterschiedlichen Regressionskoeffizienten geschieht, einmal für die multiple lineare Regression mit m Regressoren und einmal für die multiple lineare Quasi-Regression mit $m-p$ Regressoren. Mit diesen Schätzungen $\hat{R}_E^2$ bzw. $\hat{R}_Q^2$ der beiden Determinationskoeffizienten geht man dann in die Formel

$$F = \frac{(\hat{R}_E^2 - \hat{R}_Q^2)/p}{(1 - \hat{R}_E^2)/(N - m - 1)}, \quad (14.31) \quad \textit{R}^2\textit{-Differenzentest}$$

die unter den Annahmen des ALM und der Gültigkeit der Nullhypothese eine F-verteilte Teststatistik liefert, mit den Zählerfreiheitsgraden $df_1 = p$ und den Nennerfreiheitsgraden $df_2 = N - m - 1$. Dabei sind m die Anzahl der Regressoren in der multiplen linearen Regression, p die Anzahl der Parameter, die laut Nullhypothese gleich null sein sollen (s. A-Box 1) und N der Stichprobenumfang.

Bei der *zweiten Strategie* (s. A-Box 1) berechnet man für die jeweilige Allgemeine Lineare Hypothese

$$H_0: \mathbf{A}\beta - \delta = \mathbf{0} \quad (14.32) \quad \textit{Allgemeine Lineare Hypothese}$$

die Prüfgröße

$$F = \frac{\hat{Q}_h/p}{\hat{Q}_e/(N-m-1)}. \quad (14.33) \quad \textit{Teststatistik für die ALH}$$

Dabei sind p die Anzahl der (linear unabhängigen) Zeilen der Matrix $\mathbf{A}$ der ALH (und damit die Anzahl der simultan geprüften Einzelhypothesen),

$$\hat{Q}_h = (\mathbf{A}\hat{\beta} - \delta)'[\mathbf{A}(\mathbf{X}'\mathbf{X})^{-1}\mathbf{A}']^{-1}(\mathbf{A}\hat{\beta} - \delta) \quad (14.34) \quad \textit{Hypothesenquadratsumme}$$

die *Hypothesen-* und

$$\hat{Q}_e = \mathbf{y}'\mathbf{y} - \mathbf{y}'\mathbf{X}\hat{\beta}. \quad (14.35) \quad \textit{Fehlerquadratsumme}$$

die *Fehlerquadratsumme*. Auch die letztgenannte Prüfgröße F ist unter den Annahmen des ALM und der Gültigkeit der Nullhypothese eine F-verteilte Teststatistik, mit den Zählerfreiheitsgraden $df_1 = p$ und den Nennerfreiheitsgraden $df_2 = N - m - 1$.

Für das Vorgehen nach der ersten Strategie kann man alle gängigen Programme verwenden, die ein Modul zur multiplen linearen Regression enthalten. Für die Analyse nach der zweiten Strategie eignen sich z. B. SYSTAT und SPSS über Syntax (s. die Homepage zu diesem Buch).

14.3.3 Modellselektion im Allgemeinen Linearen Modell

Oft steht man vor der Aufgabe, aus einer großen Anzahl von Regressoren diejenigen auszusuchen, welche bei minimaler Anzahl von Regressoren einen möglichst großen Teil der Varianz der abhängigen Variablen erklären. Das Kriterium ist der aufgeklärte Varianzanteil von Y, wie er mit dem Determinationskoeffizienten beschrieben wird. Für die Auswahl der in diesem Sinne optimalen Menge von Regressoren stehen drei verschiedene Verfahrensweisen zur Verfügung: das *Vorwärts-*, das *Rückwärts-* und das *schrittweise Verfahren*. Alle drei Suchverfahren gelangen auf unterschiedlichen Wegen zu einer Menge von Regressoren, die nach Möglichkeit optimal im Sinne des größten Determinationskoeffizienten sein sollen. Dabei ist zu beachten, dass bei allen drei Verfahren nur die optimale lineare Quasi-Regression gesucht wird. Ob diese dann zugleich auch die echte multiple lineare Regression ist, hängt von der Ausgangsmenge der Regressoren ab, die der Anwender spezifiziert.

Drei Suchverfahren

Beim *Vorwärtsverfahren* wird zunächst derjenige Regressor ausgewählt, der alleine den größten Varianzanteil des Regressanden Y aufklärt. Das ist derjenige Regressor, der am höchsten mit Y korreliert. Danach wird jeweils derjenige Regressor hinzugenommen, der—unter Berücksichtigung des oder der bereits in der Regressionsgleichung enthaltenen Regressoren—den größten zusätzlichen Anteil der Varianz des Regressanden erklärt. Dieser Vorgang wird solange fortgesetzt, bis die zusätzlich aufgeklärte Varianz des gerade betrachteten Regressors einen bestimmten F-Wert—und damit ein bestimmtes, vom Anwender zu spezifizierendes Signifikanzniveau—nicht mehr übersteigt. Dieser und die restlichen Regressoren werden nicht mehr in die Regressionsgleichung aufgenommen. Bei diesem Vorwärtsverfahren werden einmal in die Regression aufgenommene Regressoren nicht mehr aus ausgeschlossen.

Vorwärtsverfahren

Beim *Rückwärtsverfahren* wird zunächst die Regression mit *allen* Regressoren betrachtet. Es wird dann derjenige Regressor gesucht, bei dessen Ausschluss sich die erklärte Varianz am geringsten verringern würde. Dieser Regressor wird dann tatsächlich aus dem Modell ausgeschlossen, wenn sich dadurch keine signifikante Verringerung der erklärten Varianz ergibt, wobei das Signifikanzniveau wieder vom Anwender festgelegt werden kann. Nacheinander wird nun immer derjenige Regressor ausgeschlossen, dessen Ausschluss zu keiner signifikanten Verringerung der erklärten Varianz führt. Die restlichen Regressoren verbleiben in der am Ende gefundenen Regressionsgleichung. Auch bei diesem Verfahren werden einmal ausgeschlossene Regressoren nicht mehr zu einem späteren Zeitpunkt des Suchverfahrens berücksichtigt

Rückwärtsverfahren

Das *schrittweise Verfahren* ist eine Kombination aus den beiden bereits dargestellten Vorgehensweisen. Es wird in jedem Schritt immer derjenige Regressor aufgenommen, der den größten signifikanten Zugewinn der Varianzerklärung bringt. Nach jeder Aufnahme eines neuen Regressors in die Gleichung wird überprüft, ob ein vorher in die Regression aufgenommener Regressor wiederum aus der Regression entfernt werden kann, ohne dass sich die erklärte Varianz des Regressanden signifikant verringert. Es werden solange Regressoren in die Regressionsgleichung aufgenommen bzw. aus ihr entfernt, bis sich kein Regressor mehr findet,

Schrittweises Verfahren

der die durch die jeweilige Regression erklärte Varianz signifikant verbessert bzw. dessen Entfernung diese nicht signifikant verringert, oder aber bis die aktuelle Menge der Regressoren derjenigen entspricht, zu der man bereits zu einem früheren Zeitpunkt gelangt war.

Alle drei Verfahren sind *explorative Suchverfahren*, d. h. sie sind nicht hypothesenprüfend, sondern dienen der Findung einer Menge von Regressoren, die einen möglichst hohen Varianzanteil des betrachteten Regressanden erklären. Eine auf diesem Weg gefundene Regression ist dann ein ganz normale multiple lineare Regression oder aber eine ganz normale multiple lineare Quasi-Regression, je nachdem ob der Anwender die notwendigen Regressoren mit in das Verfahren einbezogen hat. Ist z. B. $E(Y|X_1, X_2) = \beta_0 + \beta_1 X_1 + \beta_2 X_2 + \beta_3 X_1 \cdot X_2$, mit $\beta_3 \neq 0$, so kann diese Gleichung nur dann über die o. g. Suchverfahren gefunden werden, wenn $X_1 \cdot X_2$ vom Anwender als Regressor in der Verfahren einbezogen wird. Solche Produkte von Regressoren werden von diesen Verfahren nicht automatisch berücksichtigt, genauso wenig wie Quadrate etc. der betrachteten Regressoren.

Diskussion der drei Suchverfahren

Generell sollte man diesen Suchverfahren nicht blind trauen. Sie *garantieren* weder, dass die inhaltlich relevanten Regressoren gefunden werden, noch dass die gefundene Menge von Regressoren auch in der nächsten Stichprobe wieder gefunden wird. Daher empfiehlt sich neben einer inhaltlichen Prüfung auch eine Kreuzvalidierung an einer neuen Stichprobe.

14.4 Zusammenfassende Bemerkungen

Die Wichtigkeit der multiplen linearen Regression rührt vor allem daher, dass jede Regression mit diskretem ein- oder mehrdimensionalem Regressor als eine multiple lineare Regression parametrisiert werden kann, d. h. man kann dann immer Regressoren $X_1, ..., X_m$ konstruieren, so dass Gleichung (14.1) gilt. Liegen kontinuierliche Regressoren vor, so kann die Regression zwar auch linear in diesen Regressoren sein, sie muss es aber nicht.

Allgemeine Anwendbarkeit der multiplen linearen Regression

Mit der Betrachtung von Differenzen zwischen dem Determinationskoeffizienten einer Regression $E(Y|X_1, ..., X_m)$ und dem einer multiplen linearen Quasi-Regression $Q(Y|X_1, ..., X_m)$ sowie mit der Allgemeinen Linearen Hypothese wurden zwei sehr allgemeine Möglichkeiten dargestellt, Hypothesen über die Koeffizienten einer multiplen linearen Regression zu formulieren. Diese Koeffizienten können im Rahmen verschiedener statistischer Modelle geschätzt und Hypothesen über sie getestet werden. Das dabei am häufigsten verwendete Modell ist das *Allgemeine Lineare Modell*, dessen Formeln zur Schätzung von Parametern und Testung von Hypothesen über diese Parameter auch für stochastische Regressoren angewendet werden können, falls, bei gegebenen Wertekombinationen der Regressoren, die analogen Annahmen wie beim ALM gemacht werden können.

Zwei allgemeine Möglichkeiten, eine Nullhypothese zu testen

Schließlich wurden auch einige explorative Modellsuchverfahren behandelt, die man dann einsetzen kann, wenn aus einer großen Menge von

Modellsuchverfahren

Regressoren diejenigen selektiert werden sollen, die einen möglichst hohen Varianzanteil des Regressanden Y mit einer möglichst kleinen Zahl von Regressoren erklärt werden soll.

Fragen

leicht	F1.	Warum ist $x'\beta = \beta'x$?
leicht	F2.	Wie viele Parameter hat eine saturierte Parametrisierung der dreifachen Regression $E(Y\mid X_1, X_2, X_3)$, wenn jeder der drei Regressoren jeweils nur zwei verschiedenen Werte hat?
mittel	F3.	Geben Sie ein einfaches Beispiel an, in dem die wahre regressive Abhängigkeit des Regressanden Y von den Regressoren in x komplizierter als linear ist. Woran könnte man sehen, dass für dieses Beispiel die multiple lineare Quasi-Regression nicht gleich der echten Regression ist?
leicht	F4.	Wie kann man die Differenz $R^2_{Y\mid X_1,...,X_m} - Q^2_{Y\mid X_1,...,X_{m-p}}$ interpretieren?
leicht	F5.	Was bedeutet die Annahme der Homoskedastizität im ALM?
leicht	F6.	Welche Verteilungsannahme wird im ALM gemacht?
mittel	F7.	Was versteht man unter einer saturierten Parametrisierung einer Regression?
mittel	F8.	In welchem Kapitel wurde schon mal eine nichtlineare regressive Abhängigkeit durch eine multiple lineare Regression dargestellt und um welche Art der Abhängigkeit ging es dabei?
schwer	F9.	Unter welcher Bedingung sind die Erwartungswerte und die Varianzen der Beobachtungen Y_i, die einen identischen Zeilenvektor in der Designmatrix $\mathbf{X}$ aufweisen, gleich und welche Besonderheit gilt bei zufälliger Ziehung innerhalb der Wertekombinationen der Regressoren?
leicht	F10.	Wie geht man beim schrittweisen Verfahren der Modellsuche vor?

Antworten

A1. Hier wird ein Zeilenvektor mit einem Spaltenvektor multipliziert. Dabei sind Produkte von jeweils zwei Zahlen aufzuaddieren. Bei einem Produkt zweier Zahlen spielt aber die Reihenfolge keine Rolle, d. h. $a\,b = b\,a$. Eine andere Begründung ist, dass es sich bei $x'\beta$ um eine Zahl handelt, die mit ihrer Transponierten identisch ist. Daher gilt: $x'\beta = (x'\beta)' = \beta'x$ (s. R-Box 13.1).

A2. Die saturierte Parametrisierung hat dann acht Parameter.

A3. Ein einfaches Beispiel dafür ist $E(Y\mid X_1, X_2) = \beta_0 + \beta_1 X_1 + \beta_2 X_1 + \beta_3 X_1 X_2$ mit $\beta_3 \neq 0$. Die zweifache lineare Quasi-Regression hätte die Form $Q(Y\mid X_1, X_2) = \gamma_0 + \gamma_1 X_1 + \gamma_2 X_1$. Für die Werte*kombinationen* von X_1 und X_2 würde dann nicht mehr gelten: $E(v\mid X_1 = x_{1i}, X_2 = x_{2j}) = 0$. Sind die beiden Regressoren dichotom, dann hätte man vier solcher Wertekombinationen, innerhalb derer man jeweils den Erwartungswert des Residuums v überprüfen könnte.

A4. Die Differenz $R^2_{Y\mid X_1,...,X_m} - Q^2_{Y\mid X_1,...,X_{m-p}}$ kann man als den durch die p zusätzlichen Regressoren zusätzlich erklärten Varianzanteil interpretieren.

A5. Die Annahme der Homoskedastizität im ALM bedeutet, dass alle Beobachtungen Y_i die gleiche Varianz haben. Innerhalb einer Wertekombination der Regressoren ist diese Annahme immer erfüllt. Zwischen verschiedenen Wertekombination der Regressoren kann diese Annahme jedoch durchaus falsch sein.

A6. Die Verteilungsannahme im ALM ist, dass die Beobachtungen Y_i unabhängig und multivariat normalverteilt sind.

A7. Eine saturierte Parametrisierung einer Regression ist eine Funktion des Regressors, in der genauso viele Parameter vorkommen, wie der Regressor Werte hat. Bei einer Regression mit mehreren Regressoren ist es eine Funktion der Regressoren, in der genauso viele Parameter vorkommen, wie die Regressoren Wertekombinationen haben.

A8. Im Abschnitt 8.4.2 wurde schon mal eine nichtlineare regressive Abhängigkeit durch eine multiple lineare Regression dargestellt. Dabei ging es um ein Zellenmittelwertemodell. Dies war ein saturiertes Modell gegen das eine *lineare* Regression geprüft werden sollte. In den Abschnitten 10.3 und 11.3 wurden ebenfalls schon mal nichtlineare regressive Abhängigkeiten durch eine multiple lineare Regression dargestellt.

A9. Die Erwartungswerte und die Varianzen der Beobachtungen Y_i, die einen identischen Zeilenvektor in der Designmatrix $\mathbf{X}$ aufweisen, sind immer gleich, da der Index i nicht für eine Beobachtungseinheit, sondern für die i-te Beobachtung steht. Mit den Annahmen des ALM ist also *keineswegs* die Homogenität der Subpopulation von Beobachtungseinheiten innerhalb jeder Wertekombinationen der Regressoren postuliert. Vielmehr können für jede Beobachtungseinheit eine andere Fehlervarianz, ein anderer Erwartungswert und sogar andere Regressionskoeffizienten gelten. Bei zufälliger Ziehung innerhalb einer Wertekombination der Regressoren sind diese Erwartungswerte selbst nur Erwartungswerte der individuellen Erwartungswerte der Beobachtungseinheiten, und das Entsprechende gilt für die Varianzen und Regressionskoeffizienten. Auch diese sind bei zufälliger Ziehung nur Erwartungswerte der individuellen Varianzen bzw. Regressionskoeffizienten. Was „zufällige Ziehung" genau heißt, wird in den nächsten Kapiteln behandelt.

A10. Das schrittweise Verfahren der Modellsuche ist in Abschnitt 14.3.3 beschrieben.

Übungen

Ü1. Bestimmen Sie β_0 aus den Erwartungswerten, sowie den Varianzen und Kovarianzen des Regressanden und der Regressoren. — mittel

Ü2. Geben Sie eine Parametrisierung für die Regression $E(Y|X_1, X_2, X_3)$ für den Fall an, dass jeder der drei Regressoren jeweils nur zwei verschiedene Werte hat. — mittel

Ü3. Zeigen Sie, dass die Formeln (14.12) und (14.13) bei der Betrachtung von zwei Regressoren X_1 und X_2 zu den aus Kapitel 9 bekannten Rechenformeln für β_0, β_1 und β_2 führen. — mittel

Ü4. Zeigen Sie, dass die Formel (14.13) zur Identifikation des Vektors der Regressionskoeffizienten auch für die lineare Quasi-Regression gilt. — mittel

Ü5. Sei $E(Y|X_1, X_2)$ eine zweifache lineare Regression. Geben Sie die in der Allgemeinen linearen Hypothese vorkommende Hypothesenmatrix $\mathbf{A}$ und den Vektor δ für die Hypothese an, dass die beiden Regressionskoeffizienten β_1 und β_2 gleich sind. — mittel

Ü6. Sei $E(Y|X_1, X_2)$ wieder eine zweifache lineare Regression. Geben Sie ein eingeschränktes Modell an, mit dem Sie über die Strategie 1 (s. A-Box 1) die Hypothese testen können, dass die beiden Regressionskoeffizienten β_1 und β_2 gleich sind. — mittel

Ü7. Leiten Sie die Gleichung (14.24) aus den Annahmen des ALM her. — mittel

Ü8. Leiten Sie die Gleichung (14.25) aus den Annahmen des ALM her. — mittel

Ü9. Zeigen Sie, dass folgende Gleichung für die Fehlerquadratsumme im ALM gilt: — schwer
$$\hat{Q}_e = (\boldsymbol{y} - \mathbf{X}\hat{\boldsymbol{\beta}})'(\boldsymbol{y} - \mathbf{X}\hat{\boldsymbol{\beta}}) = \boldsymbol{y}'\boldsymbol{y} - \boldsymbol{y}'\mathbf{X}\hat{\boldsymbol{\beta}}.$$

Ü10. In Kapitel 17, Tabelle 3 finden Sie neun Erwartungswerte in einem Design mit zwei Regressoren X (Therapie) und Z (Bedürftigkeit), die beide jeweils drei Werte haben. Gehen Sie von einem Zellenmittelwertemodell aus, so dass β die neun Zellenerwartungswerte als Komponenten enthält. Formulieren Sie in der Form $\mathbf{A}\beta - \delta = \mathbf{0}$ der Allgemeinen Linearen Hypothese, dass in jeder der drei Zeilen des Therapiefaktors die Linearkombinationen der drei Zellenerwartungswerte gleich sind, wenn sie jeweils mit $P(Z = z)$ gewichtet werden. — mittel

Lösungen

L1. Nimmt man auf beiden Seiten der Gleichung (14.10) den Erwartungswert, so ergibt sich nach Regel (i) in R-Box 13.2 und Regel (iv) in R-Box 6.2,

$$E(\boldsymbol{y}) = \beta_0 + E(\boldsymbol{x}')\beta.$$

Die Umstellung dieser Gleichung liefert dann Gleichung (14.12). Setzt man nun die Gleichung $\beta = \Sigma_{xx}^{-1}\Sigma_{xy}$ ein, lässt sich β_0 wie folgt angeben:

$$E(y) = \beta_0 + E(x')\Sigma_{xx}^{-1}\Sigma_{xy}.$$

L2. Nimmt jeder der drei Regressoren jeweils nur zwei verschiedene Werte an, so kann man die folgenden acht Indikatorvariablen definieren:

$$I_{ijk} := \begin{cases} 1, \text{falls } X_1 = x_{1i}, X_2 = x_{2j} \text{ und } X_3 = x_{3k} \\ 0, \text{andernfalls} \end{cases}, \quad i, j, k = 1, 2.$$

Mit diesen Indikatorvariablen ist

$$E(Y|X_1, X_2, X_3) = \beta_0 + \beta_1 \cdot I_{111} + \beta_2 \cdot I_{112} + \ldots + \beta_8 \cdot I_{222}, \quad \text{mit } \beta_0 = 0$$

dann eine saturierte Parametrisierung. Die Parameter $\beta_1, \ldots, \beta_8$ sind die Erwartungswerte in den acht Wertekombinationen der drei Regressoren.

L3. Es gelten also $E(y|x) = \beta_0 + x'\beta$ mit $x' = (X_1, X_2)$ und $\beta = (\beta_1, \beta_2)'$, dem zweidimensionalen Spaltenvektor der Regressionskoeffizienten. Für β_0 folgt nach Gleichung (14.10): $\beta_0 = E(Y) - E(x)'\beta$. Ausmultiplizieren ergibt die bereits bekannte Gleichung $\beta_0 = E(Y) - [\beta_1 E(X_1) + \beta_2 E(X_2)] = E(Y) - \beta_1 E(X_1) - \beta_2 E(X_2)$.

Um den Vektor β bestimmen zu können, benötigt man die Kovarianzmatrix Σ_{xx} der Regressoren sowie den Vektor Σ_{xy} der Kovarianzen der Regressoren mit dem Regressanden Y. Es ergibt sich in diesem Fall

$$\Sigma_{xx} = \begin{pmatrix} Var(X_1) & Cov(X_1, X_2) \\ Cov(X_1, X_2) & Var(X_2) \end{pmatrix} \text{ und } \Sigma_{xy} = \begin{pmatrix} Cov(X_1, Y) \\ Cov(X_2, Y) \end{pmatrix}.$$

Gemäß der in Abschnitt 13.2.5 angegebenen Formel zur Berechnung einer Inversen ist

$$\Sigma_{xx}^{-1} = \frac{1}{Var(X_1)\,Var(X_2) - Cov(X_1, X_2)^2} \begin{pmatrix} Var(X_2) & -Cov(X_1, X_2) \\ -Cov(X_1, X_2) & Var(X_1) \end{pmatrix}$$

die Inverse der Matrix Σ_{xx}. Einsetzen dieser Ausdrücke in Gleichung (14.13) und anschließendes Ausmultiplizieren ergibt die bereits aus Kapitel 9 bekannten Rechenformeln zur Bestimmung von β_1 und β_2, nämlich:

$$\beta_1 = \frac{Var(X_2)\,Cov(X_1, Y) - Cov(X_2, Y)\,Cov(X_1, X_2)}{Var(X_1)\,Var(X_2) - Cov(X_1, X_2)^2},$$

$$\beta_2 = \frac{Var(X_1)\,Cov(X_2, Y) - Cov(X_1, Y)\,Cov(X_1, X_2)}{Var(X_1)\,Var(X_2) - Cov(X_1, X_2)^2}.$$

L4. Der Ausgangspunkt ist wieder Kovarianzmatrix Σ_{xy}. Mit $v := Y - (\beta_0 + x'\beta)$ ergibt sich nach den Regeln (v) bis (vii) der Regelbox 13.3

$$\Sigma_{xy} = Cov(x, y) = Cov(x, \beta_0 + x'\beta + v) = Cov(x, \beta_0 + \beta'x + v)$$

$$= Cov(x, \beta'x) = \Sigma_{xx}\beta.$$

Der Vektor β der Regressionsgewichte lässt sich bestimmen, indem man diese Gleichung nach β auflöst. Dies geschieht durch die Multiplikation beider Seiten mit der Inversen Σ_{xx}^{-1} der Kovarianzmatrix der Regressoren. Nach Multiplikation beider Seiten mit der Inversen Σ_{xx}^{-1} erhält man zunächst $\Sigma_{xx}^{-1}\Sigma_{xx}\beta = \Sigma_{xx}^{-1}\Sigma_{xy}$. Da $\Sigma_{xx}^{-1}\Sigma_{xx} = I$ die Einheitsmatrix ist, folgt daraus $\beta = \Sigma_{xx}^{-1}\Sigma_{xy}$.

L5. Die Hypothesenmatrix besteht dann aus einer einzigen Zeile, d. h. **A** = (0 1 −1) und der Vektor δ aus nur einer einzigen Zahl: δ = 0. Die Allgemeine Lineare Hypothese vereinfacht sich dann zu: **A β** − δ = $β_1 − β_2 − 0 = 0$.

L6. Sei $Q(Y|X_1 + X_2) = β_0 + β_1 \cdot (X_1 + X_2)$ die lineare Quasi-Regression von Y auf den Regressor $(X_1 + X_2)$. Diese ist das eingeschränktes Modell, das man gegen das uneingeschränkte Modell $E(Y|X_1, X_2) = β_0 + β_1 \cdot X_1 + β_2 \cdot X_2$ über die Strategie 1 in Anwendungsbox 1 testen kann. Das Ergebnis dieses Tests wird das gleiche sein, wie das, welches über die Prüfung der Allgemeinen Linearen Hypothese erzielt würde (s. Übung 5).

L7. Zur Formel (14.24) gelangt man, wenn man berücksichtigt, dass die Komponenten von **X** und **β** im ALM keine Zufallsvariablen sind und man auf der linken Seite von (14.24) die Gleichung (14.22) für y einsetzt:

$$E(\mathbf{y}) = E(\mathbf{X}\boldsymbol{β} + \boldsymbol{ε})$$ Gl. (14.22)
$$= E(\mathbf{X}\boldsymbol{β}) + E(\boldsymbol{ε}) = \mathbf{X}\boldsymbol{β}.$$ R-Box 13.2 (ii), (i), Gl. (14.23)

L8. Die Kovarianzmatrix der Komponenten von y erhält man wie folgt:

$$Cov(\mathbf{y}, \mathbf{y}) = Cov(\mathbf{X}\boldsymbol{β} + \boldsymbol{ε}, \mathbf{X}\boldsymbol{β} + \boldsymbol{ε}) = Cov(\boldsymbol{ε}, \boldsymbol{ε}).$$ R-Box 13.3, Regel (vii)

Die anderen drei Terme sind gleich null, weil **X** und **β** nur Konstanten enthalten [s. R-Box 13.3, Regel (v)].

L9. Diese Gleichheit kann man wie folgt herleiten:

$$\hat{Q}_e = (\mathbf{y} - \mathbf{X}\hat{β})'(\mathbf{y} - \mathbf{X}\hat{β}) = \mathbf{y}'\mathbf{y} - \mathbf{y}'\mathbf{X}\hat{β} - (\mathbf{X}\hat{β})'\mathbf{y} + (\mathbf{X}\hat{β})'\mathbf{X}\hat{β}$$
$$= \mathbf{y}'\mathbf{y} - 2\mathbf{y}'\mathbf{X}\hat{β} + \hat{β}'\mathbf{X}'\mathbf{X}\hat{β}$$
$$= \mathbf{y}'\mathbf{y} - 2\mathbf{y}'\mathbf{X}\hat{β} + \hat{β}'\mathbf{X}'\mathbf{X}(\mathbf{X}'\mathbf{X})^{-1}\mathbf{X}'\mathbf{y}$$
$$= \mathbf{y}'\mathbf{y} - \mathbf{y}'\mathbf{X}\hat{β}.$$

L10. Die Matrix **A** besteht dann aus zwei Zeilen und neun Spalten:

$$\mathbf{A} = \begin{pmatrix} 1/4 & 1/2 & 1/4 & -1/4 & -1/2 & -1/4 & 0 & 0 & 0 \\ 0 & 0 & 0 & 1/4 & 1/2 & 1/4 & -1/4 & -1/4 & -1/2 \end{pmatrix}.$$

Für die beiden anderen Bestandteile der ALH gilt:

β = (120 110 60 100 100 100 80 90 140)'   und   δ = (0 0)'.

Weiterführende Literatur

Zu statistischen Modellen zur Regressionsanalyse haben wir bereits im Vorwort auf die einschlägige Literatur verwiesen. Als eher mathematisch anspruchsvoll hatten wir z. B. Fahrmeir und Tutz (2001), Neter, Kutner, Nachtsheim und Wasserman (1996), Searle (1971) und Werner (2001) genannt und auf mittlerem Schwierigkeitsniveau: Draper und Smith (1998) sowie von Eye und Schuster (von Eye & Schuster, 1998). Mathematisch weniger anspruchsvoll sind Gaensslen und Schubö (1973) sowie Moosbrugger und Zistler (1994). Empfehlenswert ist aber auch Cohen und Cohen (1983). Darüber hinaus hatten wir auch auf Darstellungen der Regressionsanalyse in vielen Kapiteln von Büchern zur multivariaten Statistik hingewiesen, z. B. Backhaus, Erichson, Plinke, Wulff und Weiber (Backhaus, Erichson, Plinke & Weiber, 2000), Bortz (Bortz, 1999) oder anspruchsvoller, Fahrmeir, Hamerle und Tutz, (1996).

Teil III

Kausale Regression

Die bisher behandelte Regressionstheorie stellt die Begrifflichkeit zur Verfügung, mit der man formulieren kann, wie die Erwartungswerte (wahren Mittelwerte) einer numerischen Zufallsvariablen, des Regressanden, von den Ausprägungen einer oder mehrerer anderer Zufallsvariablen, den Regressoren, abhängen. Wir haben bisher immer unterstellt, dass diese Begrifflichkeit nicht nur für die Wahrscheinlichkeitstheorie, sondern auch für empirische Wissenschaften wie die Psychologie, die Soziologie, die Medizinischen Wissenschaften, die Erziehungswissenschaft etc. von Bedeutung ist und haben entsprechende Beispiele aus den empirischen Wissenschaften behandelt. Aber ist diese Unterstellung richtig? Ist die durch eine Regression beschreibbare Abhängigkeit, die *regressive Abhängigkeit*, wirklich in empirischen Wissenschaften von Interesse? Können wir damit tatsächlich für empirischen Wissenschaften relevante Abhängigkeiten beschreiben?

Die Antwort auf diese Fragen ist weder ein eindeutiges "Ja!" noch ein eindeutiges "Nein!", sondern heißt "Unter Umständen!" Damit stellt sich natürlich sofort die Frage, um *welche Umstände* es sich handelt. Die nächsten drei Kapitel werden diese Umstände klären.

Klärung der Relevanz regressiver Abhängigkeit für die empirischen Wissenschaften

15 Paradoxa

Korrelative und regressive Abhängigkeiten können nicht ohne weiteres kausal interpretiert werden. Der Grund dafür ist oft nicht nur eine fehlende oder gar falsche zeitliche Geordnetheit der betrachteten Variablen X und Y, sondern oft die Tatsache, dass sowohl X als auch Y von einer dritten Variablen W beeinflusst werden. Ein solches Beispiel haben wir schon in Kapitel 9 behandelt. Dort kam die regressive Abhängigkeit der „Intelligenz des Kindes" (Y) vom Bleigehalt der Umwelt (X) durch die gemeinsame Abhängigkeit vom Sozialstatus der Eltern (W) zustande.

In diesem Kapitel werden wir solche Beispiele mit regressiven Abhängigkeiten, die nicht kausal interpretiert werden können, im Detail untersuchen und dabei die Einführung der Grundbegriffe der Theorie individueller und durchschnittlicher kausaler Effekte im nächsten Kapitel vorbereiten.

Überblick. In diesem Kapitel werden wir zunächst ein Paradoxon vorstellen, das in der Literatur als *Simpson-Paradox* bekannt ist. Dabei handelt es sich um ein Beispiel, in dem die regressive Abhängigkeit (eines dichotomen Regressanden Y von einem dichotomen Regressor X) in der Gesamtpopulation negativ ist, obwohl in jeder der beiden Subpopulationen, aus denen die Gesamtpopulation besteht, die entsprechende regressive Abhängigkeit positiv ist. Dabei wird deutlich, dass eine regressive Abhängigkeit nicht in jedem Fall von inhaltlichem Interesse ist, jedenfalls dann nicht, wenn man an *kausalen* Abhängigkeiten interessiert ist. Ein weiteres Beispiel macht die Problematik noch deutlicher. Hier liegt *bei jeder einzelnen* Person ein *positiver* Effekt einer Behandlung vor, aber dennoch resultiert eine *negative* Mittelwertdifferenz, wenn man diese Personen in zwei Gruppen, die der Behandelten und die der nicht Behandelten, aufteilt.

Simpson-Paradox

15.1 Ein Paradoxon

An 2000 Patienten soll die Abhängigkeit des *Erfolgs* von der *Teilnahme/ Nichtteilnahme* an einer bestimmten Behandlung untersucht werden. Die Hälfte der Patienten ist behandelt worden, die andere Hälfte nicht, und bei jedem wurde festgestellt, ob ein Erfolg der Behandlung vorliegt oder nicht. Tabelle 1 enthalte die festgestellten Häufigkeiten.

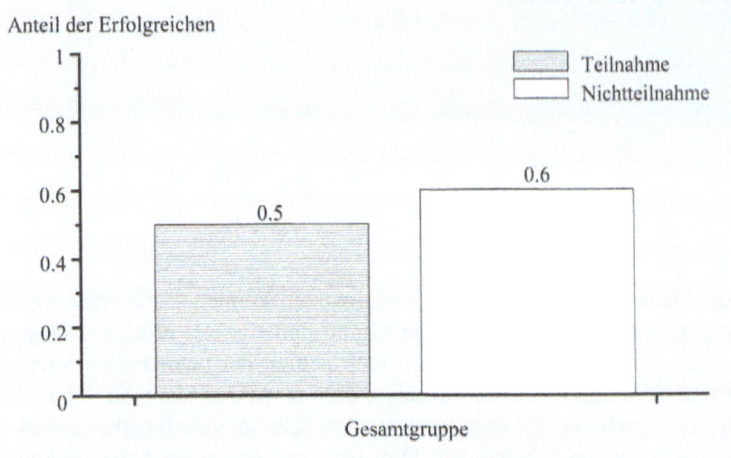

Abbildung 1. Histogramm der relativen Häufigkeiten für Erfolg.

Behandlungserfolg in der Gesamtpopulation

Wenn man den Anteil der erfolgreich behandelten Personen mit dem entsprechenden Anteil der erfolgreichen Nichtbehandelten vergleicht, dann kommt man zu dem scheinbar vernichtenden Ergebnis, das gegen die Fortführung der Behandlung spricht. Eine Inspektion der Tabelle 1 zeigt nämlich, dass bei 50% der Behandelten und bei 60% der Nichtbehandelten ein Erfolg festgestellt wurde (s. auch Abb. 1). Eine Fortsetzung der Behandlung scheint nach diesen Zahlen wenig sinnvoll.

Betrachtung des Behandlungserfolges, getrennt nach Männern ...

Ganz anders allerdings sieht die Antwort aus, wenn wir innerhalb der Gruppe der Männer dieselbe Betrachtung anstellen. Hier sind nun 40% der Behandelten erfolgreich und nur 30% der Nichtbehandelten (s. Tab. 2). Anders als in der Gesamtpopulation scheint die Behandlung bei den Männern also erfolgreich zu sein (s. auch Abb. 2).

... und nach Frauen

Wie sieht es nun bei der Gruppe der Frauen aus? Unserer Erwartung zufolge müssten eigentlich die Nichtbehandelten in starkem Maße erfolgreicher sein als die Behandelten, um die Ergebnisse in der Gesamtgruppe erklären zu können. Ein Blick in den unteren Teil der Tabelle 2 zeigt jedoch, dass diese Erwartung trügt. Auch bei den Frauen ist der Anteil der Erfolgreichen bei den Behandelten größer als bei den Nichtbehandelten.

Frage nach der kausalen Abhängigkeit des Behandlungserfolges

Was hat das alles mit der in der Einleitung gestellten Frage zu tun, ob die durch eine Regression beschreibbare Abhängigkeit tatsächlich in den

Tabelle 1. Evaluation einer Behandlung

Erfolg	Behandlung		
	ja ($X=1$)	nein ($X=0$)	gesamt
ja ($Y=1$)	500	600	1100
nein ($Y=0$)	500	400	900
gesamt	1000	1000	2000

Anmerkungen. Nach Novick (1980). Die Zahlen sind fiktiv.

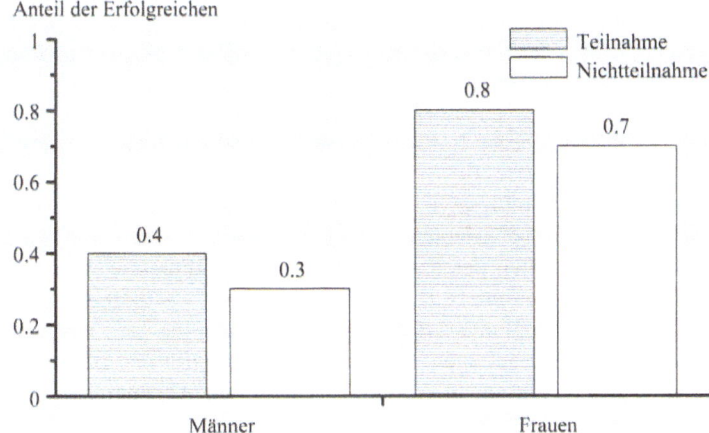

Abbildung 2. Histogramm der relativen Häufigkeiten für Erfolg, getrennt nach Männern und Frauen.

empirischen Wissenschaften von Interesse ist? Nun, zum einen ist festzustellen, dass in diesem Beispiel die *kausale Abhängigkeit* des Erfolgs von der Behandlung von inhaltlichem Interesse ist. Nur die kausale Abhängigkeit erlaubt eine Folgerung für die Frage, ob die Behandlung fortgesetzt werden soll oder nicht. Zum anderen muss man sich klarmachen, dass es sich in diesem Beispiel tatsächlich um regressive Abhängigkeiten handelt. Wenn dies zutrifft, dann zeigt dieses Beispiel, dass regressive Abhängigkeiten nicht in jedem Fall die inhaltlichen Fragestellungen beantworten und wir müssen untersuchen, ob es Fälle gibt, in denen sie es doch tun, und was diese Fälle von denjenigen unterscheidet, in denen sie es nicht tun.

Betrachten wir das Zufallsexperiment, aus der Population der 2000

Tabelle 2. Evaluation einer Behandlung getrennt nach Geschlecht

A. Männer ($W=1$)

Erfolg	Behandlung ja ($X=1$)	nein ($X=0$)	gesamt
ja ($Y=1$)	300	75	375
nein ($Y=0$)	450	175	625
gesamt	750	250	1000

B. Frauen ($W=0$)

Erfolg	Behandlung ja ($X=1$)	nein ($X=0$)	gesamt
ja ($Y=1$)	200	525	725
nein ($Y=0$)	50	225	275
gesamt	250	750	1000

Anmerkungen. Nach Novick (1980). Die Zahlen sind fiktiv.

Regressive Abhängigkeiten beantworten nicht immer die inhaltlichen Fragestellungen

Patienten einen nach dem Zufallsprinzip (d. h. jeder Patient habe die gleiche Wahrscheinlichkeit gezogen zu werden) zu ziehen, und seine Ausprägung auf jeder der drei betrachteten Variablen (X = Behandlung, Y = Erfolg, W = Geschlecht) festzustellen. Die lineare Regression

$$E(Y|X) = P(Y=1|X) = \alpha_0 + \alpha_1 X = 0.60 - 0.10 \cdot X \quad (15.1)$$

Negative lineare regressive Abhängigkeit

beschreibt dann die regressive Abhängigkeit in der Gesamtpopulation.[1] Mit dem Steigungskoeffizienten -0.10 liegt also eine *negative* lineare regressive Abhängigkeit des Regressanden Y vom Regressor X vor. Betrachten wir die Differenz $E(Y|X=1) - E(Y|X=0) = -0.10$, so scheint der Effekt der Behandlungs- vs. der Kontrollbedingung „auf den ersten Blick" also -0.10 zu betragen. Später werden wir dafür den Begriff *Prima-facie-Effekt* einführen. In Abbildung 1 ist diese Abhängigkeit durch ein Histogramm dargestellt.

Prima-facie-Effekt

Einbeziehung des zusätzlichen Regressors „Geschlecht"

Beziehen wir jedoch den zusätzlichen Regressor W ein und betrachten die zweifache lineare Regression

$$E(Y|X,W) = P(Y=1|X,W) = \beta_0 + \beta_1 X + \beta_2 W$$
$$= 0.70 + 0.10 \cdot X - 0.40 \cdot W, \quad (15.2)$$

dann liegt mit 0.10, dem partiellen Regressionskoeffizienten von X, eine *positive* bedingte lineare regressive Abhängigkeit des Regressanden Y von X gegeben W vor.

Die obige multiple Regressionsgleichung impliziert die beiden bedingten Regressionsgleichungen

Regression in der Subpopulation der Männer ...

$$E_{W=1}(Y|X) = P_{W=1}(Y=1|X)$$
$$= \beta_0 + \beta_2 \cdot 1 + \beta_1 X = 0.30 + 0.10 \cdot X \quad (15.3)$$

und

... und der Frauen

$$E_{W=0}(Y|X) = P_{W=0}(Y=1|X)$$
$$= \beta_0 + \beta_2 \cdot 0 + \beta_1 X = 0.70 + 0.10 \cdot X, \quad (15.4)$$

welche die Abhängigkeit des Regressanden Y vom Regressor X in der Geschlechtsgruppe der Männer ($W=1$) bzw. der Frauen ($W=0$) beschreiben. Abbildung 2 zeigt diese Abhängigkeiten in den beiden Geschlechtsgruppen.

Worauf Handlung stützen?

Auf welche Regressionsgleichung und die damit beschriebenen regressiven Abhängigkeiten sollen wir unsere Handlungskonsequenzen stützen? Oder sollten wir solche Handlungskonsequenzen überhaupt nicht

---

[1] Normalerweise würde man die 2000 Patienten wohl eher als eine Stichprobe aus einer (meist fiktiven) Population von Patienten betrachten. Da sich aber unsere Darstellung einerseits auf die Populationsebene beziehen und andererseits mit der Darstellung absoluter Häufigkeiten so anschaulich wie möglich sein soll, haben wir den Weg gewählt, die 2000 Patienten als Population anzusehen. Aus der Sicht der Wahrscheinlichkeitstheorie steht dem auch nichts entgegen, solange das zugrunde gelegte Zufallsexperiment explizit gemacht wird.

auf regressive Abhängigkeiten stützen, und wenn nicht, auf welches Arten von Abhängigkeiten dann sonst? Diese Fragen machen klar, dass wir die Abhängigkeitsbegriffe der Wahrscheinlichkeitstheorie, wie z. B. die korrelativen, regressiven und stochastischen Abhängigkeiten, nicht unbesehen und unreflektiert in die Methodenlehre empirischer Wissenschaften übernehmen können. Das heißt nicht, dass die Wahrscheinlichkeitstheorie und die darin entwickelten Abhängigkeitsbegriffe für die empirischen Wissenschaften irrelevant sind, sondern dass sie weiter verfeinert werden müssen, um den Fragestellungen empirischer Forschung gerecht zu werden.

Stochastische Abhängigkeitsbegriffe müssen verfeinert werden

15.2 Ein zweites Paradoxon

Ein weiteres Beispiel kann helfen zu verstehen, wie solche Paradoxa zustande kommen. Daneben dient dieses Beispiel zur Einführung der Grundbegriffe der Theorie individueller und durchschnittlicher kausaler Effekte. Bemerkenswert ist dieses Beispiel auch insofern, als *bei jeder einzelnen* Person ein *positiver* Effekt einer Behandlung vorliegt, aber dennoch eine *negative* Mittelwertedifferenz auftreten kann, wenn man diese Personen in zwei Gruppen, die der Behandelten und die der Nichtbehandelten, aufteilt.

Verschärftes Paradoxon

Machen wir ein Gedankenexperiment! In Tabelle 3 sind acht Personen mit ihren Erwartungswerten in einer Experimental- und einer Kontrollbedingung, sowie deren Differenz dargestellt. Der Wert $\mu_{1,u}$ bspw. ist der Erwartungswert der Person u in der Experimentalbedingung $X = 1$, $\mu_{2,u}$ der entsprechende Wert der gleichen Person u in der Kontrollbedingung $X = 2$. Diese $2 \cdot 8 = 16$ Zahlen sind die Werte der Regression $E(Y | X, U)$ von Y auf die beiden Regressoren X und U, wobei X die Treatment-Variable und U die Personvariable sind (s. Übung 1). Die Details dazu werden wir im nächsten Kapitel behandeln.

Gedankenexperiment

Wir gehen hier von individuellen Erwartungswerten $\mu_{x,u} := E(Y | X = x, U = u)$ aus, weil es neben X in der Regel viele andere Variablen gibt, die neben X einen Effekt auf Y haben können. So hängt bspw. die Delinquenz Y eines Jugendlichen innerhalb von zwei Jahren nach der Teilnahme ($X = 1$) an einer Präventionsmaßnahme nicht nur von der Teilnahme bzw. Nichtteilnahme ab, sondern auch davon, ob er einen Ausbildungsplatz erhalten hat, ob er dort mit den Arbeitsbedingungen zufrieden ist, ob er eine(n) feste(n) Partner(in) gefunden hat, etc. Da alle diese Variablen nicht berücksichtigt werden, können wir bei gegebener Person u und gegebenem Wert x von X nicht von einem festen Wert y von Y ausgehen, sondern nur von einem gegebenem Erwartungswert $\mu_{x,u} := E(Y | X = x, U = u)$.

Natürlich sind in jedem normalen Anwendungsfall die Werte $\mu_{1,u}$ und $\mu_{2,u}$ unbekannt. Aber wir können uns vorstellen, dass die angegebenen individuellen Erwartungswerte das empirische Phänomen genauso steuern, wie die Wahrscheinlichkeiten die möglichen Ergebnisse bei einem Würfelwurf steuern. Auch diese Wahrscheinlichkeiten sind unbekannt, wenn wir nicht von einem fairen Würfel ausgehen können. Würden wir diese individuellen Erwartungswerte kennen, würden wir den kausalen Effekt der Behandlung $X = 1$ gegenüber der Nichtbehandlung $X = 2$ für

Tabelle 3. Zahlenbeispiel zur Veranschaulichung individueller und durchschnittlicher kausaler Effekte

Person	(a) Nicht vergleichbare Gruppen			(b) Vergleichbare Gruppen		
	$\mu_{1,u}$	$\mu_{2,u}$	$\mu_{1,u} - \mu_{2,u}$	$\mu_{1,u}$	$\mu_{2,u}$	$\mu_{1,u} - \mu_{2,u}$
u_1	**82**	68	14	82	**68**	14
u_2	89	**81**	8	**89**	81	8
u_3	**101**	89	12	**101**	89	12
u_4	**108**	102	6	108	**102**	6
u_5	118	**112**	6	**118**	112	6
u_6	**131**	119	12	131	**119**	12
u_7	139	**131**	8	139	**131**	8
u_8	152	**138**	14	**152**	138	14
Mittel	**105.5**	**115.5**	10	**115**	**105**	10

Anmerkung. Die fett markierten Werte sind die ausgewählten Werte.

Individuelle kausale Effekte

jede einzelne Person, d. h. die *individuellen kausalen Effekte* kennen—der Traum jedes empirischen Kausalforschers und jedes angewandten Psychologen: Realisiere ich $X = 1$, erwarte ich bei einer Person u_1 den Wert 82 auf der betrachteten Lebenszufriedenheitsskala, realisiere ich dagegen $X = 2$, erwarte ich nur 68. Bei der Person u_6 erwarte ich bei $X = 1$ den Wert 131, bei $X = 2$ den Wert 119.

Das fundamentale Problem der kausalen Inferenz

Wir haben hier allerdings folgendes Problem: In der Regel kann eine Person entweder nur der Experimental- oder nur der Kontrollbedingung unterworfen werden, nicht aber beiden Bedingungen zugleich. Entweder ich therapiere nach Verfahren A oder nach Verfahren B, entweder ich unterrichte nach Lehrmethode A oder nach Lehrmethode B, etc. Holland (1986) hat dies als das *fundamentale Problem der kausalen Inferenz* bezeichnet. Es hat zur Folge, dass wir in der Regel die individuellen kausalen Effekte auch nicht schätzen können. Gibt es aber vielleicht doch Möglichkeiten, aus empirischen Untersuchungen etwas über die individuellen kausalen Effekte zu erfahren oder wenigsten über ihren Durchschnitt in einer bestimmten Population?

Durchschnittlicher kausaler Effekt

Tatsächlich kann man unter bestimmten Bedingungen etwas über den Durchschnitt der individuellen kausalen Effekte, d. h. den *durchschnittlichen kausalen Effekt* (s. die Zahl 10 rechts unten in den Tabellen 3 a und b) erfahren. Wären wir in der Lage, die Spaltenmittelwerte der ersten beiden Spalten in den Tabellen 3 a und b zu schätzen, indem wir *einige Personen unter der einen* ($X = 1$) *und andere Personen unter der anderen experimentellen Bedingung* ($X=2$) *beobachten*, so hätten wir mit der Differenz dieser Spaltenmittelwerte eine Schätzung für den durchschnittlichen kausalen Effekt.

Die Spaltenmittelwerte der ersten beiden Spalten der Tabellen 3 a und b zu schätzen, indem wir einige Personen unter der einen ($X = 1$) und andere Personen unter der anderen experimentellen Bedingung ($X=2$) beobachten, kann man auf unterschiedliche, mehr oder weniger kluge Weisen versuchen. In Tabelle 3 a ist eine weniger kluge Weise dargestellt, deren Betrachtung aber dennoch lehrreich ist. Dabei wurden vier Personen mit eher niedrigen Erwartungswerten $\mu_{1,u}$ der Experimentalbedingung und vier Personen mit eher hohen Erwartungswerten $\mu_{2,u}$ der Kontrollbedingung zugeordnet (s. die fett markierten Zahlen). In der Experimentalbedingung ergibt sich dabei ein Mittelwert der vier ausgewählten Werte von 105.5, in der Kontrollbedingung von 115.5. Die Differenz ist – 10, eine miserable Schätzung für den durchschnittlichen kausalen Effekt, der ja + 10 beträgt.

Die Selektion der Personen in die Behandlungsbedingung ist entscheidend bei der Entstehung der Paradoxa

Was ist hier passiert? Offenbar ist die Zuweisung der Personen zu den beiden Bedingungen, $X = 1$ und $X = 2$, nicht unabhängig von den Erwartungswerten $\mu_{1,u}$ und $\mu_{2,u}$ der Personen (s. die ersten beiden Zahlenspalten in der Tab. 3 a). Die Konsequenz ist für die kausale Interpretierbarkeit und Unverfälschtheit der resultierenden Mittelwertedifferenz verheerend. Bei der in Tabelle 3 b dargestellten Zuordnung dagegen kommt man zum richtigen Ergebnis, d. h. bei dieser Auswahl, in der eine ausgewogene Berücksichtigung von Personen mit hohen und niedrigen Erwartungswerten in beiden Bedingungen realisiert wird, ist die resultierende Mittelwertedifferenz 115 – 105 = 10 unverfälscht, und zwar in dem Sinn, dass sie gleich dem durchschnittlichen kausalen Effekt ist.

15.3 Randomisierung

Wie lassen sich diese Überlegungen auf reale Experimente übertragen, in denen die individuellen Erwartungswerte der Personen in den beiden Behandlungsbedingungen ja nicht bekannt sind? Die klassische und wohlbekannte Antwort ist, die Personen *zufällig* auf die experimentellen Bedingungen aufzuteilen. Man spricht in diesem Kontext von *Randomisierung* und vom *randomisierten Experiment*.

Randomisierung: Zuweisung zur Behandlung nach dem Zufallsprinzip

Randomisierung garantiert, dass die Differenz $E(Y|X=1) - E(Y|X=2)$ der Erwartungswerte (im Beispiel der Tabelle 4 mit der vorletzten Spalte beträgt diese 115 – 105 = 10), gleich dem durchschnittlichen kausalen Effekt ist. In Stichproben weichen dann die entsprechenden Mittelwertedifferenzen nur zufällig vom durchschnittlichen kausalen Effekt ab. Neben der Unabhängigkeit der Treatment-Variablen X von den individuellen Erwartungswerten $\mu_{1,u}$ und $\mu_{2,u}$ stellt man mit diesem Vorgehen sogar eine Unabhängigkeit der experimentellen Bedingungen *von allen möglichen Eigenschaften* der Personen her, die diesen Bedingungen nach dem Zufallsprinzip zugewiesen werden. Damit wird die Vergleichbarkeit der Experimental- und Kontrollgruppen sichergestellt.

Unabhängigkeit der individuellen Erwartungswerte und der experimentellen Bedingungen wird durch Randomisierung hergestellt.

Weitere Konsequenzen der Randomisierung

Hängt die Wahrscheinlichkeit der Zuweisung der Personen dagegen von den Erwartungswerten $\mu_{1,u}$ oder $\mu_{2,u}$ der Personen ab—wie dies in der letzten Spalte der Tabelle 4 realisiert ist—erhält man eine Erwartungswertedifferenz $E(Y|X=1) - E(Y|X=2)$ (im Beispiel: 103.3 – 116.6 = –13.3), die deutlich vom durchschnittlichen kausalen Effekt +10 abweicht. In der Lösung zu Übung 2 wird gezeigt, wie man die Erwartungswertedifferenz $E(Y|X=1) - E(Y|X=2)$ berechnet. Dabei spielen

Tabelle 4. Zahlenbeispiel, in dem für jede einzelne Person ein positiver Effekt der Experimentalgruppe gegenüber der Kontrollgruppe besteht und die Wahrscheinlichkeit, der Experimentalbedingung zugewiesen zu werden, unabhängig (vorletzte Spalte) bzw. abhängig (letzte Spalte) von der Person ist.

Person	$\mu_{1,u}$	$\mu_{2,u}$	$\mu_{1,u}-\mu_{2,u}$	$P(X=1\mid U=u)$	$P(X=1\mid U=u)$
u_1	82	68	14	1/2	8/9
u_2	89	81	8	1/2	7/9
u_3	101	89	12	1/2	6/9
u_4	108	102	6	1/2	5/9
u_5	118	112	6	1/2	4/9
u_6	131	119	12	1/2	3/9
u_7	139	131	8	1/2	2/9
u_8	152	138	14	1/2	1/9

Anmerkung. Die Wahrscheinlichkeit $P(U=u)$, eine der acht Personen zu ziehen, ist 1/8 und die (unbedingte) Wahrscheinlichkeit $P(X=x)$, der Experimentalbedingung zugewiesen zu werden, ist 1/2.

die unterschiedlichen Zuordnungswahrscheinlichkeiten für die einzelnen Personen (s. die letzten beiden Spalten der Tab. 4) eine entscheidende Rolle.

15.4 Homogene Population

Homogene Population

Man kann sich leicht überlegen, dass die zufällige Zuweisung der Personen zu den experimentellen Bedingungen überflüssig ist, wenn die Population homogen ist, d. h. wenn alle Personen völlig gleich hinsichtlich der betrachteten Response-Variablen funktionieren. In Tabelle 5 ist veranschaulicht, was damit gemeint ist. Funktionieren alle Personen hinsichtlich der betrachteten Variablen X und Y völlig gleich, spielt es keine Rolle, wie man sie auf die experimentellen Bedingungen aufteilt. Natürlich ist klar, dass diese Homogenität in empirischen Anwendungen nur selten vorkommt. Man kann allerdings versuchen, sich ihr durch die Auswahl von Subpopulationen anzunähern. Dies entspricht der Millschen Idee der Konstanthaltung aller anderen Einflussgrößen (Mill, 1862).

Idee der Konstanthaltung der Einflussgrößen

15.5 Zusammenfassende Bemerkungen

In diesem Kapitel wurde das so genannte *Simpson-Paradox* vorgestellt, d. h. ein Beispiel, in dem die lineare regressive Abhängigkeit (eines dichotomen Regressanden Y von einem dichotomen Regressor X) in der Gesamtpopulation negativ ist, obwohl in jeder der beiden Subpopulationen, aus denen die Gesamtpopulation besteht, die entsprechende lineare regressive Abhängigkeit positiv ist. In einem weiteren Beispiel liegt so-

Tabelle 5. Beispiel für eine homogene Population

Person	$\mu_{1,u}$	$\mu_{2,u}$	$\mu_{1,u} - \mu_{2,u}$
u_1	110	100	10
u_2	110	100	10
u_3	110	100	10
u_4	110	100	10
u_5	110	100	10
u_6	110	100	10
u_7	110	100	10
u_8	110	100	10
Mittel	**110**	**100**	**10**

gar *bei jeder einzelnen* Person einer Population ein *positiver* Effekt einer Behandlung vor, aber dennoch resultiert eine *negative* Mittelwertedifferenz, wenn man diese Personen in zwei Gruppen, die der Behandelten und die der Nichtbehandelten, aufteilt und dabei nicht sorgfältig auf die Vergleichbarkeit der beiden Gruppen achtet. Iseler (1996) hat ein analoges Paradoxon für Mediane vorgestellt und gezeigt, dass Randomisierung derartige Paradoxa nicht verhindert, wenn man die kausalen Effekte mit Medianen anstatt mit Erwartungswerten definieren würde (s. auch Iseler, 1997).

Die hier dargestellten Beispiele haben deutlich gemacht, dass wir nicht *per se* an Mittelwerten oder Mittelwertunterschieden interessiert sind. Worüber wir eigentlich etwas erfahren *wollen*, sind die *individuellen kausalen Effekte*, d. h. über die Differenzen zwischen Erwartungswerten einer Person bzgl. eines Regressanden Y in den verschiedenen Ausprägungen des betrachteten Regressors X. Worüber wir unter günstigen Umständen etwas erfahren *können*, ist der *Durchschnitt* dieser individuellen kausalen Effekte in einer Gesamtpopulation oder in verschiedenen Subpopulationen. Diese günstigen Umstände kann man in einem *randomisierten Experiment* herstellen, in dem man die Personen den experimentellen Bedingungen nach dem Zufallsprinzip zuordnet. Damit wird die oben erwähnte Vergleichbarkeit der experimentellen Gruppen garantiert, wobei wir natürlich voraussetzen, dass die Randomisierung nicht durch systematischen Ausfall der Personen konterkariert wird (vgl. hierzu Cook & Campbell, 1979).

Was wir erfahren wollen, und was wir erfahren können

Randomisiertes Experiment ermöglicht die Ermittlung durchschnittlicher kausaler Effekte

Dabei ist auch zu bedenken, dass wir hier nicht von der Stichprobe reden, sondern von den Verhältnissen in der Population. In einer Stichprobe können natürlich auch bei randomisierter Zuordnung der Personen auf die experimentellen Bedingungen zufällige Mittelwertunterschiede vorkommen, die in fünf von hundert Fällen auch auf dem 5%-Niveau statistisch signifikant sind. Die dadurch auftretenden Fehler sind jedoch unvermeidbar, solange wir Entscheidungen unter Unsicherheit treffen müssen. Vermeidbar sind jedoch die systematischen Fehler, die wir begehen, wenn wir Mittelwerte nichtvergleichbarer Gruppen vergleichen.

Fragen

leicht	F1. Unter welchen Bedingungen kann das Simpson-Paradox auftreten?
leicht	F2. Wie kann man garantieren, dass die Erwartungswertedifferenz zwischen der Experimental- und der Kontrollbedingung gleich dem Durchschnitt der individuellen kausalen Effekte in der Gesamtpopulation ist?
leicht	F3. Was ist eine homogene Population?
leicht	F4. Warum unterscheiden sich die Zeilen in Tabelle 3 voneinander?
leicht	F5. Was versteht man unter dem fundamentalen Problem der kausalen Inferenz?
leicht	F6. Was versteht man unter dem Prima-facie-Effekt?
leicht	F7. Was versteht man unter dem individuellen Effekt und dem durchschnittlichen Effekt?
mittel	F8. Müssen in Tabelle 4 die in der vorletzten Spalte angegebenen Wahrscheinlichkeiten alle gleich 1/2 sein?

Antworten

A1. Das Simpson-Paradox kann auftreten, wenn die zunächst nicht beachtete Variable sowohl mit dem Regressanden als auch mit dem Regressor korreliert ist.

A2. Durch zufällige Zuweisung der Personen zu einer der beiden Gruppen. Ein Beispiel dazu ist in Tabelle 4, vorletzte Spalte, dargestellt.

A3. Siehe Tabelle 5.

A4. Diese Zeilen unterscheiden sich zum einen, weil jede Person unterschiedliche Erwartungswerte $\mu_{2,u}$ hat, und weil für jede Person der Behandlungseffekt unterschiedlich sein kann.

A5. In der Regel kann eine Person entweder nur der Experimental- oder nur der Kontrollbedingung unterworfen werden, nicht aber beiden Bedingungen zugleich. Entweder ich therapiere nach Verfahren A oder nach Verfahren B, entweder ich unterrichte nach Lehrmethode A oder nach Lehrmethode B, etc. Dies hat zur Folge, dass wir i. d. R. die individuellen kausalen Effekte nicht schätzen können.

A6. Der „Prima-facie-Effekt" ist die Differenz $E(Y|X=x_1) - E(Y|X=x_2)$ der Erwartungswerte der Response-Variablen Y zwischen zwei experimentellen Bedingungen x_1 und x_2. In Stichproben wird der Prima-facie-Effekt durch die Differenz $\overline{Y}_1 - \overline{Y}_2$ der Stichprobenmittelwerte geschätzt.

A7. Der individuelle kausale Effekt ist die Differenz $\mu_{1,u} - \mu_{2,u}$ zwischen den individuellen Erwartungswerten von ein und derselben Person u in zwei Treatmentbedingungen. Ein Beispiel findet man in der dritten Zahlenspalte von Tabelle 4.

A8. Nein. Jede Wahrscheinlichkeit zwischen 0 und 1 (ausschließlich) kann hier stehen, solange diese Wahrscheinlichkeiten für alle Personen gleich sind.

Übungen

Ü1. Geben Sie die 16 Werte der Regression $E(Y|X, U)$ bei dem in Tabelle 3 dargestellten Beispiel an.

Ü2. Berechnen Sie den Erwartungswert $E(Y|X=1)$ für die in der rechten Spalte der Tabelle 4 angegebenen Zuweisungswahrscheinlichkeiten.

Ü3. Ändern Sie die in Tabelle 2 angegebenen Häufigkeiten so ab, dass die Variablen „Behandlung" und „Geschlecht" unabhängig sind, ohne dabei die in Abbildung 2 angegebenen bedingten Wahrscheinlichkeiten $P(Y=1|X, W)$ zu ändern. Geben Sie für dieses so veränderte Beispiel die einfache Regression $E(Y|X)$ und die multiple Regression $E(Y|X, W)$ an.

Lösungen

L1. Die 16 Werte sind in den ersten beiden Zahlenspalten der Tabelle 3 dargestellt.

L2. Der Erwartungswert $E(Y|X=1)$ lässt sich für die in der rechten Spalte der Tabelle 4 angegebenen Zuweisungswahrscheinlichkeiten nach der allgemeingültigen Formel

$$E(Y|X=1) = \sum_{i=1}^{8} E(Y|X=1, U=u_i) \, P(U=u_i|X=1)$$

[s. Regel (iv) in R-Box 6.1] berechnen, wobei die acht Werte in der ersten Zahlenspalte der Tabelle 4 die bedingten Erwartungswerte $E(Y|X=1, U=u_i) = \mu_{1,u_i}$ sind. Die bedingten Wahrscheinlichkeiten $P(U=u_i|X=1)$ sind nicht direkt in Tabelle 4 zu finden, lassen sich aber aus den dort angegebenen bedingten Behandlungswahrscheinlichkeiten $P(X=1|U=u)$ berechnen:

$$P(U=u|X=1) = \frac{P(U=u, X=1)}{P(X=1)} = \frac{P(X=1|U=u) \cdot P(U=u)}{P(X=1)}.$$

Dabei bezeichnet $P(X=1|U=u)$ die bedingte Wahrscheinlichkeit aus der rechten Spalte der Tabelle 4, $P(U=u)$ die (unbedingte) Wahrscheinlichkeit, die Person u zu ziehen, und $P(X=1)$ die (unbedingte) Wahrscheinlichkeit, dass die gezogene Person der Experimentalbedingung $X=1$ zugewiesen wird. Folglich gilt z. B. für Person u_1:

$$P(U=u_1|X=1) = \frac{8/9 \cdot 1/8}{1/2} = \frac{8}{36},$$

und für Person u_2:

$$P(U=u_2|X=1) = \frac{7/9 \cdot 1/8}{1/2} = \frac{7}{36}$$

usw. Die so erhaltenen acht bedingten Wahrscheinlichkeiten kann man in eine neue Tabellenspalte eintragen:

Person	$P(X=1|U=u)$	$P(U=u|X=1)$
u_1	8/9	8/36
u_2	7/9	7/36
u_3	6/9	6/36
u_4	5/9	5/36
u_5	4/9	4/36
u_6	3/9	3/36
u_7	2/9	2/36
u_8	1/9	1/36

Den gesuchten Erwartungswert $E(Y|X=1)$ erhält man nun nach der oben angegebenen Formel, indem man zeilenweise die Werte $\mu_{1,u}$ in der ersten Zahlenspalte der Tabelle 4 mit den Wahrscheinlichkeiten $P(U=u|X=1)$ in der letzten Spalte der obigen Tabelle multipliziert und diese Produkte aufsummiert:

$$E(Y|X=1) = 82 \cdot 8/36 + 89 \cdot 7/36 + \ldots + 152 \cdot 1/36 = 3720/36$$
$$= 310/3 = 103.33.$$

L3. Ohne die in Abbildung 2 angegebenen bedingten Erfolgswahrscheinlichkeiten $P(Y=1|X, W)$ zu ändern, kann man die Häufigkeiten in Tabelle 2 wie folgt abändern, so dass die Variablen „Behandlung" und „Geschlecht" unkorreliert sind. (Man beachte dabei die fett markierten Häufigkeiten für die Ausprägungen der „Behandlung" in den beiden Subpopulationen und vergleiche sie mit den entsprechenden Häufigkeiten in Tab. 2.)

A. Männer ($W=1$)

Behandlung

Erfolg	ja ($X=1$)	nein ($X=0$)	gesamt
ja ($Y=1$)	200	150	350
nein ($Y=0$)	300	350	650
gesamt	**500**	**500**	1000

B. Frauen ($W=0$)

Erfolg	ja ($X=1$)	nein ($X=0$)	gesamt
ja ($Y=1$)	400	350	750
nein ($Y=0$)	100	150	250
gesamt	**500**	**500**	1000

Die *zweifache* Regression von Y auf X und W ist weiterhin:
$$E(Y\mid X, W) = P(Y=1 \mid X, W) = \beta_0 + \beta_1 X + \beta_2 W = 0.70 + 0.10 \cdot X - 0.40 \cdot W.$$
Für die *einfache* Regression von Y auf X gilt dagegen nun:
$$E(Y\mid X) = P(Y=1\mid X) = \alpha_0 + \alpha_1 X = 0.50 + 0.10 \cdot X.$$
Diese Regressionsgleichung kann man berechnen, indem man aus der obigen Tabelle zunächst die Tabelle für die Gesamtpopulation konstruiert und sich dann daraus die bedingten Wahrscheinlichkeiten $P(Y=1\mid X=x)$ berechnet. Man beachte, dass der einfache Regressionskoeffizient jetzt auch $+0.10$ und damit gleich dem entsprechenden partiellen Regressionskoeffizienten aus der vorigen Gleichung ist.

16 Individuelle und durchschnittliche kausale Effekte

Im letzten Kapitel haben wir Beispiele kennen gelernt, in denen eine kausale Interpretation regressiver Abhängigkeiten offenbar nicht möglich ist und in denen die regressive Abhängigkeit eines Regressanden Y von einem Regressor X völlig unterschiedlich ist, je nachdem, ob man die Abhängigkeiten in Subpopulationen oder in der Gesamtpopulation betrachtet. Im zweiten Beispiel haben wir zugleich informell die Begriffe „individueller" und „durchschnittlicher kausaler Effekt" eingeführt. Diese Begriffe sollen nun präzisiert und einige Theoreme dazu behandelt werden. Die damit eingeführte Theorie ist Teil einer allgemeinen Theorie kausaler Regressionsmodelle.

Die hier vorgestellte *Theorie individueller und durchschnittlicher kausaler Effekte* geht in ihren Anfängen u. W. auf Neyman zurück, wurde später von Rubin, Holland, Rosenbaum, Sobel (s. z. B. Neyman, 1923/1990; Neyman, Iwaszkiewicz & Kolodziejczyk, 1935; Holland, 1986, 1988a, 1988b; Rosenbaum, 1984a, 1984b; 1984c; Rubin, 1974, 1978; Sobel, 1994, 1995) weiterentwickelt. Sie wird hier allerdings in einer etwas anderen Terminologie und Notation dargestellt, die ausschließlich auf wahrscheinlichkeitstheoretischen Konzepten beruht.

Überblick. Wir beginnen zunächst mit der Beschreibung der Art der betrachteten Zufallsexperimente und führen die notwendige Notation ein. Darauf folgt die Darstellung der Theorie individueller und durchschnittlicher kausaler Effekte. Einige kritische Anmerkungen zu ihrer Anwendbarkeit in nichtexperimentellen Studien und der Notwendigkeit, sie zu vervollständigen, schließen das Kapitel ab.

16.1 Das zugrunde liegende Zufallsexperiment

Bevor wir die Definition individueller kausaler Effekte behandeln, wollen wir uns noch einmal den begrifflichen Rahmen in Erinnerung rufen, den wir bei jedem Regressionsmodell, ja sogar bei jedem stochastischen Modell und bei jeder stochastischen Aussage zugrunde legen. Unter einer *stochastischen Aussage* verstehen wir dabei jede Aussage, die in irgendeiner Weise eine Aussage über Wahrscheinlichkeiten oder darauf basierende Begriffe wie Erwartungswerte, Korrelationen, Regressionen etc. beinhaltet. Jede stochastische Aussage macht erst dann Sinn, wenn sie sich auf einen Wahrscheinlichkeitsraum bezieht, der aus den folgenden Bestandteilen besteht:

Stochastische Aussage

Bestandteile des W-Raumes:

(a) einer Menge der *möglichen Ergebnisse* des betrachteten Zufallsexperiments,
(b) einer Menge von *möglichen Ereignissen*, und
(c) einem *Wahrscheinlichkeitsmaß*, das jedem möglichen Ereignis eine (in der Regel unbekannte) Wahrscheinlichkeit zuweist.

In Anwendungen repräsentiert ein solcher Wahrscheinlichkeitsraum das Zufallsexperiment und damit das empirische Phänomen, von dem bei einer stochastischen Aussage die Rede ist. Die Details dazu haben wir bereits in Kapitel 2 dargestellt.

Zufallsexperiment: Einzelfallexperiment

Von welcher Art von Zufallsexperimenten war bisher und wird auch im Folgenden weiter die Rede sein? Ein typisches Zufallsexperiment, das wir im folgenden betrachten, lässt sich folgendermaßen beschreiben: Ziehe eine Beobachtungseinheit u aus einer Menge Ω_U von Beobachtungseinheiten, weise sie einer Bedingung ω_X aus einer Menge Ω_X von mindestens zwei Bedingungen zu (oder beobachte ihre Zuweisung) und registriere die „Response" oder Beobachtung $\omega_Y \in \Omega_Y$, auf deren Grundlage der Wert des Regressanden Y zugewiesen wird. Diese Art des Zufallsexperiments bezeichnen wir als das *Einzelfallexperiment*. Dabei *beachte* man, dass man im Rahmen eines solchen Einzelexperiments zwar Fragen der Abhängigkeit, nicht aber Fragen der Parameterschätzung oder des Hypothesentestens behandeln kann. Dazu wäre die Betrachtung eines *Stichprobenexperiments* notwendig, das z. B. aus der mehrfachen Wiederholung des Einzelexperiments bestehen könnte (s. dazu Abschnitt 14.3).

Stichprobenexperiment

Die Population Ω_U: Menge der Personen

Die *Menge Ω_U von Beobachtungseinheiten* kann z. B. eine Menge von Personen sein und in diesem Fall kann man Ω_U auch als *Population* bezeichnen. In anderen Anwendungen kann es sich bei der Menge Ω_U jedoch auch z. B. um eine Menge von Personen in Situationen handeln, so z. B. in der Latent-state-trait-Theorie (s. z. B. Steyer, Ferring & Schmitt, 1992; Steyer, Schmitt & Eid, 1999). In solchen Fällen muss keineswegs jedes Element aus dieser Population die gleiche Wahrscheinlichkeit haben, gezogen zu werden. Die Interpretation der Menge Ω_U als Menge der Personen, aus denen zufällig eine gezogen wird, wobei jede Person die gleiche Wahrscheinlichkeit hat, gezogen zu werden, soll aber bis auf weiteres genügen.

Menge Ω_X der experimentellen Bedingungen

Die Menge Ω_X ist oft als *Menge der experimentellen Bedingungen* zu interpretieren, die in den einfachsten Fällen aus der Behandlungs- und der Kontrollbedingung besteht. Offen kann zunächst bleiben, ob die gezogene Beobachtungseinheit von einem Experimentator einer der Bedingungen zugewiesen wird, oder ob sie sich selbst eine der möglichen experimentellen Bedingungen aussucht.

Menge Ω_Y der möglichen Antworten

Die Menge Ω_Y schließlich besteht aus der *Menge der möglichen Antworten* bzw. Antwortkombinationen, auf die ein Effekt der experimentellen Variablen untersucht werden soll. Die Bezeichnung „Antworten" kann man wörtlich verstehen, wenn bspw. ein Fragebogen eingesetzt wird. Aus der von der gezogenen Person realisierten Antwortkombination ω_Y wird dann der betrachtete Testwert y nach den für den Fragebogen vorgeschriebenen Auswertungsvorschriften berechnet. In diesem Fall wäre ω_Y ein Element aus einer qualitativen Menge. In anderen Experimenten kann es sich schon bei ω_Y um eine Zahl handeln, z. B. eine Reaktionszeit oder eine Hormonkonzentration. In diesen Fällen würde es sich also um eine Antwort („Response") im übertragenen Sinn handeln.

Die *Menge der möglichen Ergebnisse* der oben beschriebenen Art von Einzelexperimenten hat dann folgende Struktur:

$$\Omega = \Omega_U \times \Omega_X \times \Omega_Y. \qquad (16.1)$$

Menge der möglichen Ergebnisse

Die Menge aller Teilmengen von Ω, d. h. die Potenzmenge von Ω, kann man als *Menge aller möglichen Ereignisse* festlegen. Eine andere σ-Algebra als die Potenzmenge kann aber ebenfalls die Rolle der Menge aller möglichen Ereignisse übernehmen, insbesondere falls $\Omega_Y = \mathbb{R}$.

Potenzmenge von Ω als Menge der möglichen Ereignisse

Mit $P(A)$ bezeichnen wir die (meist unbekannte) Wahrscheinlichkeit für ein mögliches Ereignis A (d. h. für eine Teilmenge von Ω). Die meisten dieser Wahrscheinlichkeiten sind unbekannt, einige können auch bekannt sein. Wichtig ist zunächst lediglich, dass man davon ausgehen kann, dass jedes Ereignis eine Wahrscheinlichkeit hat, ob man diese kennt oder nicht, spielt zunächst keine Rolle. Damit sind alle Komponenten des Wahrscheinlichkeitsraums spezifiziert, der das betrachtete Zufallsexperiment repräsentiert.

Jedes Ereignis A hat eine Wahrscheinlichkeit $P(A)$

16.2 Grundbegriffe

Wir kommen nun zu den Grundbegriffen, mit denen die Theorie der individuellen und durchschnittlichen kausalen Effekte formuliert werden kann, d. h. den in diesem Zufallsexperiment relevanten Zufallsvariablen.

Als erstes bezeichne $U: \Omega \to \Omega_U$, mit $U(\omega) = u$, für jedes $\omega = (u, \omega_X, \omega_Y) \in \Omega$, die Projektion von Ω auf Ω_U. Die Abbildung U gibt damit an, welche Beobachtungseinheit (Person) bei dem betrachteten Zufallsexperiment gezogen wird.

Person- oder Unit-Variable U gibt an, welche Beobachtungseinheit (unit) gezogen wird.

Weiter sei $X: \Omega \to \Omega'_X$ der Regressor bzw. die *Treatment-Variable* mit der Wertemenge Ω'_X von Werten x. Im einfachsten Fall enthält Ω'_X nur die beiden Werte „Experimental- und Kontrollbedingung". Die Zufallsvariable X ist also weder unbedingt numerisch, noch ist sie unbedingt eindimensional. In vielen Fällen wird $\Omega'_X = \Omega_X$ gelten. Manchmal ist es jedoch notwendig, dass die Wertemenge Ω'_X Zahlen als Elemente enthält, z. B. dann, wenn X der Regressor in einer linearen Regression sein soll.

Regressor X mit Werten $x \in \Omega'_X$

Schließlich sei $Y: \Omega \to \mathbb{R}$ der numerische Regressand, dessen Abhängigkeit vom Regressor X betrachtet werden soll. In manchen Kontexten wird Y auch als *Response-Variable* („Response") bezeichnet. Die Zuweisung der Werte dieser Variablen kann bspw. durch die Auswertungsvorschrift eines psychologischen Testverfahrens oder eine physiologische Messvorschrift geregelt sein.

Regressand oder Response-Variable Y

Die oben eingeführten Abbildungen U, X und Y sind Zufallsvariablen mit einer gemeinsamen Verteilung.[1] Demnach ist es in der betrachteten Art eines Zufallsexperiments sinnvoll zu fragen, wie groß die Wahr-

---

[1] Die allgemeine Definition (nichtnumerischer) Zufallsvariablen und ihrer Verteilung findet man in Kapitel 4 (s. auch Bauer, 2002).

scheinlichkeit ist, dass Fritz gezogen wird, er der Bedingungen E zugeordnet wird und er dann die Antwort $\omega_Y = (+, +, -)$ liefert. Außerdem nehmen wir an, dass der Regressand Y einen endlichen Erwartungswert $E(Y)$ und eine positive und endliche Varianz $Var(Y)$ hat. Diese Annahmen implizieren, dass die Treatment-Regression $E(Y|X)$ und die Unit-treatment-Regression $E(Y|X, U)$ existieren und dass es eine endliche Varianz von Y gibt, die zu einem gewissen Ausmaß durch die Regression $E(Y|X)$ von Y auf X determiniert ist, das durch den Determinationskoeffizienten $Var[E(Y|X)]/Var(Y)$ angegeben werden kann. Schließlich nehmen wir auch der Einfachheit halber an, dass $P(X=x, U=u) > 0$ für jedes Wertepaar (x, u) von Werten von X und U. Dies impliziert, dass die bedingten Erwartungswerte $E(Y|X=x, U=u)$ von Y gegeben $X=x$ und $U=u$, die Werte der Regression $E(Y|X, U)$, eindeutig definiert sind. Wenn wir diese Annahme nicht machen würden, dann könnte es durchaus ein Wertepaar (x, u) mit der Wahrscheinlichkeit $P(X=x, U=u) = 0$ geben, für das dann der bedingte Erwartungswert $E(Y|X=x, U=u)$ nicht eindeutig definiert wäre.

Die Differenz $Y - E(Y|X, U)$ kann mehrere Komponenten enthalten. Eine davon sind ist die *Messfehlerkomponente*. Dabei beachte man, dass selbst dann mit Messfehlern zu rechnen ist, wenn der Messzeitpunkt fixiert ist, falls man ein nicht total perfektes Messinstrument verwendet. Eine zweite Komponente sind Effekte, die erst durch *vermittelnde Variablen* (Mediatorvariablen) entstehen. So können z. B. kritische Lebensereignisse (wie Tod eines Lebenspartners), genau wie glückliche Lebensereignisse (wie eine neue Liebe), die nach der Behandlung eintreten, die noch später erhobene Antwortvariable (wie Lebenszufriedenheit) beeinflussen.

In der folgenden Definition verwenden wir die Notation $\mu_{1,u}$ und $\mu_{2,u}$ für die individuellen Erwartungswerte einer Beobachtungseinheit u, die ihr in der experimentellen Bedingung $X = x_1$ bzw. $X = x_2$ zugeordnet würden. In der Regressionsnotation sind dies die bedingten Erwartungswerte $E(Y|X=x_1, U=u)$ bzw. $E(Y|X=x_2, U=u)$. Dabei beachte man, dass ein Wert y des Regressanden Y selbst *nicht* der Beobachtungseinheit u, sondern den Elementen der Menge Ω der möglichen Ergebnisse des betrachteten Zufallsexperiments zugeordnet sind.

Da wir keine Daten, sondern ein Zufallsexperiment und seine Gesetzmäßigkeiten betrachten, können wir auf die beiden bedingten Erwartungswerte $E(Y|X=x_1, U=u)$ und $E(Y|X=x_2, U=u)$ Bezug nehmen, egal welcher der beiden Bedingungen, $X=x_1$ oder $X=x_2$, die Beobachtungseinheit u zugeordnet wird. Damit handelt es sich beim individuellen kausalen Effekt um ein *Prä-facto-Konzept*, weil wir das Zufallsexperiment immer aus der Prä-facto-Perspektive betrachten, also *bevor* es durchgeführt wird. In diesem Kontext sprechen andere Autoren von der *kontrafaktischen* Natur dieses Konzepts, (s. z. B. Sobel, 1994). Dies würde aber eine *Post-facto*-Sichtweise eines Zufallsexperiments implizieren, die wir nicht teilen. Ein Zufallsexperiment in der Sprache der Wahrscheinlichkeitstheorie aus der Post-facto-Perspektive zu betrachten, macht m. E. keinen Sinn. Ereignisse haben nur aus der Prä-facto-Perspektive eine Wahrscheinlichkeit < 1, bereits eingetretene Ereignisse dagegen hätten alle die Wahrscheinlichkeit 1.

16.3 Individueller und durchschnittlicher Effekt

> **Zusammenfassungsbox 1. Zufallsexperiment und Grundbegriffe**
>
> $$\Omega = \Omega_U \times \Omega_X \times \Omega_Y$$ *Menge der möglichen Ergebnisse*
>
> Charakterisiert das Zufallsexperiment „Ziehe eine Person $u \in \Omega_U$, registriere ihre Zuweisung zu einer Bedingung $\omega_X \in \Omega_X$ und beobachte die Ausprägung $\omega_Y \in \Omega_Y$."
>
> $$U: \Omega \to \Omega_U$$ *Personvariable*
>
> Ihr Wert ist die gezogene Person (allgemeiner: Beobachtungseinheit) u.
>
> $$X: \Omega \to \Omega'_X$$ *Treatment-Variable*
>
> Ihr Wert repräsentiert die der Person zugewiesene (experimentelle) Bedingung ω_X.
>
> $$Y: \Omega \to \mathbb{R}$$ *Response-Variable*
>
> Die betrachtete „Antwortvariable", deren Abhängigkeit von X kausal interpretiert werden soll.
>
> $$E(Y \mid X)$$ *Treatment-Regression*
>
> Beschreibt die Abhängigkeit der Response-Variablen Y von der Treatment-Variablen X, die kausal interpretiert werden soll.
>
> $$E(Y \mid X, U)$$ *Unit-treatment-Regression*
>
> Ihre Werte $\mu_{x,u} := E(Y \mid X = x, U = u)$ sind die Erwartungswerte der Response-Variablen Y einer Person (oder unit) u in einer (Treatment-) Bedingung $X = x$.

16.3 Individueller und durchschnittlicher Effekt

Unter Verwendung der oben eingeführten Zufallsvariablen können wir nun die Theorie individueller und durchschnittlicher kausaler Effekte darstellen. Die folgenden beiden Definitionen gehen u. W. auf Neyman (1923/1990; 1935) zurück.

Theorie individueller und durchschnittlicher kausaler Effekte:

> **Definition 1.** Seien X eine Treatment-Variable, Y eine Response-Variable mit positiver und endlicher Varianz und U die Personvariable, alle drei auf einem gemeinsamen Wahrscheinlichkeitsraum $\langle \Omega, \mathfrak{A}, P \rangle$, wobei Ω die in (16.1) angegebene Struktur hat. Außerdem sei $P(X = x, U = u) \neq 0$. Der *individuelle kausale Effekt* von x_1 vs. x_2 auf (den Erwartungswert von) Y für die Beobachtungseinheit u ist die Differenz
>
> $$ICE_u(1, 2) := E(Y \mid X = x_1, U = u) - E(Y \mid X = x_2, U = u) \quad (16.2)$$
>
> $$= \mu_{1,u} - \mu_{2,u}$$

Individueller kausaler Effekt

Im Gegensatz zu den bisherigen Definitionen in diesem Buch basiert diese Definition nicht vollständig auf mathematisch wohldefinierten Begriffen. Dies geschieht vor allem aus Gründen der Einfachheit. Eine vollständig formalisierte Theorie kausaler Regressionsmodelle findet man dagegen bei Steyer (1992).

Fundamentales Problem der kausalen Inferenz

Oft kann eine Beobachtungseinheit nur einer einzigen von mehreren experimentellen Bedingungen zugeordnet werden. So kann man beispielsweise einen Schüler nicht gleichzeitig und auch nicht nacheinander Mathematik mit einer neuen ($X=x_1$) und einer herkömmlichen Lehrmethode ($X=x_2$) unterrichten, um den Effekt der neuen Lehrmethode im Vergleich zur herkömmlichen zu untersuchen. Nach dem Unterricht nach einer der beiden Lehrmethoden wäre der Schüler kein Angehöriger derjenigen Population, die bei der Untersuchung zugrunde gelegt wird, nämlich die Population der Schüler, die den betreffenden Stoff noch nicht kennen. Daher ist es oft unmöglich, die individuellen kausalen Effekte zu schätzen. In diesen Fällen können wir entweder nur $\mu_{1,u}$ *oder* aber $\mu_{2,u}$ schätzen, aber nicht beide. Dies hat Holland (1986) als *Fundamentalproblem der kausalen Inferenz* bezeichnet.

Ausweg: Durchschnittlicher kausaler Effekt

Ein Ausweg aus diesem Problem ist seit Neyman (1923/1990) bekannt. Er besteht darin, anstelle der individuellen kausalen Effekte, den *durchschnittlichen kausalen Effekt* zu schätzen (s. auch Rubin, 1974; Holland, 1986; Neyman, 1923/1990, p. 470). In der folgenden Definition des durchschnittlichen kausalen Effekts, ist die Summierung über alle Beobachtungseinheiten u aus der Population Ω_U zu verstehen und $P(U=u)$ bezeichnet die Wahrscheinlichkeit, dass die Beobachtungseinheit u gezogen wird. In der Regel wird $P(U=u) = 1/N$ gelten, wobei N die Zahl der Beobachtungseinheiten in der Population Ω_U bezeichnet.

Definition 2. Unter den gleichen Voraussetzungen wie in Definition 1 ist der *durchschnittliche kausale Effekt* von x_1 vs. x_2 auf (den Erwartungswert von) Y definiert durch:

$$ACE(1,2) := \sum_u ICE_u(1,2)\, P(U=u). \qquad (16.3)$$

Da die Summe einer Differenz gleich der Differenz der Summen ist, gilt auch:

$$ACE(1,2) := \sum_u (\mu_{1,u} - \mu_{2,u})\, P(U=u)$$

$$= \sum_u \mu_{1,u} P(U=u) - \sum_u \mu_{2,u} P(U=u). \qquad (16.5)$$

Dies zeigt, dass die Durchschnitte der individuellen bedingten Erwartungswerte über die Population wichtige Größen sind. Wir nennen sie daher *kausal unverfälschte bedingte Erwartungswerte*.

Definition 3. Unter den gleichen Voraussetzungen wie in Definition 1 heißt die Zahl

Kausal unverfälschter bedingter Erwartungswert

$$CUE(Y|X=x) := \sum_u \mu_{x,u} P(U=u) \qquad (16.4)$$

kausal unverfälschter bedingter Erwartungswert von Y gegeben $X=x$.

Damit können wir aber auch den Begriff der kausalen Unverfälschtheit einer Regression einführen, den wir synonym mit „kausaler Interpretierbarkeit" verwenden.

Kausale Interpretierbarkeit

Definition 4. Unter den gleichen Voraussetzungen wie in Definition 1 heißen die Regression $E(Y|X)$ und ihre Werte $E(Y|X=x)$ *kausal unverfälscht*, wenn für jeden Wert x von X gilt:

$$E(Y|X=x) = CUE(Y|X=x). \qquad (16.6)$$

Kausale Unverfälschtheit

Oben haben wir festgestellt, dass man i. d. R. die individuellen kausalen Effekte nicht schätzen kann. Wie aber kann man den *Durchschnitt* von Werten schätzen, die man selbst nicht schätzen kann? Wie wir in den folgenden Abschnitten sehen werden, kann man dies z. B. in einem randomisierten Experiment erreichen. Das im nächsten Abschnitt darzustellende Theorem liefert dazu die theoretische Grundlage und damit auch eine Lösung des Fundamentalproblems der kausalen Inferenz. In diesem Theorem wird u. a. auch auf den *Prima-facie-Effekt*

$$PFE(1,2) := E(Y|X=x_1) - E(Y|X=x_2) \qquad (16.7)$$

Prima-facie-Effekt

von x_1 vs. x_2 auf (den Erwartungswert von) Y Bezug genommen. Dabei handelt es sich um die Differenz zwischen den beiden bedingten Erwartungswerten $E(Y|X=x_1)$ und $E(Y|X=x_2)$, d. h. zwischen zwei Werten der Regression $E(Y|X)$. Im einfachsten Fall handelt es sich dabei z. B. um die Erwartungswertedifferenz zwischen einer Experimental- und einer Kontrollgruppe. Genau diese wahre Erwartungswertedifferenz schätzen wir durch die Differenz zweier Stichprobenmittelwerte $\bar{Y}_1 - \bar{Y}_2$ und über solche Erwartungswertedifferenz testen wir die Nullhypothese $\mu_1 - \mu_2 = 0$, beispielsweise mit dem t-Test. Mit den Notationen $\mu_1 - \mu_2$ und $E(Y|X=x_1) - E(Y|X=x_2)$ bezeichnen wir also die gleiche Sache. Die Bezeichnung „Prima-facie-Effekt" führen wir hier deswegen ein, weil wir „auf den ersten Blick" dazu neigen, eine solche wahre Mittelwertedifferenz als *Effekt*, d. h. *kausal* zu interpretieren. Dass eine solche kausale Interpretation keineswegs immer berechtigt ist, haben wir bereits bei den im letzten Kaptitel dargestellten Paradoxa festgestellt.

Erwartungswertedifferenz wird geschätzt durch die Differenz zweier Stichprobenmittelwerte

16.4 Hinreichende Bedingungen der kausalen Unverfälschtheit

Ob, und wenn ja, unter welchen Voraussetzungen und in welchen Sinn eine kausale Unverfälschtheit eines Prima-facie-Effekts vorliegt, gilt es nun zu untersuchen. Dazu betrachten wir nun zwei Theoreme, deren Beweise man in den Übungen 5 und 6 findet.

Randomisierungstheorem

Theorem 1. Unter den gleichen Voraussetzungen wie in Definition 1 impliziert die stochastische Unabhängigkeit von U und X die kausale Unverfälschheit der Regression $E(Y|X)$ und ihrer Werte $E(Y|X=x)$, sowie

$$PFE(1, 2) = ACE(1, 2). \qquad (16.8)$$

Stochastische Unabhängigkeit von Treatment-Variable X und Personvariable U

Diese Gleichung besagt also, dass die „normalen" Erwartungswertdifferenz gleich dem durchschnittlichen kausalen Effekt *in der Gesamtpopulation* ist. Mit dieser Gleichung definieren wir daher die *kausale Unverfälschtheit des Prima-facie-Effekts in der Gesamtpopulation*. Die dafür im obigen Theorem genannte hinreichende Bedingung, die stochastische Unabhängigkeit des Regressors X und der Variablen U, kann man durch das Verfahren der zufälligen Zuweisung der Beobachtungseinheit zu einer der experimentellen Bedingungen herstellen.

Realisierbar durch randomisierte Zuweisung der Beobachtungseinheiten

Unabhängigkeit bezieht sich auf das Einzelfallexperiment

Man beachte, dass wir hier vom Einzelfallexperiment sprechen. Eventuelle entsprechende Abhängigkeiten in Stichprobenexperimenten stehen dem nicht entgegen. Abhängigkeiten, die jedoch nicht mehr durch den Stichprobenfehler zu erklären sind, können u. U. durch systematischen Versuchspersonenausfall entstehen. In diesem Fall sollten wir jedoch auch nicht mehr von einem randomisierten Experiment sprechen, selbst wenn es ursprünglich als solches angelegt war.

Die stochastische Unabhängigkeit von X und U ist zwar hinreichend, aber es gibt weitere hinreichende Bedingungen, aus denen Gleichung (16.8) abgeleitet werden kann. Im folgenden Theorem ist eine solche weitere hinreichende Bedingung für die Gültigkeit der Gleichung (16.8) formuliert.

Homogenitätstheorem

Theorem 2. Unter den gleichen Voraussetzungen wie in Definition 1 impliziert die bedingte regressive Unabhängigkeit des Regressanden Y von U gegeben X, d. h.

$$E(Y|X, U) = E(Y|X), \qquad (16.9)$$

die kausale Unverfälschtheit der Regression $E(Y|X)$ und ihrer Werte $E(Y|X=x)$, sowie $PFE_{12} = ACE_{12}$.

Diesem Theorem zufolge ist der Prima-facie-Effekt auch dann gleich dem durchschnittlichen kausalen Effekt in der Gesamtpopulation, d. h. $PFE(1, 2) = ACE(1, 2)$, wenn Y von U regressiv unabhängig ist gegeben X [s. Gl. (16.9)]. Man beachte, dass, im Gegensatz zur Unabhängigkeit von U und X, die Gleichung (16.9) *nicht* unter der Kontrolle des Experimentators ist, es sei denn, es gelingt, eine Population von Beobachtungseinheiten auszuwählen, die hinsichtlich der Regression $E(Y|X)$ *völlig homogen* ist, in dem Sinne, dass für jede Beobachtungseinheit u und jeden Wert x von X gilt: $E(Y|X=x, U=u) = E(Y|X=x)$. Einen solchen Fall haben wir in Tabelle 15.5 im letzten Kapitel dargestellt. Gleichung (16.9) wird daher in Anwendungen eher selten gelten.

Unit-treatment-Homogenität

16.5 Diskussion der kausalen Unverfälschtheit

Die *kausale Unverfälschtheit* einer Regression ist eine sehr wünschenswerte Eigenschaft. Sie reicht jedoch nicht für eine sinnvolle Definition einer *kausalen Regression* aus. Dafür lassen sich zwei wichtige Gründe anführen, die wir im Folgenden näher erläutern.

(a) Eine Behauptung, dass eine Regression kausal unverfälscht ist, lässt sich empirisch nicht falsifizieren.

(b) Eine Regression sollte auch in allen Subpopulationen kausal unverfälscht sein.

Zwar kann man durch randomisierte Zuordnung der Beobachtungseinheiten zu den experimentellen Bedingungen die kausale Unverfälschtheit herstellen, aber in Untersuchungen, in denen keine Randomisierung möglich ist, lässt sich aus der Behauptung, dass eine Regression $E(Y|X)$ im oben definierten Sinn kausal unverfälscht ist, nichts ableiten, was in einer Anwendung falsifizierbar wäre. In der Gleichung (16.4) wird über *alle* Beobachtungseinheiten in der betrachteten Population summiert, und zwar für *jeden* Wert x des betrachteten Regressors X. Hier stoßen wir wieder an das bereits beschriebene Grundproblem der kausalen Inferenz, dass wir eben nicht *alle* Beobachtungseinheiten *allen* experimentellen Bedingungen zuordnen können. Daher können wir zwar die linke Seite der Gleichung (16.4) schätzen, nicht aber die rechte Seite. Eine empirische Überprüfung dieser Gleichung ist daher grundsätzlich nicht möglich, nicht einmal im Sinne der Falsifizierbarkeit.

Problem 1:
Die Behauptung einer kausalen Unverfälschtheit ist nicht falsifizierbar

Angenommen, eine Regression $E(Y|X)$, und damit auch die Differenzen ihrer Werte $E(Y|X=x_1) - E(Y|X=x_2)$, wäre im o. g. Sinn kausal unverfälscht. Dann bedeutet dies nur, dass diese Differenzen Durchschnitte der individuellen kausalen Effekte über die *Gesamtpopulation* sind. In Subpopulationen, wie z. B. den beiden Geschlechtsgruppen, können die Mittelwertsdifferenzen ganz anders ausfallen, wenn entsprechende Interaktionen (im varianzanalytischen Sinn) vorliegen. In solchen Fällen wären wir auch an einer kausalen Interpretation der entsprechenden Differenzen in *jeder der beiden Subpopulationen* interessiert. Aus Gleichung (16.4) lässt sich jedoch die kausale Unverfälschtheit dieser Differenzen in den Subpopulationen *nicht* ableiten. Mit der „Unkonfundiertheit" führen daher Steyer, Gabler, von Davier und Nachtigall (2000) ein stärkeres Kausalitätskriterium ein, das die oben genannten Nachteile (a) und (b) nicht mehr aufweist.

Problem 2:
Kausale Unverfälschtheit der Differenzen auch in den Subpopulationen nicht ableitbar

Ein dritter Kritikpunkt an der Theorie der individuellen und durchschnittlichen kausalen Effekte ist, dass sie nicht vollständig formalisiert ist. Ein Blick auf Definition 1 zeigt, dass wir von einer Treatment-Variablen und einer Response-Variablen sprechen und damit implizit vorausgesetzt wird, dass die Response-Variable erst nach der Treatment-Variable erhoben wird. Die damit implizierte zeitliche Strukturiertheit des betrachteten Zufallsexperiments und der beteiligten Variablen ist damit nicht formal repräsentiert. Genau so wenig ist formal repräsentiert, was eine Treatment-Variable von anderen Variablen unterscheidet. Zwar ist der Grad der Formalisierung der Theorie individueller und durchschnittlicher kausaler Effekte für viele Anwendungen hinreichend, eine voll-

Problem 3:
Unvollständige Formalisierung

ständige explizierte formale Struktur liegt damit aber noch nicht vor. Diese findet man aber z. B. in der *Theorie kausaler Regressionsmodelle* (Steyer, 1992), in die sich die hier vorgestellte Theorie individueller und durchschnittlicher kausaler Effekte zwanglos einbetten lässt. Auf andere weiterführende Literatur werden wir am Ende des nächsten Kapitels hinweisen.

16.6 Zusammenfassende Bemerkungen

In diesem Kapitel wurde die Theorie individueller und durchschnittlicher kausaler Effekte von Neyman, Rubin u. a. dargestellt und damit verdeutlicht, wovon die Rede ist, wenn wir von einer *kausalen Unverfälschtheit regressiver Abhängigkeiten* sprechen. Gemeint ist damit, dass der *Prima-facie-Effekt* $PFE(1, 2) = E(Y|X=x_1) - E(Y|X=x_2)$ gleich dem Durchschnitt ACE_{12} der *individuellen kausalen Effekte* $E(Y|X=x_1, U=u) - E(Y|X=x_2, U=u)$ über alle Beobachtungseinheiten in der zugrunde gelegten Population ist. Es wurden zwei Bedingungen genannt, aus denen die Gleichung $PFE(1, 2) = ACE(1, 2)$ folgt:

(a) die *stochastische Unabhängigkeit* von X und U, die man durch zufällige Zuweisung der Beobachtungseinheiten u zu den experimentellen Bedingungen x herstellen kann;

(b) die bedingte regressive Unabhängigkeit des Regressanden Y von U bei gegebenem X. Dies kann man auch als *Homogenität* der Population bzgl. der Regression $E(Y|X)$ bezeichnen.

Die Theorie individueller und durchschnittlicher kausaler Effekte ist ein wichtiger Bestandteil einer Theorie kausaler Regressionsmodelle. Sie ist jedoch insofern noch unbefriedigend als dass die Gleichung $PFE(1, 2) = ACE(1, 2)$, d. h. die Hypothese der kausalen Unverfälschtheit eines Prima-facie-Effekts in nichtexperimentellen Studien nicht empirisch überprüft werden kann, auch nicht im Sinne der Falsifizierbarkeit.

Fragen

leicht	F1.	Warum kann man die individuellen kausalen Effekte in vielen Fällen nicht schätzen?
leicht	F2.	Wie kann man einen Prima-facie-Effekt schätzen?
leicht	F3.	Warum kann man den durchschnittlichen kausalen Effekt i. d. R. nicht ohne weiteres schätzen?
leicht	F4.	Unter welchen Voraussetzungen weiß man, dass der Prima-facie-Effekt gleich dem durchschnittlichen kausalen Effekt ist?
mittel	F5.	Warum ist die Aussage, dass eine Regression kausal unverfälscht ist, nicht falsifizierbar?
mittel	F6.	Kann man aus der kausalen Unverfälschtheit einer Regression $E(Y|X)$ auf die kausale Unverfälschtheit der Regressionen $E_{W=w}(Y|X)$ in Subpopulationen schließen?

Antworten

A1. Die individuellen kausalen Effekte kann man in vielen Fällen nicht schätzen, weil man eine Person nur einer einzigen experimentellen Bedingung unterwerfen kann. So kann man eine Person nicht gleichzeitig mit zwei verschiedenen Thera-

> **Zusammenfassungsbox 2. Das Wichtigste zur Theorie individueller und durchschnittlicher kausaler Effekte**
>
> **A. Definitionen**
>
> $$ICE_u(1, 2) = \mu_{1,u} - \mu_{2,u}$$
>
> *Individueller kausaler Effekt*
>
> Differenz der individuellen Erwartungswerte der Person u in Bedingung 1 und 2.
>
> $$ACE(1, 2) = \sum_u ICE_u(1, 2) \, P(U = u)$$
>
> *Durchschnittlicher kausaler Effekt*
>
> Erwartungswert der individuellen kausalen Effekte über *alle* Personen in der Population.
>
> $$PFE(1, 2) = E(Y | X = x_1) - E(Y | X = x_2)$$
>
> *Prima-facie-Effekt*
>
> Die Differenz zweier bedingter Erwartungswerte, deren kausale Interpretation intendiert ist.
>
> $$PFE(1, 2) = ACE(1, 2)$$
>
> *Kausale Unverfälschtheit des PFE*
>
> Hier wird definiert, was die kausale Unverfälschtheit einer Erwartungswertdifferenz (also des *PFE*) bedeutet.
>
> $$CUE(Y | X = x) = \sum_u \mu_{x,u} \, P(U = u)$$
>
> *Kausal unverfälschter bedingter Erwartungswert*
>
> Hier wird definiert, was ein kausal unverfälschter bedingter Erwartungswert ist.
>
> $$E(Y | X = x) = CUE(Y | X = x) \quad \text{für jeden Wert } x \text{ von } X$$
>
> *Kausale Unverfälschtheit der Regression und ihrer Werte*
>
> Hier wird definiert, was die kausale Unverfälschtheit einer Regression und ihrer Werte bedeutet.
>
> **B. Theoreme**
>
> 1. Die stochastische Unabhängigkeit von X und U impliziert die kausale Unverfälschtheit des Prima-facie-Effekts in der Gesamtpopulation.
>
>   *Randomisierungstheorem*
>
> 2. $E(Y | X, U) = E(Y | X)$ impliziert die kausale Unverfälschtheit des Prima-facie-Effekts in der Gesamtpopulation.
>
>   *Homogenitätstheorem*

pien behandeln, wenn man den Effekt der einen Therapie im Vergleich zur zweiten Therapie untersuchen will. Bei einer nacheinander erfolgenden Behandlung mit beiden Therapien wäre der Effekt der zweiten Therapie nicht mehr unbedingt derselbe, wie wenn die zweite Therapie ohne vorangegangene erste Therapie erfolgt wäre.

A2. Ein Prima-facie-Effekt lässt sich in empirischen Untersuchungen durch die Mittelwertedifferenz $\overline{Y}_1 - \overline{Y}_2$ der Antwortvariablen Y zwischen zwei (experimentellen) Bedingungen schätzen.

A3. Man kann den durchschnittlichen kausalen Effekt i. d. R. nicht ohne weiteres schätzen, weil er als Durchschnitt der individuellen Effekte definiert ist und diese individuellen kausalen Effekte in vielen Fällen nicht geschätzt werden können (s. Frage 1).

A4. Der Prima-facie-Effekt ist gleich dem durchschnittlichen kausalen Effekt, wenn die Treatment-Variable X und die Personprojektion U stochastisch unabhängig sind, was man z. B. durch zufällige Zuweisung der Person zu einer der experimentellen Bedingungen realisieren kann. Der Prima-facie-Effekt ist auch dann gleich dem durchschnittlichen kausalen Effekt, wenn die Population homogen ist, d. h. wenn gilt: $E(Y | X, U) = E(Y | X)$.

A5. Eine solche Aussage ist nicht falsifizierbar, weil zwar die Regression bzw. ihre Werte durch entsprechende Stichprobenmittelwerte geschätzt werden können, nicht aber auch alle individuellen Erwartungswerte $E(Y | X = x_1, U = u)$ und $E(Y | X = x_2, U = u)$ (s. das fundamentale Problem der kausalen Inferenz).

A6. Nein. Die kausale Unverfälschtheit von $E(Y|X)$ und ihrer Werte kann inzidenziell sein, also durch glückliche Umstände zustande kommen und nicht Folge einer tiefer gehenden Eigenschaft sein. Die kausale Unverfälschtheit ist daher als Kausalitätskriterium zu schwach.

Übungen

mittel	Ü1. Geben Sie ein Zahlenbeispiel an, in dem $E(Y|X, U) = E(Y|X)$ gilt.
mittel	Ü2. Geben Sie ein Zahlenbeispiel an, in dem X und U unabhängig sind und ein zweites, in dem dies nicht der Fall ist.
mittel	Ü3. Geben Sie eine dritte hinreichende Bedingung für die kausale Unverfälschtheit der Regression $E(Y|X)$ an.
mittel	Ü4. Zeigen Sie, dass bei stochastischer Unabhängigkeit von X und U die Gleichung (16.6) für jeden Wert x von X gilt.
mittel	Ü5. Zeigen Sie, dass Gleichung (16.6), und daher auch die stochastische Unabhängigkeit von U und X, die Gleichung $PFE_{12} = ACE_{12}$ impliziert.
mittel	Ü6. Zeigen Sie, dass $E(Y|X, U) = E(Y|X)$ die Gleichung (16.6) und damit $PFE_{12} = ACE_{12}$ impliziert.

Lösungen

L1. Siehe Tabelle 5 im vorangegangenen Kapitel.

L2. Siehe Tabelle 4 im vorangegangenen Kapitel mit der vorletzten Spalte. Legt man dagegen die letzte Spalte zugrunde, liegt ein Beispiel vor, in dem X und U *nicht* unabhängig sind.

L3. Eine dritte hinreichende Bedingung ist: „X und U sind stochastisch unabhängig *oder* es gilt $E(Y|X, U) = E(Y|X)$".

L4. Da wir $P(X=x, U=u) > 0$ für jedes Wertepaar (x, u) von X und U voraussetzen, ist die folgende Gleichung allgemeingültig [s. R-Box 6.1, (iv)].

$$E(Y|X=x) = \sum_u E(Y|X=x, U=u) P(U=u|X=x) \text{ für jeden Wert } x \text{ von } X.$$

Sind U und X stochastisch unabhängig, dann gilt: $P(U=u|X=x) = P(U=u)$. Einsetzen in die obige Gleichung ergibt dann Gleichung (16.6).

L5. $PFE_{12} = ACE_{12}$ folgt aus der in Übung 4 bewiesenen Gleichung. Es gilt nämlich

$$ACE_{12} := \sum_u [E(Y|X=x_1, U=u) - E(Y|X=x_2, U=u)] P(U=u)$$
$$= \sum_u E(Y|X=x_1, U=u) P(U=u) - \sum_u E(Y|X=x_2, U=u) P(U=u).$$

Daher können wir Gleichung (16.6) auf beide Terme in der obigen Gleichung anwenden, woraus $PFE_{12} = ACE_{12}$ folgt. Da die stochastische Unabhängigkeit von U und X die Gleichung (16.6) impliziert, und (16.6) die Gleichung $PFE_{12} = ACE_{12}$, impliziert auch die stochastische Unabhängigkeit von U und X die Gleichung $PFE_{12} = ACE_{12}$.

L6. Die Gleichung $E(Y|X, U) = E(Y|X)$ impliziert $E(Y|X=x, U=u) = E(Y|X=x)$ für jeden Wert x von X und u von U. Daher gilt auch für jeden Wert x von X:

$$\sum_u E(Y|X=x, U=u) P(U=u) = \sum_u E(Y|X=x) P(U=u)$$
$$= E(Y|X=x) \sum_u P(U=u) = E(Y|X=x).$$

Dies ist aber die Gleichung (16.6). Da in Übung 5 bereits gezeigt wurde, dass (16.6) die Gleichung $PFE_{12} = ACE_{12}$ impliziert, ist damit auch gezeigt, dass $E(Y|X, U) = E(Y|X)$ die Gleichung $PFE_{12} = ACE_{12}$ impliziert.

17 Bedingte kausale Effekte

Im letzten Kapitel haben wir individuelle und durchschnittliche kausale Effekte eingeführt und einige Theoreme dazu behandelt. Die damit eingeführte Theorie soll nun weiter ausgebaut werden, indem wir die Theorie um den Begriff des bedingten (durchschnittlichen) kausalen Effekts erweitern. Im Grunde genommen geht es etwas vereinfacht formuliert nur darum, den Begriff des durchschnittlichen kausalen Effekts in einer Gesamtpopulation auch auf Subpopulationen anzuwenden. Damit lassen sich dann aber eine Vielzahl kausaltheoretischer Fragen beantworten, die mit der statistischen Kontrolle von Störvariablen und mit der statistischen Analyse von nichtexperimentellen Daten entstehen. Unter anderem zeigen wir, wie mit dieser Theorie das Problem der kausalen Analyse eines nonorthogonalen varianzanalytischen Designs gelöst werden kann.

Durchschnittlicher kausaler Effekt in einer Subpopulation

Überblick. Wir beginnen mit einem einführenden Beispiel, an dem die Begriffe zunächst anschaulich und informell eingeführt werden. Darauf folgt die Darstellung der Theorie, zuerst die neuen Begriffe, dann die wichtigsten Theoreme. Darauf folgt ein Beispiel zur nonorthogonalen Varianzanalyse.

17.1 Einführendes Beispiel

Wir betrachten das Zufallsexperiment, zufällig eine Person u aus einer Population von sechs Personen zu ziehen, die dann einer von zwei experimentellen Bedingungen ($X = x_1$ für Treatment, $X = x_2$ für Kontrolle) zugewiesen wird und deren Wert auf einer Response-Variablen Y erhoben wird. Die betrachtete Population besteht zu zwei Dritteln aus Männern ($Z = z_1$) und zu einem Drittel aus Frauen ($Z = z_2$) und jede Person soll die gleiche Wahrscheinlichkeit $P(U = u) = 1/6$ haben, gezogen zu werden.

Zufallsexperiment

Für jede Person finden sich in Tabelle 1 die individuellen Erwartungswerte $\mu_{x,u} := E(Y | X=x, U=u)$ und die individuellen kausalen Effekte $ICE_u(1, 2) = \mu_{1,u} - \mu_{2,u}$. Außerdem ist jeder Person die Wahrscheinlichkeit $P(X = x_1 | U = u)$ zugeordnet, der Treatment-Bedingung zugewiesen zu werden. Diese werden wir im Folgenden als die *individuelle Behandlungswahrscheinlichkeit* bezeichnen. Für Männer sind die individuellen Behandlungswahrscheinlichkeiten 3/4, für Frauen gleich 1/4.

Individuelle Behandlungswahrscheinlichkeiten

In diesem Beispiel können wir zum einen wieder die individuellen kausalen Effekte und den durchschnittlichen kausalen Effekt in der

Tabelle 1. Zahlenbeispiel, in dem für jede einzelne Person ein positiver Effekt der Experimentalgruppe gegenüber der Kontrollgruppe besteht und die Wahrscheinlichkeit, der Experimentalbedingung zugewiesen zu werden, abhängig vom Geschlecht der Person ist

Person	$P(U=u)$	$\mu_{1,u}$	$\mu_{2,u}$	$\mu_{1,u}-\mu_{2,u}$	Geschlecht (Z)	$P(X=x_1 \mid U=u)$
u_1	1/6	80	68	12	z_1	3/4
u_2	1/6	93	81	12	z_1	3/4
u_3	1/6	103	89	14	z_1	3/4
u_4	1/6	116	102	14	z_1	3/4
u_5	1/6	132	123	9	z_2	1/4
u_6	1/6	148	137	11	z_2	1/4

Anmerkung. $Z=z_1$ steht für männlich, $Z=z_2$ steht für weiblich.

Gesamtpopulation betrachten. Darüber hinaus können wir aber die Frage stellen, ob der Prima-facie-Effekt $E(Y|X=x_1) - E(Y|X=x_2)$ gleich dem durchschnittlichen kausalen Effekt ist. Dies trifft in diesem Beispiel deswegen nicht zu, weil weder Homogenität herrscht, noch alle Personen die gleiche Behandlungswahrscheinlichkeit haben (s. Tab. 1, letzte Spalte).

Mit der zusätzlich eingeführten Variablen Z (Geschlecht) können wir nun aber auch nach den durchschnittlichen kausalen Effekten in den beiden Subpopulationen der Männer und der Frauen fragen. Dies sind genau die *bedingten kausalen Effekte*, die in diesem Kapitel neu eingeführt werden. Weiter kann man sich fragen, ob die Prima-facie-Effekte in den beiden Subpopulationen kausal unverfälscht, also gleich den durchschnittlichen kausalen Effekten in diesen beiden Subpopulationen sind. Dies trifft in diesem Beispiel deswegen zu, weil *innerhalb* beider Subpopulationen jede Person die gleiche Behandlungswahrscheinlichkeit hat (s. die letzte Spalte der Tab. 1).

Schließlich können wir uns fragen, ob wir aus den kausal unverfälschten Prima-facie-Effekten in den beiden Subpopulationen auch den durchschnittlichen kausalen Effekt in der Gesamtpopulation berechnen können. Auch diese Frage können wir bejahen. Die dazu nötige Formel werden wir in diesem Kapitel herleiten. Zunächst wollen wir uns aber mit den Details der Berechnungen der oben genannten Größen vertraut machen.

17.1.1 Durchschnittlicher kausaler Effekt

Der durchschnittliche kausale Effekt ist als Durchschnitt der individuellen kausalen Effekte definiert. Er ergibt sich hier also als Durchschnitt aller Werte in Spalte der Tabelle 1, die mit $\mu_{1,u}-\mu_{2,u}$ überschrieben ist.

$$ACE(1,2) = \sum_u (\mu_{1,u} - \mu_{2,u}) \, P(U=u) \tag{17.1}$$

$$= (80-68) \cdot \frac{1}{6} + (93-81) \cdot \frac{1}{6} + \cdots + (148-137) \cdot \frac{1}{6}$$

$$= (12 + 12 + 14 + 14 + 9 + 11) \cdot \frac{1}{6} = 12.$$

Der durchschnittliche kausale Effekt beträgt (in der Gesamtpopulation aller sechs Personen) also 12.

17.1.2 Unverfälschte bedingte Erwartungswerte

Da die gewichtete Summe einer Differenz gleich der Differenz der beiden gewichteten Summen ist, lässt sich der durchschnittliche kausale Effekt $ACE(1, 2)$ auch als Differenz der beiden Summen

$$CUE(Y|X = x_1) = \sum_u \mu_{1,u} P(U = u) = (80 + 93 + \cdots + 148) \cdot \frac{1}{6} = 112$$

und

$$CUE(Y|X = x_2) = \sum_u \mu_{2,u} P(U = u) = (68 + 81 + \cdots + 137) \cdot \frac{1}{6} = 100$$

Kausal unverfälschte Erwartungswerte im Beispiel

berechnen. Dabei bezeichnen wir $CUE(Y|X=x_1)$ und $CUE(Y|X=x_2)$ als *kausal unverfälschte bedingte Erwartungswerte* für $X = x_1$ bzw. für $X = x_2$ (s. Kap. 16). Dabei handelt es sich um die Mittelwerte der individuellen Erwartungswerte $\mu_{x,u} := E(Y|X=x, U=u)$ über alle sechs Personen, aus denen die betrachtete Population besteht (also die Mittelwerte über die zweite bzw. dritte Zahlenspalte in Tab. 1).

17.1.3 Bedingte Erwartungswerte und Prima-facie-Effekt

Die bedingten Erwartungswerte in der Experimental- bzw. in der Kontrollbedingung kann man nach der allgemeingültigen Formel

$$E(Y|X=x) = \sum_u E(Y|X=x, U=u) P(U=u|X=x) \qquad (17.2)$$

Allgemeingültige Berechnungsformel

[s. Regel (iv), R-Box 6.1] berechnen. Dabei benötigten individuellen bedingten Erwartungswerte $E(Y|X=x, U=u) = \mu_{x,u}$ sind in den Spalten der Tabelle 1 zu finden. Aus den in der letzten Spalte angegebenen individuellen Behandlungswahrscheinlichkeiten lassen sich die bedingten Wahrscheinlichkeiten $P(U=u|X=x)$ errechnen, und zwar nach der bei $P(U=u, X=x) > 0$ allgemeingültigen Formel

$$P(U=u|X=x) = P(U=u, X=x) / P(X=x)$$
$$= P(X=x|U=u) P(U=u) / P(X=x). \qquad (17.3)$$

Beziehung zwischen den bedingten Wahrscheinlichkeiten $P(U=u|X=x)$ und $P(X=x|U=u)$

Für die erste Person u_1 und die Treatment-Bedingung $X = x_1$ erhalten wir:

$$P(U=u_1 | X=x_1) = \frac{\frac{3}{4} \cdot \frac{1}{6}}{\frac{7}{12}} = \frac{3}{14}.$$

Dieses und die anderen Ergebnisse dieser Berechnungen finden sich in den letzen beiden Spalten der Tabelle 2.[1]

Mit diesen bedingten Wahrscheinlichkeiten können wir nun die bedingten Erwartungswerte $E(Y|X=x)$ berechnen. Für die Treatment-Bedingung $X=x_1$ erhalten wir:

Bedingte Erwartungswerte im Beispiel

$$E(Y|X=x_1) = \frac{3}{14} \cdot (80 + 93 + 103 + 116) + \frac{1}{14} \cdot (132 + 148)$$

$$= \frac{3}{14} \cdot 392 + \frac{1}{14} \cdot 280 = 84 + 20 = 104,$$

und für die Kontrollbedingung $X=x_2$:

$$E(Y|X=x_2) = \frac{1}{10} \cdot (68 + 81 + 89 + 102) + \frac{3}{10} \cdot (123 + 137)$$

$$= \frac{1}{10} \cdot 340 + \frac{3}{10} \cdot 260 = 34 + 78 = 112.$$

Interpretation des Prima-facie-Effektes

Die Differenz $E(Y|X=x_1) - E(Y|X=x_2) = 104 - 112 = -8$ zwischen diesen beiden bedingten Erwartungswerten, der *Prima-facie-Effekt*, ist also negativ, obwohl der durchschnittliche kausale Effekt positiv (gleich 12) ist, und auch jeder einzelne individuelle kausale Effekt positiv ist. Die kausale Interpretation des *Prima-facie-Effekts* würde also auch in diesem Beispiel grob in die Irre führen.

17.1.4 Kausale Effekte innerhalb der Geschlechtsgruppen

Ganz anders steht es mit der kausalen Interpretation der Erwartungswertdifferenzen innerhalb der beiden Geschlechtsgruppen, wie wir gleich sehen werden. Zunächst aber betrachten wir die *bedingten kausalen Effekte*, (d. h. die Durchschnitte der individuellen Effekte) in den beiden Subpopulationen der Männer und der Frauen. Wir verwenden dafür die Abkürzung $ACE_{Z=z_1}(1, 2)$ für „durchschnittliche kausale Effekte gegeben $Z=z_1$". Der Index $Z=z_1$ steht dabei für die Bedingung (hier: „Männer") und mit den beiden Werten 1 und 2 in der Klammer werden die beiden Werte der Variablen X angegeben, zwischen denen der Effekt betrachtet wird.

$ACE_{Z=z_1}(1, 2)$

---

[1] Die Berechnung der unbedingten Wahrscheinlichkeit $P(X=x_1) = 7/12$ erfolgt dabei nach dem Satz der totalen Wahrscheinlichkeit. Rechnerische Details findet man in der Lösung zu Übung 3 in diesem Kapitel.

Bei den *Männern* beträgt dieser bedingte kausale Effekt

$$ACE_{Z=z_1}(1, 2) = \sum_u (\mu_{1, u} - \mu_{2, u}) P_{Z=z_1}(U = u)$$

$$= (12 + 12 + 14 + 14) \cdot \frac{1}{4} + (9 + 11) \cdot 0 = 13$$

Berechnung am Beispiel

(s. hierzu auch Übung 4).[2] Auch dieser bedingte kausale Effekt lässt sich wieder durch eine Differenz berechnen, nämlich durch die Differenz der bedingten unverfälschten Erwartungswerte in den beiden Experimentalbedingungen

$$CUE_{Z=z_1}(Y|X=x_1) = \sum_u E(\mu_{1, u}) P_{Z=z_1}(U = u)$$

$$= (80 + 93 + 103 + 116) \cdot \frac{1}{4} + (132 + 148) \cdot 0 = 98$$

Kausal unverfälschte Erwartungswerte in den Experimentalbedingungen

... bei den Männern

und

$$CUE_{Z=z_1}(Y|X=x_2) = \sum_u \mu_{2, u} P_{Z=z_1}(U = u)$$

$$= (68 + 81 + 89 + 102) \cdot \frac{1}{4} + (123 + 137) \cdot 0 = 85.$$

Dabei steht die Abkürzung $CUE_{Z=z_1}(Y|X=x_1)$ für „$(Z=z_1)$-bedingter kausal unverfälschter Erwartungswert von Y gegeben $(X=x_1)$". Die Indices $Z=z_1$ bzw. $Z=z_2$ stehen dabei wieder für die Bedingung (hier: Männer bzw. Frauen).

Bei den *Frauen* beträgt dieser bedingte kausale Effekt

$$ACE_{Z=z_2}(1, 2) = \sum_u (\mu_{1, u} - \mu_{2, u}) P_{Z=z_2}(U = u)$$

$$= (12 + 12 + 14 + 14) \cdot 0 + (9 + 11) \cdot \frac{1}{2} = 10.$$

Auch dieser bedingte kausale Effekt lässt sich wieder durch eine Differenz berechnen, nämlich durch die Differenz zwischen

$$CUE_{Z=z_2}(Y|X=1) = \sum_u \mu_{1, u} P_{Z=z_2}(U = u)$$

... und bei den Frauen

---

[2] Wir verwenden hier die Schreibweise $P_{Z=z}(U = u)$ anstelle von $P(U = u | Z = z)$, um die Analogie zu dem unbedingten Fall (s. Kap. 16) augenfälliger zu machen. Mit beiden Schreibweise bezeichnen wir jedoch ein und dieselbe bedingte Wahrscheinlichkeit. Das Entsprechende gilt für die bedingten Erwartungswerte, d. h. es gilt: $E_{Z=z}(Y|X=x) = E(Y|X=x, Z=z)$. Auch hier verwenden wir die Indexschreibweise, wenn wir die Lesart „innerhalb von $Z=z$ betrachten wir den bedingten Erwartungswert von Y gegeben $X=x$" für verständnisfördernd halten.

$$= (80 + 93 + 103 + 116) \cdot 0 + (132 + 148) \cdot \frac{1}{2} = 140$$

und

$$CUE_{Z=z_2}(Y|X=x_2) = \sum_u \mu_{2,u} P_{Z=z_2}(U=u)$$

$$= (68 + 81 + 89 + 102) \cdot 0 + (123 + 137) \cdot \frac{1}{2} = 130.$$

17.1.5 Bedingte Erwartungswerte in den Geschlechtsgruppen

Im Gegensatz zu den ($X = x$)-bedingten Erwartungswerten und deren Differenz *in der Gesamtpopulation* sind die ($X = x$)-bedingten Erwartungswerte und deren Differenz *innerhalb der Geschlechtsgruppen* und damit die bedingten Prima-facie-Effekte in den beiden Geschlechtsgruppen unverfälscht. Wie wir sehen werden, liegt dies daran, dass *innerhalb* der Geschlechtsgruppen jede Person jeweils die gleiche Behandlungswahrscheinlichkeit hat, und dass damit ($Z = z$)-*bedingte Unabhängigkeit zwischen X und U* für jedes z besteht (s. Theorem 1), d. h. in diesem Beispiel gelten für alle Wertekombinationen von U, X, und Z:

Die Prima-facie-Effekte in den Geschlechtsgruppen sind unverfälscht, da ($Z = z$)-bedingte Unabhängigkeit zwischen X und U für jedes z

$$P_{Z=z}(U = u \mid X = x) = P_{Z=z}(U = u) \tag{17.4}$$

und

$$P_{Z=z}(X = x \mid U = u) = P_{Z=z}(X = x) \tag{17.5}$$

Da (a) die ($X = x$)-bedingten Erwartungswerte von Y innerhalb der Geschlechtsgruppen nach der allgemeingültigen Formel

$$E_{Z=z}(Y \mid X = x) = \sum_u E_{Z=z}(Y \mid X = x, U = u) \, P_{Z=z}(U = u|X = x) \tag{17.6}$$

berechnet werden, (b) wegen $Z = f(U)$ die Gleichung

$$E_{Z=z}(Y \mid X = x, U = u) = E(Y \mid X = x, U = u) = \mu_{x,u} \tag{17.7}$$

gilt und (c) ($Z = z$)-bedingte Unabhängigkeit zwischen X und U vorliegt [s. Gl. (17.4)], erhalten wir für die vier bedingten Erwartungswerte $E_{Z=z}(Y|X=x)$ innerhalb der beiden Geschlechtsgruppen exakt die gleichen Werte wie für die kausal unverfälschten bedingten Erwartungswerte $CUE_{Z=z}(Y|X=x)$ innerhalb der Geschlechtsgruppen. Demnach gelten:

$$E_{Z=z_1}(Y \mid X = x_1) = (80 + 93 + 103 + 116) \cdot \frac{1}{4} + (132 + 148) \cdot 0 = 98,$$

$$E_{Z=z_1}(Y \mid X = x_2) = (68 + 81 + 89 + 102) \cdot \frac{1}{4} + (123 + 137) \cdot 0 = 85,$$

$$E_{Z=z_2}(Y|X=x_1) = (80 + 93 + 103 + 116) \cdot 0 + (132 + 148) \cdot \frac{1}{2} = 140$$

und

$$E_{Z=z_2}(Y|X=x_2) = (68 + 81 + 89 + 102) \cdot 0 + (123 + 137) \cdot \frac{1}{2} = 130.$$

Die Differenz $E_{Z=z_1}(Y|X=x_1) - E_{Z=z_1}(Y|X=x_2) = 98 - 85 = 13$, d. h. der $(Z=z_1)$-bedingte Prima-facie-Effekt, ergibt nun genau den bedingten kausalen Effekt bei den Männern, und die Differenz $E_{Z=z_2}(Y|X=x_1) - E_{Z=z_2}(Y|X=x_2) = 140 - 130 = 10$, d. h. der $(Z=z_2)$-bedingte Prima-facie-Effekt, ergibt nun genau den bedingten kausalen Effekt in der Gruppe der Frauen. Die Ergebnisse bisherigen Berechnungen sind in Tabelle 2 zusammenfassend dargestellt.

Die beiden bedingten Prima-facie-Effekte entsprechen hier genau dem bedingten kausalen Effekt der jeweiligen Geschlechtsgruppe

17.2 Theorie bedingter kausaler Effekte

Im letzten Kapitel wurden bereits die unverfälschten bedingten Erwartungswerte von Y gegeben $X = x$, die kausale Unverfälschtheit der Regression $E(Y|X)$ und ihrer Werte sowie der durchschnittliche kausale Effekt definiert. Ganz analog können wir nun auch die entsprechenden Begriffe bei einer gegebenen Bedingung $Z = z$ definieren.

17.2.1 Das zugrunde liegende Zufallsexperiment

Grundlage ist dabei wieder ein Zufallsexperiment, das man wie folgt beschreiben kann: Ziehe eine Person u aus der Population Ω_U, registriere ihre Ausprägung $\omega_Z \in \Omega_Z$ hinsichtlich einer bedingenden Variablen (z. B. eines Vortests oder einer die Person charakterisierenden Variablen wie das Geschlecht) sowie ihre Zuweisung zu einer experimentellen Bedingung $\omega_X \in \Omega_X$ und beobachte die Ausprägung $\omega_Y \in \Omega_Y$ hinsichtlich ihrer Response-Variablen. Die Menge der möglichen Ergebnisse ist demnach vom Typ:

Zufallsexperiment

$$\Omega = \Omega_U \times \Omega_Z \times \Omega_X \times \Omega_Y. \tag{17.8}$$

Menge der möglichen Ergebnisse

Die Zufallsvariablen U, X und Y seien weiter wie in Kapitel 16 definiert. Hinzu kommt nun der Regressor $Z: \Omega \to \Omega'_Z$ mit der Wertemenge Ω'_Z von Werten z. Eine solche Variable wird oft als *Kovariate* bezeichnet. Im einfachsten Fall kann der Wertebereich Ω'_Z von Z nur die zwei Werte enthalten, z. B. die Werte „männlich" und „weiblich". In anderen Fällen kann Z einen kontinuierlichen, und möglicherweise auch messfehlerbehafteten Vortest repräsentieren, aber auch eine messfehlerbereinigte True-Score-Variable. Schließlich ist es durchaus auch möglich, dass Z ein Vektor $(Z_1 \ldots Z_K)$ von mehreren Zufallsvariablen ist, der mehrere Eigenschaften der Personen vor dem Beginn der Behandlung repräsentiert. Die

Kovariate $Z: \Omega \to \Omega'_Z$

Tabelle 2. Zahlenbeispiel, in dem für jede einzelne Person ein positiver Effekt der Experimentalgruppe gegenüber der Kontrollgruppe besteht und die Wahrscheinlichkeit, der Experimentalbedingung zugewiesen zu werden, abhängig vom Geschlecht der Person ist.

Person	$P(U=u)$	$\mu_{1,u}$	$\mu_{2,u}$	$\mu_{1,u}-\mu_{2,u}$	Geschlecht (Z)	$P(X=x_1|U=u)$	$P(U=u|X=x_1)$	$P(U=u|X=x_2)$
u_1	1/6	80	68	12	z_1	3/4	3/14	1/10
u_2	1/6	93	81	12	z_1	3/4	3/14	1/10
u_3	1/6	103	89	14	z_1	3/4	3/14	1/10
u_4	1/6	116	102	14	z_1	3/4	3/14	1/10
$CUE_{Z=z_1}(Y|X=x)$		98	85	13	$ACE_{Z=z_1}(1,2)$			
$E_{Z=z_1}(Y|X=x)$		98	85	13	$PFE_{Z=z_1}(1,2)$			
u_5	1/6	132	123	9	z_2	1/4	1/14	3/10
u_6	1/6	148	137	11	z_2	1/4	1/14	3/10
$CUE_{Z=z_2}(Y|X=x)$		140	130	10	$ACE_{Z=z_2}(1,2)$			
$E_{Z=z_2}(Y|X=x)$		140	130	10	$PFE_{Z=z_2}(1,2)$			
$CUE(Y|X=x)$		112	100	12	$ACE(1,2)$	$P(X=x_1)$ 7/12		
$E(Y|X=x)$		104	112	−8	$PFE(1,2)$			

Anmerkung. Die weiß unterlegten Angaben sind Wiederholungen der Tabelle 1. Mit $CUE(Y|X=x)$ bezeichnen wir die unverfälschten Erwartungswerte gegeben $X=x$ und mit $CUE_{Z=z}(Y|X=x)$ die ($Z=z$)-bedingten kausal unverfälschten Erwartungswerte gegeben $X=x$.

für die Einführung der folgenden Definitionen wichtigste Voraussetzung ist, dass U, Z, X und Y eine gemeinsame Wahrscheinlichkeitsverteilung haben. Wie bei dem im letzten Abschnitt dargestellten Beispiel schon deutlich geworden ist, spielt die Kovariate Z die Rolle einer „Kontrollvariablen". Es wird also untersucht, wie Y von X innerhalb der Ausprägungen z von Z abhängt. Der Einfachheit halber werden wir auch voraussetzen, dass $P(X=x, U=u) > 0$ und $P(Z=z) > 0$ sind. Dies garantiert, dass bestimmte bedingte Wahrscheinlichkeiten eindeutig definiert sind. Bei Steyer et al. (2002) findet man weniger restriktive Annahmen.

U, Z, X und Y müssen gemeinsame Wahrscheinlichkeitsverteilung haben

Z als „Kontrollvariable"

Definition 1. Seien $X: \Omega \to \Omega'_X$ eine Treatment-Variable, $Y: \Omega \to \mathbb{R}$ eine Response-Variable mit positiver und endlicher Varianz, $Z: \Omega \to \Omega'_Z$ eine Kovariate und $U: \Omega \to \Omega_U$ die Personvariable, alle auf einem gemeinsamen Wahrscheinlichkeitsraum $\langle \Omega, \mathfrak{A}, P \rangle$, wobei Ω die in (17.8) angegebene Struktur hat. Weiter seien $P(X=x, U=u) > 0$ und $P(X=x, Z=z) > 0$.

(i) Die Zahl

$$CUE_{Z=z}(Y|X=x) := \sum_u E_{Z=z}(Y|U=u, X=x)\, P_{Z=z}(U=u) \quad (17.9)$$

heißt *($Z=z$)-bedingter unverfälschter Erwartungswert* von Y gegeben $X=x$.

($Z=z$)-bedingter kausal unverfälschter Erwartungswert

(ii) Die bedingte Regression $E_{Z=z}(Y|X)$ heißt *kausal unverfälscht* genau dann, wenn für jeden Wert x von X gilt:

$$E_{Z=z}(Y|X=x) = CUE_{Z=z}(Y|X=x). \quad (17.10)$$

($Z=z$)-bedingte kausal unverfälschte Regression

(iii) Der *($Z=z$)-bedingte kausale Effekt* von x_1 vs. x_2 auf Y ist definiert durch:

$$ACE_{Z=z}(1,2) := CUE_{Z=z}(Y|X=x_1) - CUE_{Z=z}(Y|X=x_2). \quad (17.11)$$

($Z=z$)-bedingter kausaler Effekt

Ein solcher bedingter kausaler Effekt $ACE_{Z=z}(1, 2)$ lässt sich auch berechnen durch:

$$\sum_u \left[E_{Z=z}(Y|U=u, X=x_1) - E_{Z=z}(Y|U=u, X=x_2) \right] P_{Z=z}(U=u). \quad (17.12)$$

Im Abschnitt 17.1. wurden die oben definierten Begriffe schon informell eingeführt und an einem Beispiel erläutert. In Tabelle 2 finden sich die hier definierten Größen für dieses Beispiel zusammengefasst. So ist beispielsweise der ($Z=z_1$)-bedingte unverfälschte Erwartungswert von Y gegeben $X=x_1$, also $CUE_{Z=z_1}(Y|X=x_1)$ gleich 85 und der ($Z=z_1$)-bedingte kausale Effekt $ACE_{Z=z_1}(1, 2)$ ist gleich 13.

17.3 Theoreme

Wie im unbedingten Fall gelten auch im bedingten Fall das Randomisierungstheorem und das Homogenitätstheorem.

Konditionales Randomisierungstheorem

Theorem 1. Es mögen die in Definition 1 genannten Voraussetzungen gelten. Wenn X und U gegeben $Z = z$ bedingt stochastisch unabhängig sind, dann ist die bedingte Regression $E_{Z=z}(Y|X)$ kausal unverfälscht.

Diesem Theorem zufolge kann man die kausale Unverfälschtheit einer bedingten Regression $E_{Z=z}(Y|X)$ durch bedingte Randomisierung herstellen. Dabei ist es möglich, dass Personen mit verschiedenen Werten z_1 und z_2 von Z unterschiedliche individuelle Behandlungswahrscheinlichkeiten $P_{Z=z}(X=x|U=u)$ haben. Alle Personen mit dem gleichen Wert z von Z haben jedoch identische Behandlungswahrscheinlichkeiten, d. h. $P_{Z=z}(X=x|U=u_i) = P_{Z=z}(X=x|U=u_j)$ für beliebige Personen u_i und u_j aus der Population (s. die letzte Spalte von Tab. 1). Bei dem in Abschnitt 17.1 behandelten Beispiel ist die Geschlechtsvariable Z eine deterministische Funktion von U. Daher gilt dort auch $P_{Z=z}(X=x|U=u) = P(X=x|U=u)$. Wie man sich anhand der letzten Spalte der Tabelle 1 überzeugen kann, gilt dort die ($Z=z$)-bedingte stochastische Unabhängigkeit von X und U. Daher sind in diesem Beispiel die bedingten Regressionen $E_{Z=z}(Y|X)$ für jeden Wert z von Z kausal unverfälscht. Ihre Werte $E_{Z=z}(Y|X=x)$ sind daher mit den kausal unverfälschten ($Z=z$)-bedingten Erwartungswerten von Y gegeben $X=x$ identisch, d. h. es gilt $E_{Z=z}(Y|X=x) = CUE_{Z=z}(Y|X=x)$ für alle vier Wertekombinationen von X und Z (s. Tab. 2).

Im unbedingten Fall hatten wir als zweite hinreichende Bedingung für die kausale Unverfälschtheit die *Homogenität* der individuellen Erwartungswerte innerhalb jeder Ausprägung x von X kennen gelernt. Diese Homogenitätsbedingung hatten wir durch die Gleichung $E(Y|X, U) = E(Y|X)$ präzisiert. Entsprechend ist nun die *bedingte Homogenität* eine hinreichende Bedingung für die bedingte kausale Unverfälschtheit.

Konditionales Homogenitätstheorem

Theorem 2. Es mögen die in Definition 1 genannten Voraussetzungen gelten. Wenn $E_{Z=z}(Y|X, U) = E_{Z=z}(Y|X)$, dann sind ist die bedingte Regression $E_{Z=z}(Y|X)$ kausal unverfälscht.

Bedingung in Theorem 2 lässt sich nicht durch versuchsplanerische Maßnahmen herstellen

Im Gegensatz zu der in Theorem 1 genannten, lässt sich diese hinreichende Bedingung nicht durch versuchsplanerische Maßnahmen herstellen. Sie ist auch nicht bei dem im Abschnitt 17.1 behandelten Beispiel erfüllt. Sie wäre nur dann erfüllt, wenn jeweils innerhalb jeder der vier Wertekombinationen von X und Z alle vier in Tabelle 1 aufgeführten individuellen Erwartungswerte gleich wären. In diesem Fall könnte man auf die stochastische Unabhängigkeit von X und U als hinreichende Bedingung verzichten. Dies ist im folgenden Theorem festgehalten.[3]

---

[3] Tatsächlich kann man zeigen, dass die Gleichheit der individuellen Erwartungswerte *oder* die Gleichheit der Behandlungswahrscheinlichkeiten für alle Personen *inner-*

Theorem 3. Es mögen die in Definition 1 genannten Voraussetzungen gelten. Wenn X und U gegeben $Z = z$ bedingt stochastisch unabhängig sind oder wenn $E_{Z=z}(Y|X, U) = E_{Z=z}(Y|X)$, dann ist die bedingte Regression $E_{Z=z}(Y|X)$ kausal unverfälscht.

Diese Theoreme sind die kausaltheoretische Grundlage für verschiedene Strategien und Techniken der Versuchsplanung und Datenanalyse. Nach Theorem 1 muss man „nur" eine (möglicherweise mehrdimensionale) Variable Z finden, für die dann die ($Z = z$)-bedingte Unabhängigkeit von X und U gilt. Die Kernfrage bei dieser Strategie ist: *Welche Variable ist (bzw. welche Variablen sind) für die Zuordnung der Personen zu den experimentellen Bedingungen verantwortlich*. Sind diese bekannt, etwa weil der Experimentator die Zuordnung selbst vorgenommen hat, so sind die bedingten Erwartungswerte $E(Y|X = x, Z = z)$ kausal unverfälscht. Sind diese Variablen unbekannt, weil beispielsweise eine Selbstselektion der Personen zu den experimentellen Bedingungen vorliegt, so bleibt eine angenommene kausale Unverfälschtheit hypothetisch.

Betrachten wir das Beispiel einer psychotherapeutischen Behandlung ($X = x_1$) in einer bestimmten Klinik, deren Wirkung auf Y (z. B. *Krankheitskosten in den fünf Jahren nach der Behandlung*) im Vergleich mit einer Kontrollbedingung ($X = x_2$, keine Behandlung) untersucht werden soll, so stellt sich also die Frage, welche Variablen Z die Wahrscheinlichkeiten $P_{Z=z}(X = x | U = u)$ in dem Sinne erklären, dass gilt:

$$P_{Z=z}(X = x | U = u) = P_{Z=z}(X = x), \quad (17.13)$$

wobei $Z := (Z_1, ..., Z_K)$. Als erstes wird man dabei an die Therapiemotivation (Z_1) denken, die Schwere der Störung (Z_2), aber auch an die Schwierigkeiten, an einer Therapie in dieser Klinik teilnehmen zu können. Dazu gehören Z_3 *Entfernung des Wohnorts von der Klinik*, sowie *subjektive Kosten* Z_4 für die Behandlung. Gälte nun für jeden Wert dieser Variablen $Z = (Z_1, Z_2, Z_3, Z_4)$ die Gleichung (17.13), wären also jeweils für eine feste Wertekombination $z = (z_1, z_2, z_3, z_4)$ die Wahrscheinlichkeit für alle Personen in der Population gleich, in dieser Klinik eine psychotherapeutische Behandlung zu erhalten, dann wären die bedingten Erwartungswerte $E(Y|X = x_1, Z = z)$ kausal unverfälscht. Ein wichtiges Ziel der empirischen Untersuchungen ist nach dieser Strategie also eine möglichst einfache Variable Z zu finden, für deren Werte jeweils die Gleichung (17.13) gilt.

Eine andere Forschungsstrategie beruht auf Theorem 2, demzufolge es darauf ankommt, eine (möglicherweise mehrdimensionale) Variable Z zu finden, für die die Gleichung $E(Y|X, U, Z) = E(Y|X, Z)$ gilt. In unserem obigen Beispiel wären sicherlich die *Krankheitskosten in den letzten fünf Jahren vor der Behandlung* (Z_1) eine wichtige Komponente einer solchen mehrdimensionalen Variablen Z, aber sicherlich auch *Alter* (Z_2) und *Ge-*

Theoreme 1 und 2 bilden die kausaltheoretische Grundlage für verschiedene Versuchsplanungsstrategien

1. Forschungsstrategie: Ziel ist, Z zu finden, für deren Werte gilt: $P_{Z=z}(X = x | U = u) = P_{Z=z}(X = x)$

2. Forschungsstrategie: Ziel ist, Z zu finden, für deren Werte gilt: $E_{Z=z}(Y|X, U) = E(Y|X)$

---

halb jeder Wertekombination von X und Z hinreichend für die kausale Unverfälschtheit der bedingten Regressionen $E_{Z=z}(Y|X)$ sind. (s. Steyer, Gabler, von Davier & Nachtigall, 2000)

schlecht (Z_3). Alle vor der Behandlung erhebbaren Variablen, die die *Krankheitskosten in den fünf Jahren nach der Behandlung* (Y) prädizieren könnten, sind hier zu bedenken. Bei dieser Strategie wäre also ein wichtiges Ziel der empirischen Untersuchungen eine möglichst einfache Variable Z zu finden, für deren Werte z jeweils die Gleichung

$$E_{Z=z}(Y|X, U) = E_{Z=z}(Y|X) \tag{17.14}$$

gilt.

17.4 Berechnung des durchschnittlichen kausalen Effekts in der Gesamtpopulation

Das folgende Theorem ist entscheidend für die Berechnung durchschnittlicher kausaler Effekte $ACE(1, 2)$ in der Gesamtpopulation, wenn man davon ausgehen kann, dass die bedingten Regressionen $E_{Z=z}(Y|X)$ kausal unverfälscht sind. Selbst wenn die Regression $E(Y|X)$ und ihre Werte verfälscht sind, kann man unter bestimmten Voraussetzungen die kausal unverfälschten Erwartungswerte $CUE(Y|X=x)$ und daraus die (unbedingten) durchschnittlichen kausalen Effekte $ACE(1, 2)$ berechnen. Die theoretische Grundlage dazu liefert das folgende Theorem.

> **Theorem 4.** Es mögen die in Definition 1 genannten Voraussetzungen gelten. Wenn gelten:
>
> (a) für jeden Wert z einer Variablen Z ist die bedingte Regression $E_{Z=z}(Y|X)$ kausal unverfälscht,
>
> und
>
> (b) $E(Y|X, U, Z) = E(Y|X, U)$,
>
> dann folgt für jeden Wert x von X:
>
> $$CUE(Y|X=x) = \sum_z E_{Z=z}(Y|X=x) P(Z=z). \tag{17.15}$$

Berechnung der kausal unverfälschten bedingten Erwartungswerte

Bemerkungen. (i) Das Theorem gibt zunächst nur an, wie man unter den Voraussetzungen (a) und (b) die unverfälschten Erwartungswerte $CUE(Y|X=x)$ aus den bedingten Erwartungswerten $E_{Z=z}(Y|X=x)$ und den Wahrscheinlichkeiten $P(Z=z)$ berechnen kann. Die Differenz $CUE(Y|X=x_1) - CUE(Y|X=x_2)$ zweier unverfälschter Erwartungswerte ist dann jedoch gleich dem durchschnittlichen kausalen Effekt $ACE(1, 2)$ in der Gesamtpopulation, d. h.:

$$ACE(1, 2) = CUE(Y|X=x_1) - CUE(Y|X=x_2)$$

(ii) Die Voraussetzung (a) ist z. B. unter den in den Theoremen 1 bis 3 genannten Bedingungen gegeben.

(iii) Die Voraussetzung (b) ist z. B. erfüllt, wenn $Z = f(U)$, wenn also Z eine (deterministische) Funktion von U ist. Beispiele sind Z_1 = Geschlecht, Z_2 = Schulabschluss und Z_3 = Alter. In all diesen Fällen ist mit der Person auch deren Ausprägung auf der betreffenden Z-Variablen gegeben.

(iv) Die Voraussetzung (b) ist aber auch in anderen Fällen erfüllt. So könnte Z bspw. ein messfehlerbehafteter Vortest sein. Ist dann die True-Score-Variable τ_Z für den Effekt von Z verantwortlich, d. h. gilt:

$$E(Y | X, U, Z) = E(Y | X, U, \tau_Z),$$

dann gilt auch:

$$E(Y | X, U, \tau_Z) = E(Y | X, U),$$

da die True-Score-Variable $\tau_Z := E(Y | U)$ definitionsgemäß eine Funktion von U ist. Damit gilt aber auch die Bedingung (b). Ist Z ein messfehlerbehafteter Vortest, kann man die kausale Unverfälschtheit der bedingten Regression $E_{Z=z}(Y | X)$ dennoch, z. B. durch bedingte Randomisierung, herstellen, so dass Theorem 4 anwendbar wird.

17.5 Beispiel: Nonorthogonale Varianzanalyse

Theorem 4 ist die theoretische Grundlage zur Beantwortung einer bisher ungelösten Frage in der Methodenlehre, nämlich „Wie ist der Haupteffekt eines Treatment-Faktors in der nonorthogonalen Varianzanalyse zu berechnen?"[4]

Wir wollen dies anhand eines Beispiels erläutern. Dazu betrachten wir folgendes Experiment: Es wird ein Proband aus einer Population von Probanden gezogen und seine Bedürftigkeit für eine Therapie untersucht, die drei Ausprägungen haben möge: *Hohe, mittlere* und *niedrige Bedürftigkeit*. Diese drei Stufen mögen mit den Wahrscheinlichkeiten 1/4, 1/2 und 1/4 auftreten.[5] Für die Probanden seien prinzipiell drei Therapien Erfolg versprechend, aber von Therapie 1 wird angenommen, dass sie bei Hochbedürftigen eher indiziert ist als bei Mittel- und Niedrigbedürftigen. Daher werde beschlossen, dass Hochbedürftige die Therapie 1 mit Wahrscheinlichkeit 2/3 erhalten, Mittelbedürftige mit Wahrscheinlichkeit 1/6 und Niedrigbedürftige mit Wahrscheinlichkeit 1/10. Für jeden Hochbedürftigen sollen jedoch diese Behandlungswahrscheinlichkeiten gleichermaßen gelten. Dieses Verfahren nennen wir *bedingte Randomisierung*. Entsprechend werde bei den anderen Ausprägungen der Bedürftigkeit verfahren, nur dass dabei andere Behandlungswahrscheinlichkeiten fest-

Experiment

Bedingte Randomisierung

---

[4] Die bisher angebotenen Verfahren der nonorthogonalen Varianzanalyse, die in den Programmpaketen SPSS oder SAS angeboten werden, testen alle *nicht* den durchschnittlichen kausalen Effekt. In Wüthrich-Martone (2001) und Wüthrich-Martone et al. (1999) wird ein statistisches Verfahren dargestellt, das genau dieses leistet.

[5] In der Praxis müssen die Wahrscheinlichkeiten durch die entsprechenden relativen Häufigkeiten geschätzt werden.

Tabelle 3. Beispiel für einen nonorthogonalen varianzanalytischen Versuchsplan, in dem Prima-facie-Effekte zwischen den Ausprägungen des Therapiefaktors vorliegen, obwohl die entsprechenden durchschnittlichen kausalen Effekte null sind

Therapie	Bedürftigkeit			gesamt
	hoch $Z=z_1$	mittel $Z=z_2$	schwach $Z=z_3$	
1 $X=x_1$	120 (40)	110 (20)	60 (6)	(66)
2 $X=x_2$	100 (14)	100 (80)	100 (14)	(108)
3 $X=x_3$	80 (6)	90 (20)	140 (40)	(66)
gesamt	(60)	(120)	(60)	(240)

Anmerkung. Angegeben sind die Erwartungswerte $E(Y|X=x, Z=z)$ der Response-Variablen in den Zellen und in Klammern die Anzahlen der Beobachtungen.

gelegt werden, und zwar so, wie sie den erwarteten Zellenfrequenzen entsprechen, wie sie in Tabelle 3 (in Klammern) angegeben sind. In den neun Zellen dieser Tabelle sind außerdem die unverfälschten bedingten Erwartungswerte $E(Y|X=x, Z=z)$ angegeben. Diese sind so gewählt, dass Prima-facie-Effekte des Therapiefaktors vorliegen, $E(Y|X=x_i) - E(Y|X=x_j) \neq 0$, für $i, j = 1, 2, 3$. Die durchschnittlichen kausalen Effekte $ACE(i, j)$ sind jedoch alle gleich 0.

In der obigen Beschreibung haben wir bereits die Annahme eingeführt, dass die Erwartungswerte in den neun Zellen kausal unverfälscht sind. In diesem Beispiel können wir aber durchaus auch annehmen, dass die Voraussetzung $E(Y|X, U, Z) = E(Y|X, U)$ des Theorems 4 gegeben ist (s. Bemerkung iv). Daher können wir in diesem Beispiel die unverfälschten Erwartungswerte für die Werte x von X nach der Formel

$$CUE(Y|X=x) = \sum_z E(Y|X=x, Z=z) P(Z=z)$$

berechnen. Für die drei Werte von X erhalten wir:

Berechnung der kausal unverfälschten Erwartungswerte

$CUE(Y|X=x_1) = 120 \cdot 60/240 + 110 \cdot 120/240 + 60 \cdot 60/240 = 100,$

$CUE(Y|X=x_2) = 100 \cdot 60/240 + 100 \cdot 120/240 + 100 \cdot 60/240 = 100,$

$CUE(Y|X=x_3) = 80 \cdot 60/240 + 90 \cdot 120/240 + 140 \cdot 60/240 = 100.$

Da $ACE(i, j) = CUE(Y|X=x_i) - CUE(Y|X=x_j)$, sind in diesem Beispiel alle drei durchschnittlichen kausalen Effekte gleich null:

$$ACE(1, 2) = ACE(1, 3) = ACE(2, 3) = 0.$$

Die bedingten Erwartungswerte $E(Y|X=x)$ dagegen berechnet man nach der allgemeingültigen Formel:

$$E(Y|X=x) = \sum_z E(Y|X=x, Z=z) P(Z=z|X=x)$$

[s. Regel (iv) in R-Box 6.1]. Für die entsprechenden drei Werte von X erhält man dabei:

$E(Y|X=x_1) = 120 \cdot 40/66 + 110 \cdot 20/66 + 60 \cdot 6/66 = 111.52,$

$E(Y|X=x_2) = 100 \cdot 14/108 + 100 \cdot 80/108 + 100 \cdot 14/108 = 100,$

$E(Y|X=x_3) = 80 \cdot 6/66 + 90 \cdot 20/66 + 140 \cdot 40/66 = 119.39.$

Berechnung der bedingten Erwartungswerte

Demnach sind die bedingten Erwartungswerte $E(Y|X=x)$ in diesem Beispiel tatsächlich kausal verfälscht und man erhält die Prima-facie-Effekte

$PFE(x_1, x_2) = 11.52, \quad PFE(x_1, x_3) = -7.87, \quad PFE(x_2, x_3) = -19.39.$

Im Gegensatz zu den durchschnittlichen kausalen Effekten sind diese alle von null verschieden.

17.6 Zusammenfassende Bemerkungen

In diesem Kapitel wurde die Theorie individueller und durchschnittlicher kausaler Effekte erweitert, indem der Begriff des bedingten kausalen Effekts und die damit zusammenhängenden Begriffe wie z. B. bedingte kausal unverfälschte Regressionen $E_{Z=z}(Y|X)$ eingeführt wurden. Repräsentiert die bedingende Variable Z mit ihren Werten z jeweils eine Subpopulation, dann ist ein bedingter kausaler Effekt nichts anderes als der Durchschnitt der individuellen kausalen Effekte in der betreffenden Subpopulation. Auch wenn die unbedingte Regression $E(Y|X)$ und ihre Werte verfälscht sind, können die bedingten Regressionen $E_{Z=z}(Y|X)$ unverfälscht sein. Daher geht man bei empirischer kausaler Modellbildung zur Betrachtung der bedingten Regressionen über, wenn man festgestellt hat, dass die unbedingte Regression $E(Y|X)$ verfälscht ist. Entsprechend kann man auch bei bedingten Regressionen verfahren: Stellt man fest, dass die bedingten Regressionen für eine bedingende Variable Z_1 kausal verfälscht sind, dann besteht wiederum die Möglichkeit, dass sie für eine bedingende Variable $Z := (Z_1, Z_2)$ unverfälscht sind.

Auch wenn die unbedingte Regression $E(Y|X)$ und ihre Werte verfälscht sind, können die bedingten Regressionen $E_{Z=z}(Y|X)$ unverfälscht sein.

Eine hinreichende Bedingung für die kausale Unverfälschtheit der bedingten Regression $E_{Z=z}(Y|X)$ ist die bedingte Unabhängigkeit von X und U bei gegebenem $Z=z$, die man durch die bedingte randomisierte Zuweisung der Personen zu den Treatmentbedingungen bei jeweils gegebenem Wert z von Z herstellen kann. Sind die bedingten Regressionen $E_{Z=z}(Y|X)$ kausal unverfälscht, so kann man auch durchschnittliche kausale Effekte in der Gesamtpopulation berechnen. Diese können wir uns bei der nonorthogonalen Varianzanalyse zunutze machen, um dort die Nullhypothese zu testen, dass keine durchschnittlichen Treatment-Effekte vorliegen.

Forschungsstrategie

17.7 Weiterführende Literatur

Wie bereits erwähnt, geht die *Theorie individueller und durchschnittlicher kausaler Effekte* u. W. auf Neyman zurück und wurde später von Rubin, Holland, Rosenbaum, Sobel (s. z. B. Neyman, 1923/1990; Neyman, Iwaszkiewicz & Kolodziejczyk, 1935; Holland, 1986, 1988a, 1988b; Rosenbaum, 1984a, 1984b, 1984c; Rubin, 1974, 1978; Sobel, 1994, 1995) weiterentwickelt. Dabei spielen auch bedingte Effekte schon eine Rolle.

Die Begrifflichkeit ist dort allerdings anders gewählt. Als Kritik an der Theorie der individuellen und der kausalen Effekte wurde angeführt, dass die Hypothese der kausalen Unverfälschtheit der Prima-facie-Effekt in Anwendungen nicht falsifizierbar ist. Aus diesem Grunde haben Steyer, Gabler, von Davier und Nachtigall (2000) den Begriff der *Unkonfundiertheit* und seine Beziehung zur kausalen Unverfälschtheit untersucht. Eine weitere Kritik war die mangelnde Formalisiertheit dieser Begriffe der individuellen und durchschnittlichen kausalen Effekte. Dieser Mangel lässt sich erst im Rahmen der Theorie kausaler Regressionsmodelle von (Steyer, 1992) abstellen, deren Darstellung jedoch den in diesem Buch gesteckten Rahmen sprengen würde. Dort findet man eine Verallgemeinerung der hier vorgestellten Theorie für beliebige, also auch kontinuierliche Variablen X und Z. Dabei muss X auch keine Treatmentvariable sein, wie wir es hier vorausgesetzt haben. Zur statistischen Analyse empirischer Daten der nonorthogonalen Varianzanalyse sei auf Wüthrich-Martone (2001) und Wüthrich-Martone et al. (1999) hingewiesen.

Fragen

leicht	F1.	Was versteht man unter einem bedingten kausalen Effekt?
leicht	F2.	Welche kausalen Effekte gibt es in der bisher dargestellten Theorie?
mittel	F3.	Welche kausalen Effekte kann man betrachten, wenn man die bedingten Erwartungswerte $E_{Z=z}(Y\mid X=x)$ für alle Werte von X und Z vorliegen und diese auch kausal unverfälscht sind?
mittel	F4.	Wie kann man aus den kausal unverfälschten bedingten Erwartungswerten $E_{Z=z}(Y\mid X=x)$ den durchschnittlichen kausalen Effekt zwischen zwei Treatmentbedingungen berechnen?
mittel	F5.	Wieso ist Formel (17.3) allgemeingültig?

Antworten

A1. Der bedingte kausale Effekt in einer Subpopulation ist der Durchschnitt der individuellen kausalen Effekte in der betreffenden Subpopulation. Allgemein ist er durch Gleichung (17.11) definiert.

A2. Neben dem individuellen kausalen Effekt und dem durchschnittlichen kausalen Effekt sind dies die bedingten kausalen Effekte.

A3. Man kann die bedingten kausalen Effekte $E_{Z=z}(Y\mid X=x_1) - E_{Z=z}(Y\mid X=x_2)$ betrachten. Darüber hinaus kann man aus diesen bedingten Erwartungswerten aber auch die durchschnittlichen kausalen Effekte in der Gesamtpopulation berechnen.

Zusammenfassungsbox 1. Das Wichtigste zur Theorie bedingter kausaler Effekte

A. Zufallsexperiment und Notation

$$\Omega = \Omega_U \times \Omega_Z \times \Omega_X \times \Omega_Y$$

Charakterisiert das Zufallsexperiment „Ziehe eine Person $u \in \Omega_U$, registriere ihre Ausprägung $\omega_Z \in \Omega_Z$ hinsichtlich einer bedingenden Variablen (z. B. eines Vortests) sowie ihre Zuweisung zu einer Bedingung $\omega_X \in \Omega_X$ und beobachte die Ausprägung $\omega_Y \in \Omega_Y$."

$$U: \Omega \to \Omega_U \qquad \textit{Personprojektion}$$

Ihr Wert ist die gezogene Person (allgemeiner: Beobachtungseinheit) u.

$$Z: \Omega \to \Omega'_Z \qquad \textit{Kontrollvariable}$$

Ihr Wert repräsentiert z. B. die Ausprägung auf einem Vortest oder eine Eigenschaft der Beobachtungseinheit (z.B. ihr Geschlecht). Z kann auch mehrdimensional sein und mit den beiden Komponenten (Z_1, Z_2) beides gleichzeitig repräsentieren.

$$X: \Omega \to \Omega'_X \qquad \textit{Treatment-Variable}$$

Ihr Wert repräsentiert die der Person zugewiesene (experimentelle) Bedingung ω_X.

$$Y: \Omega \to \mathbb{R} \qquad \textit{Response-Variable}$$

Die betrachtete „Antwortvariable", deren Abhängigkeit von X kausal interpretiert werden soll.

$$E_{Z=z}(Y \mid X) \qquad \textit{Bedingte Treatment-Regression}$$

Beschreibt die Abhängigkeiten innerhalb der Ausprägungen z der Kontrollvariablen Z, die kausal interpretiert werden sollen.

$$E(Y \mid X, U) \qquad \textit{Unit-treatment-Regression}$$

Ihre Werte $\mu_{xu} := E(Y \mid X = x, U = u)$ sind die individuellen Erwartungswerte, d. h. die Erwartungswerte der Antwortvariablen Y einer Person u in einer (Treatment-)Bedingung $X = x$.

B. Definitionen

$$CUE_{Z=z}(Y \mid X = x) = \sum_u E_{Z=z}(Y \mid U = u, X = x)\, P_{Z=z}(U = u) \qquad \textit{Bedingter kausal unverfälschter Erwartungswert}$$

$$ACE_{Z=z}(1, 2) = CUE_{Z=z}(Y \mid X = x_1) - CUE_{Z=z}(Y \mid X = x_2) \qquad \textit{Bedingter durchschnittlicher kausaler Effekt}$$

$$PFE_{Z=z}(1, 2) = E_{Z=z}(Y \mid X = x_1) - E_{Z=z}(Y \mid X = x_2) \qquad \textit{Bedingter Prima-facie-Effekt}$$

C. Theoreme

1. Die bedingte stochastische Unabhängigkeit von X und U gegeben $Z = z$ impliziert die kausale Unverfälschtheit des $(Z=z)$-bedingten Prima-facie-Effekts *Konditionales Randomisierungstheorem*

2. $E_{Z=z}(Y \mid X, U) = E_{Z=z}(Y \mid X)$ impliziert die kausale Unverfälschtheit des $(Z=z)$-bedingten Prima-facie-Effekts. *Konditionales Homogenitätstheorem*

3. Gelten für jeden Wert z einer Variablen Z
   (a) $E_{Z=z}(Y \mid X)$ ist kausal unverfälscht und
   (b) $E_{Z=z}(Y \mid X, U) = E(Y \mid X, U)$,
   dann folgt für jeden Wert x von X: $CUE(Y \mid X = x) = \sum_z E_{Z=z}(Y \mid X = x)\, P(Z = z)$ *Theorem zur Berechnung der kausal unverfälschten bedingten Erwartungswerte für Gesamtpopulation*

A4. Dies kann man auf zwei verschiedene Weisen tun. Man kann zunächst die kausal unverfälschten Erwartungswerte $CUE(Y|X=x)$ über die Gleichungen (17.9) berechnen und dann deren Differenz für die beiden Werte x_1 und x_2 von X bilden. Eine zweite Möglichkeit besteht darin, zunächst die bedingten Effekte $E_{Z=z}(Y|X=x_1) - E_{Z=z}(Y|X=x_2)$ für alle Werte z von Z zu errechnen und diese dann mit der Wahrscheinlichkeit $P(Z=z)$ der Werte z von Z gewichtet aufsummieren.

A5. Die Formel (17.3) ist unter der Voraussetzung $P(X=x, U=u) > 0$ allgemeingültig, weil diese Voraussetzung auch $P(X=x) > 0$ und $P(U=u) > 0$ impliziert und (17.3) dann aus den Definitionen der beiden bedingten Wahrscheinlichkeiten $P(U=u|X=x)$ und $P(X=x|U=u)$ folgt.

Übungen

mittel   Ü1. Zeigen Sie, dass bei $(Z=z)$-bedingter stochastischer Unabhängigkeit von U und X die Gleichung (17.10) für jeden Wert x von X gilt.

mittel   Ü2. Berechnen Sie für das Beispiel der Tabelle 1 die bedingte Wahrscheinlichkeit $P(U=u_1|X=x_1, Z=z_1)$.

mittel   Ü3. (a) Berechnen Sie die unbedingte Behandlungswahrscheinlichkeit $P(X=x_1)$ für die Daten aus Tabelle 1.

mittel   (b) Berechnen Sie noch einmal die unbedingte Behandlungswahrscheinlichkeit $P(X=x_1)$. Verwenden Sie dafür Box 5.1 Regel (iii).

mittel   Ü4. Berechnen Sie die bedingten Wahrscheinlichkeiten $P(U=u|Z=z_1)$ für alle sechs Personen in Tabelle 1.

schwer   Ü5. Beweisen Sie Theorem 4.

Lösungen

L1. Da wir $P(X=x, U=u) > 0$ für jedes Wertepaar (x, u) sowie $P(X=x, Z=z) > 0$ voraussetzen, ist folgende Gleichung allgemeingültig [s. Regel (iv), R-Box 6.1]:
$$E_{Z=z}(Y|X=x) = \sum_u E_{Z=z}(Y|X=x, U=u) \, P_{Z=z}(U=u|X=x),$$
für jeden Wert x von X.
Wenn U und X bzgl. $Z=z$ bedingt stochastisch unabhängig sind, dann gilt
$$P_{Z=z}(U=u|X=x) = P_{Z=z}(U=u).$$
Einsetzen in die obige Gleichung ergibt dann Gleichung (17.10).

L2. Da $P(X=x, Z=z) > 0$, ist
$$P(U=u|X=x, Z=z) = P(U=u, X=x, Z=z) / P(X=x, Z=z)$$
allgemeingültig. Da in diesem Beispiel gilt: $Z=f(U)$, folgt:
$$P(U=u, X=x, Z=z) = P(U=u, X=x) = P(X=x|U=u) \cdot P(U=u)$$
Diese Gleichung liefert uns für $X=x_1$ und $U=u_1$:
$$P(U=u_1, X=x_1, Z=z_1) = 3/4 \cdot 1/6 = 3/24 = 1/8.$$
Die Wahrscheinlichkeit $P(X=x, Z=z)$ kann aus:
$$P(X=x, Z=z) = P(X=x|Z=z) \cdot P(Z=z)$$
berechnet werden. Im Beispiel der Tabelle 1 gilt:
$$P(X=x|Z=z) = P(X=x|U=u)$$
sowie $P(Z=z_1) = 2/3$ und $P(Z=1) = 1/3$. Daher ist
$$P(X=x_1, Z=z_1) = (3/4) \cdot (2/3) = 1/2.$$
Daraus folgt:
$$P(U=u_1|X=x_1, Z=z_1) = (1/8)/(1/2) = 1/4.$$

L3. (a) Da $P(X=x_1|U=u) = P(X=x_1|Z=z)$, lässt sich $P(X=x_1)$ mit Hilfe des Satzes von der totalen Wahrscheinlichkeit wie folgt berechnen:
$$P(X=x_1) = P(X=x_1|Z=z_1) \cdot P(Z=z_1) + P(X=x_1|Z=z_2) \cdot P(Z=z_2)$$
$$= \frac{3}{4} \cdot \frac{2}{3} + \frac{1}{4} \cdot \frac{1}{3} = \frac{7}{12}.$$

(b) Da bei dichotomen Variablen $E(Y) = P(Y=1)$, gilt auch:
$$E[P(Y=1|X)] = P(Y=1)$$

Daher ergibt sich für die unbedingte Wahrscheinlichkeit $P(X=1)$:

$$P(X=x_1) = E[P(X=x_1|Z)] = \sum_z P(X=x_1|Z=z) \cdot P(Z=z).$$

Dies ist aber die bereits oben schon verwendete Formel.

L4. Es gilt: $P_{Z=z_1}(U=u) = P(U=u|Z=z_1) = P(U=u, Z=z_1)/P(Z=z_1)$
Daher:

$P(U=u_1 | Z=z_1) = (1/6)/(2/3) = 3/12 = 1/4$,
$\vdots$
$P(U=u_4 | Z=z_1) = (1/6)/(2/3) = 3/12 = 1/4$,
$P(U=u_5 | Z=z_1) = 0/(2/3) = 0$,
$P(U=u_6 | Z=z_1) = 0/(2/3) = 0$.

L5. Aus Voraussetzung (b) folgt:

$$E(Y|X=x, U=u, Z=z) = E(Y|X=x, U=u).$$

Daher gilt wegen Voraussetzung (a) insbesondere:

$$E(Y|X=x, Z=z) = \sum_u E(Y|X=x, U=u) P(U=u|Z=z).$$

Setzen wir diese Gleichung nun in die rechte Seite der Gleichung (17.15) ein, erhalten wir:

$\sum_z E(Y|X=x, Z=z) P(Z=z)$
$= \sum_z \sum_u E(Y|X=x, U=u) P(U=u|Z=z) P(Z=z)$
$= \sum_u \sum_z E(Y|X=x, U=u) P(U=u|Z=z) P(Z=z)$
$= \sum_u E(Y|X=x, U=u) \sum_z P(U=u|Z=z) P(Z=z)$
$= \sum_u E(Y|X=x, U=u) P(U=u)$,

wobei wir in der letzten Zeile den Satz von der totalen Wahrscheinlichkeit verwendet haben.

18 Ausblick

In diesem Buch haben wir uns mit dem wahrscheinlichkeitstheoretischen Begriff der *Regression* oder *bedingten Erwartung*, wichtigen Spezialfällen und deren Anwendung beschäftigt. Dazu gehörten die einfache lineare und nichtlineare, die einfache bedingte lineare und nichtlineare Regression sowie die multiple lineare Regression. Darüber hinaus haben wir auch das Allgemeine Lineare Modell behandelt, im Rahmen dessen die Parameter der multiplen linearen Regression geschätzt und Hypothesen über diese getestet werden können. Weitere Themen waren die bedingte Varianz und Kovarianz und der damit verbundene Begriff der Partialkorrelation. Schließlich haben wir einige elementare Begriffe einer Theorie kausaler Regressionsmodelle behandelt und gelernt, dass Regressionsmodelle unter ganz bestimmten günstigen Voraussetzungen auch kausale Abhängigkeiten beschreiben können. In diesem letzten Kapitel wollen wir nun auf einige Spezialfälle der Regression hinweisen, deren ausführliche Darstellung im Rahmen dieses Buches nicht möglich ist. Dennoch sollen jeweils die Grundideen und ihre Verbindung zur Regressionstheorie in der gebotenen Kürze dargestellt werden. Dabei wird keinerlei Anspruch auf Vollständigkeit erhoben.

Überblick. Wir beginnen mit der *Klassischen Theorie Psychometrischer Tests* und der *Item-response-Theorie*. Danach kommen wir zur Erweiterung dieser Modelle zur *Latent-state-trait-Theorie*, deren Modelle man auch als spezielle *faktorenanalytische Modelle* auffassen kann, die dann ebenfalls kurz dargestellt werden. Faktorenanalytische Modelle werden dann zu *Strukturgleichungsmodellen* verallgemeinert. Schließlich kommen wir zur *multivariaten multiplen linearen Regression*, der Grundlage der multivariaten Varianz- und Regressionsanalyse, in der mehr als ein Regressand (daher „multivariat") und mehr als ein Regressor (daher „multiple") gleichzeitig betrachtet werden.

18.1 Klassische Testtheorie

Ziele der Anwendung von Modellen der *Klassischen Theorie Psychometrischer Tests* (KTT) ist es, eine Personeigenschaft zu messen und das Ausmaß der Messfehlerbehaftetheit dieser Messung abzuschätzen. Um die Messfehlerbehaftetheit abschätzen zu können, wird die betrachtete Eigenschaft der Person mindestens zweimal gemessen, um aus den Abweichungen zwischen den Messungen deren Ungenauigkeit und damit auch deren Genauigkeit erschließen zu können.

Ziele der KTT

18.1.1 Grundbegriffe der Klassischen Testtheorie

Zufallsexperiment

In der KTT gehen wir vom folgenden Zufallsexperiment aus: Ziehe eine Person u aus einer Menge Ω_U von Personen (der Grundgesamtheit oder Population) und beobachte ihr Verhalten hinsichtlich der Bearbeitung eines oder mehrerer psychologischer Tests, die dieselbe Eigenschaft erfassen sollen. Dabei liegt weder fest, welche Person gezogen wird, noch zu welchem Resultat die Bearbeitung der Tests führt. Genau so gut kann es sich dabei um die Messung eines biologischen Merkmals handeln, beispielsweise um die Konzentration eines bestimmten Hormons im Blut. Auch solche Messungen sind messfehlerbehaftet, und zwar nicht weniger als die Messungen, die man über psychologische Tests vornimmt (s. z. B. Kirschbaum et al., 1990). Man beachte, dass an dieser Stelle die Begriffe „Eigenschaft" oder „Merkmal" noch sehr unspezifisch gebraucht sind. Es kann sich dabei auch um variable Zustände handeln.

Bestehen die Testresultate z. B. aus den möglichen Kombinationen des Lösens (+) oder Nichtlösens (−) von zwei Aufgaben, dann wäre $\omega = \langle$Fritz, +, −$\rangle$ ein mögliches Ergebnis des betrachteten Zufallsexperiments. Dieses mögliche Ergebnis bedeutet, dass Fritz gezogen wird, und dieser die Aufgabe 1 löst, nicht aber Aufgabe 2. Die *Menge Ω der* (d. h. aller) *möglichen Ergebnisse* ist in diesem Zufallsexperiment das Kreuzprodukt

Menge der möglichen Ergebnisse

$$\Omega = \Omega_U \times \Omega_O, \tag{18.1}$$

Beispiele für Ω_O

wobei $\Omega_O := \{+, -\} \times \{+, -\} = \{+, -\}^2 = \{\langle +, +\rangle, \langle +, -\rangle, \langle -, +\rangle, \langle -, -\rangle\}$ für die Menge aller möglichen Testresultate steht und Ω_U die Menge der Personen (allgemein: Beobachtungseinheiten) ist, aus der nach dem Zufallsprinzip eine gezogen wird. Jede Person habe dabei die gleiche Wahrscheinlichkeit, gezogen zu werden. Bei der Beantwortung dreier Multiple-choice-Items, mit jeweils vier Antwortkategorien a, b, c, und d, ist $\Omega_O = \{a, b, c, d\}^3$, und bei der zweifachen Messung des Alkoholgehaltes im Blut wäre $\Omega_O = \mathbb{R}_+^2$, also das zweifache Kartesische Produkt der positiven reellen Zahlen.

Die Ausgangsvariablen: Die Testwertvariablen Y_i und die Personvariable U

Für jedes mögliche Ergebnis dieses Zufallsexperiments liefern die Auswertungsvorschriften des Tests (oder der Messvorgang) die Werte y_i der betrachteten Testwertvariablen (oder Messung) Y_i. Neben den Testwertvariablen betrachten wir die *Personvariable* oder *Personprojektion* $U: \Omega \to \Omega_U$, deren Wert die bei dem o. g. Zufallsexperiment gezogene Person ist. Mit diesen Grundbegriffen können wir nun die *True-score-Variablen*

True-score-Variable

$$\tau_i := E(Y_i | U) \tag{18.2}$$

und *die Messfehlervariablen*

Messfehlervariable

$$\varepsilon_i := Y_i - E(Y_i | U) \tag{18.3}$$

einführen. Ziel in Anwendungen ist nun das Ausmaß der Messfehler über deren Varianz und die damit verknüpfte *Reliabilität*

> **Zusammenfassungsbox 1. Grundbegriffe der Klassischen Testtheorie**
>
> Die Menge der möglichen Ergebnisse des Zufallsexperiments
>
> $\Omega = \Omega_U \times \Omega_O$
>
> *Observablen* oder *Testwertvariablen*
>
> $Y_i: \Omega \to \mathbb{R}$
>
> *Person-Projektion*
>
> $U: \Omega \to \Omega_U$
>
> *Latente Variablen*
>
> $\tau_i := E(Y_i \mid U)$ *True-score-Variable*
>
> $\varepsilon_i := Y_i - \tau_i$ *Messfehlervariable*
>
> *Dekomposition der Variablen*
>
> $Y_i = \tau_i + \varepsilon_i$
>
> *Dekomposition der Varianzen*
>
> $Var(Y_i) = Var(\tau_i) + Var(\varepsilon_i)$
>
> *Wichtige Kenngröße*
>
> $Rel(Y_i) := Var(\tau_i) / Var(Y_i)$ *Reliabilität*

$$Rel(Y_i) := \frac{Var[E(Y_i \mid U)]}{Var(Y_i)} = \frac{Var(\tau_i)}{Var(\tau_i) + Var(\varepsilon_i)} \qquad (18.4) \quad \textit{Reliabilität}$$

abzuschätzen. Abbildung 1 zeigt die Dekomposition der Testwertvariablen (s. auch Z-Box 1), wobei alle True-score-Variablen und alle Messfehlervariablen untereinander korrelieren können. Ob diese Korrelationen vorliegen und wie stark sie sind, ist jeweils eine empirische Frage. Unkorreliert sind allerdings die Messfehlervariablen mit den True-score-Variablen, was aus deren Definition als eine Regression und deren Residuum in den Gleichungen (18.2) und (18.3) folgt (s. R-Box 6.3).

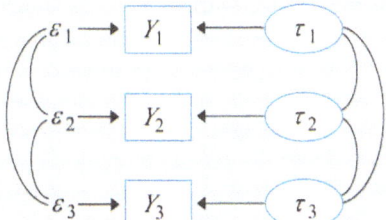

Abbildung 1. Pfaddiagramm zur Dekomposition der Testwertvariablen in True-score- und Messfehlervariablen.

18.1.2 Modelle der Klassischen Testtheorie

Um die o. g. Ziele, die Bestimmung der Fehlervarianz und der Reliabilität, zu erreichen, kann man verschiedene Annahmen über die True-score- und die Fehlervariablen einführen. Die einfachsten Annahmen sind

τ-Äquivalenz
$$\tau_i = \tau_j =: \eta \tag{18.5}$$

und

Unkorreliertheit der Fehler
$$Cov(\varepsilon_i, \varepsilon_j) = 0, \text{ für } i \neq j, \tag{18.6}$$

Modell τ-äquivalenter Variablen
$i, j = 1, \ldots, m$. Das damit definierte Modell heißt *Modell τ-äquivalenter Variablen*, da von allen betrachteten Testwertvariablen angenommen wird, dass sie die gleiche True-score-Variable haben und in diesem Sinn also das gleiche messen. Diese Annahmen implizieren dann:

$$Y_i = \eta + \varepsilon_i \tag{18.7}$$

sowie die Identifikationsgleichungen

Identifikation der theoretischen Größen
$$Var(\eta) = Cov(Y_i, Y_j), \quad i \neq j, \tag{18.8}$$
$$Var(\varepsilon_i) = Var(Y_i) - Cov(Y_i, Y_j), \quad i \neq j, \tag{18.9}$$

für die True-score- bzw. die Fehlervarianz und

$$Rel(Y_i) := Cov(Y_i, Y_j) / Var(Y_i) \tag{18.10}$$

für die Reliabilität. Die letzten drei Formeln zeigen, wie man die drei theoretischen Größen $Var(\eta)$, $Var(\varepsilon_i)$ und $Rel(Y_i)$ aus den Varianzen und Kovarianzen der Testwertvariablen berechnen kann, die ja empirisch schätzbar sind. Das Pfaddiagramm vereinfacht sich für dieses Modell entsprechend. Statt m True-score-Variablen kommt jetzt nur noch eine gemeinsame True-score-Variable, die latente Variable η, vor (s. Abb. 3).

Verwandte Modelle
Andere Modelle gehen nicht von $\tau_i = \tau_j =: \eta$ aus, sondern von $\tau_i = \tau_j + \lambda_{ij}$ (*Modell essentiell τ-äquivalenter Variablen*) bzw. von $\tau_i = \lambda_{ij1} \tau_j + \lambda_{ij0}$, (*Modell τ-kongenerischer Variablen*), wobei die λ-Koeffizienten reelle Zahlen sind. In diesen Modellen wird auf eine andere Weise präzisiert, was es heißt, dass die Testwertvariablen Y_i das Gleiche messen.

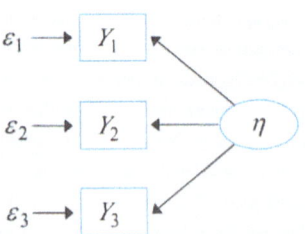

Abbildung 2. Pfaddiagramm für das Modell τ-äquivalenter Variablen.

18.1.3 Weiterführende Literatur

Die klassischen Bücher zur KTT sind Gulliksen (1950) sowie Lord und Novick (1968). Während Gulliksen noch fünf Axiome nennt, haben Novick (1966) und Zimmerman (1975) gezeigt, dass, bis auch die Unkorreliertheit der Fehler, alle anderen Axiome Gulliksens schon Folgerungen aus der Definition der True-score- und der Fehlervariablen sind. Dies wird auch von Steyer und Eid (2001) herausgearbeitet. Darüber hinaus werden dort latente Variablen aus den Annahmen über die True-score-Variablen hergeleitet. Dies ist sehr hilfreich, wenn man verstehen will, was latente Variablen eigentlich sind. Den oben erwähnten Modellen essentiell τ-äquivalenter und τ-kongenerischer Variablen werden bei Steyer und Eid jeweils eigene Kapitel gewidmet. Zur Darstellung des Anwendungskontextes ist auch heute noch Lienert (1989) lesenswert.

18.2 Item-response-Theorie

Ziele der Anwendung der Item-response-Theorie (IRT) sind die gleichen wie in Klassischen Theorie Psychometrischer Tests (KTT), nämlich eine Personeneigenschaft zu messen und das Ausmaß der Messfehlerbehaftetheit dieser Messung abzuschätzen. In der Item-response-Theorie gehen wir auch vom gleichen Zufallsexperiment wie in der KTT aus. Anstelle der Testwertvariablen repräsentieren die Variablen Y_i nun allerdings die *Items* bzw. das Antwortverhalten auf das jeweilige Item i.

Ziele der IRT

Unterschied zur KTT: Ansatz auf Itemebene

Wir behandeln hier nur Modelle mit zwei Antwortkategorien und gehen von einer einzigen eindimensionalen latenten Variablen (Eigenschaft) aus, welche die Antwortwahrscheinlichkeiten determiniert. Im Abschnitt 18.4 werden wir allerdings auch ein IRT-Modell mit mehreren latenten Variablen behandeln und auf Literatur hinweisen, in der mehr als zwei Antwortkategorien betrachtet werden.

18.2.1 Das Rasch-Modell

Items mit zwei Antwortkategorien heißen auch *dichotom*. Mit 0 und 1 seien dabei die Lösung bzw. Nichtlösung der vorgelegten Aufgabe i bzw. die Antwort auf die Frage i mit zwei möglichen Antwortkategorien kodiert. Im Fall einer mit 0 und 1 kodierten dichotomen Variablen Y_i gilt $E(Y_i | U) = P(Y_i = 1 | U)$, d. h. die True-score-Variable $\tau_i := E(Y_i | U)$ der KTT ist hier zugleich auch eine bedingte Wahrscheinlichkeitsfunktion. Bei Fähigkeitstests sind deren Werte $P(Y_i = 1 | U = u)$ die *Lösungswahrscheinlichkeiten* der betrachteten Person u.

Dichotome Items

Im *Rasch-Modell* wird angenommen, dass die Wahrscheinlichkeit $P(Y_i = 1 | U = u)$ für das betrachtete Item i zum einen von der *Fähigkeit* der Person u, d. h. dem Wert der latenten Variablen ξ, und zum anderen von der *Schwierigkeit* κ_i des Items abhängt, und zwar gemäß der folgenden Funktion:

Rasch-Homogenität

$$P(Y_i = 1 / U) = \frac{exp(\xi - \kappa_i)}{1 + exp(\xi - \kappa_i)} \quad . \tag{18.11}$$

Diese erste Annahme heißt *Rasch-Homogenität*, weil damit angenommen wird, dass die Lösung aller betrachteten Items von einer einzigen unidimensionalen latenten (Fähigkeits-)Variablen, nämlich ξ, abhängt.

Eine zweite Annahme ist die *bedingte* (oder *lokale*) *stochastische Unabhängigkeit*

Lokale stochastische Unabhängigkeit

$$P(Y_i = 1 \mid U, \boldsymbol{y}_{-i}) = P(Y_i = 1 \mid U) \tag{18.12}$$

jedes Items Y_i von den *anderen* Items *gegeben die Personvariable U*. Dabei bezeichnet $\boldsymbol{y}_{-i} := (Y_1, ..., Y_{i-1}, Y_{i+1}, ..., Y_m)$ den Vektor der anderen Items. Ziele der Anwendung eines solchen Modells sind zum einen die Schätzung der *Fähigkeit* der betrachteten Person und der damit verbundenen Unsicherheit, d. h. des damit verbundenen Standardschätzfehlers; zum anderen aber auch die Schätzung der *Schwierigkeit* κ_i des jeweiligen Items i und des damit verbundenen Standardschätzfehlers.

Fähigkeit der Person und Schwierigkeit des Items

In der KTT hat dieses Modell seine Entsprechung im Modell essentiell τ-äquivalenter Variablen. Dort wird allerdings die True-score-Variable τ_i, nicht ihr Logit $ln\,[\tau_i / (1 - \tau_i)] = ln\,(P(Y_i = 1 \mid U) / [1 - P(Y_i = 1 \mid U)])$ [so heißt das Argument der Exponentialfunktion in Gleichung (18.11)], in eine Personvariable η und einen Itemparameter λ_i zerlegt (s. Steyer & Eid, 2001).

Ein etwas weniger restriktives Modell ist das *Birnbaum-Modell*

Birnbaum-Modell

$$P(Y_i = 1 / U) = \frac{exp(\beta_i(\xi - \kappa_i))}{1 + exp(\beta_i(\xi - \kappa_i))} \quad , \tag{18.13}$$

das neben der Schwierigkeit κ_i auch die *Diskrimination* β_i als zweiten Itemparameter beinhaltet. Das Birnbaum-Modell hat in der KTT seine Entsprechung im Modell τ-kongenerischer Variablen.

Will man auch Items betrachten, deren Lösung durch Raten möglich ist, so kommt das logistische *Drei-Parameter-Modell mit Rateparameter*

Logistisches Drei-Parameter-Modell mit Rateparameter

$$P(Y_i = 1 / U) = \gamma_i + (1 - \gamma_i) \cdot \frac{exp(\beta_i(\xi - \kappa_i))}{1 + exp(\beta_i(\xi - \kappa_i))} \quad , \tag{18.14}$$

in Frage. Zu beiden letztgenannten Modellen gehört natürlich auch die Annahme der lokalen stochastischen Unabhängigkeit.

18.2.2 Weiterführende Literatur

Das Rasch-Modell wurde von Georg Rasch (1960) entwickelt und von Gerhard Fischer (1974) im deutschsprachigen Raum eingeführt. Neuere Lehrbücher dazu sind Amelang und Zielinski (1997), Rost (1996), Kubinger (1987) sowie Steyer und Eid (2001). Eine klassische Einführung in eindimensionale Modelle der Item-response-Theorie bieten Hambleton und Swaminathan (2000). Rost (1996) behandelt Modelle für polytome Items, d. h. für Items mit mehr als zwei Antwortkategorien und Müller (1999) ein IRT-Modell für analoge (kontinuierliche) Antwortskalen. Weitere Modelle und Entwicklungen sind in Van der Linden und Hambleton (1997) dargestellt. Zur Schätztheorie im Rahmen von IRT-Modellen sei Baker (1992) empfohlen. Das auf der IRT basierende adaptive Testen wird von Wainer et al. (2000) behandelt. Schließlich sei auch noch einmal auf die von Boomsma, van Duijn und Snijders (2001), Fischer und Molenaar (1995) sowie Rost und Langeheine (1996) herausgegebenen Bände hingewiesen.

18.3 Latent-state-trait-Theorie

Neben Messfehlern, um deren Abschätzung man sich mit den oben skizzierten Modellen der KTT und der IRT bemüht, spielen auch situative Effekte und Interaktionen zwischen Personen und Situationen bei psychologischen Messungen eine nicht zu vernachlässigende Rolle. Um auch diese abschätzen und ausfiltern zu können, wurde die Latent-state-trait-Theorie (LST-Theorie; Steyer, Ferring & Schmitt, 1992; Steyer, Schmitt & Eid, 1999) entwickelt.

Ziele der LST-Theorie

18.3.1 Grundbegriffe

In Zusammenfassungsbox 2 sind die wichtigsten Grundbegriffe der LST-Theorie dargestellt. Ausgangspunkt ist dabei der folgende Typ eines Zufallsexperiments: Es wird eine Person aus einer *Population* Ω_U *von Personen* (formal gesehen ist das einfach eine Menge) gezogen, an der dann zu n Messgelegenheiten Beobachtungen erhoben werden. Zu jeder Messgelegenheit t realisiert sich eine Situation aus der *Menge* Ω_{S_t} von *möglichen Situationen* und es wird eine Beobachtung aus der *Menge* Ω_{O_t} der zu dieser Messgelegenheit *möglichen Beobachtungen* registriert. Dabei können sowohl die Situation als auch die Beobachtung mehrdimensional sein, d. h. beide Mengen, Ω_{S_t} und Ω_{O_t}, können ihrerseits Kartesische Produktmengen sein. So könnte z. B. die Situation simultan durch mehrere Aspekte definiert sein und die (zunächst möglicherweise nur qualitative) Beobachtung aus der Registrierung der Antworten auf mehrere Fragen in einem Fragebogen bestehen. Die Beobachtung könnte aber auch aus mehreren Skalenwerten oder Messwerten bestehen, die gleiche (Parallelformen) oder aber auch verschiedene Merkmale erheben sollen (s. Deinzer et al., 1995, S. 3 für ein Beispiel).

Zufallsexperiment

Die i-te reellwertige *Observable*, die zur t-ten Messgelegenheit erhoben wird, notieren wir mit Y_{it}. Solche Observablen sind meist durch die Auswertungsvorschriften eines Testverfahrens definiert. Daher nennen wir sie auch *Testwertvariablen*. Außer auf die Testwertvariablen Y_{it} können wir auch auf die *Projektionen* $U: \Omega \to \Omega_U$ und $S_t: \Omega \to \Omega_{S_t}$ zurückgreifen. Dabei gibt ein Wert $U(\omega)$ an, welche Person aus der Population Ω_U gezogen wird und ein Wert $S_t(\omega)$, welche Situation sich zur t-ten

Testwertvariablen oder Observablen

Personvariable U Situationsvariable S_t

Latent-state-Variable

Latent-trait-Variable

Latent-state-Residuum

Latent-state-Residuum ist Summe der Situations- und der Interaktionsvariablen

Messgelegenheit für die gezogene Person realisiert hat. Mit diesem begrifflichen Instrumentarium können wir nun die verschiedenen Grundbegriffe der LST-Theorie definieren.

Die *Latent-state-Variable* $\tau_{it} := E(Y_{it} | U, S_t)$ ist die Regression (oder bedingte Erwartung) von Y_{it} auf U und S_t. Beide Faktoren, Person und Situation, sowie deren Interaktion determinieren also definitionsgemäß den Zustand einer Person bzgl. der i-ten Observablen zur Messgelegenheit t. Der Statebegriff bzgl. einer Observablen resultiert also durch die Ausfilterung der *Messfehlervariablen* $\varepsilon_{it} := Y_{it} - \tau_{it}$, d. h. $\tau_{it} = Y_{it} - \varepsilon_{it}$.

Die *Latent-trait-Variable* $\xi_{it} := E(Y_{it} | U)$ dagegen ist die Regression von Y_{it} auf U. Definitionsgemäß determiniert nur die Personvariable U den Trait einer Person bzgl. der i-ten Observablen zur Messgelegenheit t. Der Traitbegriff bzgl. einer Observablen resultiert also durch die Ausfilterung der Messfehlervariablen und des *Latent-state-Residuums* $\zeta_{it} := \tau_{it} - \xi_{it}$ aus der Observablen Y_{it}, d. h.: $\xi_{it} = Y_{it} - \zeta_{it} - \varepsilon_{it}$. Man kann zeigen, dass das Latent-state-Residuum ζ_{it} aus situativen Effekten $E(Y_{it} | S_t)$ und der Interaktion zwischen Person und Situation $[E(Y_{it} | U, S_t) - E(Y_{it} | U) - E(Y_{it} | S_t)]$ besteht. Es gilt nämlich:

$$\zeta_{it} := \tau_{it} - \xi_{it} = E(Y_{it} | U, S_t) - E(Y_{it} | U)$$
$$= E(Y_{it} | S_t) + [E(Y_{it} | U, S_t) - E(Y_{it} | U) - E(Y_{it} | S_t)]. \quad (18.15)$$

Eine Umordnung der Definitionsgleichungen für die Latent-state- bzw. die Latent-trait-Variablen führt zu den beiden *Dekompositionen der Variablen* $Y_{it} = \tau_{it} + \varepsilon_{it}$ und $\tau_{it} = \xi_{it} + \zeta_{it}$. Demnach wird also eine Observable Y_{it} additiv in eine Latent-state-Variable τ_{it} und eine Messfehlervariable ε_{it} zerlegt und die Latent-state-Variable wird ihrerseits additiv in die Latent-trait-Variable ξ_{it} und das Latent-state-Residuum ζ_{it} zerlegt.

Interessanterweise gehen in diese Zerlegungen keinerlei Annahmen ein, die sich in einer Anwendung als falsch erweisen könnten. Vielmehr handelt es sich um mathematische Folgerungen aus *der Definition* der vier latenten Variablen $\tau_{it}, \varepsilon_{it}, \xi_{it}$ und ζ_{it}. Noch interessanter ist, dass auch die entsprechenden *Dekompositionen der Varianzen* $Var(Y_{it}) = Var(\tau_{it}) + Var(\varepsilon_{it})$ und $Var(\tau_{it}) = Var(\xi_{it}) + Var(\zeta_{it})$ auf keinerlei Annahmen beruhen, sondern ebenfalls ausschließlich aus den obigen Definitionen und den allgemeingültigen Eigenschaften des Regressionsbegriffs (s. Kap. 6) abgeleitet werden können.

Auf dieser allgemeingültigen Additivität der Varianzen beruhen die Definitionen der *Reliabilität*, *Konsistenz* und *Messgelegenheitsspezifität* (s. Z-Box 2), die wichtigsten Kenngrößen der LST-Theorie. Die *Reliabilität* ist ein Maß für die Güte des durch die Observable Y_{it} repräsentierten Mess- bzw. Testverfahrens. Die Konsistenz beschreibt das Ausmaß, in dem die Observable Y_{it} durch den Personvariable bedingt ist, wohingegen die Messgelegenheitsspezifität angibt, inwieweit Situation und Interaktion zwischen Person und Situation die Observable determinieren. Konsistenz und Messgelegenheitsspezifität addieren sich zur Reliabilität auf.

Abbildung 3 zeigt die in der LST-Theorie vorgenommenen Dekompositionen der Observablen Y_{it} (durch Vierecke dargestellt) in die ver-

> **Zusammenfassungsbox 2. Grundbegriffe der Latent-state-trait-Theorie**
>
> Die Menge der möglichen Ergebnisse des Zufallsexperiments
>
> $\Omega = \Omega_U \times \Omega_{S_1} \times \ldots \times \Omega_{S_t} \times \ldots \times \Omega_{S_n} \times \Omega_{O_1} \times \ldots \times \Omega_{O_t} \times \ldots \times \Omega_{O_n}$
>
> *Testwertvariablen oder Observablen*
>
> $Y_{it}: \Omega \to \mathbb{R}$
>
> *Projektionen*
>
> $U: \Omega \to \Omega_U$ *Personprojektion*
>
> $S_t: \Omega \to \Omega_{S_t}$ *Situationsprojektionen*
>
> *Latente Variablen*
>
> $\tau_{it} := E(Y_{it} \mid U, S_t)$ *Latent-state-Variable*
>
> $\varepsilon_{it} := Y_{it} - \tau_{it}$ *Messfehlervariable*
>
> $\xi_{it} := E(Y_{it} \mid U)$ *Latent-trait-Variable*
>
> $\zeta_{it} := \tau_{it} - \xi_{it}$ *Latent-state-Residuum*
>
> *Dekomposition der Variablen*
>
> $Y_{it} = \tau_{it} + \varepsilon_{it}$
>
> $\tau_{it} = \xi_{it} + \zeta_{it}$
>
> *Dekomposition der Varianzen*
>
> $Var(Y_{it}) = Var(\tau_{it}) + Var(\varepsilon_{it})$
>
> $Var(\tau_{it}) = Var(\xi_{it}) + Var(\zeta_{it})$
>
> *Wichtige Kenngrößen*
>
> $Rel(Y_{it}) := Var(\tau_{it}) / Var(Y_{it})$ *Reliabilität*
>
> $Con(Y_{it}) := Var(\xi_{it}) / Var(Y_{it})$ *Konsistenz*
>
> $Spe(Y_{it}) := Var(\zeta_{it}) / Var(Y_{it})$ *Messgelegenheitsspezifität*

schiedenen LST-theoretischen Komponenten (dargestellt durch Kreise). Die Messfehlervariablen und die Latent-state-Residuen sind nicht durch Kreise gekennzeichnet, zählen aber ebenfalls zu den LST-theoretischen, nicht direkt beobachtbaren Variablen (s. auch Gähde, Jagodzinski & Steyer, 1992).

Abbildung 3 macht deutlich, dass viel zu vielen theoretischen Variablen viel zu wenige Observablen gegenüberstehen. Ohne die Hinzufügung von Annahmen, die dieses Missverhältnis drastisch ändert, besteht keine Möglichkeit, aus den Verteilungen der Observablen (oder deren Kennwerte wie Mittelwerte, Varianzen, Kovarianzen und Korrelationen) etwas über die theoretischen Variablen (z. B. deren Mittewerte, Varianzen, Kovarianzen und Korrelationen) ableiten zu können. Obwohl der Übersicht-

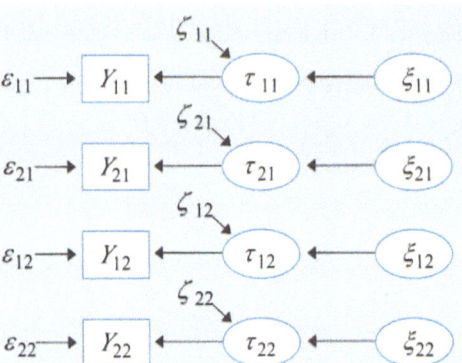

Abbildung 3. Pfaddiagramm zur Zerlegung der Testwertvariablen in Messfehler- und Latent-state-Variablen, die wiederum in Latent-trait-Variablen und Latent-state-Residuen zerlegt werden. Der Übersichtlichkeit halber sind die Korrelationen zwischen den Messfehlervariablen, zwischen den Latent-state-Residuen und zwischen den Latent-trait-Variablen *nicht* dargestellt.

lichkeit halber nicht eingezeichnet, können alle Latent-state-Variablen, alle Latent-state-Residuen, alle Latent-trait-Variablen und alle Messfehlervariablen in unbekannter Höhe miteinander korrelieren. Aus den Definitionen der LST-theoretischen Variablen τ_{it}, ε_{it}, ξ_{it} und ζ_{it} folgen jedoch für alle Indexpaare (i, t) und (j, s)

Eigenschaften, die immer gelten

$$Cov(\varepsilon_{it}, \tau_{js}) = Cov(\varepsilon_{it}, \xi_{js}) = Cov(\varepsilon_{it}, \zeta_{js}) = Cov(\zeta_{it}, \xi_{js}) = 0. \quad (18.16)$$

Demnach sind also die Messfehlervariablen mit den State- und Trait-Variablen sowie mit den Latent-state-Residuen unkorreliert. Außerdem sind auch die Latent-state-Residuen mit den Latent-trait-Variablen unkorreliert. Dabei beachte man, dass es sich hier wieder nicht um Annahmen handelt, die in irgendeiner Anwendung falsch sein könnten, sondern um logische Folgerungen aus den Definitionen der LST-theoretischen Variablen. (Beweise hierzu, die auf den Eigenschaften von Regressionen und ihrer Residuen beruhen, findet man z. B. in Steyer & Schmitt, 1990).

18.3.2 Modelle der Latent-state-trait-Theorie

Modelle der LST-Theorie entstehen nun durch die Einführung von Annahmen über die oben dargestellten Grundbegriffe. Repräsentieren bspw. die Observablen Y_{it} und Y_{jt} zu jeder Messgelegenheit t zwei parallele Tests, die den gleichen Zustand erheben sollen, so ist die Annahme

Äquivalenz der Latent-state-Variablen innerhalb jeder Messgelegenheit

$$\tau_{it} = \tau_{jt} =: \eta_t, \quad i, j = 1, ..., m, \quad t = 1, ..., n, \quad (18.17)$$

plausibel. Die gemeinsame latente Zustandsvariable zur Messgelegenheit t bezeichnen wir jeweils mit η_t. Führen wir darüber hinaus noch die Annahme ein, dass die latenten Eigenschaften sowohl zwischen den Observablen als auch über den betrachteten Messzeitraum hinweg identisch sind,

$$\xi_{it} = \xi_{js} =: \xi, \quad i, j = 1, ..., m, \quad t, s = 1, ..., n, \quad (18.18)$$

Äquivalenz aller Latent-trait-Variablen

so können wir die Latent-trait-Variablen ξ_{it} durch eine einzige Latent-trait-Variable ξ ersetzen. Diese beiden Annahmen sind äquivalent mit den beiden Gleichungen

$$Y_{it} = \eta_t + \varepsilon_{it} \quad (18.19)$$

$$\eta_t = \xi + \zeta_t, \quad t = 1, ..., n, \quad (18.20)$$

wobei ε_{it} die in Zusammenfassungsbox 2 eingeführten Messfehlervariablen und ζ_t die dort eingeführten Latent-state-Residuen sind, die wir hier allerdings wegen Annahme (18.17) nur noch mit einem einzigen Index schreiben müssen.

Weitere Vereinfachungen ergeben sich, wenn wir annehmen, dass die Situationen, in denen die Tests (oder Messungen) erhoben werden, zwischen den Messgelegenheiten unabhängig sind, oder dass wenigstens gilt:

$$Cov(\zeta_t, \zeta_s) = 0, \quad t \neq s. \quad (18.21)$$

Unkorreliertheit der Latent-state-Residuen

Die Unkorreliertheit

$$Cov(\xi, \zeta_t) = 0, \quad (18.22)$$

Annahme: Unkorreliertheit der Latent-state-Residuen

der Latent-trait-Variablen mit den Latent-state-Residuen dagegen folgt bereits aus den Gleichungen (18.16) und (18.18).

Eine letzte Vereinfachung ergibt sich, wenn die Messfehlervariablen ε_{it} als unkorreliert angenommen werden können

$$Cov(\varepsilon_{it}, \varepsilon_{js}) = 0, \quad (i, t) \neq (j, s). \quad (18.23)$$

Unkorreliertheit der Messfehlervariablen

In Abbildung 4 ist das Pfaddiagramm dieses Modells angegeben, das wir als *Singletrait-multistate-Modell* bezeichnen. In verschiedenen Arbeiten (s. z. B. Steyer et al., 1992; Eid, 1995; Eid, Steyer & Schwenkmezger, 1996) wurden alternative, weniger restriktive Annahmen dargestellt, die ebenfalls zu Modellen führen, die erlauben, die LST-theoretischen Kenngrößen zu bestimmen und das resultierende Modell zu testen, indem man die Implikationen für die Struktur der Kovarianzmatrix der Observablen auf Übereinstimmung mit deren empirischer Kovarianzmatrix untersucht.

Singletrait-multistate-Modell

Darüber hinaus gibt es natürlich auch Modelle (s. z. B. Eid & Hoffmann, 1998), in denen Latent-trait-Variablen vorkommen, die sich über die Zeit verändern. Allerdings braucht man für solche Modelle mindestens zwei relativ weit auseinander liegende Erhebungsphasen, innerhalb derer mindestens zweimal eine Latent-state-Variable mit mindestens je zwei (Parallel-)Tests erhoben werden. Die beiden Erhebungsphasen soll-

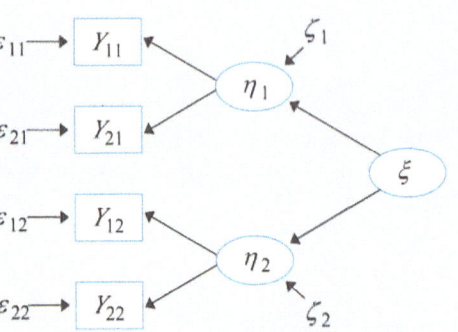

Abbildung 4. Pfaddiagramm Singletrait-Multistate-Modells. Die Messfehlervariablen werden als unkorreliert angenommen, ebenso die Latent-state-Residuen.

ten deswegen relativ weit auseinander liegen, damit eine wahre Traitveränderung auch möglich ist. Was „relativ weit" heißt, hängt vom betrachteten Konstrukt und den sonstigen Bedingungen ab, insbesondere davon, wie schnell dabei eine tatsächliche Traitveränderung erwartet werden kann. In bestimmten Phasen kann eine Entwicklung (d. h. eine wahre Traitveränderung) mehr oder auch weniger schnell vonstatten gehen.

In der Lösung zur Übung 3 des Kapitels 13 haben wir bereits die von diesem Modell implizierte Kovarianzstruktur angegeben:

$$Var(Y_{it}) = \sigma_\xi^2 + \sigma_{\zeta_t}^2 + \sigma_{\varepsilon_{it}}^2, \tag{18.24}$$

Vom Singletrait-multistate-Modell implizierte Varianz-Kovarianzstruktur

und

$$Cov(Y_{it}, Y_{js}) = \begin{cases} \sigma_\xi^2 + \sigma_{\zeta_t}^2, & \text{falls } i \neq j \text{ und } t = s \\ \sigma_\xi^2, & \text{falls } t \neq s. \end{cases} \tag{18.25}$$

Bei $n = 2$ Messgelegenheiten hat die von diesem Modell implizierte Varianz-Kovarianzmatrix Σ_{yy} der Observablen (Testwertvariablen) also die Form:

$$\begin{pmatrix} \sigma_\xi^2 + \sigma_{\zeta_1}^2 + \sigma_{\varepsilon_{11}}^2 & \sigma_\xi^2 + \sigma_{\zeta_1}^2 & \sigma_\xi^2 & \sigma_\xi^2 \\ \sigma_\xi^2 + \sigma_{\zeta_1}^2 & \sigma_\xi^2 + \sigma_{\zeta_1}^2 + \sigma_{\varepsilon_{21}}^2 & \sigma_\xi^2 & \sigma_\xi^2 \\ \sigma_\xi^2 & \sigma_\xi^2 & \sigma_\xi^2 + \sigma_{\zeta_2}^2 + \sigma_{\varepsilon_{12}}^2 & \sigma_\xi^2 + \sigma_{\zeta_2}^2 \\ \sigma_\xi^2 & \sigma_\xi^2 & \sigma_\xi^2 + \sigma_{\zeta_2}^2 & \sigma_\xi^2 + \sigma_{\zeta_2}^2 + \sigma_{\varepsilon_{22}}^2 \end{pmatrix}.$$

Anhand dieser Matrix oder auch der Gleichungen (18.24) und (18.25) kann man sich nun leicht überlegen, wie man die theoretischen Parameter dieses LST-Modells aus den empirischen schätzbaren Varianzen und Kovarianzen der Observablen Y_{it} bestimmen kann. So ist z. B. die Varianz σ_ξ^2 der Latent-trait-Variablen gleich den vier Kovarianzen der Observablen Y_{i1} und Y_{j2}.

18.3.3 Weiterführende Literatur

Als Einführungsartikel empfiehlt sich Steyer et al. (1992). Steyer et al. (1999) geben einen Überblick über verschiedene Forschungsfragen, die mit LST-Modellen untersucht werden können und über vorliegende Anwendungen in verschiedenen Gebieten der Psychologie. Die Beziehung zu Wachstumskurvenmodellen wird von Tisak und Tisak (2000) herausgearbeitet. Eid (1995) stellt eine Erweiterung der LST-Theorie für Probit-Modelle dar. Wichtig sind in diesem Kontext auch die von Eid (2000) entwickelten Modelle zur Behandlung von Methodenfaktoren, die dann nützlich werden, wenn nicht perfekt parallele Testformen innerhalb jeder Messgelegenheit vorgelegt werden oder wenn grundsätzlich verschiedene Erhebungsmethoden, wie z. B. Selbst- und Fremdrating, innerhalb jeder Messgelegenheit die gleiche Latent-state-Variable erfassen sollen.

18.4 Logistische Latent-state-trait-Modelle

Sowohl die Modelle der KTT als auch die der LST-Theorie setzen bereits vorliegende numerische Testwertvariablen voraus. In der Item-response-Theorie dagegen setzen die Modelle auf der Itemebene an und spezifizieren die Antwort- bzw. Lösungswahrscheinlichkeit in Abhängigkeit von der oder den als relevant erachteten latenten Variablen, wie z. B. die *Fähigkeit*, und von Parametern, welche die Items charakterisieren, wie z. B. die *Itemschwierigkeit*. *Ansatz auf Item-Ebene*

Das bereits in Abschnitt 18.2.1 dargestellte Rasch-Modell lässt sich zu einem logistischen LST-Modells verallgemeinern, in dem man auch dem Problem situativer Effekte und der Interaktion zwischen Personen und Situationen Rechnung trägt. Dabei geht allerdings die Eindimensionalität der latenten Personvariablen verloren, wenn man mindestens zwei Messgelegenheiten betrachten will. Das in Zusammenfassungsbox 2 beschriebene Zufallsexperiment wird auch hier vorausgesetzt und es wird auch die dort eingeführte Notation verwendet. *Ziel: zusätzliche Berücksichtigung situativer und interaktiver Effekte*

Das einfachste Modell lässt sich durch drei Annahmen definieren. Die erste Annahme,

$$P(Y_{it}=1\,|\,U, S_t) = \frac{exp(\xi + \zeta_t - \kappa_{it})}{1 + exp(\xi + \zeta_t - \kappa_{it})}, \qquad (18.26)$$

Verallgemeinerte Rasch-Homogenität

nennen wir die *Verallgemeinerte Rasch-Homogenität*. Dieser Annahme zufolge wird die Lösungswahrscheinlichkeit durch den Wert der Traitvariablen ξ und den situativen und/interaktiven Effekt, den Wert des Latent-state-Residuum ζ_t sowie durch die Itemschwierigkeit κ_{it} determiniert. (In speziellen Fällen kann man deren Invarianz über die Zeit postulieren: $\kappa_{it} = \kappa_i$, $t = 1, ..., n$.)

Verallgemeinerte lokale Unabhängigkeit

Mit der zweiten Annahme

$$P(Y_{it} = 1 \mid U, S_t, \mathbf{y}_{-it}) = P(Y_{it} = 1 \mid U, S_t) \qquad (18.27)$$

der *lokalen Unabhängigkeit* wird die Vorstellung ausgedrückt, dass die Beantwortung (Lösung oder Nichtlösung) der anderen Items, auch derjenigen, die zu anderen Zeitpunkten bearbeitet werden, keinen zu ξ und ζ_t zusätzlichen Effekt mehr auf die Antwort- bzw. Lösungswahrscheinlichkeit hat. Der Vektor $\mathbf{y}_{-it}$ enthält dabei *alle anderen* Items (also außer Y_{it}) innerhalb der gleichen, aber auch innerhalb der anderen Messgelegenheiten.

Unkorreliertheit von Latent-trait-Variable mit den Latent-state-Residuen bzw. der Latent-state-Residuen untereinander

Mit der dritten und vierten Annahme

$$Cov(\xi, \zeta_t) = 0, \quad t = 1, \ldots, n, \qquad (18.28)$$

$$Cov(\zeta_t, \zeta_s) = 0, \quad s \neq t, \ s, t = 1, \ldots, n, \qquad (18.29)$$

wird die Varianz-Kovarianzmatrix der latenten Variablen ξ und ζ_t der latenten Variablen eingeschränkt, so wie wir dies auch von anderen LST-Modellen kennen. Von der Messfehlervarianz abgesehen resultiert daraus die gleiche Struktur für die itemspezifischen latenten Variablen $\theta_{it} := \xi + \zeta_t$, wie in der Gleichung (18.24) für die Testwertvariablen Y_{it}. Werden die Varianzen von ξ und der Latent-state-Residuen ζ_t geschätzt, erhält man damit Auskunft darüber, wie stark die relative Wichtigkeit des Traits und der situativen bzw. interaktiven Effekte für die Antwort- bzw. Lösungswahrscheinlichkeiten der Items sind.

In Anwendungen mit hinreichend großen Stichproben lassen sich mit geeigneten Programmen (wie z. B. ConQuest; Wu, Adams & Wilson, 1998) sowohl die κ_{it} als auch die Varianz-Kovarianzmatrix der latenten Variablen $\theta_{it} := \xi + \zeta_t$ schätzen, aus der dann Schätzungen für die Varianzen $Var(\xi)$ und $Var(\zeta_t)$ berechnet werden können. Außerdem berechnen diese Programme Schätzungen für die Werte der Personen auf den beteiligten latenten Variablen.

18.4.1 Weiterführende Literatur

Bei Steyer und Partchev (2001) findet man eine Verallgemeinerung dieses Modells für mehr als zwei Antwortkategorien und eine empirische Anwendung aus dem Bereich der Befindlichkeitsmessung. Analoge LST-Modelle auf Itemebene stellt Eid (1995) dar, die allerdings nicht auf dem Logit, sondern auf dem Probit basieren.

18.5 Faktorenanalytische Modelle

Sowohl im Abschnitt über Modelle der KTT als auch im Abschnitt über Modelle der LST-Theorie haben wir bereits spezielle faktorenanalytische Modelle kennen gelernt. Faktorenanalytische Modelle kann man als spezielle Messmodelle auffassen, in denen aus *manifesten Variablen* oder *Observablen* auf dahinter liegende *latente Variablen* oder *Faktoren* geschlossen werden kann, insbesondere was deren Varianzen, Kovarianzen und Korrelationen angeht. In speziellen Fällen, etwa bei längsschnittlichen und/oder Mehrgruppenmodellen, kann man aber auch auf deren Erwartungswerte schließen. Für diagnostische Zwecke ist es auch möglich und sinnvoll, die Werte von Personen auf den latenten Variablen, die *Faktorwerte*, zu schätzen. Für Zusammenhangs- und Abhängigkeitsanalysen dagegen werden die Schätzungen der Faktorwerte nicht benötigt, da man diese Zusammenhänge und Abhängigkeiten besser und genauer im Rahmen von Strukturgleichungsmodellen untersuchen kann, die als eine Verallgemeinerung faktorenanalytischer Modelle angesehen werden können (s. Abschnitt 18.6).

Zweck faktorenanalytischer Modelle

Faktorenanalytische Modelle bestehen aus einer Modellgleichung

$$\boldsymbol{y} = \lambda_0 + \Lambda\,\boldsymbol{\eta} + \boldsymbol{\varepsilon} \qquad (18.30)$$

Modellgleichung für die Variablen

für die *Observablen* des Spaltenvektors $\boldsymbol{y} = (Y_1 \ldots Y_m)'$, sowie aus Annahmen über die Kovarianzmatrix $\Sigma_{\eta\eta}$ der *latenten Variablen* oder *Faktoren*, des Vektors $\boldsymbol{\eta} = (\eta_1 \ldots \eta_n)'$ und die Kovarianzmatrix $\Sigma_{\varepsilon\varepsilon}$ der *Messfehlervariablen*, die in $\boldsymbol{\varepsilon} = (\varepsilon_1 \ldots \varepsilon_m)'$ zusammengefasst sind. Oft geht man von zentrierten manifesten und latenten Variablen aus, die definitionsgemäß alle den Erwartungswert 0 haben. In diesem Fall entfällt der Konstantenvektor λ_0, da dann gilt: $\lambda_0 = \mathbf{0}$. Die Matrix Λ heißt *Ladungsmatrix* und ihre Komponenten, die Ladungen λ_{ij}, lassen sich als Regressionskoeffizienten in einer multiplen linearen Regression der Observablen Y_i auf die Faktoren $\eta_1, \ldots, \eta_n$ interpretieren. In speziellen Modellen kann die Gleichung (18.30) als eine Matrixdarstellung von m Regressionsgleichungen interpretiert werden, so etwa bei Modellen der KTT und bei LST-Modellen, aber auch immer dann, wenn die Observablen als m-variat normalverteilt angenommen werden. In anderen Fällen ist Gleichung (18.30) eine Matrixdarstellung von m linearen Quasi-Regressionen (s. Kap. 14). Die multiple lineare Regression ist daher grundlegend auch für das Verständnis der Faktorenanalyse. Der Determinationskoeffizient $R^2_{Y_i|\boldsymbol{\eta}}$ heißt im Rahmen des faktorenanalytischen Modells *Kommunalität*.

Ladungsmatrix

Kommunalität

Generell wird angenommen, dass die Messfehler und Faktoren unkorreliert sind:

$$Cov(\boldsymbol{\eta}, \boldsymbol{\varepsilon}) = \mathbf{0}. \qquad (18.31)$$

Für die Kovarianzmatrix der Observablen ergibt sich daraus

$$\Sigma_{yy} = \Lambda\,\Sigma_{\eta\eta}\,\Lambda' + \Sigma_{\varepsilon\varepsilon}. \qquad (18.32)$$

Implizierte Struktur der Kovarianzmatrix der Observablen

Eine weitere Vereinfachung ergibt sich, wenn man die *Unkorreliertheit der Messfehler* annimmt, dass also die Kovarianzmatrix $\Sigma_{\varepsilon\varepsilon}$ der Messfehler eine Diagonalmatrix ist.

Beispiele für solche Modelle haben wir in den Übungen 2 und 3 im Kapitel 13 schon kennen gelernt. Auch das im Abschnitt 18.3.2 dargestellte Singletrait-multistate-Modell, lässt sich leicht in diese Form bringen. Dazu muss man nur die Gleichung (18.20) in die Gleichung (18.19) einsetzen und erhält

$$Y_{it} = \xi + \zeta_t + \varepsilon_{it}, \quad i = 1, \ldots, m, \quad t = 1, \ldots, n. \quad (18.33)$$

Dies sind $n \cdot m$ Gleichungen, die sich leicht in die Form der Matrixgleichung (18.30) bringen lassen. Dies ist ein Modell mit $n + 1$ latenten Variablen (Faktoren), hier mit ξ bzw. ζ_t bezeichnet, und die Ladungen in diesem Modell sind alle gleich 0 oder 1.

Konfirmatorische Modelle

Bei den bisher behandelten faktorenanalytischen Modellen handelte es sich um Beispiele für *konfirmatorische Modelle*. Die Ladungen und auch einige Kovarianzen zwischen den latenten Variablen sind im Modell schon festgelegt. In diesem Kontext spricht man daher auch von *fixierten Parametern*. In anderen konfirmatorischen Modellen ist es auch bei den Ladungen so, dass einige festgelegt sind, andere aber nicht. Für diese nicht festgelegten oder *freien Parameter* kann man auch Gleichheits- und andere Restriktionen setzen. Die freien Parameter können dann in diesen Modellen geschätzt werden. Voraussetzung dabei ist, dass sie *identifizierbar* sind, d. h. in dem betreffenden Modell eindeutig aus den Erwartungswerten, Varianzen und Kovarianzen der Observablen berechenbar sind.

Fixierte Parameter

Freie Parameter

Gleichheits- und andere Restriktionen

Exploratorische Modelle

In *exploratorischen Modellen* ist zunächst weder etwas über die Kovarianz der Faktoren, noch über die Ladungsmatrix bekannt. Erst über bestimmte Extraktions- (z. B. Maximierung der Varianz der Faktoren bei gleichzeitiger Orthogonalität) bzw. Rotationskriterien (z. B. Varimax oder Oblimin) werden die Ladungen und Korrelationen zwischen den Faktoren identifizierbar (d. h. eindeutig bestimmbar), und können dann auch geschätzt werden. (Dabei geht man in der Regel von der z-Standardisierung der manifesten und latenten Variablen aus, die dann alle Erwartungswert null und Varianz eins haben.) Bei konfirmatorischen Modellen dagegen entfällt das Rotationsproblem. Dort sind die Faktoren schon durch die vorgegebene Struktur der Ladungsmatrix eindeutig bestimmt.

18.5.1 Weiterführende Literatur

Ein klassisches Buch zur Faktorenanalyse ist Lawley und Maxwell (1971). Bei Anderson und Rubin (1956) findet man u. a. wichtige Hinweise zur Identifizierbarkeit von Modellen. Klassische Artikel zur konfirmatorischen Faktorenanalyse sind Jöreskog (1969, 1971). Zur Unterscheidung zwischen Faktoren- und Hauptkomponentenanalyse siehe Jöreskog (1979). Zur Faktorenanalyse qualitativer Variablen sei auf Mislevy (1986), Muthén, (1978) sowie auf Muthén und Christoffersson (1981) hingewiesen. Ein deutschsprachiges Lehrbuch zur Hauptkomponentenanalyse und verwandte Verfahren ist Röhr (1993). Weitere Lehrbücher zu verschiedenen Verfahren der Faktoren- und Hauptkomponentenanalyse sind Überla (1971) und Revenstorf (1980). PC-Programme zur exploratorischen Faktorenanalyse enthalten alle gängigen Software-Pakete zur Statistik. Konfirmatorische faktorenanalytische Modelle können mit den gängigen Programmen zur Analyse von Strukturgleichungsmodellen gerechnet werden.

18.6 Strukturgleichungsmodelle

Strukturgleichungsmodelle können als eine Erweiterung faktorenanalytischer Modelle angesehen werden, die es u. a. auch ermöglichen, multiple lineare Regressionen zwischen den latenten Variablen zu betrachten. Es gibt verschiedene Notationssysteme zur Beschreibung von Strukturgleichungsmodellen. Das bekannteste wurde von Jöreskog (1970, 1973) eingeführt. Beschränken wir uns auf zentrierte Variablen (mit Erwartungswerten gleich null), besteht es aus den drei Modellgleichungen

$$y = \Lambda_y \eta + \varepsilon, \quad (18.34)$$

Messmodelle für die endogenen latenten Variablen,

$$x = \Lambda_x \xi + \delta, \quad (18.35)$$

die exogenen latenten Variablen

$$\eta = B\eta + \Gamma\xi + \zeta, \quad (18.36)$$

Strukturmodell

den Unkorreliertheitsannahmen

$$Cov(\eta, \varepsilon) = 0, \quad Cov(\xi, \delta) = 0, \quad Cov(\xi, \zeta) = 0 \quad (18.37)$$

und

$$Cov(\varepsilon, \delta) = 0, \quad Cov(\varepsilon, \zeta) = 0, \quad Cov(\delta, \zeta) = 0 \quad (18.38)$$

sowie der Annahme, dass die Matrix $I - B$ regulär ist, wobei I die Einheitsmatrix darstellt.

Bei den beiden Gleichungen (18.34) und (18.35) handelt es sich um Messmodelle für die *endogenen* latenten Variablen im Vektor η bzw. für die *exogenen* latenten Variablen im Vektor ξ. Die Strukturgleichung (18.36) dagegen erlaubt die Abhängigkeiten der latenten Variablen untereinander zu spezifizieren. Die *exogenen* latenten Variablen im Vektor ξ können untereinander korrelieren, werden aber ansonsten im Modell ausschließlich als unabhängige Variablen behandelt. Die *endogenen* latenten Variablen im Vektor η dagegen können gleichzeitig abhängig und unabhängig sein. Strukturgleichungen eignen sich daher auch in besonderer Weise zur Darstellung kausaler Systeme, da man mit ihnen u. a. kausale Ketten darstellen sowie zwischen direkten, indirekten und totalen Effekten unterscheiden kann. Nicht jedes Strukturgleichungsmodell erlaubt jedoch kausale Interpretationen, genauso wenig wie jedes Regressionsmodell kausale Abhängigkeiten darstellt. Bei Strukturgleichungsmodellen, wie bei Regressionsmodellen, entscheiden zusätzliche Annahmen darüber, ob die damit beschriebenen Abhängigkeiten kausal interpretiert werden können (s. die Kapitel 15 bis 17 sowie Steyer, 1992 und Steyer, Gabler, von Davier, Nachtigall & Buhl, 2000, Steyer, Gabler, von Davier & Nachtigall, 2000, Steyer, Nachtigall, Wüthrich-Martone & Kraus, 2002).

Exogene latente Variablen

Endogene latente Variablen

In Anwendungen sind die Komponenten der Matrizen Λ_y, Λ_x, B, und Γ, die Kovarianzmatrizen der Messfehlervariablen ε und δ, sowie die Kovarianzmatrix der latenten Variablen im Vektor ξ und die Kovarianz-

Fixierte und freie Parameter

Gleichheits- und andere Restriktionen

Vom Modell implizierte Kovarianzmatrix

matrix der Residualvariablen in ζ zu spezifizieren. Und zwar wiederum durch die Angabe, welche Parameter auf welchen Werten fixiert und welche dagegen frei zu schätzen und welche, z. B. durch Gleichheitsrestriktionen, restringiert sind. Diese Annahmen implizieren, genau wie das oben dargestellte Modell der Faktorenanalyse, eine bestimmte Struktur der Kovarianzmatrix der Observablen in x und y, die in Anwendungen mit der jeweils vorliegenden empirischen Kovarianzmatrix dieser Observablen verglichen werden, um die Passung des Modells zu überprüfen.

18.6.1 Weiterführende Literatur

Als Standardwerk zu Strukturgleichungsmodellen ist Bollen (1989) zu empfehlen. Hier wird eine anspruchsvolle und dennoch verständliche Einführung in die gesamte Breite des Modells geboten. Weitere Einführungstexte sind entweder relativ unabhängig von der zugrunde liegenden Software (z. B. Kline, 1998; Hoyle, 1995; Schumacker & Lomax, 1996) oder beziehen sich explizit auf ein Programm: LISREL (Kelloway, 1998; Byrne, 1989, 1998; Hayduk, 1996; Jöreskog & Sörbom, 1996a, 1996b, 1996c, Jöreskog, Sörbom, du Toit & du Toit, 2001), AMOS (Byrne, 2001), MPlus (Muthen & Muthen, 1999) oder EQS (Bentler, 1995; Byrne, 1994). Spezielle Fragen wie etwa Schätzalgorithmen, nichtlineare Effekte, Interaktionen oder Multi-Level-Ansätze werden in Sammelwerken behandelt (z. B. Bollen & Long, 1993; Kaplan, 2000; Marcoulides & Schumacker, 1996; Schumacker & Marcoulides, 1998a, 1998b). Die neuesten Entwicklungen verfolgen interessierte Leser am besten in der Zeitschrift „Structural Equation Modeling - A Multidisciplinary Journal" oder in der Internet-Diskussionsliste SEMNET („Structural equation modeling discussion network"):

http://bama.ua.edu/archives/semnet.html.

18.7 Multivariate multiple lineare Regression

Zweck der multivariaten multiplen linearen Regression

Im Kapitel 14 haben wir nur einen einzigen Regressanden Y betrachtet, dessen (bedingter) Erwartungswert von mehreren Regressoren X_1, ..., X_m abhängen konnte. Für viele Fragestellungen ist dies jedoch nicht befriedigend. So ist bspw. der Erfolg einer Therapie nicht nur an einem einzigen Kriterium zu messen. Ähnlich ist es mit pädagogischen und mit sozialpolitischen Interventionen. Daher ist es wünschenswert, *mehrere* Kriteriumsvariablen oder Regressanden gleichzeitig in ihrer Abhängigkeit von mehreren Regressoren zu betrachten. Bei der Durchführung von Signifikanztests hat dies den Vorteil, dass man dann eine einzige zusammengesetzte Hypothese prüfen kann und man damit dem Problem der Kumulierung des α-Fehlers begegnen kann.

Beziehung zu statistischen Modellen

So wie die multiple lineare Regression der wahrscheinlichkeitstheoretische Begriff ist, der z. B. hinter den statistischen Verfahren der univariaten Varianzanalyse und der univariaten multiplen linearen Regressionsanalyse steckt, ist die hier skizzierte multivariate multiple lineare Regression das wahrscheinlichkeitstheoretische Gegenstück zur multivariaten Varianzanalyse (MANOVA) und zur multivariaten multiplen linearen Regressionsanalyse. Alle dort prüfbaren Hypothesen kann man bereits exakt formulieren, ohne auf ein spezielles statistisches Stichprobenmodell wie das Allgemeine Lineare Modell Bezug zu nehmen (s. dazu Kap. 14).

Gegenüber der Darstellung der multiplen linearen Regression mit einem Regressor ändert sich eigentlich nicht viel. Wie bisher (s. Kap. 14) ist

$$\boldsymbol{x}' := (X_1 \ldots X_m) \qquad (18.39) \qquad \textit{m-dimensionaler Regressor}$$

der Zeilenvektor der Regressoren. Lediglich der Zeilenvektor

$$\boldsymbol{y}' := (Y_1 \ldots Y_q) \qquad (18.40) \qquad \textit{q-dimensionaler Regressand}$$

der Regressanden besteht nun aus q numerischen Zufallsvariablen und wir haben demzufolge auch einen Zeilenvektor

$$E(\boldsymbol{y}' \mid \boldsymbol{x}) := [E(Y_1 \mid \boldsymbol{x}) \ldots E(Y_q \mid \boldsymbol{x})] \qquad (18.41) \qquad \textit{Multivariate Regression}$$

von Regressionen, den wir als *multivariate Regression* bezeichnen können. Entsprechend gibt es für jeden der q Regressanden Y_j einen eigenen Spaltenvektor $\boldsymbol{\beta}_j = (\beta_{1j} \ldots \beta_{mj})'$, $j = 1, \ldots, q$, von Regressionskoeffizienten, welche die Zeilen der Matrix

$$\mathbf{B} := \begin{pmatrix} \beta_{11} & \beta_{12} & \cdots & \beta_{1q} \\ \beta_{21} & \beta_{22} & & \beta_{2q} \\ \vdots & & \ddots & \vdots \\ \beta_{m1} & \beta_{m2} & \cdots & \beta_{mq} \end{pmatrix}$$

bilden, sowie eine eigene Regressionskonstante β_{j0}, die im Zeilenvektor

$$\boldsymbol{\beta}_0' = (\beta_{10} \; \beta_{20} \ldots \beta_{q0})$$

zusammengefasst werden können. Mit dieser Notation können wir die multivariate lineare Regression durch die Gleichung

$$E(\boldsymbol{y}' \mid \boldsymbol{x}) = \boldsymbol{\beta}_0' + \boldsymbol{x}' \mathbf{B} \qquad (18.42) \qquad \textit{Multivariate lineare Regression}$$

definieren.

18.7.1 Identifikation der Regressionskoeffizienten

Zur Bestimmung von $\boldsymbol{\beta}_0$ und der Komponenten von $\mathbf{B}$ greifen wir wieder auf die Erwartungswerte des Regressanden und der Regressoren sowie die Kovarianzmatrizen Σ_{xx} und Σ_{xy} zurück. Für die additive Konstante β_0 ergibt sich

$$\beta_0' = E(\mathbf{y}') - E(\mathbf{x}')\mathbf{B}'$$

$$= E(\mathbf{y}') - \bigl(E(X_1)\ldots E(X_m)\bigr)\begin{pmatrix} \beta_{11} & \beta_{12} & \cdots & \beta_{1q} \\ \beta_{21} & \beta_{22} & & \beta_{2q} \\ \vdots & & \ddots & \vdots \\ \beta_{m1} & \beta_{m2} & \cdots & \beta_{mq} \end{pmatrix}. \quad (18.43)$$

Für die Bestimmung von β_0 benötigt man also, neben den Erwartungswerten der beteiligten Variablen, auch die Matrix **B**.

Die Matrix **B** lässt sich unter Verwendung der Kovarianzmatrix Σ_{xy} bestimmen. Mit $\varepsilon' := \mathbf{y}' - E(\mathbf{y}'|\mathbf{x}) = \mathbf{y}' - E(\beta_0' + \mathbf{x}'\mathbf{B}')$ ergibt sich nach den Regeln (v) bis (vii) der Regelbox 13.3

$$\Sigma_{xy} = Cov(\mathbf{x}, \mathbf{y}) = Cov(\mathbf{x}, \beta_0' + \mathbf{x}'\mathbf{B} + \varepsilon')$$

$$= Cov(\mathbf{x}, \mathbf{x}'\mathbf{B} + \varepsilon') = \Sigma_{xx}\mathbf{B}.$$

Die Matrix **B** der Regressionsgewichte lässt sich bestimmen, indem man diese Gleichung nach **B** auflöst. Dies geschieht wieder durch die Multiplikation beider Seiten mit der Inversen Σ_{xx}^{-1} der Kovarianzmatrix der Regressoren, sofern diese Inverse existiert, was immer dann der Fall ist, wenn sich keine der Variablen $X_1, \ldots, X_m$ eine Linearkombination der übrigen ist.

Nach Multiplikation beider Seiten mit der Inversen Σ_{xx}^{-1} erhält man zunächst

$$\Sigma_{xx}^{-1}\Sigma_{xx}\mathbf{B} = \Sigma_{xx}^{-1}\Sigma_{xy}$$

Wegen $\Sigma_{xx}^{-1}\Sigma_{xx} = \mathbf{I}$ folgt daraus

Identifikation der Matrix der Regressionskoeffizienten

$$\mathbf{B} = \Sigma_{xx}^{-1}\Sigma_{xy} \quad (18.44)$$

Diese Formel ist also ganz analog zum univariaten Fall (s. Kap. 14) und enthält diesen als Spezialfall.

Über die Koeffizienten der Parametermatrix **B** kann man, wie im univariaten Fall Hypothesen formulieren und im Rahmen eines geeigneten Stichprobenmodells auch auf Signifikanz testen. Dabei kann die Multivariate Allgemeine Lineare Hypothese

Multivariate Allgemeine Lineare Hypothese

$$\mathbf{A}\,\mathbf{B}\,\mathbf{C} - \Delta = \mathbf{O} \quad (18.45)$$

sehr nützlich sein, da man sehr viele verschiedene Arten von Hypothese in diese Form bringen und mit einem einheitlichen Verfahren prüfen kann. Dazu gehören alle Standardhypothesen der MANOVA über die Haupteffekte von Faktoren oder deren Interaktionen, aber auch gezielte

Hypothesen über einzelne Parameter und deren Linearkombinationen. Details dazu findet man z. B. bei Moosbrugger und Steyer (1983).

18.7.2 Weiterführende Literatur

Eine Einführung in die MANOVA auf Grundlage des Multivariaten Allgemeinen Linearen Modells geben z. B. Finn (1974), Moosbrugger und Steyer (1983), Tabachnik und Fidell (2001), Stevens (2002) sowie Timm (1975). Fahrmeir, Hamerle und Nagl (1996) geben eine ausführliche Beschreibung von Designmatrizen für ein- und mehrfaktorielle multivariate Varianzanalysen.

18.8 Schluss

In diesem Buch wurden einige wichtige Klassen von Regressionen ausführlich behandelt, einige wurden in diesem Schlusskapitel nur skizziert, viele konnten überhaupt nicht erwähnt werden. Dazu gehören so klassische Dinge wie *Zeitreihenmodelle* (Box & Jenkins, 1976) und die *Generalisierten Linearen Modelle* (McCullagh & Nelder, 1999), aber auch relativ moderne Verfahren wie *Hierarchische Lineare Modelle* (Goldstein, 1995) sowie *logistische Messmodelle für polytome Items* (Masters, 1982, Andrich, 1978, Andrich, 1988a, Andrich, 1988b), insbesondere deren multidimensionale Erweiterungen (Adams, Wilson & Wang, 1997; Adams, Wilson & Wu, 1997; Kelderman & Rijkes, 1994), aber auch die entsprechenden Probit-Modelle (Muthen, 1984). All dies in der Begrifflichkeit der wahrscheinlichkeitstheoretischen Regression darzustellen ist sehr verlockend und wäre überaus lohnenswert, muss aber wohl einem anderen Buch vorbehalten bleiben.

Schließlich bleibt zum Schluss der Hinweis auf die Homepage

http://www.uni-jena.de/svw/metheval/

Dort finden sich verschiedene Online-Videos von Lehrveranstaltungen zu den hier angesprochenen, aber auch zu anderen Bereichen der Methodenlehre.

Literaturverzeichnis

Adams, R. J., Wilson, M. R. & Wang, W. C. (1997). The multidimensional random coefficients multinomial logit. *Applied Psychological Measurement, 21*, 1-24.

Adams, R. J., Wilson, M. R. & Wu, M. L. (1997). Multilevel item response models: An approach to errors in variables regression. *Journal of Educational and Behavioral Statistics, 22*, 46-75.

Adrain, R. (1818). Investigation of the figure of the earth, and of the gravity in different latitudes. *Transactions of the American Philosophical Society, 1*, 119-135.

Agresti, A. (1990). *Categorical data analysis.* New York: Wiley.

Agresti, A. (1996). *An introduction to categorical data analysis.* New York: Wiley.

Amelang, M. & Bartussek, D. (1997). *Differentielle Psychologie und Persönlichkeitsforschung.* Stuttgart: Kohlhammer.

Amelang, M. & Zielinski, W. (1997). *Psychologische Diagnostik und Intervention.* Berlin: Springer.

Anderson, T. W. & Rubin, H. (1956). Statistical inference in factor analysis. In J. Neyman (Ed.), *Proceedings of the Third Berkeley Symposium* (pp. 111-150). Berkeley: University of California Press.

Andreß, H.-J., Hagenaars, J. A. & Kühnel, S. (1997). *Analyse von Tabellen und kategorialen Daten: Log-lineare Modelle, latente Klassenanalyse, logistische Regression und GSK-Ansatz.* Berlin: Springer.

Andrich, D. (1978). Application of a psychometric rating model to ordered categories which are scored with successive integers. *Applied Psychological Measurement, 2*, 581-594.

Andrich, D. (1988a). A general form of Rasch's extended logistic model for partial credit scoring. *Applied Measurement in Education, 1*, 363-378.

Andrich, D. (1988b). *Rasch models for measurement.* Newbury-Park: Sage.

Ash, R. B. (1972). *Real analysis and probability.* New York: Academic Press.

Ash, R. B. (2000). *Probability and measure theory* (2nd ed.). San Diego: Academic Press.

Backhaus, K., Erichson, B., Plinke, W. & Weiber, R. (2000). *Multivariate Analysemethoden. Eine anwendungsorientierte Einführung* (9. überarbeitete und erweiterte Aufl.). Berlin: Springer.

Baker, F. B. (1992). *Item Response Theory: Parameter estimation techniques.* New York: Dekker.

Bandelow, C. (1989). *Einführung in die Wahrscheinlichkeitstheorie* (2. Aufl.). Mannheim: Bibliographisches Institut.

Basler, H. (1994). *Grundbegriffe der Wahrscheinlichkeitsrechnung und statistischen Methodenlehre* (11. Aufl.). Heidelberg: Physica-Verlag.

Batchelder, W. H. & Riefer, D. M. (1999). Theoretical and empirical review of multinomial process tree modeling. *Psychonomic Bulletin & Review, 6*, 57-86.

Bauer, H. (2002). *Wahrscheinlichkeitstheorie* (5. Aufl.). Berlin: de Gruyter.

Bayen, U. J., Murnane, K. & Erdfelder, E. (1996). Source discrimination, item detection, and multinomial models of source monitoring. *Journal of Experimental Psychology: Learning, Memory, and Cognition, 22*, 197-215.

Bellach, J., Franken, P. & Warmuth, W. (1978). *Maß, Integral und bedingter Erwartungswert.* Berlin: Akademie-Verlag.

Bentler, P. M. (1995). *EQS structural equations program manual.* Encino, CA: Multivariate Software.

Bock, R. D. (1975). *Multivariate statistical methods in behavioral research.* New York: McGraw-Hill.

Bohner, G., Hormuth, S. E. & Schwarz, N. (1991). *Die Stimmungs-Skala: Vorstellung und Validierung einer deutschen Version des "mood survey".* Mannheim: ZUMA.

Bol, G. (2001). *Wahrscheinlichkeitstheorie: Einführung* (4. Aufl.). München: Oldenbourg.

Bollen, K. A. (1989). *Structural equations with latent variables.* New York: John Wiley & Sons.

Bollen, K. A. & Long, J. S. (1993). *Testing structural equation models.* Newbury Park, CA: Sage.

Boomsma, A., van Duijn, M. A. J. & Snijders, T. A. B. (2001). *Essays on Item Response Theory.* New York: Springer.

Bortz, J. (1999). *Statistik für Sozialwissenschaftler* (5. Aufl.). Berlin: Springer.

Bosch, K. (1999). *Elementare Einführung in die Wahrscheinlichkeitsrechnung* (7. Aufl.). Braunschweig: Vieweg.

Box, G. E. P. & Jenkins, G. M. (1976). *Time series analysis forecasting and control* (Revised ed.). San Francisco: Holden-Day.

Bravais, A. (1846). Analyse mathématique sur les probabilités des erreurs de situation d'un point. *Mémoires présentés par divers savants a l'académie royale des sciences de l'institut de France, 9,* 255-332.

Bredenkamp, J. (1982). *Psychophysikalische Analysen zur Erklärung des Entstehens und rätselhaften Verschwindens von Wahrnehmungstäuschungen* (Rep. No. Bd. 9, Heft 1). Trier: Universität Trier, Fachbereich I - Psychologie.

Bredenkamp, J. (1984a). Theoretische und experimentelle Analysen dreier Wahrnehmungstäuschungen. *Zeitschrift für Psychologie, 192,* 47-61.

Bredenkamp, J. (1984b). Theoretische und experimentelle Analysen einiger Wahrnehmungstäuschungen. *Archiv für Psychologie, 136,* 281-291.

Byrne, B. M. (1989). *A primer of LISREL: Basic applications and programming for confirmatory factor analytic models.* New York: Springer.

Byrne, B. M. (1994). *Structural equation modeling with EQS and EQS/Windows: Basic concepts, applications, and programming.* Thousand Oaks, CA: Sage Publications.

Byrne, B. M. (1998). *Structural equation modeling with LISREL, PRELIS, and SIMPLIS: Basic concepts, applications, and programming.* Mahwah, NJ: Lawrence Erlbaum Associates.

Byrne, B. M. (2001). *Structural equation modeling with AMOS: Basic concepts, applications, and programming.* Mahwah, NJ: Lawrence Erlbaum Associates.

Cattell, R. B. (1963). Personality, role, mood, and situation-perception: A unifying theory of modulators. *Psychological Review, 70,* 1-18.

Chung, K. L. (1985). *Elementare Wahrscheinlichkeitstheorie und stochastische Prozesse.* Berlin: Springer.

Cohen, J. (1968). Multiple regression as a general data-analytic system. *Psychological Bulletin, 70,* 426-443.

Cohen, J. & Cohen, P. (1983). *Applied multiple regression/correlation analysis for the behavioral sciences* (2nd ed.). Hillsdale: Erlbaum.

Cook, T. D. & Campbell, D. T. (1979). *Quasi-experimentation: Design and analysis issues for field settings.* Boston: Houghton Mifflin.

Cronbach, L. J. & Snow, R. E. (1977). *Aptitudes and instructional methods: A handbook for research on interactions.* New York: Irvington Publishers.

Darlington, R. B. (1968). Multiple regression in psychological research and practice. *Psychological Bulletin, 69,* 161-182.

Davier, M. v. (1997). WINMIRA – program description and recent enhancements. *Methods of Psychological Research Online, 2,* 29-48.

Deinzer, R., Steyer, R., Eid, M., Notz, P., Schwenkmezger, P., Ostendorf, F. et al. (1995). Situational effects in trait assessment: the FPI, NEOFFI, and EPI questionnaires. *European Journal of Personality, 9,* 1-23.

Diehl, J. M. & Arbinger, R. (1993). *Einführung in die Inferenzstatistik* (2. Aufl.). Eschborn: Klotz.

Diehl, J. M. & Kohr, H. U. (1994). *Deskriptive Statistik* (11. Aufl.). Eschborn: Klotz.

Dinges, H. & Rost, H. (1982). *Prinzipien der Stochastik*. Stuttgart: Teubner.
Draper, N. & Smith, H. (1998). *Applied regression analysis*. New York: Wiley.
Eid, M. (1995). *Modelle der Messung von Personen in Situationen*. Weinheim: Psychologie Verlags Union.
Eid, M. (2000). A multitrait-multimethod model with minimal assumptions. *Psychometrika, 65*, 241-261.
Eid, M. & Hoffmann, L. (1998). Measuring variability and change with an item response model for polytomous variables. *Journal of Educational and Behavioral Statistics, 23*, 193-215.
Eid, M. & Langeheine, R. (1999). Measuring consistency and occasion specificity with latent class models: A new model and its application to the measurement of affect. *Psychological Methods, 4*, 100-116.
Eid, M., Lischetzke, T., Trierweiler, L. I. & Nußbeck, F. W. (in Druck). Separating trait effects from trait-specific method effects in multitrait-multimethod models: A multiple indicator CTC(M-1) model. *Psychological Methods*.
Eid, M., Notz, P., Steyer, R. & Schwenkmezger, P. (1994). Validating scales for the assessment of mood level and variability by latent state-trait analyses. *Personality and Individual Differences, 16*, 63-76.
Erdfelder, E. & Bredenkamp, J. (1994). Hypothesenprüfung. In T. Herrmann & W. H. Tack (Eds.), *Methodologische Grundlagen der Psychologie (Enzyklopädie der Psychologie, Serie Forschungsmethoden der Psychologie, Band 1)* (pp. 604-648). Göttingen: Hogrefe.
Erdfelder, E., Mausfeld, R., Meiser, T. & Rudinger, G. (1996). *Handbuch Quantitative Methoden*. Weinheim: BELTZ Psychologie Verlags Union.
Erdfelder, E. & Steyer, R. (1984). Zur Psychophysik einiger Größentäuschungen. *Psychologische Beiträge, 26*, 640-646.
Fahrmeir, L., Hamerle, A. & Nagl, W. (1996). Varianz- und Kovarianzanalyse. In L. Fahrmeir, A. Hamerle, & G. Tutz (Eds.), *Multivariate statistische Verfahren* (2. Aufl., pp. 169-238). Berlin: de Gruyter.
Fahrmeir, L., Hamerle, A. & Tutz, G. (1996). *Multivariate statistische Verfahren* (2. Aufl.). Berlin: de Gruyter.
Fahrmeir, L. & Tutz, G. (2001). *Multivariate statistical modelling based on Generalized Linear models* (2nd ed.). New York: Springer.
Fang, K. T. & Zhang, Y. T. (1990). *Generalized multivariate analysis*. Berlin: Springer.
Fechner, G. T. (1860). *Elemente der Psychophysik*. Leipzig: Breitkopf und Härtel.
Fechner, G. T. (1882). *Revision der Hauptpuncte der Psychophysik* (Nachdruck: Amsterdam: Bonset, 1965). Leipzig.
Finn, J. D. (1974). *A general model for multivariate analysis*. New York: Holt, Rinehart & Winston.
Fischer, G. H. (1974). *Einführung in die Theorie psychologischer Tests*. Bern: Huber.
Fischer, G. H. & Molenaar, I. W. (1995). *Rasch models: Foundations, recent developments and applications*. New York: Springer.
Fisher, R. A. (1925). *Statistical methods for research workers*. London: Oliver & Boyd.
Foata, D. & Fuchs, A. (1999). *Wahrscheinlichkeitsrechnung*. Basel: Birkhäuser.
Fox, J. (1984). *Linear statistical models and related methods*. New York: Wiley.
Fox, J. A. & Tracy, P. E. (1986). *Randomized response: a method for sensitive surveys*. Newbury Park: Sage Publications.
Gähde, U., Jagodzinski, W. & Steyer, R. (1992). On a structuralist reconstruction of latent state-trait theory. In H. Westmeyer (Ed.), *The structuralist program in psychology: Foundations and applications* (pp. 105-119). Toronto: Hogrefe & Huber.
Gaennslen, H. & Schubö, W. (1973). *Einfache und komplexe statistische Analyse*. München: Reinhard.
Gänssler, P. & Stute, W. (1977). *Wahrscheinlichkeitstheorie*. Berlin: Springer.
Galton, F. (1877). Typical laws of heredity. *Nature, 15*, 492-495, 512-514, 532-533.
Galton, F. (1889). *Natural inheritance*. London: McMillan.
Geer, J. P. (1971). *Introduction to multivariate analysis for the social sciences*. San Francisco: Freeman.
Gescheider, G. A. (1976). *Psychophysics. Method and Theory*. Hillsdale, NJ: Erlbaum.

Goldstein, H. (1995). *Multilevel statistical models*. London: Arnold.
Graybill, F. A. (1976). *Theory and application of the linear model*. Belmont, CA: Wadsworth.
Graybill, F. A. (1983). *Matrices with applications in statistics*. Belmont: Wadsworth.
Green, D. M. & Swets, J. A. (1966). *Signal detection theory and psychophysics*. New York: Wiley.
Gulliksen, H. (1950). *Theory of mental tests*. New York: Wiley.
Hager, W. (1987). Grundlagen einer Versuchsplanung zur Prüfung empirischer Hypothesen in der Psychologie. In G. Lüer (Ed.), *Allgemeine experimentelle Psychologie* (pp. 43-264). Stuttgart: Gustav Fischer.
Hager, W. (1992). *Jenseits von Experiment und Quasi-Experiment. Zur Struktur psychologischer Versuche und zur Ableitung von Vorhersagen*. Göttingen: Hogrefe.
Hambleton, R. K. & Swaminathan, H. (2000). *Item response theory* (10th ed.). Boston: Kluwer-Nijhoff Publishing.
Hardesty, F. P. & Priester, H. J. (1956). *Handbuch zum Hamburg-Wechsler-Intelligenztest für Kinder (HAWIK)*. Bern: Huber.
Harville, D. A. (1999). *Matrix algebra from a statistician's perspective*. New York: Springer.
Hayduk, L. A. (1996). *LISREL issues, debates, and strategies*. Baltimore: Johns Hopkins University Press.
Helson, H. (1964). *Adaption-level theory: An experimental and systematic approach to behavior*. New York: Harper and Row.
Heuser, H. (1993). *Mathematik 1*. Frankfurt am Main: Fischer-Verlag.
Hinderer, K. (1985). *Grundbegriffe der Wahrscheinlichkeitstheorie* (3.Aufl.). Berlin: Springer.
Holland, P. (1986). Statistics and causal inference (with comments). *Journal of the American Statistical Association, 81*, 945-970.
Holland, P. W. (1988a). Causal inference in retrospective studies. *Evaluation Review, 13*, 203-231.
Holland, P. W. (1988b). Causal inference, path analysis, and recursive structural equations models. *Sociological Methodology, 18*, 449-484.
Hoyle, R. H. (1995). *Structural equation modeling: Concepts, issues, and applications*. Thousand Oaks: Sage.
Iseler, A. (1996). A paradoxical property of aggregate hypotheses referring to the order of medians. *Methods of Psychological Research Online, 1*, 25-40.
Iseler, A. (1997). Populationsverteilungen von Merkmalen und Geltungsbereiche individuenbezogener Aussagen als Gegenstand der Inferenzstatistik in psychologischen Untersuchungen. In H. Mandl (Ed.), *Bericht über den 40. Kongreß der Deutschen Gesellschaft für Psychologie in München 1996* (pp. 699-708). Göttingen: Hogrefe.
Johnston, J. J. (1972). *Econometric methods* (2nd ed.). New York: McGraw-Hill.
Jöreskog, K. G. (1969). A general approach to confirmatory maximum likelihood factor analysis. *Psychometrika, 34*, 183-202.
Jöreskog, K. G. (1970). A general method for analysis of covariance structures. *Biometrika, 57*, 239-251.
Jöreskog, K. G. (1971). Statistical analysis of sets of congeneric tests. *Psychometrika, 36*, 109-133.
Jöreskog, K. G. (1973). A general method for estimating a linear structural equation system. In A. S. Goldberger & O. D. Duncan (Eds.), *Structural equation model in the Social Sciences* (pp. 85-112).
Jöreskog, K. G. (1979). Basic ideas of factor and component analysis. In K. G. Jöreskog & D. Sörbom (Eds.), *Advances in factor analysis and structural equation models* (pp. 5-20). Cambridge: Abt Books.
Jöreskog, K. G. & Sörbom, D. (1996a). *LISREL 8 user's reference guide*. Chicago: SSI.
Jöreskog, K. G. & Sörbom, D. (1996b). *LISREL 8: Structural equation modeling with the SIMPLIS command language*. Chicago: SSI.
Jöreskog, K. G. & Sörbom, D. (1996c). *PRELIS 2 user's reference guide: A program for multivariate data screening and data summarization*. Chicago: SSI.

Jöreskog, K. G., Sörbom, D., du Toit, S. & du Toit, M. (2001). *LISREL 8: New statistical features.* Chicago: SSI.

Kaplan, D. (2000). *Structural equation modeling: Foundations and Extensions.* Newbury Park, CA: Sage.

Kelderman, H. & Rijkes, C. P. M. (1994). Loglinear multidimensional IRT models for polytomously scored items. *Psychometrika, 59,* 149-176.

Kelloway, E. K. (1998). *Using LISREL for structural equation modeling. A researcher's guide.* Thousand Oaks, CA: Sage.

Kirschbaum, C., Steyer, R., Eid, M., Patalla, U., Schwenkmezger, P. & Hellhammer, D. H. (1990). Cortisol and behavior: 2. application of a latent state-trait model to salivary cortisol. *Psychoneuroendocrinology, 15,* 297-307.

Kline, R. B. (1998). *Principles and practice of structural equation modeling.* New York: Guilford Press.

Kolmogoroff, A. (1977). *Grundbegriffe der Wahrscheinlichkeitsrechnung* (1. Aufl. erschienen 1933). Berlin: Springer.

Kotz, S., Balakrishnan, N. & Johnson, N. L. (2000). *Continuous multivariate distributions.* New York: Wiley.

Krause, W., Seidel, G. & Schack, B. (2001). Ordnungsbildung. *Zeitschrift für Psychologie, 209,* 376-401.

Krauth, J. & Lienert, G. A. (1995). *Die Konfigurationsfrequenzanalyse (KFA) und ihre Anwendung in Psychologie und Medizin: Ein multivariates nichtparametrisches Verfahren zur Aufdeckung von Typen und Syndromen.* Weinheim: Beltz.

Krengel, U. (2000). *Einführung in die Wahrscheinlichkeitstheorie und Statistik* (5 ed.). Braunschweig: Vieweg.

Kubinger, K. D. (1987). Adaptives Testen. In R. Horn, K. Ingenkamp, & R. S. Jäger (Eds.), *Tests und Trends 6. Jahrbuch der Pädagogischen Diagnostik* (pp. 103-127). München: Psychologie Verlags Union.

Lawley, D. N. & Maxwell, A. E. (1971). *Factor analysis as a statistical method.* London: Butterworths.

Lienert, G. A. (1989). *Testaufbau und Testanalyse* (4. neu ausgestattete Aufl.). München: Psychologie-Verlags-Union.

Littrow, I. I. (1833). *Die Wahrscheinlichkeitsrechnung in ihrer Anwendung auf das wissenschaftliche und praktische Leben.* Wien: F. Beck's Uni-Buchhandlung.

Littrow, P. (1818). Über die gerade Aufsteigung der vornehmsten Fixsterne. *Zeitschrift für Astronomie und verwandte Wissenschaften, 6,* 3-26.

Loève, M. (1987a). *Probability theory 1* (4th ed., 3. print). New York: Springer.

Loève, M. (1987b). *Probability theory 2* (4th ed., 3. print). New York: Springer.

Lord, F. M. & Novick, M. R. (1968). *Statistical theories of mental test scores.* Reading, MA: Addison Wesley.

Lütkepohl, H. (1996). *Handbook of matrices.* Chichester: Wiley.

Marcoulides, G. A. & Schumacker, R. E. (1996). *Advanced structural equation modeling: Issues and Techniques.* Hillsdale, NJ: Lawrence Erlbaum Associates.

Masters, G. N. (1982). A Rasch model for partial credit scoring. *Psychometrika, 47,* 149-174.

McCullagh, P. & Nelder, J. A. (1999). *Generalized linear models* (2nd ed.). Boca Raton: Chapman & Hall.

Meiser, T. & Bröder, A. (2002). Memory for multidimensional source information. *Journal of Experimental Psychology: Learning, Memory, and Cognition, 28,* 116-137.

Mendel, G. (1866). Versuche über Pflanzen-Hybriden. *Verhandlungen des naturforschenden Vereins in Brünn, 4,* 3-47.

Mill, J. S. (1862). Von den vier Methoden der experimentellen Forschung. In *System der deductiven und inductiven Logik; 1. Teil; Übersetzung von Schiel, J.* (2. deutsche, nach der 5. des Originals erweiterte Auflage, pp. 453-478). Braunschweig: Vieweg.

Mislevy, R. J. (1986). Recent developments in the factor analysis of categorical variables. *Journal of Educational Statistics, 11,* 3-31.

Moosbrugger, H. (1997). *Multivariate statistische Analyseverfahren* (3. Aufl.). Münster: Institut für sozialwissenschaftliche Forschung.

Moosbrugger, H. & Klutky, N. (1987). *Regressions- und Varianzanalysen auf der Basis des Allgemeinen Linearen Modells*. Bern: Huber.

Moosbrugger, H. & Steyer, R. (1983). Uni- und multivariate Varianzanalyse mit festen Parametern. In J. Bredenkamp & H. Feger (Eds.), *Strukturierung und Reduzierung von Daten* (Bd. 4, pp. 154-205). Göttingen: Hogrefe-Verlag.

Moosbrugger, H. & Zistler, R. (1994). *Lineare Modelle: Regressions- und Varianzanalysen*. Bern: Huber.

Müller, H. (1999). *Probabilistische Testmodelle für diskrete und kontinuierliche Ratingskalen*. Bern: Huber.

Müller, P. H. (1975). *Lexikon der Stochastik* (2. Aufl.). Berlin: Akademie-Verlag.

Muthén, B. (1978). Contributions to factor analysis of dichotomous variables. *Psychometrika, 43*, 551-560.

Muthén, B. (1984). A general structural equation model with dichotomous, ordered categorical, and continuous latent variable indicators. *Psychometrika, 49*, 115-132.

Muthén, B. & Christoffersson, A. (1981). Simultaneous factor analysis of dichotomous variables in several groups. *Psychometrika, 46*, 407-419.

Muthén, L. K. & Muthén, B. O. (1999). *Mplus user's guide (version 2.0)*. Los Angeles, CA: Muthén & Muthén.

Nachtigall, C. & Wirtz, M. (2002). *Wahrscheinlichkeitsrechnung und Inferenzstatistik* (2. Aufl.). Weinheim: Juventa.

Needleman, H. L., Gunnoe, C. & Leviton, A. (1979). Deficits in psychologic and classroom performance of children with elevated dentine lead levels. *New England Journal of Medicine, 300*, 689-695.

Neter, J., Kutner, M. H., Nachtsheim, C. J. & Wasserman, S. (1996). *Applied linear statistical models*. Chicago: Irwin.

Neyman, J. (1923). On the application of probability theory to agricultural experiments. Essay on principles. Section 9 (reprint 1990). *Statistical Science, 5*, 465-472.

Neyman, J., Iwaszkiewicz, K. & Kolodziejczyk, S. (1935). Statistical problems in agricultural experimentation. *Journal of the Royal Statistical Society, 2*, 107-180.

Novick, M. R. (1966). The axioms and principal results of classical test theory. *Journal of Mathematical Psychology, 3*, 1-18.

Novick, M. R. (1980). Statistics as psychometrics. *Psychometrika, 45*, 411-424.

Oberhofer, W. (1993). *Wahrscheinlichkeitstheorie* (3. Aufl.). München: Oldenbourg.

Pearl, J. (2000). *Causality - Models, reasoning, and inference*. Cambridge: Cambridge University Press.

Pearson, K. (1896). Mathematical contributions to the theory of evolution. *Philosophical Transactions, 187*, 440-449.

Pearson, K. (1901). On lines and planes of closest fit to systems of points in space. *The London, Edinburgh, and Dublin Philosophical Magazine and Journal of Science (6th Series), 2*, 559-572.

Pedhazur, E. J. & Schmelkin, L. P. (1991). *Measurement, design, and analysis: An integrated approach*. Hillsdale, NJ: Lawrence Erlbaum Associates.

Popper, K. R. (1984). *Logik der Forschung* (8. Aufl., 1. Aufl. erschienen 1934). Tübingen: J. C. B. Mohr.

Pruscha, H. (1996). *Angewandte Methoden der mathematischen Statistik: lineare, loglineare, logistische Modelle; finite und asymptotische Methoden*. Stuttgart: Teubner.

Rasch, G. (1960). *Probabilistic models for some intelligence and attainment tests*. Kopenhagen: Nissen & Lydicke.

Rényi, A. (1977). *Wahrscheinlichkeitsrechnung*. Berlin: VEB Deutscher Verlag der Wissenschaften.

Revenstorf, D. (1980). *Faktorenanalyse*. Stuttgart: Kohlhammer.

Röhr, M. (1993). *Statistische Strukturanalysen*. Stuttgart: Gustav Fischer.

Rogge, K.-E. (1995). *Methodenatlas für Sozialwissenschaftler*. Berlin: Springer.

Rohatgi, V. K. & Ehsanes Saleh, A. K. (2001). *An introduction to probability and statistics* (2nd ed.). New York: Wiley.

Rosenbaum, P. R. (1984a). Conditional permutation tests and the propensity score in observational studies. *Journal of the American Statistical Association, 79*, 565-574.

Rosenbaum, P. R. (1984b). From association to causation in observational studies: The role of tests of strongly ignorable treatment assignment. *Journal of the American Statistical Association, 79*, 41-48.

Rosenbaum, P. R. (1984c). The consequences of adjustment for a concomitant variable that has been affected by the treatment. *Journal of the Royal Statistical Society, Series A, 147*, 656-666.

Rost, J. (1996). *Lehrbuch Testtheorie Testkonstruktion.* Bern: Huber.

Rost, J. & Langeheine, R. (1996). *Applications of latent trait and latent class models in the social sciences.* Münster: Waxmann.

Rubin, D. B. (1974). Estimating causal effects of treatments in randomized and nonrandomized studies. *Journal of Educational Psychology, 66*, 688-701.

Rubin, D. B. (1978). Bayesian inference for causal effects: The role of randomization. *The Annals of Statistics, 6*, 34-58.

Saunders, D. R. (1956). Moderator variables in prediction. *Educational and Psychological Measurement, 16*, 209-222.

Scheffé, H. (1959). *The analysis of variance.* New York: Wiley.

Schmidt, K. & Trenkler, G. (1998). *Moderne Matrix-Algebra: mit Anwendungen in der Statistik.* Berlin: Springer.

Schmitt, M. (1990). *Konsistenz als Persönlichkeitseigenschaft? Moderatorvariablen in der Persönlichkeits- und Einstellungsforschung.* Berlin: Springer.

Schubö, W., Haagen, K. & Oberhofer, W. (1983). Regressions- und kanonische Analyse. In J. Bredenkamp & H. Feger (Eds.), *Strukturierung und Reduzierung von Daten* (pp. 206-292). Göttingen: Hogrefe.

Schumacker, R. E. & Lomax, R. G. (1996). *A beginner's guide to structural equation modeling.* Mahwah, New Jersey: Lawrence Erlbaum Associates.

Schumacker, R. E. & Marcoulides, G. A. (1998b). *Interaction and non-linear effects in structural equation.* Hillsdale, NJ: Lawrence Erlbaum Associates.

Searle, S. R. (1971). *Linear models.* New York: Wiley.

Searle, S. R. (1982). *Matrix algebra useful for statistics.* New York: Wiley.

Searle, S. R. & Willet, L. S. (2001). *Matrix algebra for applied economics.* New York: Wiley.

Shepard, R. N. (1981). Psychological relations and psychophysical scales: On the status of "direct" psychophysical measurement. *Journal of Mathematical Psychology, 24*, 21-57.

Sijtsma, K. & Molenaar, I. W. (2002). *Introduction to nonparametric item response theory (Measurement methods for the social sciences series, 5).* Thousand Oaks: Sage Publications.

Sobel, M. E. (1994). Causal inference in latent variables analysis. In A. von Eye & C. C. Clogg (Eds.), *Latent variables analysis* (pp. 3-35). Thousand Oaks, CA: Sage.

Sobel, M. E. (1995). Causal inference in the Social and Behavioral Sciences. In G. Arminger, C. C. Clogg, & M. E. Sobel (Eds.), *Handbook of statistical modeling for the Social and Behavioral Sciences* (pp. 1-38). New York: Plenum.

Spanos, A. (1999). *Probability theory and statistical inference: Econometric modeling with observational data.* Cambridge: Cambridge University Press.

Spielberger, C. D. (1966). *Anxiety and behavior.* New York: Academic Press.

Spirtes, P., Glymour, C. & Scheines, R. (1993). *Causation, prediction, and search.* New York: Springer.

Stevens, J. P. (2002). *Applies multivariate statistics for the social sciences* (4th ed.). Mahwah, NJ: Lawrence Erlbaum.

Stevens, S. S. (1975). *Psychophysics. An introduction to its perceptual, neural, and social prospects.* New York: John Wiley & Sons.

Steyer, R. (1979). *Untersuchungen zur nonorthogonalen Varianzanalyse.* Weinheim: Beltz.

Steyer, R. (1992). *Theorie kausaler Regressionsmodelle.* Stuttgart: Gustav Fischer Verlag.

Steyer, R. (1994). Stochastische Modelle. In T. Hermann & W. H. Tack (Eds.), *Methodologische Grundlagen der Psychologie. (Enzyklopädie der Psychologie. Themen-*

bereich B: Methodologie und Methoden, Serie 1: Forschungsmethoden der Psychologie, Band 1) (pp. 649-693). Göttingen: Hogrefe.

Steyer, R. & Eid, M. (2001). *Messen und Testen.* Berlin: Springer.

Steyer, R., Eid, M. & Schwenkmezger, P. (1996). Ein Latent-State-Trait-Modell für Variablen mit geordneten Antwortkategorien und seine Anwendung zur Analyse der Variabilitätssensitivität von Stimmungsitems. *Diagnostica, 42*, 293-312.

Steyer, R., Ferring, D. & Schmitt, M. J. (1992). States and traits in psychological assessment. *European Journal of Psychological Assessment, 8*, 79-98.

Steyer, R., Gabler, S., von Davier, A. A. & Nachtigall, C. (2000). Causal regression models II: Unconfoundedness and causal unbiasedness. *Methods of Psychological Research Online, 5*, 55-86.

Steyer, R., Gabler, S., von Davier, A. A., Nachtigall, C. & Buhl, T. (2000). Causal regression models I: Individual and average causal effects. *Methods of Psychological Research Online, 5*, 39-71.

Steyer, R., Nachtigall, C., Wüthrich-Martone, O. & Kraus, K. (2002). Causal regression models III: Covariates, conditional, and unconditional average causal effects. *Methods of Psychological Research Online, 7*, 41-68.

Steyer, R. & Partchev, I. (2001). Latent state-trait modeling with logistic item response models. In R. Cudeck, S. du Toit, & D. Sörbom (Eds.), *structural equation modeling: Present and future* (pp. 481-520). Chicago: Scientific Software International.

Steyer, R. & Schmitt, M. J. (1990). Latent state-trait models in attitude research. *Quality and Quantity, 24*, 427-445.

Steyer, R., Schmitt, M. & Eid, M. (1999). Latent state-trait theory and research in personality and individual differences. *European Journal of Personality, 13*, 389-408.

Steyer, R., von Davier, A. A., Gabler, S. & Schuster, C. (1997). Testing unconfoundedness in linear regression models with stochastic regressors. In W. Bandilla & F. Faulbaum (Eds.), *SoftStat '97 Advances in statistical software 6* (pp. 377-384). Stuttgart: Lucius & Lucius.

Stierhof, K. (1991). *Wahrscheinlichkeitsrechnung und Statistik: Lehr- und Arbeitsbuch für die Sekundarstufe II.* Bad Homburg vor der Höhe: Gehlen.

Tabachnik, B. G. & Fidell, L. S. (2001). *Using multivariate statistics* (4th ed.). Needham Heights, MA: Allyn & Bacon.

Tanzer, N. K. (1998). *Assessment of domain-specificity in school-related Likert-type inventories: Conceptual issues, psychometric approaches, and cross-cultural evidence.* Graz: Karl-Franzens-Universität.

Telser, C. & Steyer, R. (1989). Eine empirische Untersuchung zum Vergleich dreier Modelle zur Beschreibung der Baldwin-Täuschung. *Psychologische Beiträge, 31*, 490-509.

Thomas, H. (1981). Estimation in the power law. *Psychometrika, 46*, 29-34.

Thomas, H. (1983). Parameter estimation in simple psychophysical models. *Psychological Bulletin, 93*, 396-405.

Timm, N. H. (1975). *Multivariate analysis with applications in education and psychology.* Monterey: Brooks/Cole.

Tisak, J. & Tisak, M. S. (2000). Permanency and ephemerality of psychological measures with application to organizational commitment. *Psychological Methods, 5*, 175-198.

Tukey, J. W. (1977). *Exploring data analysis.* Reading, MA: Addison-Wesley.

van der Linden, W. J. & Hambleton, R. K. (1997). *Handbook of modern Item Response Theory.* New York: Springer.

Überla, K. (1971). *Faktorenanalyse.* Berlin: Springer.

von Davier, A. A. (2001). *Tests of unconfoundedness in regression models with normally distributed variables.* Aachen: Shaker.

von Eye, A. & Schuster, C. (1998). *Regression analysis for social sciences.* San Diego: Academic Press.

Wainer, H., Dorans, N. J., Eignor, D., Flaugher, R., Green, B. F., Mislevy, R. J. et al. (2000). *Computerized adaptive testing: A primer* (2nd ed.). Mahwah, NJ: Lawrence Erlbaum Associates.

Werner, J. (2001). *Lineare Statistik: Das Allgemeine Lineare Modell.* Weinheim: Beltz.

Westermann, R. (2000). *Wissenschaftstheorie und Experimentalmethodik*. Göttingen: Hogrefe.

Westermann, R. & Gerjets, P. (1994). Induktion. In T. Herrmann & W. H. Tack (Eds.), *Methodologische Grundlagen der Psychologie (Enzyklopädie der Psychologie. Themenbereich B: Methodologie und Methoden, Serie 1: Forschungsmethoden der Psychologie, Band 1)* (pp. 428-471). Göttingen: Hogrefe.

Williams, D. (1991). *Probability with martingales*. Cambridge: University Press.

Winneke, G. (1983). Neurobehavioral and neuropsychological effects of lead. In M. Rutter & R. R. Jones (Eds.), *Lead vs. health: Sources and effects of low level lead exposure* (pp. 249-265). Chichester.

Wirtz, M. & Nachtigall, C. (2002). *Deskriptive Statistik* (2. Aufl.). Weinheim: Juventa.

Wu, M. L., Adams, R. J. & Wilson, M. R. (1998). *ConQuest: generalised item response modelling software manual*. Melbourne: The Australian Council for Educational Research Ltd.

Wüthrich-Martone, O. (2001). *Causal modeling in psychology with qualitative independent variables*. Aachen: Shaker.

Yule, G. U. (1897). On the theory of correlation. *Journal of the Royal Statistical Society, 60*, 812-854.

Yule, G. U. (1907). On the theory of correlation for any number of variables, treated by a new system of notation. *Proceedings of the Royal Statistical Society: Series A, 79*, 182-193.

Zimmerman, D. W. (1975). Probability spaces, Hilbert spaces and the axioms of test theory. *Psychometrika, 40*, 395-412.

Zurmühl, R. & Falk, S. (1992). *Matrizen und ihre Anwendungen: für Angewandte Mathematiker, Physiker und Ingenieure*. Berlin: Springer.

Namenverzeichnis

Adams, R. J. 298, 305
Adrain, R. 6
Agresti, A. 38
Amelang, M. 20, 154, 290
Anderson, T. W. 300
Andreß, H.-J. 38
Andrich, D. 305
Arbinger, R. 11
Ash, R. B. 76, 96

Backhaus, K. V, 237
Baker, F. B. 291
Balakrishnan, N. 76
Bandelow, C. 76
Bartussek, D. 154
Basler, H. 76
Batchelder, W. H. 8
Bauer, H. 8, 49, 69, 76, 80, 91, 96, 99-100, 255
Bayen, U. J. 8
Bellach, J. 76, 96
Bentler, P. M. 301
Bock, R. D. 96
Bohner, G. 154
Bol, G. 76
Bollen, K. A. 302
Boomsma, A. 8, 38, 291
Bortz, J. V, 10-11, 141, 237
Bosch, K. 76
Box, G. E. P. 305
Bravais, A. 6
Bredenkamp, J. IX, 5, 112, 120, 147
Bröder, A. 8
Buhl, T. 301
Byrne, B. M. 302

Campbell, D. T. 249
Cattell, R. B. 151
Christoffersson, A. 300
Chung, K. L. 76
Cohen, J. 7, 96, 219, 237
Cohen, P. 96, 219, 237

Cook, T. D. 249
Cronbach, L. J. 154

Darlington, R. B. 96
Deinzer, R. 291
Diehl, J. M. 11
Dinges, H. 76
Draper, N. V, 96, 237
du Toit, M. 302
du Toit, S. 302

Ehsanes Saleh, A. K. 76
Eid, M. VI-IX, 4, 8, 10, 18-21, 25, 30, 38, 49, 82, 121, 154, 194, 254, 289-291, 295, 297-298
Erdfelder, E. IX, 5, 8, 11, 120, 148
Erichson, B. V, 237

Fahrmeir, L. V, 96, 162, 219, 227, 237, 305
Falk, S. 215, 221
Fechner, G. T. 6, 192
Ferring, D. 8, 254, 291
Fidell, L. S. 305
Finn, J. D. 305
Fischer, G. H. 8, 38, 290
Fisher, R. A. 7
Foata, D. 76
Fox, J. 96, 219
Fox, J. A. 42
Franken, P. 76, 96
Fuchs, A. 76

Gabler, S. VII, 129, 275, 301
Gaennslen, H. 96
Gähde, U. 293
Galton, F. 6, 8, 21, 76, 96, 131
Gänssler, P. 8
Geer, J. P. 96
Gerjets, P. 5
Gescheider, G. A. 183, 192
Glymour, C. 38

Goldstein, H. 305
Graybill, F. A. 96, 215, 221
Green, D. M. 8
Gulliksen, H. 289
Gunnoe, C. 128

Hagenaars, J. A. 38
Hager, W. 5
Hambleton, R. K. 291
Hamerle, A. V, 96, 162, 227, 237, 305
Hardesty, F. P. 128
Harville, D. A. 215
Hayduk, L. A. 302
Helson, H. 104
Hinderer, K. 76
Hoffmann, L. 295
Holland, P. W. 246, 253, 258, 280
Hormuth, S. E. 154
Hoyle, R. H. 302

Iseler, A. 249
Iwaszkiewicz, K. 253, 280

Jagodzinski, W. 293
Jenkins, G. M. 305
Johnston, J. J. 96
Jöreskog, K. G. VIII-IX, 300-302

Kaplan, D. 302
Kelderman, H. 305
Kelloway, E. K. 302
Kirschbaum, C. 286
Kline, R. B. 302
Klutky, N. 96
Kohr, H. U. 11
Kolmogoroff, A. 8, 76, 96
Kolodziejczyk, S. 253, 280
Kotz, S. 76
Kraus, K. VII, IX, 301
Krauth, J. 37
Krengel, U. 76
Kubinger, K. D. 290
Kühnel, S. 38
Kutner, M. H. V, 219, 237
Langeheine, R. VII, 8, 291

Lawley, D. N. 300
Leviton, A. 128
Lienert, G. A. 37, 289
Lischetzke VIII

Littrow, I. I. 6
Littrow, P. 6
Loève, M. 76, 96
Lomax, R. G. 302
Long, J. S. 302
Lütkepohl, H. 215

McCullagh, P. 116, 305
Marcoulides, G. A. 302
Masters, G. N. 305
Mausfeld, R. 11
Maxwell, A. E. 300
Maxwell, J. C. 1
Meiser, T. 8, 11
Mendel, G. 6
Mill, J. S. 248
Mislevy, R. J. 300
Molenaar, I. W. 8, 38, 291
Montada, L. IX
Moosbrugger, H. V, IX, 96, 219, 237, 305
Müller, H. IX, 291
Müller, P. H. 76, 99, 106, 112-113, 139
Murnane, K. 8
Muthén, B. O. VIII, 300, 302, 305
Muthén, L. K. 302

Nachtigall, C. VII, 11, 129, 275, 301
Nachtsheim, C. J. V, 219, 237
Nagl, W. 305
Needleman, H. L. 128
Nelder, J. A. 116, 305
Neter, J. V, 219, 237
Neyman, J. 253, 257-258, 262, 280
Notz, P. 154
Novick, M. R. 8, 242-243, 289
Nußbeck VIII

Oberhofer, W. 76
Oldenbürger, H. IX

Partchev, I. VIII-IX, 298
Pearl, J. 38
Pearson, K. 6
Pedhazur, E. J. 96
Plinke, W. V, 237
Popper, K. R. 5
Priester, H. J. 128
Pruscha, H. 38

Rasch, G. 289-290, 297
Rényi, A. 70, 76
Revenstorf, D. 300
Riefer, D. M. 8
Rijkes, C. P. M. 305
Röhr, M. 300
Rogge, K.-E. 11
Rohatgi, V. K. 76
Rosenbaum, P. R. 253, 280
Rost, H. 76
Rost, J. 8, 20, 38, 290-291
Rudinger, G. 11
Rubin, H. 300

Saunders, D. R. 151
Scheffé, H. 96
Scheines, R. 38
Schmelkin, L. P. 96
Schmidt, K. 215, 221
Schmitt, M. IX, 8, 151, 254, 291, 294
Schubö, W. V, 96, 237
Schumacker, R. E. 302
Schuster, C. V, VII, 119, 172, 237
Schwarz, N. 154
Schwenkmezger, P. VIII, 154, 295
Searle, S. R. V, 81, 96, 162, 215, 219, 221, 237
Shanahan, M. J. VIII
Shepard, R. N. 104
Sijtsma, K. 8
Smith, H. V, 96, 237
Snijders, T. A. B. 8, 38, 291
Snow, R. E. 154
Sobel, M. E. 253, 256, 280
Sörbom, D. VIII, 302
Spanos, A. 76, 96
Spielberger, C. D. 154
Spirtes, P. 38
Stevens, J. P. 305
Stevens, S. S. 98, 104, 107, 111, 115, 120, 148, 155
Steyer, R. VI-VIII, 4, 8, 11, 18-21, 25, 30, 38, 49, 82, 120-121, 129, 148, 154, 194, 254, 257, 261-262, 273, 275, 280-291, 293-298, 301, 305
Stierhof, K. 76

Stute, W. 8, 21, 49, 76, 96, 131
Swaminathan, H. 291
Swets, J. A. 8

Tabachnik, B. G. 305
Tanzer, N. K. VII
Telser, C. 148
Thomas, H. IX, 86, 106
Timm, N. H. 305
Tracy, P. E. 42
Trenkler, G. 215, 221
Trierweiler VIII
Tukey, J. W. 88
Tutz, G. V, 96, 162, 219, 227, 237

Überla, K. 300

van Duijn, M. A. J. 8, 38, 291
von Davier, A. A. VII, 129, 275, 301
von Davier, M. 38
von Eye, A. V, 119, 172, 237

Wainer, H. 291
Wang, W. C. 305
Warmuth, W. 76
Wasserman, S. V, 219, 237
Weiber, R. V, 237
Wentura, D. IX
Werner, J. V, 220, 237
Westermann, R. 5
Willet, L. S. 215, 221
Williams, D. 96
Wilson, M. R. 298, 305
Winneke, G. 128
Wirtz, M. 11
Wu, M. L. 298, 305
Wüthrich-Martone, O. VII, 277, 280, 301

Yule, G. U. 6

Zielinski, W. 20, 290
Zimmerman, D. W. 289
Zistler, R. V, 219, 237
Zurmühl, R. 215, 221

Sachverzeichnis

Abbildung 47, 49, 255
Abhängigkeit 4, 245
   korrelative 241
   lineare 66
   lineare regressive 84, 107, 129
   nichtlineare 217
   nichtlineare regressive 114
   partiell lineare regressive 128-129, 130
   regressive 79, 84, 241
   stochastische 47
   von Zufallsvariablen 52-53
ACE 246-247, 249
   Definition 258
adaptives Testen 291
Additivität 23
Allgemeine Lineare Hypothese 228
   multivariate 304
Allgemeines Lineares Modell 81, 303
ANOVA 120, 174
Antwortvariable 281, 289
   s. auch Responsevariable
A-priori-Wahrscheinlichkeit 40
arithmetisches Mittel 59-60
Assoziativgesetz 201, 202

Bayes-Statistik 39
Bayes-Theorem 39-41
   Anwendung 38
bedingte Erwartung
   diskreter Zufallsvariablen 80-82, 89-90
   Rechenregeln 85
   Theorie 8
   Zusammenfassung 91
bedingte Homogenität 274
bedingte kausale Unverfälschtheit 274
bedingte Korrelation 189
   Definition 190
bedingte Korrelationsfunktion 189
   Definition 190
bedingte Kovarianz 193
   Definition 186
   Eigenschaften 187-189
bedingte lineare Regression 131, 159-161
   allgemeines Prinzip 155, 170
   Parametrisierung 155
bedingte lineare regressive Abhängigkeit 147
   Definition 150
   Kennwert für die Stärke 162
   Regressionsebene 150
   Spezialfälle 153
bedingte Regression 130-131, 279
   kausal unverfälschte 273
bedingte regressive Unabhängigkeit 151, 153
bedingte Standardabweichung 183, 192
   Definition 187
   der multiplikativen Fehlervariable 162
bedingte Streuung s. bedingte Standardabweichung
bedingte Varianz 183, 183, 186
   Definition 187
   Eigenschaften 187-189
   graphische Darstellung 185
bedingte wahre Mittelwertsunterschiede 158
bedingte Wahrscheinlichkeit 33-38, 121, 122-123, 131, 175, 178, 267
   Bedeutung 36
   Beispiele 33-34
   Definition 34-35

und unbedingte Wahrscheinlichkeit 36
Zusammenfassung 39
bedingte Wahrscheinlichkeitsfunktion 121, 122, 175, 178
bedingter Erwartungswert 80, 119, 135, 172-173
   allgemeine Definition 89-92
   Berechnung 267, 278-279
   graphische Darstellung 185
   kausal unverfälscht 267
   und Prima-facie-Effekt 267
   unverfälschter 258
bedingter kausal unverfälschter Erwartungswert 269
   Definition 273
bedingter kausaler Effekt 266, 273
   Beispiel 268-269
   Berechnung 268-269
   Definition 273
bedingter linearer Regressionskoeffizient 150
bedingter Prima-facie-Effekt 270
   Beispiel 270-271
bedingter Regressionskoeffizient 158, 164
   Interpretation 158
bedingtes Wahrscheinlichkeitsmaß 35, 131
Beurteilung
   cross-modale 98
   intra-modale 98
Birnbaum-Modell 290
   Diskrimination 290

Ceteris-paribus-Klausel 10
ConQuest 298
CUE 258

Deduktivismus 4-5
Determinationskoeffizient 3, 79, 107, 120, 123, 133, 137-138, 256
   Bedeutung 89
   Berechnung 107
   Definition 88-89
   der linearen Quasi-Regression 114, 117, 123
   der bedingten linearen Quasi-Regression 170
   Differenz 133
   Korrelation 107
   multipler 222-223
   Wertebereich 88
Diagonalmatrix 199
dichotome Items 289
dichotomer Regressand 121, 175
dichotomer Regressor 135, 157-158
Diskriminationsparameter 290
Dispersion 62, 183
Distributivgesetz 206-207
Drei-Parameter-Modell 290
Dummy-Variable 111, 119
durchschnittlicher kausaler Effekt 246-249, 265-266, 276
   Berechnung 276-277
   Berechnungsbeispiel 266-267
   Definition 258

einfache lineare Regression 159-161
einfaktorielle Varianzanalyse 120
Einheitsmatrix 199
Einsen-Vektor 198
Einzelfallexperiment 254
Elementarereignis 19
   Definition 23
endogene latente Variablen 300-301
Ereignis
   Beispiel 17-19
   Beispiel für Unabhängigkeit 34
   Definition 23
   Menge der möglichen 17-19, 21-22
   sicheres 19
   Unabhängigkeit 36-37
   unmögliches 19
   Wahrscheinlichkeit eines 23
Ereignismenge 21-22
   im Zufallsexperiment 255
Ergebnis
   Beispiel 17-19
   Menge der möglichen 21, 286
Ergebnismenge 21, 50
   im Zufallsexperiment 255

Erwartungswert 59-60, 70, 103-104, 114, 183
   andere Schreibweise 70
   bedingte 100
   Definition 70
   der bedingten Kovarianz 188
   der bedingten Varianz 188
   der Fehlervariablen 114
   Differenz 248
   individueller 246, 256
   kausal unverfälschter 276
   mehrdimensionaler Zufallsvariablen 207-208
   Rechenregeln 61
   unverfälschter bedingter 258
exogene latente Variable 300-301
exploratorisches Modell 300

Fähigkeit s. Personenfähigkeit
Faktoren 298
Faktorenanalyse 79, 298-300
   exploratorische Modelle 300
   konfirmatorische Modelle 298-299
   Modellgleichung 299
   und Klassische Testtheorie 299
Faktorisierungssatz 37-39
Faktorwerte 298
Falsifikationismus 4
Fehlervariable 66, 67, 117, 139
   Erwartungswert 114, 139
   Kovarianz 139
   Unkorreliertheit 287
fixierter Parameter 299-300
freier Parameter 299-300
Fundamentalproblem kausaler Inferenz 246, 257-258

gemeinsame Verteilung 207, 271-273
gewichtete Summe 127

Hauptdiagonale 198
Histogramm 52
Homogenität 274
   bedingte 274
   konditional 274
Homogenität der Population 248, 262

ICE 246, 249

Definition 256
implizierte Kovarianzstruktur 296
Indikatorvariable 49-50, 89-90, 119, 122-123, 156, 177
   Zellenmittelwertemodell 219
individueller Erwartungswert 246, 256, 265-266
individueller kausaler Effekt 246, 249, 265-266
   Definition 256
   Prä-facto-Konzept 256
Induktivismus 5
Inferenzstatistik 2
Interaktion zwischen Person und Situation 292
Inverse Matrix 202-204
   Diagonalmatrix 203
Item-response-Theorie 4, 82, 289-291
   Unterschied zur Klassischen Testtheorie 289
Itemschwierigkeit 290, 297

kausal unverfälschte bedingte Regression 275
   Definition 273
kausal unverfälschte Regression 258-259
kausal unverfälschter bedingter Erwartungswert 267, 275
   Berechnung 276-277
kausale Abhängigkeit 243-244
kausale Effekte 10
kausale Inferenz
   fundamentales Problem 246, 256-257
kausale Interpretierbarkeit 259
   Strukturgleichungsmodelle 301
kausale Regression 260
kausale regressive Abhängigkeit 9
kausale Unverfälschtheit 258-259, 275
   bedingter Regressionen 274
   hinreichende Bedingungen 259-260
   innerhalb von Subpopulationen 266
   Probleme 260-261

Kennwerte
  einer bivariaten Verteilung 59
  einer univariaten Verteilung 59
Klassische Testtheorie 79, 285-289
  Grundbegriffe 286
  Modell essentiell τ-äquivalenter Variablen 288-289
  Modell τ-Äquivalenter Variablen 287-288
  Modell τ-kongenerischer Variablen 288-289
  Modelle 288, 288
Kleinst-Quadrat-Kriterium 67, 113, 123, 139-140, 178
Koeffizienten 114
Kolmogoroffsche Axiome
  Beispiele 26-27
Kommutativgesetz 201-202
Komplexitätsreduktion 50
konfirmatorische Modelle 298-299
Konsistenz 292-293
Kontrollvariable 271-272
Korrelation 59, 66, 111
  Definition 66
  Rechenregeln 68
  Wertebereich 66
Korrelationskoeffizient 107, 115, 123, 132-133
Korrelative Abhängigkeit 241
Kovarianz 59, 65
  Interpretationsproblem 65
  negative 64-65
  positive 64-65
  Rechenregeln 68
Kovarianz zweier Residuen 188-189
Kovarianzmatrix mehrdimensionaler Zufallsvariablen 208-209
Kreuzprodukt 19
KTT s. Klassische Testtheorie
kumulative Verteilung 51

Ladungsmatrix 299
Latent-class-Analyse 38, 40
latente Variablen 298
Latent-state-Residuum 292-293

Latent-state-trait-Theorie 254, 291-297
  Grundbegriffe 291-292
  Kenngrößen 292-293
  logistische Modelle 297-298
  Modelle 294-298
  theoretische Variablen 291-292
Latent-state-Variable 292-293
Latent-trait-Variable 292-293
LCA 38
Least squares criterion 67, 113, 123, 139-140, 178
lineare Modifikatorfunktion 154
lineare Quasi-Regression 67, 111-112
  Definition 114, 117, 138-140, 150, 168-169
  Fehlervariable 113
  Gleichheit mit Regression 140
  Koeffizienten 114
  Kovarianz 113
  Residuum 113
lineare Regression 102, 123, 178
  Definition 99
  Linearitätsprüfung 120, 123, 178
  Signifikanztests zur 124
lineare regressive Abhängigkeit 129
Linearkombination 127, 138-139
Logarithmierter Wettquotient 122, 177
Logarithmische Transformation 104
Logarithmus 101
  natürlicher 101
logische Widerspruchsfreiheit 6
logistisch lineare Regression 121, 178
  Parameterinterpretation 177
logistische Funktion 121, 177
logistische Latent-state-trait-Modelle 297
logistische Regression 121-123
  lineare 121
  Parameterinterpretation 122
Logit 122-123, 177
lokale stochastische Unabhängigkeit Rasch-Modell 290

Verallgemeinerung 297-298
Lokalisation 62
LST-Theorie s. Latent-state-trait-Theorie

manifeste Variable 298
MANOVA 302
Matrix 197-199
   Datenmatrix 198
   Definition 197-198
   Diagonalkomponenten 198
   Hauptdiagonale 198-199
   Komponenten 197
   Notation 197-198
   Ordnung 198
   Rang 204-206
   regulär 204
   singulär 204
   Typ 198
   Vektor 198
Matrizenoperation 199-200
   Addition und Subtraktion 200
   Multiplikation mit der Einheitsmatrix 202
   Multiplikation mit einem Skalar 200
   Multiplikation von Matrizen 200-201
   Transposition 200
Mediatorvariable 256
Meehlsches Paradoxon 37
Mengendifferenz 25
mehrdimensionale Zufallsvariable 207-209
mehrkategorielle Items polytome 289
Menge der Beobachtungseinheiten im Zufallsexperiment 254
Menge der experimentellen Bedingungen im Zufallsexperiment 254
Menge der möglichen Antworten im Zufallsexperiment 254
Menge der möglichen Beobachtungen 291
Menge der möglichen Ergebnisse 271-273, 286
Menge der möglichen Situationen 291
Mengendifferenz 25
Messfehler 1, 256, 285-286
   Definition 286
Messfehlerbehaftetheit 286
Messfehlerkomponente 256
Messfehlerproblem 6
Messfehlervariable 286
   Kovarianzmatrix 299
Messgelegenheitsspezifität 292-293
Messmodell 298
   endogene latente Variablen 300-301
   exogene latente Variablen 300-301
Modell essentiell τ-äquivalenter Variablen 288-289
Modell τ-äquivalenter Variablen 287-288
Modell τ-kongenerischer Variablen 288-289
Modifikatorfunktion 150
Modifikatorvariable 150
Multikolinearität 118, 120-121, 172-175
multiple Determiniertheit 1, 197, 217
multiple Korrelation 79
   Bedeutung 89
   Definition 88-89
   Wertebereich 88
multiple lineare Quasi-Regression
   Definition 223-225
multiple lineare Regression Definition 218
   Matrixnotation 220-221
   multivariate 302
   und Faktorenanalyse 299
multipler Determinationskoeffizient 222-223
multiplikative Fehlervariable 106, 191
   Standardabweichung 192
multivariate Allgemeine Lineare Hypothese 304
multivariate lineare Regression 303-304
multivariate multiple lineare Regression 302
multivariate Regression 303
multivariate Varianzanalyse 302

und multivariate multiple lineare Regression 302
nichtdeterministische Abhängigkeit 1
nichtlineare Regression 123
   Kenngröße für Ausmaß der Nichtlinearität 120
nichtlineare regressive Abhängigkeit 114
nonorthogonale Varianzanalyse 277-279

Observable 285, 291, 298
Optimierungskriterium 113
orthogonale Polynome 119, 172

Paradoxa 10
Parametrisierung 116
   als Polynom von X 123
   als polynomiales Regressionsmodell 117
   als Zellenmittelwertemodell 119
   als Zellenmittelwertemodell 172
   durch Indikatorvariablen 123, 156
   einer Regression 101-102, 107
   logistisch lineare 121, 175
   logistisch polynomiale 121, 167
   polynomiale 155
Partialkorrelation 133, 189
   bei linearen Regressionen 191
   Berechnung 191
   Definition 190
   und bedingte Korrelation 190-191
partielle lineare regressive Abhängigkeit 128-130, 150
   graphische Darstellung 132
partielle lineare regressive Unabhängigkeit 129
partieller Regressionskoeffizient 128-130, 136-138, 140
   Berechnung 134-135
   standardisiert 132-133
   Wertebereich 132-133
Personenfähigkeit 290, 297

Person-Projektionen 271, 285-286
PFE 259
Polynom
   orthogonales 119
polynomiales Regressionsmodell 117-118, 172
polytomes Item 289
Population
   Homogenität 248, 262
   im Zufallsexperiment 254
Potenzgesetz deterministisches 98
   Stevenssches 104
   stochastisches 106
   stochastisches, in logarithmierter Form 105
Potenzmenge 18-19, 21
   im Zufallsexperiment 255
Prima-facie-Effekt 259, 268
   bedingter 270
   Beispiel 244
   gleich dem durchschnittlichen kausalen Effekt 266
   Interpretation 268
   kausale Unverfälschtheit 259-260
Projektion 49-50, 255
P-unabhängig 36

quadratische Funktion 117
quadratische Matrix 198
qualitativer Regressor 219
Quasi-Regression
   Definition 112-114
   kubische 118
   lineare 111, 112
   quadratische 118

Randomisierung 247, 249, 260
   bedingte 274
   konditional 274
Rang einer Matrix 204-206
   voll 204
Rasch-Homogenität 290
   Verallgemeinerung 297
Rasch-Modell 289-291
   lokale stochastische Unabhängigkeit 290
   Rasch-Homogenität 290
Rateparameter 290

Rechenregel Erwartungswert 61
    Kovarianz 68
    Varianz 63
Regressand 3
Regression 3
    allgemeiner Begriff 79
    diskreter Zufallsvariablen 80-82
    Formalisierung 7-8
    lineare 102
    lineare 84-85
    Linearitätshypothese 107
    multivariate 303
    Rechenregeln 85
    Zusammenfassung 91
Regressionsanalyse
    einfache lineare 79
    multiple 79
Regressionsebene bei zwei Regressoren 130
Regressionsfunktion
    logistisch 121
    quadratisch 117
Regressionskoeffizient 132-136
    Berechnung 100, 157, 304
    Gleichheit der 131
    Gleichheit mit partiellem Regressionskoeffizient 136-137
    Identifikation 303-304
    Interpretation 102
    Matrix 304
    Multiple lineare Regression 221-222
    partieller 130, 140
    und Korrelation 131-132
Regressionsmodell
    Beispiel 3-4, 79
    Hauptaufgaben 3-4
    saturiert 117-119
    Zellenmittelwertemodell 123
Regressionstheorie
    Bezugsrahmen 7-8
    Geschichte der 6-7
regressive Abhängigkeit 3, 241, 243-244
    Bedingung für Linearität 136-138
    Kenngröße der Stärke 133

regressive Unabhängigkeit 99-100, 103-104
Regressor 3, 271-273
    dichotomer 102-103, 135
    diskreter 89-90,
    kontinuierlicher 91
    qualitativer 219
    stetiger 89
reguläre Matrix 204
relative Häufigkeit 34-35
Reliabilität 286-287, 292-293
Residualvariable 66-67
Residuum 66-67, 117
    allgemeine Eigenschaften 86-88
    bedingte Varianz 106, 116
    Berechnung der Kovarianz 188-189
    Berechnung der Varianz 188-189
    Definition 86, 106
    Eigenschaften 100, 106, 113, 116, 133-134, 152, 169
    Erwartungswert 114, 134, 152-153
    Kovarianz mit Regressor 134, 152-153
    Multiple lineare Regression 220
    Rechenregeln 89
Response-Variable als Regressand 255

saturiertes Modell 102-103, 117-119, 122, 177
Satz der totalen Wahrscheinlichkeit 39-41
    Anwendung 42
scheinbare Unabhängigkeit 114
Schwierigkeit s. Itemschwierigkeit
sicheres Ereignis 19, 36-37
σ-Algebra 21-22, 49-52
    Beispiele 22
    Borelsche 21, 51
    Definition 21
Signifikanztest zur Prüfung der Linearitätshypothese 120
Simpson-Paradox 241-245, 249
Singletrait-multistate-Modell 296
singuläre Matrix 204

situative Effekte 297
Skalarmatrix 199
Spaltenvektor 198
Spur einer Matrix 198
Standardabweichung 63
standardisierter partieller Regressionskoeffizient 132-133
Steigungskoeffizient 130-131, 136
    bedingte lineare Regression 150
Stevenssches Potenzgesetz 104, 111-115
Stichprobenexperiment 254
stochastische Abhängigkeit 1-2
stochastische Aussage 253
stochastische Gesetze 7
stochastische Unabhängigkeit 36, 262
stochastische Variable 48
stochastisches Messmodell 39
stochastisches Modell 17-20
    Zufallsexperiment 17
stochastisches Potenzgesetz 191
    logarithmierte Form 148-149
Streubreite s. Dispersion
Strukturgleichungsmodell 79, 300-302
    kausale Interpretationen 301
Strukturmodell 300
Suppressionseffekt 141
Symmetrische Matrix 199

τ-Äquivalenz 287
Testwertvariable 285, 288-289, 291
theoretischer Mittelwert 47
Theorie durchschnittlicher kausaler Effekte 253
Theorie individueller kausaler Effekte 253
Theorie individueller und durchschnittlicher kausaler Effekte 253
    Grundbegriffe 255
Theorie kausaler Effekte 253
totale Wahrscheinlichkeit 39-41
Transposition 200
Treatment-Variable 273
    als Regressor 255

Trennschärfeparameter s. Diskriminationsparameter
True-score-Variable 277, 286-287
    Definition 286
    Gleichheit mit bedingter Wahrscheinlichkeitsfunktion 289-290
t-Test 79

Unabhängigkeit (stochastische) 79
    allgemeine Definition 52-53
    Beispiel 52-53
    Beispiele 53-54
    hinsichtlich des Wahrscheinlichkeitsmaßes P 36
    mehrerer Ereignisse 37
    paarweise 37
    partiell lineare regressive 129
    regressive 79, 99-100, 103-104
    scheinbare 114
    stochastische 36
    und intuitive Vorstellungen 36-37
    von Ereignissen 34, 36-37
    von Zufallsvariablen 52-53
Unkorreliertheit 64-66
    der Messfehler 299
    Faktor und Messfehler 299
    von Residuum und Regressor 106
unmögliches Ereignis 19, 36-37
Unterschiedsschwelle 192
unverfälschter bedingter Erwartungswert
    Definition 258
unverfälschter Erwartungswert
    Berechnung 278
Urbild 49, 51-53, 91
    und Unabhängigkeit 53

Varianz 63
    additive 137
    bei korrelierten Regressoren 138
    Dekomposition 292
Varianzanalyse
    mit fixierten Faktoren 79
    multivariate 302

nonorthogonale 277-279
   und univariate multiple lineare
      Regression 302
   univariate 120
   Zufallsfaktoren 79
Varianz-Kovarianzmatrix 208-209
Varianzzerlegung
   Regression 89
Vektor 198
vektorielle Variable 154, 170
Venn-Diagramm 25-26, 35-36, 40
Verbundwahrscheinlichkeit 34
Verfahren der randomisierten
   Antwort 42
Verhältnismodell 148
   für geometrisch-optische Täuschungen 161
vermittelnde Variable 256
Verteilung 51-53
   Definition 51
   Funktion 51-52
   kumulative 51
   von Zufallsvariablen 51-52
Verteilungsfunktion 51, 51-52
voller Rang 204

Wahrscheinlichkeit
   Additivität 27
   Eigenschaften 27
   im Zufallsexperiment 255
   Kolmogoroffsche Axiome 27
   Nichtnegativität 27
   Normierung 27
   theoretischer Begriff 18
   Zusammenfassung 27
Wahrscheinlichkeitsmaß 18-20, 51
   Additivität 23
   Beispiele 19-20, 24-25
   Definition 23
Wahrscheinlichkeitsraum 20-25, 51, 253-254
   Definition 23
Webersche Konstante 192
Webersches Gesetz 104, 162, 183, 191-192
W-Maß 51
W-Raum 51, 253-254

Zeilenvektor 198
Zellenmittelwert 119, 173
Zellenmittelwertemodell 123
   Indikatorvariable 219
zentrale Tendenz
   Kenngröße 183
Zufallsexperiment 254, 265, 271
   Beispiele 17-18
   Definition 17
Zufallsvariable 47-50
   allgemeine Definition 50-51
   Beispiele 48-50
   diskrete 50
   Einführung 48-50
   mehrdimensionale 54
   nicht reellwertige 49-50
   numerische 50, 61
   reellwertige 50, 59
   stetige 50
   Varianz 62
   zweidimensionale 49-50
Zufallsvariablen diskrete 80-82
   Unabhängigkeit 52-53
Zusammenhänge
   quantitativer Variablen 47
zweifache lineare Quasi-Regression 138
zweifache lineare Regression
   Definition 130
   Eigenschaften 130
zweifaktorielles Design mit gekreuzten Faktoren 135

If you have any concerns about our products,
you can contact us on
ProductSafety@springernature.com

In case Publisher is established outside the EU,
the EU authorized representative is:
**Springer Nature Customer Service Center GmbH
Europaplatz 3, 69115 Heidelberg, Germany**

Printed by Libri Plureos GmbH
in Hamburg, Germany